江苏省高等学校重点教材（编号：2021-2-29

江苏省一流本科课程配套教材

导弹飞行力学

孙瑞胜　陈　伟　编著

電子工業出版社
Publishing House of Electronics Industry
北京 · BEIJING

内 容 简 介

本书面向工程应用，较为系统、全面地阐述了导弹飞行力学的基础理论和设计方法。全书共10章，主要内容包括导弹飞行力学环境、受力分析、运动方程组建立、弹道设计、动态特性分析等。本书内容丰富、全面、工程性强，为了方便读者学习使用，书中以计算实例和习题的形式融入了导弹飞行力学方面较新的研究成果。

本书可作为高等院校武器发射工程、武器系统与工程、飞行器设计与工程等相关专业高年级本科生、研究生的教材（对于书中的某些章节，根据不同专业的要求，可有所侧重），也可作为导弹总体设计、导弹制导与控制和系统仿真等相关领域工程技术人员的参考资料。

图书在版编目（CIP）数据

导弹飞行力学 / 孙瑞胜，陈伟编著. -- 北京 : 电子工业出版社，2025. 3. -- ISBN 978-7-121-49940-1

Ⅰ. TJ760.12

中国国家版本馆CIP数据核字第20255H0W59号

责任编辑：赵玉山
印　　刷：三河市鑫金马印装有限公司
装　　订：三河市鑫金马印装有限公司
出版发行：电子工业出版社
　　　　　北京市海淀区万寿路173信箱　　　　邮编：100036
开　　本：787×1092　1/16　印张：20.5　字数：538千字
版　　次：2025年3月第1版
印　　次：2025年3月第1次印刷
定　　价：65.00元

凡所购买电子工业出版社图书有缺损问题，请向购买书店调换。若书店售缺，请与本社发行部联系，联系及邮购电话：（010）88254888，88258888。

质量投诉请发邮件至zlts@phei.com.cn，盗版侵权举报请发邮件至dbqq@phei.com.cn。

本书咨询联系方式：（010）88254556，zhaoys@phei.com.cn。

前言

导弹飞行力学是研究导弹类飞行器于飞行过程中，在各种力的作用下的运动规律的一门科学，是研究导弹飞行运动的理论基础，也是导弹总体设计的核心技术。

近20年来，我国导弹技术有了突飞猛进的发展，取得了许多创新性成果，这些成果是导弹飞行力学等相关领域的新理论、新方法和新技术的集中体现。本书以基础性、前瞻性和创新性研究成果为主，突出工程应用中的关键技术。为了推动这些新理论、新方法和新技术在工程中的应用，以及通过“产、学、研、用”相结合的方式，促使我国在导弹飞行力学领域取得更大的进步，我们编写了本书。

“导弹飞行力学”作为一门专业性较强的课程，理论内容较多、知识点较为抽象，往往要求读者具有较强的专业背景知识和较好的专业知识综合运用能力，存在入门难的问题。作者一直从事导弹飞行力学的研究与应用，立足于读者以最少的专业背景知识轻松阅读与理解导弹飞行力学，本书以导弹动力学建模、飞行弹道设计和动态特性分析等重点知识点为主干，对内容进行系统性重构，并详细地解释推导过程和中间步骤，配以大量详细的插图和必要细节，循序渐进地展示了导弹飞行力学的建模、设计与分析，即使是初学者也能很好地掌握本书内容。作为导弹飞行力学知识的集成与综合应用，本书借助科研项目中的工程实际应用案例，直观且易于理解地展示了相关知识点在案例中的应用，促使读者在进行工程分析应用的过程中加深对核心知识点的理解，进而提升其工程实践与应用能力。

全书共10章：第1章阐述导弹飞行力学的研究内容和研究方法；第2章介绍坐标系、四元数及其在飞行力学中的应用、积分变换、随机数学分析相关基础知识；第3章描述空间环境的物理特性和地球模型；第4章介绍作用在导弹上的空气动力、推力和重力的形成原理与有关特性；第5章分析导弹运动方程组的建立和简化、常用的运动方程组数值解法，以及导弹运动与过载之间的关系等；第6章介绍导弹在铅垂面和水平面内的方案飞行与方案弹道；第7章根据弹-目相对运动方程，讲述经典导引规律和最优制导规律，并阐述选择导引方法的基本要求；第8章主要描述导弹动态特性研究方法，包括干扰力与干扰力矩、基准运动与扰动运动、扰动运动的研究方法、扰动运动方程组的建立方法、系数冻结法；第9、10章分别对纵向扰动运动和侧向扰动运动两个互相独立的扰动运动进行动态特性分析。

全书由孙瑞胜教授、陈伟副教授编写，孙瑞胜教授负责全书的规划与统稿，陈伟副教授负责全书的编辑、审校。本书在编写过程中得到了南京理工大学弹道研究所和 802 教研室教师及研究生的大力支持，在此表示衷心的感谢。

本书内容较为广泛，涉及多方面专业知识，由于作者水平有限，书中难免有不妥之处，敬请广大读者指正。

孙瑞胜

2024 年 6 月于南京理工大学

目录

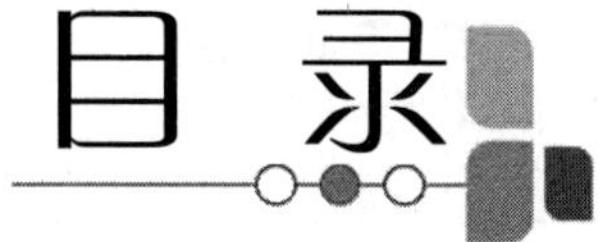

第 1 章　概　　述

1.1　导弹飞行力学的研究内容

导弹飞行力学是研究导弹类飞行器在飞行过程中，在各种力的作用下的运动规律的一门科学，是研究导弹飞行运动的理论基础，也是导弹总体设计的核心。它以经典力学和自动控制理论为基础，研究导弹在空中的运动规律、设计方法及发生的伴随现象，以满足飞行任务的要求，属于应用力学的分支。因此，导弹飞行力学是在考虑导弹的气动特性、控制系统特性、推进系统特性、结构特性和环境特性条件下的运动学与动力学。

导弹的运动学和动力学特性按其特点可分为以下两种类型。

（1）导弹的整体运动，即导弹质心运动和导弹绕质心的转动运动。

（2）导弹的局部运动，如操纵面运动、弹性结构变形和振动、贮箱内液体晃动等，这些局部运动的特性对导弹的整体运动会产生一定的影响。

研究导弹飞行力学需要掌握工程数学、物理等基础理论，以及空气动力学、控制论、计算机技术、总体设计和计算方法等方向的专业基础知识。只有这样才能正确了解导弹在飞行过程中，各种力的相互作用关系，精确地建立相应的数学模型，并求出有关问题的解，刻画导弹的运动规律。

1.2　导弹飞行力学的研究方法

研究导弹飞行力学的一般方法是理论与试验相结合。应用现有的理论知识，将导弹运动的状态和过程用数学模型的形式予以描述。数学模型可以是代数方程、微分方程或统计数学方程等。方程的数量取决于所研究导弹系统的复杂程度和要求的精确程度。要研究的问题越复杂、要求的精确程度越高，所采用的数学模型越复杂，这些方程组的求解就越困难。

一般来说，采用数学方程来十分完整和精确地描述一个大系统的运行过程很难实现，通常通过一定程度的简化处理来满足实际设计工作的需求。对于简化与实际情况的出入，往往采用地面试验和飞行试验数据加以修正。为了验证数学模型的真实性和准确性，需要进行计算机仿真、地面试验和飞行试验，用试验数据或统计模型数据进行分析对比研究。

导弹飞行力学在解决导弹总体设计、工程实施和模型训练等方面问题时采用的研究手段主要有 4 种：理论分析（解析法）、数值计算、仿真试验和飞行试验，如图 1-1 所示。

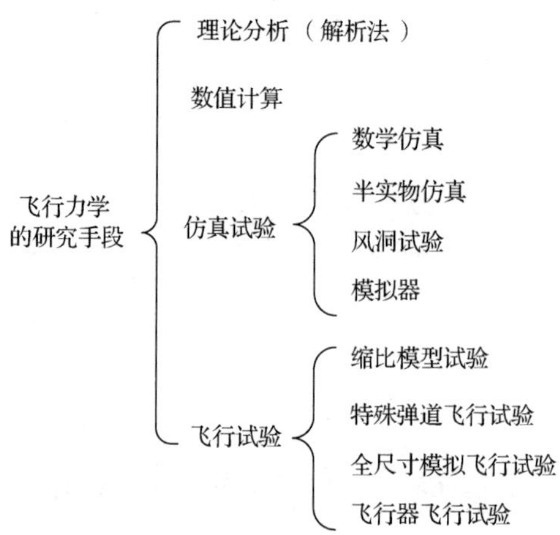

图 1-1　飞行力学的研究手段

理论分析是指通过数学方法求取飞行力学问题的解析解，以获得导弹运动的一般规律，并对其设计进行指导。其中除应用到理论力学知识以外，还涉及数学中的系统理论，如随机过程和最优控制理论等。

数值计算这一研究手段是随着计算机技术的发展而迅速发展起来的，并得到了非常广泛的应用，甚至有人称之为计算飞行力学。它改变了人们过去为得到解析解而把问题加以简化的做法，并使得以前人们认为无法解决的弹道优化问题、系统设计问题成为简单的问题而得以解决。随着当前导弹的信息化、智能化发展，导弹系统日趋复杂，通过数值计算进行飞行力学研究已经成为一种必备的研究手段。

计算机技术和仿真技术的高速发展为导弹飞行力学提供了强有力的研究手段，使得人们可以在实验室环境下进行导弹实时的六自由度数学仿真或半实物仿真，改变了过去“画加打”的研究手段，即改变了仅依靠飞行试验进行设计的状况。另外，数学仿真和半实物仿真还是导弹武器系统作战运用与火力毁伤性评估的重要研究工具。

与此同时，随着大容量的遥测设备、高精度遥测传感器和光测/雷测设备，以及自动化数据处理技术的迅猛发展，导弹飞行试验技术也有了长足的发展。高质量的飞行数据使得人们可以在仿真系统中建立飞行试验数据库，并利用参数辨识和模型验证技术完成弹道重构与试验评估，进一步实现了飞行试验和仿真试验的一体化设计，大大改进了现代导弹系统的试验和鉴定工作。

习题 1

1．简述导弹飞行力学的主要研究内容。
2．叙述导弹飞行力学的常用研究手段及其特点。
3．为什么人们将通过数值计算手段研究的导弹飞行力学称为计算飞行力学？

第 2 章　预备知识

2.1　坐标系

2.1.1　矢量转换

在直角坐标系中，一个矢量完全可以用它的分量来表示，这些分量与坐标系的指向有关。同一个矢量可以用很多组不同的分量来表示，每组对应一个特定的坐标系。在一个坐标系中，表示一个矢量要用 3 个分量，这 3 个分量与另一个坐标系中的 3 个分量具有一定的关系，就像一个点在两个坐标系中的坐标一样。事实上，一个矢量的分量可以看作从原点出发的矢量的端点的坐标。这一事实可以这样表述，一个矢量的分量转换与一个点的坐标转换类似。因此可以把注意力全部集中在矢量的 3 个分量上，不必考虑它的几何含义。于是，一个矢量可以被定义为 3 个一组的数字，当坐标系旋转时，如同点的坐标那样进行转换。人们用数字而不是 x、y、z 来表示坐标轴，这样往往更加方便。这时，矢量的分量就变成 a_1、a_2 和 a_3，而整个矢量的符号就变成 a_i，其中的下标 i 可取值 1～3。于是，一个矢量方程便可以写为

$$a_i = b_i,\quad i = 1,2,3 \tag{2-1}$$

式（2-1）代表 3 个方程，每个方程对应下标 i 的一个值。坐标系绕原点的旋转可以用 9 个量 $\gamma_{ij'}$ 来表示，这里的 $\gamma_{ij'}$ 为一个坐标系下的 i 轴与另一个坐标系下的 j 轴之间夹角的余弦。这 9 个量就给出了一个位置下的每个坐标轴与另一个位置下的每个坐标轴之间夹角的余弦。它们也就是一个点的坐标转换表达式中的系数。把它们写成矩阵形式，就可以把这些余弦方便地整理成具有一定顺序的形式，即

$$\begin{bmatrix} \gamma_{11'} & \gamma_{12'} & \gamma_{13'} \\ \gamma_{21'} & \gamma_{22'} & \gamma_{23'} \\ \gamma_{31'} & \gamma_{32'} & \gamma_{33'} \end{bmatrix} \tag{2-2}$$

在这 9 个量中，只有 3 个是独立的量，因为它们之间存在 6 个独立的关系式。在式（2-2）中，$\gamma_{ij'}$ 可以看作另一个坐标系中 i 轴方向上的单位矢量在这个坐标系中 j' 轴方向上的分量。于是

$$\gamma_{i1'}^2 + \gamma_{i2'}^2 + \gamma_{i3'}^2 = \sum_{j'} \gamma_{ij'}^2 = 1 \tag{2-3}$$

此式对 i 的每个取值都成立。同样，有

$$\sum_{i} \gamma_{ij'}^2 = 1 \tag{2-4}$$

一个矢量的分量，或者一个点的坐标都可以按下式从一个坐标系转换到另一个坐标系：

$$a_i = \gamma_{i1'} a_{1'} + \gamma_{i2'} a_{2'} + \gamma_{i3'} a_{3'} = \gamma_{ij'} a_{j'} \tag{2-5}$$

式中，$a_{j'}$ 为矢量 $\boldsymbol{a}$ 在一个坐标系中的分量；a_i 为矢量 $\boldsymbol{a}$ 在另一个坐标系中的分量。

在式（2-5）中，最右边的求和符号被省略，因为它总是被理解为求和过程要对任何下标的所有 3 个值重复进行。

2.1.2 线性矢量函数

如果一个矢量是单个标量变量（如时间）的函数，那么这个矢量的每个分量都是这个标量变量的独立函数。如果这个矢量是时间的线性函数，那么其每个分量也与时间成正比。一个矢量也可以是另一个矢量的函数，一般来说，这意味着该函数的每个分量都与独立矢量的每个分量存在依赖关系。而且，如果第 1 个矢量的每个分量都是第 2 个矢量的 3 个分量的线性函数，那么第 1 个矢量被称为第 2 个矢量的线性函数，这就需要有 9 个独立的比例系数。例如，若 $\boldsymbol{a}$ 是 $\boldsymbol{b}$ 的线性函数，则

$$\begin{cases} a_1 = C_{11}b_1 + C_{12}b_2 + C_{13}b_3 \\ a_2 = C_{21}b_1 + C_{22}b_2 + C_{23}b_3 \\ a_3 = C_{31}b_1 + C_{32}b_2 + C_{33}b_3 \end{cases} \tag{2-6}$$

由此可得

$$a_i = C_{ij} b_j \tag{2-7}$$

尽管式（2-6）中的标号清晰地指明了具体的坐标系，但类似式（2-7）中的关系式必须是与坐标系有关的。分量 a_i 和 b_j 均以一个特定的坐标系为基准，常数 C_{ij} 也与特定的坐标系有关。无论坐标系的旋转顺序如何，都会得到相同的转换结果，即由给定的矢量 $\boldsymbol{b}$ 永远可以导出同样的矢量 $\boldsymbol{a}$。

如果坐标系绕原点旋转，那么矢量的分量将发生如下转换：

$$a_i = \gamma_{ij'} a_{j'} = C_{ij} \gamma_{jk'} b_{k'} \tag{2-8}$$

两边同时乘以 $\gamma_{l'i}$，并将 3 个 i 值对应的方程相加，结果为

$$\gamma_{l'i} \gamma_{ij'} a_{j'} = a_{l'} = (\gamma_{l'i} C_{ij} \gamma_{jk'}) b_{k'} \tag{2-9}$$

记 $\gamma_{l'i} C_{ij} \gamma_{jk'}$ 为 $C_{l'k}$，式（2-9）变为

$$a_{l'} = C_{l'k} b_{k'} \tag{2-10}$$

这个坐标系中各分量之间的关系也是一个矢量表达式，其形式与原始坐标系中以 C_{ij} 表示的关系式相同。

2.1.3 张量

当坐标系旋转时，按上述方式进行转换的所有量称为张量。标量称为零阶张量，因为它与坐标系无关。矢量称为一阶张量，它的分量转换按点的坐标转换进行。二阶张量的分量依据 C_{ij} 进行转换。换句话说，标量就是在任何坐标系中都只需用一个数字来说明的量，而矢量（其初始定义为具有方向的线段）则是需要相对于某个基准用 3 个数字（分量）来说明的量。实质上，标量和矢量都是一种更加广义的量——n 阶张量的特殊情况。n 阶张量在任何坐标系中的说明均需要 3^n 个数字，这些数字也被称为张量的分量，即标量具有 $3^0 = 1$ 个分量，矢量具

有 $3^1=3$ 个分量。

张量可以相加或相减，即它们的分量相加或相减。张量也可以以不同的方式相乘，即它们的分量以不同的组合相乘。张量除了可以进行这些运算，还有一些其他的运算法则，此处不做介绍。

如果一个二阶张量的 $C_{ij}=C_{ji}$，则它被称为对称张量；如果 $C_{ij}=-C_{ji}$，则它被称为反对称张量，任何反对称张量的对角线上的分量均等于 0。任何张量均可看作其对称和反对称部分之和，因为

$$C_{ij}=\frac{1}{2}\left[C_{ij}+C_{ji}\right]+\frac{1}{2}\left[C_{ij}-C_{ji}\right] \tag{2-11}$$

而且

$$\frac{1}{2}\left[C_{ij}+C_{ji}\right]=S_{ij}，\ \frac{1}{2}\left[C_{ij}-C_{ji}\right]=A_{ij} \tag{2-12}$$

式中，S_{ij} 为张量的对称部分；A_{ij} 为张量的反对称部分。很多物理量都具有二阶张量的性质，如一个刚体的惯性可以用一个对称张量来描述。

2.1.4　坐标系之间的转换关系

不同坐标系之间的坐标转换是指不同定义（原点、3 轴指向不同）的坐标系之间的转换，即将一个坐标系内的一个几何点的坐标转换为另一个坐标系内的坐标。因为平移和尺度变换较简单，所以这里只讨论直角坐标系的旋转变换。两个坐标系的旋转可看作一个坐标系经过 3 次旋转到达另一个坐标系的位置，这 3 个旋转角即欧拉角。坐标转换按旋转顺序可分为以下两类。

（1）每次旋转都是绕不同类别的坐标轴进行的。

（2）第 1 次和第 3 次旋转是绕同类别的坐标轴进行的，第 2 次旋转是绕另两个坐标轴中的一个进行的。例如，以数字 1、2、3 分别代表坐标轴 x、y、z，则 12 种欧拉旋转顺序可表示为 1-2-3，1-3-2，2-1-3，2-3-1，3-1-2，3-2-1，1-2-1，1-3-1，2-1-2，2-3-2，3-1-3，3-2-3。导弹飞行力学中常应用 2-3-1 的顺序进行旋转。

1．旋转矩阵

旋转矩阵如下：

$$\boldsymbol{R}_1(\theta_1)=\begin{bmatrix}1 & 0 & 0\\ 0 & \cos\theta_1 & \sin\theta_1\\ 0 & -\sin\theta_1 & \cos\theta_1\end{bmatrix} \tag{2-13}$$

$$\boldsymbol{R}_2(\theta_2)=\begin{bmatrix}\cos\theta_2 & 0 & -\sin\theta_2\\ 0 & 1 & 0\\ \sin\theta_2 & 0 & \cos\theta_2\end{bmatrix} \tag{2-14}$$

$$\boldsymbol{R}_3(\theta_3)=\begin{bmatrix}\cos\theta_3 & \sin\theta_3 & 0\\ -\sin\theta_3 & \cos\theta_3 & 0\\ 0 & 0 & 1\end{bmatrix} \tag{2-15}$$

旋转矩阵具有以下性质。

（1）旋转角 θ_i 的量取：右手直角坐标系逆时针（从旋转轴正向面向原点看）旋转为正，即根据右手法则进行旋转（绕 x 轴旋转时，由 y 轴转向 z 轴为正；绕 y 轴旋转时，由 z 轴转向 x 轴为正；绕 z 轴旋转时，由 x 轴转向 y 轴为正）。

（2）正交性：旋转矩阵为正交矩阵，满足

$$\boldsymbol{R}_i(\theta_i)^{-1} = \boldsymbol{R}_i(\theta_i)^{\mathrm{T}} \tag{2-16}$$

（3）按实际旋转顺序自右向左依次写出旋转矩阵，顺序不能变换。例如，旧坐标系先绕 x 轴旋转 θ_1 角，再绕 y 轴旋转 θ_2 角，最后绕 z 轴旋转 θ_3 角得到新坐标系，此时，新、旧坐标系的旋转矩阵为

$$\boldsymbol{R} = \boldsymbol{R}_3(\theta_3)\boldsymbol{R}_2(\theta_2)\boldsymbol{R}_1(\theta_1) \tag{2-17}$$

2. 坐标系旋转

这里只介绍按 2-3-1 顺序进行的旋转，即先绕 y_1 轴旋转 θ_2 角，再绕 z_1' 轴旋转 θ_3 角，最后绕 x_2 轴旋转 θ_1 角，其旋转过程如图 2-1 所示，旋转矩阵为

$$\boldsymbol{R} = \boldsymbol{R}_1(\theta_1)\boldsymbol{R}_3(\theta_3)\boldsymbol{R}_2(\theta_2) \tag{2-18}$$

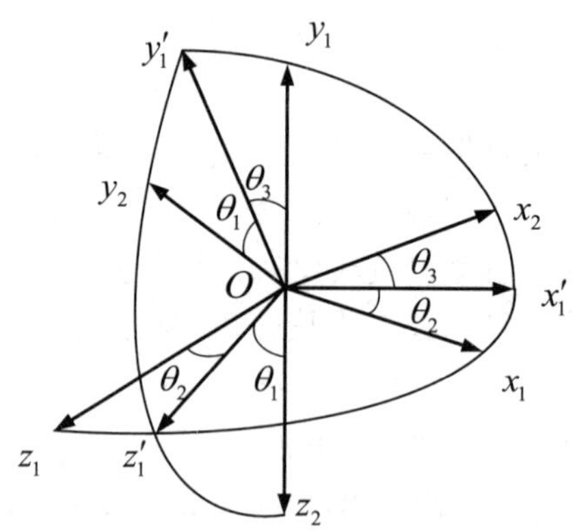

图 2-1　坐标系的旋转过程

2.2　四元数及其在飞行力学中的应用

坐标系之间的转换是建立飞行力学方程的重要基础，2.1 节介绍的欧拉角法在进行坐标系转换时会出现万向节死锁的情况。本节介绍一种利用单位四元数进行坐标系转换的方法。

2.2.1　四元数及其性质

四元数是指由 1 个实数单位和 3 个虚数单位 $\boldsymbol{e}_1$、$\boldsymbol{e}_2$、$\boldsymbol{e}_3$ 组成并具有下列形式实元的数：

$$\boldsymbol{P} = p_0 + \boldsymbol{p} = p_0 + p_1\boldsymbol{e}_1 + p_2\boldsymbol{e}_2 + p_3\boldsymbol{e}_3 \tag{2-19}$$

式中，$\boldsymbol{e}_1$、$\boldsymbol{e}_2$、$\boldsymbol{e}_3$ 是直角坐标系中的 3 个基元；p_0 是四元数的实数部分；p_1、p_2、p_3 是 3 个虚数单位的系数。$\boldsymbol{P}$ 的共轭四元数定义如下：

$$P^* = p_0 - \boldsymbol{p} = p_0 - p_1\boldsymbol{e}_1 - p_2\boldsymbol{e}_2 - p_3\boldsymbol{e}_3 \tag{2-20}$$

四元数的加、减法满足交换律和结合律：

$$\boldsymbol{P} \pm \boldsymbol{Q} = (p_0 \pm q_0) + (\boldsymbol{p} \pm \boldsymbol{q}) \tag{2-21}$$

两个四元数相乘又称为四元数的格拉斯曼积。四元数 $\boldsymbol{P}$ 和 $\boldsymbol{Q}$ 的格拉斯曼积可表示为

$$\boldsymbol{P} \circ \boldsymbol{Q} = (p_0 q_0 - \boldsymbol{p} \cdot \boldsymbol{q}) + (p_0 \boldsymbol{q} + q_0 \boldsymbol{p} + \boldsymbol{p} \times \boldsymbol{q}) \tag{2-22}$$

式中，运算符号“∘”表示四元数的格拉斯曼积。

四元数的格拉斯曼积满足分配律和结合律，但具有不可交换性，导致四元数的除法也具有不可交换性，除非除数是 1 个标量。四元数的除法定义为

$$\boldsymbol{P}^{-1} \circ \boldsymbol{Q} = \frac{1}{\|\boldsymbol{P}\|} \boldsymbol{P}^* \circ \boldsymbol{Q} \tag{2-23}$$

式中，$\|\boldsymbol{P}\| = (p_0)^2 + (p_1)^2 + (p_2)^2 + (p_3)^2$。

四元数还可以定义为

$$\boldsymbol{P}_i = |\boldsymbol{P}_i| (\cos\frac{\alpha_i}{2} + \sin\frac{\alpha_i}{2} \boldsymbol{e}_i), \quad i = 1,2,3 \tag{2-24}$$

式中，$|\boldsymbol{P}_i| = \sqrt{\|\boldsymbol{P}_i\|}$。对四元数 $\boldsymbol{Q}$ 进行如下形式的转换：

$$\boldsymbol{Q}' = \boldsymbol{P} \circ \boldsymbol{Q} \circ \boldsymbol{P}^* \tag{2-25}$$

式（2-25）可以认为是将四元数 $\boldsymbol{Q}$ 绕 $\boldsymbol{e}_i$ 轴沿锥面旋转 α_i 角。利用四元数的格拉斯曼积可得

$$\begin{cases} q_0' = \|\boldsymbol{p}\| q_0 \\ \boldsymbol{q}' = \boldsymbol{R} \cdot \boldsymbol{q} \end{cases} \tag{2-26}$$

式中，q_0' 是四元数 $\boldsymbol{Q}'$ 的标量部分；$\boldsymbol{q}'$ 是四元数 $\boldsymbol{Q}'$ 的三维矢量部分；$\boldsymbol{R}$ 是四元数的旋转矩阵，其形式为

$$\boldsymbol{R} = \begin{bmatrix} p_0^2 + p_1^2 - p_2^2 - p_3^2 & 2(p_1 p_2 - p_0 p_3) & 2(p_1 p_3 + p_0 p_2) \\ 2(p_1 p_2 + p_0 p_3) & p_0^2 - p_1^2 + p_2^2 - p_3^2 & 2(p_2 p_3 - p_0 p_1) \\ 2(p_1 p_3 - p_0 p_2) & 2(p_2 p_3 + p_0 p_1) & p_0^2 - p_1^2 - p_2^2 + p_3^2 \end{bmatrix} \tag{2-27}$$

式中，$\boldsymbol{R} \cdot \boldsymbol{R}^{\mathrm{T}} = \boldsymbol{R}^{\mathrm{T}} \cdot \boldsymbol{R} = \|\boldsymbol{P}\|^2 \boldsymbol{I}$，$\boldsymbol{I}$ 为单位矩阵。因此，式（2-27）的旋转变换可以称为四元数的准正交变换。当 $\|\boldsymbol{P}\| = 1$ 时，式（2-27）称为四元数的正交变换。

2.2.2 基于四元数的三维坐标转换

1. 空间坐标转换的数学模型

设 A 点在空间直角坐标系 $o\text{-}uvw$ 和 $o\text{-}xyz$ 中的坐标分别为 (u,v,w) 与 (x,y,z)，a_1、a_2、a_3 为 u 轴与坐标系 $o\text{-}xyz$ 中各轴之间夹角的方向余弦，b_1、b_2、b_3 为 v 轴与坐标系 $o\text{-}xyz$ 中各轴之间夹角的方向余弦，c_1、c_2、c_3 为 w 轴与坐标系 $o\text{-}xyz$ 中各轴之间夹角的方向余弦，缩放参数为 λ，$(\Delta x, \Delta y, \Delta z)$ 为两个坐标系之间的平移参数，则有如下关系：

$$\begin{bmatrix} u \\ v \\ w \end{bmatrix} = \lambda \begin{bmatrix} a_1 & a_2 & a_3 \\ b_1 & b_2 & b_3 \\ c_1 & c_2 & c_3 \end{bmatrix} \begin{bmatrix} x \\ y \\ z \end{bmatrix} + \begin{bmatrix} \Delta x \\ \Delta y \\ \Delta z \end{bmatrix} \tag{2-28}$$

坐标系 $o\text{-}xyz$ 分别绕 x 轴、y 轴、z 轴依次逆时针旋转 γ、β、α 角，这时需要求取 7 个坐标转换参数 λ、α、β、γ、Δx、Δy、Δz。

2．单位四元数与欧拉角的关系

现有两个原点重合的坐标系 S_a 和 S_b，若 S_a 分别绕 x 轴、y 轴、z 轴依次逆时针旋转 γ、β、α 角，则由 S_a 到 S_b 的旋转变换可得到由欧拉角计算单位四元数的公式：

$$\begin{cases} q_0 = \cos\left(\dfrac{\alpha}{2}\right)\cos\left(\dfrac{\beta}{2}\right)\cos\left(\dfrac{\gamma}{2}\right) + \sin\left(\dfrac{\alpha}{2}\right)\sin\left(\dfrac{\beta}{2}\right)\sin\left(\dfrac{\gamma}{2}\right) \\ q_1 = \sin\left(\dfrac{\alpha}{2}\right)\cos\left(\dfrac{\beta}{2}\right)\cos\left(\dfrac{\gamma}{2}\right) - \cos\left(\dfrac{\alpha}{2}\right)\sin\left(\dfrac{\beta}{2}\right)\sin\left(\dfrac{\gamma}{2}\right) \\ q_2 = \cos\left(\dfrac{\alpha}{2}\right)\sin\left(\dfrac{\beta}{2}\right)\cos\left(\dfrac{\gamma}{2}\right) + \sin\left(\dfrac{\alpha}{2}\right)\cos\left(\dfrac{\beta}{2}\right)\sin\left(\dfrac{\gamma}{2}\right) \\ q_3 = \cos\left(\dfrac{\alpha}{2}\right)\cos\left(\dfrac{\beta}{2}\right)\sin\left(\dfrac{\gamma}{2}\right) - \sin\left(\dfrac{\alpha}{2}\right)\sin\left(\dfrac{\beta}{2}\right)\cos\left(\dfrac{\gamma}{2}\right) \end{cases} \tag{2-29}$$

由单位四元数计算欧拉角的公式为

$$\begin{aligned} \sin\beta &= 2\left(q_0 q_2 - q_1 q_3\right) \\ \tan\alpha &= \frac{2\left(q_0 q_1 + q_2 q_3\right)}{1 - 2\left(q_1^2 + q_2^2\right)} \\ \tan\gamma &= \frac{2\left(q_0 q_3 + q_1 q_2\right)}{1 - 2\left(q_2^2 + q_3^2\right)} \end{aligned} \tag{2-30}$$

2.3　积分变换

2.3.1　傅里叶变换和拉普拉斯变换

傅里叶变换和拉普拉斯变换是工程实际中用来求解线性常微分方程的简便工具，也是建立系统在复域和频域中的数学模型（传递函数）的数学基础。

傅里叶变换和拉普拉斯变换有其内在的联系。但一般来说，对一个函数进行傅里叶变换，要求它满足的条件较高，因此有些函数不能进行傅里叶变换；而拉普拉斯变换比傅里叶变换易于实现，因此拉普拉斯变换的应用更广泛。

周期函数的傅里叶级数是由正弦项和余弦项组成的三角级数。对于周期为 T 的任意一个周期函数 $f(t)$，如果它满足下列狄利克雷条件：①在一个周期内只有有限个不连续点；②在一个周期内只有有限个极大值和极小值；③积分 $\int_{-T/2}^{T/2}|f(t)|\mathrm{d}t$ 存在。那么 $f(t)$ 可展开为如下傅里叶级数：

$$f(t) = \frac{1}{2}a_0 + \sum_{n=1}^{\infty}[a_n\cos(n\omega t) + b_n\sin(n\omega t)] \tag{2-31}$$

式中，系数 a_n 和 b_n 分别由下面两个公式给出：

$$a_n = \frac{2}{T}\int_{-T/2}^{T/2} f(t)\cos(n\omega t)\mathrm{d}t \tag{2-32}$$

$$b_n = \frac{2}{T}\int_{-T/2}^{T/2} f(t)\sin(n\omega t)\mathrm{d}t \tag{2-33}$$

式中，$\omega = 2\pi / T$ 称为角频率；$n = 1, 2, \cdots$。

周期函数 $f(t)$ 的傅里叶级数还可以写为复数形式（或指数形式）：

$$f(t) = \sum_{n=-\infty}^{\infty} \alpha_n \mathrm{e}^{\mathrm{j}n\omega t} \tag{2-34}$$

式中，系数

$$\alpha_n = \frac{1}{T}\int_{-T/2}^{T/2} f(t)\mathrm{e}^{-\mathrm{j}n\omega t}\mathrm{d}t \tag{2-35}$$

如果周期函数 $f(t)$ 具有某种对称性质，如它为偶函数、奇函数，或者它只有奇次或偶次谐波，则其傅里叶级数中的某些项为零，其系数公式可以简化。表 2-1 列出了几种具有对称性质的周期函数 $f(t)$ 的傅里叶级数的简化结果。

表 2-1　具有对称性质的周期函数 $f(t)$ 的傅里叶级数的简化结果

周期函数	对称性质	傅里叶级数的特点	a_n	b_n
$f_1(t)$	偶函数 $f_1(t) = f_1(-t)$	只有余弦项	$\frac{4}{T}\int_0^{T/2} f_1(t)\cos(n\omega t)\mathrm{d}t$	0
$f_2(t)$	奇函数 $f_2(t) = -f_2(-t)$	只有正弦项	0	$\frac{4}{T}\int_0^{T/2} f_2(t)\sin(n\omega t)\mathrm{d}t$
$f_3(t)$	只有偶次谐波 $f_3(t \pm \frac{T}{2}) = f_3(t)$	只有偶数 n	$\frac{4}{T}\int_0^{T/2} f_3(t)\cos(n\omega t)\mathrm{d}t$	$\frac{4}{T}\int_0^{T/2} f_3(t)\sin(n\omega t)\mathrm{d}t$
$f_4(t)$	只有奇次谐波 $f_4(t \pm \frac{T}{2}) = -f_4(t)$	只有奇数 n	$\frac{4}{T}\int_0^{T/2} f_4(t)\cos(n\omega t)\mathrm{d}t$	$\frac{4}{T}\int_0^{T/2} f_4(t)\sin(n\omega t)\mathrm{d}t$

2.3.2　傅里叶积分和傅里叶变换

对于任意一个周期函数，只要它满足狄利克雷条件，便可以将其展开为傅里叶级数。对于非周期函数，因为其周期 T 趋于无穷大，所以不能直接用傅里叶级数展开式来表示它，而要做某些修改，这样就引出了傅里叶积分。

若 $f(t)$ 为非周期函数，则可视它为周期 T 趋于无穷大、角频率（$\omega_0 = 2\pi / T$）趋于零的周期函数。这时，在式（2-31）～式（2-35）中，各个相邻的谐波频率之差 $\Delta\omega = (n+1)\omega_0 - n\omega_0 = \omega_0$ 便很小，谐波频率 ω_0 需要用一个变量 ω 来代替［注意：此处的 ω 不同于式（2-31）中的角频率］。这样，式（2-34）和式（2-35）可分别改写为

$$f(t) = \sum_{\omega=-\infty}^{\infty} \alpha_\omega \mathrm{e}^{\mathrm{j}\omega t} \tag{2-36}$$

$$\alpha_\omega = \frac{\Delta\omega}{2\pi}\int_{-T/2}^{T/2} f(t)\mathrm{e}^{-\mathrm{j}\omega t}\mathrm{d}t \tag{2-37}$$

将式（2-37）代入式（2-36）得

$$f(t) = \sum_{\omega=-\infty}^{\infty}\left[\frac{\Delta\omega}{2\pi}\int_{-T/2}^{T/2} f(t)\mathrm{e}^{-\mathrm{j}\omega t}\mathrm{d}t\right]\mathrm{e}^{\mathrm{j}\omega t} = \frac{1}{2\pi}\sum_{\omega=-\infty}^{\infty}\left[\int_{-T/2}^{T/2} f(t)\mathrm{e}^{-\mathrm{j}\omega t}\mathrm{d}t\right]\mathrm{e}^{\mathrm{j}\omega t}\Delta\omega$$

当 $T \to \infty$ 时，$\Delta\omega \to \mathrm{d}\omega$，求和式变为积分式，即上式可写为

$$f(t)=\frac{1}{2\pi}\int_{-\infty}^{\infty}\left[\int_{-\infty}^{\infty}f(t)\mathrm{e}^{-\mathrm{j}\omega t}\mathrm{d}t\right]\mathrm{e}^{\mathrm{j}\omega t}\mathrm{d}\omega \tag{2-38}$$

式（2-38）是非周期函数 $f(t)$ 的傅里叶积分形式之一。

在式（2-38）中，若令

$$F(\omega)=\int_{-\infty}^{\infty}f(t)\mathrm{e}^{-\mathrm{j}\omega t}\mathrm{d}t \tag{2-39}$$

则式（2-38）可写为

$$f(t)=\frac{1}{2\pi}\int_{-\infty}^{\infty}F(\omega)\mathrm{e}^{\mathrm{j}\omega t}\mathrm{d}\omega \tag{2-40}$$

式（2-39）和式（2-40）给出的两个积分式称为傅里叶变换对，$F(\omega)$ 称为 $f(t)$ 的傅里叶变换，记为 $F(\omega)=\mathscr{F}\left[f(t)\right]$；$f(t)$ 称为 $F(\omega)$ 的傅里叶反变换，记为 $f(t)=\mathscr{F}^{-1}\left[F(\omega)\right]$。

非周期函数 $f(t)$ 必须满足狄利克雷条件才可进行傅里叶变换，而且狄利克雷条件③这时应修改为积分 $\int_{-\infty}^{\infty}\left|f(t)\right|\mathrm{d}t$ 存在。

工程技术上常用傅里叶变换分析线性系统，因为任何周期函数都可展开为含有很多正弦分量或余弦分量的傅里叶级数，而任何非周期函数都可表示为傅里叶积分式，从而可将一个时间域的函数变换为频域的函数。在研究输入为非正弦函数的线性系统时，应用傅里叶级数和傅里叶变换的这个性质，可以通过系统对各种频率的正弦波的响应特性来了解系统对非正弦函数输入的响应特性。研究自动控制系统的频域方法就是建立在这个基础之上的。

2.3.3 拉普拉斯变换

工程实践中常用的一些函数（如阶跃函数）往往不能满足傅里叶变换的条件，如果对这种函数稍加处理，那么一般都能对其进行傅里叶变换，于是引入了拉普拉斯变换。例如，对于单位阶跃函数 $f(t)=1(t)$，其傅里叶变换由式（2-39）求得，即

$$F(\omega)=\mathscr{F}\left[f(t)\right]=\int_{-\infty}^{\infty}f(t)\mathrm{e}^{-\mathrm{j}\omega t}\mathrm{d}t=\int_{0}^{\infty}\mathrm{e}^{-\mathrm{j}\omega t}\mathrm{d}t=\frac{1}{\omega}(\sin\omega t+\mathrm{j}\cos\omega t)\Big|_{0}^{\infty}$$

显然，$F(\omega)$ 无法计算出来，这是因为单位阶跃函数不满足狄利克雷条件③，即 $\int_{-\infty}^{\infty}\left|f(t)\right|\mathrm{d}t$ 不存在。

为了解决这个问题，用指数衰减函数 $\mathrm{e}^{-\sigma t}1(t)$ 代替 $1(t)$，因为当 $\sigma\to 0$ 时，$\mathrm{e}^{-\sigma t}1(t)$ 趋于 $1(t)$。$\mathrm{e}^{-\sigma t}1(t)$ 可用下式表示：

$$\mathrm{e}^{-\sigma t}1(t)=\begin{cases}\mathrm{e}^{-\sigma t} & t>0\ \ (\sigma>0)\\ 0 & t<0\end{cases}$$

将上式代入式（2-39），求得它的傅里叶变换为

$$F_{\sigma}(\omega)=\mathscr{F}\left[\mathrm{e}^{-\sigma t}1(t)\right]=\int_{-\infty}^{\infty}\mathrm{e}^{-\sigma t}1(t)\mathrm{e}^{-\mathrm{j}\omega t}\mathrm{d}t=\int_{0}^{\infty}\mathrm{e}^{-\sigma t}\mathrm{e}^{-\mathrm{j}\omega t}\mathrm{d}t=\frac{1}{\sigma+\mathrm{j}\omega}$$

说明单位阶跃函数乘以因子 $\mathrm{e}^{-\sigma t}$ 后，便可以进行傅里叶变换。这时，由于进行傅里叶变换的函数已经过处理，而且只考虑 $t>0$ 的时间区间，因此称之为单边广义傅里叶变换。

对于任意函数 $f(t)$，如果它不满足狄利克雷条件③，则一般是因为当 $t\to\infty$ 时，$f(t)$ 衰减缓慢。仿照单位阶跃函数的处理方法，也用因子 $\mathrm{e}^{-\sigma t}(\sigma>0)$ 乘以 $f(t)$，此时，当 $t\to\infty$ 时，函数的衰减比 $f(t)$ 的衰减快得多。通常把 $\mathrm{e}^{-\sigma t}$ 称为收敛因子，但由于它在 $t\to-\infty$ 时起相反的

作用，因此，假设当$t<0$时，$f(t)=0$。这个假设在实际中是可以做到的，因为人们总可以把外作用加到系统上的开始瞬间选为$t=0$，而$t<0$时的行为，即外作用加到系统上之前的行为可以在初始条件内考虑。这样，对函数$f(t)$的研究就变为在时间$t=0\to\infty$区间对函数$f(t)\mathrm{e}^{-\sigma t}$的研究，并称之为$f(t)$的广义函数，它的傅里叶变换为单边广义傅里叶变换，即

$$F_\sigma(\omega)=\int_0^\infty f(t)\mathrm{e}^{-\sigma t}\mathrm{e}^{-\mathrm{j}\omega t}\mathrm{d}t=\int_0^\infty f(t)\mathrm{e}^{-(\sigma+\mathrm{j}\omega)t}\mathrm{d}t$$

令$s=\sigma+\mathrm{j}\omega$，则上式可写为

$$F_\sigma\left(\frac{s-\sigma}{\mathrm{j}}\right)=F(s)=\int_0^\infty f(t)\mathrm{e}^{-st}\mathrm{d}t \tag{2-41}$$

而$F_\sigma(\omega)$的傅里叶反变换则由式（2-40）得到，即

$$f(t)\mathrm{e}^{-\sigma t}=\mathscr{F}^{-1}\left[F_\sigma(\omega)\right]=\frac{1}{2\pi}\int_{-\infty}^{\infty}F_\sigma(\omega)\mathrm{e}^{\mathrm{j}\omega t}\mathrm{d}\omega$$

等式两边同时乘以$\mathrm{e}^{\sigma t}$，得

$$f(t)=\frac{1}{2\pi}\int_{-\infty}^{\infty}F_\sigma(\omega)\mathrm{e}^{(\sigma+\mathrm{j}\omega)t}\mathrm{d}\omega$$

用s代替$\sigma+\mathrm{j}\omega$，可得

$$f(t)=\frac{1}{2\pi}\int_{\sigma-\mathrm{j}\infty}^{\sigma+\mathrm{j}\infty}F(s)\mathrm{e}^{st}\mathrm{d}s \tag{2-42}$$

在式（2-41）和式（2-42）中，$s=\sigma+\mathrm{j}\omega$是复数，只要其实部$\sigma(>0)$足够大，式（2-42）的积分就存在。式（2-41）和式（2-42）中的两个积分式称为拉普拉斯变换对。$F(s)$叫作$f(t)$的拉普拉斯变换，也称象函数，记为$F(s)=\mathscr{L}\left[f(t)\right]$；$f(t)$叫作$F(s)$的拉普拉斯反变换，也称原函数，记为$f(t)=\mathscr{L}^{-1}\left[F(s)\right]$。

1．拉普拉斯变换的积分下限

在拉普拉斯变换定义式中，积分下限为零，但有 0 的右极限0_+和 0 的左极限0_-之分。对于在$t=0$处连续或只有第一类间断点的函数，0_+型和0_-型的拉普拉斯变换是相同的；对于在$t=0$处有无穷跳跃的函数，如单位脉冲函数（δ函数），两种变换的结果不一致。

δ函数的脉冲面积为 1，是在瞬时出现无穷跳跃的特殊函数，其数学表达式为

$$\delta(t)=\begin{cases}0 & t\neq 0\\ \infty & t=0\end{cases}$$

且有

$$\int_{-\infty}^{\infty}\delta(t)\mathrm{d}t=1$$

$\delta(t)$的0_+型拉普拉斯变换为

$$\int_{0_+}^{\infty}\delta(t)\mathrm{e}^{-st}\mathrm{d}t=0$$

而$\delta(t)$的0_-型拉普拉斯变换则为

$$\int_{0_-}^{\infty}\delta(t)\mathrm{e}^{-st}\mathrm{d}t=\int_{0_-}^{0_+}\delta(t)\mathrm{e}^{-st}\mathrm{d}t+\int_{0_+}^{\infty}\delta(t)\mathrm{e}^{-st}\mathrm{d}t=1$$

实质上，0_+型拉普拉斯变换并没有反映出δ函数在$[0_-,0_+]$区间内的跳跃特性，而0_-型拉普拉斯变换则包含了这一区间。因此，0_-型拉普拉斯变换反映了δ函数在$[0_-,0_+]$区间内的客观实际情况。在拉普拉斯变换过程中，若不特别指出是0_+或0_-型拉普拉斯变换，则均认为是0_-型拉普拉斯变换。

2. 拉普拉斯变换定理

现将常用的拉普拉斯变换定理汇总如下，以供查阅。

（1）线性性质。

设 $F_1(s)=\mathscr{L}[f_1(t)]$、$F_2(s)=\mathscr{L}[f_2(t)]$，$a$ 和 b 为常数，则有

$$\mathscr{L}[af_1(t)+bf_2(t)]=a\mathscr{L}[f_1(t)]+b\mathscr{L}[f_2(t)]=aF_1(s)+bF_2(s)$$

（2）微分定理。

设 $F(s)=\mathscr{L}[f(t)]$，则有

$$\mathscr{L}\left[\frac{\mathrm{d}f(t)}{\mathrm{d}t}\right]=sF(s)-f(0)$$

式中，$f(0)$ 是函数 $f(t)$ 在 $t=0$ 时的值。

证明：由式（2-41）得

$$\mathscr{L}\left[\frac{\mathrm{d}f(t)}{\mathrm{d}t}\right]=\int_0^{\infty}\frac{\mathrm{d}f(t)}{\mathrm{d}t}\mathrm{e}^{-st}\mathrm{d}t$$

采用分部积分法，令 $u=\mathrm{e}^{-st}$、$\mathrm{d}v=\dfrac{\mathrm{d}f(t)}{\mathrm{d}t}\mathrm{d}t$，则

$$\mathscr{L}\left[\frac{\mathrm{d}f(t)}{\mathrm{d}t}\right]=[\mathrm{e}^{-st}f(t)]\Big|_0^{\infty}+s\int_0^{\infty}f(t)\mathrm{e}^{-st}\mathrm{d}t=sF(s)-f(0)$$

同理，函数 $f(t)$ 的高阶导数的拉普拉斯变换为

$$\mathscr{L}\left[\frac{\mathrm{d}^2f(t)}{\mathrm{d}t^2}\right]=s^2F(s)-\left[sf(0)+\dot{f}(0)\right]$$

$$\mathscr{L}\left[\frac{\mathrm{d}^3f(t)}{\mathrm{d}t^3}\right]=s^3F(s)-\left[s^2f(0)+s\dot{f}(0)+\ddot{f}(0)\right]$$

$$\vdots$$

$$\mathscr{L}\left[\frac{\mathrm{d}^nf(t)}{\mathrm{d}t^n}\right]=s^nF(s)-\left[s^{n-1}f(0)+s^{n-2}\dot{f}(0)+\cdots+f^{(n-1)}(0)\right]$$

式中，$f(0),\dot{f}(0),\ddot{f}(0),\cdots,f^{(n-1)}(0)$ 为 $f(t)$ 及其各阶导数在 $t=0$ 时的值。

显然，如果原函数 $f(t)$ 及其各阶导数的初值都等于零，则原函数 $f(t)$ 的 n 阶导数的拉普拉斯变换就等于其象函数 $F(s)$ 乘以 s^n，即

$$\mathscr{L}\left[\frac{\mathrm{d}^nf(t)}{\mathrm{d}t^n}\right]=s^nF(s)$$

（3）积分定理。

设 $F(s)=\mathscr{L}[f(t)]$，则有

$$\mathscr{L}\left[\int f(t)\mathrm{d}t\right]=\frac{1}{s}F(s)+\frac{1}{s}f^{-1}(0)$$

式中，$f^{-1}(0)$ 是 $\int f(t)\mathrm{d}t$ 在 $t=0$ 时的值。

证明：由式（2-41）有

$$\mathscr{L}\left[\int f(t)\mathrm{d}t\right]=\int_0^{\infty}\left[\int f(t)\mathrm{d}t\right]\mathrm{e}^{-st}\mathrm{d}t$$

采用分部积分法，令 $u=\int f(t)\mathrm{d}t$、$\mathrm{d}v=\mathrm{e}^{-st}\mathrm{d}t$，则有

$$\mathscr{L}\left[\int f(t)\mathrm{d}t\right]=\left[-\frac{1}{s}\mathrm{e}^{-st}\int f(t)\mathrm{d}t\right]\Bigg|_0^{\infty}+\frac{1}{s}\int_0^{\infty}f(t)\mathrm{e}^{-st}\mathrm{d}t=\frac{1}{s}f^{-1}(0)+\frac{1}{s}F(s)$$

同理，对于 $f(t)$ 的多重积分的拉普拉斯变换，有

$$\mathscr{L}\left[\iint f(t)(\mathrm{d}t)^2\right]=\frac{1}{s^2}F(s)+\frac{1}{s^2}f^{-1}(0)+\frac{1}{s}f^{-2}(0)$$

$$\vdots$$

$$\mathscr{L}\left[\underbrace{\int\cdots\int}_{n}f(t)(\mathrm{d}t)^n\right]=\frac{1}{s^n}F(s)+\frac{1}{s^n}f^{-1}(0)+\frac{1}{s^{n-1}}f^{-2}(0)+\cdots+\frac{1}{s}f^{-n}(0)$$

式中，$f^{-1}(0)$，$f^{-2}(0)$，$\cdots$，$f^{-n}(0)$ 为 $f(t)$ 的各重积分在 $t=0$ 时的值。若 $f^{-1}(0)=f^{-2}(0)=\cdots=f^{-n}(0)=0$，则有

$$\mathscr{L}\left[\underbrace{\int\cdots\int}_{n}f(t)(\mathrm{d}t)^n\right]=\frac{1}{s^n}F(s)$$

即原函数 $f(t)$ 的 n 重积分的拉普拉斯变换等于其象函数 $F(s)$ 除以 s^n。

（4）初值定理。

若函数 $f(t)$ 及其一阶导数都是可进行拉普拉斯变换的，则函数 $f(t)$ 的初值为

$$f(0_+)=\lim_{t\to 0_+}f(t)=\lim_{s\to\infty}sF(s)$$

即原函数 $f(t)$ 在自变量趋于零（从正项趋于零）时的极限值取决于其象函数 $F(s)$ 在自变量趋于无穷大时的极限值。

证明：由微分定理可知

$$\int_0^{\infty}\frac{\mathrm{d}f(t)}{\mathrm{d}t}\mathrm{e}^{-st}\mathrm{d}t=sF(s)-f(0)$$

令 $s\to\infty$，对等式两边取极限，得

$$\lim_{s\to\infty}\int_0^{\infty}\frac{\mathrm{d}f(t)}{\mathrm{d}t}\mathrm{e}^{-st}\mathrm{d}t=\lim_{s\to\infty}\left[sF(s)-f(0)\right]$$

在 $0_+<t<\infty$ 时间区间内，当 $s\to\infty$ 时，$\mathrm{e}^{-st}\to 0$，因此等式左边为

$$\lim_{s\to\infty}\int_{0_+}^{\infty}\frac{\mathrm{d}f(t)}{\mathrm{d}t}\mathrm{e}^{-st}\mathrm{d}t=\int_{0_+}^{\infty}\frac{\mathrm{d}f(t)}{\mathrm{d}t}\lim_{s\to\infty}\mathrm{e}^{-st}\mathrm{d}t=0$$

于是

$$\lim_{s\to\infty}\left[sF(s)-f(0_+)\right]=0$$

即

$$f(0_+)=\lim_{t\to 0_+}f(t)=\lim_{s\to\infty}sF(s)$$

式中，$f(0_+)$ 表示 $f(t)$ 在 $t=0_+$ 时的值。

（5）终值定理。

若函数 $f(t)$ 及其一阶导数都是可进行拉普拉斯变换的，则函数 $f(t)$ 的终值为

$$\lim_{t\to\infty}f(t)=\lim_{s\to 0}sF(s)$$

即原函数 $f(t)$ 在自变量趋于无穷大时的极限值取决于象函数 $F(s)$ 在自变量趋于零时的极限值。

证明：由微分定理可知

$$\int_0^{\infty}\frac{\mathrm{d}f(t)}{\mathrm{d}t}\mathrm{e}^{-st}\mathrm{d}t = sF(s)-f(0)$$

令 $s\to 0$，对等式两边取极限，得

$$\lim_{s\to 0}\int_0^{\infty}\frac{\mathrm{d}f(t)}{\mathrm{d}t}\mathrm{e}^{-st}\mathrm{d}t = \lim_{s\to 0}[sF(s)-f(0)]$$

等式左边为

$$\lim_{s\to 0}\int_0^{\infty}\frac{\mathrm{d}f(t)}{\mathrm{d}t}\mathrm{e}^{-st}\mathrm{d}t = \int_0^{\infty}\frac{\mathrm{d}f(t)}{\mathrm{d}t}\lim_{s\to 0}\mathrm{e}^{-st}\mathrm{d}t = \int_0^{\infty}\mathrm{d}f(t) = \lim_{t\to\infty}\int_0^{t}\mathrm{d}f(t) = \lim_{t\to\infty}[f(t)-f(0)]$$

于是

$$\lim_{t\to\infty}f(t) = \lim_{s\to 0}sF(s)$$

注意：当 $f(t)$ 是周期函数时，如正弦函数 $\sin\omega t$，由于它没有终值，故终值定理不适用。

（6）位移定理。

设 $F(s)=\mathscr{L}[f(t)]$，则有

$$\mathscr{L}[f(t-\tau_0)] = \mathrm{e}^{-\tau_0 s}F(s)$$

$$\mathscr{L}[\mathrm{e}^{\alpha t}f(t)] = F(s-\alpha)$$

它们分别表示实域中的位移定理和复域中的位移定理。

证明： 由式（2-41）可知

$$\mathscr{L}[f(t-\tau_0)] = \int_0^{\infty}f(t-\tau_0)\mathrm{e}^{-st}\mathrm{d}t$$

令 $t-\tau_0=\tau$，则有

$$\mathscr{L}[f(t-\tau_0)] = \int_{-\tau_0}^{\infty}f(\tau)\mathrm{e}^{-s(\tau+\tau_0)}\mathrm{d}\tau = \mathrm{e}^{-\tau_0 s}\int_{-\tau_0}^{\infty}f(\tau)\mathrm{e}^{-\tau s}\mathrm{d}\tau = \mathrm{e}^{-\tau_0 s}F(s)$$

上式表示实域中的位移定理，即当原函数 $f(t)$ 沿时间轴平移 τ_0 时，相当于其象函数 $F(s)$ 乘以 $\mathrm{e}^{-\tau_0 s}$。

同样，由式（2-41）可知

$$\mathscr{L}[\mathrm{e}^{\alpha t}f(t)] = \int_0^{\infty}\mathrm{e}^{\alpha t}f(t)\mathrm{e}^{-st}\mathrm{d}t = \int_0^{\infty}f(t)\mathrm{e}^{-(s-\alpha)t}\mathrm{d}t = F(s-\alpha)$$

上式表示复域中的位移定理，即当象函数 $F(s)$ 的自变量 s 位移 α 时，相当于其原函数 $f(t)$ 乘以 $\mathrm{e}^{\alpha t}$。

位移定理在工程上很有用，可方便地求一些复杂函数的拉普拉斯变换。例如，由

$$\mathscr{L}[\sin\omega t] = \frac{\omega}{s^2+\omega^2}$$

可直接求得

$$\mathscr{L}[\mathrm{e}^{-\alpha t}\sin\omega t] = \frac{\omega}{(s+\alpha)^2+\omega^2}$$

（7）相似定理。

设 $F(s)=\mathscr{L}[f(t)]$，则有

$$\mathscr{L}\left[f\left(\frac{t}{a}\right)\right] = aF(as)$$

式中，a 为实常数。上式表示当原函数 $f(t)$ 的自变量 t 的比例尺改变（见图 2-2）时，其象函数 $F(s)$ 具有类似的形式。

证明： 由式（2-41）可知

$$\mathscr{L}\left[f\left(\frac{t}{a}\right)\right]=\int_0^{\infty} f\left(\frac{t}{a}\right)\mathrm{e}^{-st}\mathrm{d}t$$

令 $t/a=\tau$，则有

$$\mathscr{L}\left[f\left(\frac{t}{a}\right)\right]=a\int_0^{\infty} f(\tau)\mathrm{e}^{-as\tau}\mathrm{d}\tau=aF(as)$$

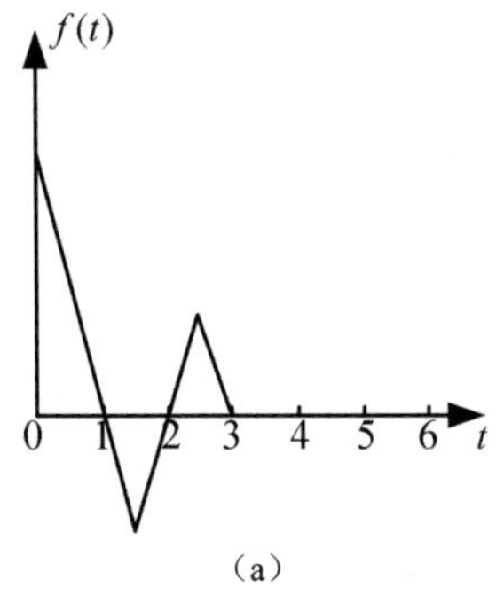

（a）

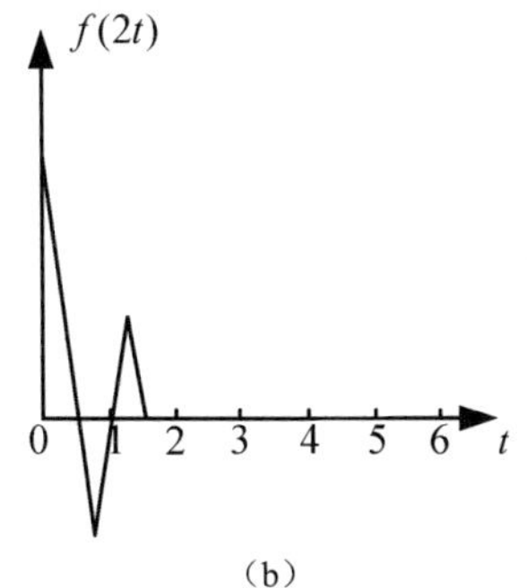

（b）

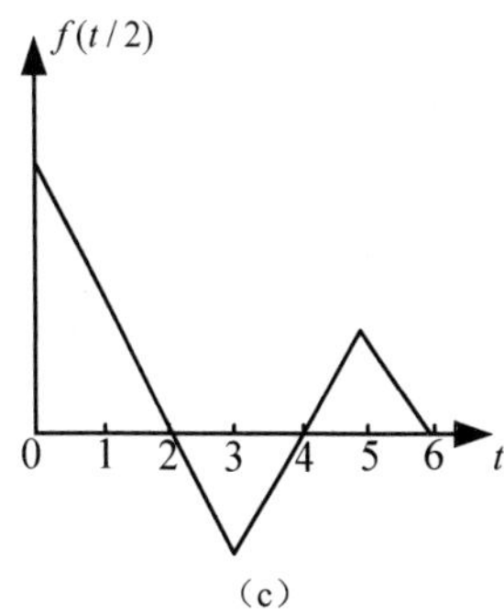

（c）

图 2-2 函数 $f(t)$、$f(2t)$、$f(t/2)$

（8）卷积定理。

设 $F_1(s)=\mathscr{L}[f_1(t)]$、$F_2(s)=\mathscr{L}[f_2(t)]$，则有

$$F_1(s)F_2(s)=\mathscr{L}\left[\int_0^t f_1(t-\tau)f_2(\tau)\mathrm{d}\tau\right]$$

式中，$\int_0^t f_1(t-\tau)f_2(\tau)\mathrm{d}\tau$ 叫作 $f_1(t)$ 和 $f_2(t)$ 的卷积，可写为 $f_1(t)*f_2(t)$。因此，上式表示两个原函数的卷积相当于其象函数的乘积。

证明：由式（2-41）可知

$$\mathscr{L}\left[\int_0^t f_1(t-\tau)f_2(\tau)\mathrm{d}\tau\right]=\int_0^{\infty}\left[\int_0^t f_1(t-\tau)f_2(\tau)\mathrm{d}\tau\right]\mathrm{e}^{-st}\mathrm{d}t$$

为了变积分限为 0 到 ∞，引入单位阶跃函数 $1(t-\tau)$，即有

$$f_1(t-\tau)1(t-\tau)=\begin{cases}0 & t<\tau\\ f_1(t-\tau) & t>\tau\end{cases}$$

因此

$$\int_0^t f_1(t-\tau)f_2(\tau)\mathrm{d}\tau=\int_0^{\infty} f_1(t-\tau)1(t-\tau)f_2(\tau)\mathrm{d}\tau$$

于是

$$\begin{aligned}\mathscr{L}\left[\int_0^t f_1(t-\tau)f_2(\tau)\mathrm{d}\tau\right]&=\int_0^{\infty}\int_0^{\infty} f_1(t-\tau)1(t-\tau)f_2(\tau)\mathrm{d}\tau\mathrm{e}^{-st}\mathrm{d}t=\int_0^{\infty} f_2(\tau)\mathrm{d}\tau\int_0^{\infty} f_1(t-\tau)1(t-\tau)\mathrm{e}^{-st}\mathrm{d}t\\&=\int_0^{\infty} f_2(\tau)\mathrm{d}\tau\int_{\tau}^{\infty} f_1(t-\tau)\mathrm{e}^{-st}\mathrm{d}t\end{aligned}$$

令 $t-\tau=\lambda$，可得

$$\mathscr{L}\left[\int_0^t f_1(t-\tau)f_2(\tau)\mathrm{d}\tau\right]=\int_0^{\infty} f_2(\tau)\mathrm{d}\tau\int_0^{\infty} f_1(\lambda)\mathrm{e}^{-s\lambda}\mathrm{e}^{-s\tau}\mathrm{d}\lambda=\int_0^{\infty} f_2(\tau)\mathrm{e}^{-s\tau}\mathrm{d}\tau\int_0^{\infty} f_1(\lambda)\mathrm{e}^{-s\lambda}\mathrm{d}\lambda=F_2(s)F_1(s)$$

表 2-2 简要列出了拉普拉斯变换的基本特性。

表 2-2 拉普拉斯变换的基本特性

序号	基本运算	$f(t)$	$F(s)=\mathscr{L}[f(t)]$
1	拉普拉斯变换的定义	$f(t)$	$F(s)=\int_0^\infty f(t)\mathrm{e}^{-st}\mathrm{d}t$
2	位移（时域）	$f(t-\tau_0)1(t-\tau_0)$	$\mathrm{e}^{-\tau_0 s}F(s)$，$\tau_0>0$
3	相似性	$f(at)$	$\frac{1}{a}F(\frac{s}{a})$，$a>0$
4	一阶导数	$\frac{\mathrm{d}f(t)}{\mathrm{d}t}$	$sF(s)-f(0)$
5	n 阶导数	$\frac{\mathrm{d}^n}{\mathrm{d}t^n}f(t)$	$s^nF(s)-s^{n-1}f(0)-s^{n-2}f'(0)-\cdots-f^{(n-1)}(0)$
6	不定积分	$\int f(t)\mathrm{d}t$	$\frac{1}{s}[F(s)+f^{(-1)}(0)]$
7	定积分	$\int_0^t f(t)\mathrm{d}t$	$\frac{1}{s}F(s)$
8	函数乘以 t	$tf(t)$	$-\frac{\mathrm{d}}{\mathrm{d}s}F(s)$
9	函数除以 t	$\frac{1}{t}f(t)$	$\int_s^\infty F(s)\mathrm{d}s$
10	位移（复域）	$\mathrm{e}^{-at}f(t)$	$F(s+a)$
11	初值	$\lim\limits_{t\to 0_+}f(t)$	$\lim\limits_{s\to\infty}sF(s)$
12	终值	$\lim\limits_{t\to\infty}f(t)$	$\lim\limits_{s\to 0}sF(s)$
13	卷积	$f_1(t)*f_2(t)=\int_0^t f_1(\tau)f_2(t-\tau)\mathrm{d}\tau$	$F_1(s)F_2(s)$

3. 拉普拉斯反变换

要由象函数 $F(s)$ 求原函数 $f(t)$，可根据式（2-42）进行计算。对于简单的象函数，可直接应用拉普拉斯变换对照表（见表 2-3）查出相应的原函数。在工程实践中，当求复杂象函数的原函数时，通常先用部分分式展开法（也称海维赛德展开定理）将复杂象函数展开成简单象函数的和，再应用拉普拉斯变换对照表。

表 2-3 拉普拉斯变换对照表（常用函数）

序号	象函数 $F(s)$	原函数 $f(t)$
1	1	$\delta(t)$
2	$\frac{1}{s}$	$1(t)$
3	$\frac{1}{s^2}$	t
4	$\frac{1}{s^n}$	$\frac{t^{n-1}}{(n-1)!}$
5	$\frac{1}{s+a}$	e^{-at}
6	$\frac{1}{(s+a)(s+b)}$	$\frac{1}{(b-a)}(\mathrm{e}^{-at}-\mathrm{e}^{-bt})$
7	$\frac{s+a_0}{(s+a)(s+b)}$	$\frac{1}{(b-a)}\left[(a_0-a)\mathrm{e}^{-at}-(a_0-b)\mathrm{e}^{-bt}\right]$
8	$\frac{1}{s(s+a)(s+b)}$	$\frac{1}{ab}+\frac{1}{ab(a-b)}(b\mathrm{e}^{-at}-a\mathrm{e}^{-bt})$
9	$\frac{s+a_0}{s(s+a)(s+b)}$	$\frac{a_0}{ab}+\frac{a_0-a}{a(a-b)}\mathrm{e}^{-at}+\frac{a_0-b}{b(b-a)}\mathrm{e}^{-bt}$

续表

序号	象函数 $F(s)$	原函数 $f(t)$
10	$\dfrac{s^2+a_1s+a_0}{s(s+a)(s+b)}$	$\dfrac{a_0}{ab}+\dfrac{a^2-a_1a+a_0}{a(a-b)}\mathrm{e}^{-at}-\dfrac{b^2-a_1b+a_0}{b(a-b)}\mathrm{e}^{-bt}$
11	$\dfrac{1}{(s+a)(s+b)(s+c)}$	$\dfrac{\mathrm{e}^{-at}}{(b-a)(c-a)}+\dfrac{\mathrm{e}^{-bt}}{(a-b)(c-b)}+\dfrac{\mathrm{e}^{-ct}}{(a-c)(b-c)}$
12	$\dfrac{s+a_0}{(s+a)(s+b)(s+c)}$	$\dfrac{a_0-a}{(b-a)(c-a)}\mathrm{e}^{-at}+\dfrac{a_0-b}{(a-b)(c-b)}\mathrm{e}^{-bt}+\dfrac{a_0-c}{(a-c)(b-c)}\mathrm{e}^{-ct}$
13	$\dfrac{s^2+a_1s+a_0}{(s+a)(s+b)(s+c)}$	$\dfrac{a^2-a_1a+a_0}{(b-a)(c-a)}\mathrm{e}^{-at}+\dfrac{b^2-a_1b+a_0}{(a-b)(c-b)}\mathrm{e}^{-bt}+\dfrac{c^2-a_1c+a_0}{(a-c)(b-c)}\mathrm{e}^{-ct}$
14	$\dfrac{1}{s^2+\omega^2}$	$\dfrac{1}{\omega}\sin\omega t$
15	$\dfrac{s}{s^2+\omega^2}$	$\cos\omega t$
16	$\dfrac{s+a_0}{s^2+\omega^2}$	$\dfrac{1}{\omega}(a^2+\omega^2)^{1/2}\sin(\omega t+\varphi)$， $\varphi\overset{\text{def}}{=}\arctan\dfrac{\omega}{a_0}$
17	$\dfrac{1}{s(s^2+\omega^2)}$	$\dfrac{1}{\omega^2}(1-\cos\omega t)$
18	$\dfrac{s+a_0}{s(s^2+\omega^2)}$	$\dfrac{a_0}{\omega^2}-\dfrac{({a_0}^2+\omega^2)^{1/2}}{\omega^2}\cos(\omega t+\varphi)$， $\varphi\overset{\text{def}}{=}\arctan\dfrac{\omega}{a_0}$
19	$\dfrac{s+a_0}{(s+a)(s^2+\omega^2)}$	$\dfrac{a_0-a}{a^2+\omega^2}\mathrm{e}^{-at}+\dfrac{1}{\omega}\left[\dfrac{{a_0}^2+\omega^2}{a^2+\omega^2}\right]^{1/2}\sin(\omega t+\varphi)$ $\varphi\overset{\text{def}}{=}\arctan\dfrac{\omega}{a_0}-\arctan\dfrac{\omega}{a}$
20	$\dfrac{1}{(s+a)^2+\omega^2}$	$\dfrac{1}{\omega}\mathrm{e}^{-at}\sin\omega t$
21	$\dfrac{s+a_0}{(s+a)^2+\omega^2}$	$\dfrac{1}{\omega}[(a_0-a)^2+\omega^2]^{1/2}\mathrm{e}^{-at}\sin(\omega t+\varphi)$ $\varphi\overset{\text{def}}{=}\arctan\dfrac{\omega}{a_0-a}$
22	$\dfrac{s+a}{(s+a)^2+\omega^2}$	$\mathrm{e}^{-at}\cos\omega t$
23	$\dfrac{1}{s[(s+a)^2+\omega^2]}$	$\dfrac{1}{a^2+\omega^2}-\dfrac{1}{(a^2+\omega^2)^{1/2}\omega}\mathrm{e}^{-at}\sin(\omega t-\varphi)$ $\varphi\overset{\text{def}}{=}\arctan\dfrac{\omega}{-a}$
24	$\dfrac{s+a_0}{s[(s+a)^2+\omega^2]}$	$\dfrac{a_0}{a^2+\omega^2}+\dfrac{[(a_0-a)^2+\omega^2]^{1/2}}{\omega(a^2+\omega^2)^{1/2}}\mathrm{e}^{-at}\sin(\omega t+\varphi)$ $\varphi\overset{\text{def}}{=}\arctan\dfrac{\omega}{a_0-a}-\arctan\dfrac{\omega}{-a}$
25	$\dfrac{s^2+a_1s+a_0}{s[(s+a)^2+\omega^2]}$	$\dfrac{a_0}{a^2+\omega^2}+\dfrac{\left[(a^2-\omega^2-a_1a+a_0)^2+\omega^2(a_1-2a)^2\right]^{1/2}}{\omega(a^2+\omega^2)^{1/2}}\mathrm{e}^{-at}\sin(\omega t+\varphi)$ $\varphi\overset{\text{def}}{=}\arctan\dfrac{\omega(a_1-2a)}{a^2-\omega^2-a_1a+a_0}-\arctan\dfrac{\omega}{-a}$
26	$\dfrac{1}{(s+c)[(s+a)^2+\omega^2]}$	$\dfrac{\mathrm{e}^{-ct}}{(c-a)^2+\omega^2}+\dfrac{\mathrm{e}^{-at}}{\omega[(c-a)^2+\omega^2]^{1/2}}\sin(\omega t-\varphi)$ $\varphi\overset{\text{def}}{=}\arctan\dfrac{\omega}{c-a}$
27	$\dfrac{s+a_0}{(s+c)[(s+a)^2+\omega^2]}$	$\dfrac{a_0-c}{(a-c)^2+\omega^2}\mathrm{e}^{-ct}+\dfrac{1}{\omega}\left[\dfrac{(a_0-a)^2+\omega^2}{(c-a)^2+\omega^2}\right]^{1/2}\mathrm{e}^{-at}\sin(\omega t+\varphi)$ $\varphi\overset{\text{def}}{=}\arctan\dfrac{\omega}{a_0-a}-\arctan\dfrac{\omega}{c-a}$

续表

序号	象函数 $F(s)$	原函数 $f(t)$
28	$\dfrac{1}{s(s+c)[(s+a)^2+\omega^2]}$	$\dfrac{1}{c(a^2+\omega^2)}-\dfrac{e^{-ct}}{c[(c-a)^2+\omega^2]}+\dfrac{e^{-at}}{\omega(a^2+\omega^2)^{1/2}[(c-a)^2+\omega^2]^{1/2}}\sin(\omega t-\varphi)$ $\varphi \overset{\text{def}}{=} \arctan\dfrac{\omega}{-a}+\arctan\dfrac{\omega}{c-a}$
29	$\dfrac{s+a_0}{s(s+c)[(s+a)^2+\omega^2]}$	$\dfrac{a_0}{c(a^2+\omega^2)}+\dfrac{(c-a_0)e^{-ct}}{c[(c-a)^2+\omega^2]}+\dfrac{e^{-at}}{\omega(a^2+\omega^2)^{1/2}}\left[\dfrac{(a_0-a)^2+\omega^2}{(c-a)^2+\omega^2}\right]^{1/2}\sin(\omega t+\varphi)$ $\varphi \overset{\text{def}}{=} \arctan\dfrac{\omega}{a_0-a}-\arctan\dfrac{\omega}{c-a}-\arctan\dfrac{\omega}{-a}$
30	$\dfrac{1}{s^2(s+a)}$	$\dfrac{e^{-at}+at-1}{a^2}$
31	$\dfrac{s+a_0}{s^2(s+a)}$	$\dfrac{a_0-a}{a^2}e^{-at}+\dfrac{a_0}{a}t+\dfrac{a_0-a}{a^2}$
32	$\dfrac{s^2+a_1s+a_0}{s^2(s+a)}$	$\dfrac{a^2-a_1a+a_0}{a^2}e^{-at}+\dfrac{a_0}{a}t+\dfrac{a_1a-a_0}{a^2}$
33	$\dfrac{s+a_0}{(s+a)^2}$	$[(a_0-a)t+1]e^{-at}$
34	$\dfrac{1}{(s+a)^n}$	$\dfrac{1}{(n-1)!}t^{n-1}e^{-at}$
35	$\dfrac{1}{s(s+a)^2}$	$\dfrac{1-(1+at)e^{-at}}{a^2}$
36	$\dfrac{s+a_0}{s(s+a)^2}$	$\dfrac{a_0}{a^2}+\left(\dfrac{a-a_0}{a}t-\dfrac{a_0}{a^2}\right)e^{-at}$
37	$\dfrac{s^2+a_1s+a_0}{s(s+a)^2}$	$\dfrac{a_0}{a}+\left(\dfrac{a_1a-a_0-a^2}{a}t+\dfrac{a^2-a_0}{a^2}\right)e^{-at}$
38	$\dfrac{1}{s(s+a)}$	$\dfrac{1}{a}(1-e^{-at})$
39	$\dfrac{s+a_0}{s(s+a)}$	$\dfrac{1}{a}\left[a_0-(a_0-a)e^{-at}\right]$
40	$\dfrac{s}{s^2+2\zeta\omega_n s+\omega_n^2}$	$\dfrac{-1}{\sqrt{1-\zeta^2}}e^{-\zeta\omega_n t}\sin(\omega_n\sqrt{1-\zeta^2}t-\varphi)$，$\varphi=\arctan\sqrt{1-\zeta^2}/\zeta$
41	$\dfrac{\omega_n^2}{s^2+2\zeta\omega_n s+\omega_n^2}$	$\dfrac{\omega_n}{\sqrt{1-\zeta^2}}e^{-\zeta\omega_n t}\sin(\omega_n\sqrt{1-\zeta^2}t)$
42	$\dfrac{\omega_n^2}{s(s^2+2\zeta\omega_n s+\omega_n^2)}$	$1-\dfrac{1}{\sqrt{1-\zeta^2}}e^{-\zeta\omega_n t}\sin(\omega_n\sqrt{1-\zeta^2}t+\varphi)$，$\varphi=\arctan\sqrt{1-\zeta^2}/\zeta$

一般，象函数 $F(s)$ 是复变数 s 的有理代数分式，即 $F(s)$ 可表示为如下两个 s 多项式比的形式：

$$F(s)=\frac{B(s)}{A(s)}=\frac{b_0s^m+b_1s^{m-1}+\cdots+b_{m-1}s+b_m}{s^n+a_1s^{n-1}+\cdots+a_{n-1}s+a_n}$$

式中，系数 a_i、b_i 都是实常数；m、n 是正整数，通常 $m<n$。为了将 $F(s)$ 写为部分分式形式，首先对 $F(s)$ 的分母进行因式分解，有

$$F(s)=\frac{B(s)}{A(s)}=\frac{b_0s^m+b_1s^{m-1}+\cdots+b_{m-1}s+b_m}{(s-s_1)(s-s_2)\cdots(s-s_n)}$$

式中，$s_1,s_2,\cdots,s_n$ 是 $A(s)=0$ 的根，称为 $F(s)$ 的极点。按照这些根的性质，分以下两种情况进行研究。

（1） $A(s)=0$ 无重根。

当 $A(s)=0$ 无重根时，$F(s)$ 可展开为 n 个简单的部分分式之和，每个部分分式都除以 $A(s)$

的一个因式作为其分母，即

$$F(s)=\frac{c_1}{s-s_1}+\frac{c_2}{s-s_2}+\cdots+\frac{c_i}{s-s_i}+\cdots+\frac{c_n}{s-s_n}=\sum_{i=1}^{n}\frac{c_i}{s-s_i} \tag{2-43}$$

式中，c_i 为待定常数，称为 $F(s)$ 在极点 s_i 处的留数，其可按下式计算：

$$c_i=\lim_{s\to s_i}(s-s_i)F(s) \tag{2-44}$$

或

$$c_i=\left.\frac{B(s)}{\dot{A}(s)}\right|_{s=s_i} \tag{2-45}$$

式中，$\dot{A}(s)$ 为 $A(s)$ 对 s 求一阶导数。

根据拉普拉斯变换的线性性质，由式（2-43）可求得 $F(s)$ 的原函数为

$$f(t)=\mathscr{L}^{-1}[F(s)]=\mathscr{L}^{-1}\left[\sum_{i=1}^{n}\frac{c_i}{s-s_i}\right]=\sum_{i=1}^{n}c_i\mathrm{e}^{s_it} \tag{2-46}$$

表明有理代数分式函数的拉普拉斯反变换可表示为若干指数项之和。

（2）$A(s)=0$ 有重根。

设 $A(s)=0$ 有 r 个重根 s_1，则 $F(s)$ 可写为

$$F(s)=\frac{B(s)}{(s-s_1)^r(s-s_{r+1})\cdots(s-s_n)}=\frac{c_r}{(s-s_1)^r}+\frac{c_{r-1}}{(s-s_{r+1})^{r-1}}+\cdots+\frac{c_1}{s-s_1}+\frac{c_{r+1}}{s-s_{r+1}}+\cdots+\frac{c_n}{s-s_n}$$

式中，s_1 为 $F(s)$ 的重极点；$s_{r+1},\cdots,s_n$ 为 $F(s)$ 的 $(n-r)$ 个非重极点；$c_r,c_{r-1},\cdots,c_1,c_{r+1},\cdots,c_n$ 为待定常数，其中，$c_{r+1},\cdots,c_n$ 按式（2-44）或式（2-45）进行计算，但 $c_r,c_{r-1},\cdots,c_1$ 应分别按下面的公式进行计算：

$$\begin{aligned}
c_r&=\lim_{s\to s_1}(s-s_1)^rF(s)\\
c_{r-1}&=\lim_{s\to s_1}\frac{\mathrm{d}}{\mathrm{d}s}\left[(s-s_1)^rF(s)\right]\\
&\vdots\\
c_{r-j}&=\frac{1}{j!}\lim_{s\to s_1}\frac{\mathrm{d}^{(j)}}{\mathrm{d}s^j}\left[(s-s_1)^rF(s)\right]\\
&\vdots\\
c_1&=\frac{1}{(r-1)!}\lim_{s\to s_1}\frac{\mathrm{d}^{(r-1)}}{\mathrm{d}s^{r-1}}\left[(s-s_1)^rF(s)\right]
\end{aligned} \tag{2-47}$$

因此，原函数 $f(t)$ 为

$$\begin{aligned}
f(t)&=\mathscr{L}^{-1}\left[F(s)\right]=\mathscr{L}^{-1}\left[\frac{c_r}{(s-s_1)^r}+\frac{c_{r-1}}{(s-s_1)^{r-1}}+\cdots+\frac{c_1}{s-s_1}+\frac{c_{r+1}}{s-s_{r+1}}+\cdots+\frac{c_n}{s-s_n}\right]\\
&=\left[\frac{c_r}{(r-1)!}t^{r-1}+\frac{c_{r-1}}{(r-2)!}t^{r-2}+\cdots+c_2t+c_1\right]\mathrm{e}^{s_1t}+\sum_{i=r+1}^{n}c_i\mathrm{e}^{s_it}
\end{aligned} \tag{2-48}$$

2.4 随机数学分析

2.4.1 大数定律和中心极限定理

在随机数学中，如果 $X_1, X_2, \cdots, X_n$ 为随机变量，则 $X_1 + X_2 + \cdots + X_n$ 的分布计算较为复杂。因而自然地提出问题：可否利用极限的方法来近似计算？事实证明这不但是可能的，而且更有利的是，在很一般的情况下，和的极限分布就是正态分布。这一事实增加了正态分布的重要性，习惯上把和的分布收敛于正态分布的一类定理叫作中心极限定理。

在随机数学中，另一类重要的极限定理就是所谓的大数定律。它是由概率的统计定义“频率收敛于概率”引申而来的，为描述这一点，这里把频率通过一些随机变量的和表示出来，设做了 n 次试验（独立试验），每次都观察事件 A 是否发生。

定义如下随机变量：

$$X_i = \begin{cases} 1 & 在进行第i次试验时事件A发生 \\ 0 & 在进行第i次试验时事件A不发生 \end{cases}$$

式中，$i = 1, 2, \cdots, n$。在这 n 次试验中，事件 A 一共出现了 $X_1 + X_2 + \cdots + X_n$ 次，而频率为 $p_n = (X_1 + X_2 + \cdots + X_n) / n = \bar{X}_n$。若 $P(A) = p$，则“频率收敛于概率”就是说，在某种意义下，当 n 很大时，p_n 接近 p。p 就是 X_i 的期望值，故其可以写为

当 n 很大时，$\bar{X}_n$ 接近 X_i 的期望值

按这个表述，问题就可以不必局限于 X_i 只取 0、1 两个值的情形，事实也是如此。这就是较一般情况下的大数定律。“大数”的意思就是涉及大量数目的观察值 X_i，它表明这种定律中指出的现象只有在大量的试验和观察之下才能成立。

1. 大数定律

定理 1（切比雪夫不等式）设 X 是一个随机变量，数学期望 $E(X)$ 与方差 $D(X)$ 都存在，对任意给定的常数 $\varepsilon < 0$，有

$$P\{|X - E(X)| \geqslant \varepsilon\} \leqslant \frac{D(X)}{\varepsilon^2}$$

等价于

$$P\{|X - E(X)| < \varepsilon\} \geqslant 1 - \frac{D(X)}{\varepsilon^2}$$

定义 1 设 $\{X_n\}$ 是一个随机变量序列，若对任意的 $\varepsilon > 0$，有

$$\lim_{n \to \infty} P\{|X_n - X| \geqslant \varepsilon\} = 0$$

则称 $\{X_n\}$ 依概率收敛于 X，记为 $X_n \to X$。

定义 2 设 $\{X_n\}$ 是一个随机变量序列，若

$$\lim_{n \to \infty} P\left\{\left|\frac{1}{n}\sum_{i=1}^{n} X_i - \frac{1}{n}\sum_{i=1}^{n} EX_n\right| \geqslant \varepsilon\right\} = 0$$

成立，则称随机变量序列 $\{X_n\}$ 服从大数定律。

定理 2（切比雪夫大数定律）设 $X_1, X_2, \cdots, X_n$ 是一个相互独立的随机变量序列，若存在

常数C，使得$D(X_i)\leqslant C$，$i=1,2,\cdots,n$，则对任意的$\varepsilon>0$，有

$$\lim_{n\to\infty}P\left\{\left|\frac{1}{n}\sum_{i=1}^{n}X_i-\frac{1}{n}\sum_{i=1}^{n}E\left(X_i\right)\right|\geqslant\varepsilon\right\}=0$$

定理 3（伯努利大数定律）设n_A是n重伯努利试验中事件A出现的次数，并且A在每次试验中出现的概率为p（$0<p<1$），则对于任意的$\varepsilon>0$，有

$$\lim_{n\to\infty}P\left\{\left|\frac{n_A}{n}-p\right|\geqslant\varepsilon\right\}=0$$

即频率$\frac{n_A}{n}$依概率收敛于p，记为

$$\frac{n_A}{n}\xrightarrow{p}p$$

定理 4（马尔可夫大数定律）设$\{X_n\}$是一个随机变量序列，若$\lim\limits_{n\to\infty}\frac{1}{n^2}D\left(\sum\limits_{i=1}^{n}X_i\right)\to 0$，则对任意的$\varepsilon>0$，有

$$\lim_{n\to\infty}P\left\{\left|\frac{1}{n}\sum_{i=1}^{n}X_i-\frac{1}{n}\sum_{i=1}^{n}EX_i\right|\geqslant\varepsilon\right\}=0$$

定理 5（辛钦大数定律）设$X_1,X_2,\cdots,X_n$独立同分布，数学期望为μ，则对任意的$\varepsilon>0$，有

$$\lim_{n\to\infty}P\left\{\left|\frac{1}{n}\sum_{i=1}^{n}X_i-\mu\right|\geqslant\varepsilon\right\}=0$$

或

$$\frac{1}{n}\sum_{i=1}^{n}X_i\xrightarrow{p}\mu$$

2. 中心极限定理

定理 1（林德伯格-列维中心极限定理）设$X_1,X_2,\cdots,X_n$独立同分布，且$E\left(X_i\right)=\mu$，$D\left(X_i\right)=\sigma^2$，则对任意的实数$x$，有

$$\lim_{n\to\infty}P\left\{\frac{\sum\limits_{i=1}^{n}X_i-n\mu}{\sqrt{n}\sigma}\leqslant x\right\}=\frac{1}{\sqrt{2\pi}}\int_{-\infty}^{x}\mathrm{e}^{-\frac{t^2}{2}}\mathrm{d}t=\Phi(x)$$

显然，$\Phi\left(x\right)$是标准正态分布$N\left(0,1\right)$的分布函数，定理 1 说明，虽然在一般情况下很难求出$\sum\limits_{i=1}^{n}X_i$的分布的确切形式，但当n很大时，可以通过$\Phi\left(x\right)$给出其近似值。

定理 2（棣莫弗一拉普拉斯中心极限定理）设n_A是n重伯努利试验中事件A出现的次数，A在每次试验中出现的概率为$p(0<p<1)$，则对任意的实数x，有

$$\lim_{n\to\infty}P\left\{\frac{n_A-np}{\sqrt{np(1-p)}}\leqslant x\right\}=\Phi(x)$$

2.4.2 随机过程

1. 随机过程的定义

设T是某个确定的实数集合，对于每个$t_i \in T$，集合$\{\boldsymbol{x}(t_i)\} = \left\{\left[x_1(t_i), x_2(t_i), \cdots, x_N(t_i)\right]^{\mathrm{T}}\right\}$是一个在$N$维欧几里得空间取值的$N$维随机变量，则全部$t \in T$的$N$维随机变量族$\chi = \{\boldsymbol{x}(t), t \in T\}$就称为$N$维随机过程，又称$N$维随机函数。

定义如下概念。

（1）样本：对于固定的$t = t_i \in T$，$\boldsymbol{x}(t_i)$称为一个事件（或样本）。

（2）样本空间：样本的集合$\{\boldsymbol{x}(t_i)\}$称为样本空间。

（3）样本函数：对于$\boldsymbol{x}(t)$，称之为一条轨迹或一个样本函数（或一个实现）。

（4）样本函数空间（随机过程）：所有样本函数$\boldsymbol{x}(t)$的集合称为样本函数空间χ，即$\chi = \{\boldsymbol{x}(t), t \in T\}$。

随机过程可按 3 种方法进行分类：按随机变量和指标集类型进行分类，可分为连续型随机过程、离散型随机过程、连续型随机序列、离散型随机序列；按随机过程的功能进行分类，可分为平稳过程、高斯过程、马尔可夫过程（序列）、二阶过程、独立增量过程、维纳过程、白噪声等；按随机变量的个数进行分类，可分为单变量随机过程和多变量随机过程。

一般而言，随机过程的统计特性（平均值、均方差、相关函数和频谱函数等）随时间变化，这样的过程称为非平稳随机过程。虽然随机过程按功能进行分类有很多种，但目前在工程技术问题（其中包括导弹在紊流中飞行的问题）中，往往限于研究平稳随机过程，即该过程的统计特性不随时间变化。以下只研讨平稳随机过程，且以下省略“平稳”两字，分别对单变量随机过程和多变量随机过程的特性进行分析。

2. 单变量随机过程的特性

单变量随机过程$u(t)$的平均值定义为

$$\mu_u = \lim_{T\to\infty}\frac{1}{2T}\int_{-T}^{T} u(t)\mathrm{d}t \tag{2-49}$$

并假设$\mu_u = 0$。于是$u(t)$的均方差定义为

$$\sigma_u^2 = \lim_{T\to\infty}\frac{1}{2T}\int_{-T}^{T} u^2(t)\mathrm{d}t \tag{2-50}$$

单变量随机过程$u(t)$的相关函数$R_u(\tau)$的定义（见图 2-3）为

$$R_u(\tau) = \lim_{T\to\infty}\frac{1}{2T}\int_{-T}^{T} u(t)u(t-\tau)\mathrm{d}t \tag{2-51}$$

在物理意义上，$R_u(\tau)$反映单变量随机过程$u(t)$在时间上的先后相关程度。

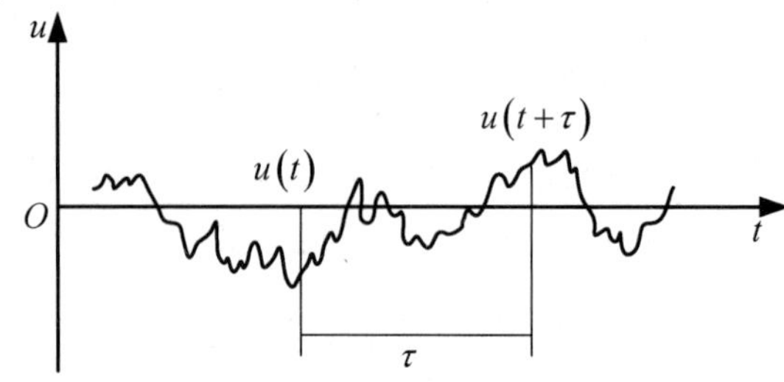

图 2-3 相关函数$R_u(\tau)$的定义

当 $\tau = 0$ 时，相关函数的值等于均方差，即

$$R_u(0) = \sigma_u^2 \tag{2-52}$$

相关函数是 τ 的偶函数，即

$$R(-\tau) = R(\tau) \tag{2-53}$$

当时间间隔 τ 无限增大时，随机过程就失去了其在时间上的先后相关性，即

$$\lim_{\tau\to\infty} R(\tau) = 0 \tag{2-54}$$

单变量随机过程的频谱函数是相关函数的傅里叶变换，即

$$\Phi_u(\omega) = \frac{1}{2\pi}\int_{-\infty}^{\infty} R_u(\tau)\mathrm{e}^{\mathrm{j}\omega\tau}\mathrm{d}\tau \tag{2-55}$$

式中，ω 是时间频率。由于 $R_u(\tau)$ 是 τ 的偶函数，因此 $\Phi_u(\omega)$ 是 ω 的偶函数。

相关函数是随机过程的频谱函数的傅里叶逆变换，即

$$R_u(\tau) = \int_{-\infty}^{\infty} \Phi_u(\omega)\mathrm{e}^{\mathrm{j}\omega\tau}\mathrm{d}\omega \tag{2-56}$$

由此得到

$$\sigma_u^2 = R_u(0) = \int_{-\infty}^{\infty} \Phi_u(\omega)\mathrm{d}\omega \tag{2-57}$$

或

$$\sigma_u^2 = 2\int_0^{\infty} \Phi_u(\omega)\mathrm{d}\omega \tag{2-58}$$

可见，随机过程的频谱函数曲线以下的面积就等于 $u(t)$ 的均方差 σ_u^2，而均方差表征随机过程（如紊流）的功率（或能量），因而频谱函数 $\Phi_u(\omega)$ 表征随机过程的功率按频率 ω 的分布，故频谱函数又称功率密度谱，用符号 PDS（Power Density Spectrum）表示。

在部分文献中，在由 $R(\tau)$ 到 $\Phi(\omega)$ 的公式中，系数为 $1/\pi$，$\Phi(\omega)$ 的定义域为 $(0,\infty)$。因此，在由 $\Phi(\omega)$ 到 $R(\tau)$ 的公式中，积分区域为 $(0,\infty)$，这样的频谱称为单侧频谱；而本书定义的频谱函数 $\Phi(\omega)$ 的定义域为 $(-\infty,\infty)$，称为双侧频谱。两者的关系如图 2-4 所示，其中，单侧频谱=2×双侧频谱。

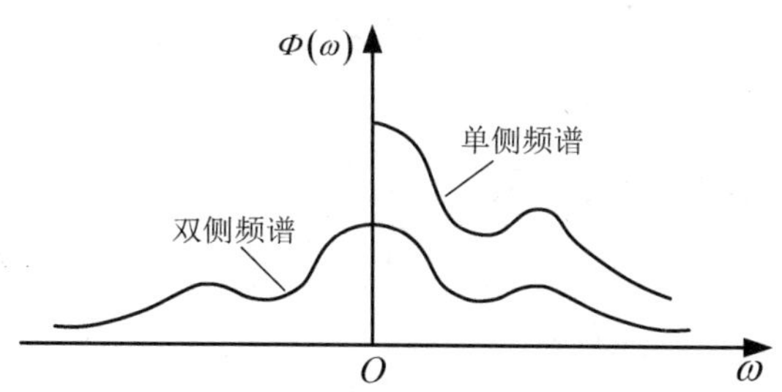

图 2-4　单侧频谱与双侧频谱的关系

3．多变量随机过程的特性

在多变量随机过程 $u_1(t), u_2(t), \cdots, u_n(t)$ 下，不仅要考虑这些随机过程本身的特性，还要考虑它们之间的相互关系特性。

随机过程 $u_i(\tau)$ 与 $u_j(\tau)$ 的相关函数 $R_{ij}(\tau)$ 定义（见图 2-5）为

$$R_{u_iu_j}(\tau) = R_{ij}(\tau) = \lim_{T\to\infty}\frac{1}{2\pi}\int_{-T}^{T} u_i(t)u_j(t+\tau)\mathrm{d}t \tag{2-59}$$

当 $i = j$ 时，称 $R_{ij}(\tau)$ 为自相关函数；当 $i \neq j$ 时，称 $R_{ij}(\tau)$ 为互相关（或交叉相关）函数。

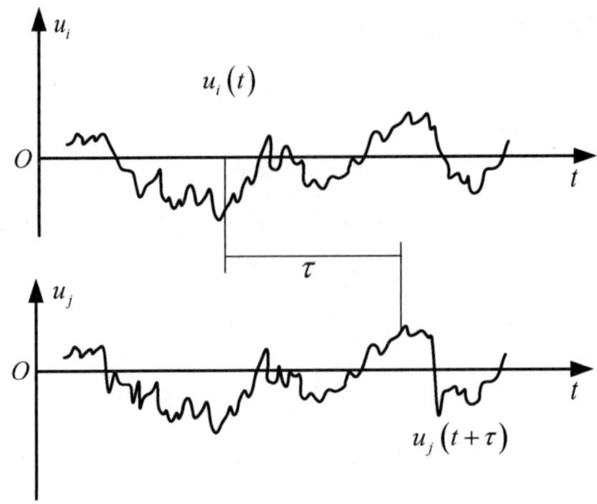

图 2-5 相关函数 $R_{ij}(\tau)$ 的定义

这样的 $n\times n$ 个相关函数组成相关矩阵：

$$\boldsymbol{R}(\tau)=\begin{bmatrix} R_{11} & R_{12} & \cdots & R_{1n} \\ R_{21} & R_{22} & \cdots & R_{2n} \\ \vdots & \vdots & & \vdots \\ R_{n1} & R_{n2} & \cdots & R_{nn} \end{bmatrix} \tag{2-60}$$

在相关矩阵中，对角线元素是自相关函数，非对角线元素是互相关函数。

由式（2-59）可以推出

$$R_{ji}(\tau)=R_{ij}(-\tau) \tag{2-61}$$

特别地

$$R_{ji}(0)=R_{ij}(0) \tag{2-62}$$

$R_{u_iu_j}(0)$ 即 $R_{ij}(0)$，称 $u_i(t)$ 为 $u_j(t)$ 的协方差，用 $V_{u_iu_j}$ 或 V_{ij} 表示。按式（2-59），有

$$V_{u_iu_j}=V_{ij}=R_{ij}(0)=\lim_{T\to\infty}\frac{1}{2T}\int_{-T}^{T}u_i(t)u_j(t)\mathrm{d}t \tag{2-63}$$

当 $i=j$ 时，V_{ij} 就是 $u_j(t)$ 的均方差 $\sigma_{u_i}^2$。

这样的 $n\times n$ 个协方差组成协方差矩阵：

$$\boldsymbol{V}(\tau)=\begin{bmatrix} V_{11} & V_{12} & \cdots & V_{1n} \\ V_{21} & V_{22} & \cdots & V_{2n} \\ \vdots & \vdots & & \vdots \\ V_{n1} & V_{n2} & \cdots & V_{nn} \end{bmatrix} \tag{2-64}$$

其对角线元素是均方差或自方差，非对角线元素是互方差或协方差，由式（2-62）可知

$$V_{ji}=V_{ij} \tag{2-65}$$

因此，协方差矩阵是对称矩阵。

与式（2-55）类似，随机过程 $u_i(t)$ 与 $u_j(t)$ 的频谱函数为

$$\varPhi_{u_iu_j}(\omega)=\varPhi_{ij}(\omega)=\frac{1}{2\pi}\int_{-\infty}^{\infty}R_{ij}(\tau)\mathrm{e}^{\mathrm{j}\omega\tau}\mathrm{d}\tau \tag{2-66}$$

式中，$\varPhi_{u_iu_j}(\omega)$ 或 $\varPhi_{ij}(\omega)$（i=j）称为随机过程 $u_i(t)$ 的自频谱函数，即功率密度函数；$\varPhi_{u_iu_j}(\omega)$ 或 $\varPhi_{ij}(\omega)$（$i\neq j$）称为互（或交叉）频谱函数。

这样的 $n\times n$ 个频谱函数组成频谱矩阵：

$$\boldsymbol{\Phi}(\tau)=\begin{bmatrix}\Phi_{11} & \Phi_{12} & \cdots & \Phi_{1n}\\ \Phi_{21} & \Phi_{22} & \cdots & \Phi_{2n}\\ \vdots & \vdots & & \vdots\\ \Phi_{n1} & \Phi_{n2} & \cdots & \Phi_{nn}\end{bmatrix} \tag{2-67}$$

互频谱函数具有如下性质：

$$\Phi_{ji}(\omega)=\left[\Phi_{ij}(\omega)\right]^* \tag{2-68}$$

式（2-66）的逆运算为

$$R_{ij}(\tau)=\int_{-\infty}^{\infty}\Phi_{ij}(\omega)\mathrm{e}^{\mathrm{j}\omega\tau}\mathrm{d}\omega \tag{2-69}$$

当 $\tau=0$ 时，有

$$V_{ij}=R_{ij}(0)=\int_{-\infty}^{\infty}\Phi_{ij}(\omega)\mathrm{d}\omega \tag{2-70}$$

特别地

$$\sigma_i^2=V_{ii}=2\int_{0}^{\infty}\Phi_{ij}(\omega)\mathrm{d}\omega \tag{2-71}$$

习题 2

1．试推导按 2-3-1 和 3-2-1 顺序旋转得到的欧拉角之间的关系。

2．求正弦函数 $f(t)=\sin\omega t$ 的拉普拉斯变换。

3．求 $F(s)=\dfrac{s+2}{s^2+4s+3}$ 的原函数。

4．设 $X_1,X_2,\cdots,X_k$ 是相互独立的随机变量，$P\{X_n=0\}=1-\dfrac{2}{n}$，$P\{X_n=n\}=\dfrac{1}{n}$，$P\{X_n=-n\}=\dfrac{1}{n}$，$n=1,2,\cdots$，问 $X_1,X_2,\cdots,X_k$ 是否服从切比雪夫大数定律？

5．试列举工程实践中的随机过程，并分析其是否为平稳随机过程。

6．试分析四元数坐标转换和欧拉角坐标转换的优/缺点。

第 3 章　导弹飞行力学环境

导弹的飞行特性与其运动时的周围环境有着十分密切的关系，主要包括大气、海洋、地形等。本章首先就这些空间环境的物理特性加以介绍，如标准大气、风场、大气的随机特性和海浪的随机特性等；然后介绍地球模型和地形模型。

3.1　大气环境

3.1.1　大气结构

大气是包围在地球表面的一层气态物质。地球大气是在地球引力作用下，大量气体聚集在地球周围形成的包层。大气随着地球一起运动，其总质量的 90%集中在离地球表面 15km 的高度以内，99.9%的质量集中在离地球表面 50km 的高度以内。在距离地球表面 2000km 以上的位置，大气极其稀薄，逐渐向行星际空间过渡，而无明显的上界。如果以空气密度接近星际气体密度的高度作为大气的顶界，那么根据人造地球卫星探测的资料推算，认为大气的顶界为 2000～3000km。地球大气的密度、温度、压力等参数都随其距离地球表面的高度变化。通常根据不同的大气条件和气温变化等特征把大气分为对流层、平流层、中间层、热成层和外层。

1．对流层

对流层是接近地球表面的一层，它的底界是地球表面，顶界随地球纬度、季节等变化。就地球纬度而言，在赤道区，对流层的顶界平均为 17～18km；在中纬度地区，对流层的顶界平均为 10～12km；在南北极地区，对流层的顶界平均为 8～9km。就季节而言，对流层的顶界夏季高于冬季。一般来说，对流层空气温度上冷下热，这种不稳定的结构形成了大气垂直运动和湍流混合的现象，这种混合最终演变为云、降水等天气现象。人们在日常生活中观测到的各种天气现象几乎全部发生在对流层。对流层内的天气气象主要有以下特征：①气温随大气高度的升高而降低，平均每升高 1km，气温下降 6.5℃；②风向、风速频繁变化；③空气上、下对流激烈；④有云、雨、雾、雪等天气现象。

2．平流层

平流层位于对流层顶界的上面，其顶界伸展到距离地球表面约 50km 的高度。平流层内的气温随高度变化的规律：高度在 25km 以下时，高度升高，气温大致保持不变，平均气温在−56.5℃左右；高度在 25km 以上时，气温随高度的升高而上升，在平流层顶界处，气温可达-3℃左右。这使得平流层的空气主要在水平方向上流动，没有上下对流，通常也没有云、雨、雾、雪等天气现象。因此该层的气流比较平稳，天气晴好，空气阻力小，对导弹飞行十分有利。

3. 中间层

中间层为距离地球表面 50～85km 的大气层。在这一层内，空气质量仅占整个大气质量的 1/3000。在中间层内，气温随高度的升高而迅速降低。

4. 热成层

从中间层顶界到距离海平面 800km 的高度内为热成层，又称高温层。在这一层内，由于空气直接受到太阳短波辐射的缘故，气温随高度的升高而上升。另外，太阳短波辐射还会使空气分解为离子。

5. 外层（逸散层）

热成层顶界以上称为外层。在这一层内，空气分子有机会逸散入太空。该层内的空气质量只占整个大气质量的 10^{-11}。大气外层与太空之间并没有明显的分界。

大气垂直分层示意图如图 3-1 所示。

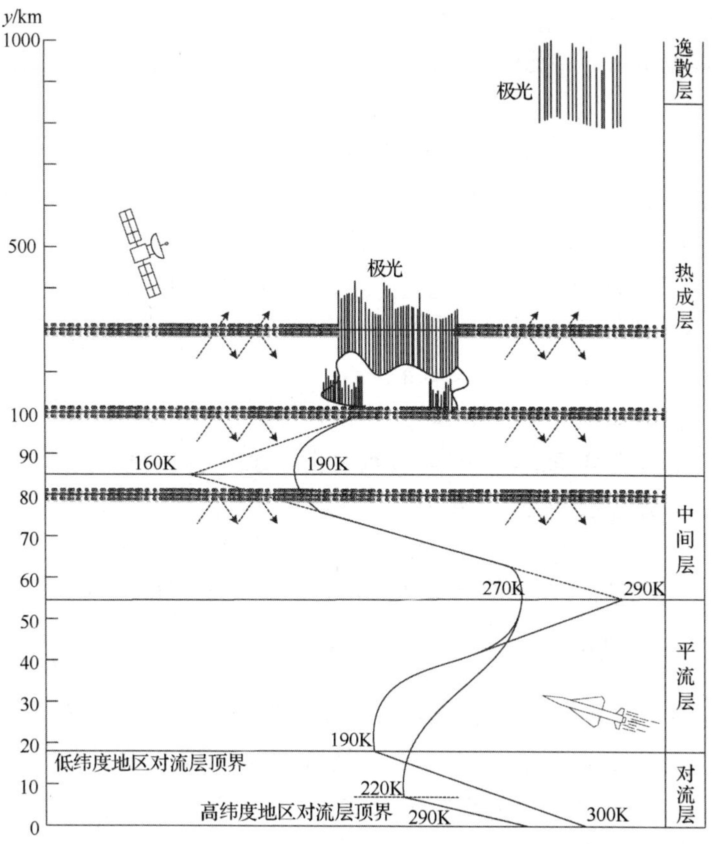

图 3-1 大气垂直分层示意图①

① 图中的 K 代表热力学温度，热力学温度=摄氏温度+273.15℃。

3.1.2 主要参数及计算公式

对于大气结构及其物理状态，除了需要进行定性研究，还需要进行定量分析描述。大气的温度、气压、密度等参数是导弹设计的重要依据。下面介绍在导弹设计过程中常用的参数模型及计算公式，它们是对大量测量数据进行统计和理论分析的结果。

1. 空气状态方程和虚温

反映理想气体压强、体积和热力学温度之间的关系的状态方程为

$$pV = \nu RT \tag{3-1}$$

式中，p 为气体的压强，单位为Pa；V 为气体的体积，单位为 m^3；T 为热力学温度，单位为K；$R = 8.31432\text{J}/(\text{mol}\cdot\text{K})$ 为摩尔气体常数或普适气体常数，与气体种类无关；$\nu=M/M_r$ 为气体的物质的量，单位为 mol。其中，气体的质量为 M；M_r 为气体的摩尔（6.02×10^{23} 个分子）质量，其在数值上等于该气体的相对分子质量，单位为 g/mol。不同物质的摩尔质量是不同的，如氧气的相对分子质量为 31.999，水的相对分子质量为 18.05，即氧气的摩尔质量为 31.999g/mol，水的摩尔质量为 18.05g/mol。引入密度符号 $\rho=M/V$，此时，气体的状态方程可改为如下形式：

$$p = \rho RT / M_r \tag{3-2}$$

因为空气是多种气体的混合物，对于干空气，其平均相对分子质量为 28.9644，所以其摩尔质量 M_d=28.9644g/mol，将此值代入式（3-2）并取 kg 为质量单位，记如下 R_d 为干空气气体常数：

$$R_d = R / M_d = 287.05\text{J}/(\text{kg}\cdot\text{K}) \tag{3-3}$$

则式（3-1）可写为

$$p = \rho_d R_d T \tag{3-4}$$

当空气中含有水汽时，该空气称为湿空气，空气潮湿的程度可用绝对湿度 a 表示。定义气体容积 V 内所含水汽摩尔质量 M_v 与容积 V 之比为绝对湿度，即

$$a = M_v / V \tag{3-5}$$

这表明绝对湿度就是在一个气块中的水汽密度。由于在气象观测中，气块的容积及其所含的水汽摩尔质量都不是实测的，因此需要利用状态方程将其转换为可测量的函数。在常温常压范围内，水汽也服从状态方程，即有

$$p_e = aR_vT,\quad a = p_e / (R_vT) \tag{3-6}$$

式中，p_e 为水汽压强；R_v 为水汽的气体常数，由于水的相对分子质量为 18.05，因此其摩尔质量 $M_v = 18.05\text{g/mol}$，利用式（3-3）和 M_d，可得 $R_v = R / M_v = \dfrac{R}{M_d}\cdot\dfrac{M_d}{M_v} = \dfrac{8}{5}R_d$。

因为大气中的 $1/T$ 变化不大，所以绝对湿度 a 主要取决于水汽压强 p_e，p_e 与 a 大致一一对应，因此，尽管将 a 与 p_e 混为一谈在概念上是错误的，但在工程上常用水汽压强 p_e 来描述强度。由式（3-4）解出干空气的密度为

$$\rho_d = p_d / (R_dT) \tag{3-7}$$

并根据道尔顿分压定律，可知湿空气总压强 p 为干空气压强 p_d 和水汽压强 p_e 之和；同时，密度 ρ 为干空气密度 ρ_d 与水汽密度 a 之和，即

$$p = p_d + p_e$$

$$\rho = \rho_d + a = \frac{1}{R_d T}(p_d + \frac{5}{8}p_e)$$

整理可得

$$\rho = \frac{p}{R_d}(1 - \frac{5}{8}\frac{p_e}{p}) / T$$

定义虚温为

$$\tau = T / (1 - \frac{5}{8}\frac{p_e}{p}) \tag{3-8}$$

它是把湿空气拆成干空气后对气温的修正。这样，湿空气的状态方程为

$$p = \rho R_d \tau \tag{3-9}$$

湿空气的状态方程在形式上与干空气的状态方程一致。通常空气中的水汽含量不高，将少量水汽的影响归并到虚温中给问题的处理带来了很大的方便，后面本书所讲的热力学温度均指虚温。

在一个盛有水的密闭容器里，在一定的温度下，随着水的蒸发，水汽压强 p_e 升高，但它升高到一定限度后，水不再蒸发，此时的水汽压强称为饱和水汽压强，记为 p_E。当空气中的水汽含量超过饱和水汽密度时，水汽就会凝结，由实验测得饱和水汽压强 p_E 仅是温度的函数：

$$p_E = p_{E_0} e^{\frac{7.45t}{t+235}} \tag{3-10}$$

式中，p_{E_0} 表示 $t = 0$ 时的饱和水汽压强，$p_{E_0} \approx 611\text{Pa}$。记

$$\varphi = p_e / p_E \tag{3-11}$$

为相对湿度，则在已知相对湿度 φ 和气温 t 时，就可求得相应的水汽压强 p_e，并利用它计算出虚温。根据式（3-11），可知水汽压强 p_e 的计算公式为

$$p_e = \varphi p_E \tag{3-12}$$

2．气压、气温随高度的分布

大气在垂直方向上的升腾和沉降是十分缓慢的，除了强烈对流情况，可以认为大气处于垂直平衡状态，由此可求出大气压强随高度的变化。设在距离地面高度为 y 处有一底面积为 A、厚度为 $\mathrm{d}y$ 的空气微团，其下面受到向上的压力 pA，上面受到向下的压力 $(p+\mathrm{d}p)A$。在大气垂直平衡的假设下，pA 和 $(p+\mathrm{d}p)A$ 与体积 $A\mathrm{d}y$ 内空气微团的重力 $\rho g A\mathrm{d}y$ 相平衡，即

$$pA - (p+\mathrm{d}p)A - \rho g A\mathrm{d}y = 0$$

式中，ρ 为空气微团的密度。将上式两边同除以面积 A 后得

$$\mathrm{d}p/\mathrm{d}y = -\rho g \tag{3-13}$$

将湿空气的状态方程代入式（3-13）得

$$\frac{\mathrm{d}p}{p} = -\frac{g}{R_d \tau}\mathrm{d}y = \frac{-\mathrm{d}y}{R_1 \tau} \tag{3-14}$$

式中

$$R_1 = R_d / g = 287.05/9.80655 \approx 29.27 \tag{3-15}$$

称为大气常数，单位为 J/（mol・K）。将式（3-15）两边分别从 p_0 到 p 和从 0 到 y 求积分，得压高公式为

$$p = p_0 \exp(-\frac{1}{R_1}\int_0^y \frac{\mathrm{d}y}{\tau}) \tag{3-16}$$

由式（3-16）可以看出，只要知道了虚温 τ 和高度 y 的函数关系，即可求得在地面气压值为 p_0 时气压 p 与高度 y 的函数关系，尽管此公式是在大气垂直平衡的假设下导出的，但对于实际大气也是相当精准的。

下面求虚温随高度的变化关系。在对流层中，空气的热胀冷缩一般是接近瞬时进行的，因此，可以近似地将热胀冷缩看作绝热过程，故下式成立：

$$pV^k = p_0 V_0^k \tag{3-17}$$

式中，$V = 1/\rho$ 称为气体的比容。将湿空气的状态方程，即式（3-9）代入式（3-17）得

$$p^{1-k}\tau^k = p_0^{1-k}\tau_0^k \tag{3-18}$$

式中，$k = C_p / C_v$ 称为比热容比，其中，C_p 为定压比热，C_v 为定容比热。对空气来说，k=1.404。对式（3-18）两边取对数并微分得

$$\frac{\mathrm{d}p}{p} = \frac{k}{k-1}\frac{\mathrm{d}\tau}{\tau} \tag{3-19}$$

将式（3-14）代入式（3-19），并令 $G_1 = \frac{1}{R_1}\frac{k-1}{k}$，得

$$\mathrm{d}\tau = -G_1 \mathrm{d}y \tag{3-20}$$

将式（3-20）从 0 到 y 和从 τ_0 到 τ 求积分，得到在对流层内虚温随高度变化的关系式如下：

$$\tau = \tau_0 - G_1 \mathrm{d}y \tag{3-21}$$

在同温层内，气温不变，因此有

$$\tau = \tau_{\mathrm{T}} \tag{3-22}$$

式中，τ_{T} 为同温层的温度（K），其值随地点和季节的不同而变化。

在亚同温层内，取如下二次函数作为过渡：

$$\tau = A + B(y - y_{\mathrm{d}}) + C(y - y_{\mathrm{d}})^2 \tag{3-23}$$

式中，y_{d} 为对流层高度，其值随地点和季节的不同而不同；A、B、C 均为常数。

至于气压在对流层、亚同温层和同温层内随高度变化的关系式，只要将有关虚温的公式代入式（3-16）并积分即可求得。气压随高度的升高而降低，如在 5.5km 高度处，气压只有地面气压的 50%；而在 30km 高度处，气压只有地面气压的 1.2%。

式（3-21）～式（3-23）表示的温度随高度变化的关系式称为温度的标准分布。实际上，温度随高度的分布是不规则的，甚至会出现上层温度比下层温度高的情况，称为逆温。当有冷空气或暖空气过境时，就破坏了正常的温度沿高度递减的分布，冷、暖空气相交即形成锋面，这对导弹飞行有一定的影响。而温度的标准分布只是温度实际分布的某一平均分布，如图 3-2 所示。

3．空气密度随高度的变化

由理想气体的状态方程可得空气密度的表达式为

$$\rho = p / (R_{\mathrm{d}}\tau) \tag{3-24}$$

据此，可根据气压和虚温计算出空气密度。空气密度随高度的升高而降低较快。例如，在 6.5km 高空，空气密度只有地面值的 50%；在 30km 高空，空气密度只有地面值的 1.5%。

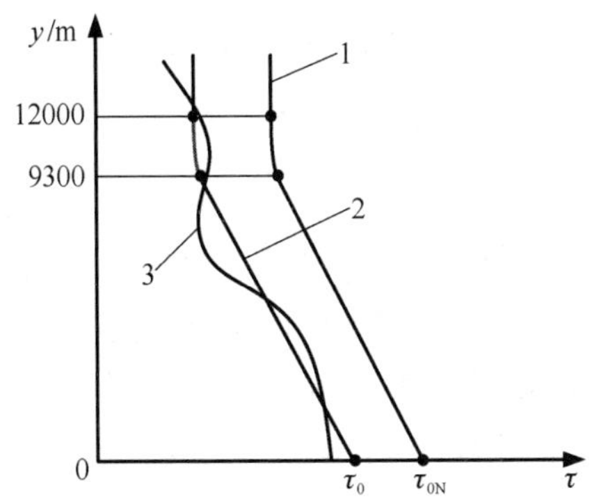

1—气温标准定律；2—标准分布；3—实际分布。

图 3-2 温度随高度的分布

4．声速随高度的变化

空气作为可压缩流体具有一定的弹性。当它受到某种压缩扰动后，它即以此扰动为中心，产生疏密相间的振动，向四面八方传播。压缩扰动越强，其传播速度 v_B 越大；压缩扰动越弱，其传播速度越小，故强压缩扰动的传播速度随着扰动的减弱而减小。由空气动力学可知，扰动的传播速度为

$$v_B = \sqrt{\frac{\Delta p}{\Delta \rho}\frac{\rho + \Delta \rho}{\rho}}$$

在压缩扰动无限微弱的情况下，$\Delta p \to 0$、$\Delta \rho \to 0$，其传播速度即一般所说的声速 c_s，故声速为压缩扰动的传播速度下限，即

$$v_B \geqslant c_s = \sqrt{dp / d\rho} \tag{3-25}$$

可以看出，声速的大小可以反映空气的可压缩性。当空气的可压缩性高时，较小的压强变化（Δp）就可引起较大的密度变化（$d\rho$），声速较小；反之，当空气的可压缩性低时，声速较大。在声音的传播过程中，空气的压缩和膨胀是在很短的时间内进行的，来不及有热量的传递，可以看作绝热过程。因此，先利用绝热过程的状态方程，即式（3-18），两边取对数并微分得 $dp / d\rho = kp / \rho$；再将其代入式（3-25），并利用湿空气的状态方程变换为虚温 τ 的函数，可得

$$c_s = \sqrt{kR_d \tau} \approx 20.047\sqrt{\tau} \tag{3-26}$$

因此，当已知虚温随高度的分布后，就可以知道声速随高度的分布。

3.1.3　标准大气表

导弹的飞行性能与大气条件密切相关，而大气条件又是随地域、时间而千变万化的，因此，在导弹的总体设计中，必须统一选定某种标准大气条件。世界气象组织（WMO）对标准大气的定义是，“所谓标准大气，就是指能够反映某地区（如中纬度）垂直方向上气温、气压、湿度等近似平均分布的一种模式大气，它能粗略地反映中纬度地区大气多年的年平均状况”。标准大气在气象、军事、航空和宇航等领域有着广泛的应用，它的典型用途是作为压力高度计校准，如飞机性能计算，火箭、导弹和弹丸的外弹道计算，弹道表和射表编制，以及一些气象制图的基准。标准大气是根据各地、各季节多年的气象观测资料统计分析得出的，使用标

准大气能使实际大气与它形成的气象要素偏差平均而言比较小，这将有利于对非标准大气条件进行修正。需要注意的是，所有的标准大气都规定风速为零。

1. 我国国家标准大气

我国在 1980 年规定了 30km 以下的标准大气的特性（见 GB/T 1920—1980），直接采用 1976 年美国标准大气。此外，本节末还列出了 1976 年美国标准大气的分段逼近计算公式，其相对误差小于 0.03%，对于远程导弹的弹道分析、设计，可作为参考应用，但要注意它与炮兵标准大气的不同，特别是它采用的是绝对实温，而不是虚温；地面标准值也不相同。

2. 炮兵标准大气条件

1957 年，中国人民解放军军事工程学院外弹道教研室确定了我国炮兵标准大气条件，这个标准大气条件在兵器界和部队一直沿用至今。目前，我国炮兵使用的射表、弹道表，以及气象观测与计算使用的仪器、图线、机电式火控和观瞄器具等都是按此标准大气条件制定的。同时，武器的外弹道性能设计与比较、试验射程标准化也以此标准大气条件为准。我国现用的炮兵标准大气条件规定如下。

（1）地面（海平面）标准大气条件。

- 气温：$t_{0N}=15℃$。
- 密度：$\rho_{0N}=1.2063\text{kg/m}^3$。
- 气压：$p_{0N}=100\text{kPa}$。
- 虚温：$\tau_{0N}=288.9\text{K}$。
- 相对湿度：$\varphi=50\%$（绝对湿度 $(p_e)_{0N}=847\text{Pa}$）。
- 声速：$c_{s0N}=341.1\text{m/s}$。
- 无风。

（2）空中标准大气条件（30km 以下）。

- 在所有高度上无风。
- 对流层（$y\leqslant y_d=9300\text{m}$，$y_d$ 为对流层高度）：

$$\tau=\tau_{0N}-G_1y=288.9-0.006328y \tag{3-27}$$

- 亚同温层（$9300\text{m}<y<12000\text{m}$）：

$$\tau=A+B(y-9300)+C(y-9300)^2 \tag{3-28}$$

式中，$A=230$；$B=-6.328\times10^{-3}$；$C=1.172\times10^{-6}$。

- 同温层（$30000\text{m}>y\geqslant y_T=12000\text{m}$，$y_T$ 为同温层起点高度）：

$$\tau_T=221.5\text{K} \tag{3-29}$$

至于气压和空气密度随高度分布的标准定律，只需将气温标准分布代入压高公式，即式（3-16）即可得

$$\pi(y)=\frac{p}{p_{0N}}=\mathrm{e}^{-\frac{g}{R_d}\int_0^y\frac{\mathrm{d}y}{\tau}},\quad R_d=287.05 \tag{3-30}$$

$$H(y)=\frac{\rho}{\rho_{0N}}=\frac{p}{p_{0N}}\frac{\tau_{0N}}{\tau}=\pi(y)\frac{\tau_{0N}}{\tau} \tag{3-31}$$

气温、气压和密度函数的标准定律如图 3-3 所示。其中，30000m 以下的气压函数 $\pi(y)$ 和密度函数 $H(y)$ 的计算结果如下。

在对流层内（$y \leqslant 9300\text{m}$）：

$$\pi(y)=(1-2.1904\times10^{-5}y)^{5.4}\text{，}\quad H(y)=(1-2.1904\times10^{-5}y)^{4.4} \tag{3-32}$$

在亚同温层内（$9300\text{m}<y<12000\text{m}$）：

$$\pi(y)=0.2922575\mathrm{e}^{-2.1206426\left[\arctan\frac{2.344(y-9300)-6328}{32221.057}+0.19392520\right]} \tag{3-33}$$

在同温层内（$12000\text{m}\leqslant y<30000\text{m}$）：

$$\pi(y)=0.193725\mathrm{e}^{\frac{-(y-12000)}{6483.305}} \tag{3-34}$$

在用计算机计算弹道时，也可将式（3-14）两边同时除以 $\mathrm{d}t$，变成如下微分方程：

$$\frac{\mathrm{d}p}{\mathrm{d}t}=-\frac{pv_y}{29.27\tau(y)} \tag{3-35}$$

式中，v_y 为导弹垂直分速。将此方程随同弹道方程组一起积分，当积分起始条件为 $t=0$ 时，$p=p_0$、$v_y=v_{y0}$、$y=y_0$。此时，$\tau(y)$ 可以是标准分布，也可以是实际分布。

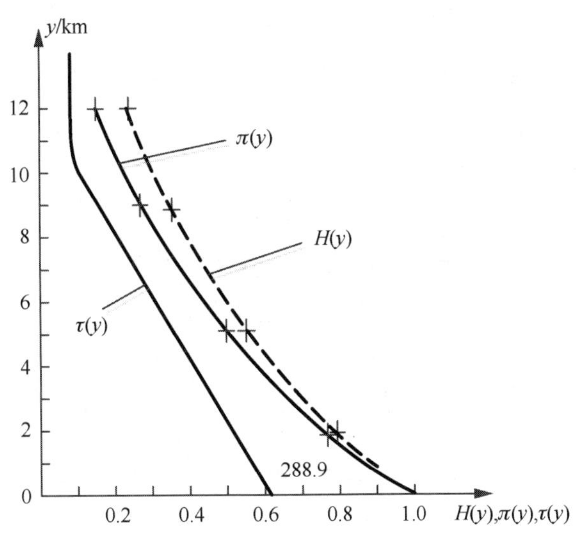

图 3-3 气温、气压和密度函数的标准定律

现在很多武器的飞行高度已突破了 30km，如射程 300km 的远程火箭弹的最大弹道高度可达 50～100km，目前尚未建立 30km 以上炮兵的军用标准大气。对这些大高度武器的弹道计算暂可直接借用国际标准大气或国军标。图 3-4 所示为 1976 年美国标准大气和 1964 年苏联标准大气的气温-高度曲线比较图。

3．空军标准大气条件

空军根据航弹和航空武器作战空域的平均大气条件制定了如下空军标准大气条件。

（1）地面标准大气条件。

- 气压：$p_{0\mathrm{N}}=101.333\text{kPa}$。
- 气温：$t_{0\mathrm{N}}=15℃$。
- 密度：$\rho_{0\mathrm{N}}=1.225\text{kg/m}^3$。
- 虚温：$\tau_{0\mathrm{N}}=288.34\text{K}$。

- 相对湿度：$\varphi = 70\%$（绝对湿度$(p_e)_{0N} = 1.123719\text{kPa}$）。
- 声速：$c_{s0N} = 340.4\text{m/s}$。
- 无风。

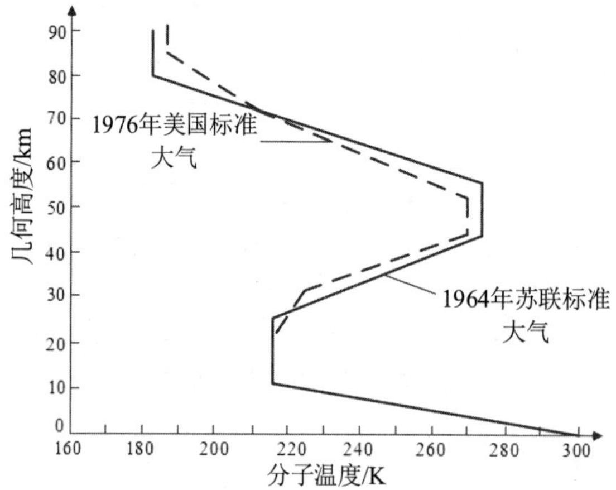

图 3-4　1976 年美国标准大气和 1964 年苏联标准大气的气温-高度曲线比较图

（2）空中标准大气条件。

- 在 $y < 13000\text{m}$ 的高度内：

$$\tau = \tau_{0N} - 0.006y \tag{3-36}$$

$$\pi(y) = (1 - 2.0323 \times 10^{-5} y)^{5.830} \tag{3-37}$$

$$H(y) = \frac{\rho}{\rho_{0N}} = (1 - 2.0323 \times 10^{-5} y)^{4.830} \tag{3-38}$$

- 在 $y \geqslant 13000\text{m}$ 以上的同温层内：

$$\tau = 212.2\text{K} \tag{3-39}$$

$\pi(y)$ 和 $H(y)$ 仍分别按式（3-30）、式（3-31）进行计算。

4．海军标准大气条件

海军规定海平面上的标准大气条件为

$$p_{0N} = 100\text{kPa}，\quad t_{0N} = 20℃$$

其他同炮兵标准大气条件。它的密度函数还有以下经验公式在 $y \leqslant 10000\text{m}$ 的高度内具有足够的准确性：

$$H(y) = \frac{\rho}{\rho_0} = \frac{\rho g}{\rho_0 g} = \mathrm{e}^{-1.059 \times 10^{-4} y}，\quad H(y) = \frac{20000 - y}{20000 + y} \tag{3-40}$$

5．1976 年美国标准大气条件

1976 年美国标准大气分段逼近公式如下。

选用海平面的气压值 $p_0 = 101.325\text{kPa}$、密度值 $\rho_0 = 1.225\text{kg/m}^3$ 作为参照。位势高度 H 与几何高度 Z 的关系为

$$H = Z / (1 + Z / R_0)$$

式中，$R_0 = 6356.766\text{km}$ 为地球的平均半径；Z 以 km 为单位。

（1）当$0 \leqslant Z \leqslant 11.0191\text{km}$时，有

$$W = 1 - \frac{H}{44.3308}，\quad T = 288.15W\text{K}$$

$$p / p_0 = W^{5.2559}，\quad \rho / \rho_0 = W^{4.2559}$$

（2）当$11.0191\text{km} < Z \leqslant 20.0631\text{km}$时，有

$$W = \mathrm{e}^{\frac{14.964 - H}{6.3416}}，\quad T = 216.65\text{K}$$

$$p / p_0 = 1.1953 \times 10^{-1} W，\quad \rho / \rho_0 = 1.5898 \times 10^{-1} W$$

（3）当$20.0631\text{km} < Z \leqslant 32.1619\text{km}$时，有

$$W = 1 + \frac{H - 24.9021}{221.552}，\quad T = 221.552W\text{K}$$

$$p / p_0 = 2.5158 \times 10^{-2} W^{-34.1629}，\quad \rho / \rho_0 = 3.2722 \times 10^{-2} W^{-35.1629}$$

（4）当$32.1619\text{km} < Z \leqslant 47.3501\text{km}$时，有

$$W = 1 + \frac{H - 39.7499}{89.4107}，\quad T = 250.35W\text{K}$$

$$p / p_0 = 2.8338 \times 10^{-3} W^{-12.2011}，\quad \rho / \rho_0 = 3.2618 \times 10^{-3} W^{-13.2011}$$

（5）当$47.3501\text{km} < Z \leqslant 51.4125\text{km}$时，有

$$W = \mathrm{e}^{\frac{48.6252 - H}{7.9223}}，\quad T = 270.65\text{K}$$

$$p / p_0 = 8.9155 \times 10^{-4} W，\quad \rho / \rho_0 = 9.492 \times 10^{-4} W$$

（6）当$51.4125\text{km} < Z \leqslant 71.8020\text{km}$时，有

$$W = 1 - \frac{H - 59.4390}{88.2218}，\quad T = 247.02W\text{K}$$

$$p / p_0 = 2.1671 \times 10^{-4} W^{12.2011}，\quad \rho / \rho_0 = 2.528 \times 10^{-4} W^{11.2011}$$

（7）当$71.8020\text{km} < Z \leqslant 86\text{km}$时，有

$$W = 1 - \frac{H - 78.0303}{100.2950}，\quad T = 200.590W\text{K}$$

$$p / p_0 = 1.2274 \times 10^{-5} W^{17.0816}，\quad \rho / \rho_0 = 1.7632 \times 10^{-5} W^{16.0816}$$

（8）当$86\text{km} \leqslant Z \leqslant 91\text{km}$时，有

$$W = \mathrm{e}^{\frac{87.2848 - H}{5.47}}，\quad T = 186.87\text{K}$$

$$p / p_0 = (2.273 + 1.042 \times 10^{-3} H) \times 10^{-6} W$$

$$\rho / \rho_0 = 3.6411 \times 10^{-6} W$$

在 0～91km 范围内，声速的计算公式为$c_s = 20.047\sqrt{T}$（m/s）。应特别指出的是，即使是平稳天气，大高度上的地转风也可达每秒几十米甚至上百米（见图 3-5）。因此，标准气象无风的假设与大高度上一般天气情况的差别很大，只有在高空标准弹道大气条件中建立风速随高度的标准分布才有利于远程导弹的弹道设计计算、射表编制及战斗使用。

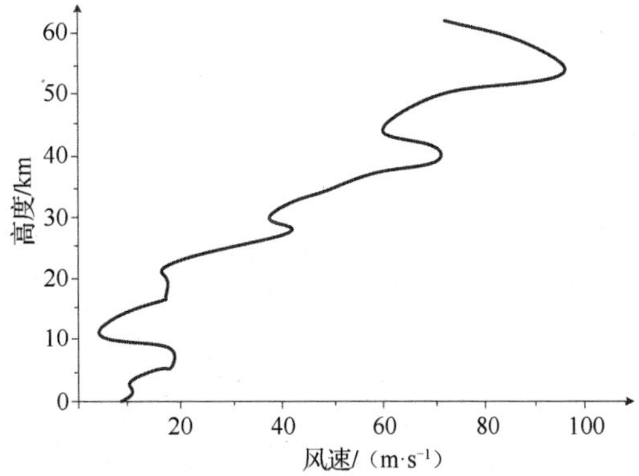

图 3-5　某地区实测风速和风向随高度的变化

3.2 风场及其特性

3.2.1 风的成因

风是地球上的一种空气流动现象，一般是由太阳辐射热引起的。太阳光照射在地球表面，使地表温度升高，地表的空气受热膨胀而变轻上升。热空气上升后，冷空气横向流入，上升的空气因逐渐冷却而变重降落，由于地表温度较高，因此又会加热空气使之上升，这种空气的流动就是风。另外，当集结的水汽（云）结成水时，其体积缩小，周围水汽前来补充，也会形成风。风由大海吹向陆地或由陆地吹向大海，在夏天，地面温度高，空气、水汽受热而膨胀上升，此时，海面比重大的空气、水汽补充地面空气空间；海面温度低，空气收缩，此时，地面温度高，受热膨胀上升的空气、水汽补充海面空气空间。在冬天，海面温度高，海面空气上升，此时，地面温度低，空气比重大的空气补充海面空气空间。

从科学的角度来看，风常指空气的水平运动分量，包括方向和大小，即风向和风速；但对导弹飞行来说，还包括垂直运动分量，即所谓的垂直或升降气流。

3.2.2 风速、风向

风速是指空气在单位时间内流动的水平距离，当用风速矢量$\boldsymbol{W}$来表示风时，它的模$|\boldsymbol{W}|=W$称为风速。在日常生活中，人们将风的大小分为若干等级，称为风力等级，简称风级。而人们平时在天气预报中听到的东风3级等说法指的是蒲福风级。蒲福风级（见表3-1）是英国人弗朗西斯·蒲福（Francis Beaufort）于1805年根据风对地面（或海面）物体的影响程度定出的，共分为18级。

表3-1 蒲福风级

风级	风的名称	风速/（km/h）	陆地上的状况	海面现象
0	无风	<1	静烟直上	平静如镜
1	软风	1～5	烟能表示风向，但风向标不能转动	微浪
2	轻风	6～11	人面感觉有风，树叶有微响，风向标能转动	小浪
3	微风	12～19	树叶及微枝摆动不息，旗帜展开	小浪
4	和风	20～28	吹起地面灰尘和地上的纸张、树叶，树的小枝微动	轻浪
5	劲风	29～38	有叶的小树枝摇摆，内陆水面有小波	中浪
6	强风	39～49	大树枝摆动，电线呼呼有声，举伞困难	大浪
7	疾风	50～61	全树摇动，迎风步行感觉不便	巨浪
8	大风	62～74	微枝折毁，人向前行感觉阻力很大	猛浪
9	烈风	75～88	建筑物有损坏（烟囱顶部及屋顶瓦片移动）	狂涛
10	狂风	89～102	陆地上少见，见时可使树木拔起、建筑物损坏严重	狂涛
11	暴风	103～117	陆地上很少见，有则必有重大损毁	风暴潮
12	台风	118～133	陆地上绝少见，摧毁力极大	风暴潮
13	台风	134～149	陆地上绝少见，摧毁力极大	海啸
14	强台风	150～166	陆地上绝少见，摧毁力极大	海啸
15	强台风	167～183	陆地上绝少见，摧毁力极大	海啸
16	超强台风	184～202	陆地上绝少见，范围较大，强度较强，摧毁力极大	大海啸
17	超强台风	≥203	陆地上绝少见，范围最大，强度最强，摧毁力超级大	特大海啸

注：表中所列风速是指平地上距离地面10m处的风速值。

气象上把风吹来的方向定义为风向。因此，风来自东方就叫作东风，风来自西方就叫作西风。气象台站在预报风时，当风向在某个方位左右摆动不能确定时，加以“偏”字来表示，如偏北风。当风力很小时，采用“风向不定”来说明。受仪器启动风速的限制，通常将风速小于1km/h 的风记为无风，即缺记风向。风向的测量单位用方位来表示：在陆地上，一般用 16 个方位来表示，海上多用 36 个方位来表示；在高空用角度表示，把圆周分成 360°，北风（N）是 0°（360°），东风（E）是 90°，南风（S）是 180°，西风（W）是 270°，其余风向都可以由此计算出来，如图 3-6 所示。

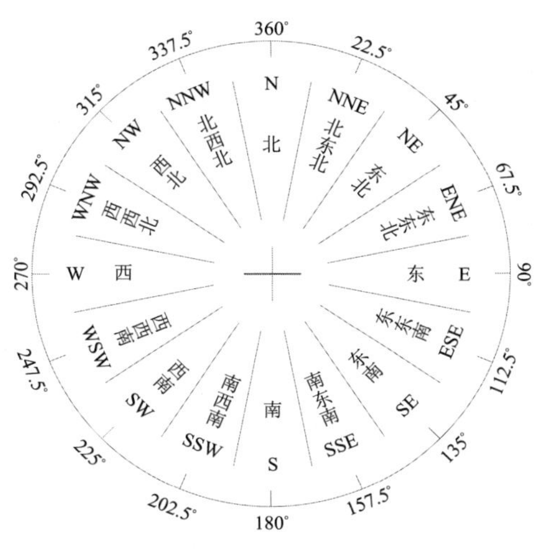

图 3-6　风向图示

为了表示某风向的风出现的频率，通常使用风向频率这个量，它是指一年（月）内某风向的风出现的次数和各风向的风出现的总次数的百分比，即

风向频率＝某风向的风出现的次数/各风向的风出现的总次数×100%

通过由此计算出来的风向频率可以知道某地区哪种风向的风比较多，哪种风向的风最少。例如，观测发现，我国华北、长江流域、华南及沿海地区的冬季多刮偏北风（北风、东北风、西北风），夏季多刮偏南风（南风、东南风、西南风）。

3.2.3　风的时空分布

大气中风的风速、风向会随着高度、经纬度和时间的变化而出现周期性与随机性的变化，不同的地形、地貌也会对其造成影响。下面介绍风在几种常见的影响因素下的周期性变化。

1．风随空间的变化

除赤道附近（南北纬 15°之间）的地区外，自由大气中空气的水平运动可看作准地转运动，因此，自由大气中的风随高度的分布可近似看作地转风随高度的分布。自由大气中的风随高度变化的主要原因是自由大气存在水平温度梯度，其变化形式是由两高度（或两等压面）间的水平温度梯度场（或水平位势厚度梯度场）同下层气压场（或位势场）的相互配置情况决定的。作为例子，图 3-7 给出了地转风随高度分布的几种基本形式。它们有一个共同的规律，即无论下层地转风的风向如何，随着高度的升高，风向最终总是趋向于热成风的方向，即趋向于平行平均温度场的等温线。

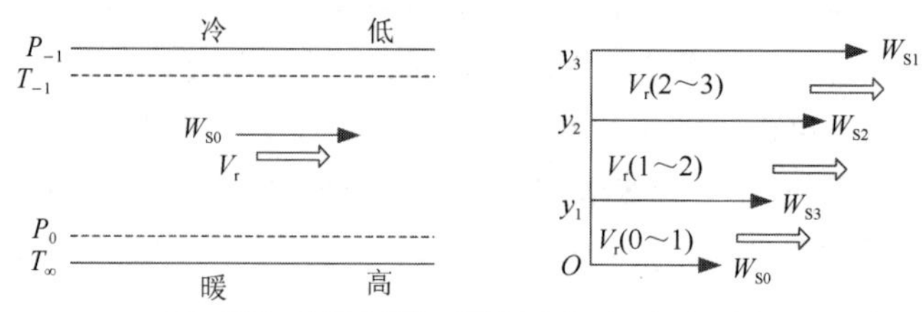

（a）暖区、冷区分别与下层高压区、低压区相重合

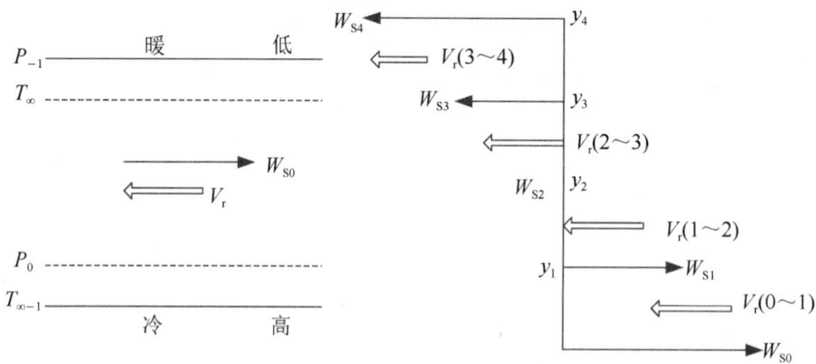

（b）暖区、冷区分别与下层低压区、高压区相重合

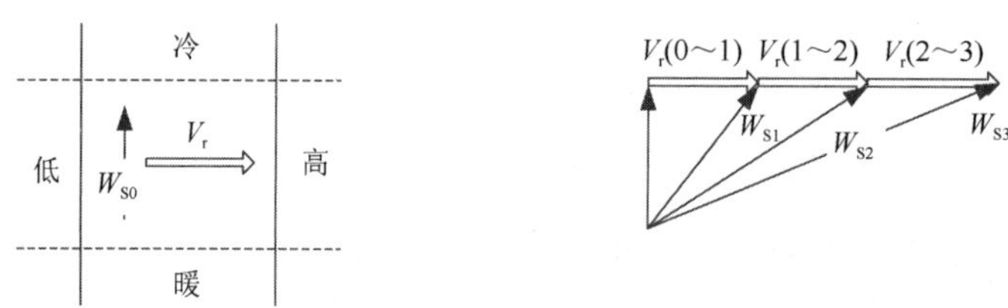

（c）下层有暖平流时地转风随高度的分布

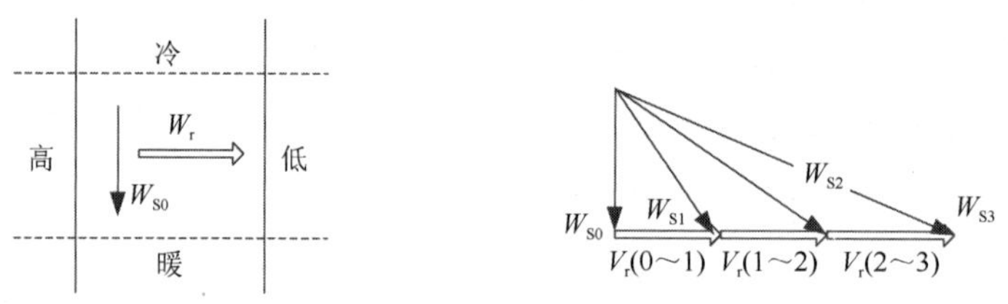

（d）下层有冷平流时地转风随高度的分布

图 3-7　地转风随高度分布的几种基本形式

图 3-8 所示为北半球从赤道到极地，冬、夏两季 100km 高度以下的平均纬向风分布图。其中的数值为风速值（以 m/s 计），且正值表示西风，负值表示东风。将图 3-8 与平均温度的垂直剖面图进行对比，可以看到风场分布与温度场分布基本一致。

自由大气中的实际风除有纬向分量外，还有经向分量（南风和北风）。经向风的分布除与纬度、高度和季节有关外，还与海陆分布、地形等因素有关。经向风较小，在数值上约比纬向风小一个量级。

经向风的分布比纬向风的分布复杂得多。以 115°E 的经向风剖面为例，图 3-9 给出了它的一个大致轮廓。由图 3-9 可见（正值表示北风，负值表示南风），夏季的南风分量中心位于 22～32°N 地区的 12km 高度，中心风速为 12.8m/s，北风分量中心位于 42～50°N 地区的 7～

10km 气层内，中心风速为 15.0m/s。32°N 以南的低层皆为北风分量，其上为南风分量；但在 35°N 以北的地区，大约在 20km 以下均为北风分量。对于冬季，大约在 35°N 以南的 9km 以上的高度，盛行北风分量，该高度以下为南风分量；但在 35°N 以北直到 55°N 的地区，只在 2km 以下为南风分量，该高度以下为不大的北风分量。冬季与夏季分布的不同说明气流有明显的季节转换。

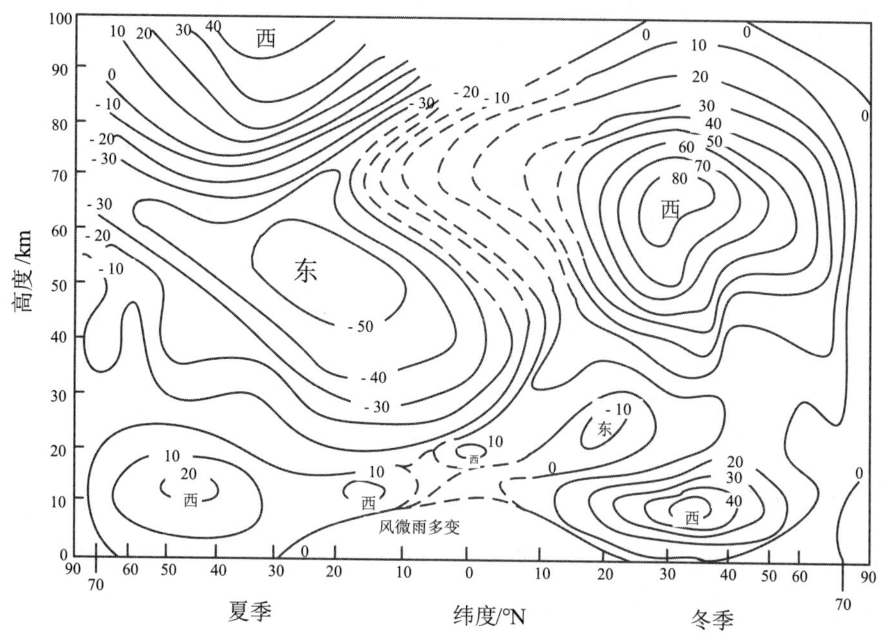

图 3-8　北半球平均纬向风分布图

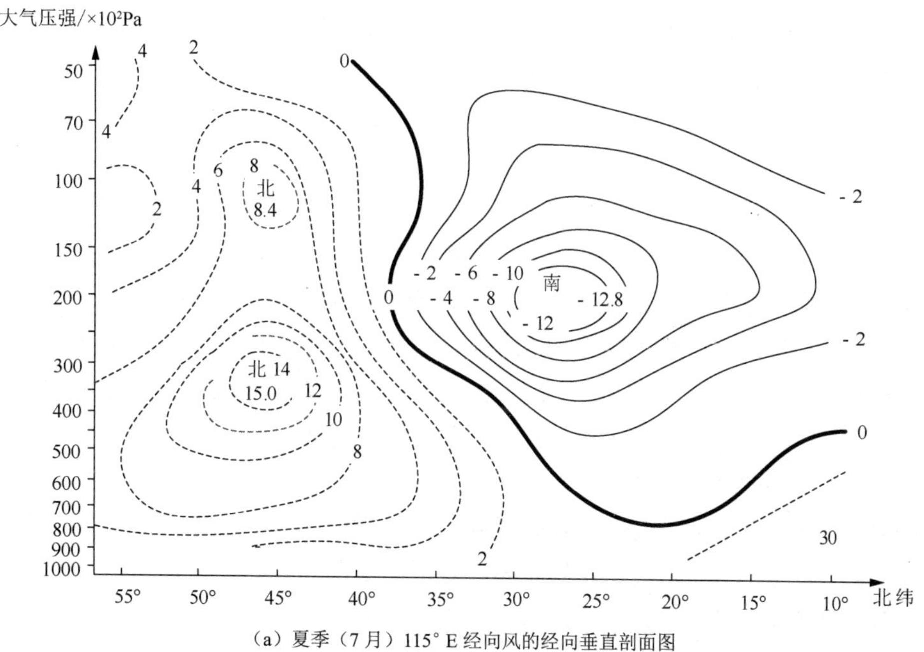

（a）夏季（7 月）115° E 经向风的经向垂直剖面图

图 3-9　冬、夏季 115° E 经向风的经向垂直剖面图

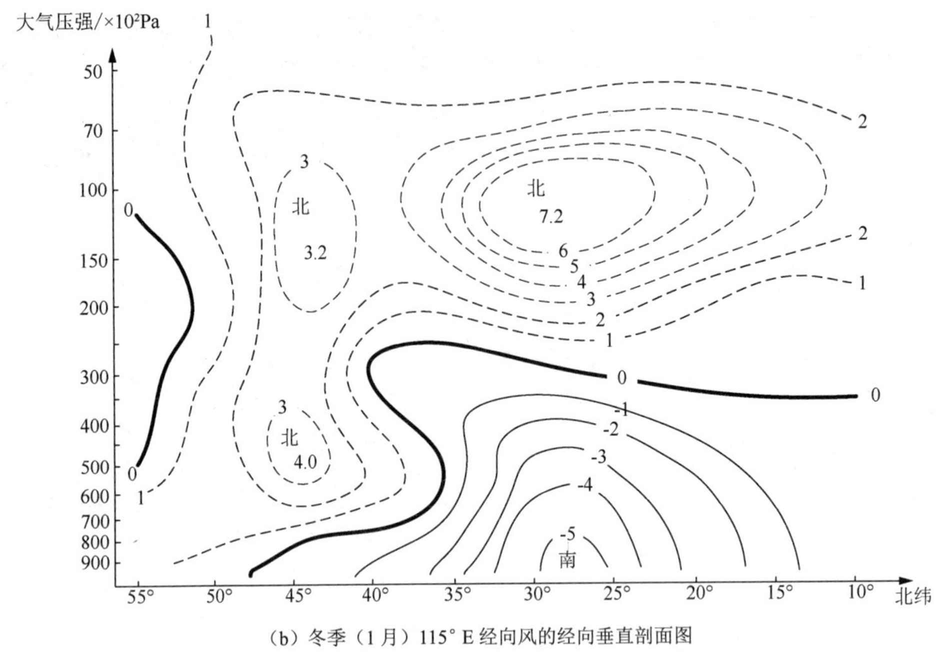

（b）冬季（1 月）115° E 经向风的经向垂直剖面图

图 3-9　冬、夏季 115° E 经向风的经向垂直剖面图（续）

2．风随时间的变化

风随时间的变化主要有短周期的昼夜变化和长周期的年变化。风的昼夜变化是一种相当复杂的现象，其中有些现象目前还不能给出圆满的解释。在陆地上，行星边界层下部风速的最大值（有时甚至比地转风的风速还大）出现在午后气温最高的时刻，最小值出现在夜间。这种昼夜变化以夏季最为典型。行星边界层上部与此相反，风速的最大值出现在夜间，最小值出现在昼间。这两种截然相反的昼夜变化的转换高度随季节的不同而异，在 50m 左右，观测可达 100m。在转换高度上，风速昼夜振动的振幅接近零。

除了昼夜变化，风还有年变化。风的年变化不仅与纬度、地形有关，还与气压场形势的季节变化有关。正因为如此，地面和大气下层风的年变化往往因地而异。以我国来说，大部分地区的地面风速在春季最大，冬季次之，夏季最小。图 3-10 所示为哈尔滨等 4 个测站的风速年变化曲线。可以看出，除广州测站的最大风速出现在 11 月外，其余 3 个测站的最大风速均出现在春季（4 月）。一般来说，在冬季，东北、华北地区多为西北风，华东、华南地区多为东北风；在夏季，华东、华南地区多为东南风，华北、东北地区多为南－西南风或南－东南风。在西北地区，夏季季风不易到达；冬季受地形影响，风向不太规则。在西南地区，除云南四季均多西－西南风外，其他地区冬季多偏北风、夏季多偏南风。

风作为大气运动的表现形式，虽然在一定的空间和时间尺度上具有规律性，但本质仍然是气体的随机湍流运动。无论是风速还是风向，它们都充满着多样性和随机性。同时，风对导弹运动的影响又是不可忽略的，特别是随着导弹作战要求的不断提高，需要对导弹运动进行更为精确的建模。因此，只有对风这种现象进行详细研究，才能准确掌握它和导弹的相互作用关系，为导弹相关设计提供更为充分的支持。下面逐步介绍几种不同的风场模型，从不同的角度对风的运动特性进行描述和研究。

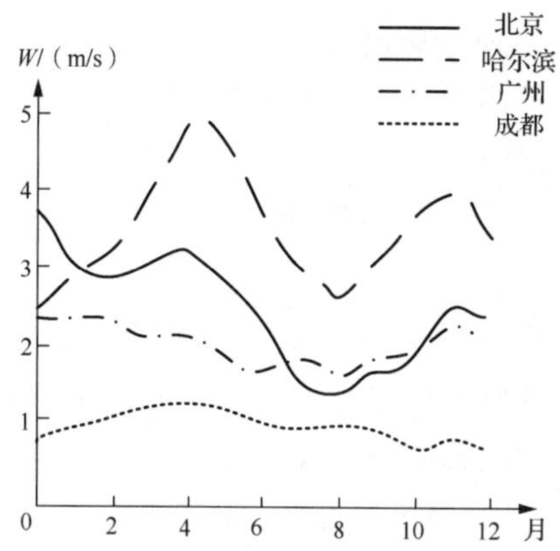

图 3-10　哈尔滨等 4 个测站的风速年变化曲线

3.2.4　风场模型

研究风对导弹运动的影响需要大气层风场模型，同时所建立的风场模型要与研究的目的，以及整个系统的真实性一致，这就对风场模型提出了两个基本要求：一是数学模型本身要反映物理实际，抓住物理本质，保证本身的正确性，对风场模型来说，就是要符合实际，模拟值与实际观测值要相差不大，满足工程应用的精度需求；二是风场模型适用于导弹运动特性仿真。基于相关工程经验和理论研究成果，风场模型主要包含平稳风模型、风切变模型、阵风模型及上述模型的综合。下面对这几种模型进行简要介绍。

1. 平稳风模型

平稳风又称准定常风或准稳定风，平稳风风速一般取特定时间段内风速的平均值，其大小是随时间和空间变化的。平稳风的风速表达式为

$$\bar{W}=\frac{1}{T}\int_{t}^{t+T}W\mathrm{d}T \tag{3-41}$$

由于风在不同位置大多是不同的，因此式（3-41）除需要考虑测量周期 T 外，还需要考虑风在不同位置的差异。一般而言，习惯将某一地点不同高度的平稳风连为曲线，获得一个沿高度的平稳风分布。图 3-11 给出了某地 0～120km 的平稳风分布。

需要指出的是，平稳风模型虽然采用平均风速这一概念，但在导弹的实际设计过程中，不仅需要考虑平均风速，往往还需要考虑最大风速、最高概率风速等最恶劣条件下的设计可靠性。因此，也常用其他风速（如最大风速）代替平均风速来描述某一地区的风场特性。

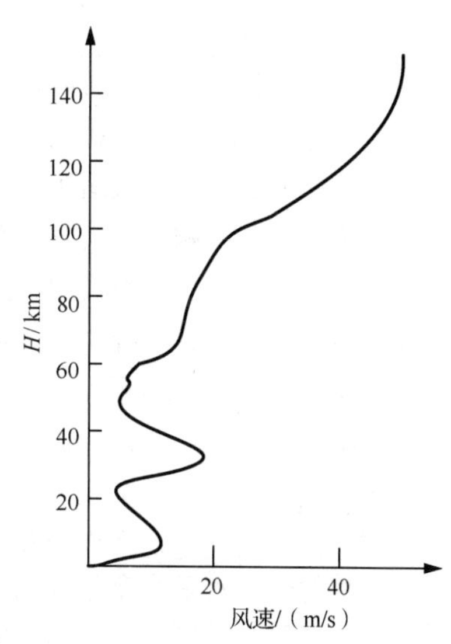

图 3-11　某地 0～120km 的平稳风分布

2. 风切变模型

风矢量在垂直或水平方向一定距离上的改变量称为风切变，前者称为风的垂直切变，后者称为风的水平切变。风矢量的改变可以只表现为风速大小的改变，也可以只表

现为风向角的改变，或者二者同时发生改变。

若相隔某一距离（沿垂直或水平方向）的两点处的风矢量分别为$\boldsymbol{W}_1$和$\boldsymbol{W}_2$，则根据上述定义，这两点的风切变$\Delta\boldsymbol{W}$可以表示为

$$\Delta\boldsymbol{W}=\boldsymbol{W}_2-\boldsymbol{W}_1 \tag{3-42}$$

风切变$\Delta\boldsymbol{W}$的模为

$$\Delta W=|\Delta\boldsymbol{W}|=\sqrt{W_1^2+W_2^2-2W_1W_2\cos\Delta\alpha} \tag{3-43}$$

式中，$\Delta\alpha$为给定距离的两点处风向角的变化，即风矢量$\boldsymbol{W}_2$与$\boldsymbol{W}_1$的夹角（见图3-12）。

显然，当$\boldsymbol{W}_2$与$\boldsymbol{W}_1$平行且指向相同时，$\Delta\alpha=0$，式（3-43）变为

$$\Delta W=|\Delta\boldsymbol{W}|=|W_2-W_1| \tag{3-44}$$

如果二者指向相反，则$\Delta\alpha=\pi$，式（3-43）变为

$$\Delta W=|\Delta\boldsymbol{W}|=|W_2+W_1| \tag{3-45}$$

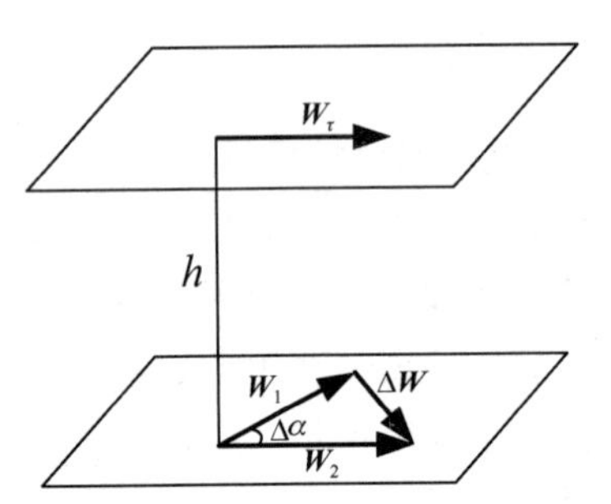

图3-12　风切变的定义（$\boldsymbol{W}_2$与$\boldsymbol{W}_1$的夹角为$\Delta\alpha$）

对于一定的风场，不同距离的风切变可能是不同的。因此，只用$\Delta\boldsymbol{W}$一个参数并不能完全描述风场切变的强弱。为此，需要引入风切变强度。定义风切变强度为单位距离上风切变的大小，其表达式为

$$|\delta\boldsymbol{W}|=\frac{|\Delta\boldsymbol{W}|}{h}\ （1/\mathrm{s}） \tag{3-46}$$

式中，h为计算$|\Delta\boldsymbol{W}|$时所选两点间的距离，称为距离尺度。不难看出，对随距离（垂直的或水平的）呈非线性分布的风场来说，$|\delta\boldsymbol{W}|$随h的不同而异。因此，为了对不同风场的风切变强度进行比较，往往需要约定取同样的h值。

在大气中，风的分布不均匀，存在风切变。但随高度或水平方向缓慢变化的风形成的风切变对导弹的影响不大，只有当风切变强度达到一定数值后，才会对导弹的飞行产生显著影响。对一般情况而言，风的水平切变通常比垂直切变小得多，因此对发射导弹的飞行影响较大的是风的垂直切变。

实际工程计算中使用的风切变模型有低空急流模型、微下冲气流模型、锋面流动模型等，这里介绍低空急流模型这种简化的工程化风切变模型。工程化风切变模型简单、使用方便，又具有较好的真实性，很适于工程研究使用。低空急流是指对流层下层（包括地面边界层）中的强风带。从影响导弹飞行的角度考虑，低空急流可规定为具有如下特征的气流：出现在对流层下层中的一支准管状的、狭长的强风带；强风带中心（称为低空急流轴）的风速最大，强风带中心的上下和两侧具有一定强度的风切变。低空急流出现的高度为1～2km或2～3km，也可出现在300～700m甚至更低的高度上。

根据大量的观测统计，边界层急流风剖面有两类：第一类表现在距地面某一高度处存在一个最大风速值；第二类表现为风速连续增大，但从某一高度起，风速增大相对缓慢。低空急流模型可按低空平均风剖面和平面自由射流的速度剖面的叠加原理建立。根据流体力学原理，自由射流的水平速度分量$u(x,H)$与最大射流速度$u_{\max}(x)$的关系为

$$\frac{u(x,H)}{u_{\max}(x)}=1-\tanh^2\left(k\frac{H}{x}\right)$$

假设沿水平方向 x 的速度分布是均匀的，则上式可写为

$$\frac{u(x,H)}{u_{\max}(x)}=1-\tanh^2\left(C_s\frac{H-H_s}{H_s}\right)$$

式中，H_s 是对称分布的自由射流的最大速度的高度；C_s 是形状因子。C_s 用来描述最大风速出现的高度 H_s 和垂直方向射流宽度 B 之间的关系。射流宽度是指 7%最大速度所限定的速度范围。C_s、H_s、B 之间的关系如下：

$$B=\frac{4H_s}{C_s}$$

例如，在地面边界层急流模型中，把自由射流的速度分布叠加到边界层指数模型上就可得到地面边界层急流的垂直速度剖面：

$$u(x,H)=u_R\left(\frac{H}{H_R}\right)^m+u_s\left[1-\tanh^2\left(C_s\frac{H-H_s}{H_s}\right)\right]$$

将上式稍做变化就得到第二类边界层急流模型：

$$u(x,H)=\left\{u_R+u_s\left[1-\tanh^2\left(C_s\frac{H-H_s}{H_s}\right)\right]\right\}\left(\frac{H}{H_R}\right)^m$$

地面边界层急流风剖面的叠加原理如图 3-13 所示。

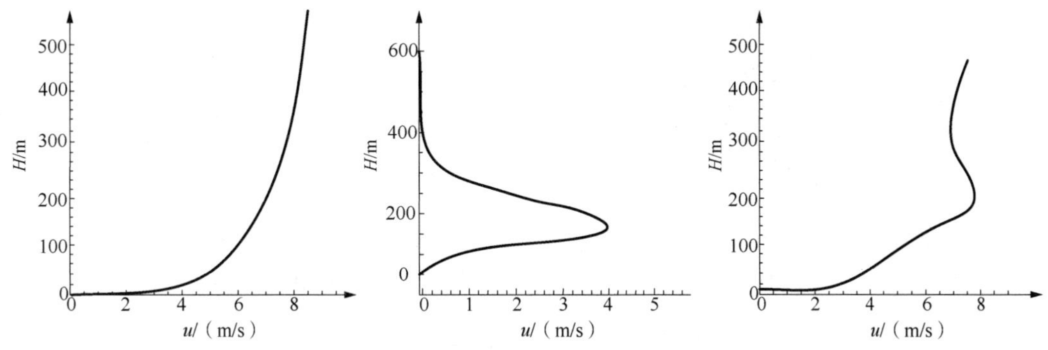

图 3-13 地面边界层急流风剖面的叠加原理

3. 阵风模型

在短时间内，风速或风向随时间的明显振动（起伏）称为风的阵性。在相当短的时间内，风速（或在某特定方向上的风速分量）相对于规定时段平均值（或风速分量的平均值）的短暂的正、负偏差称为阵风。阵风是影响导弹发射、飞行和命中精度（弹道散布）的重要因素，也是导弹设计必须考虑的大气条件之一。

阵风是空气的一种随机运动。从本质上讲，阵风与风的阵性是同义词。图 3-14 所示为阵风示意图。阵风峰值相对于规定时段风速平均值的偏差 α 称为阵风的振幅。阵风最大风速 $W_{\max}$ 是指阵风峰值的风速，即阵风振幅与平均风速之和。从阵风开始到阵风振幅达到最大的时段 t_f 称为阵风形成时间。从阵风振幅达到最大到阵风结束的时段 t_d 称为阵风衰减时间。单个阵风从开始到结束的时段 t_g 称为阵风持续时间，简称阵风时间，且 $t_g=t_f+t_d$。一个正阵风的最大风速和相邻的下一个负阵风的最大风速之差 l_m 称为阵风最大递减。确定阵风最大递减的特定时段 t_m 称为阵风最大递减时段。两个阵风最大风速到达瞬间之间的时段 t_l 称为阵风最大递

减时间。发生在阵风时段中的正阵风的数目称为阵风频数。

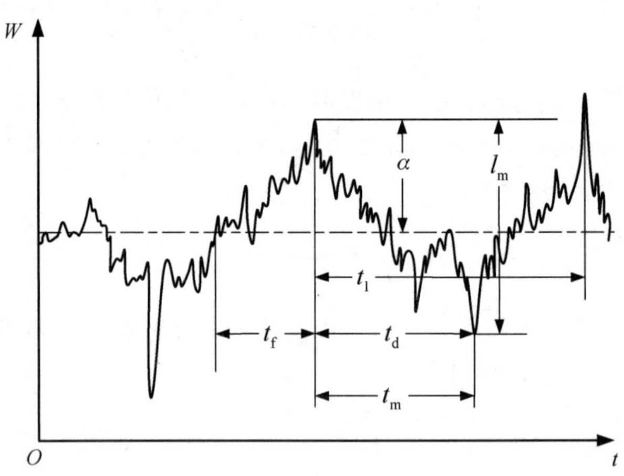

图 3-14 阵风示意图

在工程应用中，阵风模型一般根据实测资料统计确定，按阵风模型的剖面几何形状，它可以分为矩形、梯形、三角形、正弦形和“1-consine”形等几种类型，如图 3-15 所示。

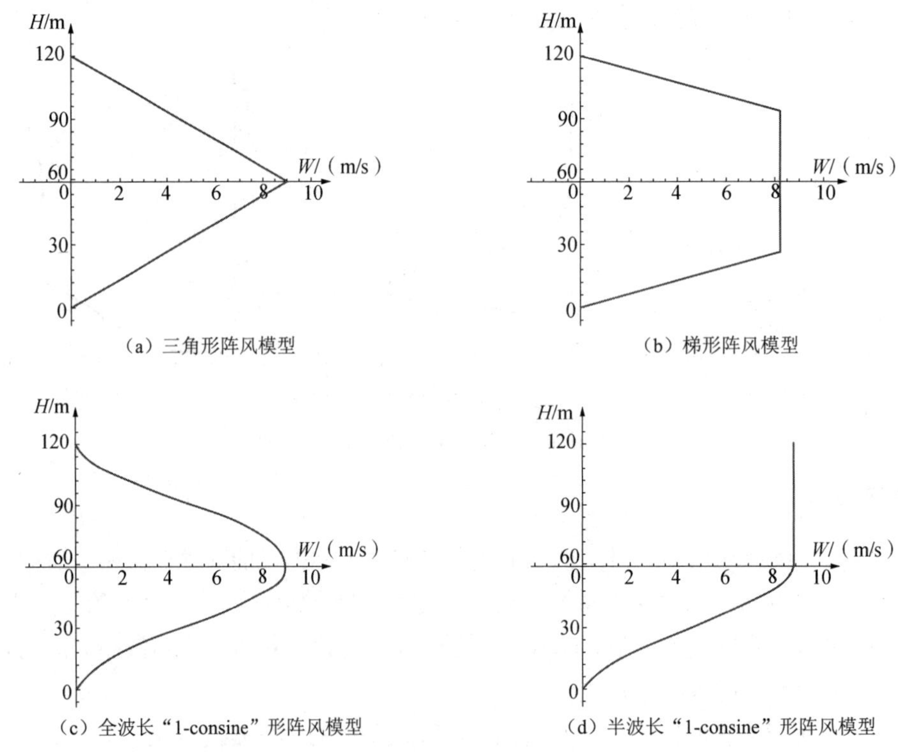

（a）三角形阵风模型　（b）梯形阵风模型

（c）全波长“1-consine”形阵风模型　（d）半波长“1-consine”形阵风模型

图 3-15 常用阵风模型

（1）三角形阵风模型：

$$W=\begin{cases}\dfrac{y}{d_m}W_{max} & 0\leqslant y<d_m\\[2ex] \dfrac{2d_m-y}{d_m}W_{max} & d_m\leqslant y<2d_m\end{cases}$$

（2）梯形阵风模型：

$$W=\begin{cases}\dfrac{y}{h}W_{\max} & 0\leqslant y<h\\ W_{\max} & h\leqslant y<2d_{\mathrm{m}}-h\\ \dfrac{2d_{\mathrm{m}}-y}{d_{\mathrm{m}}}W_{\max} & 2d_{\mathrm{m}}-h\leqslant y<2d_{\mathrm{m}}\end{cases}$$

（3）全波长“1-consine”形阵风模型：

$$W=\begin{cases}0 & y<0\\ \dfrac{W_{\max}}{2}\left(1-\cos\dfrac{\pi y}{d_{\mathrm{m}}}\right) & 0\leqslant y\leqslant 2d_{\mathrm{m}}\\ 0 & y>2d_{\mathrm{m}}\end{cases}$$

（4）半波长“1-consine”形阵风模型：

$$W=\begin{cases}0 & y<0\\ \dfrac{W_{\max}}{2}\left(1-\cos\dfrac{\pi y}{d_{\mathrm{m}}}\right) & 0\leqslant y\leqslant d_{\mathrm{m}}\\ 0 & y>d_{\mathrm{m}}\end{cases}$$

式中，W 为高度 y 对应的阵风速度；$W_{\max}$ 为阵风的振幅；d_{m} 为阵风层的半厚度，它的大小有的取为 25～150m，也有的取为$(2\sim3)W_{\max}$；h 为梯形阵风模型前后缘阵风速度由 0 增至 $W_{\max}$ 经历的气层厚度。

此外，还有一种美国国家航空航天局（NASA）的梯形阵风模型和全波长“1-consine”形阵风模型的组合模型，读者可查阅相关资料。

4．湍流

大气总是处于湍流运动状态。人们把发生在大气中的湍流叫作大气湍流。湍流运动的基本特征是速度场沿空间和时间分布的不规则性，这种不规则性也导致了其他大气参数（温度、压力、湿度等）分布的不规则性，使大气变成了一种随机非均匀介质。在风出现的同时往往伴随着湍流，湍流在风速剖面线中表现为叠加在平均风速上的连续随机脉动。

实际的大气湍流是十分复杂的物理现象，为了使导弹响应问题的研究不至于过分复杂，不得不把大气湍流适当地加以理想化，即做以下几个基本假设。

（1）平衡性和均匀性假设。

一般来说，大气湍流的速度是时间和位置的随机函数。大气湍流的统计特性即平均值、均方差、相关函数和频谱函数等，也随时间和位置变化。但是，对在航空航天工程中的应用而言，人们假设大气湍流的统计特性既不随时间变化（认为湍流是平衡的），又不随位置变化（认为湍流是均匀的）。这就是大气湍流的平衡性和均匀性假设。

（2）各向同性假设。

各向同性假设的含义是大气湍流的统计特性不随坐标系的旋转而变化，即与方向无关。这样，当研究三维湍流场结构时，坐标轴的方向可以任意选取。但是在低空（大约 300m 以下），尤其在大气边界层内，大气湍流存在明显的各向异性。

（3）高斯（Gauss）分布假设。

高斯分布假设认为大气湍流是高斯型的，即速度大小服从正态分布。这个假设于导弹运动状态量的频谱和均方差来说是不起作用的，但对有关概率的计算来说是很有益的。虽然有些测量结果表明瑞利（Rayleigh）分布或韦伯（Weibull）分布更符合实际，但对导弹响应问题的分析来说，采用高斯分布假设仍是合理的。

（4）泰勒（Taylor）冻结场假设。

一般情况下，大气湍流的速度 $\boldsymbol{\omega}$ 是随机地随时间 t 和位置 $\boldsymbol{r}$ 而变化的：

$$\boldsymbol{\omega}=\boldsymbol{\omega}(t,\boldsymbol{r})$$

当导弹在大气中飞行时，它所经受的大气湍流的速度的变化率为

$$\frac{\mathrm{d}\boldsymbol{\omega}}{\mathrm{d}t}=\frac{\partial\boldsymbol{\omega}}{\partial t}+\frac{\partial\boldsymbol{\omega}}{\partial\boldsymbol{r}}\frac{\mathrm{d}\boldsymbol{r}}{\mathrm{d}t}$$

而 $\mathrm{d}\boldsymbol{r}/\mathrm{d}t$ 即导弹的飞行速度（这里指对地速度）$\boldsymbol{V}$，因此

$$\frac{\mathrm{d}\boldsymbol{\omega}}{\mathrm{d}t}=\frac{\partial\boldsymbol{\omega}}{\partial t}+\frac{\partial\boldsymbol{\omega}}{\partial\boldsymbol{r}}\boldsymbol{V} \tag{3-47}$$

因为通常导弹的飞行速度远大于大气湍流的速度及其变化量，因此式（3-47）可近似化为

$$\frac{\mathrm{d}\boldsymbol{\omega}}{\mathrm{d}t}\approx\frac{\partial\boldsymbol{\omega}}{\partial\boldsymbol{r}}\boldsymbol{V} \tag{3-48}$$

在物理意义上，就是在处理大气湍流对导弹飞行的影响的问题时，可以把大气湍流“冻结”。这个假设称为泰勒冻结场假设。

为了更加符合实际的大气情况，常根据实测资料确定经验谱函数。由于经验谱函数可由速度脉动的相关函数导出，因此根据实测资料可以确定经验相关函数，进而导出经验谱函数。具体的大气湍流经验谱函数知识可参考相关文献。

3.3 海浪及其特性

3.3.1 海浪概述

海洋是舰船和舰载武器，如鱼雷、反舰导弹等的运动环境。这些运输器具和装备的使用条件、运动和受力状态都与海面状况（海况）有关。因此，了解和掌握海洋状况及海面的运动规律对于各类舰船和导弹的设计、试验与使用具有重要的意义。大约 70% 的时间，海洋中存在海浪。广义而言，海浪包括风浪、潮汐波、地震波（海啸）和船行波等。这里主要讨论海浪。海浪是指水、气界面的周期性运动，它由风作用产生和成长，以重力为恢复力，在海面上自由传播，其周期为 1～30s。海浪是一种随机现象，数学上可以用随机过程来描述它。从物理上划分，海浪有风浪、涌浪和近岸浪 3 种。风浪是指在风的直接作用下，水、气界面产生的波动，其表面十分复杂。涌浪又可分为两种，一种是风浪离开风还向远处传播时形成的涌浪；另一种是风区内风速突然减小或风向突然改变时形成的涌浪。它们的共同点是表面比较平缓圆滑，波峰线较长，波形较规则，有较明显的规律。近岸浪是指在海水深度的影响下，波动开始变形，以致出现破碎或卷倒的海浪。

3.3.2 海浪要素

图 3-16 给出了某固定点处的波面随时间变化的连续曲线。其中，A_1、A_2、A_3为上跨零点，B_1、B_2、B_3为下跨零点，C_1、C_2、C_3为相邻上跨零点和下跨零点之间的显著波峰，G_1、G_2为相邻下跨零点和上跨零点之间的显著波谷。

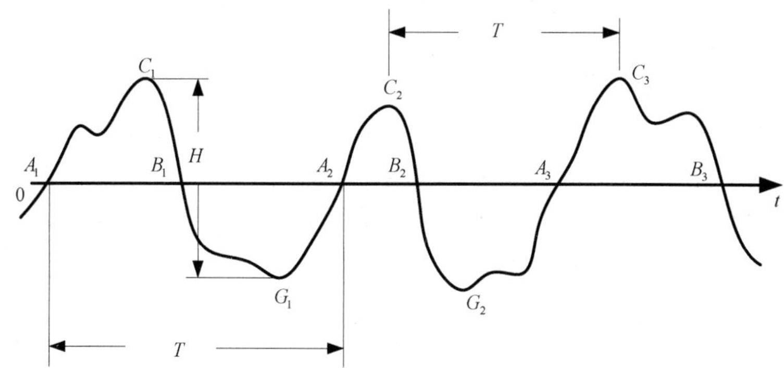

图 3-16 某固定点处的波面随时间变化的连续曲线

下面给出有关海浪的几个常用概念（或海浪要素的一般意义）。

（1）波高：相邻显著波峰与显著波谷之间的垂直距离，如图 3-16 中的C_1G_1，用H表示。令H_i的时间跨度为n_i，则一个连续记录中所有波高的平均值$\bar{H}$，即平均波高为

$$\bar{H}=\frac{\sum_{i=1}^{N}H_i}{N}=\frac{n_1H_1+n_2H_2+\cdots+n_iH_i}{n_1+n_2+\cdots+n_i}=\frac{n_1H_1+n_2H_2+\cdots+n_iH_i}{N}$$

均方根波高为

$$H_{\text{rms}}=\sqrt{\frac{1}{N}\sum_{i=1}^{N}H_i^2}$$

有效波高$H_{1/3}$为将所有连续测得的波高按从大到小的顺序排列，取总个数的 1/3 的大波波高的平均值，即

$$H_{1/3}=\frac{3}{N}\sum_{i=1}^{N/3}H_i$$

同理，1/10 的大波波高的平均值为

$$H_{1/10}=\frac{10}{N}\sum_{i=1}^{N/10}H_i$$

由此可得，$1/p$ 的大波波高的平均值为

$$H_{1/p}=\frac{p}{N}\sum_{i=1}^{N/p}H_i$$

（2）周期：相邻两个显著波峰（如C_2和C_3）或相邻两个上跨零点（如A_1和A_2）之间的时间间隔，用T或T_{sw}表示。

（3）波长：在空间波系中，相邻两个显著波峰（或显著波谷）之间的水平距离，用λ或λ_{sw}表示。

（4）波速：单位时间内波传播的距离，用c表示。

（5）波向：波浪传来的方向。

（6）波峰线：在空间波系中，垂直于波向的波峰连线。

3.3.3 海况

如上所述，海浪与风密切相关。这里首先介绍两个与风相关的概念：风时，指特定风速持续作用的时间，以小时为单位；风区，指风作用的水域。内海、湖泊称为有限水域，大洋、开阔水域称为广海。风时长，风区大，风浪就大。风的大小用风级给出，如蒲福风级。风作用下海面出现的情况（如浪花、波形等）称为海况，以海况等级给出。风作用下生成的风浪用波高、波长和周期表示，用浪（涌）级给出。风、波、海况之间虽有密切的关系，但不可将其混为一谈。表 3-2 给出了我国规定的浪级标准。这里将不同海况及其对应的风级、波级的有关规定总结为表 3-3。需要注意的是，目前各国的浪级标准差别较大，对于其他国家的浪级标准，读者可参考相关资料。

表 3-2　我国规定的浪级标准

浪级	名称	浪高/m
0	无浪	0
1	微浪	<0.1
2	小浪	$0.1 \leqslant H_{1/3} \leqslant 0.5$
3	轻浪	$0.5 \leqslant H_{1/3} \leqslant 1.25$
4	中浪	$1.25 \leqslant H_{1/3} \leqslant 2.5$
5	大浪	$2.5 \leqslant H_{1/3} \leqslant 4.0$
6	巨浪	$4.0 \leqslant H_{1/3} \leqslant 6.0$
7	狂浪	$6.0 \leqslant H_{1/3} \leqslant 9.0$
8	狂涛	$9.0 \leqslant H_{1/3} \leqslant 14.0$
9	怒涛	$H_{1/3} \geqslant 14.0$

注：1975 年 3 月，由我国原国家海洋局公布。

表 3-3　海况-风级-波级表①

<table>
<tr><th>海况等级</th><th>海面征状</th><th>蒲福风级</th><th>风范围/km</th><th>风速/kn</th><th>有效波高/m</th><th>有效波周期/s</th><th>平均周期 T/s</th><th>平均波长 l/m</th><th>最小风区/nmile</th><th>最小风时/h</th></tr>
<tr><td rowspan="2">0</td><td>海面如镜</td><td>0</td><td><1</td><td>0</td><td>0</td><td>—</td><td>—</td><td>—</td><td>—</td><td>—</td></tr>
<tr><td>海面呈鱼鳞状涟漪，但无飞沫状波峰顶</td><td>1</td><td>1～3</td><td>2</td><td>0.02</td><td><1.2</td><td>0.5</td><td>0.25</td><td>5</td><td>0.3</td></tr>
<tr><td rowspan="2">1</td><td>有显著短波，波峰顶呈玻璃状，未破碎</td><td>2</td><td>4～6</td><td>5</td><td>0.09</td><td>0.4～2.8</td><td>1.4</td><td>2</td><td>8</td><td>0.7</td></tr>
<tr><td rowspan="2">出现小波浪，波峰顶开始破碎，出现玻璃飞沫，间或出现白浪</td><td rowspan="2">3</td><td rowspan="2">7～10</td><td>8.5</td><td>0.3</td><td>0.8～5.0</td><td>2.4</td><td>6</td><td>9.8</td><td>1.7</td></tr>
<tr><td rowspan="2">2</td><td>10</td><td>0.4</td><td>1.0～6.0</td><td>2.9</td><td>8</td><td>10</td><td>2.4</td></tr>
<tr><td rowspan="4">小波浪变为较大的波浪，频繁地出现白浪</td><td rowspan="4">4</td><td rowspan="4">11～16</td><td>12</td><td>0.7</td><td>1.0～7.0</td><td>3.4</td><td>12</td><td>18</td><td>3.8</td></tr>
<tr><td rowspan="3">3</td><td>13.5</td><td>0.9</td><td>1.4～7.6</td><td>3.9</td><td>16</td><td>24</td><td>4.3</td></tr>
<tr><td>14</td><td>1.0</td><td>1.5～7.8</td><td>4.0</td><td>18</td><td>28</td><td>5.2</td></tr>
<tr><td>16</td><td>1.4</td><td>2.0～8.8</td><td>4.6</td><td>22</td><td>40</td><td>6.6</td></tr>
</table>

① 1kn=0.514444m/s，1nmile=1852m。

续表

海况等级	海面征状	蒲福风级	风范围/km	风速/kn	有效波高/m	有效波周期/s	平均周期 T/s	平均波长 l/m	最小风区/nmile	最小风时/h
4	出现更显著的长峰中浪，形成很多白浪，偶尔出现浪花	5	17～21	18	1.9	2.5～10.0	5.1	27	55	8.3
				19	2.1	2.8～10.6	5.4	30	65	9.2
5				20	2.4	3.0～11.1	5.7	34	75	10
	开始形成大浪，白色飞沫在波峰顶到处可见，可能出现浪花	6	22～27	22	3.1	3.4～12.2	6.3	41	100	12
6				24	3.7	3.7～13.5	6.8	49	130	14
				24.5	4.0	3.8～13.6	7.0	50	140	15
				26	4.6	4.0～14.5	7.4	57	180	17
7	风浪涌起，风开始将破碎的白色飞沫沿着风向吹成条纹	7	28～33	28	5.5	4.5～15.5	7.9	65	230	20
				30	6.7	4.7～16.7	8.6	76	280	23
				30.5	7.0	4.8～17.0	8.9	79	290	24
				32	7.9	5.0～17.5	9.1	87	340	27
	出现长波大浪，波峰顶边缘破碎成浪花，飞沫沿风向被吹成明显条纹	8	34～40	34	9.2	5.5～18.5	9.7	98	420	30
				36	10.7	5.8～19.7	10.3	111	500	34
				37	11.3	6.0～20.5	10.5	115	530	37
				38	12.2	6.2～20.8	10.7	120	600	38
				40	13.7	6.5～21.7	11.4	135	710	42
8	形成大浪，沿风向形成浓密的飞沫条纹，风浪开始卷倒，激起的浪花影响能见度	9	41～47	42	15.3	7.0～23.0	12.0	150	830	47
				44	17.1	7.0～24.2	12.5	163	960	52
				46	19.5	7.0～25.0	13.1	180	1110	57
	出现长卷峰非常大浪，飞沫成片，沿风向被吹成浓白条纹，整个海面呈白色，海面波涛汹涌，咆哮轰鸣，能见度受到影响	10	48～55	48	21.7	7.5～26.0	13.8	198	1250	63
9				50	23.8	7.5～27.0	14.3	214	1420	69
				51.5	25.3	8.0～28.2	14.7	224	1560	73
				52	26.5	8.0～28.5	14.8	229	1610	75
				54	29.0	8.0～29.5	15.4	247	1800	81
	异常大浪，海面已被白色飞沫覆盖，波峰全部被吹成泡沫，能见度受到影响	11	56～63	56	31.4	8.5～31.0	16.3	278	2100	68
				59.5	35.4	10～32	17.0	300	2500	101
	空中充满飞沫和激溅浪花，海面变成白色，能见度受到严重影响	12	64～71	> 64	>39.0	10～(32)	(18)	—	—	—

3.4 地球模型

3.4.1 地球的运动及形状

1. 地球的运动

作为围绕太阳运动的八大行星之一的地球，它既有绕太阳的转动（公转），又有绕自身轴的转动（自转）。地球质心（地心）绕太阳公转的周期为一年，轨迹为一个椭圆，椭圆的近日距离约为 1.471×10^8km，远日距离约为 1.521×10^8km，即地球的公转轨道是一个近圆轨道。

地球自转是绕地轴进行的。地轴与地球表面相交于两点，分别称为北极点和南极点。地球自转角速度矢量与地轴重合，指向北极点。地轴在地球内部有位置变化，表现为地球两极的移动，称为极移。极移产生的原因是地球内部和外部的物质移动。极移的范围很小，就 1967—1973 年的实际情况而论，这个范围仅有 15m 左右。

地球除极移外还有进动。地球为一扁球体，过地心作垂直于地轴的平面，它与地球表面的截痕称为赤道。太阳相对于地心的运动轨道称为黄道，月球相对于地心的运动轨道称为白道。由于黄道与赤道不共面，两轨道面的夹角为 23°26′，而白道比较靠近黄道，白道平面与黄道平面的夹角平均为 5°9′，因此太阳和月球经常在赤道平面以外对赤道隆起部分施加引力，这是一种不平衡的力。如果地球没有自转，那么该作用力将使地球的赤道平面逐渐靠近黄道平面。由于地球自转的存在，上述作用力不会使地轴趋向于黄轴，而是以黄轴为轴做周期性的圆锥运动，这就是地轴的进动。地轴的进动方向与地球自转方向相反，地轴进动的速度是每年 50.29″，因此进动的周期约为 25800 年。黄道平面和赤道平面的交线与地球的公转轨道有两个交点，即所谓的春分点和秋分点。春分点是指太阳相对于地心运动时，由地球赤道面的南半球穿过赤道面的点。秋分点是指太阳由赤道面北半球穿过赤道面的点。由于地轴的进动，春分点在空中是自东向西移动的。

此外，由于白道平面与黄道平面的交线在惯性空间有转动，从北黄极看，该交线按顺时针方向每年转动约 19°21′，约 18.6 年完成一周，致使月球对地球的引力作用同样有周期性变化，从而引起地轴除绕黄轴有进动外，还存在章动。

由上述简介可见，地球的运动是一种复杂运动。但在研究远程导弹的运动规律时，上述影响地球运动的因素除地球自转外，均不予考虑，认为它们对导弹飞行运动规律的影响是极小的。因此，本书以后的讨论即认为地球的地轴在惯性空间内的指向不变，地球以一常值角速度绕地轴旋转。

为了描述地球自转的角速度，需要用到时间计量单位。由于人们的日常生活和上下班的工作日在很大程度上由太阳决定，因此，把真太阳相继两次通过观测者子午圈所经历的时间间隔称为一个真太阳日。但真太阳相对于地心的运动是在黄道平面做椭圆运动，故真太阳日的长度不是常值，不便使用。为此，人们设想了一个假太阳，它和真太阳一样按相同的周期及同一方向绕地球运行，但有以下两点差别。

（1）它的运动轨道面是赤道平面，而不是黄道平面。

（2）它的运动速度是均匀的，等于真太阳在黄道平面上的平均运动速度。

这样就将假太阳两次经过地球同一子午线的时间间隔称为一个平太阳日。一个平太阳日分为 24 个平太阳时，平太阳日从正午开始，这就把同一白天分成两天。为方便人们的生活习惯，将子夜算作一日的开始，因此，实际民用时要比平太阳时早开始 12 个小时。

地球绕太阳公转的周期为 365.25636 个平太阳日。从图 3-17 中看出，地球旋转一周所需的时间 t 较一个平太阳日要短，也即地球在一个平太阳日转过的角度比 360° 多 $360^\circ/365.25636\approx1^\circ$。显然，地球绕太阳公转一周，地球共自转了 366.25636 圈。因此可得地球自转一周所需的时间为

$$t=\frac{365.25636\times24\times3600\,\text{s}}{366.25636}\approx86164.099\,\text{s}$$

故得地球自转的角速度为

$$\omega_{\mathrm{e}}=\frac{2\pi}{t}\approx 7.292115\times 10^{-5}\ \mathrm{rad/s}$$

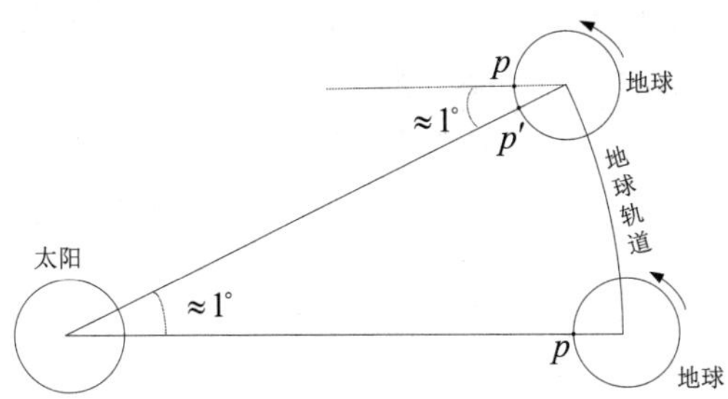

图 3-17　平太阳日与地球公转的关系示意图

2. 地球的形状

地球是一个形状复杂的物体。由于地球自转，使其形成一个两极间的距离小于赤道直径的扁球体。地球的物理表面也极不规则，29%是陆地，71%是海洋。陆地的最大高度是珠穆朗玛峰的高度，即 8848.86m；海洋最低的海沟是太平洋的马里亚纳海渊，深度是 11521m。地球的物理表面实际上是不能用数学方法描述的。

通常所说的地球的形状是指全球静止海平面的形状。全球静止海平面不考虑地球物理表面的海陆差异及陆地、海底的地势起伏。它与实际海洋静止表面相重合，而且包括陆地下的假想海平面，后者是前者的延伸，两者总称大地水准面，如图 3-18 所示。大地水准面的表面是连续的、封闭的，而且没有皱褶与裂痕，故它是一个等重力势面。由于重力方向与地球内部不均匀分布的质量吸引作用有关，因此，大地水准面的表面也是一个无法用数学方法描述的非常复杂的表面。实际中往往用一个具有较简单形状的物体来代替，要求该物体的表面与大地水准面的差别尽可能小，并且在此表面上进行计算没有困难。

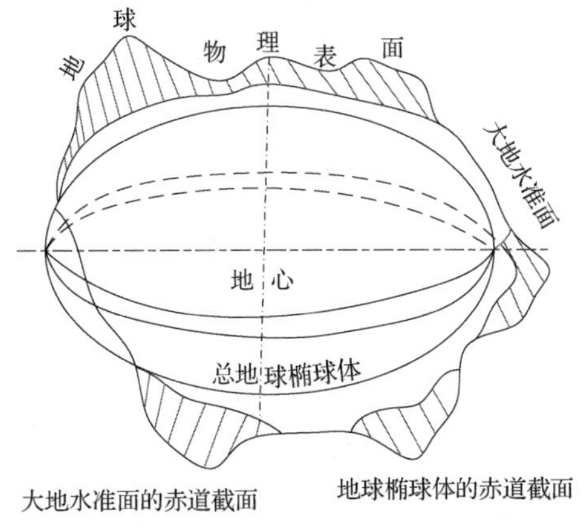

图 3-18　地球物理表面、大地水准面与总地球椭球体

作为一级近似，可以认为地球为一圆球，其体积等于地球体积。圆球的半径 $R=6371004\mathrm{m}$。在多数情况下，采用椭圆绕其短轴旋转所得的椭球体来代替大地水准面。该椭球体按下列条件确定。

（1）椭球体中心与地心重合，而且其赤道平面与地球赤道平面重合。

（2）椭球体的体积与大地水准面的体积相等。

（3）椭球体的表面相对于大地水准面的表面偏差（按高度）的平方和必须最小。

按上述条件确定的椭球体称为总地球椭球体。用它逼近实际的大地水准面的精度一般来说是足够的。关于总地球椭球体的几何尺寸，我国采用 1975 年国际大地测量协会给出的推荐值，即地球赤道半径（总地球椭球体的长半轴）为

$$a_e = 6378140\,\text{m}$$

地球扁率为

$$\alpha_e = \frac{a_e - b_e}{a_e} = 1/298.257$$

3.4.2 引力和重力

1. 引力

对于一个保守力场，场外一单位质点受到该保守力场的作用力称为场强，记为$\boldsymbol{F}$，它是矢量场。场强$\boldsymbol{F}$与该单位质点在此保守力场中具有的势函数U有如下关系：

$$\boldsymbol{F} = \operatorname{grad} U \tag{3-49}$$

式中，势函数U为一标量函数，又称引力位。

地球对球外质点的引力场为一保守力场，若设地球为一均质圆球，可把地球质量M看作集中于地球中心，则地球对球外距地心为r的一单位质点的势函数为

$$U = \frac{fM}{r} \tag{3-50}$$

式中，f为万有引力常数。

记$\mu = fM$，称μ为地球引力系数。由式（3-49）可得地球对球外距地心r处一单位质点的场强为

$$\boldsymbol{g}_1 = -\frac{fM}{r^2}\boldsymbol{r}^0 \tag{3-51}$$

式中，场强$\boldsymbol{g}_1$又称为单位质点在地球引力场中具有的引力加速度矢量。显然，若地球外一质点具有的质量为m，则地球对该质点的引力为

$$\boldsymbol{F} = m\boldsymbol{g}_1 \tag{3-52}$$

由于实际地球为一形状复杂的非均质物体，因此要求其对球外一点的势函数，需要对整个地球进行积分来获得，即

$$U = f\int_M \frac{\mathrm{d}m}{\rho} \tag{3-53}$$

式中，$\mathrm{d}m$为地球单位体积的质量；ρ为$\mathrm{d}m$至空间所研究的一点的距离。

由式（3-53）可以看出，要精确地求出势函数，必须已知地球表面的形状和地球内部的密度分布，只有这样才能计算该积分值，这在目前还是很难做到的。应用球函数展开式可导出地球的引力位的标准表达式为

$$U = \frac{fM}{r}\left[1 + \sum_{n=2}^{\infty}\sum_{m=0}^{n}\left(\frac{a_e}{r}\right)^n (C_{nm}\cos m\lambda + S_{nm}\sin m\lambda)P_{nm}(\sin\phi)\right] \tag{3-54}$$

也可写为

$$U=\frac{fM}{r}-\frac{fM}{r}\sum_{n=2}^{\infty}\left(\frac{a_e}{r}\right)^n J_n P_n\left(\sin\phi\right)+\frac{fM}{r}\sum_{n=2}^{\infty}\sum_{m=0}^{n}\left(\frac{a_e}{r}\right)^n\left(C_{nm}\cos m\lambda+S_{nm}\sin m\lambda\right)P_{nm}\left(\sin\phi\right) \tag{3-55}$$

式中，a_e 为地球赤道半径；J_n 为带谐系数，$J_n=-C_{n0}$；C_{nm}、S_{nm}（$n\neq m$）称为田谐系数，当 $n=m$ 时，称之为扇谐系数；$P_n\left(\sin\phi\right)$ 称为勒让德函数；$P_{nm}\left(\sin\phi\right)$ 称为缔合勒让德函数；ϕ、λ 分别为地心的纬度和经度。

式（3-55）的物理意义可这样理解：该式右边第一项即地球为圆球时具有的引力位；第二项含有带谐系数，故称为带谐项，它将地球描述成很多凸形和凹形的带［见图 3-19（a）］，用于对认为地球是圆球所得引力位进行修正，该项又称为带谐函数；在第三项中，$n\neq m$ 的部分即含田谐系数的项，它将地球描述成凸凹相间的，如同棋盘图形［见图 3-19（b）］，用于对第一项进行修正，该部分称为田谐项，也称田谐函数，而 $n=m$ 的部分则将地球描述成凸凹的扇形［见图 3-19（c）］，它也是修正项，该部分含有扇谐系数，故称为扇谐项或扇谐函数。

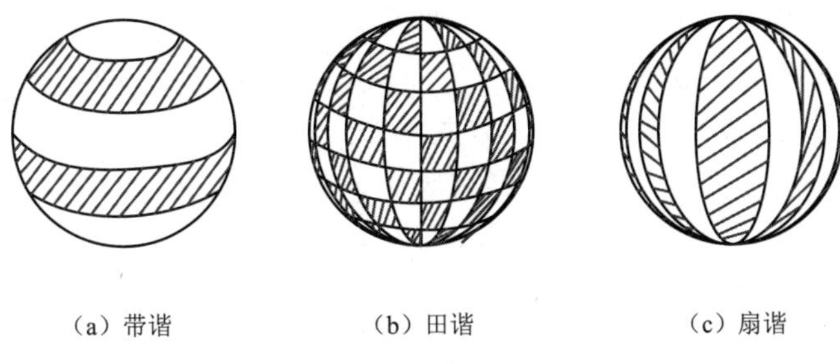

（a）带谐　　（b）田谐　　（c）扇谐

图 3-19　谐函数示意图

由式（3-55）可知，如果知道谐系数的值，就可描绘出地球的引力位。事实上，该式中的 n 的取值为 2～∞，要全部给出这些系数是不可能的。但随着空间事业的不断发展，观测数据不断增多，谐系数的求解也日趋完善。美国戈达德（Goddard）航天中心发表的地球模型 GEM-10C 给出了 $n=180$ 的 30000 多个谐系数。

由不同的地球模型得到的谐系数有所差异，对于两轴旋转椭球体，质量分布相对于地轴及赤道面有对称性，该球体对球外单位质点的引力位 U 为无穷级数，即

$$U=\frac{fM}{r}\left[1-\sum_{n=1}^{\infty}J_{2n}\left(\frac{a_e}{r}\right)^{2n}P_{2n}\left(\sin\phi\right)\right] \tag{3-56}$$

在式（3-56）中，仅存在偶阶带谐系数 J_{2n}。式（3-56）表示的引力位 U 通常称为正常引力位，考虑到工程实际使用中的精度，取至 J_4 即可，即把

$$U=\frac{fM}{r}\left[1-\sum_{n=1}^{2}J_{2n}\left(\frac{a_e}{r}\right)^{2n}P_{2n}\left(\sin\phi\right)\right] \tag{3-57}$$

取为正常引力位。

由于谐系数与地球模型有关，因此不同的地球模型的谐系数有差异，但对于 J_2、J_4，前者是统一的，后者差异较小：

$$J_2=1.08263\times10^{-3}$$
$$J_4=-2.37091\times10^{-6}$$

式（3-57）中的勒让德函数为

$$P_2(\sin\phi)=\frac{3}{2}\sin^2\phi-\frac{1}{2}$$

$$P_4(\sin\phi)=\frac{35}{8}\sin^4\phi-\frac{15}{4}\sin^2\phi+\frac{3}{8}$$

在弹道设计和计算中，有时为了方便，还可近似取到式（3-57）中的 J_2 为止的引力位作为正常引力位，即

$$U=\frac{fM}{r}\left[1+\frac{J_2}{2}\left(\frac{a_e}{r}\right)^2\left(1-3\sin^2\phi\right)\right] \tag{3-58}$$

值得指出的是，正常引力位是人为假设的，不论是式（3-57）还是式（3-58），其表示的正常引力位与实际地球的引力位均有差别，这一差别称为引力位异常。若要求弹道计算的精度较高，则需要顾及引力位异常的影响。在以后的讨论中，均取式（3-58）作为正常引力位。

有了势函数后，即可运用式（3-51）求取单位质点受地球引力作用的引力加速度矢量 $\boldsymbol{g}_1$。由式（3-58）可见，正常引力位仅与观测点的距离 r 及地心纬度 ϕ 有关。因此，引力加速度矢量 $\boldsymbol{g}_1$ 总是在地轴与所考察的空间点构成的平面内，该平面与包含 r 在内的子午面重合，如图 3-20 所示。

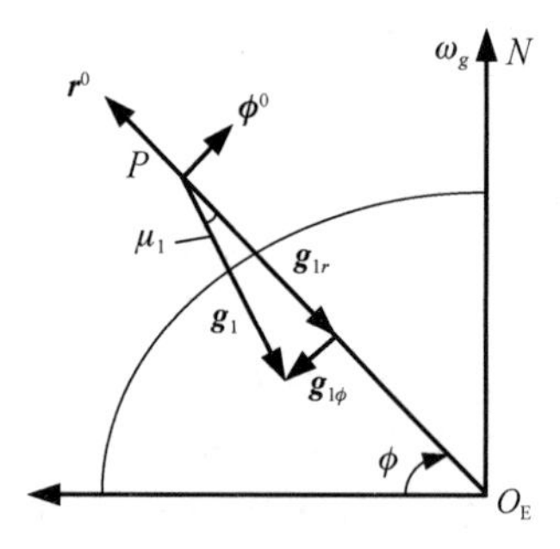

图 3-20　$\boldsymbol{g}_1$ 在 $\boldsymbol{r}^0$ 与 $\boldsymbol{\phi}^0$ 上的投影分量

对位于 P 点的单位质点而言，为计算该点的引力加速度矢量，作 P 点的子午面。令 $\overline{O_E P}=r$， r 的单位矢量为 $\boldsymbol{r}^0$，并令在此子午面内垂直 $\overline{O_E P}$ 且指向 ϕ 增加方向的单位矢量为 $\boldsymbol{\phi}^0$，则引力加速度矢量 $\boldsymbol{g}_1$ 在 $\boldsymbol{r}^0$ 及 $\boldsymbol{\phi}^0$ 方向上的投影分量分别为

$$\begin{cases} g_{1r}=\dfrac{\partial U}{\partial r}=-\dfrac{fM}{r^2}\left[1+\dfrac{3}{2}J_2\left(\dfrac{a_e}{r}\right)^2\left(1-3\sin^2\phi\right)\right] \\ g_{1\phi}=\dfrac{1}{r}\dfrac{\partial U}{\partial \phi}=-\dfrac{fM}{r^2}\dfrac{3}{2}J_2\left(\dfrac{a_e}{r}\right)^2\sin 2\phi \end{cases} \tag{3-59}$$

令

$$J=\frac{3}{2}J_2$$

则

$$\begin{cases} g_{1r}=-\dfrac{fM}{r^2}\left[1+J\left(\dfrac{a_e}{r}\right)^2\left(1-3\sin^2\phi\right)\right] \\ g_{1\phi}=-\dfrac{fM}{r^2}J\left(\dfrac{a_e}{r}\right)^2\sin 2\phi \end{cases} \tag{3-60}$$

可见，当式（3-60）不考虑含 J 的项时，即得

$$\begin{cases} g_{1r}=-\dfrac{fM}{r^2} \\ g_{1\phi}=0 \end{cases}$$

因此，考虑含 J 的项即考虑了地球扁率后，对作为均质圆球的地球的引力加速度进行修正，而且当考虑地球扁率时，还有一个方向总是指向赤道一边的分量 $g_{1\phi}$，这是由地球的赤道

略微隆起，此处质量加大的原因引起的。为了计算方便，常常把引力加速度矢量投影在矢径 $\boldsymbol{r}$ 和地球自转 $\boldsymbol{\omega}_e$ 方向上。显然，只需将矢量 $\boldsymbol{g}_{1\phi}$ 分解到 $\boldsymbol{r}$ 及 $\boldsymbol{\omega}_e$ 方向上即可。由图 3-20 可以看出

$$\boldsymbol{g}_{1\phi} = g_{1\phi_r}\boldsymbol{r}^0 + g_{1\phi\omega_e}\boldsymbol{\omega}_e^0 = -g_{1\phi}\tan\phi\boldsymbol{r}^0 + \frac{g_{1\phi}}{\cos\phi}\boldsymbol{\omega}_e^0 \tag{3-61}$$

将式（3-60）中的 $g_{1\phi}$ 代入式（3-61）可得

$$\boldsymbol{g}_{1\phi} = 2\frac{\mu}{r^2}J\left(\frac{a_e}{r}\right)^2\sin^2\phi\boldsymbol{r}^0 - 2\frac{\mu}{r^2}J\left(\frac{a_e}{r}\right)^2\sin\phi\boldsymbol{\omega}_e^0 \tag{3-62}$$

这样，引力加速度矢量可表示成下面两种形式：

$$\boldsymbol{g}_1 = g_{1r}\boldsymbol{r}^0 + g_{1\phi}\boldsymbol{\phi}^0 \tag{3-63}$$

$$\boldsymbol{g}_{1\phi} = g'_{1r}\boldsymbol{r}^0 + g_{1\omega_e}\boldsymbol{\omega}_e^0 \tag{3-64}$$

式中

$$\begin{cases} g'_{1r} = g_{1r} + g_{1\phi r} = -\dfrac{fM}{r^2}\left[1 + J\left(\dfrac{a_e}{r}\right)^2\left(1-5\sin^2\phi\right)\right] \\ g_{1\omega_e} = g_{1\phi\omega_e} = -2\dfrac{fM}{r^2}J\left(\dfrac{a_e}{r}\right)^2\sin\phi \end{cases} \tag{3-65}$$

由图 3-20 可看到引力加速度矢量 $\boldsymbol{g}_1$ 与该点的矢径 $\boldsymbol{r}$ 的夹角 μ_1 为

$$\tan\mu_1 = g_{1\phi} / g_{1r} \tag{3-66}$$

考虑到 μ_1 很小，因此近似取 $\tan\mu_1 \approx \mu_1$。在将式（3-59）代入式（3-66）后，取至 J 的准确度，式（3-66）可整理得

$$\mu_1 \approx J\left(\frac{a_e}{r}\right)^2\sin 2\phi \tag{3-67}$$

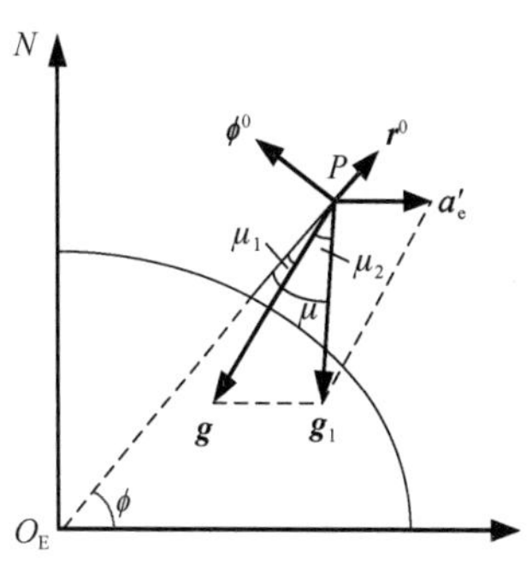

图 3-21 地球外一点的重力加速度示意图

对于地球为两轴旋转椭球体的情况，其表面任意一点满足以下椭圆方程：

$$\frac{x^2}{a_e^2} + \frac{y^2}{b_e^2} = 1$$

设该点地心距为 r_0，则不难将上式写为

$$b_e^2 r_0^2\cos^2\phi + a_e^2 r_0^2\sin^2\phi = a_e^2 b_e^2$$

即有

$$r_0 = \frac{a_e b_e}{\sqrt{b_e^2\cos^2\phi + a_e^2\sin^2\phi}} \tag{3-68}$$

注意到椭球的扁率为

$$\alpha_e = \frac{a_e - b_e}{a_e}$$

记

$$\chi = 2a_e\cos^2\phi - a_e^2\cos^2\phi$$

由于 χ 为小量，因此，将其代入式（3-68），并按级数展开，就可得两轴旋转椭球体表面上任意一点与赤道半径 a_e 及该点地心距 r_0 和赤道平面的夹角 ϕ 之间有下列关系式：

$$r_0 = a_e\left(1 - \alpha_e\sin^2\phi - \frac{3}{8}\alpha_e^2\sin^2 2\phi - \cdots\right) \tag{3-69}$$

已知

$$\alpha_e = \frac{a_e - b_e}{a_e} = \frac{1}{298.257}$$

故当考虑扁率一阶项时，可将α_e^2以上的项略去，则

$$\frac{a_e}{r_0} \approx \frac{1}{1 - \alpha_e \sin^2\phi}$$

$$\left(\frac{a_e}{r_0}\right)^2 \approx \frac{1}{1 - 2\alpha_e \sin^2\phi} \approx 1 + 2\alpha_e \sin^2\phi$$

将该结果代入式（3-67），得

$$\mu_{10} = J\left(1 + 2\alpha_e \sin^2\phi\right)\sin 2\phi$$

式中，J、α_e均为小量。故在准确至α_e量级时，可取

$$\mu_{10} = J\sin 2\phi \tag{3-70}$$

该μ_{10}即地球为旋转椭球体时其表面任意一点的引力加速度矢量$\boldsymbol{g}_1$与该点地心矢径$\boldsymbol{r}$的夹角。由式（3-70）不难看出，当$\phi = \pm 45^\circ$时，$|\mu_{10}|$取得最大值：

$$|\mu_{10}| = J = 1.62395 \times 10^{-3}\ \text{rad} = 5.6'$$

由图 3-21 可知，空间任意一点的引力加速度的大小为

$$g_1 = g_{1r}/\cos\mu_1$$

由于μ_1很小，取$\cos\mu_1 \approx 1$，因此有

$$g_1 = g_{1r} = -\frac{fM}{r^2}\left[1 + J\left(\frac{a_e}{r}\right)^2\left(1 - 3\sin^2\phi\right)\right] \tag{3-71}$$

当$1 - 3\sin^2\phi = 0$，即$\phi = 35^\circ 15' 52''$时，有

$$g_1 = -\frac{fM}{r^2}$$

将该ϕ角代入式（3-68），在准确至α_e量级时，有

$$r_0 = a_e\left(1 - \frac{\alpha_e}{3}\right) = 6371.11\text{km}$$

通常将此r_0值取为球形引力场时的地球平均半径，记为R。

2. 重力

设地球外一质量为m的质点相对于地球是静止的，该质点受到地球的引力为$m\boldsymbol{g}$。又由于地球自身在以$\boldsymbol{\omega}_e$的角速度旋转，因此该质点还受到由地球旋转引起的离心惯性力。将该质点所受的引力和离心惯性力之和称为该质点所受的重力，记为$m\boldsymbol{g}$，即

$$m\boldsymbol{g} = m\boldsymbol{g}_1 + m\boldsymbol{a}_e' \tag{3-72}$$

式中，$\boldsymbol{a}_e' = -\boldsymbol{\omega}_e \times (\boldsymbol{\omega}_e \times \boldsymbol{r})$称为离心加速度。

空间一点的离心加速度$\boldsymbol{a}_e'$在该点与地轴组成的子午面内与地轴垂直指向球外，将其分解到$\boldsymbol{r}^0$和$\boldsymbol{\phi}^0$方向上，其大小分别记为a_{er}'、$a_{e\phi}'$，可得

$$\begin{cases} a_{er}' = r\omega_e^2\cos^2\phi \\ a_{e\phi}' = -r\omega_e^2\sin\phi\cos\phi \end{cases} \tag{3-73}$$

显然，$\boldsymbol{g}_1$位于$\boldsymbol{a}_e'$、$\boldsymbol{g}$所在的子午面内（见图 3-21）。将式（3-59）与式（3-73）代入式（3-72）

即可得到重力加速度矢量 $\boldsymbol{g}$ 在该子午面内的 $\boldsymbol{r}^0$ 及 $\boldsymbol{\phi}^0$ 方向上的分量，分别为

$$\begin{cases} g_r = -\dfrac{fM}{r^2}\left[1 + J\left(\dfrac{a_e}{r}\right)^2\left(1 - 3\sin^2\phi\right)\right] + r\omega_e^2\cos^2\phi \\ g_\phi = -\dfrac{fM}{r^2}J\left(\dfrac{a_e}{r}\right)^2\sin 2\phi - r\omega_e^2\sin\phi\cos\phi \end{cases} \tag{3-74}$$

整理得

$$\begin{cases} g_r = -\dfrac{fM}{r^2}\left[1 + J\left(\dfrac{a_e}{r}\right)^2\left(1 - 3\sin^2\phi\right) - q\left(\dfrac{r}{a_e}\right)^3\cos^2\phi\right] \\ g_\phi = -\dfrac{fM}{r^2}\left[J\left(\dfrac{a_e}{r}\right)^2 + \dfrac{q}{2}\left(\dfrac{r}{a_e}\right)^3\right]\sin 2\phi \end{cases} \tag{3-75}$$

式中，$q = \dfrac{a_e\omega_e^2}{fM/a_e^2}$ 为赤道上的离心加速度与引力加速度之比。将 a_e、ω_e、fM 的值代入可得

$$q = 3.4614\times10^{-3} = 1.0324a_e$$

可见，q 与 a_e 是同量级的参数。

由图 3-21 可见，空间 P 点的重力加速度矢量在过该点的子午面内，$\boldsymbol{g}$ 的指向不通过地心，即 $\boldsymbol{g}$ 与 $\boldsymbol{r}^0$ 之间有一夹角 μ，该角可用下式计算：

$$\tan\mu = \frac{g_\phi}{g_r}$$

考虑到 μ 很小，上式左边近似为 μ，右边在准确到 a_e 量级时可展开得

$$\mu \approx J\left(\frac{a_e}{r}\right)^2\sin 2\phi + \frac{q}{2}\left(\frac{r}{a_e}\right)^3\sin 2\phi \tag{3-76}$$

式中，右边第一项记为 μ_1，它是 $\boldsymbol{g}_1$ 与 $\boldsymbol{r}^0$ 的夹角；第二项记为 μ_2，它是由于离心加速度的存在造成的 $\boldsymbol{g}_1$ 与 $\boldsymbol{g}$ 之间的夹角。此时，式（3-76）可写为

$$\mu = \mu_1 + \mu_2$$

导弹发射时是以发射点的垂线方向，即 $\boldsymbol{g}$ 的方向定向的。当将地球的形状视为一两轴旋转椭球体时，其表面任意一点的重力垂线即椭球面上过该点的法线，如图 3-22 所示。该法线从发射点 O 到与地轴交点 M 的长度 OM 称为椭球面上 O 点的卯酉半径，记为 N，M 称为卯酉中心；N 与赤道平面的夹角记为 B_0，即地理纬度；而 M 点与椭球中心 O_E 之间的距离为 O_EM。由于椭球面上各点的法线不指向同一中心，因此 M 点是沿地轴移动的，即 O_EM 的长度与 O 点在椭球面上的位置有关。

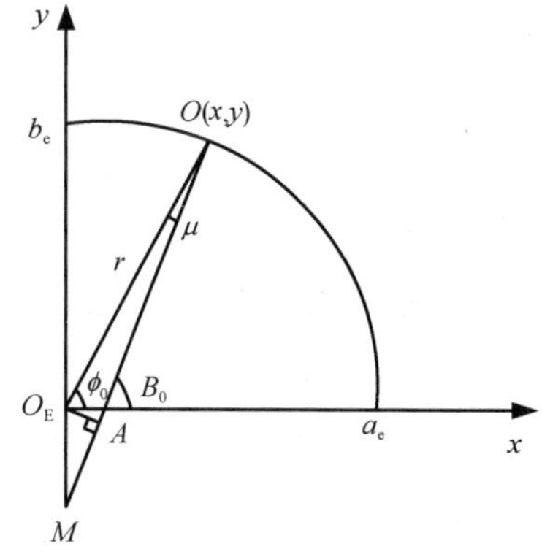

图 3-22　椭球表面一点的卯酉半径

发射点 O 所在子午面的椭圆曲线方程为

$$\frac{x^2}{a_e^2} + \frac{y^2}{b_e^2} = 1$$

过 O 点的椭圆法线的斜率为

$$\tan B_0 = -\frac{\mathrm{d}x}{\mathrm{d}y} = \frac{x}{y}\frac{a_e^2}{b_e^2}$$

而过 O 点的矢径 $\boldsymbol{r}$ 与赤道平面的夹角为地心纬度 ϕ_0，由图 3-22 可知

$$\tan\phi_0 = \frac{y}{x}$$

地理纬度 B_0 与地心纬度 ϕ_0 之间有下列严格关系：

$$\tan B_0 = \frac{a_e^2}{b_e^2}\tan\phi_0 \tag{3-77}$$

当已知 B_0、ϕ_0 中任意一个参数值时，即可准确求得另一个参数值，从而可求得

$$\mu = B_0 - \phi_0 \tag{3-78}$$

由图 3-22 可知，过 O_E 点作 OM 的垂线交于点 A，并注意到 μ 为一微量，因此有

$$O_E M = \frac{O_E A}{\cos B_0} \approx \frac{r_0\mu}{\cos B_0} \tag{3-79}$$

将 $b_e = a_e(1-a_e)$ 代入式（3-77），并准确到 α_e 量级，有

$$\tan B_0 - \tan\phi_0 = 2\alpha_e\tan\phi_0$$

由于

$$\tan B_0 - \tan\phi_0 = \frac{\sin(B_0-\phi_0)}{\cos B_0\cos\phi_0}$$

因此

$$\sin(B_0-\phi_0) = 2\alpha_e\sin\phi_0\cos B_0$$

注意到式（3-78）且考虑到 μ 很小，故有

$$\mu_0 = \alpha_e\sin 2B_0 = \alpha_e\sin 2\phi_0 \tag{3-80}$$

不难看出，在椭球面上，当 $\phi = \pm 45^\circ$ 时，μ_0 取得最大值，即

$$\mu_{0\max} = \alpha_e = 11.5'$$

将式（3-80）代入式（3-79）可得

$$O_E M = 2r_0\alpha_e\sin B_0 = 2r_0\alpha_e\sin\phi_0 \tag{3-81}$$

此时卯酉半径 N 为

$$N = OA + AM = r_0 + O_E M\sin B_0 = r_0\left(1+2\alpha_e\sin^2 B_0\right) \tag{3-82}$$

将式（3-68）代入式（3-82），略去 α_e^2 以上各项，得

$$N = a_e\left(1+\alpha_e\sin^2 B_0\right) \tag{3-83}$$

可见，在赤道上，$N = a_e$；非赤道面上任意一点的卯酉半径均大于赤道半径 a_e，最大的卯酉半径在两极点处，为 $a_e(1+\alpha_e)$。

由图 3-22 可知，空间任意一点的重力加速度大小为

$$g = g_{1r}/\cos\mu$$

在准确到 α_e 量级时，可取 $\cos\mu = 1$，此时有

$$g \approx g_{1r} = -\frac{fM}{r^2}\left[1 + J\left(\frac{a_e}{r}\right)^2\left(1-3\sin^2\phi\right) - q\left(\frac{r}{a_e}\right)^3\cos^2\phi\right] \tag{3-84}$$

3.5　地形模型

地球表面是三维空间的球面，数学上称它为不可展面，即球面不能无裂痕、无重叠地直接展为平面。地图是二维空间的平面图形。为了解决球面和平面之间的矛盾，一般采用一定的数学法则，即地图投影的方法将球面展为平面。利用这种方法能使地球表面上的点保持一定的函数关系。这样，便提供了利用平面图形描述地球表面的可能性。严格地讲，地图是将地理环境诸要素按照一定的数学法则，运用符号系统并经过制图综合缩绘于平面上的图形，以表达各种自然现象和社会现象的空间分布与相互联系及动态变化。

地形包括地表的高低起伏和形态特点。在平面上，现代地形图是用等高线来表达地表形态的。一组等高线不仅可以反映地表的高低起伏和形态变化，根据等高线的密度和图形，还可以判断地形特征和坡度的缓陡。这些特点为实现地形相关导航提供了可能性和数据源，这一点将在后面举例说明。

1．等高线原理

等高线是地面上高程相等的各点连成的闭合曲线。图 3-23 所示为等高线原理示意图。在不同的高程上，用平行于地面的平面剖切山体，平面和山体的交线就是等高线。很明显，等高线都是闭合曲线。等高线的形状是由山体的形状决定的。按这样的原理构成的一系列等高线可充分反映地形的高度和形态变化。把这些等高线沿垂线方向投影到水平面上，就可在平面图上显示出山体的形态。

在地形图上，相邻等高线之间的高程差称为等高距。等高距的大小与地形图比例尺和地面起伏情况有关，一般来说，比例尺大而地面起伏平缓，等高距小；反之，则等高距大。在地形图上，相邻等高线之间的水平跳高称为等高线平距。在一幅地形图上，不同地方的等高线平距是不一样的，它是由地面倾斜程度决定的。如图 3-24 所示，当等高距 h 固定时，坡度越缓，等高线平距（图中用 d 表示）越大，等高线越稀疏；地面坡度越陡，等高线平距越小，等高线越密集。等高线平距的不同反映了地面坡度缓陡的差异。

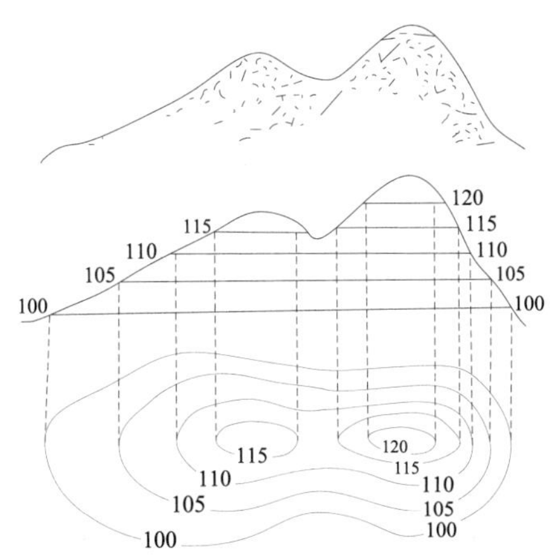

图 3-23　等高线原理示意图

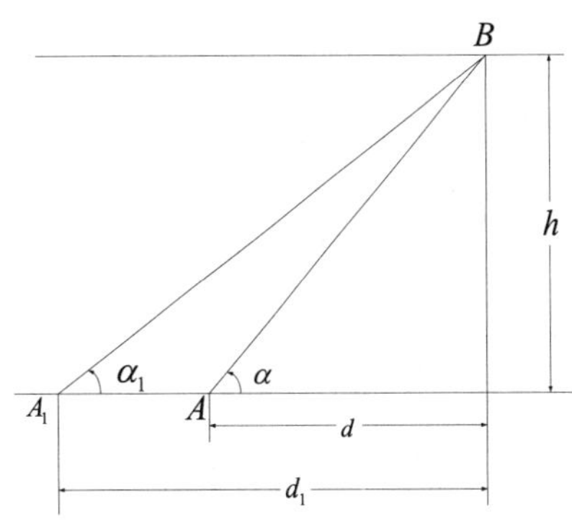

图 3-24　等高线平距和坡度关系示意图

2. 等高线的特性和基本地形等高线图形

等高线有以下几个特性。

(1)同一等高线上的点具有相同的高程。

(2)等高线都是闭合曲线，但在一幅地形图中，等高线不会全部闭合。

(3)不同高程的等高线不相交、不重叠，只有在悬崖处才会出现重叠或相交的情况，此时往往用特殊地形符号来表示。

(4)在等高距相同的条件下，等高线越稀疏，坡度越缓；等高线越密集，坡度越陡。两条等高线间距离最短的方向是最大坡度方向。

(5)在同一幅地形图上，等高线越多，山越高；等高线越少，山越低。在洼地则相反。

由于等高线具有上述特性，因此它能正确地反映地形，如高低形态特征、坡度的缓陡等。

地面上隆起而高于四周的高地称为山。图 3-25 给出了几种地形及其等高线图形。

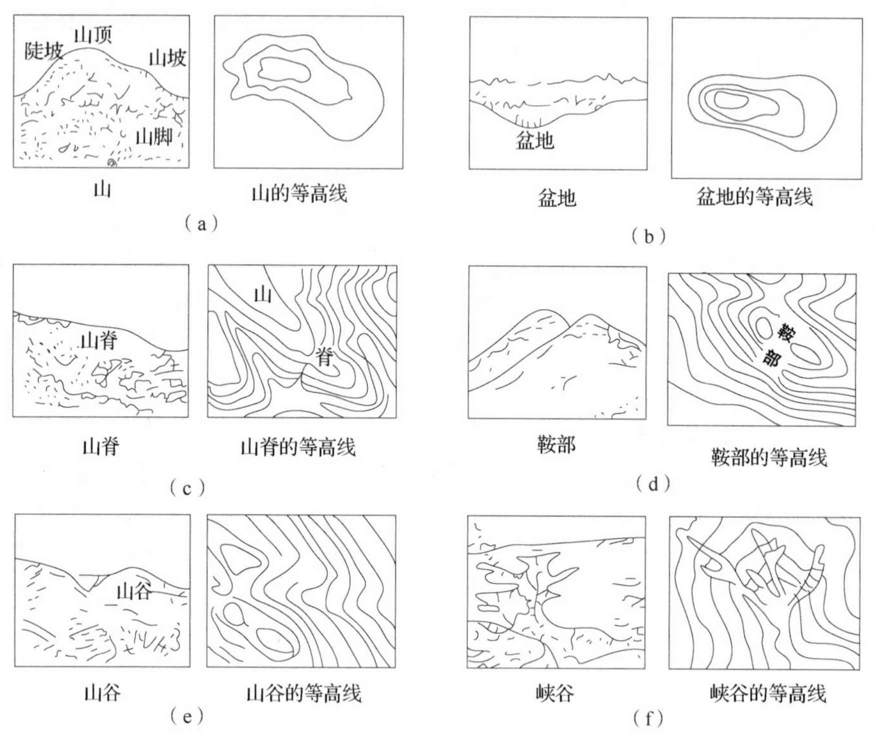

图 3-25 几种地形及其等高线图形

3. 地形相关导航

地形相关导航修正技术是目前正在发展的一种自主式导航修正技术，其中的地形匹配(Tercom)技术已在巡航导弹上得到了应用。

地形匹配技术一般用作导弹的辅助导航。它可以用来修正由导弹惯性测量装置偏移和漂移引起的随时间变化的位置误差。地形匹配技术的原理是地球陆地表面上任何地点的地理坐标都是可能根据其周期地域内的垂直等高线或地貌来单值确定的。如同鉴别指纹一样，地形匹配系统要求预先制作数字地图或用其他方法来测定有关区域的地形等高线特征，当导弹经过该区域上空时，就要用到这些特征。

预先测定的有关区域的地形等高线数据都要存储在导弹的地形匹配计算机中，特定的飞行任务将在该区域上空完成。在执行飞行任务的过程中，地形匹配系统沿着其航线方向测量地形在垂直方向的等高线，如利用雷达高度表测量导弹的离地高度和利用气压高度表提供基准高度。通过从气压高度表中减去即时雷达测量高度的方法，地形匹配系统就对其计算机的存储器进行搜索，找出一条地形等高线，其坐标位置是已知的，而且与实测的地形等高线匹配最佳。此时，该地形等高线就可用来确定导弹在经纬度坐标系或其他坐标系中的位置。事先测定的地形剖面可以由等高线地形图或立体航空照片获取。

图 3-26 描述了等高线匹配的 3 个阶段：数据预处理、数据识别和数据相关。保证相关运算成功的两个关键参数是单元尺寸和单元的采样数目。单元尺寸是地形匹配系统进行测量依据的分辨率。采样被用来建立导弹航线方向的地形剖面。单元的采样数目越大，剖面就越精确。在标准的地形匹配系统中，总计有 64 个沿着飞行航线方向实测到的地形剖面测量数据，与预先存储在计算机中的剖面数据进行比较。

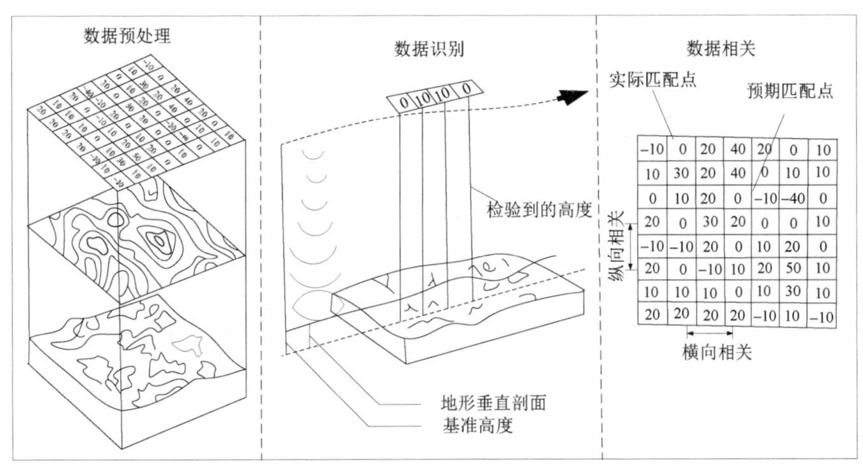

图 3-26　地形相关导航原理图

习题 3

1．试分别根据炮兵、空军和 1976 年美国气象标准条件，计算导弹在 400m、1000m 高度处的密度、声速和气压值。

2．简述风形成的原因。

3．简述平稳风、风切变、大气湍流和阵风 4 种表现形式。

4．在物理上，海浪可细分为哪些类别？分别写出每个类别的具体含义。

5．试计算空间纬度为 ϕ、地心距 r 处的引力加速度和重力加速度。

6．试描述等高线匹配的 3 个阶段。

第 4 章　作用在导弹上的力和力矩

力是改变物体运动状态的本质原因，导弹在空中飞行的运动也是由作用在导弹上的力和力矩决定的。一般情况下，在大气层内运动的导弹主要受到空气动力（也称气动力）、推力和重力的作用。空气动力是由于导弹与空气相对运动改变了导弹表面的大气流动特性和压力分布而产生的作用力。空气动力的方向一般不经过导弹质心，故会对导弹质心产生空气动力矩。推力是导弹发动机内部喷射出的高速燃气流对导弹产生的反作用力，它与喷流方向相反，一般是导弹加速飞行的动力，当其方向与弹体纵轴不重合时，会对导弹质心产生推力矩。重力严格意义上是指导弹与地心的引力和因地球自转产生的离心惯性力的合力。

本章分别介绍作用在导弹上的空气动力、推力和重力的形成原理与有关特性。

4.1　导弹的气动外形与布局

导弹的空气动力和空气动力矩主要由弹身、弹翼和气动舵面产生，因此，导弹的气动外形直接影响其飞行性能和飞行特点。在其他条件相同的情况下，作用在导弹上的空气动力和空气动力矩取决于导弹的气动外形。

4.1.1　翼面在弹身周侧的布置

顺着弹身纵轴方向看，翼面在弹身周侧的布置有两种方案：一种是平面布置方案（也称飞机式方案、面对称布置方案），其特点是弹翼位于同一平面内，如图 4-1 所示；另一种是空间布置方案（也称轴对称布置方案），有＋字型、×字型、斜×型、人字型、⊥字型、H 字型等各种形式，如图 4-2 所示。

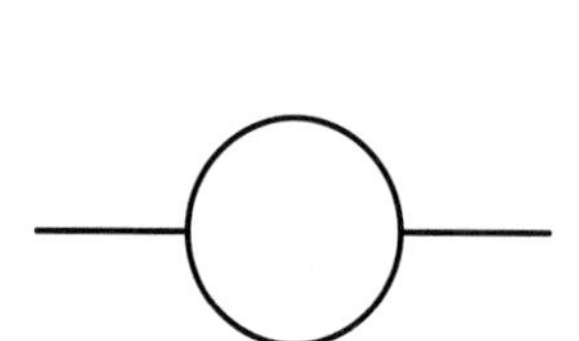

图 4-1　平面布置方案

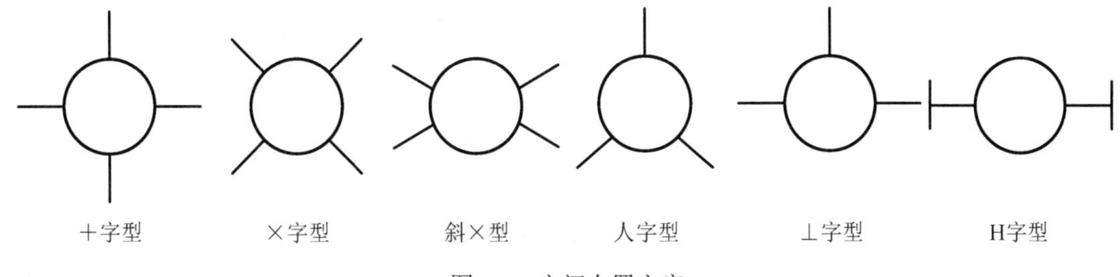

图 4-2　空间布置方案

4.1.2　翼面沿弹身轴向的布置

按照弹翼和舵面沿弹身轴向的相对位置不同，气动布局基本可以分成以下 5 种形式。

（1）正常式：舵面在弹翼之后相当长一段距离的布局形式，如苏联的萨姆-2（地-空），法国的玛特拉-530（空-空），中国的飞腾-3（空-地）和鹰击-81［见图 4-3（a)]。

（2）鸭式：舵面在弹翼之前的布局形式，如美国的奈克-1（地-空）、响尾蛇（空-空），中国的霹雳-5（空-空）[见图 4-3（b）]和霹雳-8（空-空）。

（3）旋转弹翼式：整个弹翼当作舵面来转动而尾翼固定的布局形式，如苏联的萨姆-6（地-空），美国的黄铜骑士（舰-空）、麻雀-III（空-空），中国的红旗-61（地-空）[见图 4-3（c）]。

（4）无尾式：弹翼后缘布置操纵舵面的布局形式，如美国的奈克-II（地-空），中国的蓝箭-9（空-地）[见图 4-3（d）]。它是正常式布局的一种演变形式。

（5）无弹翼式：顾名思义，它是一种没有弹翼、只有尾舵的布局形式，有的甚至连尾翼也没有，如爱国者 PAC-3（地-空），中国的火龙-480（地-地）[见图 4-3（e）]。它也可以看作正常式布局的一种演变形式。无弹翼式导弹通常从地面发射，针对地面目标，它的飞行轨迹与炮弹的弹道相类似。大部分弹道处在稠密大气层外的导弹又称为弹道式导弹。

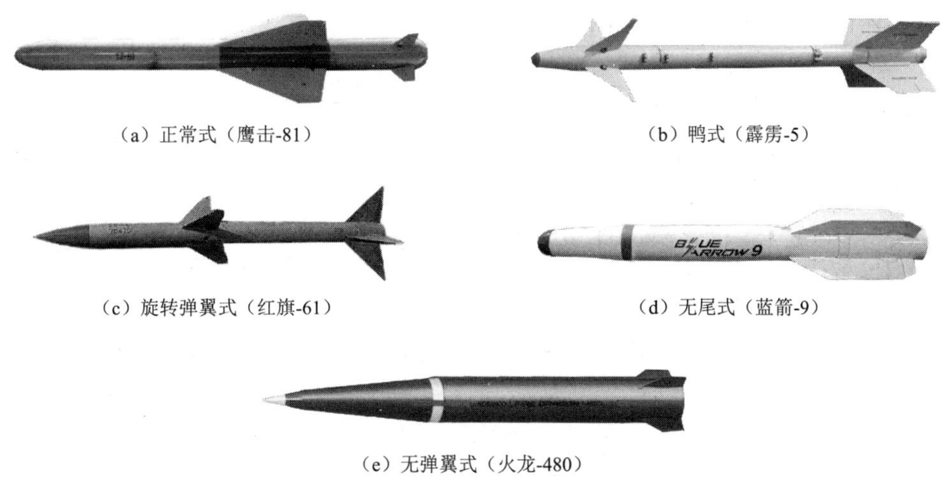

（a）正常式（鹰击-81）　（b）鸭式（霹雳-5）

（c）旋转弹翼式（红旗-61）　（d）无尾式（蓝箭-9）

（e）无弹翼式（火龙-480）

图 4-3　翼面沿弹身轴向的布置

4.1.3　前翼和后翼相对于弹体的安置方式

对于面对称布置导弹，前翼和后翼常见的安置方式有：一-×型、一-人型、一-⊥型等。对于气动轴对称布置导弹，前翼（弹翼或舵面）和后翼（舵面或弹翼）相对于弹体的安置（按前视图看）方式又有若干不同的组合，常见的有×-×型、+-+型、×-+型及+-×型等。

4.1.4 翼身的几何形状

一般有翼式导弹，全弹的升力主要由弹翼提供，弹翼在全弹气动力特性中起着特别重要的作用。常见的弹翼翼型（通常指平行于弹体纵向对称平面的翼剖面形状，有时也用来指与弹翼前缘垂直的翼剖面形状）有亚音速翼型、菱形、六角形、双弧形、双楔形等，如图 4-4 所示。

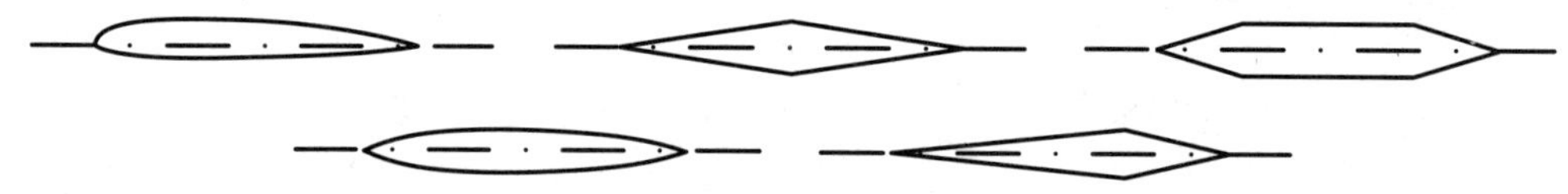

图 4-4 翼型示意图

不同使用条件的导弹弹翼的平面形状各有不同，气动特性也不同。常见的弹翼平面形状有矩形、梯形、三角形、后掠形等，如图 4-5 所示。

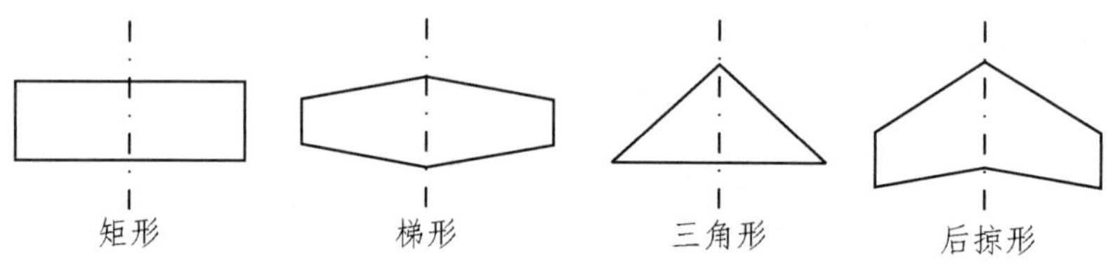

图 4-5 常见的弹翼平面形状

弹翼的主要几何参数（见图 4-6）如下。

全展长：左、右翼端之间垂直于弹体纵向对称面的距离。

半展长：翼端到纵向对称面的距离。

翼面积：弹翼平面的投影面积，常作为特征面积。

平均几何弦长：翼面积与全展长的比值。

平均气动力弦长：与实际翼面积相等且力矩特性相同的当量矩形翼的弦长。

展弦比：全展长与平均几何弦长的比。

根梢比：翼根弦长与翼梢弦长的比，又称梯形比、斜削比。

前缘后掠角：翼前缘线与纵轴垂线间的夹角。

后缘后掠角：翼后缘线与纵轴垂线间的夹角。

最大厚度：翼剖面最大厚度处的厚度 ，不同剖面处的最大厚度是不相同的，通常取平均几何弦长处剖面的最大厚度。

相对厚度：翼剖面最大厚度与弦长的比值。

根弦长：弹翼根部翼型的弦长。

稍弦长：弹翼稍部翼型的弦长。

导弹弹身通常是轴对称的（旋成体），可分为头部、中段和尾部 3 部分。头部常见的形状有锥形（母线为直线）、抛物线形和圆弧形，如图 4-7 所示。尾部常见的母线形状有直线和抛物线两种，如图 4-8 所示。

弹身的主要几何参数如下。

弹径：弹身最大横截面对应的直径。

横截面面积：弹身最大横截面面积，也常作为特征面积。

弹长：导弹头部顶点至弹身底部截面的距离，也常作为特征长度。

弹身长细比：弹身长度与弹径的比值，又称为长径比。

尾翼（或舵面）就整体来说好似缩小了的弹翼，它的翼剖面形状和翼平面形状与弹翼相似。

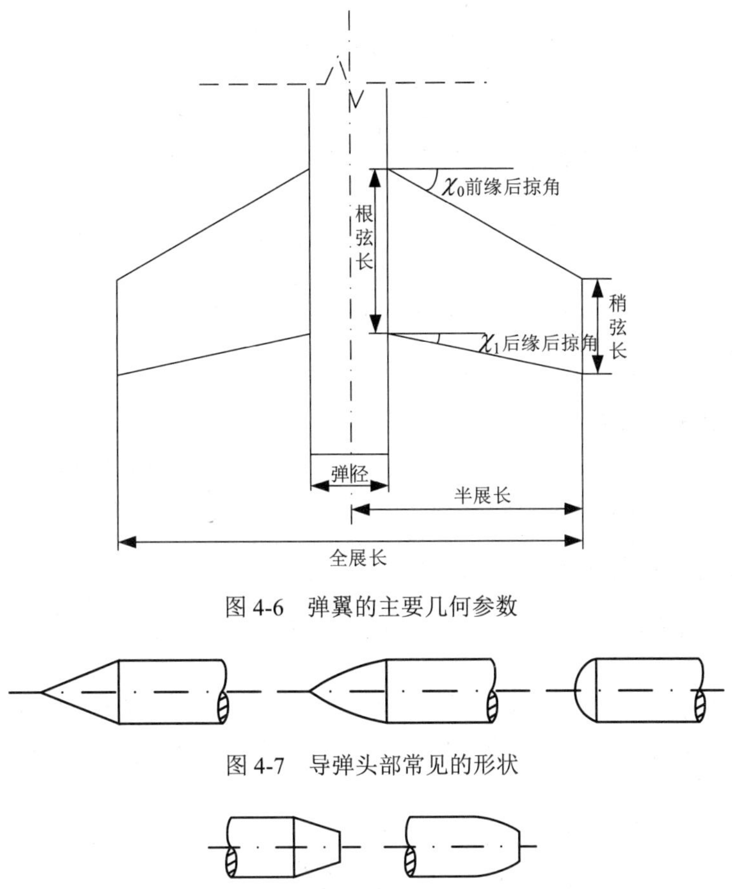

图 4-6　弹翼的主要几何参数

图 4-7　导弹头部常见的形状

图 4-8　导弹尾部常见的母线形状

4.2　攻角与侧滑角

导弹的空气动力不仅与其气动外形有关，还与导弹相对于气流的运动方向有关。为了更方便地研究导弹的空气动力和空气动力矩的影响因素，人们通常将其投影到某些坐标系下。气流相对于弹体的方位可用坐标系之间构成的角度来确定。

1．速度坐标系 $O_b x_3 y_3 z_3$

速度坐标系也称气流坐标系、风轴系。该坐标系的原点 O_b 取在导弹质心上；$O_b x_3$ 与导弹质心的速度矢量 $\boldsymbol{V}$ 重合；$O_b y_3$ 位于弹体纵向对称面内，与 $O_b x_3$ 垂直，指向上为正；$O_b z_3$ 垂直于$O_b x_3 y_3$平面，其方向按右手直角坐标系确定，如图 4-9 所示。此坐标系与导弹速度矢量固连，是动坐标系。

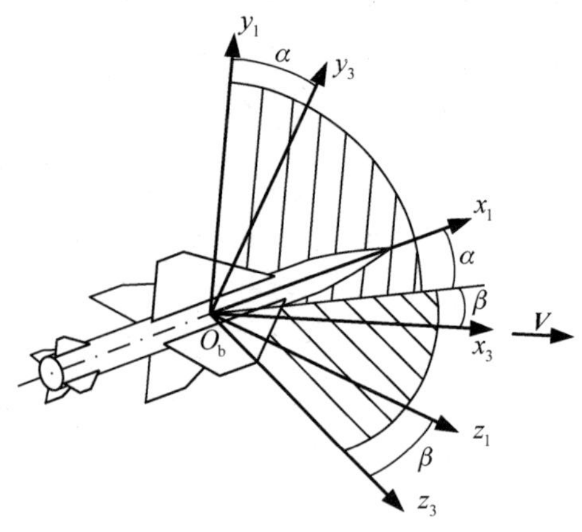

图 4-9 速度坐标系与弹体坐标系

2．弹体坐标系$O_b x_1 y_1 z_1$

弹体坐标系也称体轴系。该坐标系的原点O_b也取在导弹质心上；$O_b x_1$与弹体纵轴重合，指向头部为正；$O_b y_1$位于弹体纵向对称面内，与$O_b x_1$垂直，指向上为正；$O_b z_1$垂直于$O_b x_1 y_1$平面，方向按右手直角坐标系确定，如图 4-9 所示。弹体坐标系与弹体固连，也是动坐标系。

3．速度坐标系与弹体坐标系之间的关系

由上述两个坐标系的定义可知，速度坐标系与弹体坐标系之间的相对方位可由两个角度确定，分别定义如下。

攻角（又称迎角、冲角）α：导弹质心的速度矢量$\boldsymbol{V}$（$O_b x_3$）在弹体纵向对称面$O_b x_1 y_1$上的投影与$O_b x_1$之间的夹角。若$O_b x_1$位于$\boldsymbol{V}$的投影线的上方（产生正升力），则攻角α为正；反之则为负。

侧滑角β：$\boldsymbol{V}$与弹体纵向对称面之间的夹角。沿飞行方向观察，若来流从右侧流向弹体（产生负侧向力），则对应的侧滑角β为正；反之则为负。

4.3 空气动力

4.3.1 空气动力的表达式

把空气动力沿速度坐标系分解为 3 个分量，分别称之为阻力$\boldsymbol{X}$、升力$\boldsymbol{Y}$和侧向力$\boldsymbol{Z}$。习惯上，把阻力$\boldsymbol{X}$的正向定义为$O_b x_3$（$\boldsymbol{V}$）的负向，而升力$\boldsymbol{Y}$和侧向力$\boldsymbol{Z}$的正向则分别与$O_b y_3$、$O_b z_3$的正向一致。试验分析表明，作用在导弹上的空气动力与来流的动压q（$q=\frac{1}{2}\rho V^2$，其中，ρ为导弹所处高度的空气密度）及导弹的特征面积成正比，可表示为

$$\left.\begin{aligned} X &= c_x qS \\ Y &= c_y qS \\ Z &= c_z qS \end{aligned}\right\} \tag{4-1}$$

式中，c_x、c_y、c_z 为无量纲的比例系数，分别称为阻力系数、升力系数和侧向力系数；S 为特征面积，常用弹身最大横截面面积或翼面积作为特征面积。

空气动力也可以在弹体坐标系下进行投影，3 个分量分别是轴向力 $\boldsymbol{A}$（$O_b x_1$ 的负向为正）、法向力 $\boldsymbol{N}$（$O_b y_1$ 的正向为正）和横向力 $\boldsymbol{Z}$（$O_b z_1$ 的正向为正）。它们可以表示为

$$\left.\begin{aligned} A &= c_A qS \\ N &= c_N qS \\ Z &= c_Z qS \end{aligned}\right\} \tag{4-2}$$

式中，c_A、c_N、c_Z 分别称为轴向力系数、法向力系数和横向力系数。

综上所述，在导弹气动外形及其几何参数、飞行速度和飞行高度给定的情况下，研究导弹在飞行过程中所受的空气动力可简化为研究这些空气动力系数。

4.3.2　升力

全弹的升力可以看作弹翼、弹身、尾翼（或舵面）等各部件产生的升力之和加上各部件间的相互干扰的附加升力。工程上通常用升力系数来表述全弹的升力特性。在写升力系数表达式时，各部件提供的升力系数都要折算到同一参考面积上，只有这样，各部件的升力系数才能相加。以正常式布局导弹为例，以弹翼的面积为参考面积，有

$$c_y = c_{y\mathrm{W}} + c_{y\mathrm{B}} \frac{S_\mathrm{B}}{S} + c_{y\mathrm{t}} k_q \frac{S_\mathrm{t}}{S} \tag{4-3}$$

式中，右边 3 项分别表示弹翼、弹身和尾翼对升力的贡献，其中，S_B/S 和 S_t/S 分别反映弹身最大横截面面积和尾翼面积对于参考面积（弹翼面积）的折算；k_q 为尾翼处的速度阻滞系数，反映了对尾翼处动压的修正。

当导弹气动布局和外形尺寸确定时，升力系数 c_y 基本取决于马赫数 Ma、攻角 α 和升降舵偏角 δ_z，即

$$c_y = f(Ma, \alpha, \delta_z)$$

当攻角 α 和升降舵偏角 δ_z 比较小时，全弹的升力系数还可表示为

$$c_y = c_{y0} + c_y^\alpha \alpha + c_y^{\delta_z} \delta_z \tag{4-4}$$

式中，c_{y0} 为攻角和升降舵偏角均为零时的升力系数，它是由导弹外形相对于 $O_b x_1 z_1$ 平面不对称引起的。

对于轴对称导弹，$c_{y0} = 0$。于是有

$$c_y = c_y^\alpha \alpha + c_y^{\delta_z} \delta_z \tag{4-5}$$

式中，$c_y^\alpha = \partial c_y / \partial \alpha$ 为升力系数对攻角的偏导数，也称升力斜率，表示单位攻角变化产生的升力系数；$c_y^{\delta_z} = \partial c_y / \partial \delta_z$ 为升力系数对升降舵偏角的偏导数，表示单位升降舵偏角变化产生的升力系数。

而在导弹的各部件中，弹翼是提供升力的最主要部件。这里以弹翼为例，分析弹翼升力

受攻角和马赫数的影响规律。由空气动力学可知，对于二元（维）翼面的升力，若略去空气的黏性和压缩性的影响，则按照儒科夫斯基公式可得

$$c_{yW} = 2\pi(\alpha - \alpha_0) \tag{4-6}$$

式中，α_0为零升攻角（升力为零时的攻角），对于轴对称导弹，$\alpha_0 = 0$。

由式（4-6）可以看出，c_{yW}与α之间是线性关系，c_{yW}随α的增大而单调递增，其斜率c_{yW}^{α}（升力系数对攻角的导数）为2π，如图4-10中的曲线a所示。但是，气流流过实际弹翼时都为三元流动，当导弹以正攻角飞行时，下翼面的高压气流在翼端会“卷”到上翼面，减小上、下翼面的压力差，从而使升力比二元流动的情况要小些，这种现象称为翼端效应。此外，由于空气黏性的影响，在攻角增大时，气流会从翼面分离。因此，c_{yW}与α之间的线性关系只能保持在不大的攻角范围内。当攻角超过线性关系范围时，随着攻角的增大，升力曲线的斜率通常会变小。当攻角增至一定值时，升力系数将达到极值点$(c_{yW})_{\max}$，其对应的攻角α_{cr}称为临界攻角。过了临界攻角以后，由于上翼面的气流分离迅速加剧，因此，随着攻角的增大，升力系数不但不会增大，反而会急剧减小，这种现象称为“失速”，如图4-10中的曲线b和c所示。

各种不同的弹翼，由于其翼型、翼平面形状的不同，升力曲线是不一样的，但是，大体上都是图4-10中曲线c的形式。

另外，马赫数Ma（$Ma = V/C$，其中C为声速。马赫数表征高速流动中气体微团的惯性力与压力之比）和雷诺数Re（$Re = \rho VL/\mu$，其中μ为空气动力黏性系数。雷诺数是惯性力与黏性力之比，它是区别流动是层流或紊流的一个重要指标）等都对升力曲线的形状有影响。

c_{yW}的大小除了与导弹气动外形参数有关，还与Ma密切相关。图4-11所示为升力系数c_{yW}随Ma的典型变化曲线。从图4-11中可以看到，在亚声速阶段（一般$Ma \leqslant 0.8$），c_{yW}随着Ma的增大略有增大；当导弹进入跨声速阶段（一般$0.8 < Ma \leqslant 1.2$）后，由于局部激波的产生，c_{yW}突然减小；在超声速阶段（一般$Ma > 1.2$），随着Ma的增大，c_{yW}不但不增大，反而减小。

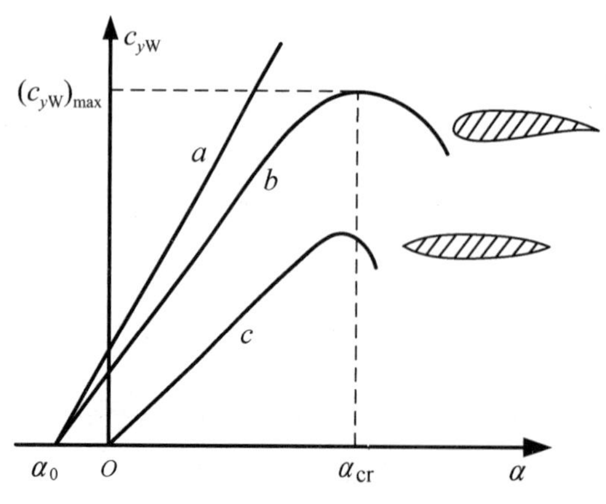

图4-10　升力曲线示意图

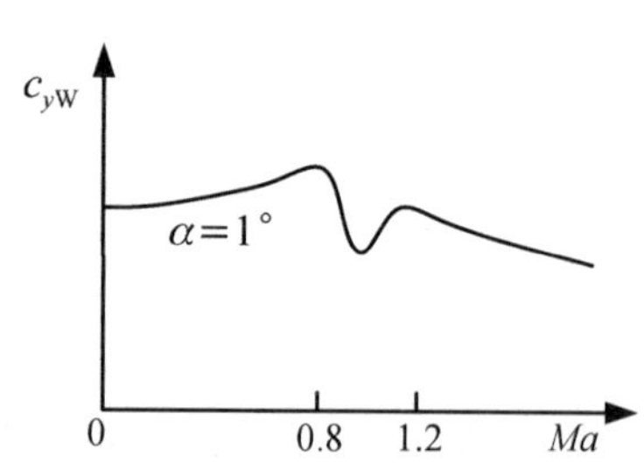

图4-11　升力系数c_{yW}随Ma的典型变化曲线

4.3.3 侧向力

空气动力的侧向力是由气流不对称地流过导弹纵向对称面的两侧引起的，这种飞行情况称为侧滑。图 4-12 给出了导弹的俯视图，表明了侧滑角 β 对应的侧向力。按右手直角坐标系的规定，侧向力指向右翼为正。按侧滑角 β 的定义，图 4-12 中的侧滑角 β 为正，引起的是负的侧向力 $\boldsymbol{Z}$ 。

与升力类似，在气动布局和外形尺寸确定的情况下，侧向力系数基本取决于马赫数 Ma、侧滑角 β 和方向舵偏角 δ_y 。当 β 、δ_y 较小时，侧向力系数可以表示为

$$c_z = c_z^{\beta}\beta + c_z^{\delta_y}\delta_y$$

对于轴对称导弹，若把弹体绕纵轴转过 90°，则这时的 β 就相当于原来 α 的情况。因此，轴对称导弹的侧向力系数的求法类似升力系数的求法。于是，有以下等式：

$$c_z^{\beta} = -c_y^{\alpha}\text{，}\quad c_y^{\delta_z} = -c_z^{\delta_y} \tag{4-7}$$

式中，负号是由 α 、β 的定义所致的。关于侧向力的研究这里不再赘述。

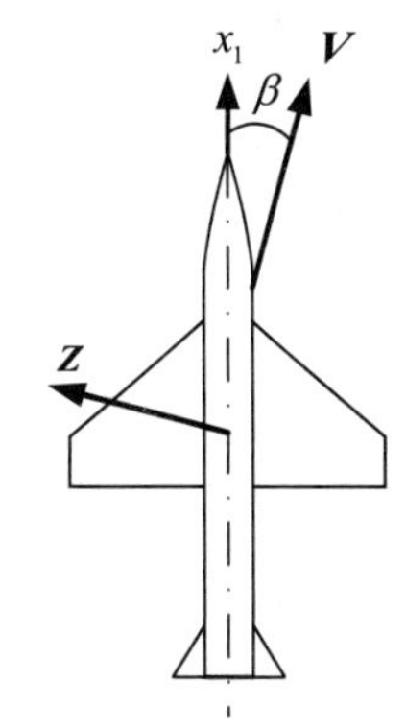

图 4-12 侧滑角与侧向力

4.3.4 阻力

计算全弹阻力与计算全弹升力的方法类似，可以先求出弹翼、弹身和尾翼等各部件的阻力之和，然后进行适当的修正。考虑到各部件阻力计算上的误差，以及弹体上零星凸起物的影响。往往把各部件阻力之和乘以 1.1 的安全系数，以此作为全弹阻力。

1. 零升阻力和诱导阻力

阻力受空气黏性的影响最为显著，用理论方法计算阻力，必须考虑空气黏性的影响。通常将总的阻力分成两部分来研究，一部分与升力无关，称为零升阻力，其阻力系数以 c_{x0} 表示；另一部分取决于升力的大小，称为诱导阻力或升致阻力，其阻力系数以 c_{xi} 表示。因此全弹阻力为

$$c_x = c_{x0} + c_{xi} \tag{4-8}$$

零升阻力又可分成摩擦阻力和压差阻力两部分。在低速流动中，它们都是由空气黏性引起的，与 Re 的大小和附面层流态有关。当攻角不大时，摩擦阻力所占的比重较大，随着攻角的增大，附面层开始分离，且逐渐加剧，压差阻力在零升阻力中也就成为主要部分。在超声速流动中，零升阻力的一部分是由空气黏性引起的摩擦阻力和压差阻力；另一部分是由介质的可压缩性引起的，介质在超声速流动时形成压缩波和膨胀波，导致波阻产生，把这部分波阻称为零升波阻或厚度波阻。在超声速流动中，零升波阻在零升阻力中是主要部分，虽然摩擦阻力在 Ma 增大时也有所增大，但比起零升波阻，它仍然是一小部分。

流经弹翼和弹身的气流给弹翼和弹身以升力，沿垂直来流方向，弹翼和弹身给气流的反作用力使气流下抛，导致气流速度方向发生偏斜，这种现象称为下洗（当然，翼尖的涡流也会产生下洗）。由于下洗的存在，尾翼处的实际攻角将小于弹翼的攻角，如图 4-13 所示。

这里用下洗角 ε 表示下洗的程度。以来流方向为基准，下洗角 ε 表征了实际有效气流对来流偏过的角度。在攻角不大时，下洗角与攻角的关系可以线性表示为

$$\varepsilon = \varepsilon^{\alpha}\alpha \tag{4-9}$$

式中，ε^{α} 为单位攻角的下洗率，它与弹翼的升力曲线的斜率 $c_{y\mathrm{W}}^{\alpha}$ 成正比，与弹翼的展弦比 λ 成反比，还与马赫数、弹翼与弹身的布局情况、尾翼的布局情况、弹翼与尾翼间的距离等因素有关。

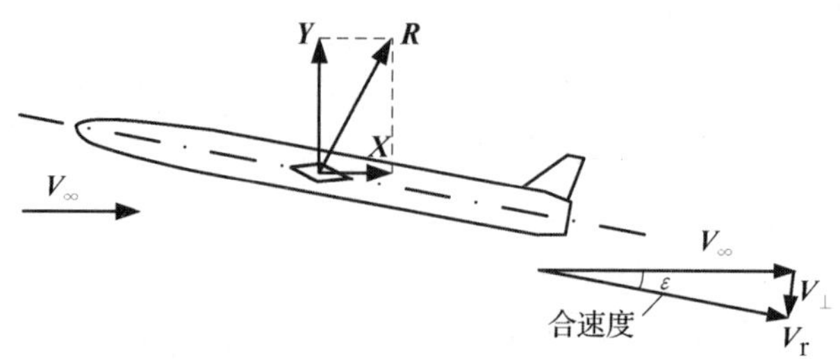

图 4-13 尾翼处气流的下洗

下洗的影响最终将反映在尾翼升力系数的数值上。由于下洗角的存在，实际有效气流向下偏斜，导弹升力 $\boldsymbol{Y}$ 也会向后偏斜（根据升力 $\boldsymbol{Y}$ 的含义，它应与相对速度 $\boldsymbol{V}$ 垂直），而与 $\boldsymbol{V}_{\mathrm{r}}$ 垂直成为 $\boldsymbol{Y}_{\mathrm{r}}$。这样，$\boldsymbol{Y}_{\mathrm{r}}$ 不与原来的 $\boldsymbol{V}$ 垂直，因此必然在其上有一投影分量 $\boldsymbol{X}_{\mathrm{r}}$。$\boldsymbol{X}_{\mathrm{r}}$ 的方向与导弹飞行方向相反，它所起的作用是阻拦导弹前进，实际上是一种阻力。这种阻力是由升力的诱导产生的，因此叫作诱导阻力。

在给定飞行高度 H 和马赫数 Ma 的条件下，诱导阻力系数 $c_{x\mathrm{i}}$ 与攻角 α 之间不像升力系数 c_y 与攻角 α 之间是线性关系（在小攻角时）那样简单，而与攻角的平方 α^2 近似成正比，即

$$c_{x\mathrm{i}} = A\alpha^2 \tag{4-10}$$

式中，A 为比例系数。

因此，导弹的阻力系数是攻角的偶函数，变化规律如图 4-14 所示，一般表示为

$$c_x = c_{x0} + A\alpha^2$$

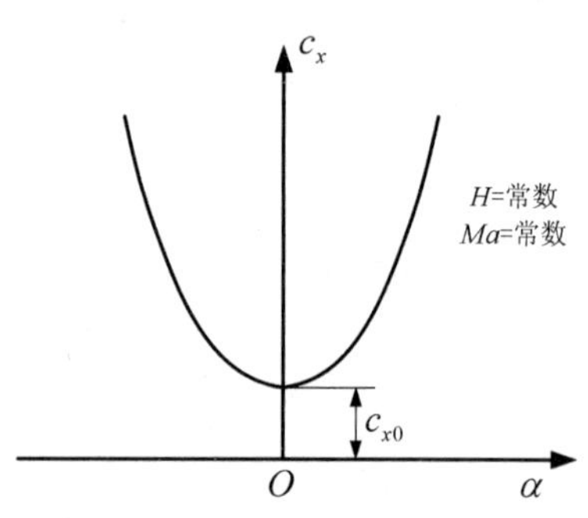

图 4-14 导弹阻力系数 c_x 与 α 的关系

2. 马赫数 Ma 对阻力系数的影响

导弹的阻力系数 c_x 和升力系数 c_y 一样，随着马赫数的变化而变化。图 4-15 所示为导弹在某一飞行高度上，当攻角 α 为零时，阻力系数 c_x 和马赫数 Ma 的典型关系曲线。可以看到，当导弹在亚声速阶段飞行时，阻力系数 c_x 的变化并不十分明显。通常，在来流 $Ma < 0.3$ 时，把空气看作不可压缩的介质。在 $Ma > 0.3$ 以后，空气压缩性的影响就逐渐显著起来，c_x 也随 Ma 的增大而缓慢增大。由线化理论得出，考虑空气压缩性的阻力系数要比不考虑空气压缩性的阻力系数的值大 $1\big/\sqrt{1-Ma^2}$ 倍。

导弹在跨声速阶段飞行时，在弹翼前缘和弹头处产生激波，出现较大的波阻，这时导弹的阻力系数就会突然增大。激波失速使阻力系数猛增，因此，在 Ma 为 1 左右，c_x 值达到极值。

在超声速阶段飞行时，随着 Ma 的增大，弹体激波会向后倾斜，强度减弱，因此阻力系数 c_x 减小。在整个超声速阶段，c_x 的变化逐渐趋于平缓。

3. 飞行高度对阻力系数的影响

随着导弹飞行高度的上升，空气密度急剧减小，导致 Re 也迅速减小，使得摩擦阻力系数 c_{xf} 增大，在 c_y 为定值的情况下，c_x 随着导弹飞行高度的上升而增大。如图 4-16 所示，当 $Ma = 1.5$、$c_y = 0.1$ 时，c_x 从 $H = 0$ 到 $H = 20\text{km}$ 增大了近乎 40%；当 $Ma = 10$、$c_y = 0.05$ 时，c_x 从 $H = 20\text{km}$ 到 $H = 60\text{km}$ 增大了 50%。

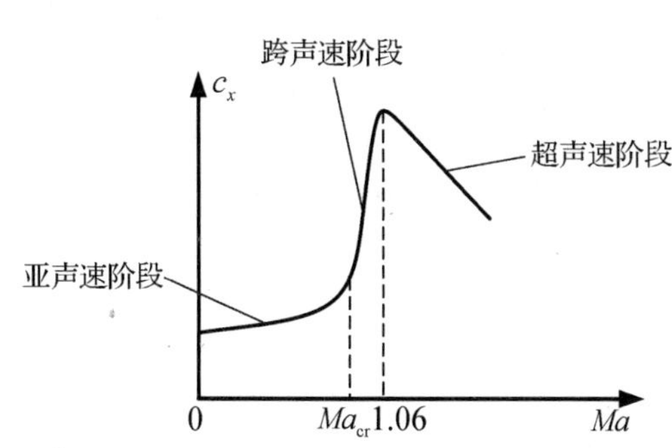

图 4-15　阻力系数 c_x 和马赫数 Ma 的典型关系曲线

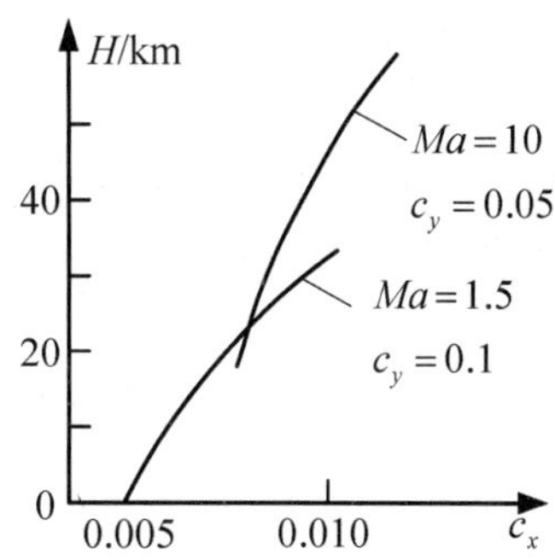

图 4-16　飞行高度对阻力系数的影响

值得指出的是，阻力系数 c_x 随着导弹飞行高度的上升而增大并不意味着阻力也增大。在图 4-16 中，阻力是随着导弹飞行高度的上升而减小的。但是随着导弹飞行高度的上升，导弹的气动特性（如升阻比）要减小。

4.3.5　极曲线与升阻比

前面分别讨论了升力、阻力的影响因素。为了计算导弹的飞行性能，通常用理论计算和试验的方法把升力系数和阻力系数的关系画成一条曲线，称为极曲线。图 4-17 给出了在导弹飞行高度和马赫数一定的情况下，极曲线的示意图。在极曲线的相应点上，飞行攻角自下向上是逐渐增大的。极曲线过原点的切线斜率（图 4-17 中 φ 角的正切值）即对应飞行状态下的最大升阻比。

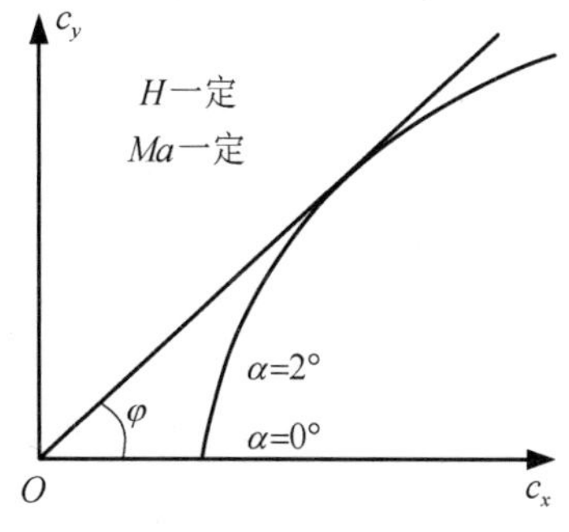

图 4-17　极曲线的示意图

由于一条极曲线对应一定的飞行高度和马赫数，因此，对某一外形确定的导弹而言，应针对它的不同飞行情况画出一系列的极曲线。

4.4 空气动力矩

4.4.1 空气动力矩的表达式、压力中心和焦点

1. 空气动力矩的表达式

为了便于研究导弹绕质心的旋转运动，通常把空气动力矩沿弹体坐标系分解，分别得到滚转力矩 $\boldsymbol{M}_{x1}$、偏航力矩 $\boldsymbol{M}_{y1}$ 和俯仰力矩 $\boldsymbol{M}_{z1}$（为书写简便，以后书写省略脚注 1）。滚转力矩 $\boldsymbol{M}_x$ 以指向 Ox_1 的正向为正，其作用是使导弹绕 Ox_1 做转动运动；偏航力矩 $\boldsymbol{M}_y$ 以指向 Oy_1 的正向为正，其作用是使导弹绕 Oy_1 做旋转运动；俯仰力矩 $\boldsymbol{M}_z$ 以指向 Oz_1 的正向为正，其作用是使导弹绕 Oz_1 做旋转运动，如图 4-18 所示。

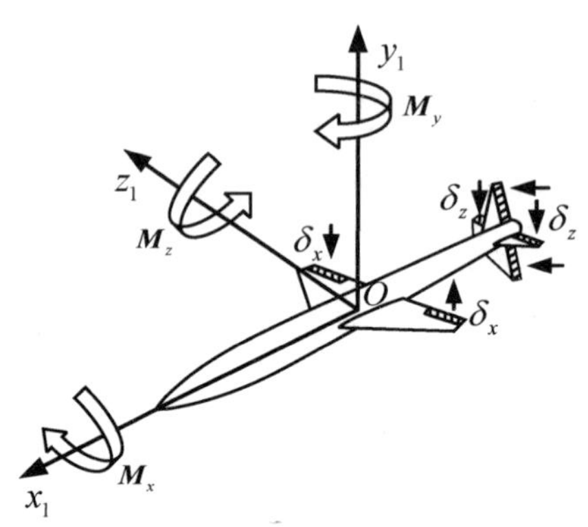

图 4-18 空气动力矩

研究空气动力矩与研究空气动力一样，可用对空气动力矩系数的研究来取代对空气动力矩的研究。空气动力矩的表达式为

$$\left.\begin{aligned}M_x &= m_x qSL\\ M_y &= m_y qSL\\ M_z &= m_z qSL\end{aligned}\right\} \tag{4-11}$$

式中，m_x、m_y、m_z 为无量纲比例系数，分别称为滚转力矩系数、偏航力矩系数和俯仰力矩系数；S 为特征面积，对于面对称导弹（特别是飞航式导弹），常以翼面积来表示，对于轴对称导弹，常以弹身最大横截面面积来表示；L 为特征长度，对于轴对称导弹，常以弹身长度或弹径来表示，对于面对称导弹，常以弹翼的平均气动力弦长或翼展长来表示。在工程设计中，当涉及空气动力、空气动力矩的具体数值时，必须弄清它们对应的特征面积和特征长度。

记控制导弹滚转运动、偏航运动和俯仰运动的舵面偏转角分别为滚转舵偏角（或副翼偏转角）δ_x、方向舵偏角 δ_y 和升降舵偏角 δ_z。当滚转舵偏角 δ_x 为正（从弹尾向前看，即右副翼后缘往下、左副翼后缘往上，如图 4-18 所示）时，将引起负的滚转力矩。对于正常式布局导弹，当方向舵偏角 δ_y 为正（方向舵的后缘往右偏，如图 4-18 所示）时，将引起负的偏航力矩。对于正常式布局导弹，当升降舵偏角 δ_z 为正（升降舵的后缘往下，如图 4-18 所示）时，将引起负的俯仰力矩。

2. 压力中心和焦点

在力的三要素中，除了力的大小和方向，另一个要素就是力的作用点，在确定作用于导弹上的空气动力矩时，必须先求出空气动力的作用点。

总的空气动力的作用线与弹体纵轴的交点称为全弹的压力中心。在攻角不大的情况下，常近似地把总升力在纵轴上的作用点作为全弹的压力中心。

由攻角 α 引起的升力 $Y^{\alpha}\alpha$ 在纵轴上的作用点称为导弹的焦点。由升降舵偏角引起的升力 $Y^{\delta_z}\delta_z$ 作用在舵面的压力中心上。

从导弹头部顶点至压力中心的距离即导弹压力中心的位置，用 x_p 表示。如果知道导弹上各部件产生的升力及作用点的位置，则全弹的压力中心的位置可用下式求出：

$$x_p = \frac{\sum_{k=1}^{n} Y_k x_{pk}}{Y} = \frac{\sum_{k=1}^{n} c_{yk} x_{pk} \frac{S_k}{S}}{c_y} \tag{4-12}$$

对于有翼导弹，弹翼产生的升力是全弹升力的主要部分。因此，这类导弹的压力中心的位置在很大程度上取决于弹翼相对于弹身的前后位置。显然，弹翼安装位置离头部顶点越远，x_p 越大。此外，压力中心的位置还取决于马赫数 Ma、攻角 α、升降舵偏角 δ_z、弹翼安装角及安定面安装角等。这是由于上述参数改变时，改变了弹上的压力分布。压力中心的位置 x_p 与马赫数 Ma 和攻角 α 的关系如图 4-19 所示。可以看出，当 Ma 接近 1 时，压力中心的位置变化较剧烈。

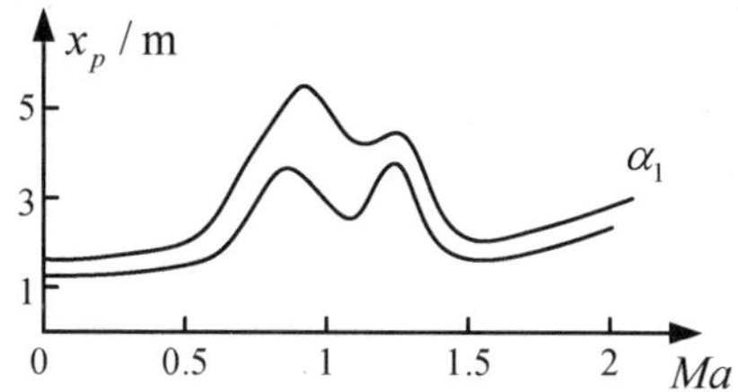

图 4-19 压力中心的位置与马赫数 Ma 和攻角 α 的关系

焦点一般不与压力中心重合，仅在导弹为轴对称（$c_{y0}=0$）且 $\delta_z=0$ 时，焦点才与压力中心重合。用 x_F 表示从导弹头部顶点量起的焦点坐标值，焦点的位置可以表示为

$$x_F = \frac{\sum_{k=1}^{n} Y_k^{\alpha} x_{Fk}}{Y^{\alpha}} = \frac{\sum_{k=1}^{n} c_{yk}^{\alpha} x_{Fk} \frac{S_k}{S}}{c_y^{\alpha}} \tag{4-13}$$

式中，Y_k^{α} 为某一部件产生的升力（包括其他部件对它的影响）对攻角的导数；x_{Fk} 为某一部件由攻角引起的升力的作用点坐标值。

4.4.2 俯仰力矩

俯仰力矩也称纵向力矩，主要作用是使导弹绕 Oz_1 产生抬头或低头力矩。在导弹的气动布局和外形几何参数给定的情况下，俯仰力矩的大小不仅与马赫数 Ma、飞行高度 H 有关，还与攻角 α、升降舵偏转角 δ_z、导弹绕 Oz_1 旋转的角速度 ω_z、攻角的变化率 $\dot{\alpha}$ 及升降舵偏转角的

变化率 $\dot{\delta}_z$ 有关。因此，俯仰力矩可表示成如下函数形式：

$$M_z = f\left(Ma, H, \alpha, \delta_z, \omega_z, \dot{\alpha}, \dot{\delta}_z\right)$$

严格地说，俯仰力矩还取决于某些其他参数，如侧滑角 β、滚转舵偏角 δ_x、导弹绕纵轴旋转的角速度 ω_x 等。由于通常这些数值对俯仰力矩的影响不大，因此一般予以忽略。

当 α、δ_z、ω_z、$\dot{\alpha}$、$\dot{\delta}_z$ 较小时，俯仰力矩与这些参数的关系是近似线性的，其一般表达式为

$$M_z = M_{z0} + M_z^{\alpha}\alpha + M_z^{\delta_z}\delta_z + M_z^{\omega_z}\omega_z + M_z^{\dot{\alpha}}\dot{\alpha} + M_z^{\dot{\delta}_z}\dot{\delta}_z \tag{4-14}$$

为了研究方便，用无量纲力矩系数代替式（4-14），即

$$m_z = m_{z0} + m_z^{\alpha}\alpha + m_z^{\delta_z}\delta_z + m_z^{\bar{\omega}_z}\bar{\omega}_z + m_z^{\bar{\dot{\alpha}}}\bar{\dot{\alpha}} + m_z^{\bar{\dot{\delta}}_z}\bar{\dot{\delta}}_z \tag{4-15}$$

式中，$\bar{\omega}_z$ 为无因次角速度，$\bar{\omega}_z = \dfrac{\omega_z L}{V}$；$\bar{\dot{\alpha}}$、$\bar{\dot{\delta}}_z$ 为无因次角度变化率，分别可表示为 $\bar{\dot{\alpha}} = \dfrac{\dot{\alpha}L}{V}$，$\bar{\dot{\delta}}_z = \dfrac{\dot{\delta}_z L}{V}$；$m_{z0}$ 为 $\alpha = \delta_z = \omega_z = \dot{\alpha} = \dot{\delta}_z = 0$ 时的俯仰力矩系数，它是由导弹外形相对于 Ox_1z_1 平面不对称引起的，m_{z0} 的值主要取决于马赫数 Ma、导弹的几何形状、弹翼或安定面安装角等。

1. 由攻角产生的俯仰力矩——稳定力矩

（1）定常直线飞行时的俯仰力矩及纵向平衡状态。

定常飞行也称定态飞行，是在飞行过程中，导弹的速度 V、攻角 α、侧滑角 β、舵偏角 δ_z 和 δ_y 等均不随时间变化的飞行状态。实际上，导弹不会有严格的定常飞行，即便导弹等速直线飞行，由于燃料的消耗使导弹质量发生变化，为保持等速直线飞行，所需的攻角也会随之改变。因此，只能说导弹在整个飞行轨迹中的某一小段接近定常飞行。

导弹在定常直线飞行状态下，$\omega_z = \dot{\alpha} = \dot{\delta}_z = 0$，俯仰力矩系数的表达式，即（4-15）变为

$$m_z = m_{z0} + m_z^{\alpha}\alpha + m_z^{\delta_z}\delta_z \tag{4-16}$$

对于轴对称导弹，$m_{z0} = 0$，此时，式（4-16）改写为

$$m_z = m_z^{\alpha}\alpha + m_z^{\delta_z}\delta_z \tag{4-17}$$

试验表明，只有在攻角 α 和升降舵偏角 δ_z 不大的情况下，上述线性关系才成立，随着 α、δ_z 的增大，线性关系将被破坏。若把不同 δ_z 下的 m_z 随 α 的变化关系画成曲线，则可得如图 4-20 所示的曲线。由图 4-20 可见，在 α 超过一定范围以后，m_z 与 α 之间的线性关系就不再保持。

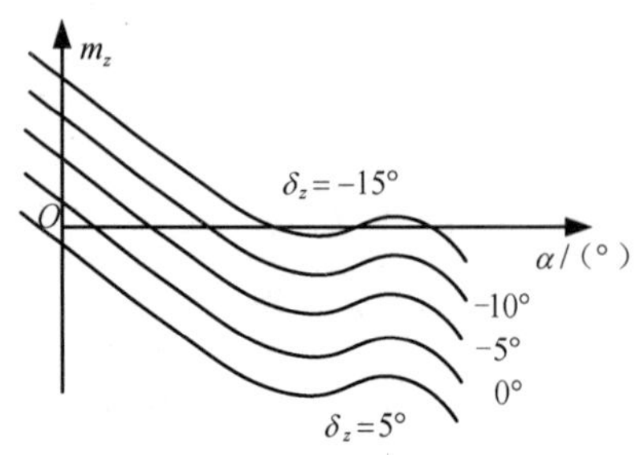

图 4-20　m_z 随 α 的变化关系

另外，从图 4-20 中还可以看到，这些曲线与横坐标轴的交点满足 $m_z = 0$，这些交点称为静平衡点。这时，导弹运动的特征就是 $\omega_z = \dot{\alpha} = \dot{\delta}_z = 0$，而 α 与 δ_z 保持一定的关系，使作用在导弹上的由 α、δ_z 产生的所有升力相对于质心的俯仰力矩的代数和为零，即导弹处于纵向平衡状态。

当导弹处于纵向平衡状态时，α 与 δ_z 之间的关系可令式（4-17）的右侧为零求得

$$m_z^{\alpha}\alpha + m_z^{\delta_z}\delta_z = 0$$

即

$$\left(\frac{\delta_z}{\alpha}\right)_{\mathrm{B}} = -\frac{m_z^{\alpha}}{m_z^{\delta_z}}$$

或

$$\delta_{z\mathrm{B}} = -\frac{m_z^{\alpha}}{m_z^{\delta_z}}\alpha_{\mathrm{B}} \tag{4-18}$$

式（4-18）表明，为使导弹在某一飞行攻角下处于纵向平衡状态，必须使升降舵（或其他操纵面）偏转相应的角度，这个角度称为升降舵的平衡偏转角，用符号 $\delta_{z\mathrm{B}}$ 表示。换句话说，为了在某一升降舵偏角下保持导弹的纵向平衡所需的攻角就是平衡攻角，以 α_{B} 表示。

操稳比 δ_z / α，即比值 $-m_z^{\alpha} / m_z^{\delta_z}$ 是导弹总体设计中的一个重要指标，它除与马赫数 Ma 有关外，还随导弹气动布局的不同而不同。该比值选得过小会出现操纵过于灵敏的现象，一个小的舵偏误差就会引起较大的姿态扰动；若选得过大，则会出现操纵迟滞现象。根据工程设计经验，不同布局的导弹的操稳比选取有一个范围：对于正常式布局导弹，操稳比一般为-1.2～-0.8；对于鸭式布局导弹，操稳比一般为 1.2～2；对于旋转弹翼式布局导弹，操稳比可高达 6～8。

在纵向平衡状态下，全弹升力即平衡升力。平衡升力系数可由下式求得：

$$c_{y\mathrm{B}} = c_y^{\alpha}\alpha_{\mathrm{B}} + c_y^{\delta_z}\delta_{z\mathrm{B}} = \left(c_y^{\alpha} - c_y^{\delta_z}\frac{m_z^{\alpha}}{m_z^{\delta_z}}\right)\alpha_{\mathrm{B}} \tag{4-19}$$

上面讨论的是导弹在定常直线飞行状态下的情况。在进行一般弹道计算时，若假设每一瞬时导弹都处于纵向平衡状态，则可用式（4-19）来计算弹道每一点上的平衡升力系数。这种假设通常称为瞬时平衡假设，认为导弹从某一平衡状态改变到另一平衡状态是瞬时完成的，即忽略了导弹绕质心的旋转运动。此时，作用在导弹上的俯仰力矩只有 $m_z^{\alpha}\alpha$ 和 $m_z^{\delta_z}\delta_z$ 两部分，而且这两部分处于平衡状态，即

$$m_z^{\alpha}\alpha_B + m_z^{\delta_z}\delta_{zB} \equiv 0$$

导弹初步设计阶段采用瞬时平衡假设，在工程上可大大减少计算工作量。

（2）纵向静稳定性。

导弹的平衡有稳定平衡和不稳定平衡两种，导弹的平衡特性取决于它自身所谓的静稳定性。静稳定性的定义如下：导弹受外界干扰作用偏离平衡状态后，在外界干扰消失的瞬间，若导弹不经操纵能产生空气动力矩，使导弹有恢复到原平衡状态的趋势，则称导弹是静稳定的；若产生的空气动力矩将导弹更加偏离原平衡状态，则称导弹是静不稳定的；若导弹既无恢复原平衡状态的趋势，又不继续偏离原平衡状态，则称导弹是静中立稳定的。必须强调指出的是，静稳定性只能说明导弹偏离平衡状态那一瞬间的力矩特性，并不能说明整个运动过程导弹最终是否具有稳定性。

判别导弹纵向静稳定性的方法是看偏导数 $m_z^{\alpha}\big|_{\alpha=\alpha_{\mathrm{B}}}$（力矩特性曲线相对于横坐标轴的斜率）的性质。若导弹以某个平衡攻角 α_{B} 在平衡状态下飞行，由于某种原因（如垂直向上的阵风）使攻角增加了 $\Delta\alpha$（$\Delta\alpha > 0$），引起作用在焦点上的附加升力 ΔY，则当升降舵偏角 δ_z 保持原值不变（导弹不操纵）时，由这个附加升力引起的附加俯仰力矩为

$$\Delta M_z(\alpha) = m_z^{\alpha}\big|_{\alpha=\alpha_{\mathrm{B}}}\Delta\alpha qSL \tag{4-20}$$

若式（4-20）中 $m_z^{\alpha}\big|_{\alpha=\alpha_{\mathrm{B}}} < 0$，如图 4-21（a）所示，则 $\Delta M_z(\alpha)$ 是负值，它将使导弹低头，

力图使攻角由$(\alpha_{\mathrm{B}}+\Delta\alpha)$恢复到$\alpha_{\mathrm{B}}$（消除攻角增量$\Delta\alpha$）。导弹的这种物理属性称为静稳定性。静稳定导弹在偏离平衡状态后，力图使导弹恢复到原平衡状态的空气动力矩称为静稳定力矩或恢复力矩。

若$m_z^\alpha\big|_{\alpha=\alpha_{\mathrm{B}}}>0$，如图 4-21（b）所示，则式（4-20）中的$\Delta M_z(\alpha)>0$，这个附加俯仰力矩将使导弹更加偏离原平衡状态。静不稳定的空气动力矩又被形象地称为翻滚力矩。

若$m_z^\alpha\big|_{\alpha=\alpha_{\mathrm{B}}}=0$，如图 4-21（c）所示，则是静中立稳定的情况。当导弹偏离平衡状态后，由$\Delta Y(\alpha)$导致的附加俯仰力矩等于零，由干扰造成的附加攻角既不再增大，又不能消除。

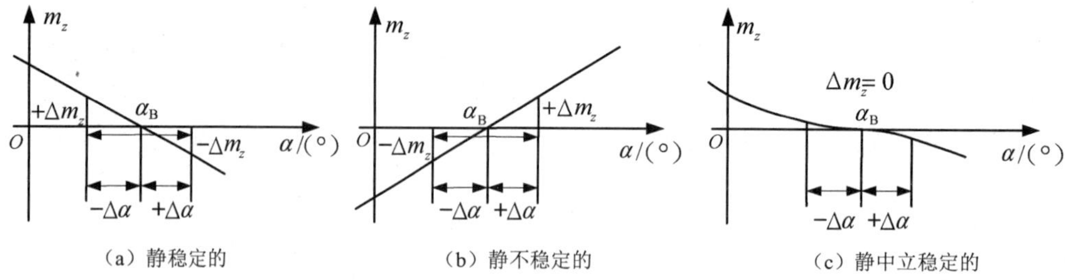

图 4-21　$m_z=f(\alpha)$的 3 种典型情况

偏导数m_z^α表示由单位攻角引起的俯仰力矩系数的大小和方向，它表征导弹的纵向静稳定性。把纵向静稳定性的条件总结起来有

$$m_z^\alpha\big|_{\alpha=\alpha_{\mathrm{B}}}\begin{cases}<0 & \text{纵向静稳定}\\ =0 & \text{纵向静中立稳定}\\ >0 & \text{纵向静不稳定}\end{cases}$$

在大多数情况下，c_y与α呈线性关系，因此在绘制$m_z=f(\alpha)$曲线的同时，常绘制出$m_z=f(c_y)$曲线。有时用偏导数$m_z^{c_y}$取代m_z^α作为衡量导弹是否具有静稳定的条件：

$$M_z^\alpha\alpha=-Y^\alpha\alpha(x_F-x_G)=-c_y^\alpha\alpha(x_F-x_G)qS=m_z^\alpha\alpha qSL$$

于是

$$m_z^\alpha=-c_y^\alpha(\bar{x}_F-\bar{x}_G)$$

由此得

$$m_z^{c_y}=\frac{\partial m_z}{\partial c_y}=\frac{m_z^\alpha}{c_y^\alpha}=-(\bar{x}_F-\bar{x}_G) \tag{4-21}$$

式中，$\bar{x}_F$为全弹焦点的无量纲坐标；$\bar{x}_G$为全弹质心的无量纲坐标。

显然，对于具有纵向静稳定性的导弹，$m_z^{c_y}<0$。这时，焦点位于质心之后。当焦点逐渐向质心靠近时，静稳定性逐渐降低；当焦点与质心重合时，导弹是静中立稳定的，当焦点移到质心之前（$m_z^{c_y}>0$）时，导弹是静不稳定的。因此，工程上常把$m_z^{c_y}$称为静稳定度，焦点无量纲坐标与质心无量纲坐标之间的差值$(\bar{x}_F-\bar{x}_G)$称为静稳定裕度。

导弹的静稳定度与其飞行性能有关。为了保证导弹具有所希望的静稳定度，设计过程中常采用两种方法：一是改变导弹的气动布局，从而改变焦点的位置，如改变弹翼的外形、面积及其相对于弹身的前后位置，改变尾翼面积，添置反安定面等；二是改变导弹内部的部位安排，以调整全弹质心的位置。

2. 由升降舵偏角产生的俯仰力矩——操纵力矩

对具有静稳定性的导弹来说，要使导弹以正攻角飞行，对正常式布局导弹而言，升降舵偏角应为负（后缘往上）；对鸭式布局导弹而言，升降舵偏角应为正。总之，要产生所需的抬头力矩（见图4-22）。与此同时，升力 $Y^{\alpha}\alpha$ 对质心将形成低头力矩，并使导弹处于力矩平衡状态。舵面偏转后形成的空气动力对质心产生的力矩称为操纵力矩，其值为

$$M_z\left(\delta_z\right)=-c_y^{\delta_z}\delta_z qS\left(x_R-x_G\right)=m_z^{\delta_z}\delta_z qSL$$

由此可得

$$m_z^{\delta_z}=-c_y^{\delta_z}\left(\bar{x}_R-\bar{x}_G\right) \tag{4-22}$$

式中，$\bar{x}_R=\dfrac{x_R}{L}$ 为舵面压力中心至导弹头部顶点距离的无量纲坐标；$m_z^{\delta_z}$ 为舵面偏转单位角度引起的操纵力矩系数，称为舵面效率；对于正常式布局导弹，舵面总是在质心之后，因此总有 $m_z^{\delta_z}<0$，对于鸭式布局导弹，$m_z^{\delta_z}>0$；$c_y^{\delta_z}$ 为舵面偏转单位角度引起的升力系数，它随马赫数 Ma 的变化规律如图4-23所示。

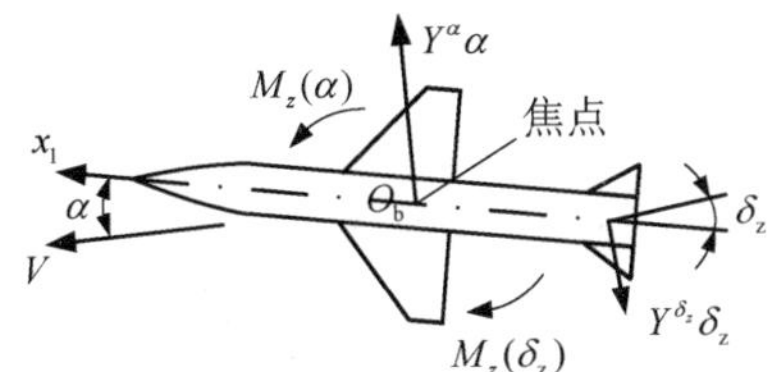

图4-22 操纵力矩示意图

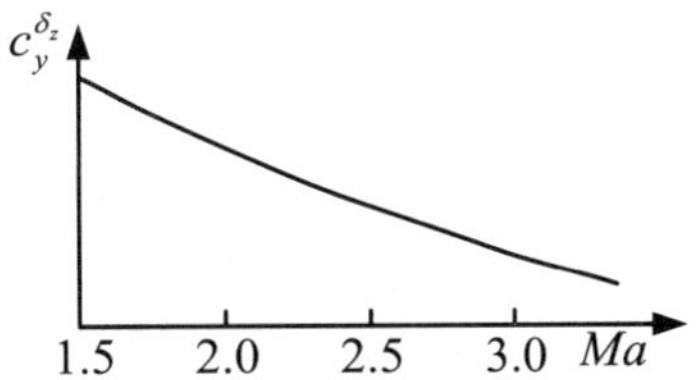

图4-23 $c_y^{\delta_z}$ 随马赫数 Ma 的变化规律

3. 由俯仰角速度引起的俯仰力矩——俯仰阻尼力矩

俯仰阻尼力矩是由导弹绕 $O_b z_1$ 的旋转运动引起的，其大小和旋转角速度 ω_z 成正比，方向总与之相反，其作用是阻止导弹绕 $O_b z_1$ 的旋转运动，故称为俯仰阻尼力矩（或纵向阻尼力矩）。显然，导弹在不做旋转运动时，没有俯仰阻尼力矩。

设导弹质心以速度 V 运动，同时以角速度 ω_z 绕 $O_b z_1$ 转动，如图4-24所示，旋转使导弹表面上各点均获得附加速度，其方向垂直于连接质心与该点的矢径 $\boldsymbol{r}$，其大小等于 $\omega_z r$。若 $\omega_z>0$，则质心前的导弹表面上各点的攻角将减小 $\Delta\alpha(r)$，其正切值为

$$\tan\Delta\alpha(r)=r\omega_z/V \tag{4-23}$$

而处于质心之后的导弹表面上各点的攻角将增大 $\Delta\alpha(r)$。由于导弹质心前后各点处的攻角都有所改变，因此质心前后各点处都会产生附加升力 $\Delta Y_i(\omega_z)$，且 $\Delta Y_i(\omega_z)$ 对导弹质心还将产生一个附加俯仰力矩 $\Delta M_{zi}(\omega_z)$。当 $\omega_z>0$ 时，质心前的导弹表面上各点均产生向下的附加升力，质心后的导弹表面上各点均产生向上的附加升力。因此，质心前后的导弹表面上各点的附加升力引起的附加俯仰力矩 $\Delta M_{zi}(\omega_z)$ 的方向相同，均与 ω_z 的方向相反。把所有点的 $\Delta M_{zi}(\omega_z)$ 相加，得到作用在导弹上的总俯仰阻尼力矩 $M_z(\omega_z)$。由于导弹质心前后各点的附加升力 $\Delta Y_i(\omega_z)$ 的方向刚好相反，因此，总的 $Y(\omega_z)$ 可略去不计。

工程上，俯仰阻尼力矩常用无量纲的俯仰角速度来表示，即

$$\begin{aligned}M_z^{\omega_z}&=m_z^{\bar{\omega}_z}qSL^2/V\\ \bar{\omega}_z&=\omega_z L/V\end{aligned} \tag{4-24}$$

式中，$m_z^{\bar{\omega}_z}$ 总是一个负值，它的大小主要取决于马赫数 Ma、导弹的几何形状和质心位置。当导弹外形和质心位置确定后，俯仰阻尼旋转导数 $m_z^{\bar{\omega}_z}$ 与马赫数 Ma 的关系如图 4-25 所示。

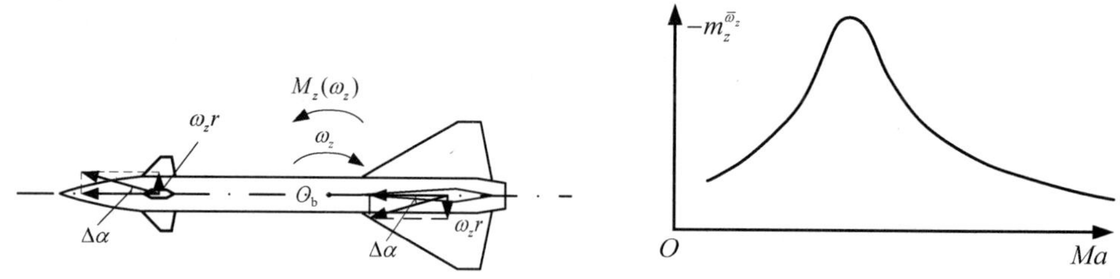

图 4-24　俯仰阻尼力矩

图 4-25　俯仰阻尼旋转导数 $m_z^{\bar{\omega}_z}$ 与马赫数 Ma 的关系

一般情况下，俯仰阻尼力矩相对于稳定力矩和操纵力矩是比较小的，对某些旋转角速度 ω_z 比较小的导弹来说，甚至可以忽略俯仰阻尼力矩。但是，俯仰阻尼力矩会促使过渡过程振荡的衰减，因此，它是改善导弹过渡过程品质的一个很重要的因素，从这个意义上讲，它是不能被忽略的。

4．由下洗延迟引起的俯仰力矩——下洗延迟力矩

前面所述计算升力和俯仰力矩的方法，严格地说，仅适用于导弹定常飞行的特殊情况。但是，在一般情况下，导弹的飞行是非定常飞行，各运动参数都是时间的函数。这时，空气动力系数和空气动力矩系数不仅取决于该瞬时的 α 、δ_z 、ω_z 、Ma 及其他参数，还取决于这些参数随时间变化的特性。但是，作为初步的近似计算，可以认为作用在非定常飞行的导弹上的空气动力系数和空气动力矩系数完全决定于该瞬时的运动学参数，这个假设通常称为定常假设。采用定常假设不但可以大大减少计算的工作量，而且由此求得的空气动力系数和空气动力矩系数非常接近实际值。

但是，在某些情况下不能采用定常假设，下洗延迟就是其中一种情况。

设正常式布局导弹以速度 V 和随时间变化的攻角 $\dot{\alpha}$（如 $\dot{\alpha}>0$）做非定常飞行。由于攻角的变化，弹翼后下洗气流的方向也在改变。但是，被弹翼偏斜了的气流并不能瞬时到达尾翼，而必须经过某一段时间间隔 Δt，其值取决于弹翼和尾翼间的距离与气流速度，这就是所谓的下洗延迟现象。因此，尾翼处的实际下洗角取决于 Δt 前的攻角。在 $\dot{\alpha}>0$ 的情况下，这个下洗角将比定常飞行时的下洗角小一些，而这就相当于在尾翼上引起一个向上的附加升力，由此形成的附加俯仰力矩使导弹低头，以阻止 α 的增大。在 $\dot{\alpha}<0$ 时，下洗延迟引起的附加俯仰力矩将使导弹抬头，以阻止 α 的减小。总之，由 $\dot{\alpha}$ 引起的附加俯仰力矩相当于一种阻尼力矩，力图阻止 α 的变化。

同样，若导弹的气动布局为鸭式或旋转弹翼式，则当舵面或旋转弹翼的偏转角速度 $\dot{\delta}_z \neq 0$ 时，也存在下洗延迟现象。同理，由 $\dot{\delta}_z$ 引起的附加俯仰力矩也是一种阻尼力矩。

当 $\dot{\alpha}\neq 0$ 和 $\dot{\delta}_z \neq 0$ 时，由下洗延迟引起的两个附加俯仰力矩系数分别以 $m_z^{\bar{\dot{\alpha}}}\bar{\dot{\alpha}}$ 与 $m_z^{\bar{\dot{\delta}}_z}\bar{\dot{\delta}}_z$ 表示。

在分析了俯仰力矩的各项组成以后，必须强调指出的是，尽管影响俯仰力矩的因素有很多，但其中主要的就两项，即由攻角引起的 $m_z^{\alpha}\alpha$ 项和由舵偏角引起的 $m_z^{\delta_z}\delta_z$ 项，它们分别称为导弹俯仰（纵向）静稳定力矩系数和俯仰（纵向）操纵力矩系数。

4.4.3 偏航力矩

偏航力矩是空气动力矩在 $O_b y_1$ 上的分量，它使导弹绕 $O_b y_1$ 转动。对于轴对称导弹，偏航力矩产生的物理原因与俯仰力矩产生的物理原因是类似的。所不同的是，偏航力矩是由侧向力产生的。偏航力矩系数的表达式可类似地写成如下形式：

$$m_y = m_y^{\beta}\beta + m_y^{\delta_y}\delta_y + m_y^{\bar{\omega}_y}\bar{\omega}_y + m_y^{\bar{\dot{\beta}}}\bar{\dot{\beta}} + m_y^{\bar{\dot{\delta}}_y}\bar{\dot{\delta}}_y \tag{4-25}$$

式中，$\bar{\omega}_y = \omega_y L/V$；$\bar{\dot{\beta}} = \dot{\beta}L/V$；$\bar{\dot{\delta}}_y = \dot{\delta}_y L/V$。由于所有导弹外形相对于 $O_b x_1 y_1$ 平面总是对称的，因此 m_{y0} 总是等于零。

m_y^{β} 表征导弹的航向静稳定性。当 $m_y^{\beta} < 0$ 时，导弹是航向静稳定的。但需要注意的是，对于航向静稳定的导弹，$m_y^{c_z}$ 是正的（因为按 β 定义，$c_z^{\beta} < 0$）。

对于飞机式的导弹，因为它不是轴对称的，所以当它以角速度 ω_x 绕 $O_b x_1$ 转动时，安装在弹身上方的垂直尾翼的各个剖面将产生附加侧滑角 $\Delta\beta$，如图 4-26 所示，其对应的侧向力产生相对于 $O_b y_1$ 的偏航力矩 $M_y(\omega_x)$。附加侧滑角表示为

$$\Delta\beta \approx \frac{\omega_x}{V} y_t \tag{4-26}$$

式中，y_t 为弹身纵轴到垂直尾翼所选剖面的距离。

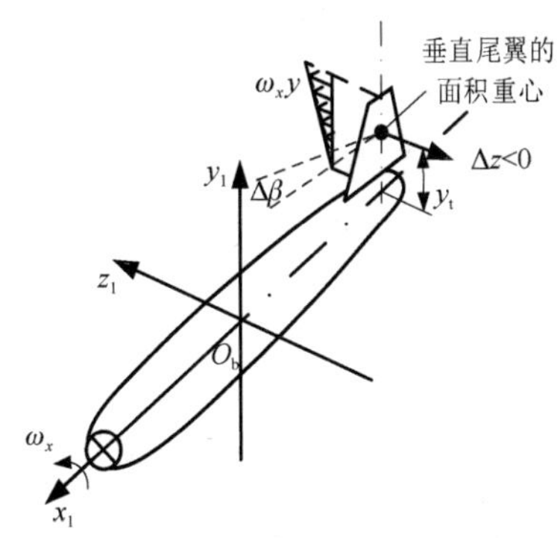

图 4-26　垂直尾翼的各个剖面产生的偏航螺旋力矩

对于飞机式导弹，偏航力矩 $M_y(\omega_x)$ 往往不容忽视，因为它的力臂大。由于绕 $O_b x_1$ 转动的角速度 ω_x 引起的偏航力矩 $M_y(\omega_x)$ 有使导弹做螺旋运动的趋势，故称为偏航螺旋力矩。因此，对于飞机式导弹，式（4-25）右边必须加上 $m_y^{\bar{\omega}_x}\bar{\omega}_x$ 这一项，其中，$\bar{\omega}_x = \dfrac{\omega_x L}{2V}$；$m_y^{\bar{\omega}_x}$ 是无量纲的旋转导数，又称交叉导数，其值是负的。

4.4.4 滚转力矩

滚转力矩（又称倾斜力矩）M_x 是绕 $O_b x_1$ 的空气动力矩，它是由迎面气流不对称地绕流过导弹产生的。当导弹有侧滑角，或者操纵面偏转，或者绕 $O_b x_1$、$O_b y_1$ 转动时，均会使气流流动不对称；此外，生产误差，如由左、右（或上、下）弹翼（或安定面）的安装角和尺寸生产误差造成的不一致也会破坏气流流动的对称性，从而产生滚转力矩。因此，滚转力矩的大小

取决于导弹的几何形状、飞行速度和飞行高度、侧滑角β、舵面，δ_y、δ_x，绕弹体的转动角速度ω_x、ω_y和生产误差等。

研究滚转力矩与研究其他空气动力矩一样，只讨论滚转力矩的无量纲系数，即

$$m_x = \frac{M_x}{qSL} \tag{4-27}$$

若影响滚转力矩的上述参数值都比较小，且略去一些次要因素，则滚转力矩系数m_x可用如下线性关系近似地表示：

$$m_x = m_{x0} + m_x^{\beta}\beta + m_x^{\delta_x}\delta_x + m_x^{\delta_y}\delta_y + m_x^{\bar{\omega}_x}\bar{\omega}_x + m_x^{\bar{\omega}_y}\bar{\omega}_y \tag{4-28}$$

式中，m_{x0}是由生产误差引起的外形不对称产生的；m_x^{β}、$m_x^{\delta_x}$、$m_x^{\delta_y}$是静导数；$m_x^{\bar{\omega}_x}$、$m_x^{\bar{\omega}_y}$是无量纲的旋转导数。

下面主要讨论式（4-28）右边的第2、3、5项。

1. 横向静稳定力矩

横向静稳定力矩是由于导弹存在侧滑角β时，气流不对称地流过弹体产生的滚转力矩。这里用导数m_x^{β}来表征导弹的横向静稳定性，其对面对称导弹来说具有重要的意义。

为了说明这一概念，下面以一个面对称导弹做水平直线飞行的情况为例子。如图 4-27 所示，假设由于某种原因，导弹突然向右倾斜了某个角度γ。因为升力Y总是处在导弹纵向对称平面$O_b x_1 y_1$内，所以当导弹倾斜时，会产生升力的水平分量$Y\sin\gamma$。在该力的作用下，导弹的飞行方向将改变，即进行带侧滑的飞行，产生正的侧滑角。若$m_x^{\beta}<0$，则由侧滑产生的滚转力矩$M_x(\beta)=M_x^{\beta}\beta<0$，于是此力矩使导弹有消除由于某种原因产生的向右倾斜的趋势。因此，若$m_x^{\beta}<0$，则导弹具有横向静稳定性；若$m_x^{\beta}>0$，则导弹是横向静不稳定的。

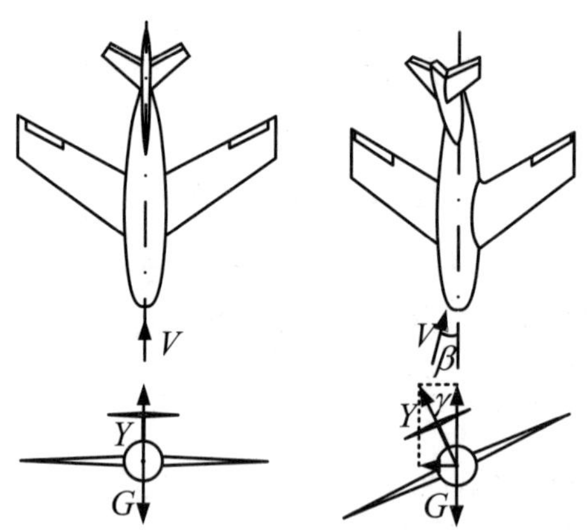

图 4-27　由倾斜引起的侧滑飞行

面对称导弹的横向静稳定性主要由弹翼和垂直尾翼产生，而影响弹翼的m_x^{β}值的主要因素是弹翼的后掠角及上反角。

（1）弹翼后掠角的影响。

有后掠角χ的平置弹翼在有侧滑飞行时，左翼的实际后掠角为$(\chi+\beta)$，而右翼的实际后掠角则为$(\chi-\beta)$，如图 4-28 所示。当$\beta>0$时，右翼前缘的垂直速度分量（有效速度）

$V\cos(\chi-\beta)$ 比左翼前缘的垂直速度分量 $V\cos(\chi+\beta)$ 大。另外，右翼的有效展弦比也比左翼的有效展弦比大，右翼比左翼的 c_y^{α} 值也大一些；而且，右翼的侧缘变成前缘，而左翼的侧缘则变成了后缘。综合这些因素，右翼产生的升力大于左翼产生的升力，这就导致弹翼产生负的滚转力矩，即 $m_x^{\beta}<0$。因此，后掠弹翼提升了导弹的横向静稳定性。

（2）弹翼上反角的影响。

弹翼上反角 $\psi_{\rm w}$（翼弦平面与 $O_{\rm b}x_1z_1$ 平面之间的夹角，当翼弦平面在 $O_{\rm b}x_1z_1$ 平面之上时，$\psi_{\rm w}$ 角为正）也将产生负的 m_x^{β}。如图 4-29 所示，当导弹做右侧滑（$\beta>0$）时，在右翼上，由于上反角 $\psi_{\rm w}$ 的作用，将产生垂直向上的迎风速度 $V_y=V\sin\beta\sin\psi_{\rm w}\approx V\beta\psi_{\rm w}$，因此，右翼上将增大攻角 $\Delta\alpha\approx\beta\psi_{\rm w}$；而左翼的迎风速度 V_y 向下，故左翼上将减小攻角 $\Delta\alpha\approx-\beta\psi_{\rm w}$，导致 $m_x^{\beta}<0$。因此，弹翼有上反角（$\psi_{\rm w}>0$）将提升导弹的横向静稳定性。

可见，弹翼的后掠角、上反角都使弹翼产生横向静稳定力矩。为使飞机式导弹或高速飞机的横向静稳定度不致过大，对于具有大后掠角的弹翼，往往将其设计成有适度的下反角。

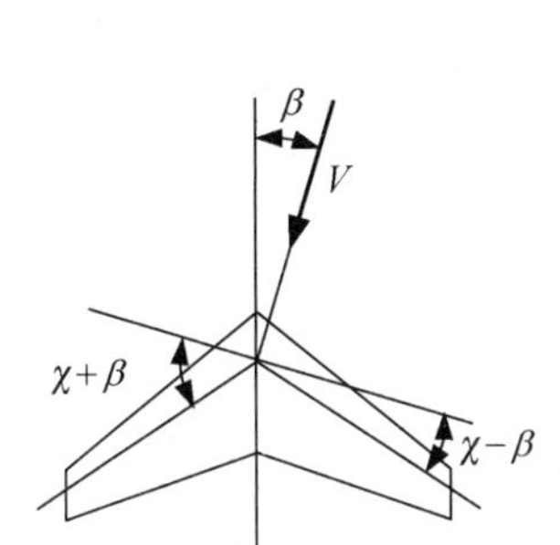

图 4-28 侧滑时弹翼实际后掠角的变化

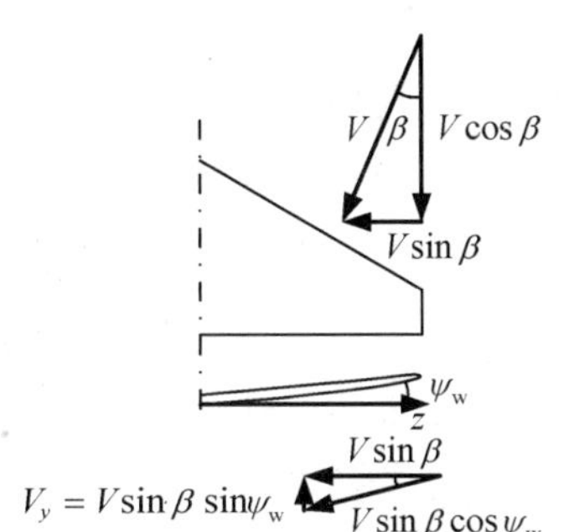

图 4-29 侧滑时上反角导致有效攻角的变化

2. 滚转操纵力矩

操纵副翼或差动舵产生绕 $O_{\rm b}x_1$ 的力矩，该力矩称为滚转操纵力矩。副翼和差动舵一样，两边操纵面总是一上一下成对出现的。如图 4-30 所示，副翼偏转角 δ_x 为正（右副翼后缘往下偏，左副翼后缘住上偏)，相当于右副翼增大了攻角，形成正的升力，而左副翼的情况则刚好相反。这样，就引起负的滚转操纵力矩。当副翼偏转角为负时，滚转操纵力矩为正。

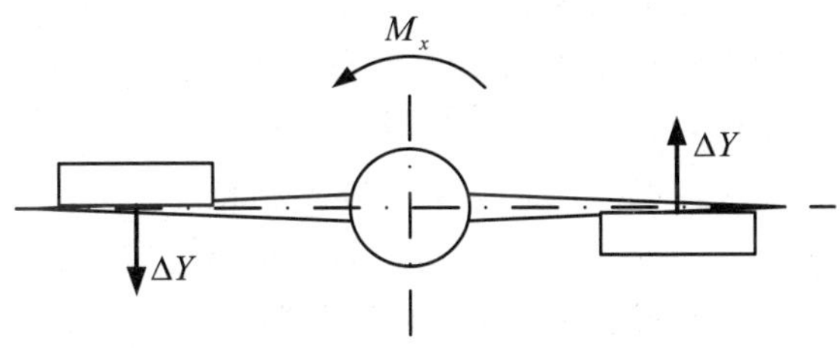

图 4-30 副翼产生的滚转操纵力矩（后视图）

滚转操纵力矩 $M_x(\delta_x)$ 用于操纵导弹绕 $O_{\rm b}x_1$ 转动或保持导弹倾斜稳定。力矩系数导数 $m_x^{\delta_x}$ 称为副翼的操纵效率，即单位偏转角引起的滚转力矩系数。当差动舵（副翼）的偏转角增大时，其操纵效率略有降低。根据 δ_x 的定义，$m_x^{\delta_x}$ 总是负值。

对于面对称导弹，其垂直尾翼相对于 $O_{\rm b}x_1z_1$ 平面是非对称的。如果垂直尾翼后缘安装有方向舵，那么方向舵偏角 δ_y 不仅使导弹产生偏航力矩，还将产生一个与 δ_y 成比例的滚转力矩，即

$$m_x\left(\delta_y\right)=m_x^{\delta_y}\delta_y$$

式中，$m_x^{\delta_y}=\partial m_x/\partial\delta_y$。

3．滚转阻尼力矩

当导弹绕 O_bx_1 转动时，将产生滚转阻尼力矩 $M_x^{\omega_x}\omega_x$。滚转阻尼力矩产生的物理原因与俯仰阻尼力矩产生的物理原因类似。滚转阻尼力矩主要是由弹翼产生的，该力矩的方向总是阻止导弹绕 O_bx_1 转动。不难证明，滚转阻尼力矩系数与无量纲角速度 $\bar{\omega}_x$ 成正比，即

$$m_x\left(\omega_x\right)=m_x^{\bar{\omega}_x}\bar{\omega}_x \tag{4-29}$$

式中，$m_x^{\bar{\omega}_x}$ 是无量纲值，其值总是负的。

4.4.5 马格努斯力和马格努斯力矩

当导弹以某一攻角飞行，且以一定的角速度 ω_x 绕自身纵轴 O_bx_1 旋转时，由于旋转和来流横向分速的联合作用，在垂直于攻角平面的方向上将产生侧向力 Z_1，该力称为马格努斯力，该力对质心的力矩 M_{y_1} 称为马格努斯力矩。

马格努斯力一般不大，不超过相应法向力的5%。但马格努斯力矩有时很大，特别是对有翼的旋转导弹。在旋转导弹的动稳定性分析中，必须考虑马格努斯力矩的影响。马格努斯力和马格努斯力矩与多种因素有关，对单独弹身来说，影响因素有附面层位移厚度的非对称性、压力梯度的非对称性、主流切应力的非对称性、横流切应力的非对称性、分离的非对称性、转捩的非对称性、附面层与非对称体涡的相互作用等；对弹翼来说，影响因素有旋转弹翼的附加攻角差动、附加速度差动、弹翼安装角差动、钝后缘弹翼底部压力差动、弹身对背风面翼片的遮蔽作用、非对称体涡对弹翼的冲击干扰、弹翼对尾翼的非对称干扰等。因此，研究旋转导弹的马格努斯效应是一个十分复杂的问题。本节着重介绍由单独弹身压力梯度的非对称性、弹翼安装角的差动、旋转弹翼的附加攻角差动引起的马格努斯力矩的原理。

1．单独弹身的马格努斯力和马格努斯力矩

人们曾对来流以速度 V 和攻角 α 绕过一个无限长的圆柱体进行了研究。这时，来流可分解成轴向流 $V\cos\alpha$ 和横向流 $V\sin\alpha$。如果弹身不绕纵轴 O_bx_1 旋转，则 $V\sin\alpha$ 绕圆柱体的流动是对称于攻角平面的。如果圆柱体以 ω_x 顺时针滚动，那么，由于空气黏性的作用，圆柱体左侧流线密集，流速大，压强低；而右侧向力则正好相反，如图 4-31 所示。因此，圆柱体得到一个指向左方的侧向力，即马格努斯力。该力与角速度 ω_x 和攻角 α 相关联。对于以正攻角飞行且顺时针绕纵轴 O_bx_1 旋转的弹身，马格努斯力为负。若马格努斯力的作用点位于质心之前，则产生的马格努斯力矩为正；若马格努斯力的作用点位于质心之后，则产生的马格努斯力矩为负。

因此，当 $\omega_x\neq0$ 时，若对导弹进行俯仰操纵（$\alpha\neq0$），则将产生偏航运动；同样，当对导弹进行偏航操纵（$\beta\neq0$）时，则将产生俯仰运动，这就是所谓的运动的交连。

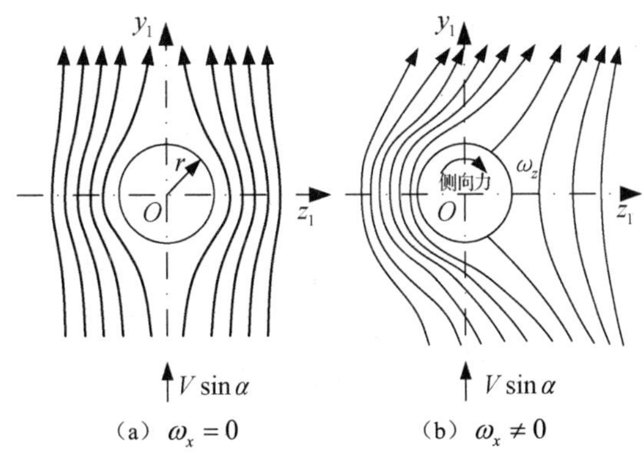

图 4-31　单独弹身的马格努斯效应

2．弹翼的马格努斯力矩

下面以有差动安装角 φ 的斜置弹翼在绕纵轴 O_bx_1 旋转时产生马格努斯效应的情形为例进行分析。

如图 4-32 所示，这是一个十字形斜置尾翼弹。当导弹的飞行攻角为 α，且以角速度 ω_x 绕纵轴 O_bx_1 旋转时，左、右翼片位于 z 处的剖面上将产生附加速度 $\omega_x z$，左、右翼的有效攻角分别用 α_1 和 α_2 表示，有

$$\left.\begin{aligned}\alpha_1&=\alpha+\varphi-\frac{\omega_x|z|}{V}\\ \alpha_2&=\alpha-\varphi+\frac{\omega_x|z|}{V}\end{aligned}\right\}\tag{4-30}$$

由于左、右翼实际攻角的改变，作用在其上的法向力也发生了变化。在不考虑轴向力的影响时，由左、右翼片法向力的轴向分量产生的偏航力矩为

$$M_y=\left(Y_{1w}\sin\varphi z_1-Y_{2w}\sin\varphi z_2\right)\approx\left(Y_{1w}z_1-Y_{2w}z_2\right)\varphi\tag{4-31}$$

式中，Y_{1w} 为左翼面法向力；Y_{2w} 为右翼面法向力；z_1、z_2 分别为左、右翼的压力中心至弹体纵轴的距离，$z_1<0$，$z_2>0$；φ 为斜置弹翼的差动安装角，φ 的定义与 δ_x 的定义相同（$\varphi<0$，$M_x(\varphi)>0$；图 4-32 中的 $\varphi<0$）。

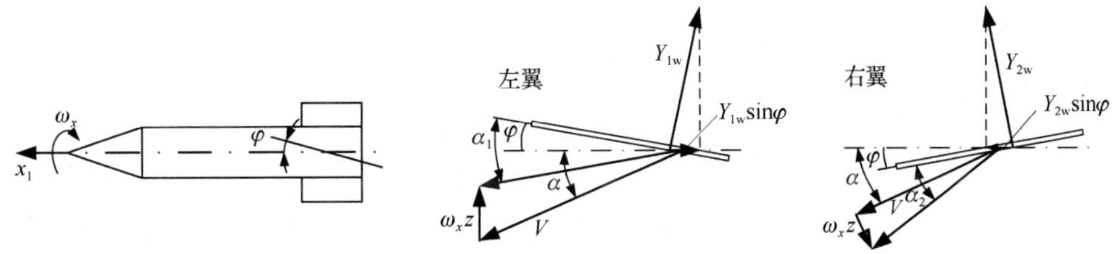

图 4-32　具有差动安装角 φ 的斜置弹翼的马格努斯力矩

由此可以得出，当气流以速度 $\boldsymbol{V}$ 和攻角 α 流经不旋转的斜置水平弹翼时，或者流经旋转的平置水平弹翼时，都将产生偏航方向的马格努斯力矩。同理，当来流以速度 $\boldsymbol{V}$ 和侧滑角 β 流经不旋转的斜置垂直弹翼或具有旋转角速度 ω_x 的垂直弹翼时，将产生俯仰方向的马格努斯力矩。

4.4.6 铰链力矩

导弹操纵面（升降舵、方向舵、副翼）偏转某一角度，将在操纵面上产生空气动力，它除产生相对于导弹质心的力矩之外，还产生相对于操纵面转轴（铰链轴）的力矩，称为铰链力矩。铰链力矩对导弹的操纵起着很大的作用。

对由自动驾驶仪操纵的导弹来说，推动操纵面偏转时舵机的需用功率取决于铰链力矩的大小。铰链力矩一般可表示为

$$M_{\mathrm{h}} = m_{\mathrm{h}} q_{\mathrm{t}} S_{\mathrm{t}} b_{\mathrm{t}} \tag{4-32}$$

式中，m_{h} 为铰链力矩系数；q_{t} 为流经操纵面（舵面）的动压；S_{t} 为舵面面积；b_{t} 为舵面弦长。

以升降舵为例，如图 4-33 所示，铰链力矩主要是由升降舵上的升力引起的。当舵面处的攻角为 α、舵偏角为 δ_z 时，舵面升力 Y_{t} 的作用点与铰链轴的距离为 h，略去舵面阻力对铰链力矩的影响，有

$$M_{\mathrm{h}} = -Y_{\mathrm{t}} h \cos(\alpha + \delta_z) \tag{4-33}$$

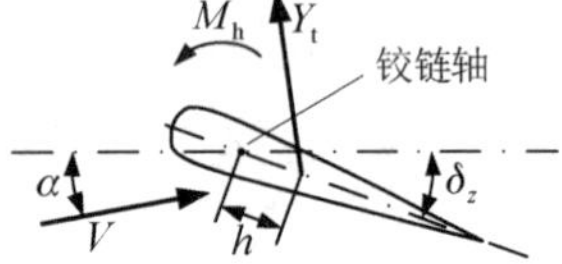

图 4-33 铰链力矩（全动舵）

当 α、δ_z 不大时，有

$$\cos(\alpha + \delta_z) \approx 1$$

而且舵面升力 Y_{t} 可以看作 α、δ_z 的线性函数，即

$$Y_{\mathrm{t}} = Y_{\mathrm{t}}^{\alpha} \alpha + Y_{\mathrm{t}}^{\delta_z} \delta_z \tag{4-34}$$

于是，可以把铰链力矩表达为 α、δ_z 的线性关系式：

$$M_{\mathrm{h}} = M_{\mathrm{h}}^{\alpha} \alpha + M_{\mathrm{h}}^{\delta_z} \delta_z \tag{4-35}$$

铰链力矩系数也可写为

$$m_{\mathrm{h}} = m_{\mathrm{h}}^{\alpha} \alpha + m_{\mathrm{h}}^{\delta_z} \delta_z \tag{4-36}$$

铰链力矩系数 m_{h} 主要取决于舵面的类型及形状、Ma、攻角（对于方向舵，取决于侧滑角）、舵面的偏转角及铰链轴的位置。偏导数 m_{h}^{α} 与 $m_{\mathrm{h}}^{\delta_z}$ 是 Ma 的函数，当攻角变化时，其值变化不大。

当舵面尺寸一定时，在其他条件相同的情况下，铰链力矩的大小取决于舵面的转轴位置。转轴越靠近舵面前缘，铰链力矩越大，若转轴与舵面压力中心重合，则铰链力矩为零。

4.5 推力与推力矩

推力是导弹高速飞行的动力，一般是由发动机内的燃气流高速喷出产生的反作用力等组成的。战术类导弹常采用固体火箭发动机、涡轮喷气发动机、冲压式喷气发动机和固体冲压发动机等。发动机的类型不同，它的推力特性也就不同。

固体火箭发动机的推力可以用下式确定：

$$P = m_{\mathrm{c}} u_{\mathrm{e}} + S_{\mathrm{a}} (p_{\mathrm{a}} - p_H) \tag{4-37}$$

式中，m_{c} 为单位时间内燃料的消耗量（又称质量秒消耗量）；u_{e} 为燃气在喷管出口处的平均有效喷出速度；S_{a} 为发动机喷管出口处的横截面积；p_{a} 为发动机喷管出口处的燃气流静压强；p_H 为导弹所处高度的大气静压强。

从式（4-37）中可以看出，固体火箭发动机的推力 P 只与导弹的飞行高度有关，而与导弹

的其他运动参数无关，它的大小主要取决于发动机的性能参数。式（4-37）中右边第一项是由于燃气流高速喷出产生的推力，称为反作用力（或动推力）；第二项是由发动机喷管出口处的燃气流静压强 p_a 与大气静压强 p_H 的压差引起的推力，称为静推力。

固体火箭发动机的地面推力 $P_0 = m_c u_e + S_a\left(p_a - p_0\right)$ 可以通过地面发动机试验获得。图 4-34 给出了典型的固体火箭发动机的推力与时间的关系。

随着导弹飞行高度的升高，固体火箭发动机的推力略有所增加，其值可表示为

$$P = P_0 + S_a\left(p_0 - p_H\right) \tag{4-38}$$

式中，p_0 为在地面上，固体火箭发动机喷口周围的大气静压强。

喷气发动机（涡轮喷气发动机、冲压式喷气发动机和固体冲压发动机）的推力特性就不像固体火箭发动机那样简单了。喷气发动机推力的大小与导弹的飞行高度、Ma、飞行速度、α 等参数有十分密切的关系。

喷气发动机的推力 $\boldsymbol{P}$ 的方向主要取决于喷气发动机在弹体上的安装，其方向一般和导弹纵轴 $O_b x_1$ 重合，如图 4-35（a）所示；也可能和弹体纵轴 $O_b x_1$ 平行，如图 4-35（b）所示；或者与弹体纵轴构成任意夹角，如图 4-35（c）所示。这就是说，$\boldsymbol{P}$ 可能通过导弹质心，也可能不通过导弹质心。

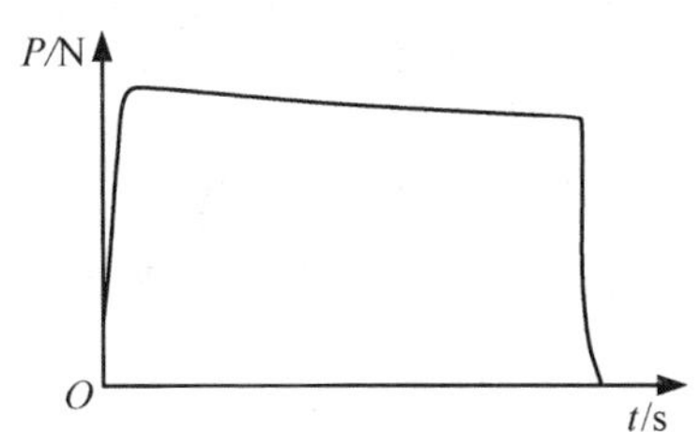

图 4-34　典型的固体火箭发动机的推力与时间的关系

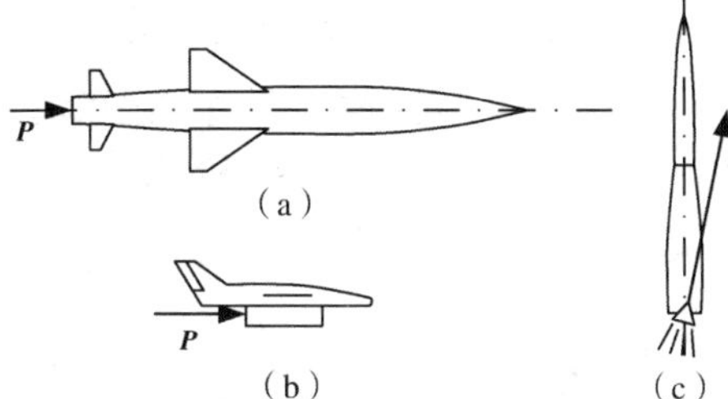

图 4-35　推力的作用方向

若推力 $\boldsymbol{P}$ 不通过导弹质心，且与弹体纵轴构成某一夹角，则产生推力矩 $\boldsymbol{M}_P$。设推力 $\boldsymbol{P}$ 在弹体坐标系中的投影分量分别为 P_{x_1}、P_{y_1}、P_{z_1}，推力作用线至质心的偏心矢径 $\boldsymbol{R}_P$ 在弹体坐标系中的投影分量分别为 x_{1P}、y_{1P}、z_{1P}。那么，推力 $\boldsymbol{P}$ 产生的推力矩 $\boldsymbol{M}_P$ 可表示为

$$\boldsymbol{M}_P = \boldsymbol{R}_P \times \boldsymbol{P} \tag{4-39}$$

推力矩 $\boldsymbol{M}_P$ 在弹体坐标系上的 3 个分量可表示为

$$\begin{bmatrix} M_{Px_1} \\ M_{Py_1} \\ M_{Pz_1} \end{bmatrix} = \begin{bmatrix} 0 & -z_{1P} & y_{1P} \\ z_{1P} & 0 & -x_{1P} \\ -y_{1P} & x_{1P} & 0 \end{bmatrix} \begin{bmatrix} P_{x_1} \\ P_{y_1} \\ P_{z_1} \end{bmatrix} = \begin{bmatrix} P_{z_1} y_{1P} - P_{y_1} z_{1P} \\ P_{x_1} z_{1P} - P_{z_1} x_{1P} \\ P_{y_1} x_{1P} - P_{x_1} y_{1P} \end{bmatrix} \tag{4-40}$$

4.6　重力

导弹在空间飞行就要受到地球、太阳、月球等的引力。对战术导弹而言，由于它是在贴近地球表面的大气层内飞行的，因此只考虑地球对导弹的引力。在考虑地球自转的情况下，导弹除了受到地心引力 $\boldsymbol{G}_1$，还受到因地球自转产生的离心惯性力 $\boldsymbol{F}_e$，因而，作用在导弹上的重

力就是地心引力和离心惯性力的矢量和（见图 4-36）：

$$\boldsymbol{G}=\boldsymbol{G}_1+\boldsymbol{F}_{\mathrm{e}} \tag{4-41}$$

根据万有引力定律，地心引力 $\boldsymbol{G}_1$ 的大小与地心至导弹的距离的平方成反比，方向总是指向地心。

由于地球自转，导弹在各处受到的离心惯性力不相同。为了研究方便，通常把地球看作均质的椭球体。设导弹在椭球形地球表面的质量为 m，地心至导弹的矢径为 $\boldsymbol{R}_{\mathrm{e}}$，导弹所处的地理纬度为 φ_{e}，地球绕极轴的旋转角速度为 Ω_{e}（$\Omega_{\mathrm{e}}=7.2921\times10^{-5}\,\mathrm{rad/s}$），则导弹所受的离心惯性力 $\boldsymbol{F}_{\mathrm{e}}$ 的大小为

$$F_{\mathrm{e}}=mR_{\mathrm{e}}\Omega_{\mathrm{e}}^2\cos\varphi_{\mathrm{e}} \tag{4-42}$$

计算表明，离心惯性力 $\boldsymbol{F}_{\mathrm{e}}$ 比地心引力 $\boldsymbol{G}_1$ 小得多。因此，通常把地心引力 $\boldsymbol{G}_1$ 视为重力 $\boldsymbol{G}$，即

$$\boldsymbol{G}\approx\boldsymbol{G}_1=m\boldsymbol{g} \tag{4-43}$$

式中，m 为导弹的质量；$\boldsymbol{g}$ 为重力加速度。

由图 4-36 可以看出，重力加速度 $\boldsymbol{g}$ 的方向一般不指向地心，只有在地球两极和赤道处才属例外情况；向心加速度的大小随着所在点的地理纬度而变化，同时，随着所在点至地心的距离而变化。因此，重力加速度 $\boldsymbol{g}$ 的大小是所在点的地理纬度 B 和高度 H（见图 4-37）的函数。当考虑地球为椭球体时，通常采用的重力加速度值的计算公式为

$$g=g_0(1+0.0052884\sin^2B-0.0000059\sin^2 2B)-0.0003086H \tag{4-44}$$

式中，g_0 为地球某一点的海平面上的重力加速度值，工程上一般取 g_0=9.806m/s$^2\approx$9.81m/s^2。

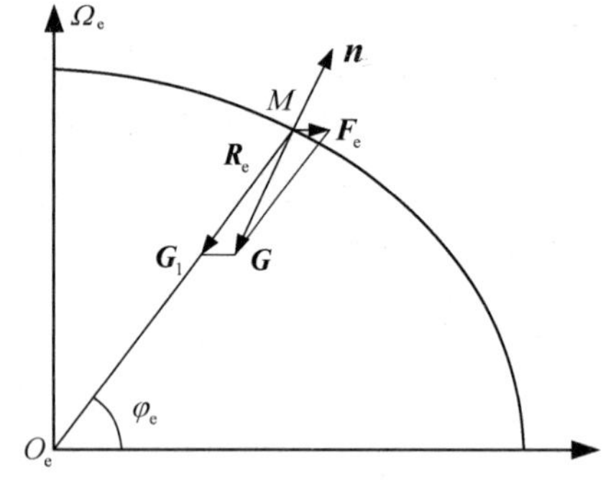

图 4-36　地球模型上 M 点的重力方向

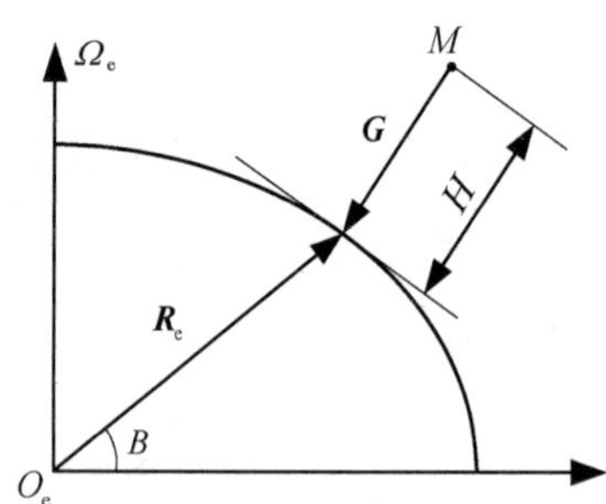

图 4-37　椭球体模型上 M 点的高度

当略去地球形状的椭球性及自转影响时，重力加速度可表示为

$$g=g_0\frac{R_{\mathrm{e}}^2}{\left(R_{\mathrm{e}}+H\right)^2} \tag{4-45}$$

式中，R_{e} 为地球平均半径，$R_{\mathrm{e}}=6371\mathrm{km}$。

由式（4-45）可知，重力加速度是高度的函数。当 H=50km 时，按式（4-45）进行计算，g=9.66m/s^2，与地球表面的重力加速度 g_0 相比，只减小了 1.5%左右。因此，对近程导弹来说，在整个飞行过程中，重力加速度 g 可认为是常量，在进行工程计算时，取 g=9.81m/s^2，且可视航程内的地表面为平面，重力场是平行力场。

习题 4

1．导弹的气动布局方式有哪几种？各有什么特点？

2．试在图 4-38 中标注出弹翼的几何参数名称。

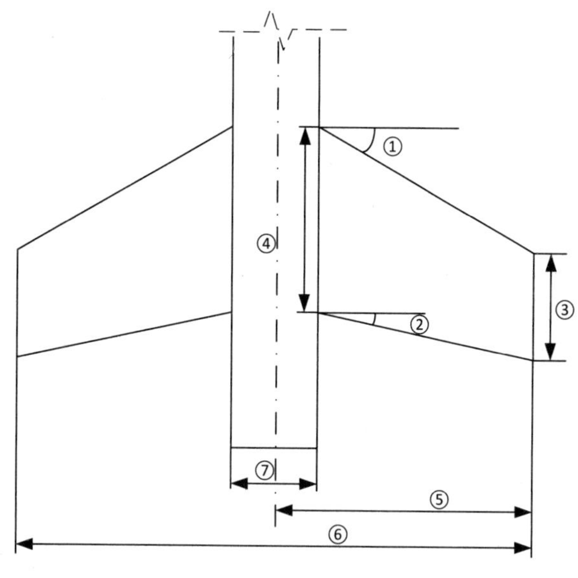

图 4-38　习题 2 图

3．弹体坐标系和速度坐标系如何定义？

4．攻角和侧滑角如何定义？

5．解释失速现象。

6．压力中心和焦点如何定义？两者的区别和联系分别是什么？

7．简述瞬时平衡假设，并写出轴对称导弹的纵向平衡关系式。

8．什么叫纵向静态稳定性？改变导弹纵向静态稳定性的途径有哪些？

9．导弹纵向阻尼力矩是如何产生的？有何特性？

10．什么叫横向静稳定性？简述可以提高导弹横向静稳定性的措施。

11．简述马格努斯力和马格努斯力矩产生的原理。

12．飞行高度对作用在导弹上的力有何影响？

第 5 章　导弹飞行运动的数学模型

导弹飞行运动的数学模型是分析、计算和模拟导弹运动规律的基础。导弹在飞行过程中，一般发动机不断地喷出燃气流，导弹的质量不断减小，是一个可变质量系；导弹作为一个被控制对象，还不断受到操纵舵面偏转的影响。因此，完整描述导弹在空间的运动和制导系统中各元件工作过程的数学模型是相当复杂的。通常，不同的研究阶段、不同的设计要求所需建立的导弹飞行运动的数学模型也不相同。例如，在导弹方案设计或初步设计阶段，通常可把导弹视为一个质点，选用质点弹道计算的数学模型；而在设计定型阶段，则需要建立更完整的数学模型。

本章介绍建立导弹空间运动方程组常用的坐标系及坐标系之间的转换关系，导弹空间运动方程组的建立与简化、数值解法，以及导弹飞行运动与过载之间的关系等。

5.1　变质量系的动力学基本方程

由经典力学可知，任何一个自由刚体在空间的任意运动，都可以把它视为刚体质心的平移运动和绕质心的转动运动的合成运动，即决定刚体质心瞬时位置的 3 个自由度和决定刚体瞬时姿态的 3 个自由度。对于刚体，可以应用牛顿第二定律来研究刚体质心的平移运动，利用动量矩定理研究刚体绕质心的转动运动。

设 m 为刚体的质量，$\boldsymbol{V}$ 为刚体的速度矢量，$\boldsymbol{H}$ 为刚体相对于质心（O 点）的动量矩矢量，则描述刚体质心的平移运动和绕质心的转动运动的动力学基本方程的矢量表达式为

$$m\frac{\mathrm{d}\boldsymbol{V}}{\mathrm{d}t}=\boldsymbol{F} \tag{5-1}$$

$$\frac{\mathrm{d}\boldsymbol{H}}{\mathrm{d}t}=\boldsymbol{M} \tag{5-2}$$

式中，$\boldsymbol{F}$ 为作用于刚体上的外力的主矢量；$\boldsymbol{M}$ 为外力对刚体质心的力矩矢量。

但是，上述定律（定理）的使用是有条件的：第一，运动着的物体是常质量的刚体；第二，运动是在惯性坐标系内考察的。

然而，高速飞行的导弹一般是薄翼细长体的弹性结构，因此有可能产生空气动力和结构弹性的相互作用，造成弹体外形的弹性或塑性变形；操纵机构（如空气动力舵面）的不时偏转也会相应地改变导弹的外形。同时，运动着的导弹也不是常质量的。对于装有固体火箭发动机的导弹，工作着的固体火箭发动机不断地高速喷出燃料燃烧后的产物，使导弹的质量不断发生变化。对于装有空气喷气发动机的导弹，一方面，它使用空气作为氧化剂，空气源源

不断地进入发动机内部；另一方面，燃烧后的燃气与空气的混合气又连续地往外喷出。由此可见，在每一瞬时，工作着的反作用式发动机内部的组成不断发生变化，即装有反作用式发动机的导弹是一个可变质量系。由于导弹的质量、外形都随时间而变化，因此，需要采用变质量力学进行研究，这比研究刚体运动要繁杂得多。

在研究导弹的运动规律时，为使问题易于解决，可以把导弹的质量与喷射出的燃气质量合在一起考虑，转换为一个常质量系，即采用所谓的固化原理：在任意研究瞬时，把变质量的导弹视为虚拟刚体，把该瞬时在导弹所包围的“容积”内的质点固化在虚拟刚体上作为它的组成。同时，把影响导弹运动的一些次要因素略去，如弹体结构变形对运动的影响等。这时，在这个虚拟刚体上作用的有如下诸力：作用于导弹的外力（如空气动力、重力等）、反作用力（推力）、科里奥利惯性力（液体发动机内流动的液体由于导弹的转动而产生的一种惯性力）、变分力（由固体火箭发动机内流体的非定常运动引起的）等。其中，后两种力较小，也常被略去。

采用固化原理可把所研究瞬时的变质量系的导弹的动力学基本方程写成常质量刚体的形式。这时，要把反作用力作为外力来看待，用研究瞬时的质量 $m(t)$ 取代原来的常质量 m 。研究导弹绕质心的转动运动也可以用同样的方式来处理。因而，导弹动力学基本方程的矢量表达式可写为

$$m(t)\frac{\mathrm{d}\boldsymbol{V}}{\mathrm{d}t}=\boldsymbol{F}+\boldsymbol{P} \tag{5-3}$$

$$\frac{\mathrm{d}\boldsymbol{H}}{\mathrm{d}t}=\boldsymbol{M}+\boldsymbol{M}_P \tag{5-4}$$

式中，$\boldsymbol{P}$ 为推力；$\boldsymbol{M}$ 为作用在导弹上的外力对质心的主力矩；$\boldsymbol{M}_P$ 为发动机推力产生的力矩（通常推力线通过质心，$\boldsymbol{M}_P=0$）。

实践表明，采用上述简化方法能达到所需的精确度。

5.2　导弹空间运动方程组

导弹运动方程组是描述导弹的力、力矩与导弹运动参数（如加速度、速度、位置、姿态等）之间关系的方程组，它是由动力学方程、运动学方程、质量变化方程、几何关系方程和控制关系方程等组成的。

导弹在空间的运动一般看作可控制的可变质量系具有 6 个自由度的运动。根据前述固化原理，把变质量系的导弹当作常质量系，并建立了导弹动力学基本方程，即式（5-3）、式（5-4），为研究导弹运动特性方便起见，通常将这两个矢量方程分别投影到相应的坐标系上，写成导弹质心的平移运动的 3 个动力学标量方程和导弹绕质心的转动运动的 3 个动力学标量方程。

导弹运动方程组还包括描述各运动参数之间关系的运动学方程。运动学方程将分别建立描述导弹质心相对于发射坐标系运动的运动学方程和导弹弹体相对于发射坐标系姿态变化的运动学方程。

5.2.1 常用的坐标系及坐标系之间的转换

坐标系是为描述导弹的位置和运动规律而选取的参考基准。导弹是在某个空间力系的约束下飞行的，为建立描述导弹在空间运动的标量方程，可将式（5-3）、式（5-4）中的各矢量投影到相应的坐标系中。为此，常常需要定义一些坐标系（如第 4 章中的弹体坐标系和速度坐标系），并建立各坐标系之间的转换矩阵。坐标系的选取可以根据习惯和所研究问题的方便而定。但是，由于选取的坐标系不同，所建立的导弹运动方程组的形式和繁简程度也就不同，这就会直接影响求解该方程组的难易程度和运动参数变化的直观程度，因此，选取合适的坐标系是十分重要的。选取坐标系的原则是既能正确地描述导弹的运动，又能使描述导弹运动的方程形式简单、清晰。

在导弹飞行力学中，常采用的坐标系是右手直角坐标系或极坐标系、球面坐标系等。右手直角坐标系由原点和从原点延伸的 3 个互相垂直、按右手规则排列的坐标轴构成。建立右手直角坐标系需要确定原点的位置和 3 个坐标轴的方向。在导弹飞行力学中，常用的右手直角坐标系有以来流为基准的速度坐标系、以弹体几何轴为基准的弹体坐标系、发射坐标系和弹道坐标系。速度坐标系和弹体坐标系在第 4 章已经介绍了，本节重点介绍发射坐标系和弹道坐标系。

1．坐标系的定义

（1）发射坐标系 $O_{A}xyz$ 。

发射坐标系 $O_{A}xyz$ 是与地球表面固连的坐标系。坐标系原点 O_{A} 通常选在导弹发射点上（严格地说，应选在发射瞬时的导弹质心上），$O_{A}x$ 的指向可以是任意的，对地面目标而言，$O_{A}x$ 通常是弹道面（航迹面）与水平面的交线，指向目标为正；$O_{A}y$ 沿垂线向上，$O_{A}z$ 与其他两轴垂直并构成右手直角坐标系，如图 5-1 所示。发射坐标系相对于地球是静止的，它随地球自转而旋转，在研究近程导弹运动时，往往把地球视为静止不动的，即发射坐标系可视为惯性坐标系。而且，对近程导弹来说，可把其射程内的地球表面看作平面；重力场为平行力场，与 $O_{A}y$ 平行，沿 $O_{A}y$ 负向。

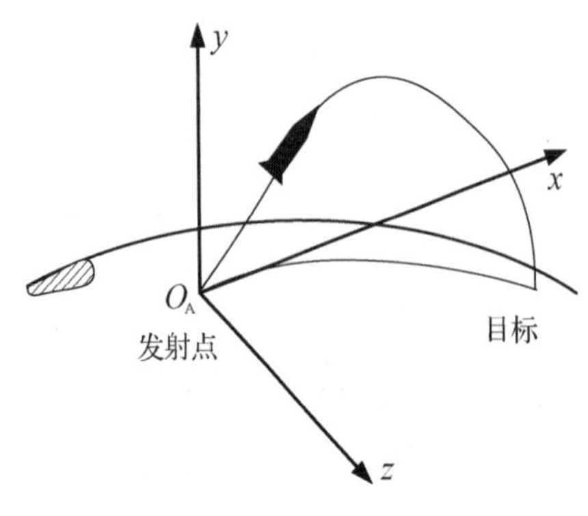

图 5-1　发射坐标系 $O_{A}xyz$

发射坐标系作为惯性参考系，主要用来确定导弹质心在空间的坐标位置（确定导弹的飞行轨迹）和导弹在空间的姿态等的参考基准。

（2）弹道坐标系 $O_{b}x_{2}y_{2}z_{2}$ 。

弹道坐标系的原点 O_{b} 选在导弹的瞬时质心上；$O_{b}x_{2}$ 与导弹速度矢量 $\boldsymbol{V}$ 重合；$O_{b}y_{2}$ 位于包含导弹速度矢量 $\boldsymbol{V}$ 的铅垂面内并垂直于 $O_{b}x_{2}$ ，指向上为正；$O_{b}z_{2}$ 垂直于其他两轴并构成右手直角坐标系，如图 5-2 所示。弹道坐标系与导弹速度矢量 $\boldsymbol{V}$ 固连，它是动坐标系。弹道坐标系和速度坐标系的不同在于，$O_{b}y_{2}$ 位于包含导弹速度矢量 $\boldsymbol{V}$ 的铅垂面内，而 $O_{b}y_{3}$ 位于导弹的纵向对称面内。若导弹在运动中，纵向对称面不在铅垂面内，则这两个坐标系不重合。

弹道坐标系用来建立导弹质心运动的动力学标量方程，使得研究弹道特性比较简单、清晰。由前面各右手直角坐标系的定义可以看出，弹体坐标系、速度坐标系和弹道坐标系的共同特点是原点都在导弹的瞬时质心上，它随着导弹的运动而不断变化其位置，均是动坐标系。但它们之间也有区别，弹体坐标系相对于弹体是不动的，而速度坐标系、弹道坐标系相对于弹体是转动的。

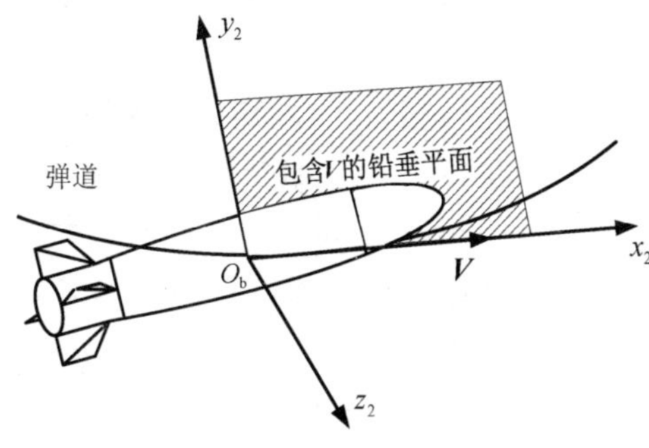

图 5-2 弹道坐标系 $O_b x_2 y_2 z_2$

2．各坐标系之间的关系及其转换

在导弹飞行的任一瞬时，上述各坐标系在空间都有各自的指向，它们相互之间也存在一定的关系。导弹在飞行时，作用在导弹上的力和力矩及其相应的运动参数习惯上是在不同坐标系中定义的。例如，空气动力定义在速度坐标系中，推力和空气动力矩用弹体坐标系来定义，而重力和射程则用发射坐标系来定义，等等。在建立导弹运动标量方程时，必须将由不同坐标系定义的诸参数投影到同一坐标系中。例如，在弹道坐标系中描述导弹质心运动的动力学标量方程时，就要把导弹相对于地面的加速度和作用于导弹上的所有外力都投影到弹道坐标系中。因此，必须把参数由所定义的坐标系转换到新坐标系中，这就必须进行坐标系之间的转换。

坐标系之间的转换有多种方法，这里仅介绍其中一种，即从一组直角坐标系转换到另一组直角坐标系，可以用所谓的连续旋转的方法：首先将两组坐标系原点完全重叠，然后使其中一组坐标系绕相应轴转过某一角度，根据两组坐标系之间的关系，决定是否需要绕另外的相应轴分别做第 2、3 次旋转，直至形成新坐标系的最终姿态。

下面分别介绍前面 4 个右手直角坐标系之间的关系及其转换。

（1）发射坐标系与弹体坐标系之间的关系及其转换。

为研究方便，将发射坐标系平移至其原点与导弹瞬时质心重合的位置，这不改变发射坐标系与弹体坐标系在空间的姿态及其相应的关系。弹体坐标系相对于发射坐标系的姿态通常用 3 个角（称欧拉角）来确定，分别定义如下（见图 5-3）。

俯仰角 ϑ：弹体纵轴（$O_b x_1$）与水平面（$O_A xz$ 平面）之间的夹角。弹体纵轴指向水平面上方，ϑ 为正；反之为负。

偏航角 ψ：弹体纵轴在水平面内的投影（$O_A x'$）与 $O_A x$ 之间的夹角。迎 ψ 角平面（$O_A x'z$ 平面）观察（或迎 $O_A y$ 俯视），若由 $O_A x$ 转至 $O_A x'$ 是逆时针旋转，则 ψ 为正；反之为负。

倾斜（滚动）角 γ：弹体坐标系的 $O_b y_1$ 与包含弹体纵轴的铅垂面（$O_A x'y'$ 平面）之间的夹角。由弹体尾部顺导弹纵轴前视，若 $O_b y_1$ 位于铅垂面 $O_A x'y'$ 的右侧（弹体向右倾斜），则 γ 为正；反之为负。

以上定义的 3 个角又称弹体的姿态角。为推导发射坐标系与弹体坐标系之间的关系及其转换矩阵，按上述连续旋转方法，首先将弹体坐标系与发射坐标系的原点及各对应坐标轴分别重合，以发射坐标系为基准；然后按照上述 3 个角的定义，分别绕相应的轴旋转 3 次，依次转过ψ角、ϑ角和γ角，就得到弹体坐标系$O_b x_1 y_1 z_1$的姿态。而且，每旋转一次，就相应获得一个初等旋转矩阵，发射坐标系与弹体坐标系之间的转换矩阵即这 3 个初等旋转矩阵的乘积。具体步骤如下。

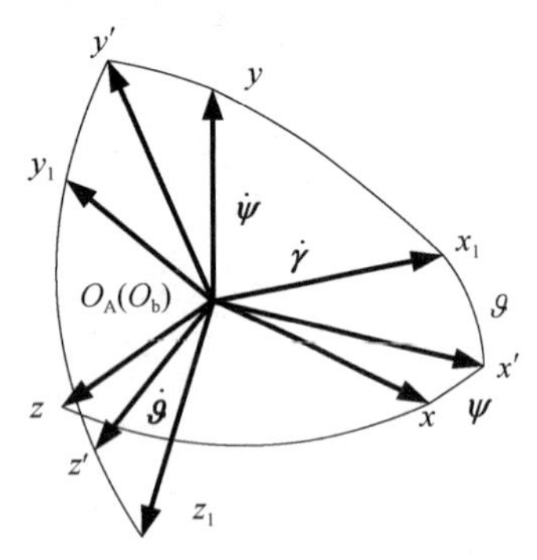

图 5-3 发射坐标系与弹体坐标系之间的关系（3 个欧拉角）

第 1 次旋转以角速度$\dot{\psi}$绕发射坐标系的$O_A y$旋转ψ角，$O_A x$、$O_A z$分别转到$O_A x'$、$O_A z'$上，形成坐标系$O_A x'yz'$，如图 5-4（a）所示。基准坐标系$O_A xyz$与经第 1 次旋转后形成的过渡坐标系$O_A x'yz'$之间的关系以矩阵形式表示为

$$\begin{bmatrix} x' \\ y \\ z' \end{bmatrix} = \boldsymbol{L}(\psi) \begin{bmatrix} x \\ y \\ z \end{bmatrix} \tag{5-5}$$

式中

$$\boldsymbol{L}(\psi) = \begin{bmatrix} \cos\psi & 0 & -\sin\psi \\ 0 & 1 & 0 \\ \sin\psi & 0 & \cos\psi \end{bmatrix} \tag{5-6}$$

第 2 次旋转以角速度$\dot{\vartheta}$绕过渡坐标系的$O_A z'$旋转ϑ角，$O_A x'$、$O_A y$分别转到$O_A x_1$、$O_A y'$上，形成新的过渡坐标系$O_A x_1 y'z'$，如图 5-4（b）所示。坐标系$O_A x'yz'$与$O_A x_1 y'z'$之间的关系以矩阵形式表示为

$$\begin{bmatrix} x_1 \\ y' \\ z' \end{bmatrix} = \boldsymbol{L}(\vartheta) \begin{bmatrix} x' \\ y \\ z' \end{bmatrix} \tag{5-7}$$

式中

$$\boldsymbol{L}(\vartheta) = \begin{bmatrix} \cos\vartheta & \sin\vartheta & 0 \\ -\sin\vartheta & \cos\vartheta & 0 \\ 0 & 0 & 1 \end{bmatrix} \tag{5-8}$$

第 3 次旋转以角速度$\dot{\gamma}$绕$O_A x_1$旋转γ角，$O_A y'$、$O_A z'$分别转到$O_A y_1$、$O_A z_1$上，最终获得弹体坐标系$O_b(O_A)x_1 y_1 z_1$的姿态，如图 5-4（c）所示。坐标系$O_A x_1 y'z'$与$O_A x_1 y_1 z_1$之间的关系以矩阵形式表示为

$$\begin{bmatrix} x_1 \\ y_1 \\ z_1 \end{bmatrix} = \boldsymbol{L}(\gamma) \begin{bmatrix} x_1 \\ y' \\ z' \end{bmatrix} \tag{5-9}$$

式中

$$\boldsymbol{L}(\gamma) = \begin{bmatrix} 1 & 0 & 0 \\ 0 & \cos\gamma & \sin\gamma \\ 0 & -\sin\gamma & \cos\gamma \end{bmatrix} \tag{5-10}$$

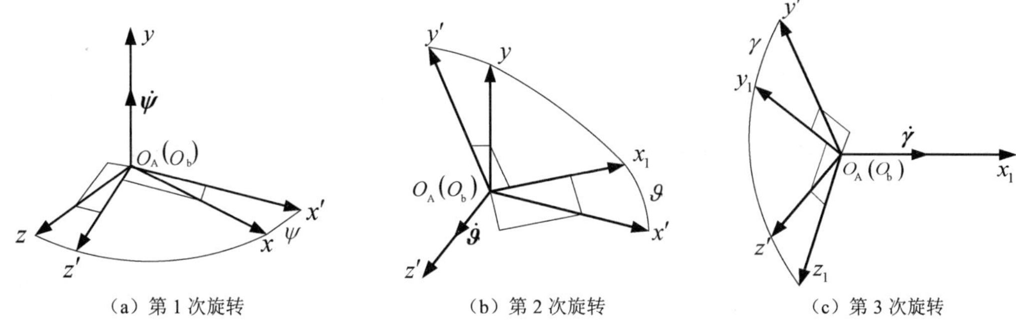

（a）第 1 次旋转　（b）第 2 次旋转　（c）第 3 次旋转

图 5-4　3 次连续旋转确定发射坐标系与弹体坐标系之间的关系

将式（5-5）代入式（5-7），并将其结果代入式（5-9），可得

$$\begin{bmatrix} x_1 \\ y_1 \\ z_1 \end{bmatrix} = \boldsymbol{L}(\gamma)\boldsymbol{L}(\vartheta)\boldsymbol{L}(\psi)\begin{bmatrix} x \\ y \\ z \end{bmatrix} \tag{5-11}$$

令

$$\boldsymbol{L}(\gamma,\vartheta,\psi) = \boldsymbol{L}(\gamma)\boldsymbol{L}(\vartheta)\boldsymbol{L}(\psi) \tag{5-12}$$

则

$$\begin{bmatrix} x_1 \\ y_1 \\ z_1 \end{bmatrix} = \boldsymbol{L}(\gamma,\vartheta,\psi)\begin{bmatrix} x \\ y \\ z \end{bmatrix} \tag{5-13}$$

式中

$$\begin{aligned}\boldsymbol{L}(\gamma,\vartheta,\psi) &= \begin{bmatrix} 1 & 0 & 0 \\ 0 & \cos\gamma & \sin\gamma \\ 0 & -\sin\gamma & \cos\gamma \end{bmatrix}\begin{bmatrix} \cos\vartheta & \sin\vartheta & 0 \\ -\sin\vartheta & \cos\vartheta & 0 \\ 0 & 0 & 1 \end{bmatrix}\begin{bmatrix} \cos\psi & 0 & -\sin\psi \\ 0 & 1 & 0 \\ \sin\psi & 0 & \cos\psi \end{bmatrix} \\ &= \begin{bmatrix} \cos\vartheta\cos\psi & \sin\vartheta & -\cos\vartheta\sin\psi \\ -\sin\vartheta\cos\psi\cos\gamma + \sin\psi\sin\gamma & \cos\vartheta\cos\gamma & \sin\vartheta\sin\psi\cos\gamma + \cos\psi\sin\gamma \\ \sin\vartheta\cos\psi\sin\gamma + \sin\psi\cos\gamma & -\cos\vartheta\sin\gamma & -\sin\vartheta\sin\psi\sin\gamma + \cos\psi\cos\gamma \end{bmatrix}\end{aligned} \tag{5-14}$$

式（5-13）、式（5-14）常列成表格形式，称之为两坐标系之间的方向余弦表，如表 5-1 所示。

表 5-1　发射坐标系与弹体坐标系之间的方向余弦表

	$O_A x$	$O_A y$	$O_A z$
$O_b x_1$	$\cos\vartheta\cos\psi$	$\sin\vartheta$	$-\cos\vartheta\sin\psi$
$O_b y_1$	$-\sin\vartheta\cos\psi\cos\gamma + \sin\psi\sin\gamma$	$\cos\vartheta\cos\gamma$	$\sin\vartheta\sin\psi\cos\gamma + \cos\psi\sin\gamma$
$O_b z_1$	$\sin\vartheta\cos\psi\sin\gamma + \sin\psi\cos\gamma$	$-\cos\vartheta\sin\gamma$	$-\sin\vartheta\sin\psi\sin\gamma + \cos\psi\cos\gamma$

（2）发射坐标系与弹道坐标系之间的关系及其转换。

为研究方便，同样将发射坐标系平移至其原点与弹道坐标系原点（导弹瞬时质心）重合的位置。由发射坐标系和弹道坐标系的定义可知，由于发射坐标系的 $O_A z$ 和弹道坐标系的 $O_b z_2$ 均在水平面内，因此，发射坐标系与弹道坐标系之间的关系通常由两个角度来确定，分别定义如下（见图 5-5）。

弹道倾角θ：导弹速度矢量$\boldsymbol{V}$（$O_b x_2$）与水平面之间的夹角。导弹速度矢量指向水平面上方，θ为正；反之为负。

弹道偏角ψ_V：导弹速度矢量$\boldsymbol{V}$在水平面内的投影，即图 5-5 中$O_A x'$与发射坐标系的$O_A x$之间的夹角。迎ψ_V角平面（迎$O_A y$俯视）观察，若由$O_A x$至$O_A x'$是逆时针旋转，则ψ_V为正；反之为负。

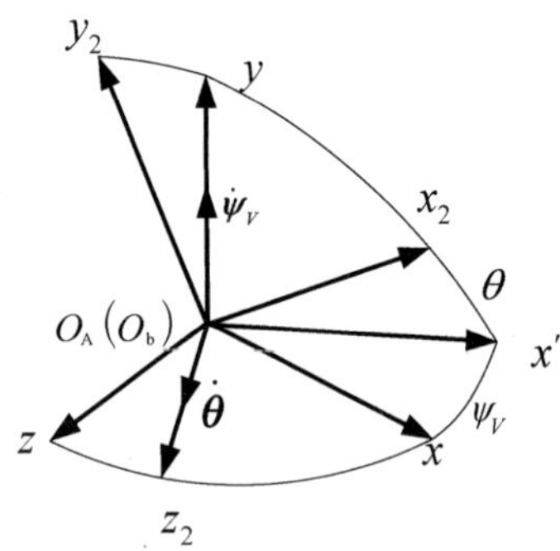

图 5-5 发射坐标系与弹道坐标系之间的关系

显然，发射坐标系与弹道坐标系之间的关系及其转换矩阵可以通过 2 次旋转求得。具体步骤如下。

第 1 次旋转以角速度$\dot{\boldsymbol{\psi}}_V$绕发射坐标系的$O_A y$旋转$\psi_V$角，$O_A x$、$O_A z$分别旋转到$O_A x'$、$Oz_2$上，形成过渡坐标系$O_A x' y z_2$，如图 5-6（a）所示。基准坐标系$O_A xyz$与经第 1 次旋转后形成的过渡坐标系$O_A x' y z_2$之间的关系以矩阵形式表示为

$$\begin{bmatrix} x' \\ y \\ z_2 \end{bmatrix} = \boldsymbol{L}(\psi_V) \begin{bmatrix} x \\ y \\ z \end{bmatrix} \tag{5-15}$$

式中

$$\boldsymbol{L}(\psi_V) = \begin{bmatrix} \cos\psi_V & 0 & -\sin\psi_V \\ 0 & 1 & 0 \\ \sin\psi_V & 0 & \cos\psi_V \end{bmatrix} \tag{5-16}$$

第 2 次旋转，以角速度$\dot{\boldsymbol{\theta}}$绕$O_A z_2$旋转$\theta$角，$O_A x'$、$O_A y$分别转到$O_A x_2$、$O_A y_2$上，最终获得弹道坐标系$O_A x_2 y_2 z_2$的姿态，如图 5-6（b）所示。坐标系$O_A x' y z_2$与$O_A x_2 y_2 z_2$之间的关系以矩阵形式表示为

$$\begin{bmatrix} x_2 \\ y_2 \\ z_2 \end{bmatrix} = \boldsymbol{L}(\theta) \begin{bmatrix} x' \\ y \\ z_2 \end{bmatrix} \tag{5-17}$$

式中

$$\boldsymbol{L}(\theta) = \begin{bmatrix} \cos\theta & \sin\theta & 0 \\ -\sin\theta & \cos\theta & 0 \\ 0 & 0 & 1 \end{bmatrix} \tag{5-18}$$

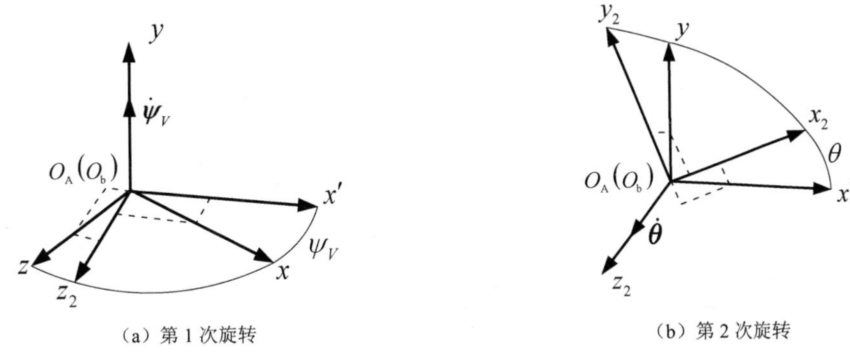

（a）第 1 次旋转　　（b）第 2 次旋转

图 5-6　2 次连续旋转确定发射坐标系与弹道坐标系之间的关系

将式（5-15）代入式（5-17）可得

$$\begin{bmatrix} x_2 \\ y_2 \\ z_2 \end{bmatrix} = \boldsymbol{L}(\theta)\boldsymbol{L}(\psi_V)\begin{bmatrix} x \\ y \\ z \end{bmatrix} \tag{5-19}$$

令

$$\boldsymbol{L}(\theta,\psi_V) = \boldsymbol{L}(\theta)\boldsymbol{L}(\psi_V) \tag{5-20}$$

则

$$\begin{bmatrix} x_2 \\ y_2 \\ z_2 \end{bmatrix} = \boldsymbol{L}(\theta,\psi_V)\begin{bmatrix} x \\ y \\ z \end{bmatrix} \tag{5-21}$$

式中

$$\boldsymbol{L}(\theta,\psi_V) = \begin{bmatrix} \cos\theta & \sin\theta & 0 \\ -\sin\theta & \cos\theta & 0 \\ 0 & 0 & 1 \end{bmatrix}\begin{bmatrix} \cos\psi_V & 0 & -\sin\psi_V \\ 0 & 1 & 0 \\ \sin\psi_V & 0 & \cos\psi_V \end{bmatrix} = \begin{bmatrix} \cos\theta\cos\psi_V & \sin\theta & -\cos\theta\sin\psi_V \\ -\sin\theta\cos\psi_V & \cos\theta & \sin\theta\sin\psi_V \\ \sin\psi_V & 0 & \cos\psi_V \end{bmatrix} \tag{5-22}$$

同样，由式（5-21）、式（5-22）可列出发射坐标系与弹道坐标系之间的方向余弦表，如表 5-2 所示。

表 5-2　发射坐标系与弹道坐标系之间的方向余弦表

	$O_A x$	$O_A y$	$O_A z$
$O_b x_2$	$\cos\theta\cos\psi_V$	$\sin\theta$	$-\cos\theta\sin\psi_V$
$O_b y_2$	$-\sin\theta\cos\psi_V$	$\cos\theta$	$\sin\theta\sin\psi_V$
$O_b z_2$	$\sin\psi_V$	0	$\cos\psi_V$

（3）速度坐标系与弹体坐标系之间的关系及其转换。

根据速度坐标系和弹体坐标系的定义，其中，$O_b y_3$ 与 $O_b y_1$ 均在导弹纵向对称面内，两个坐标系之间的关系通常由两个角度来确定，分别为攻角 α 和侧滑角 β。因此，速度坐标系与弹体坐标系之间的关系及其转换矩阵可以通过 2 次旋转求得。以速度坐标系为基准，第 1 次旋转以角速度 $\dot{\boldsymbol{\beta}}$ 绕 $O_b y_3$ 旋转 β 角，第 2 次旋转以角速度 $\dot{\boldsymbol{\alpha}}$ 绕 $O_b z_1$ 旋转 α 角，最终获得弹体坐标系的姿态，如图 5-7 所示。速度坐标系 $O_b x_3 y_3 z_3$ 与弹体坐标系 $O_b x_1 y_1 z_1$ 之间的关系以矩阵形

式表示为

$$\begin{bmatrix} x_1 \\ y_1 \\ z_1 \end{bmatrix} = \boldsymbol{L}(\alpha,\beta) \begin{bmatrix} x_3 \\ y_3 \\ z_3 \end{bmatrix} \tag{5-23}$$

式中

$$\boldsymbol{L}(\alpha,\beta) = \begin{bmatrix} \cos\alpha\cos\beta & \sin\alpha & -\cos\alpha\sin\beta \\ -\sin\alpha\cos\beta & \cos\alpha & \sin\alpha\sin\beta \\ \sin\beta & 0 & \cos\beta \end{bmatrix} \tag{5-24}$$

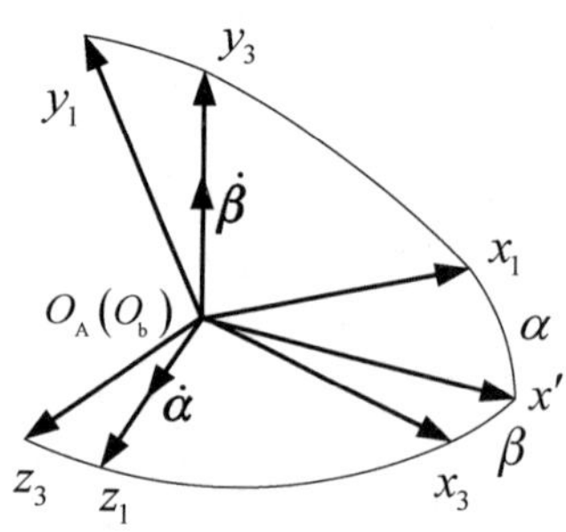

图 5-7 速度坐标系与弹体坐标系之间的关系

由式（5-23）、式（5-24）可列出速度坐标系与弹体坐标系之间的方向余弦表，如表 5-3 所示。

表 5-3 速度坐标系与弹体坐标系之间的方向余弦表

	$O_b x_3$	$O_b y_3$	$O_b z_3$
$O_b x_1$	$\cos\alpha\cos\beta$	$\sin\alpha$	$-\cos\alpha\sin\beta$
$O_b y_1$	$-\sin\alpha\cos\beta$	$\cos\alpha$	$\sin\alpha\sin\beta$
$O_b z_1$	$\sin\beta$	0	$\cos\beta$

（4）弹道坐标系与速度坐标系之间的关系及其转换。

由弹道坐标系和速度坐标系的定义可知，$O_b x_2$ 和 $O_b x_3$ 均与导弹速度矢量 $\boldsymbol{V}$ 重合，因此，这两个坐标系之间的关系一般用一个角度即可确定（见图 5-8）。

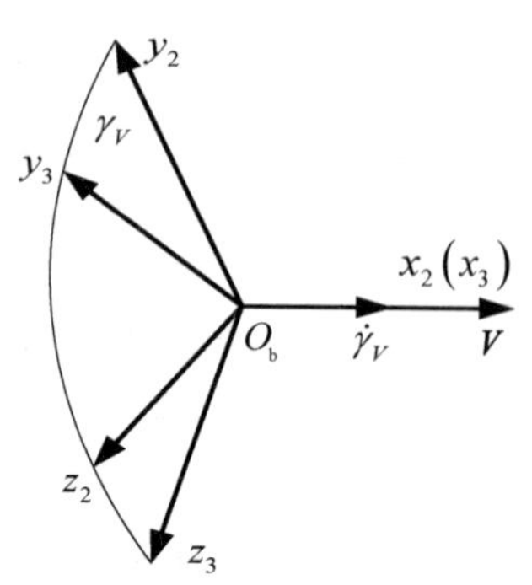

图 5-8 弹道坐标系与速度坐标系之间的关系

速度倾斜角 γ_V：位于导弹纵向对称面内的 $O_b y_3$ 与包含导弹速度矢量 $\boldsymbol{V}$ 的铅垂面 $O_b x_2 y_2$ 之间的夹角。从弹尾部向前看，若纵向对称面向右倾斜，则 γ_V 为正；反之为负。

弹道坐标系与速度坐标系之间的关系及其转换矩阵通过 1 次旋转求得，即以角速度 $\dot{\gamma}_V$ 绕 $O_b x_2$ 旋转 γ_V 角即可获得速度坐标系 $O_b x_3 y_3 z_3$ 的姿态。弹道坐标系与速度坐标系之间的关系写成矩阵形式为

$$\begin{bmatrix} x_3 \\ y_3 \\ z_3 \end{bmatrix} = \boldsymbol{L}(\gamma_V) \begin{bmatrix} x_2 \\ y_2 \\ z_2 \end{bmatrix} \tag{5-25}$$

式中

$$\boldsymbol{L}(\gamma_V)=\begin{bmatrix}1 & 0 & 0\\ 0 & \cos\gamma_V & \sin\gamma_V\\ 0 & -\sin\gamma_V & \cos\gamma_V\end{bmatrix} \tag{5-26}$$

由式（5-25）、式（5-26）可列出弹道坐标系与速度坐标系之间的方向余弦表，如表 5-4 所示。

表 5-4　弹道坐标系与速度坐标系之间的方向余弦表

	$O_b x_2$	$O_b y_2$	$O_b z_2$
$O_b x_3$	1	0	0
$O_b y_3$	0	$\cos\gamma_V$	$\sin\gamma_V$
$O_b z_3$	0	$-\sin\gamma_V$	$\cos\gamma_V$

5.2.2　质心运动的动力学方程

工程实践表明，对研究导弹质心运动来说，把矢量方程，即式（5-3）写成在弹道坐标系中的标量形式的方程最为简单，且便于分析导弹运动特性。对射程小于 30km 的近程战术导弹来说，把发射坐标系视为惯性坐标系，能保证所需的计算准确度。弹道坐标系是动坐标系，它相对于发射坐标系既有位移运动，又有转动运动，位移速度为$\boldsymbol{V}$，转动角速度用$\boldsymbol{\Omega}$表示。

建立在动坐标系中的动力学方程，引用矢量的绝对导数和相对导数之间的关系：在惯性坐标系中，某一矢量对时间的导数（绝对导数）与同一矢量在动坐标系中对时间的导数（相对导数）之差等于矢量本身与动坐标系的转动角速度的乘积，即

$$\frac{\mathrm{d}\boldsymbol{V}}{\mathrm{d}t}=\frac{\partial \boldsymbol{V}}{\partial t}+\boldsymbol{\Omega}\times\boldsymbol{V}$$

式中，$\dfrac{\mathrm{d}\boldsymbol{V}}{\mathrm{d}t}$为在惯性坐标系（发射坐标系）中，矢量$\boldsymbol{V}$的绝对导数；$\dfrac{\partial \boldsymbol{V}}{\partial t}$为在动坐标系（弹道坐标系）中，矢量$\boldsymbol{V}$的相对导数。

于是，式（5-3）可改写为

$$m(t)\frac{\mathrm{d}\boldsymbol{V}}{\mathrm{d}t}=m\left(\frac{\partial \boldsymbol{V}}{\partial t}+\boldsymbol{\Omega}\times\boldsymbol{V}\right)=\boldsymbol{F}+\boldsymbol{P} \tag{5-27}$$

设$\boldsymbol{i}_2$、$\boldsymbol{j}_2$、$\boldsymbol{k}_2$分别为沿弹道坐标系$O_b x_2 y_2 z_2$各轴的单位矢量；Ω_{x_2}、Ω_{y_2}、Ω_{z_2}分别为弹道坐标系相对于发射坐标系的转动角速度$\boldsymbol{\Omega}$在$O_b x_2 y_2 z_2$各轴上的分量；V_{x_2}、V_{y_2}、V_{z_2}分别为导弹质心速度矢量$\boldsymbol{V}$在$O_b x_2 y_2 z_2$各轴上的分量。因此有

$$\begin{aligned}&\boldsymbol{V}=V_{x_2}\boldsymbol{i}_2+V_{y_2}\boldsymbol{j}_2+V_{z_2}\boldsymbol{k}_2\\&\boldsymbol{\Omega}=\Omega_{x_2}\boldsymbol{i}_2+\Omega_{y_2}\boldsymbol{j}_2+\Omega_{z_2}\boldsymbol{k}_2\\&\frac{\partial \boldsymbol{V}}{\partial t}=\frac{\mathrm{d}V_{x_2}}{\mathrm{d}t}\boldsymbol{i}_2+\frac{\mathrm{d}V_{y_2}}{\mathrm{d}t}\boldsymbol{j}_2+\frac{\mathrm{d}V_{z_2}}{\mathrm{d}t}\boldsymbol{k}_2\end{aligned} \tag{5-28}$$

由弹道坐标系的定义可知

$$\begin{bmatrix}V_{x_2}\\ V_{y_2}\\ V_{z_2}\end{bmatrix}=\begin{bmatrix}V\\ 0\\ 0\end{bmatrix}$$

于是

$$\frac{\partial \boldsymbol{V}}{\partial t}=\frac{\mathrm{d}V}{\mathrm{d}t}\boldsymbol{i}_2 \tag{5-29}$$

$$\boldsymbol{\Omega}\times\boldsymbol{V}=\begin{vmatrix}\boldsymbol{i}_2 & \boldsymbol{j}_2 & \boldsymbol{k}_2\\ \Omega_{x_2} & \Omega_{y_2} & \Omega_{z_2}\\ V_{x_2} & V_{y_2} & V_{z_2}\end{vmatrix}=\begin{vmatrix}\boldsymbol{i}_2 & \boldsymbol{j}_2 & \boldsymbol{k}_2\\ \Omega_{x_2} & \Omega_{y_2} & \Omega_{z_2}\\ V & 0 & 0\end{vmatrix}=V\Omega_{z_2}\boldsymbol{j}_2-V\Omega_{y_2}\boldsymbol{k}_2 \tag{5-30}$$

根据弹道坐标系与发射坐标系之间的关系可得

$$\boldsymbol{\Omega}=\dot{\boldsymbol{\psi}}_V+\dot{\boldsymbol{\theta}}$$

式中，$\dot{\boldsymbol{\psi}}_V$、$\dot{\boldsymbol{\theta}}$ 分别在发射坐标系的 $O_\mathrm{A}y$ 上和弹道坐标系的 $O_\mathrm{b}z_2$ 上。于是，利用式（5-21）、式（5-22）可得

$$\begin{bmatrix}\Omega_{x_2}\\ \Omega_{y_2}\\ \Omega_{z_2}\end{bmatrix}=\boldsymbol{L}(\theta,\psi_V)\begin{bmatrix}0\\ \dot{\psi}_V\\ 0\end{bmatrix}+\begin{bmatrix}0\\ 0\\ \dot{\theta}\end{bmatrix}=\begin{bmatrix}\dot{\psi}_V\sin\theta\\ \dot{\psi}_V\cos\theta\\ \dot{\theta}\end{bmatrix} \tag{5-31}$$

将式（5-31）代入式（5-30）可得

$$\boldsymbol{\Omega}\times\boldsymbol{V}=V\dot{\theta}\boldsymbol{j}_2-V\dot{\psi}_V\cos\theta\boldsymbol{k}_2 \tag{5-32}$$

将式（5-29）、式（5-32）代入式（5-27），展开后得到

$$\left.\begin{aligned}m\frac{\mathrm{d}V}{\mathrm{d}t}&=F_{x_2}+P_{x_2}\\ mV\frac{\mathrm{d}\theta}{\mathrm{d}t}&=F_{y_2}+P_{y_2}\\ -mV\cos\theta\frac{\mathrm{d}\psi_V}{\mathrm{d}t}&=F_{z_2}+P_{z_2}\end{aligned}\right\} \tag{5-33}$$

式中，F_{x_2}、F_{y_2}、F_{z_2} 为除推力外导弹受到的所有外力（空气动力 $\boldsymbol{R}$、重力 $\boldsymbol{G}$ 等）在 $O_\mathrm{b}x_2y_2z_2$ 各轴上分量的代数和；P_{x_2}、P_{y_2}、P_{z_2} 为推力 $\boldsymbol{P}$ 在 $O_\mathrm{b}x_2y_2z_2$ 各轴上的分量。

下面分别列出空气动力 $\boldsymbol{R}$、重力 $\boldsymbol{G}$ 和推力 $\boldsymbol{P}$ 在弹道坐标系上的投影分量的表达式。

作用在导弹上的空气动力 $\boldsymbol{R}$ 沿速度坐标系可分解为阻力 X、升力 Y 和侧向力 Z，即

$$\begin{bmatrix}R_{x_3}\\ R_{y_3}\\ R_{z_3}\end{bmatrix}=\begin{bmatrix}-X\\ Y\\ Z\end{bmatrix}$$

根据速度坐标系和弹道坐标系之间的关系，利用式（5-25）、式（5-26）得到

$$\begin{bmatrix}R_{x_2}\\ R_{y_2}\\ R_{z_2}\end{bmatrix}=\boldsymbol{L}^\mathrm{T}(\gamma_V)\begin{bmatrix}R_{x_3}\\ R_{y_3}\\ R_{z_3}\end{bmatrix}=\begin{bmatrix}-X\\ Y\cos\gamma_V-Z\sin\gamma_V\\ Y\sin\gamma_V+Z\cos\gamma_V\end{bmatrix} \tag{5-34}$$

对于近程战术导弹，重力 $\boldsymbol{G}$ 可认为沿发射坐标系 $O_\mathrm{A}y$ 的负向，故其在发射坐标系上可表示为

$$\begin{bmatrix}G_x\\ G_y\\ G_z\end{bmatrix}=\begin{bmatrix}0\\ -mg\\ 0\end{bmatrix}$$

将其投影到弹道坐标系 $O_b x_2 y_2 z_2$ 上，可利用式（5-21）、式（5-22）得到

$$\begin{bmatrix} G_{x_2} \\ G_{y_2} \\ G_{z_2} \end{bmatrix} = \boldsymbol{L}(\theta,\psi_V)\begin{bmatrix} G_x \\ G_y \\ G_z \end{bmatrix} = \begin{bmatrix} -mg\sin\theta \\ -mg\cos\theta \\ 0 \end{bmatrix} \tag{5-35}$$

如果发动机的推力 $\boldsymbol{P}$ 与弹体纵轴 $O_b x_1$ 重合，那么

$$\begin{bmatrix} P_{x_1} \\ P_{y_1} \\ P_{z_1} \end{bmatrix} = \begin{bmatrix} P \\ 0 \\ 0 \end{bmatrix}$$

将其投影在弹道坐标系 $O_b x_2 y_2 z_2$ 上，可利用式（5-23）～式（5-26）得到

$$\begin{bmatrix} P_{x_2} \\ P_{y_2} \\ P_{z_2} \end{bmatrix} = \boldsymbol{L}^{\mathrm{T}}(\gamma_V)\boldsymbol{L}^{\mathrm{T}}(\alpha,\beta)\begin{bmatrix} P_{x_1} \\ P_{y_1} \\ P_{z_1} \end{bmatrix} = \begin{bmatrix} P\cos\alpha\cos\beta \\ P(\sin\alpha\cos\gamma_V + \cos\alpha\sin\beta\sin\gamma_V) \\ P(\sin\alpha\sin\gamma_V - \cos\alpha\sin\beta\cos\gamma_V) \end{bmatrix} \tag{5-36}$$

将式（5-34）～式（5-36）代入式（5-33），即得到导弹质心运动的动力学方程的标量形式：

$$\left.\begin{aligned} m\frac{\mathrm{d}V}{\mathrm{d}t} &= P\cos\alpha\cos\beta - X - mg\sin\theta \\ mV\frac{\mathrm{d}\theta}{\mathrm{d}t} &= P(\sin\alpha\cos\gamma_V + \cos\alpha\sin\beta\sin\gamma_V) + Y\cos\gamma_V - Z\sin\gamma_V - mg\cos\theta \\ -mV\cos\theta\frac{\mathrm{d}\psi_V}{\mathrm{d}t} &= P(\sin\alpha\sin\gamma_V - \cos\alpha\sin\beta\cos\gamma_V) + Y\sin\gamma_V + Z\cos\gamma_V \end{aligned}\right\} \tag{5-37}$$

式中，$\frac{\mathrm{d}V}{\mathrm{d}t}$ 为导弹质心加速度沿弹道切向（$O_b x_2$）的投影，称切向加速度；$V\frac{\mathrm{d}\theta}{\mathrm{d}t}$ 为导弹质心加速度在铅垂面（$O_b x_2 y_2$）内沿弹道法线（$O_b y_2$）的投影，称法向加速度；$-V\cos\theta\frac{\mathrm{d}\psi_V}{\mathrm{d}t}$ 为导弹质心加速度的水平分量（沿 $O_b z_2$），也称法向加速度。式（5-37）中第 3 个式子左边的“–”号表明向心力为正，对应的 $\dot{\psi}_V$ 为负；反之亦然。它是由角度 ψ_V 的正负号决定的。

5.2.3　绕质心转动的动力学方程

导弹绕质心转动的动力学矢量方程，即式（5-4）写成在弹体坐标系中的标量形式最为简单。由于弹体坐标系是动坐标系，弹体坐标系相对于发射坐标系的转动角速度用 $\boldsymbol{\omega}$ 表示。

同理，在动坐标系（弹体坐标系）中建立导弹绕质心转动的动力学方程，式（5-4）可写为

$$\frac{\mathrm{d}\boldsymbol{H}}{\mathrm{d}t} = \frac{\partial\boldsymbol{H}}{\partial t} + \boldsymbol{\omega}\times\boldsymbol{H} = \boldsymbol{M} \tag{5-38}$$

设 $\boldsymbol{i}_1$、$\boldsymbol{j}_1$、$\boldsymbol{k}_1$ 为沿弹体坐标系 $O_b x_1 y_1 z_1$ 各轴的单位矢量，ω_{x_1}、ω_{y_1}、ω_{z_1} 为弹体坐标系相对于发射坐标系的转动角速度 $\boldsymbol{\omega}$ 沿弹体坐标系各轴的分量；动量矩 $\boldsymbol{H}$ 在弹体坐标系各轴上的分量为 H_{x_1}、H_{y_1}、H_{z_1}，则有

$$\frac{\partial\boldsymbol{H}}{\partial t} = \frac{\mathrm{d}H_{x_1}}{\mathrm{d}t}\boldsymbol{i}_1 + \frac{\mathrm{d}H_{y_1}}{\mathrm{d}t}\boldsymbol{j}_1 + \frac{\mathrm{d}H_{z_1}}{\mathrm{d}t}\boldsymbol{k}_1 \tag{5-39}$$

$$\boldsymbol{H}=\boldsymbol{J}\cdot\boldsymbol{\omega}$$

式中，$\boldsymbol{J}$ 为惯性张量。

动量矩 $\boldsymbol{H}$ 在弹体坐标系各轴上的分量可表示为

$$\begin{bmatrix} H_{x_1} \\ H_{y_1} \\ H_{z_1} \end{bmatrix}=\begin{bmatrix} J_{x_1x_1} & -J_{x_1y_1} & -J_{x_1z_1} \\ -J_{y_1x_1} & J_{y_1y_1} & -J_{y_1z_1} \\ -J_{z_1x_1} & -J_{z_1y_1} & J_{z_1z_1} \end{bmatrix}\begin{bmatrix} \omega_{x_1} \\ \omega_{y_1} \\ \omega_{z_1} \end{bmatrix} \tag{5-40}$$

式中，$J_{x_1x_1}$、$J_{y_1y_1}$、$J_{z_1z_1}$ 为导弹对弹体坐标系各轴的转动惯量；$J_{x_1y_1}$、$J_{x_1z_1}$……$J_{z_1y_1}$ 为导弹对弹体坐标系各轴的惯量积。

对战术导弹来说，其一般多为轴对称外形，这时可认为弹体坐标系就是它的惯性主轴系。在此条件下，导弹对弹体坐标系各轴的惯量积为零。为书写方便，上述转动惯量分别以 J_{x_1}、J_{y_1}、J_{z_1} 表示，则式（5-40）可简化为

$$\begin{bmatrix} H_{x_1} \\ H_{y_1} \\ H_{z_1} \end{bmatrix}=\begin{bmatrix} J_{x_1} & 0 & 0 \\ 0 & J_{y_1} & 0 \\ 0 & 0 & J_{z_1} \end{bmatrix}\begin{bmatrix} \omega_{x_1} \\ \omega_{y_1} \\ \omega_{z_1} \end{bmatrix}=\begin{bmatrix} J_{x_1}\omega_{x_1} \\ J_{y_1}\omega_{y_1} \\ J_{z_1}\omega_{z_1} \end{bmatrix} \tag{5-41}$$

将式（5-41）代入式（5-39）可得

$$\frac{\partial \boldsymbol{H}}{\partial t}=J_{x_1}\frac{\mathrm{d}\omega_{x_1}}{\mathrm{d}t}\boldsymbol{i}_1+J_{y_1}\frac{\mathrm{d}\omega_{y_1}}{\mathrm{d}t}\boldsymbol{j}_1+J_{z_1}\frac{\mathrm{d}\omega_{z_1}}{\mathrm{d}t}\boldsymbol{k}_1 \tag{5-42}$$

$$\begin{aligned}\boldsymbol{\omega}\times\boldsymbol{H}&=\begin{vmatrix} \boldsymbol{i}_1 & \boldsymbol{j}_1 & \boldsymbol{k}_1 \\ \omega_{x_1} & \omega_{y_1} & \omega_{z_1} \\ H_{x_1} & H_{y_1} & H_{z_1} \end{vmatrix}=\begin{vmatrix} \boldsymbol{i}_1 & \boldsymbol{j}_1 & \boldsymbol{k}_1 \\ \omega_{x_1} & \omega_{y_1} & \omega_{z_1} \\ J_{x_1}\omega_{x_1} & J_{y_1}\omega_{y_1} & J_{z_1}\omega_{z_1} \end{vmatrix} \\ &=\left(J_{z_1}-J_{y_1}\right)\omega_{z_1}\omega_{y_1}\boldsymbol{i}_1+\left(J_{x_1}-J_{z_1}\right)\omega_{x_1}\omega_{z_1}\boldsymbol{j}_1+\left(J_{y_1}-J_{x_1}\right)\omega_{y_1}\omega_{x_1}\boldsymbol{k}_1\end{aligned} \tag{5-43}$$

将式（5-42）、式（5-43）代入式（5-38），得导弹绕质心转动的动力学标量方程为

$$\left.\begin{aligned} J_{x_1}\frac{\mathrm{d}\omega_{x_1}}{\mathrm{d}t}+\left(J_{z_1}-J_{y_1}\right)\omega_{z_1}\omega_{y_1}&=M_{x_1} \\ J_{y_1}\frac{\mathrm{d}\omega_{y_1}}{\mathrm{d}t}+\left(J_{x_1}-J_{z_1}\right)\omega_{x_1}\omega_{z_1}&=M_{y_1} \\ J_{z_1}\frac{\mathrm{d}\omega_{z_1}}{\mathrm{d}t}+\left(J_{y_1}-J_{x_1}\right)\omega_{y_1}\omega_{x_1}&=M_{z_1} \end{aligned}\right\} \tag{5-44}$$

式中，J_{x_1}、J_{y_1}、J_{z_1} 为导弹对弹体坐标系（惯性主轴系）各轴的转动惯量，它们随着燃料燃烧产物的喷出而不断变化；ω_{x_1}、ω_{y_1}、ω_{z_1} 为弹体坐标系相对于发射坐标系的转动角速度 $\boldsymbol{\omega}$ 在弹体坐标系各轴上的分量；$\frac{\mathrm{d}\omega_{x_1}}{\mathrm{d}t}$、$\frac{\mathrm{d}\omega_{y_1}}{\mathrm{d}t}$、$\frac{\mathrm{d}\omega_{z_1}}{\mathrm{d}t}$ 为弹体转动角加速度矢量在弹体坐标系各轴上的分量；M_{x_1}、M_{y_1}、M_{z_1} 为作用在导弹上的所有外力（含推力）对质心的力矩在弹体坐标系各轴上的分量。

后面为书写方便，省略式（5-44）中的脚注“1”。

5.2.4　质心运动的运动学方程

要确定导弹质心相对于发射坐标系的运动轨迹（弹道），需要建立导弹质心相对于发射坐标系运动的运动学方程。在计算空气动力、推力时，需要知道导弹在任一瞬时所处的高度，通过弹道计算确定相应瞬时导弹所处的位置。因此，需要建立导弹质心相对于发射坐标系 $O_A xyz$ 的位置方程：

$$\begin{bmatrix} \frac{dx}{dt} \\ \frac{dy}{dt} \\ \frac{dz}{dt} \end{bmatrix} = \begin{bmatrix} V_x \\ V_y \\ V_z \end{bmatrix} \tag{5-45}$$

根据弹道坐标系的定义，导弹质心的速度矢量与弹道坐标系的 $O_b x_2$ 重合，即

$$\begin{bmatrix} V_{x_2} \\ V_{y_2} \\ V_{z_2} \end{bmatrix} = \begin{bmatrix} V \\ 0 \\ 0 \end{bmatrix} \tag{5-46}$$

利用发射坐标系与弹道坐标系之间的转换关系可得

$$\begin{bmatrix} V_x \\ V_y \\ V_z \end{bmatrix} = \boldsymbol{L}^{\mathrm{T}}\left(\theta, \psi_V\right) \begin{bmatrix} V_{x_2} \\ V_{y_2} \\ V_{z_2} \end{bmatrix} \tag{5-47}$$

将式（5-46）、式（5-22）代入式（5-47），并将结果代入式（5-45），即得到导弹质心运动的运动学方程：

$$\left.\begin{aligned} \frac{dx}{dt} &= V\cos\theta\cos\psi_V \\ \frac{dy}{dt} &= V\sin\theta \\ \frac{dz}{dt} &= -V\cos\theta\sin\psi_V \end{aligned}\right\} \tag{5-48}$$

5.2.5　绕质心转动的运动学方程

要确定导弹在空间的姿态，就需要建立描述导弹弹体相对于发射坐标系姿态变化的运动学方程，即建立姿态角 ϑ、ψ、γ 变化率与导弹相对于发射坐标系的转动角速度分量 ω_{x_1}、ω_{y_1}、ω_{z_1} 之间的关系式。

根据发射坐标系与弹体坐标系之间的转换关系可得

$$\boldsymbol{\omega} = \dot{\boldsymbol{\psi}} + \dot{\boldsymbol{\vartheta}} + \dot{\boldsymbol{\gamma}} \tag{5-49}$$

由于 $\dot{\boldsymbol{\psi}}$、$\dot{\boldsymbol{\gamma}}$ 分别与发射坐标系的 $O_A y$ 和弹体坐标系的 $O_b x_1$ 重合，而 $\dot{\boldsymbol{\vartheta}}$ 与 $O_b z'$ 重合（见图 5-4），因此有

$$\begin{bmatrix}\omega_{x_1}\\ \omega_{y_1}\\ \omega_{z_1}\end{bmatrix}=\boldsymbol{L}(\gamma,\vartheta,\psi)\begin{bmatrix}0\\ \dot{\psi}\\ 0\end{bmatrix}+\boldsymbol{L}(\gamma)\begin{bmatrix}0\\ 0\\ \dot{\vartheta}\end{bmatrix}+\begin{bmatrix}\dot{\gamma}\\ 0\\ 0\end{bmatrix}=\begin{bmatrix}\dot{\psi}\sin\vartheta+\dot{\gamma}\\ \dot{\psi}\cos\vartheta\cos\gamma+\dot{\vartheta}\sin\gamma\\ -\dot{\psi}\cos\vartheta\sin\gamma+\dot{\vartheta}\cos\gamma\end{bmatrix}=\begin{bmatrix}0 & \sin\vartheta & 1\\ \sin\gamma & \cos\vartheta\cos\gamma & 0\\ \cos\gamma & -\cos\vartheta\sin\gamma & 0\end{bmatrix}\begin{bmatrix}\dot{\vartheta}\\ \dot{\psi}\\ \dot{\gamma}\end{bmatrix}$$

变换后得

$$\begin{bmatrix}\dot{\vartheta}\\ \dot{\psi}\\ \dot{\gamma}\end{bmatrix}=\begin{bmatrix}0 & \sin\gamma & \cos\gamma\\ 0 & \dfrac{\cos\gamma}{\cos\vartheta} & -\dfrac{\sin\gamma}{\cos\vartheta}\\ 1 & -\tan\vartheta\cos\gamma & \tan\vartheta\sin\gamma\end{bmatrix}\begin{bmatrix}\omega_{x_1}\\ \omega_{y_1}\\ \omega_{z_1}\end{bmatrix}$$

将上式展开后得到导弹绕质心转动的运动学方程：

$$\left.\begin{aligned}&\frac{\mathrm{d}\vartheta}{\mathrm{d}t}=\omega_{y_1}\sin\gamma+\omega_{z_1}\cos\gamma\\ &\frac{\mathrm{d}\psi}{\mathrm{d}t}=\frac{1}{\cos\vartheta}\left(\omega_{y_1}\cos\gamma-\omega_{z_1}\sin\gamma\right)\\ &\frac{\mathrm{d}\gamma}{\mathrm{d}t}=\omega_{x_1}-\tan\vartheta\left(\omega_{y_1}\cos\gamma-\omega_{z_1}\sin\gamma\right)\end{aligned}\right\}\tag{5-50}$$

同样，为书写方便，省略式（5-50）中的脚注“1”。

5.2.6 质量变化方程

导弹在飞行过程中，由于发动机不断地消耗燃料，导弹质量不断减小。因此，在建立导弹运动方程组时，还需要补充描述导弹质量变化的方程，即

$$\frac{\mathrm{d}m}{\mathrm{d}t}=-m_{\mathrm{c}}\tag{5-51}$$

式中，$\dfrac{\mathrm{d}m}{\mathrm{d}t}$为导弹质量变化率，即导弹在单位时间内喷射出来的质量，因为是质量的减小，所以取负值；m_{c}为导弹在单位时间内的质量消耗量，它应该是单位时间内的燃料组元质量消耗量和其他物质质量消耗量之和，但主要是前者，故m_{c}又称燃料质量秒流量。通常认为m_{c}是已知的时间函数，它可能是常量，也可能是变量。对固体火箭发动机来说，m_{c}的大小主要由发动机的性能确定。

式（5-51）可独立于导弹运动方程组中的其他方程求解，即

$$m(t)=m_0-\int_0^t m_{\mathrm{c}}(t)\mathrm{d}t\tag{5-52}$$

式中，m_0为导弹的初始质量。

5.2.7 几何关系方程

前面定义的 4 个常用坐标系之间的关系由 8 个角度（ϑ、ψ、γ、θ、ψ_V、α、β、γ_V）联系起来，如图 5-9 所示。因为某单位矢量以不同途径投影到任意坐标系的同一轴上，其结果应是相等的，所以这 8 个角度（角参数）并不是完全独立的。例如，导弹速度矢量$\boldsymbol{V}$相对于发射坐标系$O_{\mathrm{A}}xyz$的方位可以通过速度坐标系相对于弹体坐标系的角度α、β，以及弹体坐标系相对于发射坐标系的角度ϑ、ψ、γ来确定。ϑ、ψ、γ、α、β确定之后，决定导弹速度矢量$\boldsymbol{V}$的方位的角度θ、ψ_V及γ_V也就确定了。这就说明，8 个角度中只有 5 个是独立的，而

其余 3 个则分别由这 5 个独立的角度来表示。因此，8 个角度之间存在 3 个独立的几何关系式。根据不同的要求，可把这些几何关系表达成一些不同的形式，因此，几何关系方程不是唯一的形式。由于θ、ψ_V和ϑ、ψ、γ的变化规律可分别用式（5-37）和式（5-50）来描述，因此可用θ、ψ_V、ϑ、和γ求出α、β和γ_V，即可分别建立相应的 3 个几何关系方程。

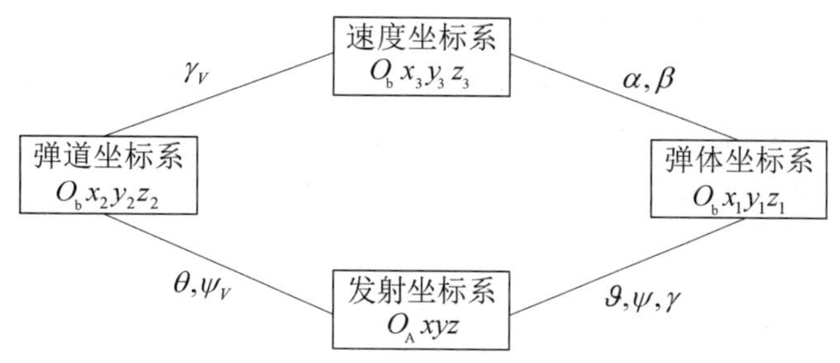

图 5-9　4 个坐标系之间的 8 个角度

要建立几何关系方程，可用球面三角、四元数法或方向余弦等数学方法。下面介绍如何利用有关矢量运算知识和方向余弦表来建立 3 个几何关系方程。

我们知道，过参考系原点的任意两个单位矢量的夹角φ的方向余弦（见图 5-10）等于它们各自与参考系对应轴夹角的方向余弦的乘积之和，用公式表示为

$$\cos\varphi = \cos\alpha_1\cos\alpha_2 + \cos\beta_1\cos\beta_2 + \cos\gamma_1\cos\gamma_2 \tag{5-53}$$

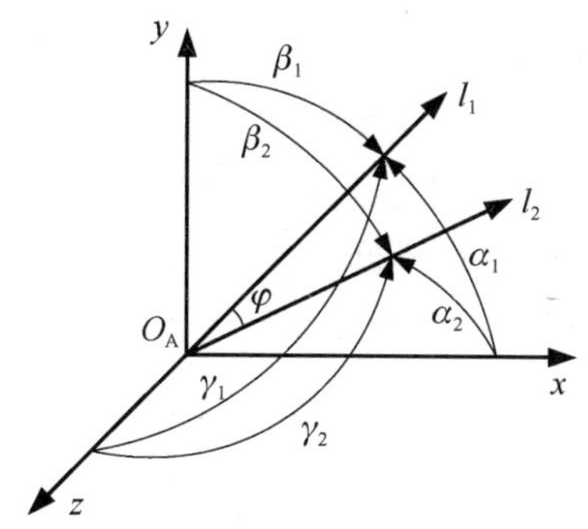

图 5-10　过参考系原点的任意两个单位矢量的夹角

设$\boldsymbol{i}$、$\boldsymbol{j}$、$\boldsymbol{k}$分别为参考系$O_A xyz$各对应轴的单位矢量，过参考系原点O_A的两个单位矢量的夹角的方向余弦记为$\langle \boldsymbol{l}_1^0 \cdot \boldsymbol{l}_2^0 \rangle$，则式（5-53）可写为

$$\langle \boldsymbol{l}_1^0 \cdot \boldsymbol{l}_2^0 \rangle = \langle \boldsymbol{l}_1^0 \cdot \boldsymbol{i} \rangle \langle \boldsymbol{l}_2^0 \cdot \boldsymbol{i} \rangle + \langle \boldsymbol{l}_1^0 \cdot \boldsymbol{j} \rangle \langle \boldsymbol{l}_2^0 \cdot \boldsymbol{j} \rangle + \langle \boldsymbol{l}_1^0 \cdot \boldsymbol{k} \rangle \langle \boldsymbol{l}_2^0 \cdot \boldsymbol{k} \rangle \tag{5-54}$$

若把$O_b x_2$和$O_b z_1$的单位矢量分别表示为$\boldsymbol{l}_1^0$与$\boldsymbol{l}_2^0$，选择发射坐标系$O_A xyz$为参考系，要求$\langle \boldsymbol{l}_1^0 \cdot \boldsymbol{l}_2^0 \rangle$，则将坐标系$O_b x_2 y_2 z_2$和$O_b x_1 y_1 z_1$平移至其原点$O_b$与参考系原点$O_A$重合的位置，考虑到$O_b x_2$与$O_b x_3$重合，利用方向余弦表（表 5-1～表 5-3），求得式（5-54）的相应单位矢量的夹角余弦项，经整理得

$$\sin\beta = \cos\theta\left[\cos\gamma\sin(\psi - \psi_V) + \sin\vartheta\sin\gamma\cos(\psi - \psi_V)\right] - \sin\theta\cos\vartheta\sin\gamma \tag{5-55}$$

若把$O_b y_1$和$O_b x_2$的单位矢量分别表示为$\boldsymbol{l}_1^0$、$\boldsymbol{l}_2^0$，仍选择发射坐标系为参考系，则同样把有关坐标系的原点重合在一起，利用式（5-54）和方向余弦表即得

$$\sin\alpha=\{\cos\theta[\sin\vartheta\cos\gamma\cos(\psi-\psi_V)-\sin\gamma\sin(\psi-\psi_V)]-\sin\theta\cos\vartheta\cos\gamma\}/\cos\beta \tag{5-56}$$

同理，选择弹体坐标系 $O_b x_1 y_1 z_1$ 为参考系，而把速度坐标系的 $O_b z_3$ 的单位矢量和发射坐标系的 $O_A y$ 的单位矢量分别视为 $\boldsymbol{l}_1^0$、$\boldsymbol{l}_2^0$。利用式（5-54）和方向余弦表，以及已建立的坐标系转换矩阵求出速度坐标系与发射坐标系之间的方向余弦表，即得

$$\sin\gamma_V=(\cos\alpha\sin\beta\sin\vartheta-\sin\alpha\sin\beta\cos\gamma\cos\vartheta+\cos\beta\sin\gamma\cos\vartheta)/\cos\theta \tag{5-57}$$

式（5-55）～式（5-57）即要求的 3 个几何关系方程。

有时几何关系方程显得非常简单。例如，当导弹做无侧滑（$\beta=0$）、无倾斜（$\gamma_V=0$）飞行时，有

$$\theta=\vartheta-\alpha$$

又如，当导弹做无侧滑、零攻角飞行时，有

$$\gamma=\gamma_V$$

再如，当导弹在水平面内做无倾斜机动飞行时，且攻角很小，有

$$\psi_V=\psi-\beta$$

至此，已建立了描述导弹质心运动的动力学方程[式（5-37）]、绕质心转动的动力学方程式[式（5-44）]，导弹质心运动的运动学方程[式（5-48）]、绕质心转动的运动学方程[式（5-50）]、质量变化方程[式（5-51）]和几何关系方程[式（5-55）～式（5-57）]，以上 16 个方程组成无控弹运动方程组。如果不考虑外界干扰，那么这 16 个方程中包括 $V(t)$、$\theta(t)$、$\psi_V(t)$、$\omega_x(t)$、$\omega_y(t)$、$\omega_z(t)$、$x(t)$、$y(t)$、$z(t)$、$\vartheta(t)$、$\psi(t)$、$\gamma(t)$、$m(t)$、$\alpha(t)$、$\beta(t)$、$\gamma_V(t)$ 16 个未知数，方程组是封闭的。当给定初始条件时，对这些方程进行数值积分，可获得无控弹道及相应运动参数的变化规律。但对可控飞行来说，仅知道初始条件还不能获得唯一解，因为在相同的初始条件下，舵面的偏转规律不同，空气动力和空气动力矩就不同，相应的飞行弹道和运动参数也不同。为确定唯一解，必须给导弹加上一定的约束，即需要建立控制关系方程。

5.2.8 控制关系方程

1．控制飞行的原理

为了保证命中目标而约束导弹飞行的方向和速度就称为控制飞行。导弹在自动控制系统的作用下，使其飞行遵循一定的约束关系。要按需要改变导弹的飞行方向和速度，就需要改变作用于导弹上外力合力的大小和方向。作用在导弹上的外力主要有空气动力 $\boldsymbol{R}$、推力 $\boldsymbol{P}$ 和重力 $\boldsymbol{G}$，其中，重力始终指向地心，其大小也不能随意改变。因此，控制导弹飞行只能依靠改变 $\boldsymbol{R}$ 与 $\boldsymbol{P}$ 的合力 $\boldsymbol{N}$ 的大小和方向来实现，$\boldsymbol{N}$ 称为控制力：

$$\boldsymbol{N}=\boldsymbol{P}+\boldsymbol{R}$$

控制力 $\boldsymbol{N}$ 沿速度方向和垂直于速度方向可分解为两个分量 $\boldsymbol{N}_t$ 和 $\boldsymbol{N}_n$，如图 5-11 所示，分别称为切向控制力和法向控制力。从力学的观点来看，改变切向控制力以改变速度大小，改变法向控制力以改变飞行方向：

$$\left.\begin{aligned}\boldsymbol{N}_t&=\boldsymbol{P}_t+\boldsymbol{R}_t\\ \boldsymbol{N}_n&=\boldsymbol{P}_n+\boldsymbol{R}_n\end{aligned}\right\}$$

式中，$\boldsymbol{R}_n=\boldsymbol{Y}+\boldsymbol{Z}$ 。

下面简述导弹是如何改变法向控制力的。要改变法向控制力，主要依靠改变空气动力的法向力 $\boldsymbol{R}_n$，它是通过改变导弹在空中的姿态，从而改变导弹弹体相对于气流的方位来获得的。而改变导弹在空中的姿态依靠偏转导弹上的操纵机构（如空气舵、气动扰流片、摆动发动机等）来实现，在操纵面上产生相应的操纵力，从而对导弹质心产生操纵力矩，在此力矩的作用下，导弹弹体就会绕其质心转动，由此改变导弹在空中的姿态。同时，固定在弹体上的空气动力面（如弹翼、尾翼等）和弹身会获得新的攻角与侧滑角，从而改变作用在导弹上的空气动力，如图 5-12 所示。

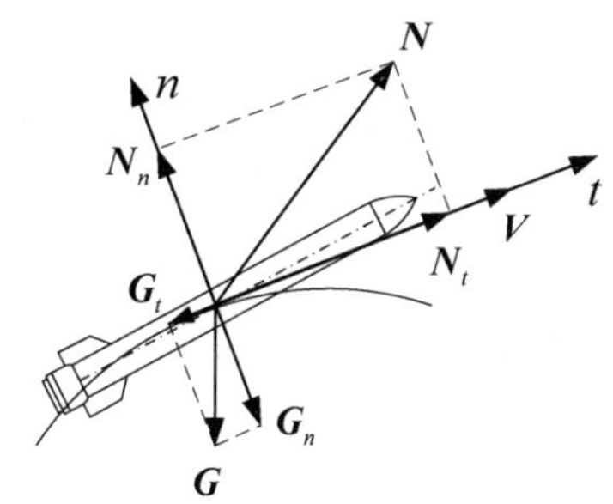

图 5-11　导弹的切向控制力和法向控制力

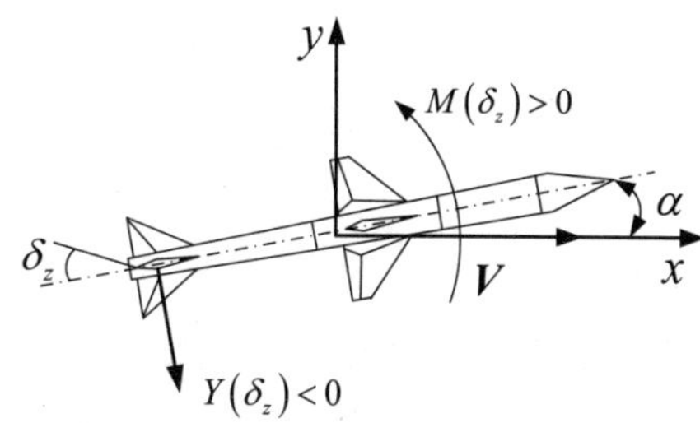

图 5-12　空气动力控制导弹飞行的示意图

根据空气舵的作用不同，空气舵又可分为升降舵、方向舵和副翼。无论对于轴对称导弹还是面对称导弹，升降舵主要用于操纵导弹的俯仰姿态，方向舵主要用于操纵导弹的偏航姿态，副翼主要用于操纵导弹的倾斜姿态。

对于轴对称导弹，若舵面相对于弹身的安装位置呈＋型，如图 5-13 所示，则此时水平位置的一对舵面就是升降舵，垂直位置的一对舵面就是方向舵；若舵面相对于弹身的安装位置呈×型，如图 5-14 所示，则此时两对舵面不能各自独立地起到升降舵和方向舵的作用。当两对舵面同时向下（或向上）偏转，并且偏转的角度也一样时，两对舵面就起到升降舵的作用，如图 5-14（a）所示；当一对舵面与另一对舵面上下偏转的方向不同，但偏转角一样时，两对舵面起到方向舵的作用，如图 5-14（b）所示；若两对舵偏角不同，而上、下偏转的方向相同或不同，则两对舵面既可以起到升降舵的作用，又可以起到方向舵的作用，如图 5-14（c）所示。

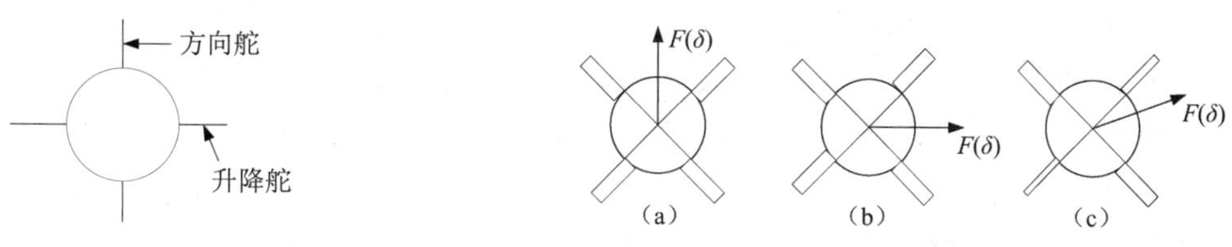

图 5-13　＋型舵面

图 5-14　×型舵面

副翼是一对左右差动的舵面，即一个舵面与另一个舵面上下偏转的方向不同，如图 5-15 所示。副翼可以是一对独立的舵面，也可以是一组舵面，使其既起到升降舵（或方向舵）的作用，又起到副翼的作用。也就是说，通过操纵机构的设计，这组舵面不仅可以同向偏转，还可以差动。一对舵面的同向偏转部分起到升降舵（或方向舵）的作用，差动部分起到副翼的作用。

在利用空气动力操纵导弹时，除可以使用偏转舵面外，还可以使用伸缩操纵面或气动扰流片等。

用反作用力（推力）操纵导弹也是一种可用的形式，可以用偏转主发动机的燃气流或利用专用的可偏转的小型发动机来实现。小型发动机安装在与导弹质心有一定距离的地方，专门用来产生操纵力矩，在此力矩的作用下，导弹将绕质心转动，同样可以改变导弹在空中的姿态。

利用破坏主发动机燃气流对称性的方法也可以获得使导弹绕其质心转动的操纵力矩，同样能改变导弹在空中的姿态。

对于轴对称导弹，它装有两对弹翼，并沿周向均匀分布，通过改变升降舵的偏转角 δ_z 来改变攻角 α，从而改变升力 $\boldsymbol{Y}$ 的大小和方向，操纵导弹的俯仰运动。而改变方向舵的偏转角 δ_y 则可改变侧滑角 β，使侧向力 $\boldsymbol{Z}$ 的大小和方向发生变化，操纵导弹的偏航运动。若升降舵和方向舵同时偏转，使 δ_z、δ_y 各自获得任意角度，则 α、β 相应改变，得到任意方向和大小的空气动力，同时操纵导弹的俯仰和偏航运动。另外，当 α、β 改变时，阻力 $\boldsymbol{X}$、推力的法向分量 $\boldsymbol{P}_n$ 和切向分量 $\boldsymbol{P}_t$ 也随之改变。

对于面对称导弹，其外形似飞机，只有一对水平弹翼，其产生的升力比侧力大得多，操纵导弹的俯仰运动仍是通过改变升降舵的偏转角 δ_z 而改变升力的大小来实现的；要操纵导弹的偏航运动，通常需要差动副翼，使弹体倾斜，保持在纵向对称面内的升力也相应转到某一方向，其水平分力使导弹做偏航运动，如图 5-16 所示。

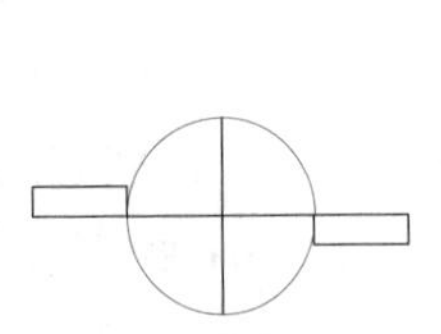

图 5-15　副翼的偏转

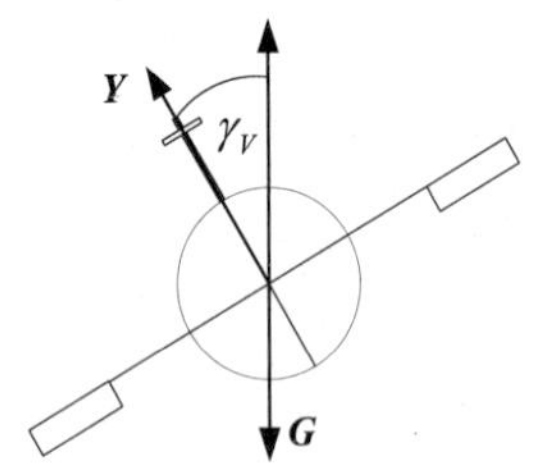

图 5-16　面对称导弹的偏航运动

综上所述，操纵导弹的俯仰、偏航和倾斜运动，就是操纵导弹的 3 个自由度来改变法向力的大小和方向，以达到改变导弹飞行方向的目的。为了使控制系统不过于复杂，又要形成任意方向的法向力，只需操纵导弹绕某一轴或至多绕两轴转动，而对另一轴加以稳定。例如，对于轴对称导弹，只需操纵导弹绕 $O_b z_1$ 和 $O_b y_1$ 转动就可实现操纵导弹的俯仰和偏航运动，而对 $O_b x_1$ 保持稳定，以保证对导弹的俯仰和偏航运动的操纵不发生混乱；而对于面对称导弹，一般只需操纵导弹绕 $O_b z_1$ 和 $O_b x_1$ 转动，实现操纵导弹的俯仰和倾斜运动，从而改变攻角 α 和速度倾斜角 γ_V 来产生所需的法向力，使导弹做偏航运动，而对 $O_b y_1$ 保持稳定。

此外，改变速度大小通常采用推力来控制，即通过控制发动机节气阀偏角 δ_P 以调节发动机推力的大小来实现。

由此可见，导弹应具有 4 个操纵机构：升降舵、方向舵、副翼的操纵机构和发动机推力的调节装置。

2．具体的控制关系方程

上面提到，要实现导弹的控制飞行，导弹应具有 4 个操纵机构，因此，必须相应地在导弹上加 4 个约束，即有 4 个控制关系方程。

要改变导弹的运动参数，必须控制系统，使舵面偏转，对质心产生操纵力矩，引起弹体转动，使 α（或 β、ψ_V）变化，从而改变 $\boldsymbol{N}_n$ 的大小和方向，使得导弹的运动参数产生相应变化，这就是控制的主要过程（见图 5-12）。但从控制系统输入信号到运动参数产生相应变化是一个复杂的过程。在导弹飞行过程的每一瞬时，当其实际运动参数与按导引关系要求的运动参数不相符时，就产生控制信号。因此，控制系统操纵舵面取决于每一瞬时导弹的运动参数。导弹制导系统的工作原理是按误差工作。例如，当导弹飞行过程中的俯仰角 ϑ 与要求的俯仰角 ϑ_* 不相等时，即存在偏差角 $\Delta\vartheta=\vartheta-\vartheta_*$，控制系统将根据 $\Delta\vartheta$ 的大小，使升降舵偏转相应的角度 δ_z，最简单的比例控制关系为

$$\delta_z=k_\vartheta\left(\vartheta-\vartheta_*\right)=k_\vartheta\Delta\vartheta$$

式中，k_ϑ 为控制系统决定的比例系数，称为放大系数。

导弹在飞行过程中，控制系统总是做出消除误差 $\Delta\vartheta$ 的回答，即根据误差的大小偏转相应的舵面来力图消除误差 $\Delta\vartheta$。实际上，误差始终不为零，只是制导系统工作越准确，误差越小而已。

设 x_{*i} 为研究瞬时按导引关系要求的运动参数值，x_i 为同一瞬时运动参数的实际值，ε_i 为运动参数误差，则有

$$\varepsilon_i=x_i-x_{*i}\qquad i=1,2,3,4$$

在一般情况下，ε_1～ε_4 总不可能等于零，此时，控制系统将偏转舵面和发动机推力的调节装置，以求消除误差。而舵面和发动机推力的调节装置的偏转角的大小及方向取决于误差 ε_i 的数值与正负。例如，在最简单的情况下，对于轴对称导弹，有如下关系存在：

$$\delta_z=f_1\left(\varepsilon_1\right),\quad \delta_y=f_2\left(\varepsilon_2\right),\quad \delta_x=f_3\left(\gamma\right),\quad \delta_P=f_4\left(\varepsilon_4\right) \tag{5-58}$$

对于面对称导弹，有如下关系存在：

$$\delta_z=f_1\left(\varepsilon_1\right),\quad \delta_x=f_2\left(\varepsilon_2\right),\quad \delta_y=f_3\left(\beta\right),\quad \delta_P=f_4\left(\varepsilon_4\right) \tag{5-59}$$

式（5-58）、式（5-59）表示每个操纵机构仅负责控制某一方向上的运动参数，这是一种简单的控制关系。但对一般情况而言，可以写成下面通用的控制关系方程：

$$\left.\begin{aligned}\phi_1\left(\cdots,\varepsilon_i,\cdots,\delta_i,\cdots\right)=0\\ \phi_2\left(\cdots,\varepsilon_i,\cdots,\delta_i,\cdots\right)=0\\ \phi_3\left(\cdots,\varepsilon_i,\cdots,\delta_i,\cdots\right)=0\\ \phi_4\left(\cdots,\varepsilon_i,\cdots,\delta_i,\cdots\right)=0\end{aligned}\right\} \tag{5-60}$$

式（5-60）可简写成如下形式：

$$\phi_1=0,\quad \phi_2=0,\quad \phi_3=0,\quad \phi_4=0 \tag{5-61}$$

式中，$\phi_1=0$，$\phi_2=0$ 关系式仅用来表示控制飞行方向，改变飞行方向是控制系统的主要任务，因此称它们为基本（主要）控制关系方程；$\phi_3=0$ 关系式用来表示对另一轴加以稳定，$\phi_4=0$ 关系式仅用来表示控制速度大小，这两个关系式称为附加（辅助）控制关系方程。

在设计导弹弹道时，需要综合考虑包括控制系统加在导弹上的控制关系方程在内的导弹运动方程组，比较复杂。在导弹初步设计阶段，可做近似处理，即假设控制系统是无误差工

作的理想控制系统，运动参数能保持按导引关系要求的变化规律，这样

$$\varepsilon_i = x_i - x_{*i} = 0 \quad i = 1,2,3,4$$

即有 4 个理想控制关系方程：

$$\varepsilon_1 = 0，\ \varepsilon_2 = 0，\ \varepsilon_3 = 0，\ \varepsilon_4 = 0 \tag{5-62}$$

在某些情况下，理想控制关系方程有简单的表达形式。例如，当轴对称导弹保持等速直线飞行时，有

$$\left.\begin{aligned} &\varepsilon_1 = \theta - \theta_* = 0 \\ &\varepsilon_2 = \psi_V - \psi_{V*} = 0 \\ &\varepsilon_3 = \gamma = 0 \\ &\varepsilon_4 = V - V_* = 0 \end{aligned}\right\} \tag{5-63}$$

又如，当面对称导弹做正常盘旋飞行时，有

$$\left.\begin{aligned} &\varepsilon_1 = \theta = 0 \text{或} \varepsilon_1 = y - y_* = 0 \text{（}y_*\text{为常值）} \\ &\varepsilon_2 = \gamma - \gamma_* = 0 \\ &\varepsilon_3 = \beta = 0 \\ &\varepsilon_4 = V - V_* = 0 \end{aligned}\right\} \tag{5-64}$$

式中，θ_*、ψ_{V*}、γ_*、V_* 等为要求的运动参数值；θ、ψ_V、γ、V 等为导弹飞行过程中实际的运动参数值。

5.2.9 导弹的空间运动方程

综合前面得到的方程[式（5-37）、式（5-44）、式（5-48）、式（5-50）、式（5-51）、式（5-55）～式（5-57）和式（5-61）]，组成描述导弹的空间运动方程组

$$\left.\begin{aligned} &m\frac{\mathrm{d}V}{\mathrm{d}t} = P\cos\alpha\cos\beta - X - mg\sin\theta \\ &mV\frac{\mathrm{d}\theta}{\mathrm{d}t} = P(\sin\alpha\cos\gamma_V + \cos\alpha\sin\beta\sin\gamma_V) + Y\cos\gamma_V - Z\sin\gamma_V - mg\cos\theta \\ &-mV\cos\theta\frac{\mathrm{d}\psi_V}{\mathrm{d}t} = P(\sin\alpha\sin\gamma_V - \cos\alpha\sin\beta\cos\gamma_V) + Y\sin\gamma_V + Z\cos\gamma_V \\ &J_x\frac{\mathrm{d}\omega_x}{\mathrm{d}t} + (J_z - J_y)\omega_z\omega_y = M_x \\ &J_y\frac{\mathrm{d}\omega_y}{\mathrm{d}t} + (J_x - J_z)\omega_x\omega_z = M_y \\ &J_z\frac{\mathrm{d}\omega_z}{\mathrm{d}t} + (J_y - J_x)\omega_y\omega_x = M_z \\ &\frac{\mathrm{d}x}{\mathrm{d}t} = V\cos\theta\cos\psi_V \\ &\frac{\mathrm{d}y}{\mathrm{d}t} = V\sin\theta \\ &\frac{\mathrm{d}z}{\mathrm{d}t} = -V\cos\theta\sin\psi_V \\ &\frac{\mathrm{d}\vartheta}{\mathrm{d}t} = \omega_y\sin\gamma + \omega_z\cos\gamma \end{aligned}\right\}$$

$$
\left.\begin{array}{l}
\dfrac{\mathrm{d}\psi}{\mathrm{d}t}=\left(\omega_y\cos\gamma-\omega_z\sin\gamma\right)/\cos\vartheta \\
\dfrac{\mathrm{d}\gamma}{\mathrm{d}t}=\omega_x-\tan\vartheta\left(\omega_y\cos\gamma-\omega_z\sin\gamma\right) \\
\dfrac{\mathrm{d}m}{\mathrm{d}t}=-m_{\mathrm{c}} \\
\sin\beta=\cos\theta\left[\cos\gamma\sin\left(\psi-\psi_V\right)+\sin\vartheta\sin\gamma\cos\left(\psi-\psi_V\right)\right]-\sin\theta\cos\vartheta\sin\gamma \\
\sin\alpha=\left\{\cos\theta\left[\sin\vartheta\cos\gamma\cos\left(\psi-\psi_V\right)-\sin\gamma\sin\left(\psi-\psi_V\right)\right]-\sin\theta\cos\vartheta\cos\gamma\right\}/\cos\beta \\
\sin\gamma_V=\left(\cos\alpha\sin\beta\sin\vartheta-\sin\alpha\sin\beta\cos\gamma\cos\vartheta+\cos\beta\sin\gamma\cos\vartheta\right)/\cos\theta \\
\phi_1=0 \\
\phi_2=0 \\
\phi_3=0 \\
\phi_4=0
\end{array}\right\}
\tag{5-65}
$$

式（5-65）为以标量形式描述的导弹的空间运动方程组，它是一组非线性常微分方程，在这 20 个方程中，包括 20 个未知数，分别为$V(t)$、$\theta(t)$、$\psi_V(t)$、$\omega_x(t)$、$\omega_y(t)$、$\omega_z(t)$、$x(t)$、$y(t)$、$z(t)$、$\vartheta(t)$、$\psi(t)$、$\gamma(t)$、$m(t)$、$\alpha(t)$、$\beta(t)$、$\gamma_V(t)$、$\delta_z(t)$、$\delta_y(t)$、$\delta_x(t)$、$\delta_P(t)$，因此该方程组是封闭的。在给定初始条件后，用数值积分法可以解得有控弹道及其相应的 20 个参数的变化规律。

5.3　导弹的纵向运动和侧向运动

5.2 节用 20 个方程来描述导弹的空间运动。在工程上，用于实际计算的导弹运动方程组的方程个数往往远不止 20 个。例如，有时还需要加上计算空气动力和空气动力矩的公式；若导弹是按目标运动来导引的，则还应加上目标运动方程。由于导弹在各飞行阶段的受力情况不同，相应的运动方程组也将是不同的。因此，研究导弹的飞行问题是较复杂的。

一般来说，运动方程组的方程个数越多，描述导弹的运动就越完整、越准确，但研究和解算也越麻烦。在工程上，尤其在导弹和制导系统的初步设计阶段，在解算精度允许的范围内，应用一些近似方法对导弹运动方程组进行简化，以便利用较简单的运动方程组达到研究导弹运动的目的。例如，在一定的假设条件下，把导弹运动方程组，即式（5-65）分解为纵向运动方程组和侧向运动方程组，或者简化为在铅垂面内的运动方程组和水平面内的运动方程组等。实践证明，这些简化与分解都具有一定的实用价值。

1．导弹的纵向运动和侧向运动的定义

所谓纵向运动，就是指导弹的运动参数β、γ、γ_V、ω_x、ω_y、ψ、ψ_V、z等恒为零的运动。假定导弹在某个铅垂面内飞行，且具有理想的倾斜稳定系统，由于导弹的外形相对于$O_{\mathrm{b}}x_1y_1$平面是对称的，因此理想的倾斜稳定系统能保证导弹的纵向对称面$O_{\mathrm{b}}x_1y_1$始终与飞行

的铅垂面重合，这时，运动参数β、γ、γ_V、ω_x、ω_y总应等于零。为了研究方便起见，如果将发射坐标系的$O_A x$选在飞行的铅垂面内，那么运动参数ψ、ψ_V、z也将恒等于零，因此，导弹在铅垂面内的运动为纵向运动。

导弹的纵向运动是由导弹质心在飞行平面（或对称面$O_b x_1 y_1$）内的平移运动和绕$O_b z_1$的转动运动组成的。因此，在纵向运动中，参数V、θ、ϑ、α、ω_z、x、y等是随时间变化的，这些参数通常称为纵向运动的运动学参数，简称纵向运动参数。

在纵向运动中，值为零的参数β、γ、γ_V、ω_x、ω_y、ψ、ψ_V、z等通常称为侧向运动的运动学参数，简称侧向运动参数。

所谓侧向运动，就是指侧向运动参数β、γ、γ_V、ω_x、ω_y、ψ、ψ_V、z等随时间变化的运动，它由导弹质心沿$O_b z_1$的平移运动，以及绕$O_b x_1$和$O_b y_1$的转动运动组成。

由导弹运动方程组，即式（5-65）可以看出，它既含有纵向运动参数，又含有侧向运动参数。在描述纵向运动参数变化的方程中，含有侧向运动参数；同样，在描述侧向运动参数变化的方程中，含有纵向运动参数。由此可知，导弹的一般运动是由纵向运动和侧向运动组成的，它们之间是互相关联又互相影响的。

当导弹在给定的铅垂面内运动时，由于纵向运动是对称的，因此，只要不破坏运动的对称性，即在不出现偏航和倾斜操纵机构的偏转，以及因干扰因素产生的侧向运动参数对其零值的偏离能足够快地被消除的情况下，纵向运动是可以实现的，而且它是可以独立存在的。这时，描述侧向运动参数变化的方程恒等于零，描述纵向运动参数变化的方程只有10个，其中包含的参数有V、θ、ϑ、α、x、y、ω_z、m、δ_z、δ_P。但是，描述侧向运动参数变化的方程不能离开纵向运动参数而单独组成。也就是说，侧向运动不能离开纵向运动而单独存在，它只能与纵向运动同时存在。

2. 导弹的一般运动分解为纵向运动和侧向运动

若能将导弹的一般运动方程组，即式（5-65）分成独立的两组，一组是描述纵向运动参数变化的纵向运动方程组，另一组是描述侧向运动参数变化的侧向运动方程组，则在研究导弹的运动规律时，联立求解的方程个数就可以大为减少，便于研究。为了能独立求解纵向运动方程组，必须从描述纵向运动参数变化的方程右边去掉侧向运动参数β、γ、γ_V、ψ、ψ_V、ω_x、ω_y、z等。也就是说，要把纵向运动和侧向运动分开，需要满足下述假设条件。

（1）侧向运动参数β、γ、γ_V、ω_x、ω_y及舵偏角δ_x、δ_y都比较小。这样就可以令$\cos\beta \approx \cos\gamma \approx \cos\gamma_V \approx 1$且略去小量的乘积$\sin\beta\sin\gamma_V$、$Z\sin\gamma_V$、$\omega_x\omega_y$、$\omega_y\sin\gamma$等，以及参数$\beta$、$\delta_x$、$\delta_y$对阻力$X$的影响。

（2）导弹基本上在某个铅垂面内飞行，即其弹道与铅垂面弹道差别不大，故有$\cos\psi_V \approx 1$。

（3）俯仰操纵机构的偏转仅取决于纵向运动参数，而偏航、倾斜操纵机构的偏转则仅取决于侧向运动参数。

利用这些假设，就能将导弹的一般运动方程组分为纵向运动方程组及侧向运动方程组。

纵向运动方程组为

$$\left.\begin{aligned}
&m\frac{\mathrm{d}V}{\mathrm{d}t}=P\cos\alpha-X-mg\sin\theta\\
&mV\frac{\mathrm{d}\theta}{\mathrm{d}t}=P\sin\alpha+Y-mg\cos\theta\\
&J_z\frac{\mathrm{d}\omega_z}{\mathrm{d}t}=M_z\\
&\frac{\mathrm{d}x}{\mathrm{d}t}=V\cos\theta\\
&\frac{\mathrm{d}y}{\mathrm{d}t}=V\sin\theta\\
&\frac{\mathrm{d}\vartheta}{\mathrm{d}t}=\omega_z\\
&\frac{\mathrm{d}m}{\mathrm{d}t}=-m_c\\
&\alpha=\vartheta-\theta\\
&\phi_1=0\\
&\phi_4=0
\end{aligned}\right\}\tag{5-66}$$

纵向运动方程组也是描述导弹在铅垂面内运动的方程组，共有 10 个方程，包含 10 个未知量：$V(t)$、$\theta(t)$、$\omega_z(t)$、$x(t)$、$y(t)$、$\vartheta(t)$、$m(t)$、$\alpha(t)$、$\delta_z(t)$、$\delta_P(t)$。因此该方程组是封闭的，可以独立求解。

侧向运动方程组为

$$\left.\begin{aligned}
&-mV\cos\theta\frac{\mathrm{d}\psi_V}{\mathrm{d}t}=(P\sin\alpha+Y)\sin\gamma_V-(P\cos\alpha\sin\beta-Z)\cos\gamma_V\\
&J_x\frac{\mathrm{d}\omega_x}{\mathrm{d}t}+(J_z-J_y)\omega_z\omega_y=M_x\\
&J_y\frac{\mathrm{d}\omega_y}{\mathrm{d}t}+(J_x-J_z)\omega_x\omega_z=M_y\\
&\frac{\mathrm{d}z}{\mathrm{d}t}=-V\cos\theta\sin\psi_V\\
&\frac{\mathrm{d}\psi}{\mathrm{d}t}=(\omega_y\cos\gamma-\omega_z\sin\gamma)/\cos\vartheta\\
&\frac{\mathrm{d}\gamma}{\mathrm{d}t}=\omega_x-\tan\vartheta(\omega_y\cos\gamma-\omega_z\sin\gamma)\\
&\sin\beta=\cos\theta[\cos\gamma\sin(\psi-\psi_V)+\sin\vartheta\sin\gamma\cos(\psi-\psi_V)]-\sin\theta\cos\vartheta\sin\gamma\\
&\sin\gamma_V=(\cos\alpha\sin\beta\sin\vartheta-\sin\alpha\sin\beta\cos\gamma\cos\vartheta+\cos\beta\sin\gamma\cos\vartheta)/\cos\theta\\
&\phi_2=0\\
&\phi_3=0
\end{aligned}\right\}\tag{5-67}$$

侧向运动方程组共有 10 个方程，除了包括 $\psi_V(t)$、$\omega_x(t)$、$\omega_y(t)$、$z(t)$、$\psi(t)$、$\gamma(t)$、$\beta(t)$、$\gamma_V(t)$、$\delta_y(t)$、$\delta_x(t)$ 这 10 个侧向运动参数，还包括除坐标 x 以外的所有纵向运动参数 V、θ、α、ω_z、y、ϑ、δ_z 等。无论怎样简化该方程组，都不能从中消去诸如 V、y 和 m 这些纵向运动参数。这说明，要研究侧向运动参数比较小的运动，必须首先求解纵向运动方程组，然后将解出的纵向运动参数代入侧向运动方程组，只有这样才可得出侧向运动参数的变化规律。

这样的简化能使联立求解的方程组的阶次降低一半，且能得到非常准确的结果。但是，当侧向运动参数较大时，上述假设条件得不到满足，上述分组计算的方法会带来显著的计算误差，此时就不能将导弹的一般运动分为纵向运动和侧向运动来研究，应同时考虑纵向运动和侧向运动，即应求解式（5-65）。

5.4 导弹的平面运动

一般来说，导弹是做空间运动的，平面运动是导弹运动的特殊情况。从各类导弹的飞行情况来看，它们有时在某一平面内飞行（如地空导弹在很多场合是在铅垂面内飞行的），或者在某一倾斜平面内飞行。飞航式导弹在爬升段及末制导段也（或近似）在铅垂面内飞行。空-空导弹在很多场合是（或近似）在水平面内飞行的，飞航式导弹的巡航段也基本上在水平面内飞行。因此，平面运动虽是导弹运动的特殊情况，但是，研究导弹的平面运动仍具有很大的实际意义。在导弹的初步设计阶段，在计算精度允许的范围内，研究和解算导弹的平面弹道也具有一定的应用价值。

5.4.1 导弹在铅垂面内的运动方程组

导弹在铅垂面内运动时，其速度矢量$\boldsymbol{V}$始终处于该平面内，导弹的弹道偏角ψ_V为常值（若所选发射坐标系的$O_A x$位于该铅垂面内，则$\psi_V=0$）；设推力矢量$\boldsymbol{P}$与弹体纵轴重合，且导弹纵向对称平面与该铅垂面重合。若要使导弹在铅垂面内飞行，则在垂直于该铅垂面的方向（水平方向）上，侧向力应等于零。此时，β、γ、γ_V等均为零。导弹在铅垂面内运动时，其只有质心的平移运动和绕$O_b z_1$的转动运动，而沿$O_b z_1$方向无平移运动，也无绕$O_b x_1$和$O_b y_1$的转动运动。这时，$z=0$、$\omega_x=0$、$\omega_y=0$。导弹在铅垂面内运动时，其受到的外力有发动机推力$\boldsymbol{P}$、空气阻力$\boldsymbol{X}$、升力$\boldsymbol{Y}$、重力$\boldsymbol{G}$。

导弹在铅垂面内的运动方程组与导弹的纵向运动方程组，即式（5-66）相同，这里不再赘述。

5.4.2 导弹在水平面内的运动方程组

导弹在水平面内运动时，其速度矢量$\boldsymbol{V}$始终处于该水平面内且弹道倾角θ恒等于零。此时，作用在导弹上沿铅垂方向的法向控制力应与导弹的重力相平衡。因此，为保持平飞，导弹应具有一定的攻角，以产生所需的法向控制力。

要使导弹在水平面内做机动飞行，要求它在水平面内沿垂直于速度矢量$\boldsymbol{V}$的法向方向产生一定的侧向力。对于有翼导弹，其侧向力通常是借助侧滑（轴对称导弹）或倾斜（面对称导弹）运动形成的。如果导弹既有侧滑又有倾斜，那么将使控制复杂化。因此，轴对称导弹通常采用保持无倾斜而有侧滑的飞行，面对称导弹通常采用保持无侧滑而有倾斜的飞行。导弹在水平面内的运动除在水平面内做平移运动外，还有绕质心的转动。为了与不断变化的导弹的重力相平衡，所需的法向控制力也要相应变化，这就应改变δ_z，使导弹绕$O_b z_1$转动。除此之外，对于利用侧滑产生侧向力的导弹，还应使其绕$O_b y_1$转动，但无须绕$O_b x_1$转动；而对于利用倾斜产生侧向力（升力的水平分量）的导弹，还应使其绕$O_b x_1$转动，但无须绕$O_b y_1$转动。

导弹在水平面内做机动飞行时，由于产生侧向力的方法不同，因此描述水平面内的运动方程组也不同。

1．导弹在水平面内有侧滑而无倾斜飞行的运动方程组

由于导弹在水平面内有侧滑而无倾斜飞行，因此有$\theta \equiv 0$，y为某一常值，$\gamma \equiv 0$，γ_V=0，$\omega_x \equiv 0$，由式（5-65）可得

$$\left.\begin{aligned}
& m\frac{\mathrm{d}V}{\mathrm{d}t} = P\cos\alpha\cos\beta - X \\
& mg = P\sin\alpha + Y \\
& -mV\frac{\mathrm{d}\psi_V}{\mathrm{d}t} = -P\cos\alpha\sin\beta + Z \\
& J_y\frac{\mathrm{d}\omega_y}{\mathrm{d}t} = M_y \\
& J_z\frac{\mathrm{d}\omega_z}{\mathrm{d}t} = M_z \\
& \frac{\mathrm{d}x}{\mathrm{d}t} = V\cos\psi_V \\
& \frac{\mathrm{d}z}{\mathrm{d}t} = -V\sin\psi_V \\
& \frac{\mathrm{d}\vartheta}{\mathrm{d}t} = \omega_z \\
& \frac{\mathrm{d}\psi}{\mathrm{d}t} = \omega_y / \cos\vartheta \\
& \frac{\mathrm{d}m}{\mathrm{d}t} = -m_c \\
& \beta = \psi - \psi_V \\
& \alpha = \vartheta \\
& \phi_2 = 0 \\
& \phi_4 = 0
\end{aligned}\right\} \tag{5-68}$$

式（5-68）中共有 14 个方程，其中包含的参数有$V(t)$、$\psi_V(t)$、$\omega_y(t)$、$\omega_z(t)$、$x(t)$、$z(t)$、$\vartheta(t)$、$\psi(t)$、$m(t)$、$\alpha(t)$、$\beta(t)$、$\delta_z(t)$、$\delta_y(t)$、$\delta_P(t)$。该方程组是封闭的。

2．导弹在水平面内有倾斜而无侧滑飞行的运动方程组

由于导弹在水平面内有倾斜而无侧滑飞行，因此有$\theta \equiv 0$，y为某一常值，$\beta \equiv 0$，$\omega_y \equiv 0$。设攻角α（或俯仰角ϑ）、角速度ω_z比较小，则经简化后的有倾斜而无侧滑的水平面内的运动的近似方程组为

$$
\left.\begin{aligned}
&m\frac{\mathrm{d}V}{\mathrm{d}t}=P-X\\
&mg=P\alpha\cos\gamma_V+Y\cos\gamma_V\\
&-mV\frac{\mathrm{d}\psi_V}{\mathrm{d}t}=P\alpha\sin\gamma_V+Y\sin\gamma_V\\
&J_x\frac{\mathrm{d}\omega_x}{\mathrm{d}t}=M_x\\
&J_z\frac{\mathrm{d}\omega_z}{\mathrm{d}t}=M_z\\
&\frac{\mathrm{d}x}{\mathrm{d}t}=V\cos\psi_V\\
&\frac{\mathrm{d}z}{\mathrm{d}t}=-V\sin\psi_V\\
&\frac{\mathrm{d}\vartheta}{\mathrm{d}t}=\omega_z\cos\gamma\\
&\frac{\mathrm{d}\psi}{\mathrm{d}t}=-\omega_z\sin\gamma\\
&\frac{\mathrm{d}\gamma}{\mathrm{d}t}=\omega_x\\
&\frac{\mathrm{d}m}{\mathrm{d}t}=-m_{\mathrm{c}}\\
&\alpha=-\arcsin\left[\frac{\sin(\psi-\psi_V)}{\sin\gamma}\right]\\
&\gamma_V=\gamma\\
&\phi_2=0\\
&\phi_4=0
\end{aligned}\right\}\tag{5-69}
$$

式（5-69）中共有 15 个方程，其中包含的参数有$V(t)$、$\psi_V(t)$、$\omega_x(t)$、$\omega_z(t)$、$x(t)$、$z(t)$、$\vartheta(t)$、$\psi(t)$、$\gamma(t)$、$m(t)$、$\alpha(t)$、$\gamma_V(t)$、$\delta_z(t)$、$\delta_x(t)$、$\delta_P(t)$。该方程组是封闭的。

5.5 导弹的质心运动

5.5.1 瞬时平衡假设

前面提到，导弹的一般运动是由质心运动和绕质心的转动组成的。在导弹初步设计阶段，为能简捷地得到导弹可能的飞行弹道及其主要飞行特性，研究导弹的飞行问题通常分两步进行：首先，暂且不考虑导弹绕质心的转动，而将导弹当作一个可操纵质点来研究；然后，在此基础上研究导弹绕质心的转动。采用这种简化的处理方法研究导弹作为一个可操纵质点的运动特性，通常基于下列假设。

（1）导弹绕弹体轴的转动是无惯性的，即$J_x=J_y=J_z=0$。

（2）导弹的控制系统理想地工作，既无误差，又无时间延迟。

（3）略去飞行过程中的随机干扰对作用在导弹上的法向控制力的影响。

假设（1）、（2）的实质就是认为导弹在整个飞行期间的任一瞬时都处于平衡状态，即导弹操纵机构偏转时，作用在导弹上的力矩在每一瞬时都处于平衡状态，这就是所谓的瞬时平衡假设。

根据第 4 章，俯仰力矩和偏航力矩一般可分别表示为

$$M_z = M_z\left(V, y, \alpha, \delta_z, \omega_z, \dot{\alpha}, \dot{\delta}_z\right), \quad M_y = M_y\left(V, y, \beta, \delta_y, \omega_y, \omega_x, \dot{\beta}, \dot{\delta}_y\right)$$

然而，在大多数情况下，角速度 ω_x、ω_y、ω_z 及导数 $\dot{\alpha}$、$\dot{\beta}$、$\dot{\delta}_z$、$\dot{\delta}_y$ 对 M_z 和 M_y 的影响与角度 α、β、δ_z、δ_y 对 M_z 和 M_y 的影响相比是次要的。采用瞬时平衡假设实际上就是完全忽略前者的影响，于是有

$$M_z = M_z\left(V, y, \alpha, \delta_z\right) = 0, \quad M_y = M_y\left(V, y, \beta, \delta_y\right) = 0$$

这些关系式通常称为平衡关系式。对于轴对称导弹，在攻角和侧滑角不大的情况下，其具有线性空气动力特性，于是有

$$\left(\frac{\delta_z}{\alpha}\right)_{\mathrm{B}} = -\frac{m_z^{\alpha}}{m_z^{\delta_z}}, \quad \left(\frac{\delta_y}{\beta}\right)_{\mathrm{B}} = -\frac{m_y^{\beta}}{m_y^{\delta_y}}$$

由此可见，关于导弹无惯性的假设意味着当操纵机构偏转时，α 和 β 都瞬时达到其稳态值。

实际上，导弹的运动过程是一个可控过程，由于控制系统本身及控制对象（弹体）都存在惯性，因此导弹从操纵机构偏转到运动参数发生相应变化并不是在瞬间完成的，而要经过一段时间。例如，升降舵阶跃偏转 δ_z 角以后，将引起弹体绕 $O_b z_1$ 振荡转动，其攻角变化过程也是振荡的（见图 5-17），作用在导弹上的力和力矩也发生振荡变化，致使导弹的运动参数实际值也发生振荡变化，只有在过渡过程结束时攻角才达到其稳态值。大量的飞行试验结果表明，导弹的实际飞行轨迹总是在某一光滑的曲线附近变化。

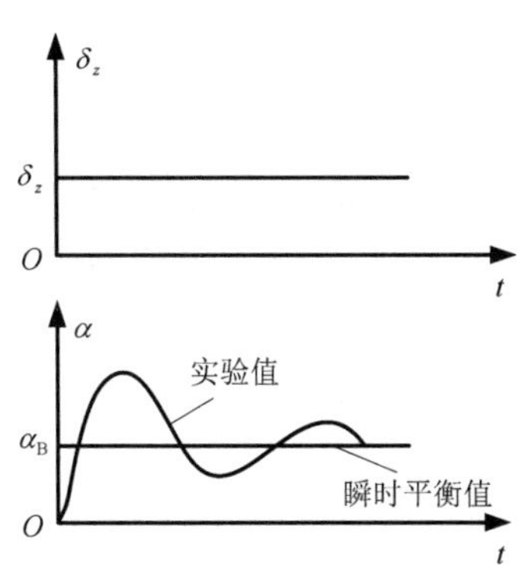

图 5-17　攻角的过渡过程

认为导弹的转动无惯性忽略了控制系统工作的过渡过程，实际上是认为导弹的运动参数（如 α、β、δ_z、δ_y 等）的变化是在瞬间完成的，外力是随控制作用瞬时变化的。

在真实飞行过程中，总有随机干扰，这些随机干扰可能直接作用在导弹上（如阵风、燃料流动导致弹体振动等），也可能通过控制系统作用在导弹上（如从目标反射的起伏信号、噪声的干扰等）。一般情况下，干扰使导弹绕质心发生随机振荡，这些随机振荡会引起升力 Y 和侧向力 Z 的随机增量及迎面阻力 X 的增大。在一次近似中，可不计及导弹的随机振荡对 Y 和 Z 的影响。但 X 的增大会引起飞行速度略微减小，在把导弹的质心运动和绕质心的转动分开研究时，为尽可能得到接近真实情况的弹道，必须将导弹的迎面阻力略微增大，以便计及导弹随机振荡的影响。

5.5.2　导弹质心运动方程组

基于上述简化，可以把导弹的质心运动和绕质心的转动分开研究。于是，由式（5-65）可

以直接得到导弹质心（可操纵质点）运动方程组：

$$
\left.\begin{aligned}
&m\frac{\mathrm{d}V}{\mathrm{d}t}=P\cos\alpha_{\mathrm{B}}\cos\beta_{\mathrm{B}}-X-mg\sin\theta\\
&mV\frac{\mathrm{d}\theta}{\mathrm{d}t}=P\left(\sin\alpha_{\mathrm{B}}\cos\gamma_V+\cos\alpha_{\mathrm{B}}\sin\beta_{\mathrm{B}}\sin\gamma_V\right)+Y_{\mathrm{B}}\cos\gamma_V-Z_{\mathrm{B}}\sin\gamma_V-mg\cos\theta\\
&-mV\cos\theta\frac{\mathrm{d}\psi_V}{\mathrm{d}t}=P\left(\sin\alpha_{\mathrm{B}}\sin\gamma_V-\cos\alpha_{\mathrm{B}}\sin\beta_{\mathrm{B}}\cos\gamma_V\right)+Y_{\mathrm{B}}\sin\gamma_V+Z_{\mathrm{B}}\cos\gamma_V\\
&\frac{\mathrm{d}x}{\mathrm{d}t}=V\cos\theta\cos\psi_V\\
&\frac{\mathrm{d}y}{\mathrm{d}t}=V\sin\theta\\
&\frac{\mathrm{d}z}{\mathrm{d}t}=-V\cos\theta\sin\psi_V\\
&\frac{\mathrm{d}m}{\mathrm{d}t}=-m_{\mathrm{c}}\\
&\alpha_{\mathrm{B}}=-\frac{m_z^{\delta_z}}{m_z^{\alpha}}\delta_z\\
&\beta_{\mathrm{B}}=-\frac{m_y^{\delta_y}}{m_y^{\beta}}\delta_y\\
&\varepsilon_1=0\\
&\varepsilon_2=0\\
&\varepsilon_3=0\\
&\varepsilon_4=0
\end{aligned}\right\}\qquad(5\text{-}70)
$$

式中，α_{B}、β_{B}分别为平衡攻角和平衡侧滑角；Y_{B}、Z_{B}分别为α_{B}、β_{B}对应的平衡升力和平衡侧向力。

该方程组共有 13 个方程，其中含有未知数$V(t)$、$\theta(t)$、$\psi_V(t)$、$x(t)$、$y(t)$、$z(t)$、$m(t)$、$\alpha_B(t)$、$\beta_B(t)$、$\gamma_V(t)$、$\delta_z(t)$、$\delta_y(t)$、$\delta_P(t)$，共 13 个，因此该方程组是封闭的。对于固体火箭发动机，其推力是不可调节的，m_{c}可以认为是时间的已知函数。此时，该方程组的第 7 个方程可单独积分，且$\varepsilon_4=0$也不存在了。这样，方程的个数减少了 2 个，而未知数也减少了 2 个（$m(t)$、$\delta_P(t)$），剩下的方程组仍是封闭的。

利用该方程组计算得到的导弹运动参数的稳态值对弹体和制导系统的设计都有重要意义。

值得指出的是，对于操纵性能比较好的绕质心的转动不太激烈的导弹，利用由瞬时平衡假设导出的质心运动方程组，即式（5-70）进行弹道计算可以得到令人满意的结果。当导弹的操纵性能较差，并且绕质心的转动比较激烈时，必须考虑导弹绕质心的转动对质心运动的影响，否则会导致原则性的错误。

5.5.3 导弹在铅垂面内的质心运动方程组

基于上述假设，简化式（5-66）就可以得到导弹在铅垂面内的质心运动方程组：

$$
\left.\begin{aligned}
& m\frac{\mathrm{d}V}{\mathrm{d}t} = P\cos\alpha_{\mathrm{B}} - X - mg\sin\theta \\
& mV\frac{\mathrm{d}\theta}{\mathrm{d}t} = P\sin\alpha_{\mathrm{B}} + Y_{\mathrm{B}} - mg\cos\theta \\
& \frac{\mathrm{d}x}{\mathrm{d}t} = V\cos\theta \\
& \frac{\mathrm{d}y}{\mathrm{d}t} = V\sin\theta \\
& \frac{\mathrm{d}m}{\mathrm{d}t} = -m_{\mathrm{c}} \\
& \varepsilon_1 = 0 \\
& \varepsilon_4 = 0
\end{aligned}\right\} \tag{5-71}
$$

该方程组共有 7 个方程，包含 7 个未知数：$V(t)$、$\theta(t)$、$x(t)$、$y(t)$、$m(t)$、$\alpha_B(t)$、$\delta_P(t)$。由于采用瞬时平衡假设，$\delta_z(t)$ 可根据平衡关系式单独求解，因此该方程组是封闭的。

5.5.4　导弹在水平面内的质心运动方程组

根据上述简化假设，可以由运动方程组，即式（5-68）、式（5-69）简化得到水平面内的质心运动方程组。如果是利用侧滑产生侧向力的情况，且攻角 α 和侧滑角 β 都不大，则导弹在水平面内的质心运动方程组为

$$
\left.\begin{aligned}
& m\frac{\mathrm{d}V}{\mathrm{d}t} = P - X \\
& mg = P\alpha_{\mathrm{B}} + Y_{\mathrm{B}} \\
& -mV\frac{\mathrm{d}\psi_V}{\mathrm{d}t} = -P\beta_{\mathrm{B}} + Z_{\mathrm{B}} \\
& \frac{\mathrm{d}x}{\mathrm{d}t} = V\cos\psi_V \\
& \frac{\mathrm{d}z}{\mathrm{d}t} = -V\sin\psi_V \\
& \frac{\mathrm{d}m}{\mathrm{d}t} = -m_{\mathrm{c}} \\
& \psi = \psi_V + \beta_{\mathrm{B}} \\
& \alpha_{\mathrm{B}} = \vartheta \\
& \varepsilon_2 = 0 \\
& \varepsilon_4 = 0
\end{aligned}\right\} \tag{5-72}
$$

上述方程组含有 10 个未知数：$V(t)$、$\psi_V(t)$、$x(t)$、$z(t)$、$m(t)$、$\psi(t)$、$\alpha_{\mathrm{B}}(t)$、$\beta_{\mathrm{B}}(t)$、$\vartheta(t)$、$\delta_P(t)$。至于舵偏角 $\delta_z(t)$、$\delta_y(t)$，可利用瞬时平衡关系式求得。

5.5.5　理想弹道、理论弹道、实际弹道

所谓理想弹道，就是指把导弹看作一个可操纵质点，认为控制系统处于理想工作状态，且不考虑导弹绕质心的转动，也不考虑外界的各种干扰，由此求得的飞行轨迹称为理想弹道。

理想弹道又是一种理论弹道。分别求解式（5-70）～式（5-72），可以得到导弹在空间或在铅垂面、水平面内的理想弹道及主要的飞行性能。

所谓理论弹道，就是指将导弹视为某一力学模型（可操纵质点系或刚体或弹性体），它作为控制系统的一个环节（控制对象），将动力学方程、运动学方程、控制系统方程及其他方程（质量变化方程、几何关系方程等）综合在一起，通过数值积分求得的弹道。而且方程中所用的弹体结构参数和外形几何参数，以及发动机的特性参数均取设计值，大气参数取标准值，控制系统参数取额定值，方程组的初始条件符合规定值等。由此可知，理想弹道是理论弹道的一种简化情况。

导弹在真实飞行过程中的轨迹称为实际弹道。显然，它不同于理论弹道或理想弹道。而且，由于导弹在飞行过程中受到各种随机干扰的作用，因此，各导弹飞行的实际弹道也是不相同的，这是由各导弹的参数和外界飞行环境不可能相同导致的。

5.6 导弹的机动性及其评价

导弹的机动性是导弹飞行性能中的重要特性之一。导弹在飞行过程中受到的作用力和所产生的加速度的大小可以用过载来衡量。通常利用过载矢量的概念来评定导弹的机动性。过载与弹体、制导系统的设计有着密切的关系。本节介绍导弹的机动性和过载的概念，导弹的运动与过载的关系，以及导弹设计中常用的几个过载的概念。

5.6.1 导弹的机动性与过载的概念

所谓导弹的机动性，就是指导弹可迅速地改变飞行速度的大小和方向的能力。导弹要攻击活动的目标，特别是空中的机动目标，必须具备良好的机动性。

那么，如何评定导弹的机动性呢？导弹的机动性可以用切向加速度和法向加速度来表征，它们分别表示导弹可改变飞行速度的大小和方向的迅速程度；或者用产生控制力的能力来评定导弹的机动性。作用在导弹上的外力中，重力是不可控制的力，而空气动力和推力是可控制的力，控制力反映导弹的加速度能力。

这里利用过载矢量的概念来评定导弹的机动性。下面引出过载的概念。

设 $\boldsymbol{N}$ 是作用在导弹上除重力以外的所有外力的合力（控制力），则导弹质心的加速度 $\boldsymbol{a}$ 可表示为

$$\boldsymbol{a}=\frac{\boldsymbol{N}+\boldsymbol{G}}{m}$$

如果以重力加速度 g 为度量单位，则得到相对加速度（无量纲值）为

$$\frac{\boldsymbol{a}}{g}=\frac{\boldsymbol{N}}{G}+\frac{\boldsymbol{g}}{g}$$

将其中的 $\boldsymbol{N}$ 与 G 的比值定义为过载，以 $\boldsymbol{n}$ 表示，即

$$\boldsymbol{n}=\frac{\boldsymbol{N}}{G}$$

所谓导弹的过载，就是指作用在导弹上除重力以外的所有外力的合力与导弹重力的比值（第一种定义）。过载是一个矢量，它的方向与控制力 $\boldsymbol{N}$ 的方向一致，其模值表示控制力为导

弹重力的倍数。过载矢量表征控制力 $\boldsymbol{N}$ 的大小和方向，因此，可利用过载矢量来表征导弹的机动性。

在导引弹道运动学分析中，将引入另一种过载定义（第二种定义）：作用在导弹上的所有外力（包括重力）的合力与导弹重力的比值，以 $\boldsymbol{n}'$ 表示，即

$$\boldsymbol{n}'=\frac{\boldsymbol{N}+\boldsymbol{G}}{G}$$

或

$$\boldsymbol{n}'=\frac{\boldsymbol{a}}{g}$$

显然，由于过载定义的不同，同一情况下的过载值也就不同。

例如，某物体做垂直上升或下降运动，如果其加速度的数值均等于重力加速度 g，则两种不同的过载定义将得出不同的过载值，如图 5-18 所示。若按第二种定义来求解，则物体在垂直上升或下降时，该物体的过载值都为 1。若按第一种定义来求解，则物体在垂直上升时的过载值为 2，这说明在该物体上必须施加 2 倍于重力的力，只有这样才能使物体以大小为 g 的加速度做垂直上升运动；下降时，物体的过载值为 0，这说明无须在物体上施加别的力，仅靠其自身的重力就能产生下降的重力加速度。由此可见，按第一种定义求得的过载值更能说明力和运动之间的关系。

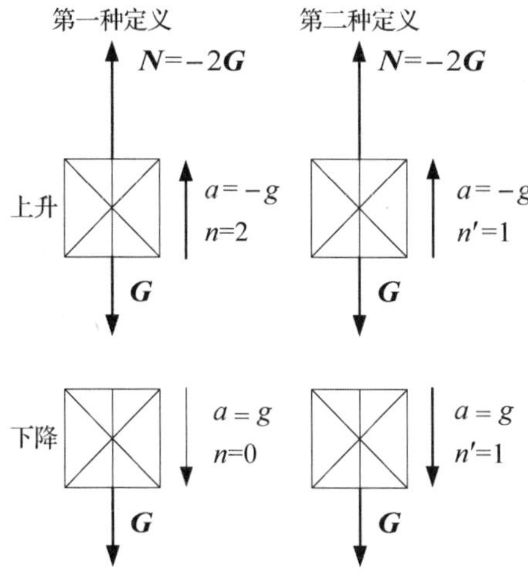

图 5-18　垂直运动中过载的不同定义

过载矢量的大小和方向通常是由它在某个坐标系上的投影来确定的。导弹质心运动的动力学方程可用过载矢量在弹道坐标系各轴上的投影分量来表示；对于弹体或部件，在研究其受力情况并进行强度分析时，需要知道过载矢量在弹体坐标系各轴上的投影分量。

过载矢量 $\boldsymbol{n}$ 在弹道坐标系 $O_b x_2 y_2 z_2$ 各轴上的投影分量分别为

$$\left.\begin{aligned}
n_{x_2}&=\frac{N_{x_2}}{G}=\frac{1}{G}\left(P\cos\alpha\cos\beta-X\right)\\
n_{y_2}&=\frac{N_{y_2}}{G}=\frac{1}{G}\left[P\left(\sin\alpha\cos\gamma_V+\cos\alpha\sin\beta\sin\gamma_V\right)+Y\cos\gamma_V-Z\sin\gamma_V\right]\\
n_{z_2}&=\frac{N_{z_2}}{G}=\frac{1}{G}\left[P\left(\sin\alpha\sin\gamma_V-\cos\alpha\sin\beta\cos\gamma_V\right)+Y\sin\gamma_V+Z\cos\gamma_V\right]
\end{aligned}\right\}\tag{5-73}$$

过载矢量 $\boldsymbol{n}$ 在速度坐标系 $O_bx_3y_3z_3$ 各轴上的投影分别为

$$\begin{bmatrix} n_{x_3} \\ n_{y_3} \\ n_{z_3} \end{bmatrix} = \boldsymbol{L}(\gamma_V) \begin{bmatrix} n_{x_2} \\ n_{y_2} \\ n_{z_2} \end{bmatrix}$$

$$\left.\begin{aligned} n_{x_3} &= \frac{1}{G}(P\cos\alpha\cos\beta - X) \\ n_{y_3} &= \frac{1}{G}(P\sin\alpha + Y) \\ n_{z_3} &= \frac{1}{G}(-P\cos\alpha\sin\beta + Z) \end{aligned}\right\} \tag{5-74}$$

式（5-74）也可由令式（5-73）中的 γ_V=0 得到。

过载矢量在速度方向上的投影分量 n_{x_2} 和 n_{x_3} 称为切向过载，在垂直于速度方向上的投影分量 n_{y_2}、n_{z_2} 和 n_{y_3}、n_{z_3} 称为法向过载。

导弹的机动性可以用切向过载和法向过载来评定。显然，切向过载越大，导弹所能产生的切向加速度就越大，表示导弹的速度值改变得越快，导弹能更快地接近目标；法向过载越大，导弹所能产生的法向加速度就越大，在相同速度下，导弹改变飞行方向的能力就越强，即导弹越能做较弯曲的弹道飞行。因此，过载越大，导弹的机动性越好。

过载矢量 $\boldsymbol{n}$ 在弹体坐标系 $O_bx_1y_1z_1$ 各轴上的投影分量分别为

$$\begin{bmatrix} n_{x_1} \\ n_{y_1} \\ n_{z_1} \end{bmatrix} = \boldsymbol{L}(\alpha,\beta) \begin{bmatrix} n_{x_3} \\ n_{y_3} \\ n_{z_3} \end{bmatrix} = \begin{bmatrix} n_{x_3}\cos\alpha\cos\beta + n_{y_3}\sin\alpha - n_{z_3}\cos\alpha\sin\beta \\ -n_{x_3}\sin\alpha\cos\beta + n_{y_3}\cos\alpha + n_{z_3}\sin\alpha\sin\beta \\ n_{x_3}\sin\beta + n_{z_3}\cos\beta \end{bmatrix} \tag{5-75}$$

式中，过载矢量在弹体纵轴 O_bx_1 上的投影分量 n_{x_1} 称为轴向过载，在垂直于弹体纵轴方向上的投影分量 n_{y_1}、n_{z_1} 一般称为横向过载。

5.6.2 导弹的运动与过载的关系

过载矢量不但是评定导弹的机动性的标志，而且它和导弹的运动也有密切的关系。

描述导弹质心运动的动力学方程可用过载矢量在弹道坐标系各轴上的分量 n_{x_2}、n_{y_2}、n_{z_2} 表示为

$$\left.\begin{aligned} \frac{1}{g}\frac{\mathrm{d}V}{\mathrm{d}t} &= n_{x_2} - \sin\theta \\ \frac{V}{g}\frac{\mathrm{d}\theta}{\mathrm{d}t} &= n_{y_2} - \cos\theta \\ -\frac{V}{g}\cos\theta\frac{\mathrm{d}\psi_V}{\mathrm{d}t} &= n_{z_2} \end{aligned}\right\} \tag{5-76}$$

式中，等号左边表示导弹质心的无量纲加速度在弹道坐标系上的 3 个分量。此式描述了导弹质心运动与过载之间的关系。由此可见，用过载来表示导弹质心运动的动力学方程的形式很简单。

同样，过载也可用运动学参数（V、θ、ψ_V）来表示：

$$\left.\begin{aligned} n_{x_2} &= \frac{1}{g}\frac{\mathrm{d}V}{\mathrm{d}t} + \sin\theta \\ n_{y_2} &= \frac{V}{g}\frac{\mathrm{d}\theta}{\mathrm{d}t} + \cos\theta \\ n_{z_2} &= -\frac{V}{g}\cos\theta\frac{\mathrm{d}\psi_V}{\mathrm{d}t} \end{aligned}\right\} \tag{5-77}$$

式中，V、θ 和 ψ_V 表示飞行速度的大小和方向，等号右边含有这些参数对时间的导数。由此可见，过载矢量的投影表征导弹改变飞行速度的大小和方向的能力。由式（5-77）可得到导弹在某些特殊飞行情况下的过载：在铅垂面内飞行时，$n_{z_2}=0$；在水平面内飞行时，$n_{y_2}=1$；做直线飞行时，$n_{y_2}=\cos\theta=$ 常数，$n_{z_2}=0$；做等速直线飞行时，$n_{x_2}=\sin\theta=$ 常数，$n_{y_2}=\cos\theta=$ 常数，$n_{z_2}=0$；做水平直线飞行时，$n_{y_2}=1$，$n_{z_2}=0$；做等速水平直线飞行时，$n_{x_2}=0$，$n_{y_2}=1$，$n_{z_2}=0$。

过载矢量的投影分量不仅能表征导弹改变飞行速度的大小和方向的能力，还能定性表征弹道上各点的切向加速度及飞行弹道的形状。

由式（5-76）可得

$$\left.\begin{aligned} \frac{\mathrm{d}V}{\mathrm{d}t} &= g\left(n_{x_2} - \sin\theta\right) \\ \frac{\mathrm{d}\theta}{\mathrm{d}t} &= \frac{g}{V}\left(n_{y_2} - \cos\theta\right) \\ \frac{\mathrm{d}\psi_V}{\mathrm{d}t} &= -\frac{g}{V\cos\theta}n_{z_2} \end{aligned}\right\} \tag{5-78}$$

由式（5-78）可见，当 $n_{x_2}=\sin\theta$ 时，导弹在该瞬时是等速飞行的；当 $n_{x_2}>\sin\theta$ 时，导弹在该瞬时是加速飞行的；当 $n_{x_2}<\sin\theta$ 时，导弹在该瞬时是减速飞行的。

当研究飞行弹道在铅垂面 $O_\mathrm{b}x_2y_2$ 内的投影时，如果 $n_{y_2}>\cos\theta$，则 $\frac{\mathrm{d}\theta}{\mathrm{d}t}>0$，此时弹道向上弯曲；如果 $n_{y_2}<\cos\theta$，则 $\frac{\mathrm{d}\theta}{\mathrm{d}t}<0$，此时弹道向下弯曲；如果 $n_{y_2}=\cos\theta$，则弹道在该点的曲率为零，如图 5-19 所示。

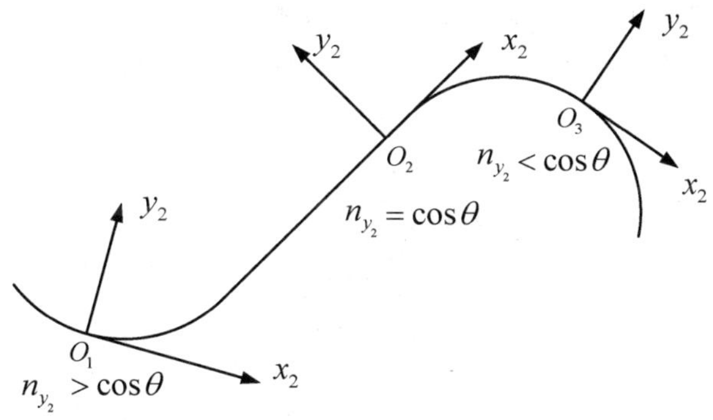

图 5-19　铅垂面内的弹道形状与 n_{y_2} 的关系

当研究飞行弹道在坐标平面 $O_\mathrm{b}x_2z_2$ 内的投影时，如果 $n_{z_2}>0$，则 $\frac{\mathrm{d}\psi_V}{\mathrm{d}t}<0$，此时弹道向右

弯曲；如果$n_{z_2}<0$，则$\dfrac{\mathrm{d}\psi_V}{\mathrm{d}t}>0$，此时弹道向左弯曲；如果$n_{z_2}=0$，则弹道在该点的曲率为零，如图 5-20 所示。

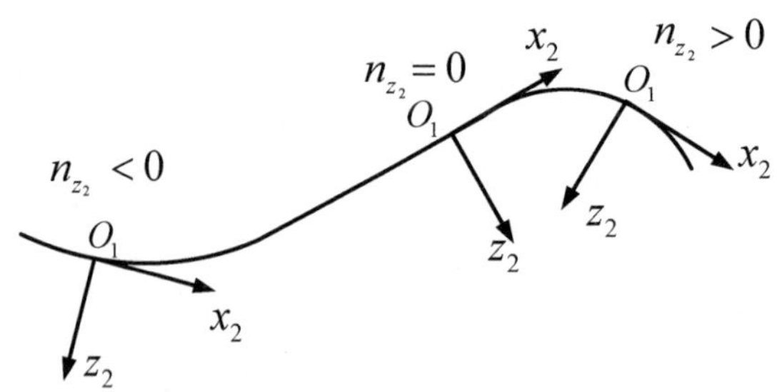

图 5-20　$O_b x_2 z_2$平面内的弹道形状与n_{z_2}的关系

5.6.3 法向过载与弹道曲率半径的关系

建立法向过载与弹道曲率半径之间的关系对研究弹道特性也是必要的。现在来建立法向过载与弹道曲率半径之间的关系。

如果导弹在铅垂面内运动，那么弹道上某点的曲率就是该点的弹道倾角θ对弹道弧长s的导数，即

$$K=\frac{\mathrm{d}\theta}{\mathrm{d}s}$$

而该点的曲率半径ρ_{y_2}则为曲率K的倒数，即

$$\rho_{y_2}=\frac{\mathrm{d}s}{\mathrm{d}\theta}=\frac{V}{\mathrm{d}\theta/\mathrm{d}t}$$

将式（5-78）中的第 2 个方程代入上式可得

$$\rho_{y_2}=\frac{V^2}{g\left(n_{y_2}-\cos\theta\right)} \tag{5-79}$$

式（5-79）表明，在给定速度V的情况下，法向过载n_{y_2}越大，曲率半径越小，该点处的弹道越弯曲，导弹转弯速率越大；在同样的法向过载n_{y_2}下，随着飞行速度V的增大，弹道曲率半径会增大，这说明导弹飞得越快，越不容易转弯。

如果导弹在$O_b x_2 z_2$平面内飞行，那么其曲率半径ρ_{z_2}可写为

$$\rho_{z_2}=-\frac{\mathrm{d}s}{\mathrm{d}\psi_V}=-\frac{V}{\mathrm{d}\psi_V/\mathrm{d}t}$$

将式（5-78）中的第 3 个方程代入上式可得

$$\rho_{z_2}=\frac{V^2\cos\theta}{g n_{z_2}} \tag{5-80}$$

5.6.4 过载的分类

在弹体和控制系统设计中，常用到过载的概念。导弹的飞行过载决定了弹上各部件、各种仪器所受的载荷，而外载荷是弹体和控制系统设计的重要原始数据之一。因此，在设计某

些部件或仪器时，需要考虑导弹在飞行过程中所受的过载。在设计中，为保证部件或仪器在飞行过程中能正常工作，并根据导弹战术技术要求，它们承受的过载不得超过某个数值，此数值就决定了这些部件或仪器可能受到的最大载荷。

在进行导弹设计时，还会用到需用过载、极限过载和可用过载的概念，下面分别叙述。

1. 需用过载

导弹的需用过载是指导弹按给定的弹道飞行时所需的过载，以 n_{R} 表示，其值可由弹道方程求出运动参数并代入式（5-77）算出。需用过载是飞行弹道的一个很重要的特性。

需用过载必须满足导弹战术技术要求。例如，满足针对所要攻击的目标特性的要求，攻击机动性良好的空中目标，导弹沿给定的导引规律飞行所需的法向过载必然大；满足导弹主要飞行性能的要求；满足作战空域、可攻击区的要求等。

从设计和制造的观点来看，希望需用过载在满足导弹战术技术要求的前提下越小越好。因为需用过载越小，飞行过程中导弹所承受的载荷就越小，这对弹体结构、弹上仪器和设备的正常工作，以及减小导引误差（尤其在临近目标时）都是有利的。

2. 极限过载

上面提到的需用过载必须满足导弹战术技术要求，这是问题的一方面，即需要方面。另一方面，导弹在飞行中能否产生那么大的过载呢？这是可能方面。因为导弹有一定的外形和几何尺寸，它在给定的飞行高度和速度下只能产生有限的过载。如果导弹在实际飞行过程中所能产生的过载大于或等于需用过载，那么它就能沿着要求（给定）的理论弹道飞行；如果小于需用过载，那么尽管控制系统能正常工作，但由于导弹所能产生的最大过载小于它沿要求的理论弹道飞行所需的过载，导弹不可能继续沿着所要求的理论弹道飞行，导致导弹脱靶。

在给定的飞行高度和速度下，导弹在飞行过程中所能产生的过载取决于攻角 α 、侧滑角 β 及操纵机构（舵面）的偏转角 δ_z、δ_y 。

现在来建立它们之间的关系。

前面提到，在飞行攻角和侧滑角都不太大的情况下，导弹具有线性空气动力特性，对于轴对称导弹，这时有

$$\left.\begin{aligned} Y &= Y^{\alpha}\alpha + Y^{\delta_z}\delta_z \\ Z &= Z^{\beta}\beta + Z^{\delta_y}\delta_y \end{aligned}\right\} \tag{5-81}$$

若忽略 $m_z^{\bar{\omega}_z}$、$m_y^{\bar{\omega}_y}$、$m_z^{\bar{\dot{\alpha}}}$、$m_y^{\bar{\dot{\beta}}}$、$m_z^{\bar{\dot{\delta}}_z}$ 和 $m_y^{\bar{\dot{\delta}}_y}$ 等力矩系数中较小的项，则导弹的平衡条件为

$$\left.\begin{aligned} m_z^{\alpha}\alpha + m_z^{\delta_z}\delta_z &= 0 \\ m_y^{\beta}\beta + m_y^{\delta_y}\delta_y &= 0 \end{aligned}\right\} \tag{5-82}$$

将式（5-82）代入式（5-81），消去操纵机构（舵面）的偏转角，并将结果代入式（5-73）中的第 2、3 个方程，若 α 、β 、γ_V 都比较小，则经简化整理后就得到平衡时的法向过载与攻角和侧滑角的关系：

$$\left.\begin{aligned} n_{y_2\mathrm{B}} &= n_{y_2\mathrm{B}}^{\alpha}\alpha \\ n_{z_2\mathrm{B}} &= n_{z_2\mathrm{B}}^{\beta}\beta \end{aligned}\right\} \tag{5-83}$$

式中

$$\left.\begin{aligned} n_{y_2\mathrm{B}}^{\alpha} &= \frac{1}{G}\left(\frac{P}{57.3}+Y^{\alpha}-\frac{m_z^{\alpha}}{m_z^{\delta_z}}Y^{\delta_z}\right) \\ n_{z_2\mathrm{B}}^{\beta} &= \frac{1}{G}\left(-\frac{P}{57.3}+Z^{\beta}-\frac{m_y^{\beta}}{m_y^{\delta_y}}Z^{\delta_y}\right) \end{aligned}\right\} \tag{5-84}$$

由式（5-83）可见，导弹在平衡飞行时，其法向过载正比于该瞬时的α和β。但是，飞行攻角和侧滑角是不能无限大的，它们的最大允许值与很多因素有关。例如，随着α或β的增大，导弹的静稳定度通常是减小的，甚至在大攻角或大侧滑角情况下，导弹变成静不稳定的。这时，操纵角运动的控制系统的设计比较困难，因为自动驾驶仪不可能在各种飞行状况下都能得到满意的特性。因此，必须将α和β限制在比较小的数值范围内，通常为8°～12°，使得力矩特性曲线近乎是线性的。攻角和侧滑角的最大允许值取决于导弹的气动布局和 Ma。另外，攻角或侧滑角的最大允许值还受其临界值的限制。如果导弹的攻角或侧滑角达到临界值，那么此时导弹的升力系数或侧向力系数将达到最大值。若继续增大α或β，则升力系数或侧向力系数就会急剧减小，导弹将会飞行失速。显然，攻角或侧滑角的临界值是一种极限情况。

导弹的极限过载是指攻角或侧滑角达到临界值时的过载，以n_{L}表示。

3. 可用过载

类似地，将式（5-82）代入式（5-81），消去α和β并简化，得到平衡时的法向过载与操纵机构（舵面）偏转角之间的关系

$$\left.\begin{aligned} n_{y_2\mathrm{B}} &= n_{y_2\mathrm{B}}^{\delta_z}\delta_z \\ n_{z_2\mathrm{B}} &= n_{z_2\mathrm{B}}^{\delta_y}\delta_y \end{aligned}\right\} \tag{5-85}$$

式中

$$\left.\begin{aligned} n_{y_2\mathrm{B}}^{\delta_z} &= \frac{1}{G}\left[-\frac{m_z^{\delta_z}}{m_z^{\alpha}}\left(\frac{P}{57.3}+Y^{\alpha}\right)+Y^{\delta_z}\right] \\ n_{z_2\mathrm{B}}^{\delta_y} &= \frac{1}{G}\left[-\frac{m_y^{\delta_y}}{m_y^{\beta}}\left(Z^{\beta}-\frac{P}{57.3}\right)+Z^{\delta_y}\right] \end{aligned}\right\} \tag{5-86}$$

由式（5-85）可知，导弹所能产生的法向过载与操纵机构（舵面）偏转角δ_z、δ_y成正比，而δ_z、δ_y的大小也会受一些因素的限制。例如，升降舵的最大偏转角$\delta_{z\max}$与下列因素有关。

（1）受攻角临界值的限制。对于轴对称导弹，在平衡条件下，有

$$\delta_{z\max} < \left|\frac{m_z^{\alpha}}{m_z^{\delta_z}}(\alpha_{\mathrm{cr}})_{\mathrm{B}}\right| \tag{5-87}$$

式中，$(\alpha_{\mathrm{cr}})_{\mathrm{B}}$为平衡攻角的临界值。

（2）舵面效率的限制。操纵机构（舵面）的效率随着偏转角的增大而降低。如果舵面处在弹身尾部（正常式布局），舵面处的平均有效攻角限制在20°以内，则可用下式来限制最大舵偏角：

$$\delta_{z\max} < \frac{20}{1-\dfrac{m_z^{\delta_z}}{m_z^{\alpha}}\left(1-\varepsilon^{\alpha}\right)} \tag{5-88}$$

式中，ε^{α} 为单位攻角的下洗。

由式（5-88）决定的限制值往往比由式（5-87）决定的限制值大得多。

（3）结构强度的限制。应避免由舵面的最大偏转角 $\delta_{z\max}$ 决定的法向过载过大而使弹体结构受到破坏。

综合考虑影响 $\delta_{z\max}$ 的各种因素就可以确定 $\delta_{z\max}$ 的数值。

导弹的可用过载是指操纵机构（舵面）偏转到最大时，处于平衡状态下的导弹所能产生的过载，以 n_{P} 表示。可用法向过载表征导弹产生法向控制力的实际能力。若要求导弹沿着导引规律要求的理论弹道飞行，那么，在这条弹道上的任意一点，可用过载都要大于或等于需用过载。否则，导弹就不可能按照所要求的理论弹道飞行，从而导致脱靶。

因此，在确定导弹的可用过载时，既要保证导弹具有足够的机动性，又要考虑上述因素的限制。由最大舵偏角确定的可用过载，在考虑安全系数以后，将作为强度校核的依据。

在导弹的实际飞行过程中，各种干扰因素总是存在的，因此，在进行导弹设计时，必须留有一定的过载裕量，用以克服由于各种扰动因素导致的附加过载。于是有

$$n_{\mathrm{P}} \geqslant n_{\mathrm{R}} + \Delta n$$

式中，Δn 为过载裕量。

综上所述，需用过载、可用过载和极限过载在一般情况下应满足如下不等式：

$$n_{\mathrm{L}} > n_{\mathrm{P}} > n_{\mathrm{R}}$$

5.7　低速滚转导弹的运动方程

低速滚转导弹是指在飞行过程中，绕其纵轴低速（每秒几转或几十转）自旋的一类导弹。滚转导弹的研制是从 20 世纪 50 年代初开始的，最早被应用于反坦克导弹上；20 世纪 60 年代初，又被广泛地应用于小型防空导弹上。

低速滚转导弹通常采用斜置尾翼、弧形尾翼或起飞发动机喷管斜置等方式赋予导弹一定的滚转角速度。这类导弹的主要特点：实现单通道控制，控制系统简单，只需一对操纵机构，利用其随纵轴旋转和控制操纵机构的换向可获得俯仰与偏航方向的控制力，使导弹实现在空间任意方向上的运动；低速滚转导弹在飞行过程中将产生马格努斯效应和陀螺效应，使纵向运动和侧向运动相互交连，俯仰运动和偏航运动不可能分开研究；导弹滚转可以改善发动机推力偏心、质量偏心、导弹外形工艺误差等干扰造成的影响，减小无控飞行段的散布；由第 4 章定义的弹体坐标系和速度坐标系之间的关系决定的攻角、侧滑角将随弹体绕纵轴滚转而周期性交变。

1．低速滚转导弹常用坐标系之间的转换

第 4 章定义的弹体坐标系的 $O_{\mathrm{b}}y_1$ 和速度坐标系的 $O_{\mathrm{b}}y_3$ 都在导弹的纵向对称面内，当弹体滚转时，纵向对称面就跟着弹体滚转，因而攻角 α 和侧滑角 β 也将随之产生周期性交变，给研究导弹的运动带来诸多不便。为此，在建立低速滚转导弹的运动方程组时，除了要用到第 4

章定义的发射坐标系 $O_A xyz$ 、弹道坐标系 $O_b x_2 y_2 z_2$ 、弹体坐标系 $O_b x_1 y_1 z_1$ 和速度坐标系 $O_b x_3 y_3 z_3$ ，还要建立两个新的坐标系，即准弹体坐标系 $O_b x_4 y_4 z_4$ 和准速度坐标系 $O_b x_5 y_5 z_5$ ，并建立这两个新坐标系与其他有关坐标系之间的转换矩阵，同时，重新定义攻角和侧滑角。借助它们建立的低速滚转导弹的运动方程组，在研究分析滚转导弹运动的特性和规律时，获得的攻角和侧滑角的变化规律更为直观。

（1）两个新坐标系的定义。

① 准弹体坐标系 $O_b x_4 y_4 z_4$ 。

准弹体坐标系的原点 O_b 取在导弹的瞬时质心上； $O_b x_4$ 与弹体纵轴重合，指向头部为正； $O_b y_4$ 位于包含弹体纵轴的铅垂面内，且垂直于 $O_b x_4$ ，指向上为正； $O_b z_4$ 与其他两轴垂直并构成右手直角坐标系。

② 准速度坐标系 $O_b x_5 y_5 z_5$ 。

准速度坐标系的原点 O_b 取在导弹的瞬时质心上； $O_b x_5$ 与导弹质心的速度矢量 $\boldsymbol{V}$ 重合； $O_b y_5$ 位于包含弹体纵轴的铅垂面内，且垂直于 $O_b x_5$ ，指向上为正； $O_b z_5$ 与其他两轴垂直并构成右手直角坐标系。

（2）各坐标系之间的关系及其转换。

① 发射坐标系与准弹体坐标系之间的关系及其转换。

根据准弹体坐标系的定义，它相对于发射坐标系的方位可用本章定义的俯仰角 ϑ 和偏航角 ψ 确定，如图 5-21 所示。发射坐标系与准弹体坐标系之间的转换矩阵 $\boldsymbol{L}(\vartheta,\psi)$ 可这样求得：首先将发射坐标系 $O_A xyz$ 与准弹体坐标系 $O_b x_4 y_4 z_4$ 的原点及各对应坐标轴分别重合，以发射坐标系为基准，第 1 次以角速度 $\dot{\psi}$ 绕 $O_A y$ 旋转 ψ 角， $O_A x$ 、 $O_A z$ 分别转到 $O_A x'$ 、 $O_A z_4$ 上，形成过渡坐标系 $O_A x' y z_4$ ；第 2 次以角速度 $\dot{\vartheta}$ 绕 $O_b z_4$ 旋转 ϑ 角，最终形成准弹体坐标系 $O_b x_4 y_4 z_4$ 。因此，转换矩阵 $\boldsymbol{L}(\vartheta,\psi)$ 为其相应的两个初等旋转矩阵的乘积，可写为如下形式：

$$\boldsymbol{L}(\vartheta,\psi)=\boldsymbol{L}(\vartheta)\boldsymbol{L}(\psi)=\begin{bmatrix} \cos\vartheta\cos\psi & \sin\vartheta & -\cos\vartheta\sin\psi \\ -\sin\vartheta\cos\psi & \cos\vartheta & \sin\vartheta\sin\psi \\ \sin\psi & 0 & \cos\psi \end{bmatrix} \tag{5-89}$$

$$\begin{bmatrix} x_4 \\ y_4 \\ z_4 \end{bmatrix}=\boldsymbol{L}(\vartheta,\psi)\begin{bmatrix} x \\ y \\ z \end{bmatrix} \tag{5-90}$$

发射坐标系与准弹体坐标系之间的方向余弦表如表 5-5 所示。

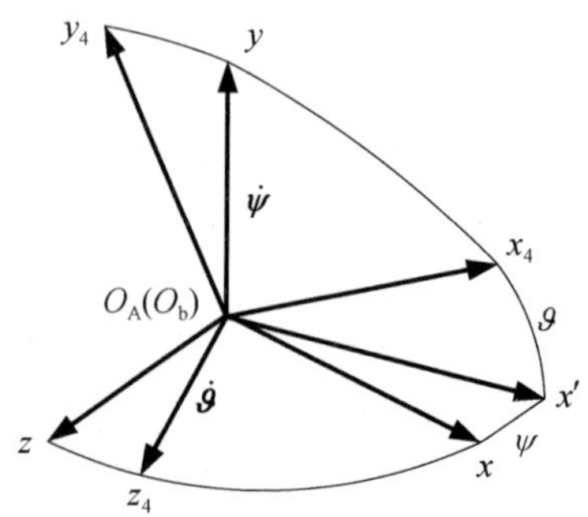

图 5-21　发射坐标系与准弹体坐标系之间的关系

表 5-5　发射坐标系与准弹体坐标系之间的方向余弦表

	$O_A x$	$O_A y$	$O_A z$
$O_b x_4$	$\cos\vartheta\cos\psi$	$\sin\vartheta$	$-\cos\vartheta\sin\psi$
$O_b y_4$	$-\sin\vartheta\cos\psi$	$\cos\vartheta$	$\sin\vartheta\sin\psi$
$O_b z_4$	$\sin\psi$	0	$\cos\psi$

② 准速度坐标系与准弹体坐标系之间的关系及其转换。

根据准速度坐标系和准弹体坐标系的定义，它们之间的关系由两个角度来确定（见图 5-22），分别定义如下。

攻角 α^*：导弹质心的速度矢量 $\boldsymbol{V}$（$O_b x_5$）在铅垂面 $O_b x_4 y_4$ 上的投影与弹体纵轴 $O_b x_4$ 的夹角。若 $O_b x_4$ 位于 $\boldsymbol{V}$ 的投影线的上方（产生正升力），则 α^* 为正；反之为负。

侧滑角 β^*：速度矢量 $\boldsymbol{V}$ 与铅垂面 $O_b x_4 y_4$ 之间的夹角。沿飞行方向观察，若来流从右侧流向弹体（产生负侧向力），则对应的侧滑角 β^* 为正；反之为负。

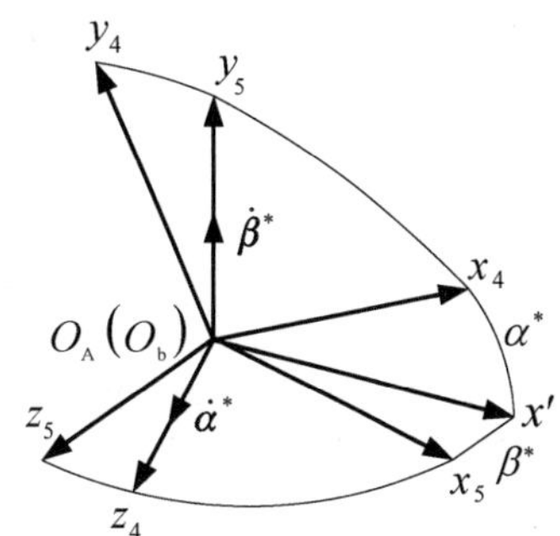

图 5-22　准速度坐标系与准弹体坐标系之间的关系

准速度坐标系与准弹体坐标系之间的转换矩阵可以通过两次旋转求得，$\boldsymbol{L}(\alpha^*,\beta^*)$ 可直接参照式（5-24）写出：

$$\boldsymbol{L}(\alpha^*,\beta^*)=\boldsymbol{L}(\alpha^*)\boldsymbol{L}(\beta^*)=\begin{bmatrix}\cos\alpha^*\cos\beta^* & \sin\alpha^* & -\cos\alpha^*\sin\beta^*\\ -\sin\alpha^*\cos\beta^* & \cos\alpha^* & \sin\alpha^*\sin\beta^*\\ \sin\beta^* & 0 & \cos\beta^*\end{bmatrix} \tag{5-91}$$

$$\begin{bmatrix}x_4\\ y_4\\ z_4\end{bmatrix}=\boldsymbol{L}(\alpha^*,\beta^*)\begin{bmatrix}x_5\\ y_5\\ z_5\end{bmatrix} \tag{5-92}$$

准速度坐标系与准弹体坐标系之间的方向余弦表如表 5-6 所示。

表 5-6　准速度坐标系与准弹体坐标系之间的方向余弦表

	$O_b x_5$	$O_b y_5$	$O_b z_5$
$O_b x_4$	$\cos\alpha^*\cos\beta^*$	$\sin\alpha^*$	$-\cos\alpha^*\sin\beta^*$
$O_b y_4$	$-\sin\alpha^*\cos\beta^*$	$\cos\alpha^*$	$\sin\alpha^*\sin\beta^*$
$O_b z_4$	$\sin\beta^*$	0	$\cos\beta^*$

③ 弹道坐标系与准速度坐标系之间的关系及其转换。

由弹道坐标系与准速度坐标系的定义可知，$O_b x_2$ 和 $O_b x_5$ 均与导弹质心的速度矢量 $\boldsymbol{V}$ 重合，因此，它们之间的关系用一个角度即可确定（见图 5-23），其定义如下。

速度倾斜角 γ_V^*：准速度坐标系的 $O_b y_5$ 与包含 $\boldsymbol{V}$ 的铅垂面 $O_b x_2 y_2$ 之间的夹角。

参照式（5-26）即得转换矩阵 $\boldsymbol{L}(\gamma_V^*)$：

$$\boldsymbol{L}(\gamma_V^*)=\begin{bmatrix}1 & 0 & 0\\ 0 & \cos\gamma_V^* & \sin\gamma_V^*\\ 0 & -\sin\gamma_V^* & \cos\gamma_V^*\end{bmatrix} \tag{5-93}$$

$$\begin{bmatrix} x_5 \\ y_5 \\ z_5 \end{bmatrix} = \boldsymbol{L}\left(\gamma_V^*\right)\begin{bmatrix} x_2 \\ y_2 \\ z_2 \end{bmatrix} \tag{5-94}$$

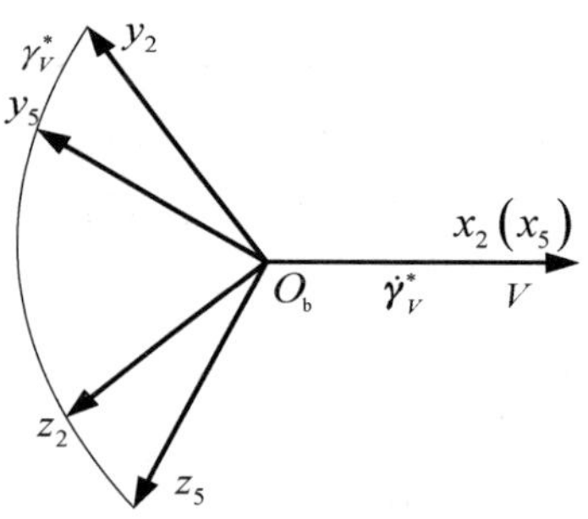

图 5-23　弹道坐标系与准速度坐标系之间的关系

弹道坐标系与准速度坐标系之间的方向余弦表如表 5-7 所示。

表 5-7　弹道坐标系与准速度坐标系之间的方向余弦表

	$O_b x_2$	$O_b y_2$	$O_b z_2$
$O_b x_5$	1	0	0
$O_b y_5$	0	$\cos\gamma_V^*$	$\sin\gamma_V^*$
$O_b z_5$	0	$-\sin\gamma_V^*$	$\cos\gamma_V^*$

④ 准弹体坐标系与弹体坐标系之间的关系及其转换。

设低速滚转导弹的滚转角速度为$\dot{\gamma}$。由于导弹纵向对称面$O_b x_1 y_1$随弹体以角速度$\dot{\gamma}$旋转，因此，准弹体坐标系与弹体坐标系之间的关系及其转换矩阵$\boldsymbol{L}(\dot{\gamma}t)$可写为

$$\begin{bmatrix} x_1 \\ y_1 \\ z_1 \end{bmatrix} = \boldsymbol{L}\left(\dot{\gamma}t\right)\begin{bmatrix} x_4 \\ y_4 \\ z_4 \end{bmatrix} \tag{5-95}$$

$$\boldsymbol{L}\left(\dot{\gamma}t\right)=\begin{bmatrix} 1 & 0 & 0 \\ 0 & \cos\dot{\gamma}t & \sin\dot{\gamma}t \\ 0 & -\sin\dot{\gamma}t & \cos\dot{\gamma}t \end{bmatrix} \tag{5-96}$$

准弹体坐标系与弹体坐标系之间的方向余弦表如表 5-8 所示。

表 5-8　准弹体坐标系与弹体坐标系之间的方向余弦表

	$O_b x_4$	$O_b y_4$	$O_b z_4$
$O_b x_1$	1	0	0
$O_b y_1$	0	$\cos\dot{\gamma}t$	$\sin\dot{\gamma}t$
$O_b z_1$	0	$-\sin\dot{\gamma}t$	$\cos\dot{\gamma}t$

（3）角参数α、β与α^*、β^*之间的关系。

当导弹绕其纵轴的自旋角速度$\dot{\gamma}=0$时，弹体坐标系$O_b x_1 y_1 z_1$和准弹体坐标系$O_b x_4 y_4 z_4$，速度坐标系$O_b x_3 y_3 z_3$和准速度坐标系$O_b x_5 y_5 z_5$分别是重合的；而当$\dot{\gamma} \neq 0$时，由于纵向对称面$O_b x_1 y_1$随弹体一起旋转，因此，根据角参数α、β、γ_V的定义，α、β、γ_V都将随弹体的旋转而周期性交变。下面推导角参数α、β与α^*、β^*之间的关系。

由式（5-92）和式（5-95）可得

$$\begin{bmatrix} x_5 \\ y_5 \\ z_5 \end{bmatrix} = \boldsymbol{L}^{\mathrm{T}}\left(\alpha^*,\beta^*\right)\boldsymbol{L}^{\mathrm{T}}\left(\dot{\gamma}t\right)\begin{bmatrix} x_1 \\ y_1 \\ z_1 \end{bmatrix} \tag{5-97}$$

式中，$\boldsymbol{L}^{\mathrm{T}}\left(\alpha^*,\beta^*\right)$ 和 $\boldsymbol{L}^{\mathrm{T}}\left(\dot{\gamma}t\right)$ 分别由式（5-91）和式（5-96）得到，于是

$$\begin{aligned} &\boldsymbol{L}^{\mathrm{T}}\left(\alpha^*,\beta^*\right)\boldsymbol{L}^{\mathrm{T}}\left(\dot{\gamma}t\right) \\ =&\begin{bmatrix} \cos\alpha^*\cos\beta^* & \sin\beta^*\sin\dot{\gamma}t-\sin\alpha^*\cos\beta^*\cos\dot{\gamma}t & \sin\alpha^*\cos\beta^*\sin\dot{\gamma}t+\sin\beta^*\cos\dot{\gamma}t \\ \sin\alpha^* & \cos\alpha^*\cos\dot{\gamma}t & -\cos\alpha^*\sin\dot{\gamma}t \\ -\cos\alpha^*\sin\beta^* & \sin\alpha^*\sin\beta^*\cos\dot{\gamma}t+\cos\beta^*\sin\dot{\gamma}t & -\sin\alpha^*\sin\beta^*\sin\dot{\gamma}t+\cos\beta^*\cos\dot{\gamma}t \end{bmatrix} \end{aligned} \tag{5-98}$$

由式（5-23）及式（5-24）可得

$$\begin{bmatrix} x_3 \\ y_3 \\ z_3 \end{bmatrix} = \boldsymbol{L}^{\mathrm{T}}\left(\alpha,\beta\right)\begin{bmatrix} x_1 \\ y_1 \\ z_1 \end{bmatrix} \tag{5-99}$$

$$\boldsymbol{L}^{\mathrm{T}}\left(\alpha,\beta\right)=\begin{bmatrix} \cos\alpha\cos\beta & -\sin\alpha\cos\beta & \sin\beta \\ \sin\alpha & \cos\alpha & 0 \\ -\cos\alpha\sin\beta & \sin\alpha\sin\beta & \cos\beta \end{bmatrix} \tag{5-100}$$

为推导简单起见，设 $\boldsymbol{O}_{\mathrm{b}}\boldsymbol{x}_1$、$\boldsymbol{O}_{\mathrm{b}}\boldsymbol{y}_1$、$\boldsymbol{O}_{\mathrm{b}}\boldsymbol{z}_1$ 分别为沿 $O_{\mathrm{b}}x_1$、$O_{\mathrm{b}}y_1$、$O_{\mathrm{b}}z_1$ 的单位矢量。由速度坐标系和准速度坐标系的定义可知，$O_{\mathrm{b}}x_3$ 和 $O_{\mathrm{b}}x_5$ 都与 $\boldsymbol{V}$ 重合。因此，单位列矢量 $\left[x_1,y_1,z_1\right]^{\mathrm{T}}=\left[1,1,1\right]^{\mathrm{T}}$ 在 $O_{\mathrm{b}}x_3$ 和 $O_{\mathrm{b}}x_5$ 上的投影结果必然相等。若视 α、β 和 α^*、β^* 为小量，则由式（5-97）～式（5-100）进行推导并简化后可得

$$\begin{bmatrix} \alpha \\ \beta \end{bmatrix}=\begin{bmatrix} \cos\dot{\gamma}t & -\sin\dot{\gamma}t \\ \sin\dot{\gamma}t & \cos\dot{\gamma}t \end{bmatrix}\begin{bmatrix} \alpha^* \\ \beta^* \end{bmatrix} \tag{5-101}$$

或

$$\begin{bmatrix} \alpha^* \\ \beta^* \end{bmatrix}=\begin{bmatrix} \cos\dot{\gamma}t & \sin\dot{\gamma}t \\ -\sin\dot{\gamma}t & \cos\dot{\gamma}t \end{bmatrix}\begin{bmatrix} \alpha \\ \beta \end{bmatrix} \tag{5-102}$$

通过式（5-102）可进一步了解低速滚转导弹和非滚转导弹有关角参数之间的关系。同时还可以看出，选用了准弹体坐标系和准速度坐标系之后，就有可能使低速滚转导弹的某些运动参数（如 α^*、β^*、γ_V^*）的变化规律更加直观。

2. 低速滚转导弹的操纵力和操纵力矩

低速滚转导弹一般采用单通道控制系统，同时完成控制俯仰和偏航运动的任务。在低速滚转导弹设计中，广泛采用脉冲调宽控制信号直接控制继电式操纵机构（如摆帽、空气扰流片、燃气扰流片等）。下面以摆帽为例说明操纵力的产生。

假设控制系统处于理想工作状态，操纵机构是理想的继电式偏转，没有时间延迟。设导弹在开始旋转的瞬时，弹体坐标系和准弹体坐标系重合（$\gamma=0$），操纵机构处于水平位置，操纵机构偏转轴（相当于铰链轴）平行于弹体纵轴 $O_{\mathrm{b}}y_1$，且规定产生的操纵力指向 $O_{\mathrm{b}}z_1$ 的负向时，操纵机构的偏转角 $\delta>0$；反之，$\delta<0$。

由于弹体本身具有低通滤波特性，因此，只有脉冲调宽操纵机构产生的操纵力的周期平均值才能得到弹体的响应。弹体在滚转时，操纵力 F_c 随弹体滚转。若控制信号的极性不变，即操纵机构偏转不换向，则操纵力 F_c 随弹体滚转一周在准弹体坐标系的 $O_b y_4$ 和 $O_b z_4$ 方向上的周期平均操纵力为零，如图 5-24 所示。若弹体滚转的前半周期（$0 \leqslant \dot{\gamma}t < \pi$），控制信号使 $\delta > 0$，而后半周期（$\pi \leqslant \dot{\gamma}t < 2\pi$）的控制信号的极性改变，使 $\delta < 0$，则操纵力 F_c 随弹体滚转一周在 $O_b y_4$ 和 $O_b z_4$ 方向上的投影变化曲线如图 5-25 所示。由图 5-25 可以看出，操纵力 F_c 在 $O_b y_4$ 方向上的周期平均值 F_{y_4} 达到最大，而沿 $O_b z_4$ 方向的周期平均值 $F_{z_4} = 0$。这可通过对图 5-25 中的曲线进行积分求得，即

$$F_{y_4} = \frac{1}{2\pi}\left(\int_0^{\pi} F_c \sin\gamma \mathrm{d}\gamma - \int_{\pi}^{2\pi} F_c \sin\gamma \mathrm{d}\gamma\right) = \frac{F_c}{2\pi}\left[\left(-\cos\gamma\right)\Big|_0^{\pi} + \left(\cos\gamma\right)\Big|_{\pi}^{2\pi}\right] = \frac{2}{\pi}F_c$$

$$F_{z_4} = -\frac{F_c}{2\pi}\left(\int_0^{\pi} \cos\gamma \mathrm{d}\gamma - \int_{\pi}^{2\pi} \cos\gamma \mathrm{d}\gamma\right) = 0$$

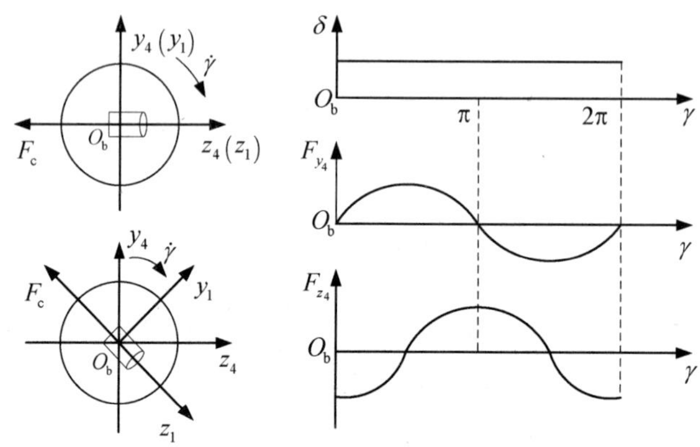

图 5-24 操纵机构偏转不换向的情况

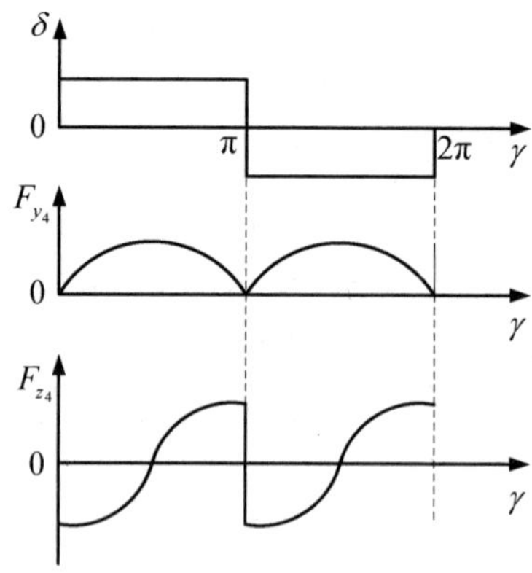

图 5-25 控制信号初始相位为零时，操纵机构偏转每半个周期换向一次的情况

这就是说，当控制信号的初始相位为零时，弹体每滚转半个周期，控制信号改变一次极性。于是，作用于导弹上的周期平均操纵力 $\boldsymbol{F}(\delta)$ 为

$$\boldsymbol{F}(\delta) = \boldsymbol{F}_{y_4} + \boldsymbol{F}_{z_4} = \boldsymbol{F}_{y_4}$$

即在上述条件下，周期平均操纵力 $\boldsymbol{F}(\delta)$ 总是与 $O_b y_4$ 重合：

$$F(\delta)=F_{y_4}=\frac{2}{\pi}F_c \tag{5-103}$$

若控制信号的初始相位超前（或滞后）φ，那么周期平均操纵力 $\boldsymbol{F}(\delta)$ 也将超前（或滞后）φ，如图 5-26 所示。这时，周期平均操纵力 $\boldsymbol{F}(\delta)$ 在准弹体坐标系的 $O_b y_4$ 和 $O_b z_4$ 方向上的投影分别为

$$\left.\begin{aligned} F_{y_4}&=F(\delta)\cos\varphi \\ F_{z_4}&=F(\delta)\sin\varphi \end{aligned}\right\} \tag{5-104}$$

将式（5-104）两边分别除以 $F(\delta)$，并令

$$\left.\begin{aligned} K_y&=\frac{F_{y_4}}{F(\delta)}=\frac{F(\delta)\cos\varphi}{F(\delta)}=\cos\varphi \\ K_z&=\frac{F_{z_4}}{F(\delta)}=\frac{F(\delta)}{F(\delta)}\sin\varphi=\sin\varphi \end{aligned}\right\} \tag{5-105}$$

式中，K_y、K_z 分别称为俯仰指令系数和偏航指令系数。

将式（5-103）、式（5-105）代入式（5-104）得

$$\left.\begin{aligned} F_{y_4}&=K_y\frac{2}{\pi}F_c \\ F_{z_4}&=K_z\frac{2}{\pi}F_c \end{aligned}\right\} \tag{5-106}$$

于是，F_{y_4}、F_{z_4} 分别相对于 $O_b z_4$、$O_b y_4$ 的操纵力矩为

$$\left.\begin{aligned} M_{cy_4}&=K_z\frac{2}{\pi}F_c\left(x_P-x_G\right) \\ M_{cz_4}&=-K_y\frac{2}{\pi}F_c\left(x_P-x_G\right) \end{aligned}\right\} \tag{5-107}$$

式中，x_P、x_G 分别为由弹体顶点至操纵力 F_c 的作用点、导弹质心的距离。

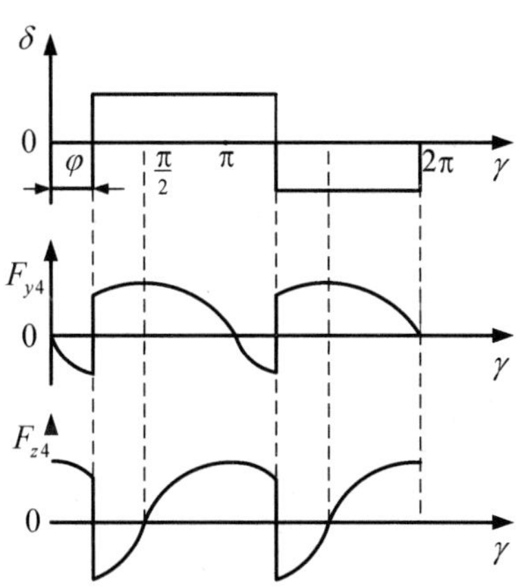

图 5-26　控制信号的初始相位滞后 φ，操纵机构偏转每半个周期换向一次的情况

3．低速滚转导弹的运动方程组

（1）导弹质心运动的动力学方程。

在建立低速滚转导弹质心运动的动力学标量方程时，仍把式（5-3）写成在弹道坐标系

$O_b x_2 y_2 z_2$ 上的标量形式，并假设导弹在平行重力场中飞行，推力矢量 $\boldsymbol{P}$ 与弹体纵轴重合。而对空气动力沿准速度坐标系进行分解，操纵力沿准弹体坐标系进行分解。利用相应的转换矩阵求出推力、空气动力、重力和操纵力在弹道坐标系 $O_b x_2 y_2 z_2$ 各轴上的投影，并将其代入式（5-33），得到低速滚转导弹质心运动的动力学标量方程：

$$\begin{bmatrix} m\dfrac{dV}{dt} \\ mV\dfrac{d\theta}{dt} \\ -mV\cos\theta\dfrac{d\psi_V}{dt} \end{bmatrix} = \boldsymbol{L}^{T}\left(\gamma_V^*\right)\boldsymbol{L}^{T}\left(\alpha^*,\beta^*\right)\begin{bmatrix} P \\ 0 \\ 0 \end{bmatrix} + \boldsymbol{L}^{T}\left(\gamma_V^*\right)\begin{bmatrix} -X \\ Y \\ Z \end{bmatrix} +$$

$$\boldsymbol{L}\left(\theta,\psi_V\right)\begin{bmatrix} 0 \\ -G \\ 0 \end{bmatrix} + \boldsymbol{L}^{T}\left(\gamma_V^*\right)\boldsymbol{L}^{T}\left(\alpha^*,\beta^*\right)\begin{bmatrix} 0 \\ K_y\dfrac{2}{\pi}F_c \\ K_z\dfrac{2}{\pi}F_c \end{bmatrix}$$

展开后可得

$$\left.\begin{aligned} m\frac{dV}{dt} &= P\cos\alpha^*\cos\beta^* - X - mg\sin\theta + \frac{2}{\pi}F_c\left(K_z\sin\beta^* - K_y\sin\alpha^*\cos\beta^*\right) \\ mV\frac{d\theta}{dt} &= P\left(\sin\alpha^*\cos\gamma_V^* + \cos\alpha^*\sin\beta^*\sin\gamma_V^*\right) + Y\cos\gamma_V^* - Z\sin\gamma_V^* - mg\cos\theta + \\ &\quad \frac{2}{\pi}F_c\left[K_y(\cos\alpha^*\cos\gamma_V^* - \sin\alpha^*\sin\beta^*\sin\gamma_V^*) - K_z\sin\gamma_V^*\cos\beta^*\right] \\ -mV\cos\theta\frac{d\psi_V}{dt} &= P\left(\sin\alpha^*\sin\gamma_V^* - \cos\alpha^*\sin\beta^*\cos\gamma_V^*\right) + Y\sin\gamma_V^* + Z\cos\gamma_V^* + \\ &\quad \frac{2}{\pi}F_c\left[K_y(\sin\alpha^*\sin\beta^*\cos\gamma_V^* + \cos\alpha^*\sin\gamma_V^*) + K_z\cos\gamma_V^*\cos\beta^*\right] \end{aligned}\right\} \tag{5-108}$$

（2）导弹绕质心转动的动力学方程。

低速滚转导弹绕质心转动的动力学方程写成在准弹体坐标系上的标量形式最为简单。设准弹体坐标系 $O_b x_4 y_4 z_4$ 相对于发射坐标系的转动角速度为 $\boldsymbol{\omega}'$，则由图 5-21 可知

$$\boldsymbol{\omega}' = \dot{\boldsymbol{\psi}} + \dot{\boldsymbol{\vartheta}}$$

于是，弹体坐标系 $O_b x_1 y_1 z_1$ 相对于发射坐标系的转动角速度 $\boldsymbol{\omega}$ 可写为

$$\boldsymbol{\omega} = \boldsymbol{\omega}' + \dot{\boldsymbol{\gamma}} \tag{5-109}$$

式中，$\dot{\boldsymbol{\gamma}}$ 为低速滚转导弹绕弹体纵轴的自旋角速度。

采用推导非滚转导弹绕质心转动的动力学方程的方法，有

$$\frac{d\boldsymbol{H}}{dt} = \frac{\partial\boldsymbol{H}}{\partial t} + \boldsymbol{\omega}'\times\boldsymbol{H} = \boldsymbol{M} + \boldsymbol{M}_P \tag{5-110}$$

$$\frac{\partial\boldsymbol{H}}{\partial t} = J_{x_4}\frac{d\omega_{x_4}}{dt}\boldsymbol{i}_4 + J_{y_4}\frac{d\omega_{y_4}}{dt}\boldsymbol{j}_4 + J_{z_4}\frac{d\omega_{z_4}}{dt}\boldsymbol{k}_4 \tag{5-111}$$

$$\boldsymbol{\omega}' \times \boldsymbol{H} = \begin{vmatrix} \boldsymbol{i}_4 & \boldsymbol{j}_4 & \boldsymbol{k}_4 \\ \omega'_{x_4} & \omega'_{y_4} & \omega'_{z_4} \\ J_{x_4}\omega_{x_4} & J_{y_4}\omega_{y_4} & J_{z_4}\omega_{z_4} \end{vmatrix} \tag{5-112}$$

式中

$$\begin{bmatrix} \omega'_{x_4} \\ \omega'_{y_4} \\ \omega'_{z_4} \end{bmatrix} = \begin{bmatrix} \omega_{x_4} - \dot{\gamma} \\ \omega_{y_4} \\ \omega_{z_4} \end{bmatrix} \tag{5-113}$$

将式（5-113）代入式（5-112），展开后得

$$\begin{aligned} &\boldsymbol{\omega}' \times \boldsymbol{H} \\ &= \left(J_{z_4} - J_{y_4}\right)\omega_{z_4}\omega_{y_4}\boldsymbol{i}_4 + \left[\left(J_{x_4} - J_{z_4}\right)\omega_{x_4}\omega_{z_4} + J_{z_4}\omega_{z_4}\dot{\gamma}\right]\boldsymbol{j}_4 + \left[\left(J_{y_4} - J_{x_4}\right)\omega_{y_4}\omega_{x_4} - J_{y_4}\omega_{y_4}\dot{\gamma}\right]\boldsymbol{k}_4 \end{aligned} \tag{5-114}$$

将式（5-111）、式（5-114）代入式（5-110），最终得低速滚转导弹绕质心转动的动力学标量方程为

$$\left.\begin{aligned} J_{x_4}\frac{\mathrm{d}\omega_{x_4}}{\mathrm{d}t} + (J_{z_4} - J_{y_4})\omega_{x_4}\omega_{y_4} &= M_{x_4} + M_{\mathrm{c}x_4} \\ J_{y_4}\frac{\mathrm{d}\omega_{y_4}}{\mathrm{d}t} + (J_{x_4} - J_{z_4})\omega_{x_4}\omega_{z_4} + J_{z_4}\omega_{z_4}\dot{\gamma} &= M_{y_4} + M_{\mathrm{c}y_4} \\ J_{z_4}\frac{\mathrm{d}\omega_{z_4}}{\mathrm{d}t} + (J_{y_4} - J_{x_4})\omega_{y_4}\omega_{x_4} - J_{y_4}\omega_{y_4}\dot{\gamma} &= M_{z_4} + M_{\mathrm{c}x_4} \end{aligned}\right\} \tag{5-115}$$

式中，M_{x_4}、M_{y_4}、M_{z_4} 分别为作用在导弹上除操纵力之外所有外力（含推力）对质心的力矩在准弹体坐标系各轴上的分量；$M_{\mathrm{c}x_4}$、$M_{\mathrm{c}y_4}$、$M_{\mathrm{c}z_4}$ 分别为操纵力矩在准弹体坐标系各轴上的分量。

（3）导弹的运动学方程。

描述低速滚转导弹质心运动的运动学方程与式（5-48）相同。

下面建立描述低速滚转导弹绕质心转动的运动学方程：

$$\boldsymbol{\omega} = \boldsymbol{\omega}' + \dot{\boldsymbol{\gamma}} = \dot{\boldsymbol{\psi}} + \dot{\boldsymbol{\vartheta}} + \dot{\boldsymbol{\gamma}}$$

$$\begin{bmatrix} \omega_{x_4} \\ \omega_{y_4} \\ \omega_{z_4} \end{bmatrix} = \boldsymbol{L}(\vartheta, \psi)\begin{bmatrix} 0 \\ \dot{\psi} \\ 0 \end{bmatrix} + \begin{bmatrix} 0 \\ 0 \\ \dot{\vartheta} \end{bmatrix} + \begin{bmatrix} \dot{\gamma} \\ 0 \\ 0 \end{bmatrix} = \begin{bmatrix} \dot{\gamma} + \dot{\psi}\sin\theta \\ \dot{\psi}\cos\theta \\ \dot{\vartheta} \end{bmatrix} + \begin{bmatrix} 1 & \sin\vartheta & 0 \\ 0 & \cos\vartheta & 0 \\ 0 & 0 & 1 \end{bmatrix}\begin{bmatrix} \dot{\gamma} \\ \dot{\psi} \\ \dot{\vartheta} \end{bmatrix}$$

$$\begin{bmatrix} \dot{\gamma} \\ \dot{\psi} \\ \dot{\vartheta} \end{bmatrix} = \begin{bmatrix} 1 & \sin\vartheta & 0 \\ 0 & \cos\vartheta & 0 \\ 0 & 0 & 1 \end{bmatrix}^{-1}\begin{bmatrix} \omega_{x_4} \\ \omega_{y_4} \\ \omega_{z_4} \end{bmatrix} = \begin{bmatrix} 1 & -\tan\vartheta & 0 \\ 0 & \dfrac{1}{\cos\vartheta} & 0 \\ 0 & 0 & 1 \end{bmatrix}\begin{bmatrix} \omega_{x_4} \\ \omega_{y_4} \\ \omega_{z_4} \end{bmatrix}$$

于是，低速滚转导弹绕质心转动的运动学方程为

$$\left.\begin{aligned} \frac{\mathrm{d}\gamma}{\mathrm{d}t} &= \omega_{x_4} - \omega_{y_4}\tan\vartheta \\ \frac{\mathrm{d}\psi}{\mathrm{d}t} &= \frac{1}{\cos\vartheta}\omega_{y_4} \\ \frac{\mathrm{d}\vartheta}{\mathrm{d}t} &= \omega_{z_4} \end{aligned}\right\} \tag{5-116}$$

（4）几何关系方程。

对低速滚转导弹需要补充 3 个几何关系方程，其推导方法与本章推导非滚转导弹的几何关系方程的方法相同。

若将发射坐标系视为参考系，$O_b z_4$ 和 $O_b x_2$ 为过参考系原点的两条直线，则利用式（5-54）和表 5-2、表 5-5、表 5-6 可得

$$\sin\beta^* = \cos\theta\sin\left(\psi - \psi_V\right) \tag{5-117}$$

同理，可得到另外两个几何关系方程：

$$\sin\gamma_V^* = \tan\beta^* \tan\theta \tag{5-118}$$

$$\alpha^* = \vartheta - \arcsin\left(\sin\theta / \cos\beta^*\right) \tag{5-119}$$

（5）导弹运动方程组。

综上，得低速滚转导弹运动方程组为

$$\left.\begin{aligned}
& m\frac{\mathrm{d}V}{\mathrm{d}t} = P\cos\alpha^*\cos\beta^* - X - mg\sin\theta + \frac{2}{\pi}F_{\mathrm{c}}\left(K_z\sin\beta^* - K_y\sin\alpha^*\cos\beta^*\right) \\
& mV\frac{\mathrm{d}\theta}{\mathrm{d}t} = P\left(\sin\alpha^*\cos\gamma_V^* + \cos\alpha^*\sin\beta^*\sin\gamma_V^*\right) + Y\cos\gamma_V^* - Z\sin\gamma_V^* - mg\cos\theta + \\
& \qquad \frac{2}{\pi}F_{\mathrm{c}}\left[K_y(\cos\alpha^*\cos\gamma_V^* - \sin\alpha^*\sin\beta^*\sin\gamma_V^*) - K_z\sin\gamma_V^*\cos\beta^*\right] \\
& -mV\cos\theta\frac{\mathrm{d}\psi_V}{\mathrm{d}t} = P\left(\sin\alpha^*\sin\gamma_V^* - \cos\alpha^*\sin\beta^*\cos\gamma_V^*\right) + Y\sin\gamma_V^* + Z\cos\gamma_V^* + \\
& \qquad \frac{2}{\pi}F_{\mathrm{c}}\left[K_y(\sin\alpha^*\sin\beta^*\cos\gamma_V^* + \cos\alpha^*\sin\gamma_V^*) + K_z\cos\gamma_V^*\cos\beta^*\right] \\
& J_{x_4}\frac{\mathrm{d}\omega_{x_4}}{\mathrm{d}t} = M_{x_4} + M_{\mathrm{c}x_4} - (J_{z_4} - J_{y_4})\omega_{x_4}\omega_{y_4} \\
& J_{y_4}\frac{\mathrm{d}\omega_{y_4}}{\mathrm{d}t} = M_{y_4} + M_{\mathrm{c}y_4} - (J_{x_4} - J_{z_4})\omega_{x_4}\omega_{z_4} - J_{z_4}\omega_{z_4}\dot{\gamma} \\
& J_{z_4}\frac{\mathrm{d}\omega_{z_4}}{\mathrm{d}t} = M_{z_4} + M_{\mathrm{c}x_4} - (J_{y_4} - J_{x_4})\omega_{y_4}\omega_{x_4} + J_{y_4}\omega_{y_4}\dot{\gamma} \\
& \frac{\mathrm{d}x}{\mathrm{d}t} = V\cos\theta\cos\psi_V \\
& \frac{\mathrm{d}y}{\mathrm{d}t} = V\sin\theta \\
& \frac{\mathrm{d}z}{\mathrm{d}t} = -V\cos\theta\sin\psi_V \\
& \frac{\mathrm{d}\gamma}{\mathrm{d}t} = \omega_{x_4} - \omega_{y_4}\tan\vartheta \\
& \frac{\mathrm{d}\psi}{\mathrm{d}t} = \frac{1}{\cos\vartheta}\omega_{y_4} \\
& \frac{\mathrm{d}\vartheta}{\mathrm{d}t} = \omega_{z_4} \\
& \frac{\mathrm{d}m}{\mathrm{d}t} = -m_{\mathrm{c}}
\end{aligned}\right\}$$

$$
\left.\begin{aligned}
\beta^* &= \arcsin\left[\cos\theta\sin\left(\psi-\psi_V\right)\right]\\
\alpha^* &= \vartheta-\arcsin\left(\sin\theta/\cos\beta^*\right)\\
\gamma_V^* &= \arcsin\left(\tan\beta^*\tan\theta\right)\\
\phi_1 &= 0\\
\phi_2 &= 0\\
M_{\mathrm{c}x_4} &= 0\\
M_{\mathrm{c}y_4} &= K_z\frac{2}{\pi}F_{\mathrm{c}}\left(x_P-x_G\right)\\
M_{\mathrm{c}z_4} &= -K_y\frac{2}{\pi}F_{\mathrm{c}}\left(x_P-x_G\right)\\
M_{x_4} &= \left(m_{x_4 0}+m_{x_4}^{\bar{\omega}_{x4}}\bar{\omega}_{x_4}+m_{x_4}^{\bar{\omega}_{y4}}\bar{\omega}_{y_4}+m_{x_4}^{\bar{\omega}_{z4}}\bar{\omega}_{z_4}\right)qSl\\
M_{y_4} &= \left(m_{y_4}^{\beta^*}\beta^*+m_{y_4}^{\bar{\omega}_{y4}}\bar{\omega}_{y_4}+m_{y_4}^{\bar{\omega}_{x4}}\bar{\omega}_{x_4}\right)qSL_{\mathrm{B}}\\
M_{z_4} &= \left(m_{z_4}^{\alpha^*}\alpha^*+m_{z_4}^{\bar{\omega}_{z4}}\bar{\omega}_{z_4}+m_{z_4}^{\bar{\omega}_{x4}}\bar{\omega}_{x_4}\right)qSL_{\mathrm{B}}
\end{aligned}\right\} \tag{5-120}
$$

式中，$m_{y_4}^{\bar{\omega}_{y4}}$ 、$m_{z_4}^{\bar{\omega}_{z4}}$ 为马格努斯力矩系数的导数；$m_{x_4}^{\bar{\omega}_{y4}}$ 、$m_{x_4}^{\bar{\omega}_{z4}}$ 为交叉力矩系数的导数；$M_{x_4 0}$ 为由导弹上下（或左右）外形不对称引起的滚动力矩系数；x_P 为弹体顶点与操纵力 F_{c} 的作用点之间的距离；x_G 为弹体顶点与导弹质心之间的距离；l 为导弹的翼展；L_{B} 为导弹弹身长度。

5.8 远程火箭的运动方程

战术武器由于射程较近，受地球自转影响较小，因此可以将地球按平面考虑。但远程火箭由于射程远、飞行时间长而不可避免地需要考虑地球自转带来的影响。为了严格、全面地描述远程火箭的运动，提供准确的运动状态参数，需要建立准确的空间运动方程及相应的空间弹道方程。

5.8.1 远程火箭矢量形式的动力学方程与常用坐标系及其转换

1. 远程火箭矢量形式的动力学方程

（1）质心动力学方程。

式（5-3）给出了任一变质量质点系在惯性坐标系中的质心动力学矢量方程

$$m\frac{\mathrm{d}\boldsymbol{V}}{\mathrm{d}t}=\boldsymbol{F}+\boldsymbol{P}$$

结合火箭的实际可知

$$\boldsymbol{F}=\boldsymbol{R}+m\boldsymbol{g}+\boldsymbol{F}_{\mathrm{c}}+\boldsymbol{F}_{\mathrm{k}}' \tag{5-121}$$

式中，$m\boldsymbol{g}$ 为作用在火箭上的引力矢量；$\boldsymbol{R}$ 为作用在火箭上的空气动力矢量；$\boldsymbol{F}_{\mathrm{c}}$ 为作用在火箭上的操纵力矢量；$\boldsymbol{F}_{\mathrm{k}}'$ 为作用在火箭上的附加科里奥利力。已知

$$F'_{\mathrm{k}} = -2\dot{m}\boldsymbol{\omega}_{\mathrm{T}} \times \boldsymbol{\rho}_e$$

式中，$\boldsymbol{\omega}_{\mathrm{T}}$ 定义为惯性坐标系转动速度；$\boldsymbol{\rho}_e$ 为截面中心矢量。可得火箭在惯性坐标系中以矢量描述的质心动力学方程为

$$m\frac{\mathrm{d}^2\boldsymbol{r}}{\mathrm{d}t^2} = \boldsymbol{P} + \boldsymbol{R} + \boldsymbol{F}_{\mathrm{c}} + m\boldsymbol{g} + \boldsymbol{F}'_{\mathrm{k}} \tag{5-122}$$

式中，$\boldsymbol{r}$ 为火箭到地心的矢径。

（2）绕质心转动的动力学方程。

由变质量质点的绕质心转动的动力学方程

$$\frac{\mathrm{d}\boldsymbol{H}}{\mathrm{d}t} = \frac{\partial \boldsymbol{H}}{\partial t} + \boldsymbol{\omega} \times \boldsymbol{H} = \boldsymbol{M} + \boldsymbol{M}_P$$

描述的火箭受到的外力矩为

$$\boldsymbol{M} = \boldsymbol{M}_{\mathrm{st}} + \boldsymbol{M}_{\mathrm{c}} + \boldsymbol{M}_{\mathrm{d}} + \boldsymbol{M}'_{\mathrm{k}} \tag{5-123}$$

式中，$\boldsymbol{M}_{\mathrm{st}}$ 为作用在火箭上的空气动力矩；$\boldsymbol{M}_{\mathrm{c}}$ 为控制力矩；$\boldsymbol{M}_{\mathrm{d}}$ 为火箭相对来流有转动时引起的阻尼力矩。

注意：附加科里奥利力矩为

$$\boldsymbol{M}'_{\mathrm{k}} = -\frac{\partial \boldsymbol{I}}{\partial t}\cdot\boldsymbol{\omega}_{\mathrm{T}} - \dot{m}\boldsymbol{\rho}_e \times \left(\boldsymbol{\omega}_{\mathrm{T}} \times \boldsymbol{\rho}_e\right)$$

由此即可得到用矢量描述的火箭绕质心转动的动力学方程：

$$\boldsymbol{J}\cdot\frac{\mathrm{d}\boldsymbol{\omega}_{\mathrm{T}}}{\mathrm{d}t} + \boldsymbol{\omega}_{\mathrm{T}} \times \left(\boldsymbol{J}\cdot\boldsymbol{\omega}_{\mathrm{T}}\right) = \boldsymbol{M}_{\mathrm{st}} + \boldsymbol{M}_{\mathrm{c}} + \boldsymbol{M}_{\mathrm{d}} + \boldsymbol{M}'_{\mathrm{k}} \tag{5-124}$$

2. 常用坐标系及其转换

在飞行力学中，为方便描述影响火箭运动的物理量及建立火箭运动方程，可建立多种坐标系。前面已经针对战术导弹设计分析中常用的坐标系及其转换进行了介绍。在远程火箭、洲际导弹等领域，前面提到，由于其飞行时间长、射程远的特点，不可避免地需要考虑地球自转带来的影响，因此在坐标系建立、角度定义、坐标系转换上都会与前面有所不同。下面介绍常用的一些坐标系及其转换。

（1）常用坐标系。

① 地心惯性坐标系 $O_{\mathrm{E}}X_{\mathrm{I}}Y_{\mathrm{I}}Z_{\mathrm{I}}$ 。

地心惯性坐标系的原点在地心 O_{E} 处，$O_{\mathrm{E}}X_{\mathrm{I}}$ 在赤道面内指向平春分点（由于春分点随时间具有进动性，根据 1976 年国际天文学联合会决议，1984 年起采用新的标准历元，以 2000 年 1 月 1.5 日的平春分点为基准）；$O_{\mathrm{E}}Z_{\mathrm{I}}$ 垂直于赤道平面，与地球自转轴重合，指向北极；$O_{\mathrm{E}}Y_{\mathrm{I}}$ 的方向是使得该坐标系成为右手直角坐标系的方向。

该坐标系可用来描述洲际弹道导弹、运载火箭的飞行弹道，以及地球卫星、飞船等的轨道。

② 地心坐标系 $O_{\mathrm{E}}X_{\mathrm{E}}Y_{\mathrm{E}}Z_{\mathrm{E}}$ 。

地心坐标系的原点在地心 O_{E} 处，$O_{\mathrm{E}}X_{\mathrm{E}}$ 在赤道平面内，指向起始本初子午线（通常取格林尼治天文台所在子午线）；$O_{\mathrm{E}}Z_{\mathrm{E}}$ 垂直于赤道平面，指向北极。$O_{\mathrm{E}}X_{\mathrm{E}}Y_{\mathrm{E}}Z_{\mathrm{E}}$ 组成右手直角坐标系。由于 $O_{\mathrm{E}}X_{\mathrm{E}}$ 与其所指向的子午线随地球一起转动，因此该坐标系为一动坐标系。

地心坐标系对确定火箭相对于地球表面的位置很适用。

③ 发射坐标系 $O_{\mathrm{A}}xyz$ 。

发射坐标系的原点与发射点 O_A 固连，O_Ax 在发射点水平面内，指向发射瞄准方向；O_Ay 垂直于发射点水平面，指向上方；O_Az 与 O_Axy 平面垂直并构成右手直角坐标系。由于发射点随地球一起转动，因此发射坐标系为一动坐标系。

以上是该坐标系的一般定义。当把地球分别看作圆球或椭球时，该坐标系的具体含义是不同的。过发射点的圆球表面的切平面与椭球表面的切平面不重合，即圆球下的 O_Ay 与过 O_A 点的半径 R 重合（见图 5-27），而椭球下的 O_Ay 与椭圆过点 O_A 的主法线重合（见图 5-28），它们与赤道平面的夹角分别称为地心纬度（记作 ϕ_0）和地理纬度（记作 B_0）。在不同的切平面内，O_Ax 与子午线切线正北方向的夹角分别称为地心方位角（记作 α_0）和射击方位角（记作 A_0），这些角度均以对着 O_Ay 看去顺时针为正。

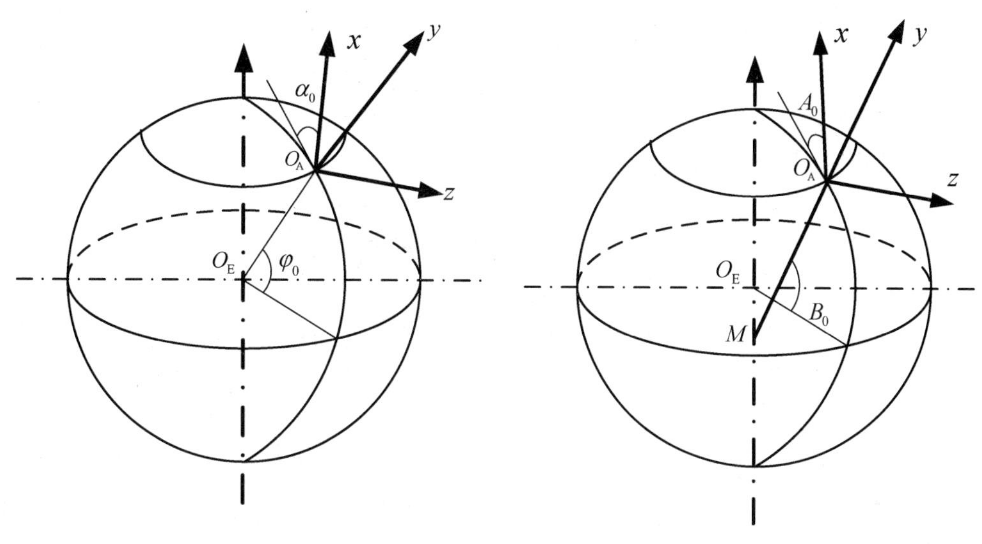

图 5-27　发射坐标系之一　　　　图 5-28　发射坐标系之二

利用该坐标系可建立火箭相对于地面的运动方程，便于描述火箭相对于大气运动所受到的作用力。

④ 发射惯性坐标系 $O_Ax_Ay_Az_A$。

对于发射惯性坐标系，在火箭起飞瞬间，O_A 与发射点重合，其各轴与发射坐标系的各轴也相应重合；火箭起飞后，O_A 及坐标系各轴的方向在惯性空间保持不动。

利用该坐标建立火箭在惯性空间的运动方程。

⑤ 平移坐标系 $O_Tx_Ty_Tz_T$。

平移坐标系的原点根据需要可选择在发射坐标系原点 O_A 处，或者火箭的质心 O_b 处，O_T 始终与 O_A 或 O_b 重合，但其各轴与发射惯性坐标系的各轴始终平行。

该坐标系用来进行惯性器件的对准和调平。

⑥ 箭体坐标系 $O_bx_1y_1z_1$。

箭体坐标系的原点 O_b 为火箭的质心。O_bx_1 为箭体外壳对称轴，指向箭体头部；O_by_1 在火箭的主对称面内，该平面在发射瞬时与发射坐标系 O_Axy 平面重合，y_1 轴垂直于 x_1 轴；z_1 轴垂直于主对称面，顺着发射方向看去，z_1 轴指向右方。$O_bx_1y_1z_1$ 为右手直角坐标系。

该坐标系在空间的位置反映了火箭在空中的姿态。

⑦ 速度坐标系 $O_bx_vy_vz_v$。

速度坐标系的原点O_b为火箭的质心。$O_b x_v$沿飞行器的飞行方向；$O_b y_v$在火箭的主对称面内，垂直于$O_b x_v$；$O_b z_v$垂直于$O_b x_v y_v$平面，顺着飞行方向看去，z_v轴指向右方。$O_b x_v y_v z_v$为右手直角坐标系。

用该坐标系与其他坐标系之间的关系反映火箭的飞行速度矢量状态。

（2）各坐标系之间的转换。

① 地心惯性坐标系与地心坐标系之间的方向余弦阵。

由它们的定义可知，这两个坐标系的$O_E Z_I$、$O_E Z_E$是重合的；$O_E X_I$与$O_E X_E$的夹角可通过天文年历表查算得到，记该角为Ω_G。显然，这两个坐标系之间仅存在一个欧拉角Ω_G。图 5-29 绘出了这两个坐标系之间存在的欧拉角关系，为表达清晰，使两个坐标系的原点重合，不难写出两个坐标系之间的转换矩阵：

$$\begin{bmatrix} X_E \\ Y_E \\ Z_E \end{bmatrix} = \boldsymbol{L}_z(\Omega_G) \begin{bmatrix} X_I \\ Y_I \\ Z_I \end{bmatrix} \tag{5-125}$$

式中

$$\boldsymbol{L}_z(\Omega_G) = \begin{bmatrix} \cos\Omega_G & \sin\Omega_G & 0 \\ -\sin\Omega_G & \cos\Omega_G & 0 \\ 0 & 0 & 1 \end{bmatrix} \tag{5-126}$$

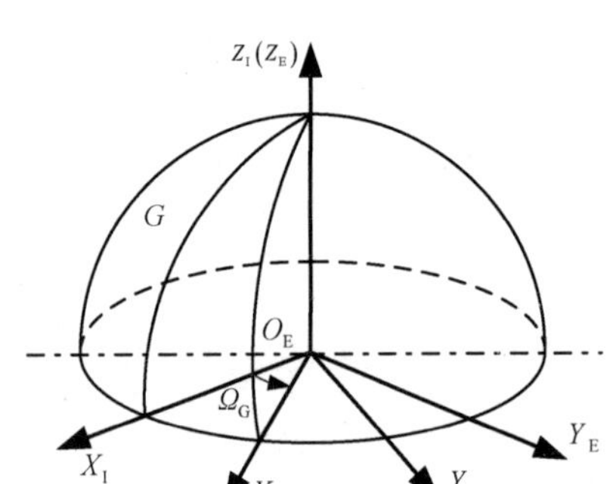

图 5-29　地心惯性坐标系与地心坐标系的欧拉角关系

② 地心坐标系与发射坐标系之间的方向余弦阵。

设地球为一圆球，发射点O_A在地球表面的位置可用经度λ_0、地心纬度ϕ_0来表示，$O_A x$指向射击方向，其与过O_A点的子午北切线之间的夹角为α_0。要使这两个坐标系的各轴相应平行，可先绕$O_E Z_E$反转$(90^\circ-\lambda_0)$，然后绕新坐标系的$O_E X'$正转ϕ_0角，即可将$O_E Y$转至与$O_A y$平行的位置。此时，绕与$O_A y$平行的新的$O_E Y'$反转$(90^\circ+\alpha_0)$，即可使两个坐标系的各轴相应平行。而$(90^\circ-\lambda_0)$、ϕ_0、$(90^\circ+\alpha_0)$即 3 个欧拉角，由此可写出如下方向余弦阵关系式：

$$\begin{bmatrix} x^0 \\ y^0 \\ z^0 \end{bmatrix} = \boldsymbol{L}(\alpha_0,\phi_0,\lambda_0) \begin{bmatrix} x_E^0 \\ y_E^0 \\ z_E^0 \end{bmatrix} \tag{5-127}$$

式中

$$\begin{aligned} \boldsymbol{L}(\alpha_0,\phi_0,\lambda_0) &= \boldsymbol{L}_y\left[-(90^\circ+\alpha_0)\right]\boldsymbol{L}_x(\phi_0)\boldsymbol{L}_z\left[-(90^\circ-\lambda_0)\right] \\ &= \begin{bmatrix} -\sin\alpha_0\sin\lambda_0-\cos\alpha_0\sin\phi_0\cos\lambda_0 & \sin\alpha_0\cos\lambda_0-\cos\alpha_0\sin\phi_0\sin\lambda_0 & \cos\alpha_0\cos\phi_0 \\ \cos\phi_0\cos\lambda_0 & \cos\phi_0\sin\lambda_0 & \sin\phi_0 \\ -\cos\alpha_0\sin\lambda_0+\sin\alpha_0\sin\phi_0\cos\lambda_0 & \cos\alpha_0\cos\lambda_0+\sin\alpha_0\sin\phi_0\sin\lambda_0 & -\sin\alpha_0\cos\phi_0 \end{bmatrix} \end{aligned} \tag{5-128}$$

若将地球考虑为椭球体，则发射点在椭球体上的位置可用经度λ_0、地理纬度B_0确定，$O_A x$

的方向以射击方位角 A_0 表示。这样，两个坐标系之间的方向余弦阵只需将式（5-128）中的 ϕ_0、α_0 分别用 B_0、A_0 代替即可得到。

③ 发射坐标系与箭体坐标系之间的欧拉角及方向余弦阵。

发射坐标系与箭体坐标系之间的关系用来反映箭体相对于发射坐标系的姿态角。为使一般状态下的这两个坐标系转至相应轴平行的位置，现采用下列转动顺序：先使发射坐标系绕 $O_A z$ 的正向转动 φ 角，然后绕 $O_A y_1$ 的正向转动 ψ 角，最后绕 $O_A x_1$ 的正向转动 γ 角。图 5-30 绘出了两个坐标系之间的欧拉角，不难写出两个坐标系的方向余弦阵关系式：

$$\begin{bmatrix} x_1^0 \\ y_1^0 \\ z_1^0 \end{bmatrix} = \boldsymbol{L}(\gamma,\psi,\varphi) \begin{bmatrix} x^0 \\ y^0 \\ z^0 \end{bmatrix} \tag{5-129}$$

式中

$$\begin{aligned} \boldsymbol{L}(\gamma,\psi,\varphi) &= \boldsymbol{L}_x(\gamma)\boldsymbol{L}_y(\psi)\boldsymbol{L}_z(\varphi) \\ &= \begin{bmatrix} \cos\varphi\cos\psi & \sin\varphi\cos\psi & -\sin\psi \\ -\sin\varphi\cos\gamma+\cos\varphi\sin\psi\sin\gamma & \cos\varphi\cos\gamma+\sin\varphi\sin\psi\sin\gamma & \cos\psi\sin\gamma \\ \sin\varphi\sin\gamma+\cos\varphi\sin\psi\cos\gamma & -\cos\varphi\sin\gamma+\sin\varphi\sin\psi\cos\gamma & \cos\psi\cos\gamma \end{bmatrix} \end{aligned} \tag{5-130}$$

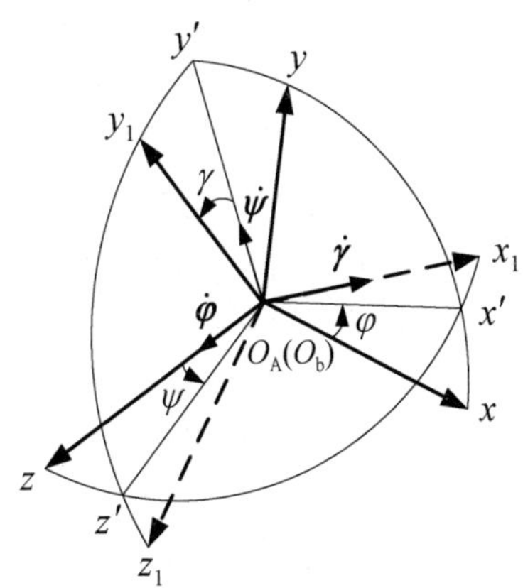

图 5-30　发射坐标系与箭体坐标系之间的欧拉角

由图 5-30 可以看出各欧拉角的物理意义：φ 称为俯仰角，为火箭纵轴 $O_b x_1$ 在射击平面 $O_A xy$ 上的投影与 $O_A x$ 的夹角，投影在 $O_A x$ 的上方，φ 取正值；ψ 称为偏航角，为 $O_b x_1$ 与射击平面的夹角，$O_b x_1$ 在射击平面的左方，φ 取正值；γ 称为滚动角，为火箭绕 $O_b x_1$ 旋转的角度，当旋转角速度矢量与 $O_b x_1$ 方向一致时，γ 取正值。

④ 发射坐标系与速度坐标系之间的欧拉角及方向余弦阵。

发射坐标系与速度坐标系转动至平行的顺序及其之间的欧拉角可由图 5-31 看出，图中使两个坐标系的原点重合，发射坐标系先绕 $O_A z$ 的正向转动 θ 角（速度倾角），然后绕 $O_b y_v$ 的正向转动 σ 角（航迹偏航角），最后绕 $O_b x_v$ 的正向转动 v 角（倾侧角），即可使发射坐标系与速度坐标系重合。上述 θ、σ、v 即 3 个欧拉角，图 5-31 中表示的各欧拉角均定义为正值。由此不难写出这两个坐标系之间的方向余弦阵关系式：

$$\begin{bmatrix} x_v^0 \\ y_v^0 \\ z_v^0 \end{bmatrix} = \boldsymbol{L}(v,\sigma,\theta)\begin{bmatrix} x^0 \\ y^0 \\ z^0 \end{bmatrix} \tag{5-131}$$

式中，$\boldsymbol{L}(v,\sigma,\theta)$ 为方向余弦阵，且有

$$\begin{aligned}\boldsymbol{L}(v,\sigma,\theta) &= \boldsymbol{L}_x(v)\boldsymbol{L}_y(\sigma)\boldsymbol{L}_z(\theta) \\ &= \begin{bmatrix} \cos\theta\cos\sigma & \sin\varphi\cos\sigma & -\sin\sigma \\ -\sin\theta\cos v + \cos\theta\sin\sigma\sin v & \cos\theta\cos v + \sin\theta\sin\sigma\sin v & \cos\sigma\sin v \\ \sin\theta\sin v + \cos\theta\sin\sigma\cos v & -\cos\theta\sin v + \sin\theta\sin\sigma\cos v & \cos\sigma\cos v \end{bmatrix}\end{aligned} \tag{5-132}$$

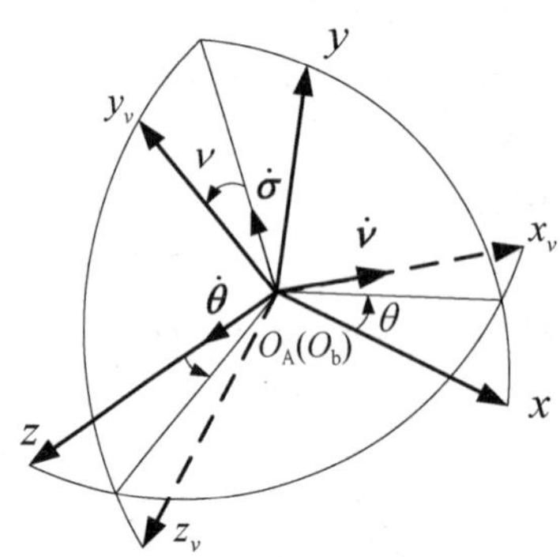

图 5-31 发射坐标系与速度坐标系之间的欧拉角

⑤ 速度坐标系与箭体坐标系之间的欧拉角及方向余弦阵。

根据定义，速度坐标系的 $O_b y_v$ 在火箭主对称平面 $x_1 O_b y_1$ 内。因此，这两个坐标系之间的转换关系只存在两个欧拉角。将速度坐标系先绕 $O_b y_v$ 转动 β 角，β 称为侧滑角；然后将其绕新的侧轴 $O_b z_1$ 转动 α 角，α 称为攻角，即可使两个坐标系重合。图 5-32 给出了两个坐标系之间的欧拉角，其中，α、β 均为正值。因此，可得这两个坐标系之间的方向余弦阵关系式为

$$\begin{bmatrix} x_1^0 \\ y_1^0 \\ z_1^0 \end{bmatrix} = \boldsymbol{L}(\alpha,\beta)\begin{bmatrix} x_v^0 \\ y_v^0 \\ z_v^0 \end{bmatrix} \tag{5-133}$$

式中，$\boldsymbol{L}(\alpha,\beta)$ 表示由速度坐标系转换到箭体坐标系的方向余弦阵，且有

$$\boldsymbol{L}(\alpha,\beta) = \boldsymbol{L}_z(\alpha)\boldsymbol{L}_y(\beta) = \begin{bmatrix} \cos\alpha\sin\beta & \sin\alpha & -\cos\alpha\sin\beta \\ -\sin\alpha\cos\beta & \cos\alpha & \sin\alpha\sin\beta \\ \sin\beta & 0 & \cos\beta \end{bmatrix} \tag{5-134}$$

由图 5-32 可以看出这两个欧拉角的意义：侧滑角 β 是 $O_b x_v$ 与箭体主对称面的夹角，顺着 $O_b x_1$ 的方向看去，$O_b x_v$ 在主对称面右方时，β 为正；攻角 α 是 $O_b x_v$ 在主对称面内的投影与 $O_b x_1$ 的夹角，顺着 $O_b x_1$ 的方向看去，$O_b x_v$ 的投影在 $O_b x_1$ 的下方时，α 为正。

⑥ 平移坐标系或发射惯性坐标系与发射坐标系之间的方向余弦阵。

设地球为一圆球，根据定义，发射惯性坐标系在发射瞬时与发射坐标系是重合的，只是由于地球旋转而使固定在地球上的发射坐标系在惯性空间的方位发生变化。记从发射瞬时到所讨论时刻的时间间隔为 t，则发射坐标系绕地球转动轴转动 $\omega_e t$ 角。

显然，如果发射坐标系与发射惯性坐标系各有一轴与地球转动轴平行，那么它们之间的方向余弦阵将很简单。一般情况下，这两个坐标系对地球转动轴而言是处于任意位置的。因此，首先考虑将这两个坐标系经过一定的转动，使得相应的新坐标系各有一轴与地球转动轴平行，而且要求所转动的欧拉角是已知参数。图 5-33 表示出了一般情况下两个坐标系之间的关系，由此可先将 $O_A x_A y_A z_A$ 与 $Oxyz$ 分别绕 $O_A y_A$、Oy 转动 α_0 角，使得 $O_A x_A$、Ox 转到发射点 O_A、O 所在的子午面内，此时，$O_A z_A$ 与 Oz 即转到垂直于各自子午面在过发射点的纬圈的切线方向；然后两个坐标系绕各自新的侧轴转动 ϕ_0 角，从而得新的坐标系 $O_A\xi_A\eta_A\zeta_A$ 及 $O\xi\eta\zeta$，此时，$O_A\xi_A$ 与 $O\xi$ 均平行于地球转动轴；最后将新坐标系与各自原有坐标系固连起来。这样，$O_A\xi_A\eta_A\zeta_A$ 仍然为惯性坐标系，$Oxyz$ 也仍然为随地球一起转动的相对坐标系。

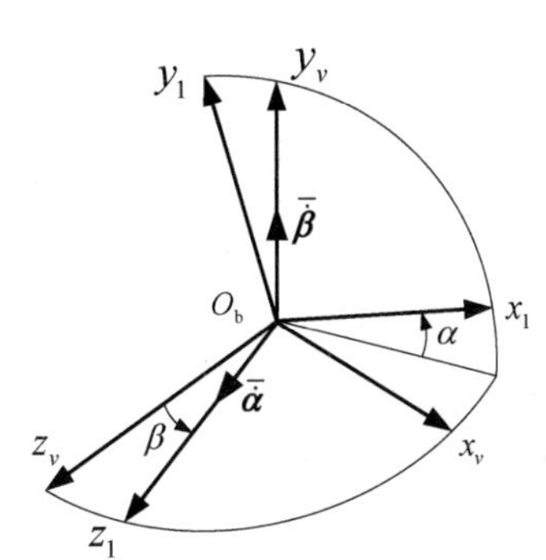

图 5-32　速度坐标系与箭体坐标系之间的欧拉角

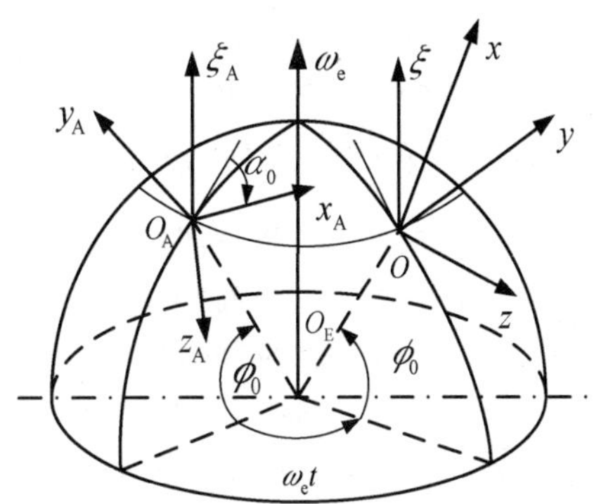

图 5-33　发射惯性坐标系与发射坐标系之间的欧拉角

根据上述坐标系之间的转动关系不难写出下列转换关系式：

$$\begin{bmatrix} \xi_A^0 \\ \eta_A^0 \\ \zeta_A^0 \end{bmatrix} = \boldsymbol{A} \begin{bmatrix} x_A^0 \\ y_A^0 \\ z_A^0 \end{bmatrix} \tag{5-135}$$

$$\begin{bmatrix} \xi^0 \\ \eta^0 \\ \zeta^0 \end{bmatrix} = \boldsymbol{A} \begin{bmatrix} x^0 \\ y^0 \\ z^0 \end{bmatrix} \tag{5-136}$$

式中

$$\boldsymbol{A} = \begin{bmatrix} \cos\alpha_0 \sin\phi_0 & \sin\phi_0 & -\sin\alpha_0 \cos\phi_0 \\ -\cos\alpha_0 \sin\phi_0 & \cos\phi_0 & \sin\alpha_0 \sin\phi_0 \\ \sin\alpha_0 & 0 & \cos\alpha_0 \end{bmatrix} \tag{5-137}$$

注意到，在发射瞬时，即 $t=0$ 处，$O_A\xi_A\eta_A\zeta_A$ 与 $O\xi\eta\zeta$ 重合，且 $O_A\xi_A$、$O\xi$ 的方向与地球自转轴 ω_e 的方向一致。那么，在任意瞬时，这两个坐标系存在一个绕 $O_A\xi_A$ 旋转的欧拉角 $\omega_e t$，故它们之间有以下转换关系：

$$\begin{bmatrix} \xi^0 \\ \eta^0 \\ \zeta^0 \end{bmatrix} = \boldsymbol{B} \begin{bmatrix} \xi_A^0 \\ \eta_A^0 \\ \zeta_A^0 \end{bmatrix} \tag{5-138}$$

式中

$$
\boldsymbol{B}=\begin{bmatrix}1 & 0 & 0\\ 0 & \cos\omega_{e}t & \sin\omega_{e}t\\ 0 & -\sin\omega_{e}t & \cos\omega_{e}t\end{bmatrix} \tag{5-139}
$$

根据转换矩阵的传递性，由式（5-135）、式（5-136）及式（5-138）可得

$$
\begin{bmatrix}x^0\\ y^0\\ z^0\end{bmatrix}=\boldsymbol{G}_{A}\begin{bmatrix}x_{A}^0\\ y_{A}^0\\ z_{A}^0\end{bmatrix} \tag{5-140}
$$

式中，$\boldsymbol{G}_A$ 为由发射惯性坐标系转换到发射坐标系的方向余弦阵：

$$
\boldsymbol{G}_{A}=\boldsymbol{A}^{-1}\boldsymbol{B}\boldsymbol{A} \tag{5-141}
$$

由于 $\boldsymbol{A}$ 为正交矩阵，因此 $\boldsymbol{A}^{\mathrm{T}}=\boldsymbol{A}^{-1}$。

将式（5-137）、式（5-139）代入式（5-141），运用矩阵乘法可得到矩阵 $\boldsymbol{G}_A$ 中的每个元素。令 g_{ij} 表示 $\boldsymbol{G}_A$ 中第 i 行第 j 列的元素，则有

$$
\left.\begin{aligned}
g_{11}&=\cos^2\alpha_0\cos^2\phi_0(1-\cos\omega_e t)+\cos\omega_e t\\
g_{12}&=\cos\alpha_0\sin\phi_0\cos\phi_0(1-\cos\omega_e t)-\sin\alpha_0\cos\phi_0\sin\omega_e t\\
g_{13}&=-\sin\alpha_0\cos\alpha_0\cos^2\phi_0(1-\cos\omega_e t)-\sin\phi_0\sin\omega_e t\\
g_{21}&=\cos\alpha_0\sin\phi_0\cos\phi_0(1-\cos\omega_e t)+\sin\alpha_0\cos\phi_0\sin\omega_e t\\
g_{22}&=\sin^2\phi_0(1-\cos\omega_e t)+\cos\omega_e t\\
g_{23}&=-\sin\alpha_0\cos\phi_0\cos^2\phi_0(1-\cos\omega_e t)+\cos\alpha_0\cos\phi_0\sin\omega_e t\\
g_{31}&=-\sin\alpha_0\cos\alpha_0\cos^2\phi_0(1-\cos\omega_e t)+\sin\phi_0\sin\omega_e t\\
g_{32}&=-\sin\alpha_0\sin\phi_0\cos\phi_0(1-\cos\omega_e t)-\cos\chi_0\cos\phi_0\sin\omega_e t\\
g_{33}&=\sin^2\alpha_0\cos^2\phi_0(1-\cos\omega_e t)+\cos\omega_e t
\end{aligned}\right\} \tag{5-142}
$$

将式（5-142）中含 $\boldsymbol{\omega}_e t$ 的正弦、余弦函数展开成 $\boldsymbol{\omega}_e t$ 的幂级数，略去 3 阶及 3 阶以上各项，可得

$$
\left.\begin{aligned}
\cos\boldsymbol{\omega}_e t&=1-\frac{1}{2}(\boldsymbol{\omega}_e t)^2\\
\sin\boldsymbol{\omega}_e t&=\boldsymbol{\omega}_e t
\end{aligned}\right\} \tag{5-143}
$$

将 $\boldsymbol{\omega}_e$ 在发射坐标系内投影，各投影分量可按下列步骤求取：首先在过发射点 O_A 的子午面内将 $\boldsymbol{\omega}_e t$ 分解为 $O_A y$ 方向和水平（垂直于 $O_A y$）方向的两个分量，然后将水平分量分解为沿 $O_A x$ 方向与 $O_A z$ 方向的分量，如图 5-34 所示。由此可得 $\boldsymbol{\omega}_e$ 在发射坐标系各轴上的分量为

$$
\begin{bmatrix}\omega_{ex}\\ \omega_{ey}\\ \omega_{ez}\end{bmatrix}=\boldsymbol{\omega}_e\begin{bmatrix}\cos\phi_0\cos\alpha_0\\ \sin\phi_0\\ -\cos\phi_0\sin\alpha_0\end{bmatrix} \tag{5-144}
$$

将式（5-143）式及式（5-144）代入式（5-142），得 $\boldsymbol{G}_A$ 准确至 $\boldsymbol{\omega}_e t$ 的二次方项的形式：

$$
\boldsymbol{G}_A=\begin{bmatrix}
1-\frac{1}{2}(\omega_e^2-\omega_{ex}^2)t^2 & \omega_{ez}t+\frac{1}{2}\omega_{ex}\omega_{ey}t^2 & -\omega_{ey}t+\frac{1}{2}\omega_{ex}\omega_{ez}t^2\\
-\omega_{ex}t+\frac{1}{2}\omega_{ex}\omega_{ey}t^2 & 1-\frac{1}{2}(\omega_e^2-\omega_{ey}^2)t^2 & \omega_{ez}t+\frac{1}{2}\omega_{ez}\omega_{ey}t^2\\
\omega_{ey}t+\frac{1}{2}\omega_{ex}\omega_{ez}t^2 & -\omega_{ex}t+\frac{1}{2}\omega_{ey}\omega_{ez}t^2 & 1-\frac{1}{2}(\omega_e^2-\omega_{ez}^2)t^2
\end{bmatrix} \tag{5-145}
$$

如果将 $\boldsymbol{G}_{\mathrm{A}}$ 进一步近似至 $\omega_{\mathrm{e}}t$ 的一次项，则由式（5-145）可得

$$\boldsymbol{G}_{\mathrm{A}}=\begin{bmatrix}1 & \omega_{\mathrm{ez}}t & -\omega_{\mathrm{ey}}t\\ -\omega_{\mathrm{ex}}t & 1 & \omega_{\mathrm{ez}}t\\ \omega_{\mathrm{ey}}t & -\omega_{\mathrm{ex}}t & 1\end{bmatrix} \tag{5-146}$$

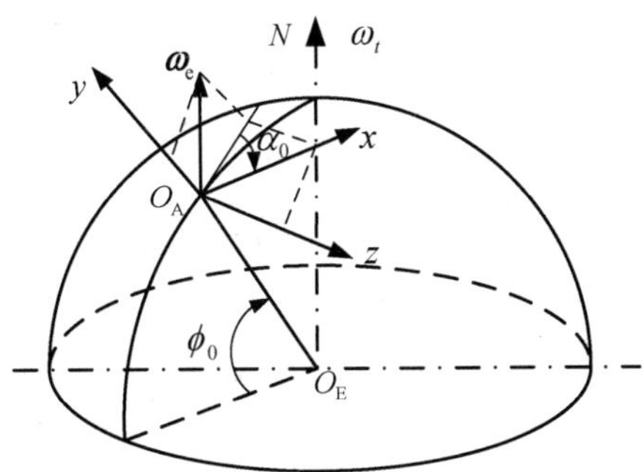

图 5-34　$\boldsymbol{\omega}_{\mathrm{e}}$ 在发射坐标系内的投影

不难理解，由于平移坐标系与发射惯性坐标系的各轴始终平行，因此这两个坐标系与发射坐标系之间的方向余弦阵应是相同的，即

$$\boldsymbol{G}_{\mathrm{T}}=\boldsymbol{G}_{\mathrm{A}} \tag{5-147}$$

如果将地球考虑成标准椭球体，则只需将上述方向余弦阵元素中的地心方位角 α_0 和地心纬度 ϕ_0 分别代以大地方位角 A_0 及大地纬度 B_0 即可。

以上介绍了一些坐标系之间的方向余弦阵，虽未给出所有常用坐标系中任意两个坐标系之间的方向余弦阵，但运用转换矩阵的递推性是不难得出它们的。

（3）常用欧拉角联系方程。

在实际运用中，一些描述坐标系关系的欧拉角可通过转换矩阵的递推性找到它们之间的联系方程。这样，当知道某些欧拉角后，就可以通过联系方程求取另外一些欧拉角。

① 速度坐标系、箭体坐标系及发射坐标系之间的欧拉角联系方程。

由发射坐标系转换到速度坐标系，既可直接进行转换：

$$\begin{bmatrix}x_v^0\\ y_v^0\\ z_v^0\end{bmatrix}=\boldsymbol{V}_{\mathrm{G}}\begin{bmatrix}x^0\\ y^0\\ z^0\end{bmatrix}$$

又可利用转换矩阵的递推性，通过箭体坐标系转换到速度坐标系：

$$\begin{bmatrix}x_v^0\\ y_v^0\\ z_v^0\end{bmatrix}=\boldsymbol{V}_{\mathrm{B}}\boldsymbol{B}_{\mathrm{G}}\begin{bmatrix}x^0\\ y^0\\ z^0\end{bmatrix}$$

比较以上两式可知

$$\boldsymbol{V}_{\mathrm{G}}=\boldsymbol{V}_{\mathrm{B}}\boldsymbol{B}_{\mathrm{G}}$$

该式的展开形式为

$$\begin{bmatrix} \cos\theta\cos\sigma & \sin\theta\cos\sigma & -\sin\sigma \\ -\sin\theta\cos\nu+\cos\theta\sin\sigma\sin\nu & \cos\theta\cos\nu+\sin\theta\sin\sigma\sin\nu & \cos\sigma\sin\nu \\ \sin\theta\sin\nu+\cos\theta\sin\sigma\cos\nu & -\cos\theta\sin\nu+\sin\theta\sin\sigma\cos\nu & \cos\sigma\cos\nu \end{bmatrix}$$

$$=\begin{bmatrix} \cos\alpha\cos\beta & -\sin\alpha\cos\beta & \sin\beta \\ \sin\alpha & \cos\alpha & 0 \\ -\cos\alpha\sin\beta & \sin\alpha\sin\beta & \cos\beta \end{bmatrix} \tag{5-148}$$

$$\begin{bmatrix} \cos\varphi\cos\psi & \sin\varphi\cos\psi & -\sin\psi \\ -\sin\varphi\cos\gamma+\cos\varphi\sin\psi\sin\gamma & \cos\varphi\cos\gamma+\sin\varphi\sin\psi\sin\gamma & \cos\psi\sin\gamma \\ \sin\varphi\sin\gamma+\cos\varphi\sin\psi\cos\gamma & -\cos\varphi\sin\gamma+\sin\varphi\sin\psi\cos\gamma & \cos\psi\cos\gamma \end{bmatrix}$$

在式（5-148）中，等号左边的方向余弦阵中有 3 个欧拉角，即θ、σ、ν；而等号右边的方向余弦阵中包含 5 个欧拉角，即φ、ψ、γ、α、β。由于方向余弦阵中的 9 个元素只有 3 个是独立的，因此由式（5-148）只能找到 3 个独立的关系，必须在不同行或不同列的 3 个方向余弦元素中选定 3 个联系方程。在式（5-148）中，可选定下列 3 个联系方程：

$$\left.\begin{aligned} &\sin\sigma=\cos\alpha\cos\beta\sin\psi+\sin\alpha\cos\beta\cos\psi\sin\gamma-\sin\beta\cos\psi\cos\gamma \\ &\cos\sigma\sin\nu=\sin\psi\sin\alpha+\cos\alpha\cos\psi\sin\gamma \\ &\cos\theta\cos\sigma=\cos\alpha\cos\beta\cos\varphi\cos\psi-\sin\alpha\cos\beta(\cos\varphi\sin\psi\sin\gamma-\sin\varphi\cos\gamma)+ \\ &\qquad\sin\beta(\cos\varphi\sin\psi\cos\gamma+\sin\varphi\sin\gamma) \end{aligned}\right\} \tag{5-149}$$

因为β、σ、ν、ψ和γ均较小，所以将它们的正弦、余弦展开成泰勒级数取至一阶微量，并将上述各量的一阶微量的乘积作为高阶微量略去，此时，式（5-149）可简化、整理为

$$\left.\begin{aligned} &\sigma=\psi\cos\alpha+\gamma\sin\alpha-\beta \\ &\nu=\gamma\cos\alpha-\psi\sin\alpha \\ &\theta=\varphi-\alpha \end{aligned}\right\} \tag{5-150}$$

将α也视为小量，按上述原则对式（5-150）做进一步简化可得

$$\left.\begin{aligned} &\sigma=\psi-\beta \\ &\nu=\gamma \\ &\theta=\varphi-\alpha \end{aligned}\right\} \tag{5-151}$$

由上面的讨论可知，在这 8 个欧拉角中，只有 5 个是独立的，因此，当知道其中的 5 个时，即可通过 3 个联系方程将其他 3 个欧拉角找到。

② 箭体坐标系相对于发射坐标系的姿态角与相对于平移坐标系的姿态角之间的关系。

已知箭体坐标系与发射坐标系的方向余弦阵为$\boldsymbol{G}_{\mathrm{B}}$，其中 3 个欧拉角的顺序排列为$\varphi$、$\psi$、$\gamma$，箭体坐标系与平移坐标系之间的欧拉角也可按顺序排列为φ_{T}、ψ_{T}、γ_{T}，其方向余弦阵$\boldsymbol{T}_{\mathrm{B}}$与$\boldsymbol{G}_{\mathrm{B}}$在形式上相同，$\boldsymbol{T}_{\mathrm{B}}$为

$$\boldsymbol{T}_{\mathrm{B}}=\begin{bmatrix} \cos\varphi_{\mathrm{T}}\cos\psi_{\mathrm{T}} & \sin\varphi_{\mathrm{T}}\cos\psi_{\mathrm{T}} & -\sin\psi_{\mathrm{T}} \\ -\sin\varphi_{\mathrm{T}}\cos\gamma_{\mathrm{T}}+\cos\varphi_{\mathrm{T}}\sin\psi_{\mathrm{T}}\sin\gamma_{\mathrm{T}} & \cos\varphi_{\mathrm{T}}\cos\gamma_{\mathrm{T}}+\sin\varphi_{\mathrm{T}}\sin\psi_{\mathrm{T}}\sin\gamma_{\mathrm{T}} & \cos\psi_{\mathrm{T}}\sin\gamma_{\mathrm{T}} \\ \sin\varphi_{\mathrm{T}}\sin\gamma_{\mathrm{T}}+\cos\varphi_{\mathrm{T}}\sin\psi_{\mathrm{T}}\cos\gamma_{\mathrm{T}} & -\cos\varphi_{\mathrm{T}}\sin\gamma_{\mathrm{T}}+\sin\varphi_{\mathrm{T}}\sin\psi_{\mathrm{T}}\cos\gamma_{\mathrm{T}} & \cos\psi_{\mathrm{T}}\cos\gamma_{\mathrm{T}} \end{bmatrix}^{\mathrm{T}} \tag{5-152}$$

由转换矩阵的递推性可知

$$\boldsymbol{T}_{\mathrm{B}}=\boldsymbol{G}_{\mathrm{T}}\boldsymbol{L}(\gamma,\psi,\varphi) \tag{5-153}$$

式中，$\boldsymbol{G}_{\mathrm{T}}$、$\boldsymbol{L}(\gamma,\psi,\varphi)$ 可分别由式（5-145）、式（5-130）得到。

考虑到 ψ、γ、ψ_{T}、γ_{T} 和 $\omega_{\mathrm{e}}t$ 均为小量，将它们的正弦、余弦展开成泰勒级数取至一阶微量，这样可将式（5-153）写成展开式后准确至一阶微量的形式：

$$
\begin{aligned}
&\begin{bmatrix} \cos\varphi_{\mathrm{T}} & -\sin\varphi_{\mathrm{T}} & \psi_{\mathrm{T}}\cos\varphi_{\mathrm{T}}+\gamma_{\mathrm{T}}\sin\varphi_{\mathrm{T}} \\ \sin\varphi_{\mathrm{T}} & \cos\varphi_{\mathrm{T}} & \psi_{\mathrm{T}}\sin\varphi_{\mathrm{T}}-\gamma_{\mathrm{T}}\cos\varphi_{\mathrm{T}} \\ -\psi_{\mathrm{T}} & \gamma_{\mathrm{T}} & 1 \end{bmatrix} \\
&= \begin{bmatrix} 1 & -\omega_{\mathrm{ez}}t & \omega_{\mathrm{ey}}t \\ \omega_{\mathrm{ez}}t & 1 & -\omega_{\mathrm{ex}}t \\ -\omega_{\mathrm{ey}}t & \omega_{\mathrm{ex}}t & 1 \end{bmatrix} \begin{bmatrix} \cos\varphi & -\sin\varphi & \psi\cos\varphi+\gamma\sin\varphi \\ \sin\varphi & \cos\varphi & \psi\sin\varphi-\gamma\cos\varphi \\ -\psi & \gamma & 1 \end{bmatrix}
\end{aligned} \tag{5-154}
$$

在式（5-154）中选取不属于同一行或同一列的 3 个元素建立 3 个等式，即可找到两个姿态角的关系式：

$$
\left.\begin{aligned}
\varphi_{\mathrm{T}} &= \varphi+\omega_{\mathrm{ez}}t \\
\psi_{\mathrm{T}} &= \psi+(\omega_{\mathrm{ey}}\cos\varphi-\omega_{\mathrm{ex}}\sin\varphi)t \\
\gamma_{\mathrm{T}} &= \gamma+(\omega_{\mathrm{ey}}\sin\varphi+\omega_{\mathrm{ex}}\cos\varphi)t
\end{aligned}\right\} \tag{5-155}
$$

在式（5-155）中，相应姿态角的差值是由地球旋转影响发射坐标系方向轴的变化引起的。

5.8.2　发射坐标系中的空间运动方程

用矢量描述的火箭质心动力学方程和绕质心转动的动力学方程给人以简洁、清晰的概念，但对这些微分方程的求解，还必须将其投影到选定的坐标系中进行，通常选择发射坐标系为描述火箭运动的参考系，该坐标系定义在将地球看作以角速度 $\boldsymbol{\omega}_{\mathrm{e}}$ 进行自转的两轴旋转椭球体上。

1．发射坐标系中的质心动力学方程

由于发射坐标系为一动参考系，其相对于惯性坐标系以角速度 $\boldsymbol{\omega}_{\mathrm{e}}$ 转动，因此由矢量导数法则可知

$$
m\frac{\mathrm{d}^2\boldsymbol{r}}{\mathrm{d}t^2}=m\frac{\partial^2\boldsymbol{r}}{\partial t^2}+2m\boldsymbol{\omega}_{\mathrm{e}}\times\frac{\partial\boldsymbol{r}}{\partial t}+m\boldsymbol{\omega}_{\mathrm{e}}\times(\boldsymbol{\omega}_{\mathrm{e}}\times r)
$$

将其代入式（5-122）并整理得

$$
m\frac{\partial^2\boldsymbol{r}}{\partial t^2}=\boldsymbol{P}+\boldsymbol{R}+\boldsymbol{F}_{\mathrm{c}}+m\boldsymbol{g}+\boldsymbol{F}_{\mathrm{k}}'-m\boldsymbol{\omega}_{\mathrm{e}}\times(\boldsymbol{\omega}_{\mathrm{e}}\times\boldsymbol{r})-2m\boldsymbol{\omega}_{\mathrm{e}}\times\frac{\partial\boldsymbol{r}}{\partial t} \tag{5-156}
$$

将式（5-156）中的各项在发射坐标系中进行分解，得到以下各项。

（1）相对加速度项：

$$
\frac{\partial^2\boldsymbol{r}}{\partial t^2}=\begin{bmatrix} \dfrac{\mathrm{d}v_x}{\mathrm{d}t} \\ \dfrac{\mathrm{d}v_y}{\mathrm{d}t} \\ \dfrac{\mathrm{d}v_z}{\mathrm{d}t} \end{bmatrix} \tag{5-157}
$$

（2）推力 $\boldsymbol{P}$ 项。

推力 $\boldsymbol{P}$ 在弹体坐标系内的描述形式最简单，即

$$\boldsymbol{P}=\begin{bmatrix}P\\0\\0\end{bmatrix} \tag{5-158}$$

已知由发射坐标系转换到箭体坐标系的方向余弦阵 $\boldsymbol{L}(\gamma,\psi,\varphi)$［由式（5-130）可求得］，可得推力 $\boldsymbol{P}$ 在发射坐标系中的分量为

$$\begin{bmatrix}P_x\\P_y\\P_z\end{bmatrix}=\boldsymbol{G}_{\mathrm{B}}\begin{bmatrix}P\\0\\0\end{bmatrix} \tag{5-159}$$

（3）空气动力 $\boldsymbol{R}$ 项。

已知火箭在飞行过程中受到的空气动力在速度坐标系中的分量为

$$\boldsymbol{R}=\begin{bmatrix}-X\\Y\\Z\end{bmatrix}$$

且由速度坐标系转换到发射坐标系的方向余弦矩阵 $\boldsymbol{G}_V$ 可由式（5-132）得到，则空气动力 $\boldsymbol{R}$ 为

$$\begin{bmatrix}R_x\\R_y\\R_z\end{bmatrix}=\boldsymbol{G}_V\begin{bmatrix}-X\\Y\\Z\end{bmatrix}=\boldsymbol{G}_V\begin{bmatrix}-C_x qS_{\mathrm{M}}\\C_y^{\alpha} qS_{\mathrm{M}}\alpha\\-C_y^{\alpha} qS_{\mathrm{M}}\beta\end{bmatrix} \tag{5-160}$$

（4）控制力（操纵力）$\boldsymbol{F}_{\mathrm{c}}$ 项。

无论执行机构是气动舵片或燃气舵，还是不同配置形式的摇摆发动机，均可将控制力以弹体坐标系的分量表示为统一形式：

$$\boldsymbol{F}_{\mathrm{c}}=\begin{bmatrix}-X_{1\mathrm{c}}\\Y_{1\mathrm{c}}\\Z_{1\mathrm{c}}\end{bmatrix} \tag{5-161}$$

而各力的具体计算公式则根据采用何种执行机构而定，此控制力在发射坐标系中的 3 个分量不难用下式得到：

$$\begin{bmatrix}F_{\mathrm{c}x}\\F_{\mathrm{c}y}\\F_{\mathrm{c}z}\end{bmatrix}=\boldsymbol{G}_{\mathrm{B}}\begin{bmatrix}-X_{1\mathrm{c}}\\Y_{1\mathrm{c}}\\Z_{1\mathrm{c}}\end{bmatrix} \tag{5-162}$$

（5）引力 $m\boldsymbol{g}$ 项：

$$m\boldsymbol{g}=mg_r'\boldsymbol{r}^0+mg_{\omega_{\mathrm{e}}}\boldsymbol{\omega}_{\mathrm{e}}^0$$

式中

$$g_r'=-\frac{fM}{r^2}\left[1+J\left(\frac{a_{\mathrm{e}}}{r}\right)^2\left(1-5\sin^2\phi\right)\right]$$

$$g_{\omega_{\mathrm{e}}}=-2\frac{fM}{r^2}J\left(\frac{a_{\mathrm{e}}}{r}\right)^2\sin\phi$$

由图 5-35 可知，弹道上任意一点的地心矢径为

$$\boldsymbol{r}=\boldsymbol{R}_0+\boldsymbol{\rho} \tag{5-163}$$

式中，$\boldsymbol{\rho}$ 为发射点到弹道上任意一点的矢径，其在发射坐标系中的 3 个分量分别为 x、y、z；$\boldsymbol{R}_0$ 为发射点的地心矢径，其在发射坐标系中的 3 个分量可由图 5-35 求得

$$\begin{bmatrix} R_{0x} \\ R_{0y} \\ R_{0z} \end{bmatrix} = \begin{bmatrix} -R_0 \sin\mu_0 \cos A_0 \\ R_0 \cos\mu_0 \\ R_0 \sin\mu_0 \sin A_0 \end{bmatrix} \tag{5-164}$$

式中，A_0 为发射方位角；μ_0 为发射点的地理纬度与地心纬度之差，即 $\mu_0 = B_0 - \phi_0$。

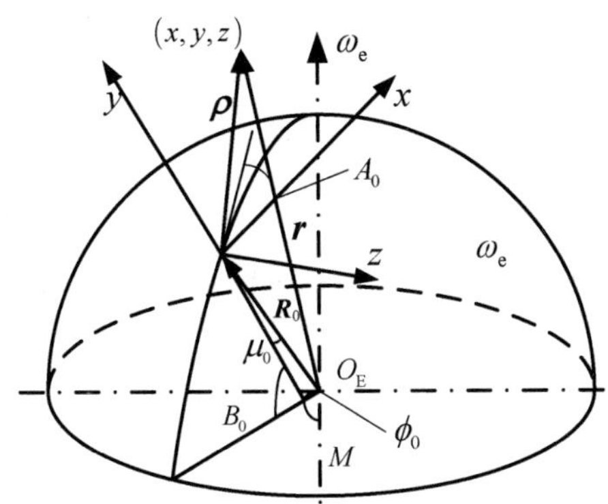

图 5-35　弹道上任意一点的地心矢径和发射点的地心矢径

由于假设地球为一两轴旋转的椭球体，因此 $\boldsymbol{R}_0$ 的长度可由子午椭圆方程求得

$$R_0 = \frac{a_e b_e}{\sqrt{a_e^2 \sin^2\phi_0 + b_e^2 \cos^2\phi_0}}$$

由式（5-163）可得 $\boldsymbol{r}^0$ 在发射坐标系中的表达式为

$$\boldsymbol{r}^0 = \frac{x + R_{0x}}{r}\boldsymbol{x}^0 + \frac{y + R_{0y}}{r}\boldsymbol{y}^0 + \frac{z + R_{0z}}{r}\boldsymbol{z}^0 \tag{5-165}$$

显然，$\boldsymbol{\omega}_e^0$ 在发射坐标系中的表达式可写为

$$\boldsymbol{\omega}_e^0 = \frac{\omega_{ex}}{\omega_e}\boldsymbol{x}^0 + \frac{\omega_{ey}}{\omega_e}\boldsymbol{y}^0 + \frac{\omega_{ez}}{\omega_e}\boldsymbol{z}^0 \tag{5-166}$$

式中，ω_{ex}、ω_{ey}、ω_{ez} 由式（5-144）可知

$$\begin{bmatrix} \omega_{ex} \\ \omega_{ey} \\ \omega_{ez} \end{bmatrix} = \boldsymbol{\omega}_e \begin{bmatrix} \cos B_0 \cos A_0 \\ \sin B_0 \\ -\cos B_0 \sin A_0 \end{bmatrix} \tag{5-167}$$

于是可将 $\boldsymbol{g} = g_r'\boldsymbol{r}^0 + g_{\omega_e}\boldsymbol{\omega}_e^0$ 写成发射坐标系分量的形式：

$$m\begin{bmatrix} g_x \\ g_y \\ g_z \end{bmatrix} = m\frac{g_r'}{r}\begin{bmatrix} x + R_{0x} \\ y + R_{0y} \\ z + R_{0z} \end{bmatrix} + m\frac{g_{\omega_e}}{\boldsymbol{\omega}_e}\begin{bmatrix} \omega_{ex} \\ \omega_{ey} \\ \omega_{ez} \end{bmatrix} \tag{5-168}$$

式中

$$\left.\begin{aligned} g_r' &= g_r + g_{\phi r} = -\frac{fM}{r^2}\left[1 + J\left(\frac{a_e}{r}\right)^2\left(1 - 5\sin^2\phi\right)\right] \\ g_{\omega_e} &= g_{\phi\omega_e} = -2\frac{fM}{r^2}J\left(\frac{a_e}{r}\right)^2\sin\phi \end{aligned}\right\}$$

（6）附加科里奥利力 $\boldsymbol{F}_k'$ 项：

$$\boldsymbol{F}_k' = -2\dot{m}\boldsymbol{\omega}_T \times \boldsymbol{\rho}_e$$

式中，$\boldsymbol{\omega}_T$ 为箭体相对于惯性（或平移）坐标系的转动角速度矢量，它在箭体坐标系中的分量表示为

$$\boldsymbol{\omega}_T = \begin{bmatrix} \omega_{Tx1} & \omega_{Ty1} & \omega_{Tz1} \end{bmatrix}^T$$

$\boldsymbol{\rho}_e$ 为质心到喷管出口中心点的矢量，即

$$\boldsymbol{\rho}_e = -x_{1e}\boldsymbol{x}_1^0$$

因此，可得 $\boldsymbol{F}_k'$ 在箭体坐标系中的 3 个分量为

$$\begin{bmatrix} F_{kx1}' \\ F_{ky1}' \\ F_{kz1}' \end{bmatrix} = 2\dot{m}x_{1e}\begin{bmatrix} 0 \\ \omega_{Tz1} \\ -\omega_{Ty1} \end{bmatrix} \tag{5-169}$$

从而 $\boldsymbol{F}_k'$ 在发射坐标系中的分量可由下式来描述：

$$\begin{bmatrix} F_{kx}' \\ F_{ky}' \\ F_{kz}' \end{bmatrix} = \boldsymbol{G}_B\begin{bmatrix} F_{kx1}' \\ F_{ky1}' \\ F_{kz1}' \end{bmatrix} \tag{5-170}$$

（7）离心惯性力 $-m\boldsymbol{\omega}_e \times (\boldsymbol{\omega}_e \times \boldsymbol{r})$ 项。

记

$$\boldsymbol{a}_e = \boldsymbol{\omega}_e \times (\boldsymbol{\omega}_e \times \boldsymbol{r}) \tag{5-171}$$

为牵连加速度，根据式（5-167），并注意到

$$\boldsymbol{r} = (x + R_{0x})\boldsymbol{x}^0 + (y + R_{0y})\boldsymbol{y}^0 + (z + R_{0z})\boldsymbol{z}^0$$

得牵连加速度在发射坐标系中的分量形式为

$$\begin{bmatrix} a_{ex} \\ a_{ey} \\ a_{ez} \end{bmatrix} = \begin{pmatrix} a_{11} & a_{12} & a_{13} \\ a_{21} & a_{22} & a_{23} \\ a_{31} & a_{32} & a_{33} \end{pmatrix}\begin{bmatrix} x + R_{0x} \\ y + R_{0y} \\ z + R_{0z} \end{bmatrix} \tag{5-172}$$

式中

$$\begin{gathered} a_{11} = \omega_{ex}^2 - \omega_e^2 \\ a_{12} = a_{21} = \omega_{ex}\omega_{ey} \\ a_{22} = \omega_{ey}^2 - \omega_e^2 \\ a_{23} = a_{32} = \omega_{ez}\omega_{ey} \\ a_{33} = \omega_{ez}^2 - \omega_e^2 \\ a_{13} = a_{31} = \omega_{ex}\omega_{ez} \end{gathered}$$

从而离心惯性力 $\boldsymbol{F}_e$ 在发射坐标系中的分量可由下式来描述：

$$\begin{bmatrix} F_{ex} \\ F_{ey} \\ F_{ez} \end{bmatrix} = -m \begin{bmatrix} a_{ex} \\ a_{ey} \\ a_{ez} \end{bmatrix} \tag{5-173}$$

（8）科里奥利惯性力 $-2m\boldsymbol{\omega}_e \times \dfrac{\partial \boldsymbol{r}}{\partial t}$ 项。

记

$$\boldsymbol{a}_k = -2m\boldsymbol{\omega}_e \times \frac{\partial \boldsymbol{r}}{\partial t} \tag{5-174}$$

为科里奥利加速度。式中，$\dfrac{\partial \boldsymbol{r}}{\partial t}$ 为火箭相对于发射坐标系的速度，即有

$$\frac{\partial \boldsymbol{r}}{\partial t} = \begin{bmatrix} \dot{x} \ \dot{y} \ \dot{z} \end{bmatrix}^{\mathrm{T}} \tag{5-175}$$

注意到式（5-167），则式（5-174）可写为

$$\begin{bmatrix} a_{kx} \\ a_{ky} \\ a_{kz} \end{bmatrix} = \begin{pmatrix} b_{11} & b_{12} & b_{13} \\ b_{21} & b_{22} & b_{23} \\ b_{31} & b_{32} & b_{33} \end{pmatrix} \begin{bmatrix} \dot{x} \\ \dot{y} \\ \dot{z} \end{bmatrix} \tag{5-176}$$

式中

$$\begin{aligned} & b_{11} = b_{22} = b_{33} = 0 \\ & b_{12} = -b_{21} = -2\omega_{ez} \\ & b_{31} = -b_{13} = -2\omega_{ey} \\ & b_{23} = -b_{32} = -2\omega_{ex} \end{aligned}$$

从而可得科里奥利惯性力 $\boldsymbol{F}_k$ 在发射坐标系中的分量形式为

$$\begin{bmatrix} F_{kx} \\ F_{ky} \\ F_{kz} \end{bmatrix} = -m \begin{bmatrix} a_{kx} \\ a_{ky} \\ a_{kz} \end{bmatrix} \tag{5-177}$$

将式（5-157）、式（5-159）、式（5-160）、式（5-162）、式（5-168）、式（5-170）、式（5-173）、式（5-177）代入式（5-156），并令

$$P_e = P - X_{1c}$$

则在发射坐标系中建立的质心动力学方程为

$$\begin{aligned} m\begin{bmatrix} \dfrac{\mathrm{d}v_x}{\mathrm{d}t} \\ \dfrac{\mathrm{d}v_y}{\mathrm{d}t} \\ \dfrac{\mathrm{d}v_z}{\mathrm{d}t} \end{bmatrix} = {} & \boldsymbol{G}_B \begin{bmatrix} P_e \\ Y_{1c} + 2\dot{m}\omega_{Tz1}x_{1e} \\ Z_{1c} - 2\dot{m}\omega_{Ty1}x_{1e} \end{bmatrix} + \boldsymbol{G}_V \begin{bmatrix} -C_x q S_M \\ C_y^{\alpha} q S_M \alpha \\ -C_y^{\alpha} q S_M \beta \end{bmatrix} + m\frac{g_r'}{r}\begin{bmatrix} x + R_{0x} \\ y + R_{0y} \\ z + R_{0z} \end{bmatrix} + \\ & m\frac{g_{\omega_e}}{\omega_e}\begin{bmatrix} \omega_{ex} \\ \omega_{ey} \\ \omega_{ez} \end{bmatrix} - m\begin{pmatrix} a_{11} & a_{12} & a_{13} \\ a_{21} & a_{22} & a_{23} \\ a_{31} & a_{32} & a_{33} \end{pmatrix}\begin{bmatrix} x + R_{0x} \\ y + R_{0y} \\ z + R_{0z} \end{bmatrix} - m\begin{pmatrix} b_{11} & b_{12} & b_{13} \\ b_{21} & b_{22} & b_{23} \\ b_{31} & b_{32} & b_{33} \end{pmatrix}\begin{bmatrix} \dot{x} \\ \dot{y} \\ \dot{z} \end{bmatrix} \end{aligned} \tag{5-178}$$

2．绕质心转动的动力学方程在箭体坐标系中的分解

将式（5-124）的各项在箭体坐标系内分解。由于箭体坐标系为中心惯量主轴坐标系，因此惯性张量式（5-40）可简化为

$$\boldsymbol{J}=\begin{bmatrix} J_{x1} & 0 & 0 \\ 0 & J_{y1} & 0 \\ 0 & 0 & J_{z1} \end{bmatrix} \tag{5-179}$$

气动稳定力矩、阻尼力矩在箭体坐标系中的各分量的表达式分别为

$$\boldsymbol{M}_{\text{st}}=\begin{bmatrix} 0 \\ M_{y1\text{st}} \\ M_{z1\text{st}} \end{bmatrix}=\begin{bmatrix} 0 \\ m_{y1}^{\beta} q S_{\text{M}} l_{\text{k}} \beta \\ m_{z1}^{\alpha} q S_{\text{M}} l_{\text{k}} \alpha \end{bmatrix}$$

$$\boldsymbol{M}_{\text{d}}=\begin{bmatrix} M_{x1\text{d}} \\ M_{y1\text{d}} \\ M_{z1\text{d}} \end{bmatrix}=\begin{bmatrix} m_{x1}^{\bar{\omega}_{x1}} q S_{\text{M}} l_{\text{k}} \bar{\omega}_{x1} \\ m_{y1}^{\bar{\omega}_{y1}} q S_{\text{M}} l_{\text{k}} \bar{\omega}_{y1} \\ m_{z1}^{\bar{\omega}_{z1}} q S_{\text{M}} l_{\text{k}} \bar{\omega}_{z1} \end{bmatrix}$$

控制力矩和所采用的执行机构有关，这里以燃气舵作为执行机构，其控制力矩为

$$\boldsymbol{M}_{\text{c}}=\begin{bmatrix} M_{x1\text{c}} \\ M_{y1\text{c}} \\ M_{z1\text{c}} \end{bmatrix}=\begin{bmatrix} -2R' r_{\text{c}} \delta_x \\ -R'\left(x_{\text{c}}-x_{\text{g}}\right)\delta_y \\ -R'\left(x_{\text{c}}-x_{\text{g}}\right)\delta_z \end{bmatrix}=\begin{bmatrix} M_{x1\text{c}}^{\delta_\gamma} \delta_x \\ M_{y1\text{c}}^{\delta_\psi} \delta_y \\ M_{z1\text{c}}^{\delta_\varphi} \delta_z \end{bmatrix}$$

式中，$R'=2Y_{1\text{c}}^{\delta}$ 为一对燃气舵的升力梯度；$x_{\text{c}}-x_{\text{g}}$ 为燃气舵压心到重心的距离，即控制力矩的力臂，通常燃气舵的压心取为舵的铰链轴位置；r_{c} 为燃气舵的压心到纵轴 x_1 的距离。

附加科里奥利力矩的矢量表达式为

$$\boldsymbol{M}_{\text{k}}'=-\frac{\partial \bar{\boldsymbol{J}}}{\partial t}\cdot\boldsymbol{\omega}_{\text{T}}-\dot{m}\boldsymbol{\rho}_e\times\left(\boldsymbol{\omega}_{\text{T}}\times\boldsymbol{\rho}_e\right)$$

注意到在标准条件下，发动机安装无误差，其推力轴线与箭体坐标系的 x_1 轴平行，此时，附加相对力矩为 0。

附加力矩在箭体坐标系中分解时，只要注意到

$$\boldsymbol{\rho}_e=-x_{1e}\boldsymbol{x}_1^0$$

则不难写出

$$\boldsymbol{M}_{\text{k}}'=-\begin{bmatrix} \dot{J}_{x1}\omega_{\text{T}x1} \\ \dot{J}_{y1}\omega_{\text{T}y1} \\ \dot{J}_{z1}\omega_{\text{T}z1} \end{bmatrix}+\dot{m}\begin{bmatrix} 0 \\ -x_{1e}^2\omega_{\text{T}y1} \\ -x_{1e}^2\omega_{\text{T}z1} \end{bmatrix}$$

此时，式（5-124）即可写成在箭体坐标系内的分量形式，即

$$\begin{pmatrix} J_{x1} & 0 & 0 \\ 0 & J_{y1} & 0 \\ 0 & 0 & J_{z1} \end{pmatrix}\begin{bmatrix} \dfrac{\text{d}\omega_{\text{T}x1}}{\text{d}t} \\ \dfrac{\text{d}\omega_{\text{T}y1}}{\text{d}t} \\ \dfrac{\text{d}\omega_{\text{T}z1}}{\text{d}t} \end{bmatrix}+\begin{bmatrix} \left(J_{z1}-J_{y1}\right)\omega_{\text{T}z1}\omega_{\text{T}y1} \\ \left(J_{x1}-J_{z1}\right)\omega_{\text{T}x1}\omega_{\text{T}z1} \\ \left(J_{y1}-J_{x1}\right)\omega_{\text{T}y1}\omega_{\text{T}x1} \end{bmatrix}$$

$$=\begin{bmatrix}0\\ m_{y1}^{\beta}qS_{\mathrm{M}}l_{\mathrm{k}}\beta\\ m_{z1}^{\alpha}qS_{\mathrm{M}}l_{\mathrm{k}}\alpha\end{bmatrix}+\begin{bmatrix}m_{x1}^{\bar{\omega}_{x1}}qS_{\mathrm{M}}l_{\mathrm{k}}\bar{\omega}_{x1}\\ m_{y1}^{\bar{\omega}_{x1}}qS_{\mathrm{M}}l_{\mathrm{k}}\bar{\omega}_{y1}\\ m_{z1}^{\bar{\omega}_{x1}}qS_{\mathrm{M}}l_{\mathrm{k}}\bar{\omega}_{z1}\end{bmatrix}+\begin{bmatrix}-2R'r_{\mathrm{c}}\delta_x\\ -R'\left(x_{\mathrm{c}}-x_{\mathrm{g}}\right)\delta_y\\ -R'\left(x_{\mathrm{c}}-x_{\mathrm{g}}\right)\delta_z\end{bmatrix}-\begin{bmatrix}\dot{J}_{x1}\omega_{\mathrm{T}x1}\\ \dot{J}_{y1}\omega_{\mathrm{T}y1}\\ \dot{J}_{z1}\omega_{\mathrm{T}z1}\end{bmatrix}+\dot{m}\begin{bmatrix}0\\ -x_{1e}^2\omega_{\mathrm{T}y1}\\ -x_{1e}^2\omega_{\mathrm{T}z1}\end{bmatrix} \quad (5\text{-}180)$$

3．补充方程

上面建立的质心动力学方程和绕质心转动的动力学方程的未知量个数远大于方程的个数，因此要求解火箭的运动参数，必须补充有关方程。

（1）运动学方程。

质心速度与位置参数的关系方程为

$$\left.\begin{aligned}\frac{\mathrm{d}x}{\mathrm{d}t}&=v_x\\ \frac{\mathrm{d}x}{\mathrm{d}t}&=v_y\\ \frac{\mathrm{d}x}{\mathrm{d}t}&=v_z\end{aligned}\right\} \quad (5\text{-}181)$$

由于

$$\boldsymbol{\omega}_{\mathrm{T}}=\dot{\boldsymbol{\varphi}}_{\mathrm{T}}+\dot{\boldsymbol{\psi}}_{\mathrm{T}}+\dot{\boldsymbol{\gamma}}_{\mathrm{T}} \quad (5\text{-}182)$$

因此不难得到火箭绕平移坐标系转动的角速度 $\boldsymbol{\omega}_{\mathrm{T}}$ 在箭体坐标系中的分量：

$$\left.\begin{aligned}\omega_{\mathrm{T}x1}&=\dot{\gamma}_{\mathrm{T}}-\dot{\varphi}_{\mathrm{T}}\sin\psi_{\mathrm{T}}\\ \omega_{\mathrm{T}y1}&=\dot{\psi}_{\mathrm{T}}\cos\gamma_{\mathrm{T}}+\dot{\varphi}_{\mathrm{T}}\sin\psi_{\mathrm{T}}\sin\gamma_{\mathrm{T}}\\ \omega_{\mathrm{T}z1}&=-\dot{\psi}_{\mathrm{T}}\sin\gamma_{\mathrm{T}}+\dot{\varphi}_{\mathrm{T}}\sin\psi_{\mathrm{T}}\cos\gamma_{\mathrm{T}}\end{aligned}\right) \quad (5\text{-}183)$$

原则上可由此解得 φ_{T}、ψ_{T}、γ_{T}。

箭体相对于地球的转动角速度 $\boldsymbol{\omega}$ 与箭体相对于惯性（平移）坐标系的转动角速度 $\boldsymbol{\omega}_{\mathrm{T}}$ 和地球自转角速度 $\boldsymbol{\omega}_{\mathrm{e}}$ 之间有下列关系：

$$\boldsymbol{\omega}=\boldsymbol{\omega}_{\mathrm{T}}-\boldsymbol{\omega}_{\mathrm{e}} \quad (5\text{-}184)$$

上式在箭体坐标系中的投影分量表示为

$$\begin{bmatrix}\omega_{x1}\\ \omega_{y1}\\ \omega_{z1}\end{bmatrix}=\begin{bmatrix}\omega_{\mathrm{T}x1}\\ \omega_{\mathrm{T}y1}\\ \omega_{\mathrm{T}z1}\end{bmatrix}-\boldsymbol{B}_{\mathrm{G}}\begin{bmatrix}\omega_{\mathrm{e}x}\\ \omega_{\mathrm{e}y}\\ \omega_{\mathrm{e}z}\end{bmatrix} \quad (5\text{-}185)$$

（2）控制关系方程。

5.2.8 节已给出控制关系方程的一般方程。

（3）欧拉角之间的联系方程。

φ_{T}、ψ_{T}、γ_{T} 与 φ、ψ、γ 的联系方程分别为

$$\left.\begin{aligned}\varphi_{\mathrm{T}}&=\varphi+\omega_{\mathrm{e}z}t\\ \psi_{\mathrm{T}}&=\psi+\omega_{\mathrm{e}y}t\cos\varphi-\omega_{\mathrm{e}x}t\sin\varphi\\ \gamma_{\mathrm{T}}&=\gamma+\omega_{\mathrm{e}y}t\sin\varphi+\omega_{\mathrm{e}x}t\cos\varphi\end{aligned}\right\}$$

式中，φ、ψ、γ 可解得。注意到速度倾角 θ 及航迹偏航角 σ 可由

$$\left.\begin{aligned}\theta &= \arctan\frac{v_y}{v_x}\\ \sigma &= -\arcsin\frac{v_z}{v}\end{aligned}\right\} \tag{5-186}$$

解得。此时，箭体坐标系、速度坐标系及发射坐标系中的 8 个欧拉角已知 5 个，其余 3 个可由方向余弦关系式找到解式：

$$\left.\begin{aligned}\sin\beta &= \cos(\varphi-\theta)\cos\sigma\sin\psi\cos\gamma+\sin(\varphi-\theta)\cos\sigma\sin\gamma-\sin\sigma\cos\psi\cos\gamma\\ -\sin\alpha\cos\beta &= \cos(\varphi-\theta)\cos\sigma\sin\psi\cos\gamma-\sin(\varphi-\theta)\cos\sigma\cos\gamma-\sin\sigma\cos\psi\sin\gamma\\ \sin\nu &= \frac{1}{\cos\sigma}(\cos\alpha\cos\psi\sin\gamma-\sin\psi\sin\alpha)\end{aligned}\right\} \tag{5-187}$$

（4）附加方程。

① 速度计算方程：

$$v=\sqrt{v_x^2+v_y^2+v_z^2} \tag{5-188}$$

② 质量计算方程：

$$m=m_0-\dot{m}t \tag{5-189}$$

式中，m_0 为火箭离开发射台瞬间的质量；$\dot{m}$ 为火箭发动机工作单位时间的质量消耗；t 为火箭离开发射台瞬间（$t=0$）起的计时。

③ 高度计算公式。

因火箭距地高度会对空气动力产生影响，必须知道轨道上任意一点距地面的高度 h，所以要补充有关方程。

已知轨道上任意一点到地心的距离为

$$r=\sqrt{(x+R_{0x})^2+(y+R_{0y})^2+(z+R_{0z})^2} \tag{5-190}$$

因设地球为一两轴旋转椭球体，所以地球表面任意一点到地心的距离与该点的地心纬度 ϕ 有关。由图 5-27 可知，空间任意一点的地心矢径 $\boldsymbol{r}$ 与赤道平面的夹角即该点在地球上星下点所在的地心纬度 ϕ，该角可由 $\boldsymbol{r}$ 与地球自转角速度矢量 $\boldsymbol{\omega}_{\mathrm{e}}$ 之间的关系求得

$$\sin\phi=\frac{\boldsymbol{r}\cdot\boldsymbol{\omega}_{\mathrm{e}}}{r\omega_{\mathrm{e}}}$$

根据式（5-163）及式（5-167）即可写出

$$\sin\phi=\frac{(x+R_{0x})\omega_{\mathrm{ex}}+(x+R_{0y})\omega_{\mathrm{ey}}+(x+R_{0z})\omega_{\mathrm{ez}}}{r\omega_{\mathrm{e}}} \tag{5-191}$$

此时，对应地心纬度 ϕ 的椭球表面到地心的距离可由下式得到：

$$R=\frac{a_{\mathrm{e}}b_{\mathrm{e}}}{\sqrt{a_{\mathrm{e}}^2\sin^2\phi+b_{\mathrm{e}}^2\cos^2\phi}} \tag{5-192}$$

在理论弹道计算中求解高度时，可忽略 μ 的影响，此时，空间任意一点到地球表面的距离为

$$h=r-R \tag{5-193}$$

4．空间运动方程

综合上述讨论，可整理得到火箭在发射坐标系中的一般空间运动方程：

$$
m\begin{bmatrix}\dfrac{\mathrm{d}v_x}{\mathrm{d}t}\\ \dfrac{\mathrm{d}v_y}{\mathrm{d}t}\\ \dfrac{\mathrm{d}v_z}{\mathrm{d}t}\end{bmatrix}=\boldsymbol{G}_\mathrm{B}\begin{bmatrix}P_\mathrm{e}\\ Y_\mathrm{1c}+2\dot{m}\omega_{\mathrm{T}z1}x_\mathrm{1e}\\ Z_\mathrm{1c}-2\dot{m}\omega_{\mathrm{T}y1}x_\mathrm{1e}\end{bmatrix}+\boldsymbol{G}_V\begin{bmatrix}-C_x qS_\mathrm{M}\\ C_y^\alpha qS_\mathrm{M}\alpha\\ -C_y^\alpha qS_\mathrm{M}\beta\end{bmatrix}+m\frac{g_r'}{r}\begin{bmatrix}x+R_{0x}\\ y+R_{0y}\\ z+R_{0z}\end{bmatrix}+
$$

$$
m\frac{g_{\omega_\mathrm{e}}}{\boldsymbol{\omega}_\mathrm{e}}\begin{bmatrix}\omega_\mathrm{ex}\\ \omega_\mathrm{ey}\\ \omega_\mathrm{ez}\end{bmatrix}-m\begin{pmatrix}a_{11}&a_{12}&a_{13}\\ a_{21}&a_{22}&a_{23}\\ a_{31}&a_{32}&a_{33}\end{pmatrix}\begin{bmatrix}x+R_{0x}\\ y+R_{0y}\\ z+R_{0z}\end{bmatrix}-m\begin{pmatrix}b_{11}&b_{12}&b_{13}\\ b_{21}&b_{22}&b_{23}\\ b_{31}&b_{32}&b_{33}\end{pmatrix}\begin{bmatrix}\dot{x}\\ \dot{y}\\ \dot{z}\end{bmatrix}
$$

$$
\begin{pmatrix}J_{x1}&0&0\\ 0&J_{y1}&0\\ 0&0&J_{z1}\end{pmatrix}\begin{bmatrix}\dfrac{\mathrm{d}\omega_{\mathrm{T}x1}}{\mathrm{d}t}\\ \dfrac{\mathrm{d}\omega_{\mathrm{T}y1}}{\mathrm{d}t}\\ \dfrac{\mathrm{d}\omega_{\mathrm{T}z1}}{\mathrm{d}t}\end{bmatrix}+\begin{bmatrix}\left(J_{z1}-J_{y1}\right)\omega_{\mathrm{T}z1}\omega_{\mathrm{T}y1}\\ \left(J_{x1}-J_{z1}\right)\omega_{\mathrm{T}x1}\omega_{\mathrm{T}z1}\\ \left(J_{y1}-J_{x1}\right)\omega_{\mathrm{T}y1}\omega_{\mathrm{T}x1}\end{bmatrix}
$$

$$
=\begin{bmatrix}0\\ m_{y1}^\beta qS_\mathrm{M}l_\mathrm{k}\beta\\ m_{z1}^\alpha qS_\mathrm{M}l_\mathrm{k}\alpha\end{bmatrix}+\begin{bmatrix}m_{x1}^{\bar{\omega}_{x1}}qS_\mathrm{M}l_\mathrm{k}\bar{\omega}_{x1}\\ m_{y1}^{\bar{\omega}_{x1}}qS_\mathrm{M}l_\mathrm{k}\bar{\omega}_{y1}\\ m_{z1}^{\bar{\omega}_{x1}}qS_\mathrm{M}l_\mathrm{k}\bar{\omega}_{z1}\end{bmatrix}+\begin{bmatrix}-2R'r_\mathrm{c}\delta_x\\ -R'\left(x_\mathrm{c}-x_\mathrm{g}\right)\delta_y\\ -R'\left(x_\mathrm{c}-x_\mathrm{g}\right)\delta_z\end{bmatrix}-\begin{bmatrix}\dot{J}_{x1}\omega_{\mathrm{T}x1}\\ \dot{J}_{y1}\omega_{\mathrm{T}y1}\\ \dot{J}_{z1}\omega_{\mathrm{T}z1}\end{bmatrix}+\dot{m}\begin{bmatrix}0\\ -x_\mathrm{1e}^2\omega_{\mathrm{T}y1}\\ -x_\mathrm{1e}^2\omega_{\mathrm{T}z1}\end{bmatrix}
$$

$$
\left.\begin{aligned}\frac{\mathrm{d}x}{\mathrm{d}t}&=v_x\\ \frac{\mathrm{d}x}{\mathrm{d}t}&=v_y\\ \frac{\mathrm{d}x}{\mathrm{d}t}&=v_z\end{aligned}\right\}
$$

$$
\left.\begin{aligned}\omega_{\mathrm{T}x1}&=\dot{\gamma}_\mathrm{T}-\dot{\varphi}_\mathrm{T}\sin\psi_\mathrm{T}\\ \omega_{\mathrm{T}y1}&=\dot{\psi}_\mathrm{T}\cos\gamma_\mathrm{T}+\dot{\varphi}_\mathrm{T}\sin\psi_\mathrm{T}\sin\gamma_\mathrm{T}\\ \omega_{\mathrm{T}z1}&=-\dot{\psi}_\mathrm{T}\sin\gamma_\mathrm{T}+\dot{\varphi}_\mathrm{T}\sin\psi_\mathrm{T}\cos\gamma_\mathrm{T}\end{aligned}\right\}
$$

$$
\begin{bmatrix}\omega_{x1}\\ \omega_{y1}\\ \omega_{z1}\end{bmatrix}=\begin{bmatrix}\omega_{\mathrm{T}x1}\\ \omega_{\mathrm{T}y1}\\ \omega_{\mathrm{T}z1}\end{bmatrix}-\boldsymbol{B}_\mathrm{G}\begin{bmatrix}\omega_\mathrm{ex}\\ \omega_\mathrm{ey}\\ \omega_\mathrm{ez}\end{bmatrix}
$$

$$
\left.\begin{aligned}F_z\left(\delta_z,x,y,z,\dot{x},\dot{y},\dot{z},\varphi_\mathrm{T},\dot{\varphi}_\mathrm{T},\cdots\right)&=0\\ F_y\left(\delta_y,x,y,z,\dot{x},\dot{y},\dot{z},\psi_\mathrm{T},\dot{\psi}_\mathrm{T},\cdots\right)&=0\\ F_x\left(\delta_x,x,y,z,\dot{x},\dot{y},\dot{z},\gamma_\mathrm{T},\dot{\gamma}_\mathrm{T},\cdots\right)&=0\end{aligned}\right\}
$$

$$\left.\begin{aligned}\theta &= \arctan\frac{v_y}{v_x}\\ \sigma &= -\arcsin\frac{v_z}{v}\end{aligned}\right\} \tag{5-194}$$

$$\left.\begin{aligned}\sin\beta &= \cos(\varphi-\theta)\cos\sigma\sin\psi\cos\gamma+\sin(\varphi-\theta)\cos\sigma\sin\gamma-\sin\sigma\cos\psi\cos\gamma\\ -\sin\alpha\cos\beta &= \cos(\varphi-\theta)\cos\sigma\sin\psi\cos\gamma-\sin(\varphi-\theta)\cos\sigma\cos\gamma-\sin\sigma\cos\psi\sin\gamma\\ \sin\nu &= \frac{1}{\cos\sigma}(\cos\alpha\cos\psi\sin\gamma-\sin\psi\sin\alpha)\end{aligned}\right\}$$

$$r=\sqrt{(x+R_{0x})^2+(y+R_{0y})^2+(z+R_{0z})^2}$$

$$\sin\phi=\frac{(x+R_{0x})\omega_{ex}+(x+R_{0y})\omega_{ey}+(x+R_{0z})\omega_{ez}}{r\omega_e}$$

$$R=\frac{a_e b_e}{\sqrt{a_e^2\sin^2\phi+b_e^2\cos^2\phi}}$$

$$h=r-R$$

$$v=\sqrt{v_x^2+v_y^2+v_z^2}$$

$$m=m_0-\dot{m}t$$

以上共 32 个方程，有 32 个未知量：v_x、v_y、v_z、ω_{Tx1}、ω_{Ty1}、ω_{Tz1}、x、y、z、γ_T、ψ_T、φ_T、ω_{x1}、ω_{y1}、ω_{z1}、δ_φ、δ_ψ、δ_γ、φ、ψ、γ、θ、σ、β、α、ν、r、ϕ、R、h、v、m。原则上，当已知控制关系方程的具体形式后，给出 32 个起始条件即可求解这 32 个未知量。

事实上，由于其中有些方程是确定量之间具有明确关系的方程，因此，这些量不是任意给出的，如ω_{x1}、ω_{y1}、ω_{z1}、β、α、ν、r、ϕ、R、h、v、φ、ψ、γ，当有关参数的起始条件给出时，它们也即相应被确定。

在动力学方程中，有关力和力矩（或力矩导数）的参数均可用上述方程组解得的参数进行计算，其计算式在前面已列出，这里不再重复。

5.8.3 发射坐标系中的空间运动方程的简化

1. 空间运动方程简化的假设条件

火箭的空间一般方程较精确地描述了火箭在主动段的运动规律。实际在研究火箭质心运动时，根据火箭的飞行情况，为计算方便，可做如下假设。

（1）一般方程中的一些欧拉角，如ψ_T、γ_T、ψ、γ、σ、ν、α、β等在火箭有控制的条件下，其在主动段表现的数值均很小。因此可将一般方程中的这些角度的正弦值取为该角弧值，而其余弦值取为 1；当上述角度的正弦值出现两个以上的乘积时，将其作为高阶项略去。据此，一般方程中的方向余弦阵及附加方程中的一些有关欧拉角关系的方程即可得到简化。当然，附加科里奥利力项也可略去。

（2）火箭绕质心转动方程反映火箭在飞行过程中的力矩平衡过程。对于姿态稳定的火箭，这一动态过程进行得很快，以至于对火箭质心运动不产生影响。

因此，在研究火箭质心运动时，可不考虑动态过程，即将方程中与姿态角速度和角加速度有关的项忽略，称为瞬时平衡假设（前面已具体介绍过）。此时，由式（5-124）得

$$\boldsymbol{M}_{\mathrm{st}}+\boldsymbol{M}_{\mathrm{c}}=0$$

将上式展开为

$$\begin{cases}M_{z1}^{\alpha}\alpha+M_{z1}^{\delta}\delta_z=0\\ M_{y1}^{\beta}\beta+M_{y1}^{\delta}\delta_y=0\\ \delta_x=0\end{cases}\tag{5-195}$$

对于控制关系方程

$$\begin{cases}\delta_z=a_0^{\varphi}\Delta\varphi_{\mathrm{T}}+k_{\varphi}u_{\varphi}\\ \delta_y=a_0^{\psi}\Delta\psi_{\mathrm{T}}+k_H u_H\\ \delta_x=a_0^{\gamma}\Delta\gamma_{\mathrm{T}}\end{cases}$$

略去动态过程后为

$$\begin{cases}\delta_z=a_0^{\varphi}\left(\varphi+\omega_{\mathrm{e}z}t-\varphi_{pr}\right)+k_{\varphi}u_{\varphi}\\ \delta_y=a_0^{\psi}\left[\psi+\left(\omega_{\mathrm{e}y}\cos\varphi-\omega_{\mathrm{e}x}\sin\varphi\right)t\right]+k_H u_H\\ \delta_x=a_0^{\gamma}\left[\gamma+\left(\omega_{\mathrm{e}y}\sin\varphi-\omega_{\mathrm{e}x}\cos\varphi\right)t\right]\end{cases}\tag{5-196}$$

将式（5-196）代入式（5-195），并根据假设（1）可得如下欧拉角关系式：

$$\begin{cases}\beta=\psi-\sigma\\ \alpha=\varphi-\theta\\ \nu=\gamma\end{cases}$$

由此可整理得绕质心转动的运动方程在瞬时平衡假设下的另一个等价关系式：

$$\begin{cases}\alpha=A_{\varphi}\left[\left(\varphi_{pr}-\omega_{\mathrm{e}z}t-\theta\right)-\dfrac{k_{\varphi}}{a_0^{\varphi}}u_{\varphi}\right]\\ \beta=A_{\psi}\left[\left(\omega_{\mathrm{e}x}\sin\varphi-\omega_{\mathrm{e}y}\cos\varphi\right)t-\sigma-\dfrac{k_H}{a_0^{\psi}}u_H\right]\\ \gamma=-\left(\omega_{\mathrm{e}y}\sin\varphi+\omega_{\mathrm{e}x}\cos\varphi\right)t\end{cases}\tag{5-197}$$

式中

$$\begin{cases}A_{\varphi}=\dfrac{a_0^{\varphi}M_{z1}^{\delta}}{M_{z1}^{\alpha}+a_0^{\varphi}M_{z1}^{\delta}}\\ A_{\psi}=\dfrac{a_0^{\psi}M_{y1}^{\delta}}{M_{y1}^{\beta}+a_0^{\psi}M_{y1}^{\delta}}\end{cases}\tag{5-198}$$

2. 空间弹道方程

根据以上假设，且忽略ν和γ的影响，可得到发射坐标系中的空间弹道方程：

$$m\begin{bmatrix}\dfrac{\mathrm{d}v_x}{\mathrm{d}t}\\ \dfrac{\mathrm{d}v_y}{\mathrm{d}t}\\ \dfrac{\mathrm{d}v_z}{\mathrm{d}t}\end{bmatrix}=\begin{bmatrix}\cos\varphi\cos\psi & -\sin\varphi & \cos\varphi\sin\psi\\ \sin\varphi\cos\psi & \cos\varphi & \sin\varphi\sin\psi\\ -\sin\psi & 0 & \cos\psi\end{bmatrix}\begin{bmatrix}P_{\mathrm{e}}\\ Y_{1\mathrm{c}}\\ Z_{1\mathrm{c}}\end{bmatrix}+$$

$$\begin{bmatrix}\cos\theta\cos\sigma & -\sin\varphi & \cos\theta\sin\sigma\\ \sin\theta\cos\sigma & \cos\theta & \sin\theta\sin\sigma\\ -\sin\sigma & 0 & \cos\sigma\end{bmatrix}\begin{bmatrix}-C_x q S_{\mathrm{M}}\\ C_y^{\alpha} q S_{\mathrm{M}}\alpha\\ -C_y^{\alpha} q S_{\mathrm{M}}\beta\end{bmatrix}+$$

$$m\frac{g_r'}{r}\begin{bmatrix}x+R_{0x}\\ y+R_{0y}\\ z+R_{0z}\end{bmatrix}+m\frac{g_{\omega_{\mathrm{e}}}}{\boldsymbol{\omega}_{\mathrm{e}}}\begin{bmatrix}\omega_{\mathrm{ex}}\\ \omega_{\mathrm{ey}}\\ \omega_{\mathrm{ez}}\end{bmatrix}-m\begin{bmatrix}a_{11} & a_{12} & a_{13}\\ a_{21} & a_{22} & a_{23}\\ a_{31} & a_{32} & a_{33}\end{bmatrix}\begin{bmatrix}x+R_{0x}\\ y+R_{0y}\\ z+R_{0z}\end{bmatrix}-m\begin{bmatrix}b_{11} & b_{12} & b_{13}\\ b_{21} & b_{22} & b_{23}\\ b_{31} & b_{32} & b_{33}\end{bmatrix}\begin{bmatrix}\dot{x}\\ \dot{y}\\ \dot{z}\end{bmatrix}$$

$$\left.\begin{aligned}\frac{\mathrm{d}x}{\mathrm{d}t}&=v_x\\ \frac{\mathrm{d}x}{\mathrm{d}t}&=v_y\\ \frac{\mathrm{d}x}{\mathrm{d}t}&=v_z\end{aligned}\right\} \tag{5-199}$$

$$\alpha=A_{\varphi}\left[\left(\varphi_{\mathrm{pr}}-\omega_{\mathrm{ez}}t-\theta\right)-\frac{k_{\varphi}}{a_0^{\varphi}}u_{\varphi}\right]$$

$$\beta=A_{\psi}\left[\left(\omega_{\mathrm{ex}}\sin\varphi-\omega_{\mathrm{ey}}\cos\varphi\right)t-\sigma-\frac{k_H}{a_0^{\psi}}u_H\right]$$

$$\left.\begin{aligned}\theta&=\arctan\frac{v_y}{v_x}\\ \sigma&=-\arcsin\frac{v_z}{v}\end{aligned}\right\}$$

$$\varphi=\theta+\alpha$$

$$\psi=\theta+\beta$$

$$\delta_z=a_0^{\varphi}\left(\varphi+\omega_{\mathrm{ez}}t-\varphi_{\mathrm{pr}}\right)+k_{\varphi}u_{\varphi}$$

$$\delta_y=a_0^{\psi}\left[\psi+\left(\omega_{\mathrm{ey}}\cos\varphi-\omega_{\mathrm{ex}}\sin\varphi\right)t\right]+k_H u_H$$

$$r=\sqrt{\left(x+R_{0x}\right)^2+\left(y+R_{0y}\right)^2+\left(z+R_{0z}\right)^2}$$

$$\sin\phi=\frac{\left(x+R_{0x}\right)\omega_{\mathrm{ex}}+\left(x+R_{0y}\right)\omega_{\mathrm{ey}}+\left(x+R_{0z}\right)\omega_{\mathrm{ez}}}{r\omega_{\mathrm{e}}}$$

$$R=\frac{a_{\mathrm{e}}b_{\mathrm{e}}}{\sqrt{a_{\mathrm{e}}^2\sin^2\phi+b_{\mathrm{e}}^2\cos^2\phi}}$$

$$h=r-R$$

$$v=\sqrt{v_x^2+v_y^2+v_z^2}$$

$$m = m_0 - \dot{m}t$$

即瞬时平衡假设下的空间弹道的计算方程，给定相应的起始条件就可求得火箭质心运动参数。

在实际的弹道计算中，有时根据需要，用惯性加速度表测量参数，视加速度$\dot{\boldsymbol{W}}$为参数，不难写出除引力外作用在火箭上的力在箭体坐标系内的各投影值：

$$m\begin{bmatrix}\dot{W}_{x1}\\ \dot{W}_{y1}\\ \dot{W}_{z1}\end{bmatrix} = \begin{bmatrix}P\\ Y_{1c}\\ Z_{1c}\end{bmatrix} + \boldsymbol{B}_V\begin{bmatrix}-C_x q S_M\\ C_y^{\alpha} q S_M \alpha\\ -C_y^{\alpha} q S_M \beta\end{bmatrix} \tag{5-200}$$

将式（5-199）中的质心动力学方程改写成下列形式：

$$\left.\begin{aligned}
&m\begin{bmatrix}\dfrac{\mathrm{d}v_x}{\mathrm{d}t}\\ \dfrac{\mathrm{d}v_y}{\mathrm{d}t}\\ \dfrac{\mathrm{d}v_z}{\mathrm{d}t}\end{bmatrix} = m\begin{bmatrix}\cos\varphi\cos\psi & -\sin\varphi & \cos\varphi\sin\psi\\ \sin\varphi\cos\psi & \cos\varphi & \sin\varphi\sin\psi\\ -\sin\psi & 0 & \cos\psi\end{bmatrix}\begin{bmatrix}\dot{W}_{x1}\\ \dot{W}_{y1}\\ \dot{W}_{z1}\end{bmatrix} + m\frac{g_r'}{r}\begin{bmatrix}x+R_{0x}\\ y+R_{0y}\\ z+R_{0z}\end{bmatrix} +\\
&\qquad m\frac{g_{\omega_e}}{\boldsymbol{\omega}_e}\begin{bmatrix}\omega_{ex}\\ \omega_{ey}\\ \omega_{ez}\end{bmatrix} - m\begin{bmatrix}a_{11} & a_{12} & a_{13}\\ a_{21} & a_{22} & a_{23}\\ a_{31} & a_{32} & a_{33}\end{bmatrix}\begin{bmatrix}x+R_{0x}\\ y+R_{0y}\\ z+R_{0z}\end{bmatrix} - m\begin{bmatrix}b_{11} & b_{12} & b_{13}\\ b_{21} & b_{22} & b_{23}\\ b_{31} & b_{32} & b_{33}\end{bmatrix}\begin{bmatrix}\dot{x}\\ \dot{y}\\ \dot{z}\end{bmatrix}\\
&\begin{bmatrix}\dot{W}_{x1}\\ \dot{W}_{y1}\\ \dot{W}_{z1}\end{bmatrix} = \frac{1}{m}\begin{bmatrix}P_e\\ Y_{1c}\\ Z_{1c}\end{bmatrix} + \frac{1}{m}\begin{bmatrix}\cos\beta\cos\alpha & \sin\alpha & -\sin\beta\cos\alpha\\ -\cos\beta\sin\alpha & \cos\alpha & \sin\beta\sin\alpha\\ \sin\beta & 0 & \cos\beta\end{bmatrix}\begin{bmatrix}-C_x q S_M\\ C_y^{\alpha} q S_M \alpha\\ -C_y^{\alpha} q S_M \beta\end{bmatrix}
\end{aligned}\right\} \tag{5-201}$$

将式（5-201）代入式（5-199）中的质心动力学方程即组成含$\dot{\boldsymbol{W}}$参数的空间弹道方程。

3．弹道参数计算

运用空间弹道方程解得的各个参数还可用来计算一些有实际应用价值的参数，如弹下点的位置（经/纬度）、方位角、射程角，以及火箭飞行过程中每时刻的切向、法向、侧向加速度和轴向、法向、横向过载。

（1）弹下点的经/纬度。

弹下点的地心纬度ϕ在空间弹道方程的解算中已求得，而相应的地理纬度B则可根据两者的关系$\tan B = \dfrac{a_e^2}{b_e^2}\tan\phi$求得。

为求弹下点的经度λ，因已知发射点的经度λ_0，所以只需求出弹下点的经度与发射点的经度之差$\Delta\lambda$即可（$\lambda = \lambda_0 + \Delta\lambda$）。为此，在地心处建立一个直角坐标系，其$x'$轴与地球自转轴一致；$y'$轴在赤道平面内，指向发射点子午线与赤道的交点；$z'$轴与上面两轴组成右手直角坐标系，如图 5-36 所示。

由图 5-36 可见，将发射坐标系先绕y轴转动A_0角，再绕新的x轴（$O_A N$）转B_0角即可找到这个两坐标系之间的方向余弦阵。注意到两个坐标系的原点不重合，且已知由O_E到O_A的矢量为$\boldsymbol{R}_0$，不难写出这两个坐标系之间的坐标转换关系式：

$$\begin{bmatrix} x' \\ y' \\ z' \end{bmatrix} = \begin{bmatrix} \cos B_0 & \sin B_0 & 0 \\ -\sin B_0 & \cos B_0 & 0 \\ 0 & 0 & 1 \end{bmatrix} \begin{bmatrix} \cos A_0 & 0 & -\sin A_0 \\ 0 & 1 & 0 \\ \sin A_0 & 0 & \cos A_0 \end{bmatrix} \begin{bmatrix} x + R_{0x} \\ y + R_{0y} \\ z + R_{0z} \end{bmatrix}$$

即

$$\begin{bmatrix} x' \\ y' \\ z' \end{bmatrix} = \begin{bmatrix} \cos B_0 \cos A_0 & \sin B_0 & -\cos B_0 \sin A_0 \\ -\sin B_0 \cos A_0 & \cos B_0 & \sin B_0 \sin A_0 \\ \sin A_0 & 0 & \cos A_0 \end{bmatrix} \begin{bmatrix} x + R_{0x} \\ y + R_{0y} \\ z + R_{0z} \end{bmatrix} \tag{5-202}$$

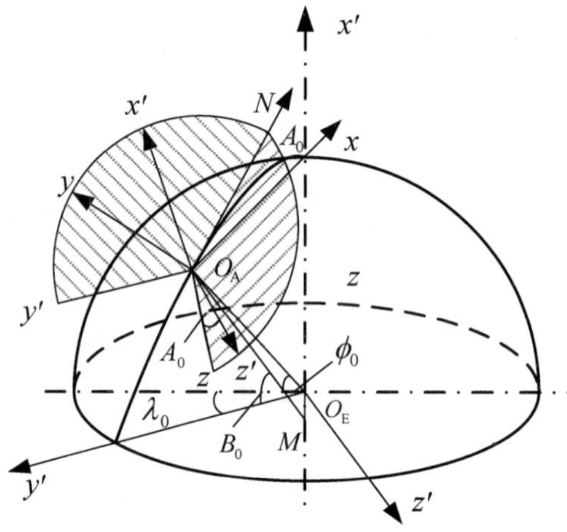

图 5-36　计算经度之差所用的地心坐标系及其与发射坐标系的转换

从而可得任一时刻弹下点的经度与发射点的经度之差 $\Delta\lambda$ 的求解式：

$$\tan\Delta\lambda = \frac{z'}{y'} \tag{5-203}$$

$\Delta\lambda$ 的取值可以由下式判断：

$$\Delta\lambda = \begin{cases} \arctan\dfrac{z'}{y'} & y' > 0 \\ \pi + \arctan\dfrac{z'}{y'} & y' < 0 \end{cases} \tag{5-204}$$

（2）方位角。

根据地球为圆球或两轴旋转椭球，方位角有地心方位角 α 或大地方位角 A 之分。

利用图 5-36 可写出火箭的相对速度在地心坐标系中的 3 个分量：

$$\begin{bmatrix} v'_x \\ v'_y \\ v'_z \end{bmatrix} = \begin{bmatrix} \cos B_0 \cos A_0 & \sin B_0 & -\cos B_0 \sin A_0 \\ -\sin B_0 \cos A_0 & \cos B_0 & \sin B_0 \sin A_0 \\ \sin A_0 & 0 & \cos A_0 \end{bmatrix} \begin{bmatrix} v_x \\ v_y \\ v_z \end{bmatrix} \tag{5-205}$$

任一时刻弹下点的经度 λ（$\lambda_0 + \Delta\lambda$）、地心纬度 ϕ、地理纬度 B 均已知，在该弹下点处，北天东右手直角坐标系的天轴有两个，它们与赤道平面的夹角分别为 ϕ、B，东轴均垂直弹下点所在的子午面，地心直角坐标系与上述两个坐标系的方向余弦关系：可先将 $O_E x'y'z'$ 绕 x' 轴旋转 $\Delta\lambda$ 角，然后绕新的侧轴旋转 $-\phi$ 或 $-B$ 而得到，这就不难写出相对速度在这两个北天东右手直角坐标系中的分量：

$$\begin{bmatrix} v_{\phi N} \\ v_{\phi r} \\ v_{\phi \mathrm{E}} \end{bmatrix} = \begin{bmatrix} \cos\phi & -\sin\phi\cos\Delta\lambda & -\sin\phi\sin\Delta\lambda \\ \sin\phi & \cos\phi\cos\Delta\lambda & \cos\phi\sin\Delta\lambda \\ 0 & -\sin\Delta\lambda & \cos\Delta\lambda \end{bmatrix} \begin{bmatrix} v'_x \\ v'_y \\ v'_z \end{bmatrix} \tag{5-206}$$

$$\begin{bmatrix} v_N \\ v_B \\ v_{\mathrm{E}} \end{bmatrix} = \begin{bmatrix} \cos B & -\sin B\cos\Delta\lambda & -\sin B\sin\Delta\lambda \\ \sin B & \cos B\cos\Delta\lambda & \cos B\sin\Delta\lambda \\ 0 & -\sin\Delta\lambda & \cos\Delta\lambda \end{bmatrix} \begin{bmatrix} v'_x \\ v'_y \\ v'_z \end{bmatrix} \tag{5-207}$$

从而可求出任一时刻相对速度在弹下点的当地水平面的分量对应的 α 或 A 。

（3）弹下点对应的射程角 β：

$$\cos\beta = \frac{\boldsymbol{r}\cdot\boldsymbol{R}_0}{rR_0} = \frac{R_{0x}\left(x+R_{0x}\right)+R_{0y}\left(y+R_{0y}\right)+R_{0z}\left(y+R_{0z}\right)}{rR_0}$$

可得

$$\beta = \arccos\left(\frac{R_0}{r} + \frac{xR_{0x}+yR_{0y}+zR_{0z}}{rR_0}\right) \tag{5-208}$$

（4）切向、法向、侧向加速度。

将火箭质心相对于发射坐标系的加速度沿速度坐标系的 3 个坐标轴分解，得出沿 x_v^0 、y_v^0 、z_v^0 三个坐标轴的加速度分量，依次称之为切向、法向及侧向加速度：

$$\frac{\mathrm{d}\boldsymbol{v}}{\mathrm{d}t} = \dot{v}_{xv}\boldsymbol{x}_v^0 + \dot{v}_{yv}\boldsymbol{y}_v^0 + \dot{v}_{zv}\boldsymbol{z}_v^0 \tag{5-209}$$

由空间弹道方程已解得

$$\frac{\mathrm{d}\boldsymbol{v}}{\mathrm{d}t} = \dot{v}_x\boldsymbol{x}^0 + \dot{v}_y\boldsymbol{y}^0 + \dot{v}_z\boldsymbol{z}^0 \tag{5-210}$$

且已知

$$\begin{bmatrix} \dot{v}_x \\ \dot{v}_y \\ \dot{v}_z \end{bmatrix} = \begin{bmatrix} \cos\theta\cos\sigma & -\sin\theta & \cos\theta\sin\sigma \\ \sin\theta\cos\sigma & \cos\theta & \sin\theta\sin\sigma \\ -\sin\sigma & 0 & \cos\sigma \end{bmatrix} \begin{bmatrix} \dot{v}_{xv} \\ \dot{v}_{yv} \\ \dot{v}_{zv} \end{bmatrix} \tag{5-211}$$

因此，可整理得

$$\begin{bmatrix} \dot{v}_{xv} \\ \dot{v}_{yv} \\ \dot{v}_{zv} \end{bmatrix} = \begin{bmatrix} \dot{v}_x\cos\theta\cos\sigma + \dot{v}_y\sin\theta\cos\sigma \\ -\dot{v}_x\sin\theta + \dot{v}_y\cos\theta \\ \dot{v}_x\cos\theta\sin\sigma + \dot{v}_y\sin\theta\sin\sigma + \dot{v}_z\cos\sigma \end{bmatrix} \tag{5-212}$$

注意到关系式

$$\left.\begin{aligned} v_x &= v\cos\theta\cos\sigma \\ v_y &= v\sin\theta\cos\sigma \\ v_z &= -v\sin\sigma \end{aligned}\right\}$$

式（5-212）可写成另一种形式：

$$\begin{bmatrix}\dot{v}_{xv}\\ \dot{v}_{yv}\\ \dot{v}_{zv}\end{bmatrix}=\begin{bmatrix}\dfrac{1}{v}\left(v_x\dot{v}_x+v_y\dot{v}_y+v_z\dot{v}_z\right)\\ \dfrac{1}{\sqrt{v_x^2+v_y^2}}\left(-v_y\dot{v}_x+v_x\dot{v}_y\right)\\ \dfrac{-1}{\sqrt{v_x^2+v_y^2}}\left(v_x\dot{v}_x+v_y\dot{v}_y\right)\dfrac{v_z}{v}+\dot{v}_z\dfrac{\sqrt{v_x^2+v_y^2}}{v}\end{bmatrix} \tag{5-213}$$

考虑到σ为小量，v_z较v_x、v_y甚小，故v可近似取为

$$v=\sqrt{v_x^2+v_y^2}$$

于是，式（5-213）可近似为

$$\begin{bmatrix}\dot{v}_{xv}\\ \dot{v}_{yv}\\ \dot{v}_{zv}\end{bmatrix}=\frac{1}{v}\begin{bmatrix}v_x\dot{v}_x+v_y\dot{v}_y+v_z\dot{v}_z\\ -v_y\dot{v}_x+v_x\dot{v}_y\\ -\dfrac{1}{v}\left(v_x\dot{v}_x+v_y\dot{v}_y\right)v_z+\dot{v}_z v\end{bmatrix} \tag{5-214}$$

式（5-212）～式（5-214）均可用来计算火箭质心在速度坐标系中的切向加速度$\dot{v}_{xv}$、法向加速度$\dot{v}_{yv}$及侧向加速度$\dot{v}_{zv}$。

（5）轴向、法向、横向过载。

在火箭的总体设计中，从仪表和箭体强度设计角度考虑，需要知道它们要承受的加速度有多大。显然，视加速度即过载产生的加速度，将火箭飞行过程中除引力以外作用在火箭上的力$\boldsymbol{N}$在箭体坐标系中分解为

$$\begin{bmatrix}N_{x1}\\ N_{y1}\\ N_{z1}\end{bmatrix}=m\begin{bmatrix}\dot{W}_{x1}\\ \dot{W}_{y1}\\ \dot{W}_{z1}\end{bmatrix} \tag{5-215}$$

过载在箭体坐标系中的分量为

$$\begin{bmatrix}n_{x1}\\ n_{y1}\\ n_{z1}\end{bmatrix}=\frac{1}{g_0}\begin{bmatrix}\dot{W}_{x1}\\ \dot{W}_{y1}\\ \dot{W}_{z1}\end{bmatrix} \tag{5-216}$$

式中，n_{x1}、n_{y1}、n_{z1}分别称为火箭在飞行过程中的轴向、法向、横向过载。

5.8.4 速度坐标系中的空间运动方程与简化

1．速度坐标系中的质心动力学方程

由发射坐标系中的质心动力学方程即式（5-156）：

$$m\frac{\partial^2\boldsymbol{r}}{\partial t^2}=\boldsymbol{P}+\boldsymbol{R}+\boldsymbol{F}_{\mathrm{c}}+m\boldsymbol{g}+\boldsymbol{F}_{\mathrm{k}}'-m\boldsymbol{\omega}_{\mathrm{e}}\times\left(\boldsymbol{\omega}_{\mathrm{e}}\times\boldsymbol{r}\right)-2m\boldsymbol{\omega}_{\mathrm{e}}\times\frac{\partial\boldsymbol{r}}{\partial t}$$

将质心动力学方程在速度坐标系内投影，根据矢量微分法则，有

$$\frac{\mathrm{d}\boldsymbol{v}}{\mathrm{d}t}=\frac{\mathrm{d}}{\mathrm{d}t}\left(v\boldsymbol{x}_v^0\right)=\frac{\mathrm{d}v}{\mathrm{d}t}\boldsymbol{x}_v^0+v\frac{\mathrm{d}\boldsymbol{x}_v^0}{\mathrm{d}t} \tag{5-217}$$

由于

$$\frac{\mathrm{d}\boldsymbol{x}_v^0}{\mathrm{d}t}=\boldsymbol{\omega}_v\times\boldsymbol{x}_v^0 \tag{5-218}$$

式中，$\boldsymbol{\omega}_v$ 为速度坐标系相对于发射坐标系的转动角速度，且

$$\boldsymbol{\omega}_v=\dot{\boldsymbol{\theta}}+\dot{\boldsymbol{\sigma}}+\dot{\boldsymbol{v}} \tag{5-219}$$

将 $\boldsymbol{\omega}_v$ 在速度坐标系内投影，式（5-219）右边的投影分量可由几何关系得出：

$$\left.\begin{aligned}\omega_{xv}&=\dot{\nu}-\dot{\theta}\sin\sigma\\ \omega_{yv}&=\dot{\sigma}\cos\nu+\dot{\theta}\sin\nu\cos\sigma\\ \omega_{zv}&=-\dot{\sigma}\sin\nu+\dot{\theta}\cos\nu\cos\sigma\end{aligned}\right\} \tag{5-220}$$

因此可得

$$\frac{\mathrm{d}\boldsymbol{x}_v^0}{\mathrm{d}t}=\left(-\dot{\sigma}\sin\nu+\dot{\theta}\cos\nu\cos\sigma\right)\boldsymbol{y}_v^0-\left(\dot{\sigma}\cos\nu+\dot{\theta}\sin\nu\cos\sigma\right)\boldsymbol{z}_v^0$$

将上式代入式（5-217）可得

$$\frac{\mathrm{d}\boldsymbol{v}}{\mathrm{d}t}=\frac{\mathrm{d}v}{\mathrm{d}t}\boldsymbol{x}_v^0+v\left(-\dot{\sigma}\sin\nu+\dot{\theta}\cos\nu\cos\sigma\right)\boldsymbol{y}_v^0-v\left(\dot{\sigma}\cos\nu+\dot{\theta}\sin\nu\cos\sigma\right)\boldsymbol{z}_v^0 \tag{5-221}$$

即火箭质心相对于发射坐标系的加速度沿速度坐标系的分解。

将式（5-221）代入式（5-156）左边，而右边各项即可参照式（5-178）右边直接写出它们在速度坐标系中的分量形式，最终可得速度坐标系内的质心动力学方程为

$$\begin{aligned}&m\begin{bmatrix}\dot{v}\\ v\left(-\dot{\sigma}\sin\nu+\dot{\theta}\cos\nu\cos\sigma\right)\\ -v\left(\dot{\sigma}\cos\nu+\dot{\theta}\sin\nu\cos\sigma\right)\end{bmatrix}\\ &=\boldsymbol{V}_{\mathrm{B}}\begin{bmatrix}P_{\mathrm{e}}\\ Y_{1\mathrm{c}}+2\dot{m}\omega_{\mathrm{Tz1}}x_{1\mathrm{e}}\\ Z_{1\mathrm{c}}-2\dot{m}\omega_{\mathrm{Ty1}}x_{1\mathrm{e}}\end{bmatrix}+\begin{bmatrix}-C_x qS_{\mathrm{M}}\\ C_y^{\alpha}qS_{\mathrm{M}}\alpha\\ -C_y^{\alpha}qS_{\mathrm{M}}\beta\end{bmatrix}+m\frac{g_r'}{r}\boldsymbol{V}_{\mathrm{G}}\begin{bmatrix}x+R_{0x}\\ y+R_{0y}\\ z+R_{0z}\end{bmatrix}+m\frac{g_{\omega_{\mathrm{e}}}}{\boldsymbol{\omega}_{\mathrm{e}}}\boldsymbol{V}_{\mathrm{G}}\begin{bmatrix}\omega_{\mathrm{ex}}\\ \omega_{\mathrm{ey}}\\ \omega_{\mathrm{ez}}\end{bmatrix}-\\ &\quad m\boldsymbol{V}_{\mathrm{G}}\begin{bmatrix}a_{11}&a_{12}&a_{13}\\ a_{21}&a_{22}&a_{23}\\ a_{31}&a_{32}&a_{33}\end{bmatrix}\begin{bmatrix}x+R_{0x}\\ y+R_{0y}\\ z+R_{0z}\end{bmatrix}-m\boldsymbol{V}_{\mathrm{G}}\begin{bmatrix}b_{11}&b_{12}&b_{13}\\ b_{21}&b_{22}&b_{23}\\ b_{31}&b_{32}&b_{33}\end{bmatrix}\begin{bmatrix}\dot{x}\\ \dot{y}\\ \dot{z}\end{bmatrix}\end{aligned} \tag{5-222}$$

观察式（5-222），可知 $v\left(-\dot{\sigma}\sin\nu+\dot{\theta}\cos\nu\cos\sigma\right)$ 和 $-v\left(\dot{\sigma}\cos\nu+\dot{\theta}\sin\nu\cos\sigma\right)$ 中均含有两个微分变量，为进行计算，现引进矩阵 $\boldsymbol{H}_V$：

$$\boldsymbol{H}_V=\begin{bmatrix}1&0&0\\ 0&\cos\nu&-\sin\nu\\ 0&\sin\nu&\cos\nu\end{bmatrix} \tag{5-223}$$

用矩阵 $\boldsymbol{H}_V$ 左乘式（5-222），得

$$m\begin{bmatrix}\dot{v}\\ v\theta\cos\sigma\\ -v\dot{\sigma}\end{bmatrix}=\boldsymbol{H}_V\boldsymbol{V}_{\mathrm{B}}\begin{bmatrix}P_e\\ Y_{1\mathrm{c}}+2\dot{m}\omega_{\mathrm{T}z1}x_{1\mathrm{e}}\\ Z_{1\mathrm{c}}-2\dot{m}\omega_{\mathrm{T}y1}x_{1\mathrm{e}}\end{bmatrix}+\boldsymbol{H}_V\begin{bmatrix}-C_x qS_{\mathrm{M}}\\ C_y^{\alpha}qS_{\mathrm{M}}\alpha\\ -C_y^{\alpha}qS_{\mathrm{M}}\beta\end{bmatrix}+m\frac{g_r'}{r}\boldsymbol{H}_V\boldsymbol{V}_{\mathrm{G}}\begin{bmatrix}x+R_{0x}\\ y+R_{0y}\\ z+R_{0z}\end{bmatrix}+$$
$$m\frac{g_{\omega_e}}{\boldsymbol{\omega}_e}\boldsymbol{H}_V\boldsymbol{V}_{\mathrm{G}}\begin{bmatrix}\omega_{\mathrm{e}x}\\ \omega_{\mathrm{e}y}\\ \omega_{\mathrm{e}z}\end{bmatrix}-m\boldsymbol{H}_V\boldsymbol{V}_{\mathrm{G}}\begin{bmatrix}a_{11}&a_{12}&a_{13}\\ a_{21}&a_{22}&a_{23}\\ a_{31}&a_{32}&a_{33}\end{bmatrix}\begin{bmatrix}x+R_{0x}\\ y+R_{0y}\\ z+R_{0z}\end{bmatrix}- \tag{5-224}$$
$$m\boldsymbol{H}_V\boldsymbol{V}_{\mathrm{G}}\begin{bmatrix}b_{11}&b_{12}&b_{13}\\ b_{21}&b_{22}&b_{23}\\ b_{31}&b_{32}&b_{33}\end{bmatrix}\begin{bmatrix}\dot{x}\\ \dot{y}\\ \dot{z}\end{bmatrix}$$

2. 速度坐标系中的空间弹道方程

为简化书写，火箭质心动力学方程[式（5-224）]、火箭绕质心运动动力学方程[式（5-160）]这里不再赘述，下面仅给出为解算空间动力学方程需要补充的一些方程，由于这些方程与式（5-184）的补充方程基本相同，对于个别不同的方程，其符号意义也是明确的，因此直接列写如下：

$$\left.\begin{aligned}&\frac{\mathrm{d}x}{\mathrm{d}t}=v\cos\theta\cos\sigma\\ &\frac{\mathrm{d}y}{\mathrm{d}t}=v\sin\theta\cos\sigma\\ &\frac{\mathrm{d}z}{\mathrm{d}t}=-v\sin\sigma\end{aligned}\right\}$$
$$\left.\begin{aligned}&\omega_{\mathrm{T}x1}=\dot{\gamma}_{\mathrm{T}}-\dot{\varphi}_{\mathrm{T}}\sin\psi_{\mathrm{T}}\\ &\omega_{\mathrm{T}y1}=\dot{\psi}_{\mathrm{T}}\cos\gamma_{\mathrm{T}}+\dot{\varphi}_{\mathrm{T}}\cos\psi_{\mathrm{T}}\sin\gamma_{\mathrm{T}}\\ &\omega_{\mathrm{T}z1}=-\dot{\psi}_{\mathrm{T}}\sin\gamma_{\mathrm{T}}+\dot{\varphi}_{\mathrm{T}}\cos\psi_{\mathrm{T}}\cos\gamma_{\mathrm{T}}\end{aligned}\right\}$$
$$\begin{bmatrix}\omega_{x1}\\ \omega_{y1}\\ \omega_{z1}\end{bmatrix}=\begin{bmatrix}\omega_{\mathrm{T}x1}\\ \omega_{\mathrm{T}y1}\\ \omega_{\mathrm{T}z1}\end{bmatrix}-\boldsymbol{B}_{\mathbf{G}}\begin{bmatrix}\omega_{\mathrm{e}x}\\ \omega_{\mathrm{e}y}\\ \omega_{\mathrm{e}z}\end{bmatrix}$$
$$\left.\begin{aligned}&F_z\left(\delta_z,x,y,z,\dot{x},\dot{y},\dot{z},\varphi_{\mathrm{T}},\dot{\varphi}_{\mathrm{T}},\cdots\right)=0\\ &F_y\left(\delta_y,x,y,z,\dot{x},\dot{y},\dot{z},\psi_{\mathrm{T}},\dot{\psi}_{\mathrm{T}},\cdots\right)=0\\ &F_x\left(\delta_x,x,y,z,\dot{x},\dot{y},\dot{z},\gamma_{\mathrm{T}},\dot{\gamma}_{\mathrm{T}},\cdots\right)=0\end{aligned}\right\} \tag{5-225}$$
$$\left.\begin{aligned}&\varphi_{\mathrm{T}}=\varphi+\omega_{\mathrm{e}z}t\\ &\psi_{\mathrm{T}}=\psi+\omega_{\mathrm{e}y}t\cos\varphi-\omega_{\mathrm{e}x}t\sin\varphi\\ &\gamma_{\mathrm{T}}=\gamma+\omega_{\mathrm{e}y}t\sin\varphi+\omega_{\mathrm{e}x}t\cos\varphi\end{aligned}\right\}$$
$$\left.\begin{aligned}&\sin\beta=\cos(\varphi-\theta)\cos\sigma\sin\psi\cos\gamma+\sin(\varphi-\theta)\cos\sigma\sin\gamma-\sin\sigma\cos\psi\cos\gamma\\ &-\sin\alpha\cos\beta=\cos(\varphi-\theta)\cos\sigma\sin\psi\cos\gamma-\sin(\varphi-\theta)\cos\sigma\cos\gamma-\sin\sigma\cos\psi\sin\gamma\\ &\sin\nu=\frac{1}{\cos\sigma}(\cos\alpha\cos\psi\sin\gamma-\sin\psi\sin\alpha)\end{aligned}\right\}$$

$$r=\sqrt{\left(x+R_{0x}\right)^2+\left(y+R_{0y}\right)^2+\left(z+R_{0z}\right)^2}$$

$$\sin\phi=\frac{\left(x+R_{0x}\right)\omega_{ex}+\left(x+R_{0y}\right)\omega_{ey}+\left(x+R_{0z}\right)\omega_{ez}}{r\omega_e}$$

$$R=\frac{a_e b_e}{\sqrt{a_e^2\sin^2\phi+b_e^2\cos^2\phi}}$$

$$h=r-R$$

$$m=m_0-\dot{m}t$$

这样，即得到由式（5-224）、式（5-180）、式（5-225）共同组成的在速度坐标系内描述的空间弹道方程，共 29 个方程，给定起始条件即可求解。

3．简化空间弹道方程

在新型号火箭的初步设计阶段，由于各分系统参数未定，因此只需进行弹道的粗略计算。为此，对上述空间弹道方程做一些简化假设。

（1）将地球视为一均质圆球，忽略地球扁率及 g_ϕ 的影响。此时，引力 $\boldsymbol{g}$ 沿矢径 $\boldsymbol{r}$ 的反向，且服从平方反比定律，即 $g_r'=g_r=-fM/r^2$， $g_{\omega_e}=0$。

（2）由于工程设计人员在初步设计阶段只关心平均状态下的参数，因此通常忽略地球旋转的影响，认为 $\omega_e=0$。显然，平移坐标系与发射坐标系始终重合。

（3）忽略由火箭内部介质相对于弹体流动引起的附加科里奥利力和全部附加力矩。

（4）认为在控制系统作用下，火箭始终处于力矩瞬时平衡状态。

（5）将欧拉角 α、β、ψ、γ、σ、ν、$(\theta-\varphi)$ 视为小量，即这些角度的正弦值取其角度的弧度值，余弦值取为 1，且在等式中出现这些角度值之间的乘积时，将其作为二阶以上项略去。此时有

$$\boldsymbol{H}_V=\begin{bmatrix}1&0&0\\0&1&-\nu\\0&\nu&1\end{bmatrix}\tag{5-226}$$

$$\boldsymbol{V}_B=\begin{bmatrix}1&-\alpha&\beta\\\alpha&1&0\\-\beta&0&1\end{bmatrix}\tag{5-227}$$

$$\boldsymbol{V}_G=\begin{bmatrix}\cos\theta&\sin\theta&\beta\\-\sin\theta&\cos\theta&\nu\\\sigma\cos\theta+\nu\sin\theta&\sigma\sin\theta-\nu\cos\theta&1\end{bmatrix}\tag{5-228}$$

于是得

$$\boldsymbol{H}_B=\boldsymbol{H}_V\boldsymbol{V}_B=\begin{bmatrix}1&-\alpha&\beta\\\alpha&1&\nu\\-\beta&\nu&1\end{bmatrix}\tag{5-229}$$

$$\boldsymbol{H}_G=\boldsymbol{H}_V\boldsymbol{V}_G=\begin{bmatrix}\cos\theta&\sin\theta&-\sigma\\-\sin\theta&\cos\theta&0\\\sigma\cos\theta&\sigma\sin\theta&1\end{bmatrix}\tag{5-230}$$

（6）考虑到控制力较小，将控制力与α、β、ν的乘积项略去。

（7）由于引力在x轴、z轴上的分量远小于其在y轴上的分量，因此将它们与σ的乘积项略去。

根据以上假设，即可将式（5-224）与式（5-225）组成的质心运动方程简化成两组方程。

第一组方程为

$$\left.\begin{aligned}
&m\dot{v}=P_{\mathrm{e}}-C_x qS_{\mathrm{M}}+mg_r\frac{y+R}{r}\sin\theta+mg_r\frac{x}{r}\cos\theta\\
&mv\dot{\theta}=\left(P_{\mathrm{e}}+C_y^{\alpha}qS_{\mathrm{M}}\right)\alpha+mg_r\frac{y+R}{r}\cos\theta-mg_r\frac{x}{r}\sin\theta+R'\delta_z\\
&\dot{x}=v\cos\theta\\
&\dot{y}=v\sin\theta\\
&\alpha=A_{\varphi}\left(\varphi_{pr}-\theta\right)\\
&A_{\varphi}=\frac{a_0^{\varphi}M_{z1}^{\delta}}{M_{z1}^{\alpha}+a_0^{\varphi}M_{z1}^{\delta}}\\
&\varphi=\theta+\alpha\\
&\delta_z=a_0^{\varphi}\left(\varphi-\varphi_{pr}\right)\\
&r=\sqrt{x^2+\left(y+R\right)^2+z^2}\\
&h=r-R\\
&m=m_0-\dot{m}t
\end{aligned}\right\}\tag{5-231}$$

当取$r=\sqrt{x^2+\left(y+R\right)^2}$时，式（5-231）与侧向参数无关，成为纵向运动方程组，给定起始条件即可求解。

第二组方程为

$$\left.\begin{aligned}
&mv\dot{\sigma}=\left(P_{\mathrm{e}}+C_y^{\alpha}qS_{\mathrm{M}}\right)\beta-mg_r\frac{y+R}{r}\sin\theta\cdot\sigma-mg_r\frac{z}{r}+R'\delta_y\\
&\dot{z}=-v\sigma\\
&\beta=-A_{\psi}\sigma\\
&A_{\psi}=\frac{a_0^{\psi}M_{y1}^{\delta}}{M_{y1}^{\beta}+a_0^{\psi}M_{y1}^{\delta}}\\
&\psi=\sigma+\beta\\
&\delta_y=a_0^{\psi}\psi
\end{aligned}\right\}\tag{5-232}$$

在第一组方程解得后，即可由此方程组解得侧向参数，称该组方程为侧向运动方程组。

5.9 运动方程的数值计算与仿真

描述导弹在空间的运动方程组，在一般情况下，方程右边是运动参数的非线性函数，因此，导弹运动方程组是非线性的一阶常微分方程组。对于这样一组方程，通常得不到解析解，只有在一些十分特殊的情况下，通过大量简化，才能求出近似方程的解析解。但是，在导弹的弹道研究中，当需要进行比较精确的计算时，往往不允许进行过分简化。因此，工程上多运用数值积分法求解这一微分方程组。数值积分的特点在于可以获得导弹各运动参数的变化规律，但只能获得在某些初始条件下的特解，而得不到包含任意常数的一般解。在进行数值积分时，选取适当的步长，逐步进行积分计算，计算量一般是很大的。目前，广泛采用数字计算机来解算导弹的弹道问题。数字计算机能在一定的精度范围内获得微分方程的数值解。计算工作量很大的一条弹道在数字计算机上很快就能得出结果，这为弹道的分析研究提供了十分便利的条件。

5.9.1 微分方程的数值积分

常用的数值积分法基本上有 3 类，即单步法、多步法和预测校正法。这些方法在数值分析教程中都有详细介绍。在数字计算机上常用的微分方程的数值解法有欧拉（EuLer）法、龙格-库塔（Runge-Kutta）法和阿当姆斯预估-校正法，这里仅给出其计算式。

1. 欧拉法

欧拉法属于单步法，是最简单的数值积分法。

设有一组常微分方程：

$$\begin{gathered}\frac{\mathrm{d}x_1}{\mathrm{d}t}=f_1\left(t,x_1,x_2,\cdots,x_n\right)\\\frac{\mathrm{d}x_2}{\mathrm{d}t}=f_2\left(t,x_1,x_2,\cdots,x_n\right)\\\vdots\\\frac{\mathrm{d}x_n}{\mathrm{d}t}=f_n\left(t,x_1,x_2,\cdots,x_n\right)\end{gathered}$$

若已知 t_k 瞬时的参数值 $(x_1)_k,(x_2)_k,\cdots,(x_n)_k$，则可计算出该瞬时的函数值 $(f_1)_k,(f_2)_k,\cdots,(f_n)_k$，也可求得各参数在 t_k 时刻的变化率 $\left(\frac{\mathrm{d}x_1}{\mathrm{d}t}\right)_k,\left(\frac{\mathrm{d}x_2}{\mathrm{d}t}\right)_k,\cdots,\left(\frac{\mathrm{d}x_n}{\mathrm{d}t}\right)_k$。要求 $t_{k+1}=t_k+\Delta t$ 瞬时的参数值，可用欧拉法由下式求得：

$$\begin{gathered}(x_1)_{k+1}=(x_1)_k+\left(\frac{\mathrm{d}x_1}{\mathrm{d}t}\right)_k\Delta t=(x_1)_k+(f_1)_k\Delta t\\(x_2)_{k+1}=(x_2)_k+\left(\frac{\mathrm{d}x_2}{\mathrm{d}t}\right)_k\Delta t=(x_2)_k+(f_2)_k\Delta t\\\vdots\\(x_n)_{k+1}=(x_n)_k+\left(\frac{\mathrm{d}x_n}{\mathrm{d}t}\right)_k\Delta t=(x_n)_k+(f_n)_k\Delta t\end{gathered}$$

依次类推，有了 t_{k+1} 瞬时的参数值 $(x_1)_{k+1},(x_2)_{k+1},\cdots,(x_n)_{k+1}$ 后，又可以求得 $t_{k+2}=t_{k+1}+\Delta t$ 瞬时的参数值 $(x_1)_{k+2},(x_2)_{k+2},\cdots,(x_n)_{k+2}$。如此循环下去，就可以求得任意瞬时的参数值。一般做法是由前一瞬时 t_k 的参数值 $(x_i)_k$ 就可以求出后一瞬时 t_{k+1} 的参数值 $(x_i)_{k+1}$（$i=1,2,\cdots,n$）。这种方法称为单步法。由于它可以直接由微分方程已知的初值 $(x_i)_0$ 作为递推计算时的初值，而不需要其他信息，因此它是一种自启动的算法。

误差是欧拉法本身固有的。从欧拉法可以清楚地看出，微分方程的数值解实质上就是以有限的差分解来近似地表示精确解，或者说是用一条折线来逼近精确解，故欧拉法有时也被称为折线法。欧拉法的积分误差是比较大的，若积分步长 Δt 减小，则其误差也减小。

2. 龙格-库塔法

欧拉法的特点是简单易行，但精度低。在同样步长的条件下，龙格-库塔法的计算精度要比欧拉法的计算精度高，但其计算工作量要比欧拉法的计算工作量大，其计算方法如下。

设有一阶微分方程：

$$\frac{\mathrm{d}x}{\mathrm{d}t}=f(t,x)$$

若已知 t_k 瞬时的参数值 x_k，则可用龙格-库塔法求 $t_{k+1}=t_k+\Delta t$ 瞬时的 x_{k+1} 的近似值。4 阶龙格-库塔公式为

$$\begin{aligned}
&x_{k+1}=x_k+\frac{1}{6}(K_1+2K_2+2K_3+K_4)\\
&K_1=\Delta tf(t_k,x_k)\\
&K_2=\Delta tf\left(t_k+\frac{\Delta t}{2},x_k+\frac{K_1}{2}\right)\\
&K_3=\Delta tf\left(t_k+\frac{\Delta t}{2},x_k+\frac{K_2}{2}\right)\\
&K_4=\Delta tf(t_k+\Delta t,x_k+K_3)
\end{aligned}$$

4 阶龙格-库塔法每积分一个步长，需要计算 4 次函数值，并将其线性组合，求出被积函数的增量 Δx_k。4 阶龙格-库塔法除了计算精度较高，还易于编制计算程序、改变步长。它也是一种自启动的单步数值积分法。

3. 阿当姆斯预估-校正法

阿当姆斯预估-校正法的递推计算公式如下。

预估公式：

$$x_{k+1}=x_k+\frac{\Delta t}{24}(55f_k-59f_{k-1}+37f_{k-2}-9f_{k-3})$$

校正公式：

$$x_{k+1}=x_k+\frac{\Delta t}{24}(9f_{k+1}+19f_k-5f_{k-1}+f_{k-2})$$

由上述公式可以看出，在用阿当姆斯预估-校正公式求解 x_{k+1} 时，需要知道 t_k、t_{k-1}、t_{k-2}、t_{k-3} 各瞬时的 $f(t,x)$ 的值。因此，阿当姆斯预估-校正法又被称为多步型算法。这种算法不是自启动的，它必须先用其他方法获得所求瞬时以前多步的解。

在利用阿当姆斯预估-校正法进行数值积分时，一般先用龙格-库塔法进行自启动，算出前 4 步的积分结果；然后利用阿当姆斯预估-校正法进行迭代计算，这是一种比较有效的方法。上面提到，龙格-库塔法每积分一步，需要计算 4 次函数值，计算量大，但该方法可以自启动；而阿当姆斯预估-校正法每积分一步，只需计算 2 次函数值，迭代计算量小，但它不能自启动。因此，把这两种数值积分法的优点结合起来，效果是比较理想的。

总之，对一个微分方程（或微分方程组）进行数值积分，选取数值积分法通常需要考虑的因素有积分精度、计算速度、数值解的稳定性等。这些问题在数值分析教程中都有比较详细的讨论。

5.9.2 运动方程组的数值积分举例

利用计算机编程求解运动方程组，必须首先选择计算方案，包括数学模型、原始数据、计算方法、计算步长、初值及初始条件（计算条件）、计算要求等。不同的设计阶段，不同的设计要求，所选择的计算方案是不同的。例如，在方案设计阶段，通常选择质点弹道计算的数学模型，计算步长以弹道计算结果不发散为条件而定；而在设计定型阶段，应采用空间弹道的数学模型，原始数据必须是经多次试验确认后的最可信数据，计算条件及计算要求要根据导弹设计定型的有关文件要求确定。

求解运动方程组的一般步骤如下。

1. 建立数学模型

现以在铅垂面内无控飞行的运动方程组为例，假设它的数学模型为

$$\left.\begin{aligned}
&m\frac{\mathrm{d}V}{\mathrm{d}t}=P\cos\alpha-X-G\sin\theta\\
&mV\frac{\mathrm{d}\theta}{\mathrm{d}t}=P\sin\alpha+Y-G\cos\theta\\
&J_z\frac{\mathrm{d}\omega_z}{\mathrm{d}t}=M_z^{\alpha}\alpha+M_z^{\bar{\omega}_z}\bar{\omega}_z\\
&\frac{\mathrm{d}\vartheta}{\mathrm{d}t}=\omega_z\\
&\frac{\mathrm{d}x}{\mathrm{d}t}=V\cos\theta\\
&\frac{\mathrm{d}y}{\mathrm{d}t}=V\sin\theta\\
&\frac{\mathrm{d}m}{\mathrm{d}t}=-m_{\mathrm{c}}\\
&\alpha=\vartheta-\theta
\end{aligned}\right\}\tag{5-233}$$

2. 准备原始数据

求解导弹运动方程组，必须给出其所需的原始数据，它们一般来源于总体初步设计、估算和试验结果。这些原始数据可能是以曲线或表格函数的形式给出的，也可以用拟合的表达式给定。要对运动方程组，即式（5-233）进行数值积分，应当给出如下原始数据。

（1）标准大气参数，包括大气密度 ρ 、声速 C 及重力加速度 g 。

（2）与导弹空气动力和空气动力矩有关的数据，包括阻力系数 c_x 、升力系数 c_y 随攻角 α 和 Ma 变化的关系曲线或相应的表格函数，静稳定力矩系数导数 m_z^{α} 随攻角 α 、 Ma 及质心位置 x_G 变化的关系曲线或相应的表格函数，阻尼力矩系数导数 $m_z^{\bar{\omega}_z}$ 随攻角 α 和 Ma 变化的关系曲线或相应的表格函数。

（3）推力 $P(t)$ 、燃料质量秒流量 $m_{\mathrm{c}}(t)$ 、质心位置 $x_G(t)$ 和转动惯量 $J_z(t)$ 的表格函数或相应的数学表达式。

（4）导弹的外形几何尺寸、特征面积和特征长度。

（5）积分初始条件，即 t_0 、 V_0 、 θ_0 、 ω_{z0} 、 ϑ_0 、 x_0 、 y_0 、 m_0 、 α_0 等的值。

3．空气动力和空气动力矩的表达式

空气动力和空气动力矩的表达式分别如下：

$$X=c_x\frac{1}{2}\rho V^2 S$$

$$Y=c_y\frac{1}{2}\rho V^2 S$$

$$M_z=M_z^{\alpha}\alpha+M_z^{\bar{\omega}_z}\bar{\omega}_z=\left(m_z^{\alpha}\alpha+m_z^{\bar{\omega}_z}\bar{\omega}_z\right)\frac{1}{2}\rho V^2 SL$$

式中

$$m_z^{\alpha}=\left(m_z^{\alpha}\right)_{x_G=x_{G0}}+c_y\left(x_G-x_{G0}\right)/\alpha L$$

式中，$\left(m_z^{\alpha}\right)_{x_G=x_{G0}}$ 表示质心位置为 x_{G0} 时的静稳定性导数值；L 表示特征长度。

4．确定数值积分法并选取积分步长

利用计算机编程求解时，通常采用龙格-库塔法或阿当姆斯预估-校正法进行积分。当数值积分法确定以后，选择合适的积分步长。积分步长也可以在程序运算过程中，根据不同积分步长下的积分结果精度的比较来选取。

5．编制计算程序

弹道计算可采用各种常规算法，包括 MATLAB 语言、C/C++语言、FORTRAN 语言等。计算程序采用模块化结构，便于各模块分别调试，最后联调，以缩短整个程序的调试时间。当然，并不是每种弹道计算算法都要采用模块化结构。例如，在初始设计阶段，对数学模型做了简化，计算情况也相对比较简单。

习题 5

1．简述发射坐标系、弹体坐标系、弹道坐标系、速度坐标系的定义。

2．推导速度坐标系和弹体坐标系之间的转换关系。

3．准弹体坐标系和准速度坐标系如何定义？它们是如何转换得到的？

4．弹道倾角、弹道偏角、速度倾斜角如何定义？

5．简述理想弹道、理论弹道和实际弹道的定义，以及它们之间的关系。

6．导弹控制力的产生和改变方法一般有哪几种？

7．导弹的需用过载、极限过载和可用过载的定义分别是什么？它们之间的大小关系是怎样的？

8．发射坐标系与发射惯性坐标系是如何定义的？它们之间的转换关系是怎样的？

9．5.2 节的矩阵转换中用的俯仰角、偏航角和滚动角与 5.8 节的远程火箭运动的矩阵转换中用的俯仰角、偏航角和滚动角的定义一样吗？如果不一样，请解释它们的差别。

10．不同的坐标系定义方式对研究飞行力学问题的物理规律有无影响？为什么？

11．*y-z-x* 和 *z-y-x* 两种旋转顺序分别得到的 3 个欧拉角相等吗？它们之间有什么关系？

第 6 章　方案飞行与方案弹道

导弹的弹道可分为两大类，一类是方案弹道，另一类是导引弹道。本章介绍导弹的方案弹道。

所谓飞行方案，就是指设计弹道时所选定的某个运动参数随时间的变化规律。运动参数是指俯仰角、攻角、弹道倾角或高度等。导弹按预定的飞行方案所做的飞行称为方案飞行。它对应的飞行弹道称为方案弹道。在这类导弹上，一般装有一套按所选定的飞行方案设计的程序自动控制装置，导弹飞行时的舵面偏转规律就是由这套装置来实现的。这类自动控制方式属于自主控制。飞行方案选定以后，导弹在空间的飞行轨迹将由此确定。也就是说，导弹发射出去后，它的飞行轨迹就不能随意变更了。

飞行方案设计即导弹飞行轨迹设计。飞行方案设计的主要依据是部门提出的战术技术指标和使用要求，如发射载体、攻击目标类型，以及导弹的射程、几何尺寸及发射质量、巡航速度和高度、制导体制、动力系统体制等。

方案飞行的情况是经常遇到的。例如，弹道式导弹攻击地面上静止的目标，其主动段通常是方案飞行。很多导弹的弹道除了有导向目标的导引段，还有方案飞行段。例如，飞航式导弹在攻击静止或运动缓慢的地面各种类型的目标或海上目标时，其弹道的爬升段（或称初始段）和平飞段就是方案飞行段，如图 6-1 所示。反坦克导弹的某些飞行段也有按飞行方案飞行的。一些垂直发射的地-空导弹的初始段也有采用方案飞行的。此外，方案飞行在一些无人驾驶靶机、侦察机上也被广泛采用。

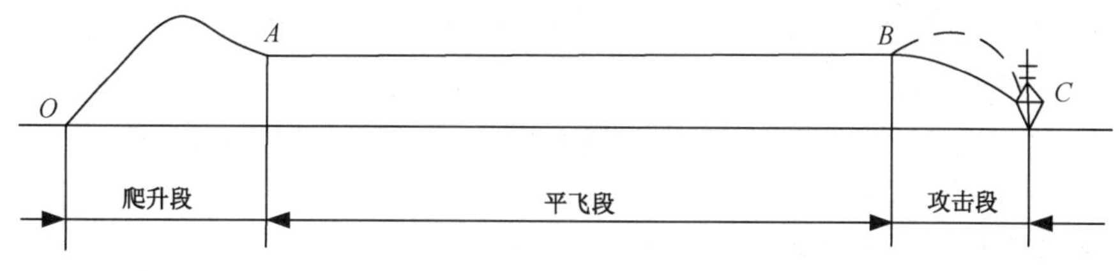

图 6-1　飞航式导弹的弹道分段

6.1　铅垂面内的方案飞行与方案弹道

对于一般导弹，无论是岸（舰）-舰导弹从地面爬升至预定高度的爬升段，还是空-地导弹从载机上发射到进入预定的飞行高度的下滑段，其运动主要都在铅垂面内，因此，本节讨论导弹在铅垂面内的方案飞行与方案弹道（弹道）。

6.1.1 铅垂面内的导弹运动方程组

若发射坐标系的 x 轴选取在飞行平面内，则导弹质心的坐标 z 和弹道偏角 ψ_V 恒等于零。假定导弹的纵向对称面 $O_A x_1 y_1$ 始终与飞行平面重合，则速度倾斜角 γ_V 和侧滑角 β 也等于零。这样，导弹在铅垂面内的质心运动方程组为

$$\left.\begin{aligned}
&m\frac{\mathrm{d}V}{\mathrm{d}t}=P\cos\alpha-X-mg\sin\theta\\
&mV\frac{\mathrm{d}\theta}{\mathrm{d}t}=P\sin\alpha+Y-mg\cos\theta\\
&\frac{\mathrm{d}x}{\mathrm{d}t}=V\cos\theta\\
&\frac{\mathrm{d}y}{\mathrm{d}t}=V\sin\theta\\
&\frac{\mathrm{d}m}{\mathrm{d}t}=-m_c\\
&\varepsilon_1=0\\
&\varepsilon_4=0
\end{aligned}\right\}\tag{6-1}$$

该方程组中含有 7 个未知量：V、θ、x、y、m、α、δ_p（或 P）。

铅垂面内的方案飞行取决于飞行速度的方向，其理想控制关系式为 $\varepsilon_1=0$；发动机的工作状态直接影响飞行速度，其理想控制关系式为 $\varepsilon_4=0$。

飞行速度的方向直接用弹道倾角的变化规律 $\theta_*(t)$ 给出，或者间接地用俯仰角的变化规律 $\vartheta_*(t)$、攻角的变化规律 $\alpha_*(t)$、法向过载的变化规律 $n_{y_2*}(t)$、爬升率的变化规律 $\dot{H}_*(t)$ 等给出。

如果导弹采用固体火箭发动机，则燃料的质量秒流量 m_c 是已知的（在很多情况下，m_c 是常值）；发动机的推力 P 仅与飞行高度有关。在计算弹道时，它们之间的关系通常也是给定的。因此，在采用固体火箭发动机的情况下，该方程组中的第 5、7 个方程可以分别用已知的关系式 $m(t)$ 和 $P(t,y)$ 代替。

对于采用冲压式发动机或涡轮风扇发动机的导弹，m_c、P 不仅与飞行速度和飞行高度有关，还与发动机的工作状态有关。因此，该方程组中必须给出约束方程 $\varepsilon_4=0$。

但在进行弹道计算时，如果遇到发动机产生额定推力的情况，那么燃料的质量秒流量就可以取其平均值（取常值）。这时，该方程组中的第 5、7 个方程仍可以去掉。

6.1.2 几种典型的飞行方案

下面分别讨论理论上可能采取的各种飞行方案的理想控制关系式。

1．给定弹道倾角变化规律 $\theta_*(t)$

如果给定弹道倾角变化规律 $\theta_*(t)$，则理想控制关系式为

$$\varepsilon_1=\theta(t)-\theta_*(t)=0$$

即

$$\theta(t)=\theta_*(t)$$

或

$$\varepsilon_1 = \dot{\theta}(t) - \dot{\theta}_*(t) = 0$$

式中，$\theta_*(t)$ 为设计中选择的飞行方案。

选择飞行方案是为了使导弹按所要求的弹道飞行。例如，飞航式导弹以 θ_0 发射并逐渐爬升，接着转入平飞段（$\theta = 0$），这时，飞行方案 $\theta_*(t)$ 可以设计成各种变化规律。例如，可以设计成直线，如图 6-2 中的直线 a 所示；也可以设计成曲线，如图 6-2 中曲线 b 、c 所示。

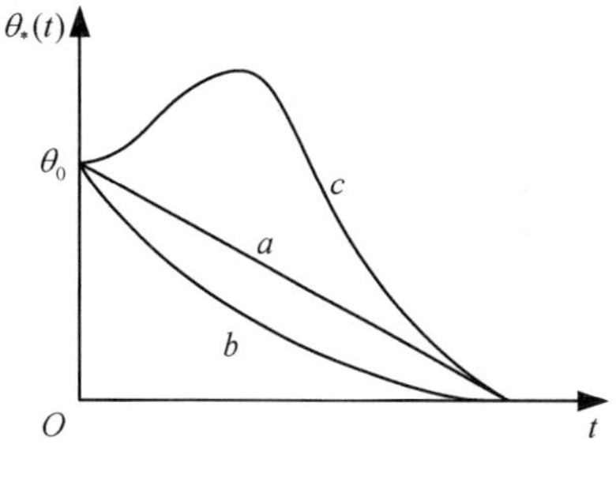

图 6-2　$\theta_*(t)$ 曲线示意图

2．给定俯仰角变化规律 $\vartheta_*(t)$

如果给定俯仰角变化规律 $\vartheta_*(t)$，则理想控制关系式为

$$\varepsilon_1 = \vartheta(t) - \vartheta_*(t) = 0$$

即

$$\vartheta(t) = \vartheta_*(t)$$

为了计算导弹的弹道，还需要在式（6-1）的基础上引入以下几何关系方程：

$$\alpha = \vartheta - \theta$$

3．给定攻角变化规律 $\alpha_*(t)$

给定攻角变化规律 $\alpha_*(t)$ 是为了使导弹爬升得最快，即希望飞行所需的攻角始终等于允许的最大值 $\alpha_{\max}$；或者是为了防止需用法向过载超过可用法向过载而对攻角加以一定的限制；若导弹采用冲压式发动机，则为了能正常工作，攻角也要限制在一定范围内。

如果给定攻角变化规律 $\alpha_*(t)$，则理想控制关系式为

$$\varepsilon_1 = \alpha(t) - \alpha_*(t) = 0$$

即

$$\alpha(t) = \alpha_*(t)$$

4．给定法向过载变化规律 $n_{y_2*}(t)$

给定法向过载变化规律 $n_{y_2*}(t)$ 往往是为了保证导弹的强度，其理想控制关系式可表示为

$$\varepsilon_1 = n_{y_2}(t) - n_{y_2*}(t) = 0$$

即

$$n_{y_2}(t) = n_{y_2*}(t)$$

由第 5 章可知，在平衡条件下，导弹的法向过载 $n_{y_2\mathrm{B}}$ 可表示为

$$n_{y_2\mathrm{B}} = \frac{\left(P + Y^\alpha\right)\alpha_\mathrm{B}}{G}$$

即

$$\alpha_\mathrm{B} = \frac{G n_{y_2\mathrm{B}}}{P + c_y^\alpha \dfrac{1}{2}\rho V^2 S}$$

根据力矩平衡条件，可求得升降舵平衡偏角 $\delta_{z\mathrm{B}}(t)$ 与法向过载 $n_{y_2\mathrm{B}}(t)$ 之间的关系：

$$\delta_{zB}(t)=-\frac{m_z^{\alpha}}{m_z^{\delta_z}}\alpha_B=-\frac{m_z^{\alpha}}{m_z^{\delta_z}}\frac{Gn_{y_2B}(t)}{P+c_y^{\alpha}\frac{1}{2}\rho V^2 S}$$

可以看出，对于法向过载的限制，可以通过对攻角或升降舵偏角进行限制来实现。

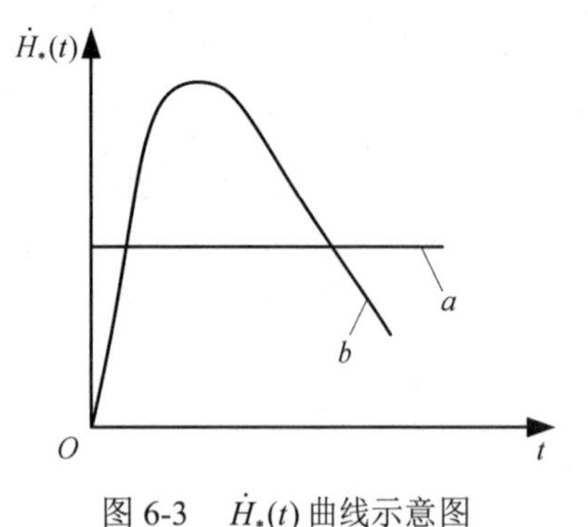

图 6-3　$\dot{H}_*(t)$ 曲线示意图

5．给定高度变化规律 $\dot{H}_*(t)$

如果给定高度变化规律 $\dot{H}_*(t)$，则理想控制关系式为

$$\varepsilon_1=\dot{H}(t)-\dot{H}_*(t)=0$$

即

$$\frac{\mathrm{d}y}{\mathrm{d}t}=\dot{H}_*(t)$$

$\dot{H}_*(t)$ 可以设计成各种各样的形状，它可以是一个常值，如图 6-3 中的直线 a 所示；也可以是变值，如图 6-3 中的曲线 b 所示。

6.1.3　爬升弹道的实现问题

为了使导弹按预定的爬升规律爬高，在理论上可以给出攻角变化规律 $\alpha_*(t)$、弹道倾角变化规律 $\theta_*(t)$、俯仰角变化规律 $\vartheta_*(t)$、高度变化规律 $\dot{H}_*(t)$，选取上述几种规律中的一种或几种，均可实现爬升段的弹道设计。事实上，导弹上的攻角传感器的测量精度较差，不能满足控制精度的要求，且给结构安装带来一定的麻烦。虽然根据预定的爬升规律可以求得导弹的弹道倾角，但也存在一定的误差，而直接测量弹道倾角的设备目前还不可能应用在导弹上。因此，在飞航式导弹上，通常采用程序俯仰角、程序高度等来实现爬升段的方案控制。

目前，飞航式导弹上采用的自动驾驶仪控制系统或惯性控制系统均能实时提供导弹的俯仰角 ϑ。因此，可以设计合理的程序俯仰角，使导弹俯仰角按程序俯仰角飞行，即以导弹的实际俯仰角与程序俯仰角之差作为控制信号来控制导弹的爬升飞行。

在进行程序俯仰角设计时，应充分考虑导弹发射基座的特性、初始发射角的限制、最小射程的要求、最大高度点的限制等条件；导弹自身的特性，如受结构限制、过载范围限制、发动机工作特性要求，导弹攻角的变化范围不宜太大；程序俯仰角在导弹上实现的可能性等。

程序俯仰角在导弹上的实现视导弹采用的控制系统的不同而不同。对于自动驾驶仪控制系统，程序俯仰角可以装在俯仰自由陀螺的基盘上；对于惯性控制系统，可在导弹上的综合控制计算机中编排程序俯仰角。

飞航式导弹典型的程序俯仰角的变化规律为

$$\vartheta_*(t)=\begin{cases}\vartheta_0 & t<t_1\\(\vartheta_0-\vartheta_p)\mathrm{e}^{-\frac{(t-t_1)}{K}}+\vartheta_p & t_1\leqslant t<t_2\\\vartheta_p & t\geqslant t_2\end{cases}\tag{6-2}$$

式中，ϑ_0 为初始俯仰角；ϑ_p 为平飞时的俯仰角；t_1、t_2 为给定的指令时间；K 为控制参数。

描述按给定俯仰角方案飞行的运动方程组为

$$\left.\begin{aligned}
&\frac{\mathrm{d}V}{\mathrm{d}t}=\frac{P\cos\alpha-X}{m}-g\sin\theta\\
&\frac{\mathrm{d}\theta}{\mathrm{d}t}=\frac{1}{mV}(P\sin\alpha+Y-mg\cos\theta)\\
&\frac{\mathrm{d}x}{\mathrm{d}t}=V\cos\theta\\
&\frac{\mathrm{d}y}{\mathrm{d}t}=V\sin\theta\\
&\frac{\mathrm{d}m}{\mathrm{d}t}=-m_{\mathrm{c}}\\
&\alpha=\vartheta-\theta\\
&\varepsilon_1=\vartheta(t)-\vartheta_*(t)=0\\
&\varepsilon_4=0
\end{aligned}\right\}\tag{6-3}$$

该方程组包含 8 个未知量：V、θ、x、y、m、α、ϑ、δ_{p}（或 P）。解算这组方程就能得到这些参数随时间的变化规律，同时能得到对应的方案弹道。

6.1.4　直线弹道的实现问题

1. 直线弹道的飞行

导弹在直线飞行（爬升或下降）时，弹道倾角为常值，它的变化率 $\mathrm{d}\theta/\mathrm{d}t$ 为零。于是由式（6-3）中的第 2 个方程可以得到

$$P\sin\alpha+Y=G\cos\theta\tag{6-4}$$

表明导弹在直线飞行时，作用在导弹上的法向控制力必须和重力的法向分量平衡，而且，在飞行攻角不大的情况下，攻角可表示为

$$\alpha=\frac{G\cos\theta}{P+Y^{\alpha}}\tag{6-5}$$

这样，导弹直线飞行时的飞行方案 $\vartheta_*(t)$ 为

$$\vartheta_*(t)=\theta+\frac{G\cos\theta}{P+Y^{\alpha}}\tag{6-6}$$

式中，θ 为某一常值。显然，如果按式（6-6）飞行，导弹就能实现直线爬升。

2. 等速直线飞行

若要求导弹做等速直线飞行，则必须使 $\dot{V}=0$，$\dot{\theta}=0$。由式（6-3）中的第 1、2 个方程可得

$$\left.\begin{aligned}
P\cos\alpha-X=G\sin\theta\\
P\sin\alpha+Y=G\cos\theta
\end{aligned}\right\}\tag{6-7}$$

表明导弹要实现等速直线飞行，发动机的推力在弹道切线方向上的分量与阻力之差必须等于重力在弹道切线方向上的分量；同时，作用在导弹上的法向控制力应等于重力在法线方向上的分量。下面就来讨论同时满足这两个条件的可能性。

假设导弹在等速直线爬升飞行过程中，发动机的推力和导弹的重力均为常值，且速度V和弹道倾角θ是已知常值。

第 4 章曾经指出，在导弹气动外形给定的情况下，阻力系数取决于导弹的马赫数、飞行高度和攻角。例如，对从地面爬升的导弹来说，它的爬升高度一般不大，此高度范围内的大气参数（如密度ρ和声速C等）可近似取海平面上的数值。于是，切向力（$P\cos\alpha - X$）仅是攻角α的函数，它们之间的关系曲线如图 6-4 所示。

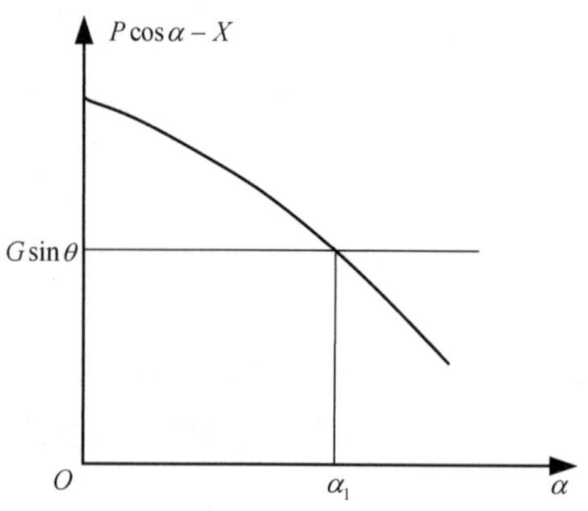

图 6-4 等速爬升时需用攻角的确定

为使导弹等速爬升，必须满足式（6-7）的第 1 个方程。根据上述假设，$G\sin\theta$为常值，它在图 6-4 中为一条平行于横坐标的直线。因此，图 6-4 中两线的交点对应的攻角α_1就是导弹做等速爬升飞行时的需用攻角。

在飞行攻角不大的情况下，导弹直线爬升时的需用攻角由式（6-7）中的第 2 个方程可得

$$\alpha_2 = \frac{G\cos\theta}{P + Y^{\alpha}} \tag{6-8}$$

由此可得导弹等速直线爬升的条件为

$$\alpha_1 = \alpha_2 \tag{6-9}$$

实际上，这个条件是很难得到满足的。因为即使通过精心设计或许能找到一组参数（V、θ、P、G、c_x、c_y^{α}等）以满足式（6-7），但是在飞行过程中，导弹不可避免地会受到各种干扰，一旦某一参数偏离了它的设计值，导弹就不可能真正实现等速直线飞行。更何况发动机的推力和导弹质量在等速直线爬升飞行过程中并不是常值，而是随时间变化的，尤其在发动机不能自动调节的情况下，要使导弹时刻严格地等速直线爬升飞行是不可能的。即使发动机的推力可以自动调节，要实现等速直线爬升飞行也只能是近似的。

6.1.5 等高平飞弹道问题

平飞段为飞航式导弹的主要飞行段，此段的特点是导弹不做大的机动飞行，为等速等高飞行。在平飞段，铅垂面内的运动比较简单，其简化运动方程组为

$$\left.\begin{aligned}
&P\cos\alpha = X\\
&P\sin\alpha + Y = G\\
&\frac{\mathrm{d}x}{\mathrm{d}t} = V\\
&\frac{\mathrm{d}m}{\mathrm{d}t} = -m_{\mathrm{c}}\\
&\delta_z = -\frac{m_z^{\alpha}}{m_z^{\delta_z}}\alpha
\end{aligned}\right\}\tag{6-10}$$

对于给定的平飞高度和速度，在气动数据 c_x 、c_y^{α} 、m_z^{α} 、$m_z^{\delta_z}$ 已知的情况下，可由式（6-10）求得使导弹保持等高等速飞行的推力 P 、攻角 α 、升降舵偏角 δ_z 等。

对于绝大多数飞航式导弹，保持等高状态飞行所需的平衡攻角一般较小，由式（6-10）中的第 2 个方程可得

$$\alpha(t) = \frac{G(t)}{P + c_y^{\alpha} qS}\tag{6-11}$$

在式（6-11）中，无论是固体火箭发动机，还是喷气发动机，在等高等速飞行时，其推力的理论值都为常值。在给定的速度下，c_y^{α} 也为定值。唯有导弹重力 G 随着燃料的不断消耗越来越小。由于发动机的推力一定，燃料质量秒流量也就一定，因此有

$$m(t) = m_0 - m_{\mathrm{c}} t$$

对应有

$$\alpha(t) = \alpha_0 - K_{\alpha} t$$

由此可得出导弹等高等速飞行时俯仰角的变化规律，即 $\vartheta(t) = \alpha(t)$ 。只要控制俯仰角按 $\vartheta(t)$ 规律变化，就能实现导弹的等高等速飞行。

实际上，由于测量导弹俯仰角的元器件的不完善性，测量结果与实际值存在差异。正是由于这种差异的存在，才使利用姿态角控制实现导弹等高飞行的性能较差，尤其对于远程及超声速飞行的飞航式导弹。

随着测高技术的不断发展，直接利用导弹飞行高度信息控制导弹实现等高飞行已在飞航式导弹上得到广泛使用。

下面讨论导弹作为刚体，在非理想控制条件下实现等高飞行的高度控制。这时，升降舵偏角的变化规律为

$$\left.\begin{aligned}
&\Delta\delta_z = K_{\Delta H}\Delta H\\
&\Delta H = H - H_0
\end{aligned}\right\}\tag{6-12}$$

式中，H_0 为预定平飞高度；H 为实际飞行高度；$K_{\Delta H}$ 为放大系数。

如图 6-5 所示，当 $H < H_0$ 时，高度差 $\Delta H < 0$ ，为使导弹提升高度以保持平飞，升降舵应产生附加舵偏角 $\Delta\delta_z$ ，在其作用下，产生一个正的附加力矩 $\Delta M_z = M_z^{\delta_z}\Delta\delta_z$ 。这个附加力矩使导弹抬头，因而产生一个正的附加攻角 $\Delta\alpha$ ，它使导弹产生一个向上（正）的附加升力。导弹在这个附加升力的作用下，飞行高度增加，逐渐向 H_0 逼近。反之，当 $H > H_0$ 时，高度差 $\Delta H > 0$ 。此时，应产生附加舵偏角 $\Delta\delta_z$ ，在其作用下，产生一个低头力矩 $\Delta M_z = M_z^{\delta_z}\Delta\delta_z < 0$ ，并产生一个负的附加攻角 $\Delta\alpha$ ，引起一个负的附加升力，从而使导弹的飞行高度降低。

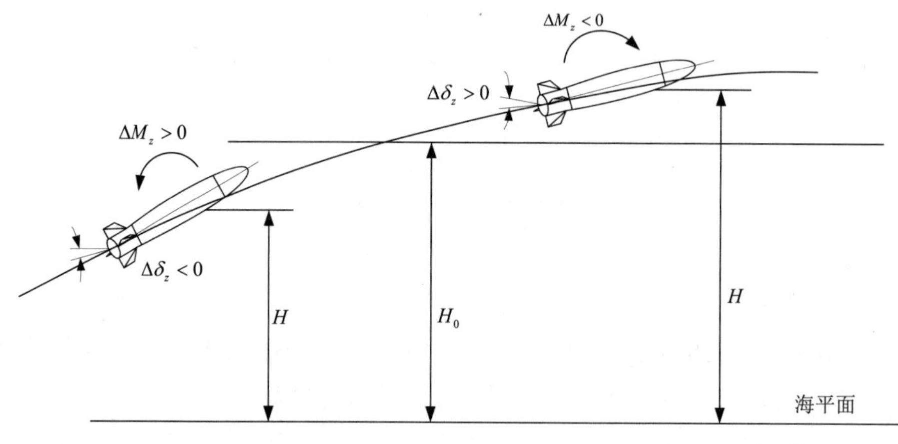

图 6-5 等高飞行

式（6-12）中的$\Delta\delta_z$虽然是使导弹保持等高飞行所必需的，但是，由于控制系统和弹体具有惯性，导弹在预定平飞高度上将出现振荡现象，如图 6-6 中的虚线所示。因此，为了使导弹能尽快地稳定在预定平飞高度上，必须在式（6-12）中引入一项与高度变化率$\Delta\dot{H}=\dfrac{\mathrm{d}\Delta H}{\mathrm{d}t}$有关的量，即

$$\Delta\delta_z = K_{\Delta H}\Delta H + K_{\Delta\dot{H}}\Delta\dot{H} \tag{6-13}$$

式中，$K_{\Delta\dot{H}}$为放大系数，它表示单位高度变化率对应的升降舵应偏转的角度。

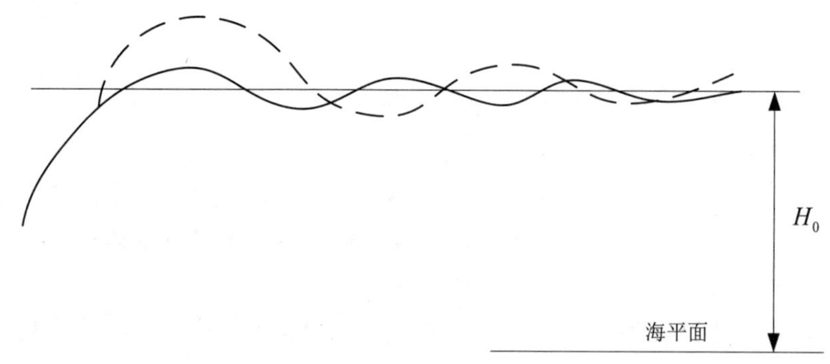

图 6-6 等高飞行时的弹道

在式（6-13）中，附加舵偏角增加了一项$K_{\Delta\dot{H}}\Delta\dot{H}$，它将产生阻尼力矩，抑制高度变化率的数值，以减少导弹在进入预定平飞高度的飞行过程中产生的超高或掉高现象，使导弹能在预定平飞高度稳定飞行，从而改善过渡过程的品质。图 6-6 中的实线是由式（6-13）描述的舵面偏转规律对应的飞行弹道。

现在来讨论$K_{\Delta H}$的符号。如上所述，当$H < H_0$时，即$\Delta H < 0$，为使导弹提升高度以保持平飞，升降舵要有相应的附加偏角，产生抬头力矩，对正常式布局导弹来说，附加偏角$\Delta\delta_z$应为负值；对鸭式布局导弹来说，附加偏角$\Delta\delta_z$应为正值。因此，对于正常式布局导弹，$K_{\Delta H}$为正值；对于鸭式布局导弹，$K_{\Delta H}$为负值。

上面分析了$\Delta\delta_z = K_{\Delta H}\Delta H + K_{\Delta\dot{H}}\Delta\dot{H}$时导弹飞行高度的变化情况。只要放大系数$K_{\Delta H}$和$K_{\Delta\dot{H}}$之间的比值选择得合理，导弹就可以很快地稳定在预定飞行高度上，得到比较满意的过渡过程。

为了进一步改善等高飞行的品质，实现等高飞行的高度控制规律，可选取

$$\Delta\delta_z = K_{\Delta H}\Delta H + K_{\Delta\dot{H}}\Delta\dot{H} + K_{\int\Delta H}\int\Delta H\mathrm{d}t \tag{6-14}$$

式中，$K_{\int\Delta H}$ 为放大系数。

H_0 一方面要根据战术技术指标的要求来确定，另一方面要根据具体型号导弹的作战使用背景来确定。对攻击海面目标的空-舰、舰-舰、岸-舰导弹来说，为获得较强的突防能力，平飞高度一般低于 50m，也可进行二次降高飞行。对于空-地导弹，由于地面情况比较复杂，其平飞高度应视作战航路上的地形情况而定，也可视地形变化情况确定几个不同的平飞高度，使导弹安全、可靠、有效地攻击预定目标。

6.1.6　下滑弹道问题

对于在空中投放，攻击地面或海面目标的空-地或空-舰导弹，其从投放到转入平飞段的运动称为下滑段运动。为使导弹具有较好的隐蔽性和较强的突防能力，要求导弹在脱离载机后平稳下滑，较快地转入平飞段。

目前，飞航式导弹控制系统中都有测量飞行高度的无线电高度表、气压高度表，因而，完全有可能利用飞行高度信息对导弹进行高度控制。

为使导弹较快地下滑，并平稳地转入平飞段，通常采用指数形式的高度程序，其表达式为

$$H_* = \begin{cases} H_1 & t < t_1 \\ (H_1 - H_2)\mathrm{e}^{-K(t-t_k)} + H_2 & t_1 \leqslant t < t_2 \\ H_2 & t \geqslant t_2 \end{cases} \tag{6-15}$$

式中，H_1 为下滑段起点高度；H_2 为导弹巡航飞行时的平飞高度；t_1、t_2 为给定的指令时间；K 为控制常数。

H_1、H_2 是根据战术技术指标要求确定的。t_1、t_2、K 应根据战术技术指标中的最小射程要求，使下滑过程中的高度超调量小、转入平飞段的时间最短、导弹所承受的过载小于导弹结构允许值，且导弹运动姿态不影响发动机的正常工作等综合因素来确定。

6.2　水平面内的方案飞行与方案弹道

6.2.1　水平面内的导弹运动方程组

当攻角和侧滑角较小时，导弹在水平面内的质心运动方程组为

$$\left.\begin{aligned} & m\frac{\mathrm{d}V}{\mathrm{d}t} = P - X \\ & (P\alpha + Y)\cos\gamma_V - (-P\beta + Z)\sin\gamma_V - G = 0 \\ & -mV\frac{\mathrm{d}\psi_V}{\mathrm{d}t} = (P\alpha + Y)\sin\gamma_V + (-P\beta + Z)\cos\gamma_V \end{aligned}\right\} \tag{6-16}$$

$$\left.\begin{aligned}&\frac{\mathrm{d}x}{\mathrm{d}t}=V\cos\psi_V\\&\frac{\mathrm{d}z}{\mathrm{d}t}=-V\sin\psi_V\\&\frac{\mathrm{d}m}{\mathrm{d}t}=-m_\mathrm{c}\\&\varepsilon_2=0\\&\varepsilon_3=0\\&\varepsilon_4=0\end{aligned}\right\}\tag{6-16续}$$

这个方程组含有9个未知量：V、ψ_V、α、β、γ_V、x、z、m、P。

导弹在水平面内的方案飞行取决于下列给定条件。

（1）给定飞行方向，其相应的理想控制关系式为$\varepsilon_2=0$，$\varepsilon_3=0$。

飞行速度的方向可以由$\psi_{V*}(t)$（或$\dot{\psi}_{V*}(t)$、$n_{z_{2*}}(t)$）、$\beta_*(t)$（或$\gamma_{V*}(t)$）中的任意两个参数的组合给出，但是，导弹通常不同时操纵倾斜和侧滑的水平面飞行，因为这样将使控制系统设计变得复杂。

（2）给定发动机的工作状态，其相应的理想控制关系式为$\varepsilon_4=0$。

如果飞行方案是由偏航角的变化规律$\psi_*(t)$给出的，或者需要确定偏航角，则式（6-16）中还需要补充一个方程，即

$$\psi=\psi_V+\beta$$

因为式（6-16）的右边与坐标x、z无关，所以在对此方程组进行积分时，第4、5个方程可以独立出来，在对其余方程进行积分后，单独对其进行积分。

当导弹采用固体火箭发动机时，式（6-16）中的第6、9个方程可以用$m(t)$和$P(t)$的已知关系式来代替。

下面讨论导弹在水平面内飞行的攻角。由式（6-16）中的第2个方程可以看出，导弹在水平飞行时，导弹的重力被空气动力和推力在铅垂方向上的分量平衡。该方程可改写为

$$n_{y_3}\cos\gamma_V-n_{z_3}\sin\gamma_V=1$$

攻角可以用平衡状态下的法向过载来表示，即

$$\alpha=\frac{n_{y_3}-\left(n_{y_3\mathrm{b}}\right)_{\alpha=0}}{n_{y_3\mathrm{b}}^{\alpha}}$$

导弹在无倾斜飞行时，$\gamma_V=0$，得$n_{y_2}=n_{y_3}=1$，于是

$$\alpha=\frac{1-\left(n_{y_3\mathrm{b}}\right)_{\alpha=0}}{n_{y_3\mathrm{b}}^{\alpha}}\tag{6-17}$$

导弹在无侧滑飞行时，$\beta=0$，得$n_{z_3}=0$，于是

$$n_{y_3}=1/\cos\gamma_V$$

$$\alpha=\frac{1/\cos\gamma_V-\left(n_{y_3\mathrm{b}}\right)_{\alpha=0}}{n_{y_3\mathrm{b}}^{\alpha}}\tag{6-18}$$

比较式（6-17）和式（6-18）可知，在具有相同动压时，导弹在水平面内倾斜飞行所需的攻角比侧滑飞行所需的攻角大一些。这是因为导弹在倾斜飞行时，必须使升力和推力的铅垂分量$(P\alpha+Y)\cos\gamma_V$与重力相平衡；导弹在做倾斜的水平机动飞行时，因受导弹临界攻角和可用法向过载的限制，速度倾斜角γ_V不能太大。

6.2.2 无倾斜的机动飞行

假设导弹在水平面内做侧滑而无倾斜的曲线飞行，则式（6-16）可改写为

$$\left.\begin{aligned}&\frac{\mathrm{d}V}{\mathrm{d}t}=\frac{P-X}{m}\\&\alpha=\frac{1-\left(n_{y_3\mathrm{b}}\right)_{\alpha=0}}{n_{y_3\mathrm{b}}^{\alpha}}\\&\frac{\mathrm{d}\psi_V}{\mathrm{d}t}=\frac{1}{mV}\left(P\beta-Z\right)\\&\frac{\mathrm{d}x}{\mathrm{d}t}=V\cos\psi_V\\&\frac{\mathrm{d}z}{\mathrm{d}t}=-V\sin\psi_V\\&\psi=\psi_V+\beta\\&\varepsilon_2=0\end{aligned}\right\}\tag{6-19}$$

此方程组有 7 个未知量：V、ψ_V、α、β、x、z、ψ。

式（6-19）中描述飞行速度的方向的理想控制关系式$\varepsilon_2=0$可以用下列不同的参数表示（3 种方案飞行）：弹道偏角ψ_V或弹道偏角的变化率$\dot{\psi}_V$、侧滑角β或偏航角ψ、侧向过载n_{z_2}。现在分别讨论以上 3 种方案飞行。

1．给定弹道偏角的方案飞行

如果给定弹道偏角的变化规律$\psi_{V*}(t)$，则控制系统的理想控制关系式为

$$\varepsilon_2=\psi_V-\psi_{V*}(t)=0$$

或

$$\varepsilon_2=\dot{\psi}_V-\dot{\psi}_{V*}(t)=0$$

描述按给定弹道偏角的方案飞行的运动方程组为

$$\left.\begin{aligned}&\frac{\mathrm{d}V}{\mathrm{d}t}=\frac{P-X}{m}\\&\alpha=\frac{1-\left(n_{y_3\mathrm{b}}\right)_{\alpha=0}}{n_{y_3\mathrm{b}}^{\alpha}}\\&\beta=-\frac{V}{g}\frac{\dfrac{\mathrm{d}\psi_V}{\mathrm{d}t}}{n_{z_3\mathrm{b}}^{\beta}}\end{aligned}\right\}\tag{6-20}$$

$$\left.\begin{aligned}&\frac{\mathrm{d}x}{\mathrm{d}t}=V\cos\psi_V\\&\frac{\mathrm{d}z}{\mathrm{d}t}=-V\sin\psi_V\\&\psi_V=\psi_{V*}(t)\end{aligned}\right\}\tag{6-20 续}$$

式中，$n_{z_3\mathrm{b}}^{\beta}=\frac{1}{mg}\left[-P+Z^{\beta}-\left(m_y^{\beta}/m_y^{\delta_y}\right)Z^{\delta_y}\right]$。

该方程组含有 6 个未知量：V、α、β、ψ_V、x、z。解算这组方程，就能获得这些参数随时间的变化关系，并由 $x(t)$、$z(t)$ 画出按给定弹道偏角飞行的方案弹道。

2．给定侧滑角或偏航角的方案飞行

如果给定侧滑角的变化规律 $\beta_*(t)$，则控制系统的理想控制关系式为

$$\varepsilon_2=\beta-\beta_*(t)=0$$

描述按给定侧滑角的方案飞行的运动方程组为

$$\left.\begin{aligned}&\frac{\mathrm{d}V}{\mathrm{d}t}=\frac{P-X}{m}\\&\alpha=\frac{1-\left(n_{y_3\mathrm{b}}\right)_{\alpha=0}}{n_{y_3\mathrm{b}}^{\alpha}}\\&\frac{\mathrm{d}\psi_V}{\mathrm{d}t}=\frac{1}{mV}(P\beta-Z)\\&\frac{\mathrm{d}x}{\mathrm{d}t}=V\cos\psi_V\\&\frac{\mathrm{d}z}{\mathrm{d}t}=-V\sin\psi_V\\&\beta=\beta_*(t)\end{aligned}\right\}\tag{6-21}$$

如果给定偏航角的变化规律 $\psi_*(t)$，则控制系统的理想控制关系式为

$$\varepsilon_2=\psi-\psi_*(t)=0$$

描述按给定偏航角的方案飞行的运动方程组为

$$\left.\begin{aligned}&\frac{\mathrm{d}V}{\mathrm{d}t}=\frac{P-X}{m}\\&\alpha=\frac{1-\left(n_{y_3\mathrm{b}}\right)_{\alpha=0}}{n_{y_3\mathrm{b}}^{\alpha}}\end{aligned}\right\}$$

$$\left.\begin{aligned}&\frac{\mathrm{d}\psi_V}{\mathrm{d}t}=\frac{1}{mV}(P\beta-Z)\\&\frac{\mathrm{d}x}{\mathrm{d}t}=V\cos\psi_V\\&\frac{\mathrm{d}z}{\mathrm{d}t}=-V\sin\psi_V\\&\beta=\psi-\psi_V\\&\psi=\psi_*(t)\end{aligned}\right\}\tag{6-22}$$

对于从地面或舰上发射的飞航式导弹，在加速爬升段，其速度变化大，纵向运动参数变化激烈，因此，侧向运动在助推段是不实施控制的，只有在进入主发动机工作的飞行段后，才对侧向运动实施控制。由于在助推段不对侧向运动实施控制，因此在各种干扰因素的作用下，势必造成一定的姿态和位置偏差。如果主发动机一开始就把较大的偏差量作为控制变量加入，那么极容易造成侧向运动的振荡，严重时会造成发散。为避免此种由于控制不当而造成的失误，可引入下列偏航角程序信号：

$$\psi_* = \begin{cases} \psi_k & t<t_k \\ \psi_k \mathrm{e}^{-K_\psi (t-t_k)} & t_k \leqslant t < t_2 \\ 0 & t \geqslant t_2 \end{cases} \tag{6-23}$$

式中，t_k 为助推器分离时刻；t_2 为给定时间；ψ_k 为 t_k 时刻的偏航角；K_ψ 为控制系数。

此时，控制规律为

$$\Delta\delta_z = K_{\Delta\psi}(\psi - \psi_*) + K_{\Delta\dot{\psi}}\Delta\dot{\psi} \tag{6-24}$$

式中，$\Delta\psi = \psi - \psi_*$；$\Delta\dot{\psi} = \dfrac{\mathrm{d}\Delta\psi}{\mathrm{d}t}$。

从式（6-24）中可以看出，正是由于引入了偏航角程序信号，才使得在主发动机工作后的起控时刻没将助推段的偏航角偏差量直接引入控制系统，而是采取了按指数形式加入的过程，避免了由于起控不当造成的失控现象的发生。

为了提高导弹作战使用效率，飞航式导弹在侧向通常都具有扇面发射能力。对于有初始扇面角的情况，同样在助推段不对航向运动实施控制，导弹沿初始航向角飞行。进入主发动机工作的飞行段后，开始只进行角度控制，使导弹航向角不断改变。到达一定的时刻，引入质心控制，使导弹航向角保持常值，在指向目标方向做直线飞行。对于采用惯性控制系统的飞航式导弹，实现上述控制是较为容易的。此时，偏航角程序信号和侧偏位置信号分别为

$$\psi_* = \begin{cases} \psi_0 & t<t_k \\ \psi_0 + K_{\psi_0}(t - t_k) & t_k \leqslant t < t_\mathrm{A} \\ \psi_\mathrm{A} & t \geqslant t_\mathrm{A} \end{cases} \tag{6-25}$$

$$z_* = z(x) \tag{6-26}$$

控制规律为

$$\delta_y = \begin{cases} K_{\Delta\psi}(\psi - \psi_*) + K_{\Delta\dot{\psi}}\Delta\dot{\psi} & t<t_A \\ K_{\Delta\psi}(\psi - \psi_*) + K_{\Delta\dot{\psi}}\Delta\dot{\psi} + K_z(z - z_*) + K_{\int z}\int (z - z_*)\mathrm{d}t & t \leqslant t_A \end{cases} \tag{6-27}$$

式中，t_k 为助推器分离时刻；t_A 为给定时间；ψ_0 为初始扇面角；ψ_A 为给定的偏航角；K_{ψ_0}、$K_{\Delta\psi}$、$K_{\Delta\dot{\psi}}$、K_z、$K_{\int z}$ 为放大系数。

3. 给定侧向过载的方案飞行

如果给定侧向过载的变化规律 $n_{z_2*}(t)$，则控制系统的理想控制关系式为

$$\varepsilon_2 = n_{z_2} - n_{z_2*}(t) = 0$$

描述按给定侧向过载的方案飞行的运动方程组为

$$
\left.\begin{aligned}
&\frac{\mathrm{d}V}{\mathrm{d}t}=\frac{P-X}{m}\\
&\alpha=\frac{1-\left(n_{y_3\mathrm{b}}\right)_{\alpha=0}}{n_{y_3\mathrm{b}}^{\alpha}}\\
&\frac{\mathrm{d}\psi_V}{\mathrm{d}t}=\frac{g}{V}n_{z_2}\\
&\beta=\frac{n_{z_2}}{n_{z_2\mathrm{b}}^{\beta}}\\
&\frac{\mathrm{d}x}{\mathrm{d}t}=V\cos\psi_V\\
&\frac{\mathrm{d}z}{\mathrm{d}t}=-V\sin\psi_V\\
&n_{z_2}=n_{z_2*}(t)
\end{aligned}\right\}\tag{6-28}
$$

6.2.3 无侧滑的机动飞行

导弹在水平面内做倾斜而无侧滑的机动飞行时，导弹质心运动方程组为

$$
\left.\begin{aligned}
&\frac{\mathrm{d}V}{\mathrm{d}t}=\frac{P-X}{m}\\
&(P\alpha+Y)\cos\gamma_V-G=0\\
&\frac{\mathrm{d}\psi_V}{\mathrm{d}t}=-\frac{1}{mV}(P\alpha+Y)\sin\gamma_V\\
&\frac{\mathrm{d}x}{\mathrm{d}t}=V\cos\psi_V\\
&\frac{\mathrm{d}z}{\mathrm{d}t}=-V\sin\psi_V\\
&\varepsilon_3=0
\end{aligned}\right\}\tag{6-29}
$$

该方程组含有 6 个未知量：V、α、γ_V、ψ_V、x、z。

上述方程组中描述飞行速度的方向的理想控制关系式 $\varepsilon_3=0$ 可以由下列参数表示：速度倾斜角 γ_V 或法向过载 n_{y_3} 或攻角 α，弹道偏角 ψ_V 或弹道偏角的变化率 $\dot{\psi}_V$ 或弹道曲率半径 ρ。

1．给定速度倾斜角的方案飞行

如果给定速度倾斜角的变化规律 $\gamma_{V*}(t)$，则控制系统的理想控制关系式为

$$
\varepsilon_3=\gamma_V-\gamma_{V*}(t)=0
$$

由式（6-29）改写得到描述按给定速度倾斜角的方案飞行的运动方程组为

$$
\left.\begin{aligned}
&\frac{\mathrm{d}V}{\mathrm{d}t}=\frac{P-X}{m}\\
&\alpha=\frac{\dfrac{1}{\cos\gamma_V}-\left(n_{y_3\mathrm{b}}\right)_{\alpha=0}}{n_{y_3\mathrm{b}}^{\alpha}}
\end{aligned}\right\}\tag{6-30}
$$

$$\left.\begin{aligned}
&\frac{\mathrm{d}\psi_V}{\mathrm{d}t}=-\frac{g}{V}\sin\gamma_V\left[n_{y_3\mathrm{b}}^{\alpha}\alpha+\left(n_{y_3\mathrm{b}}\right)_{\alpha=0}\right]\\
&\frac{\mathrm{d}x}{\mathrm{d}t}=V\cos\psi_V\\
&\frac{\mathrm{d}z}{\mathrm{d}t}=-V\sin\psi_V\\
&\gamma_V=\gamma_{V*}(t)
\end{aligned}\right\}\tag{6-30 续}$$

2. 给定法向过载的方案飞行

如果给定法向过载的变化规律 $n_{y_3*}(t)$，则控制系统的理想控制关系式为

$$\varepsilon_3=n_{y_3}-n_{y_3*}(t)=0$$

导弹在水平面内做无侧滑飞行时，法向过载 n_{y_3} 与速度倾斜角 γ_V 之间的关系为

$$n_{y_3}=\frac{1}{\cos\gamma_V}$$

此时，改写式（6-29）就可得到描述按给定法向过载的方案飞行的运动方程组为

$$\left.\begin{aligned}
&\frac{\mathrm{d}V}{\mathrm{d}t}=\frac{P-X}{m}\\
&\alpha=\frac{n_{y_3}-\left(n_{y_3\mathrm{b}}\right)_{\alpha=0}}{n_{y_3\mathrm{b}}^{\alpha}}\\
&\frac{\mathrm{d}\psi_V}{\mathrm{d}t}=-\frac{g}{V}n_{y_3}\sin\gamma_V\\
&\frac{\mathrm{d}x}{\mathrm{d}t}=V\cos\psi_V\\
&\frac{\mathrm{d}z}{\mathrm{d}t}=-V\sin\psi_V\\
&n_{y_3}=n_{y_3*}(t)
\end{aligned}\right\}\tag{6-31}$$

3. 给定弹道偏角的方案飞行

如果给定弹道偏角的变化规律 $\psi_{V*}(t)$，对其求导得到 $\dot{\psi}_{V*}(t)$，则相应的控制系统的理想控制关系式为

$$\varepsilon_3=\psi_V-\psi_{V*}(t)=0$$

此时，改写式（6-30），可得描述按给定弹道偏角的方案飞行的运动方程组为

$$\left.\begin{aligned}
&\frac{\mathrm{d}V}{\mathrm{d}t}=\frac{P-X}{m}\\
&\alpha=\frac{\dfrac{1}{\cos\gamma_V}-\left(n_{y_3\mathrm{b}}\right)_{\alpha=0}}{n_{y_3\mathrm{b}}^{\alpha}}\\
&\tan\gamma_V=-\frac{V}{g}\frac{\mathrm{d}\psi_V}{\mathrm{d}t}\\
&\frac{\mathrm{d}x}{\mathrm{d}t}=V\cos\psi_V
\end{aligned}\right\}\tag{6-32}$$

$$\left.\begin{aligned}&\frac{\mathrm{d}z}{\mathrm{d}t}=-V\sin\psi_V\\&\psi_V=\psi_{V*}(t)\end{aligned}\right\}\qquad(6\text{-}32\text{ 续})$$

4．给定弹道曲率半径的方案飞行

若给定水平面内转弯飞行的曲率半径 $\rho_*(t)$，则控制系统的理想控制关系式为

$$\varepsilon_3=\rho-\rho_*(t)=0$$

导弹在水平面内做曲线飞行时，曲率半径与弹道切线的转动角速度 $\dot{\psi}_V$ 之间的关系为

$$\rho=\frac{V}{\dfrac{\mathrm{d}\psi_V}{\mathrm{d}t}}$$

此时，改写式（6-32），可得描述按给定弹道曲率半径的方案飞行的运动方程组为

$$\left.\begin{aligned}&\frac{\mathrm{d}V}{\mathrm{d}t}=\frac{P-X}{m}\\&\alpha=\frac{\dfrac{1}{\cos\gamma_V}-\left(n_{y_3\mathrm{b}}\right)_{\alpha=0}}{n_{y_3\mathrm{b}}^{\alpha}}\\&\tan\gamma_V=-\frac{V}{g}\frac{\mathrm{d}\psi_V}{\mathrm{d}t}\\&\frac{\mathrm{d}\psi_V}{\mathrm{d}t}=\frac{V}{\rho}\\&\frac{\mathrm{d}x}{\mathrm{d}t}=V\cos\psi_V\\&\frac{\mathrm{d}z}{\mathrm{d}t}=-V\sin\psi_V\\&\rho=\rho_*(t)\end{aligned}\right\}\qquad(6\text{-}33)$$

习题 6

1．简述几种典型的飞行方案，并写出它们的理想控制关系式。

2．导弹实现等速直线飞行需要满足什么条件？

3．写出按给定俯仰角的方案飞行的运动方程组。

4．在铅垂面内，试推导在给定法向过载变化规律 $n_{y_2*}(t)$ 的条件下，升降舵平衡偏角 $\delta_{z\mathrm{B}}(t)$ 与法向过载 $n_{y_2\mathrm{B}}(t)$ 之间的关系。

5．导弹在水平面内的飞行方案有哪些？

第 7 章　导引方法与导引弹道

导引弹道是根据目标运动特性以某种导引方法将导弹导向目标时，导弹质心运动的轨迹。导引方法也称导引规律，它反映导弹制导系统的工作规律。导引导弹制导系统有自动瞄准（或称自动寻的）制导和遥远控制（简称遥控）制导两种基本类型，也有两者兼用的，称为复合制导。

自动瞄准制导是由装在导弹上的敏感器（导引头）感受目标辐射或反射的能量，自动形成制导指令，控制导弹飞向目标的制导技术。自动瞄准制导系统由装在导弹上的导引头、指令计算装置和导弹控制装置组成。由于该制导系统全部装在弹内，因此导弹本身装置比较复杂，制导精度比较高。

遥控制导是由制导站的测量装置和制导计算装置测量导弹相对目标的位置或速度，按预定规律加以计算处理，形成制导指令，导弹接收指令，并通过弹上控制系统控制导弹，使它沿着适当的弹道飞行，直至命中目标的制导技术。制导站既可以设置在地面上，又可以设置在空中或海上。导弹上只安装接收和执行指令的装置，因此遥控制导的优点是弹内装置较简单，作用距离较远，但在制导过程中，制导站不能撤离，易被敌方攻击，而且导弹离制导站越远，制导精度越低。

导引弹道的特性主要取决于导引方法和目标的运动特性。对于已经确定的某种导引方法，导引弹道的主要研究内容有弹道过载，以及导弹的飞行速度、飞行时间、射程和脱靶量等，这些参数最终将影响导弹的命中概率。

在导弹和制导系统初步设计阶段，为了简化研究，通常采用运动学分析方法研究导引弹道的特性，基于以下假设：①导弹、目标和制导站的运动视为质点运动；②制导系统的工作是理想的；③导弹的飞行速度是时间的已知函数；④目标和制导站的运动规律是已知的。这样就避开了复杂的质点系的动力学问题。针对假想目标的某些典型轨迹，先确定导引弹道的基本特性，由此得出的导引弹道是可控质点的运动学弹道。导引弹道的运动学分析虽是近似的，但运动学分析方法是最简单的研究方法。

为了简化研究，假设导弹、目标和制导站始终在同一固定平面内运动，该平面称为攻击平面。攻击平面可能是铅垂面，也可能是水平面或倾斜平面。

本章应用导引弹道的运动学分析方法研究几种常见导引方法的弹道特性，目的是选择合适的导引方法，改善现有导引方法存在的某些缺点，为寻找新的导引方法提供依据。分析各种导引方法的弹道特性是制导系统设计的基础，也是导弹飞行力学研究的重要课题之一。

7.1 弹-目相对运动方程

弹-目相对运动方程是描述导弹、目标、制导站之间相对运动关系的方程。建立弹-目相对运动方程是导引弹道运动学分析方法的基础。弹-目相对运动方程习惯上建立在极坐标系中，因为其形式最简单。下面分别建立自动瞄准制导和遥控制导的弹-目相对运动方程。

7.1.1 自动瞄准制导的弹-目相对运动方程

自动瞄准制导的弹-目相对运动方程实际上是描述导弹与目标之间的相对运动关系的方程。假设在某一时刻，目标位于 T 点，导弹位于 M 点。连线 MT 称为目标瞄准线（简称目标线或视线）。选取基准线（或称为参考线）Ax（可以任意选择），它的位置不同不会影响导弹与目标之间的相对运动特性，而只影响弹-目相对运动方程的繁简程度。简单起见，一般选取攻击平面内的水平线作为基准线，若目标做直线飞行，则选取目标的飞行方向为基准线方向最为简便。

根据导引弹道的运动学分析方法，假设弹-目相对运动方程可以用定义在攻击平面内的极坐标参数 r、q 的变化规律来描述。图 7-1 中的参数分别定义如下。

r 为导弹相对于目标的距离，导弹命中目标时，$r=0$。q 为目标线与基准线之间的夹角，称为目标线方位角（简称目标线角）。若将基准线逆时针转到目标线上，则 q 为正；σ、σ_T 分别为导弹速度矢量、目标速度矢量与基准线之间的夹角，称为导弹弹道角和目标航向角。分别以导弹、目标所在位置为原点，若将基准线逆时针旋转到各自的速度矢量上时，则 σ、σ_T 为正。当攻击平面为铅垂面时，σ 就是弹道倾角 θ；当攻击平面为水平面时，σ 就是弹道偏角 ψ_V。η、η_T 分别为导弹速度矢量、目标速度矢量与目标线之间的夹角，称为导弹速度矢量前置角和目标速度矢量前置角（简称前置角）。分别以导弹、目标为原点，若将各自的速度矢量逆时针旋转到目标线上，则 η、η_T 为正。

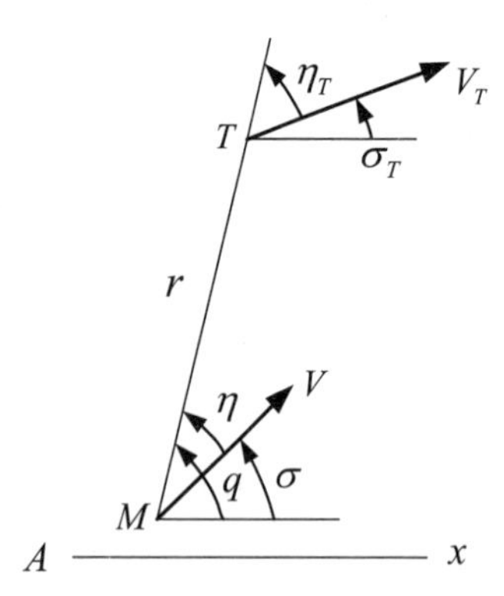

图 7-1 导弹与目标的相对位置

自动瞄准制导的弹-目相对运动方程是描述相对距离 r 和目标线角 q 变化率的方程。根据如图 7-1 所示的导弹与目标的相对位置，就可以直接建立弹-目相对运动方程。将导弹速度矢量 $\boldsymbol{V}$ 和目标速度矢量 $\boldsymbol{V}_T$ 分别沿目标线的方向及其法线方向分解。沿目标线方向的分量 $V\cos\eta$ 指向目标，它使相对距离 r 减小；而分量 $V_T\cos\eta_T$ 背离导弹，它使相对距离 r 增大。显然

$$\frac{\mathrm{d}r}{\mathrm{d}t}=V_T\cos\eta_T-V\cos\eta$$

沿目标线的法线方向的分量 $V\sin\eta$ 使目标线以目标所在位置为原点逆时针旋转，使目标线角 q 增大；而分量 $V_T\sin\eta_T$ 使目标线以导弹所在位置为原点顺时针旋转，使目标线角 q 减小。于是有

$$\frac{\mathrm{d}q}{\mathrm{d}t}=\frac{1}{r}(V\sin\eta-V_T\sin\eta_T)$$

同时，考虑到如图 7-1 所示的角度间的几何关系，以及导引关系方程，可以得到自动瞄准制导的弹-目相对运动方程组为

$$\left.\begin{aligned}&\frac{\mathrm{d}r}{\mathrm{d}t}=V_T\cos\eta_T-V\cos\eta\\&r\frac{\mathrm{d}q}{\mathrm{d}t}=V\sin\eta-V_T\sin\eta_T\\&q=\sigma+\eta\\&q=\sigma_T+\eta_T\\&\varepsilon_1=0\end{aligned}\right\}\tag{7-1}$$

在式（7-1）中，$\varepsilon_1=0$ 为描述导引方法的导引关系方程（或称理想控制关系方程）。在自动瞄准制导中，常见的导引方法有速度追踪法、平行接近法、比例导引法等，相应的导引关系方程如下。

速度追踪法：$\eta=0$，$\varepsilon_1=\eta=0$。

平行接近法：$q=q_0=$ 常数，$\varepsilon_1=\dfrac{\mathrm{d}q}{\mathrm{d}t}=0$。

比例导引法：$\dot{\sigma}=K\dot{q}$，$\varepsilon_1=\dot{\sigma}-K\dot{q}=0$。

在式（7-1）中，$V(t)$、$V_T(t)$、$\eta_T(t)$（或$\sigma_T(t)$）已知，方程组中只含有 5 个未知量，分别为$r(t)$、$q(t)$、$\sigma_T(t)$（或$\eta_T(t)$）、$\sigma(t)$、$\eta(t)$，因此该方程组是封闭的，可以求得确定解。根据$r(t)$、$q(t)$可获得导弹相对于目标的运动轨迹，称为导弹的相对弹道（观察者在目标上观察到的导弹运动轨迹）。若已知目标相对于发射坐标系（惯性坐标系）的运动轨迹，则通过换算可获得导弹相对于发射坐标系的运动轨迹——绝对弹道。

7.1.2　遥控制导的弹-目相对运动方程

遥控制导导弹的空中运动受制导站的导引。该类导弹的运动特性不仅与目标的运动状态有关，还与制导站的运动状态有关。制导站可能是活动的（如空-空导弹或空-地导弹的制导站在载机上），也可能是固定不动的（如地-空导弹或地-地导弹的制导站通常是在地面固定不动的）。因此，建立遥控制导的弹-目相对运动方程还需要考虑制导站的运动状态对导弹运动的影响。在进行导引弹道运动学分析时，假设将制导站也看作运动质点，且其运动状态是已知的时间函数，并认为导弹、制导站、目标始终在某一攻击平面内运动。

建立遥控制导的弹-目相对运动方程是通过导弹与制导站之间的相对运动关系，以及目标与制导站之间的相对运动关系来描述的。在某一时刻，制导站处在C点、导弹处在M点、目标处在T点，它们的相对位置如图 7-2 所示。其中，R_T为制导站与目标的相对距离，R_M为制导站与导弹的相对距离，σ_T、σ、σ_C分别为目标、导弹、制导站的速度矢量与基准线之间的夹角，q_T、q_M分别为制导站-目标连线与基准线、制导站-导弹连线与基准线之间的夹角。

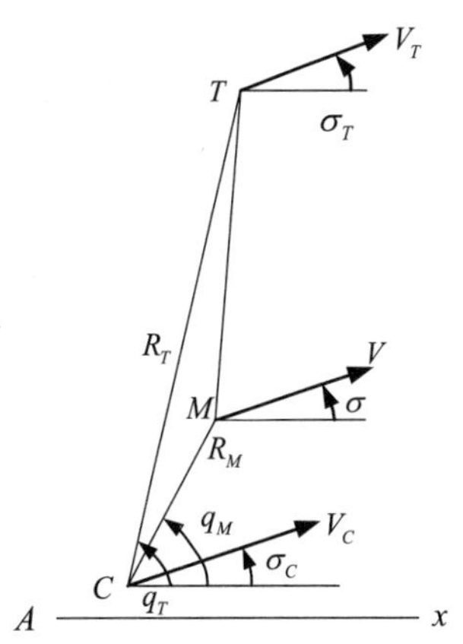

图 7-2　导弹、目标与制导站的相对位置

根据图 7-2，仿照上述建立自动瞄准制导的弹-目相对运动方程的方法，可以得到遥控制导的弹-目相对运动方程组：

$$\left.\begin{aligned}
&\frac{\mathrm{d}R_M}{\mathrm{d}t}=V\cos(q_M-\sigma)-V_C\cos(q_M-\sigma_C)\\
&R_M\frac{\mathrm{d}q_M}{\mathrm{d}t}=-V\sin(q_M-\sigma)+V_C\sin(q_M-\sigma_C)\\
&\frac{\mathrm{d}R_T}{\mathrm{d}t}=V_T\cos(q_T-\sigma_T)-V_C\cos(q_T-\sigma_C)\\
&R_T\frac{\mathrm{d}q_T}{\mathrm{d}t}=-V_T\sin(q_T-\sigma_T)+V_C\sin(q_T-\sigma_C)\\
&\varepsilon_1=0
\end{aligned}\right\}\tag{7-2}$$

在遥控制导中，常见的导引方法有三点法、前置量法等，其相应的导引关系方程如下。

三点法：$q_M=q_T$。

前置量法：$q_M-q_T=C_q(R_T-R_M)$。

在式（7-2）中，$V(t)$、$V_T(t)$、$V_C(t)$、$\sigma_T(t)$、$\sigma_C(t)$为已知的时间函数，有 5 个未知量：$R_M(t)$、$R_T(t)$、$q_M(t)$、$q_T(t)$、$\sigma(t)$。因此，可以获得确定解。

由上述建立的弹-目相对运动方程组可见，弹-目相对运动方程组与作用在导弹上的力无直接关系，故称之为运动学方程组。单独求解该方程组得到的弹道称为运动学弹道。

7.1.3 弹-目相对运动方程的解

由式（7-1）、式（7-2）可见，无论是自动瞄准制导导弹，还是遥控制导导弹，导弹的运动特性都由以下因素确定：目标的运动特性，如飞行高度、飞行速度及机动性；导弹飞行速度的变化规律；导弹采用的导引方法等。对于遥控制导导弹，还要考虑制导站的运动状态。

在导弹的研制过程中，目前还不能预先具体确定目标的运动特性，一般只能根据战术技术要求确定目标的类型，在其性能范围内选择几种典型的运动特性，如目标做等速直线飞行或正常盘旋飞行等。这样，目标的运动特性可以认为是已知的。只要目标的典型运动特性选择得合适，导引弹道特性就可以估算出来。

导弹飞行速度的变化规律取决于发动机的特性、导弹的结构参数和气动外形，它可以由第 5 章包括动力学方程在内的导弹运动方程组求解得到。本章着重介绍导引弹道的运动学分析方法，这一方法要求预先采用近似计算方法求出导弹飞行速度的变化规律。因此，在进行导引弹道的运动学分析时，可以不考虑导弹的动力学方程，即式（7-1）、式（7-2）可独立求解。

式（7-1）、式（7-2）可以采用以下 3 种方法求解。

1．数值积分法

式（7-1）、式（7-2）中含有微分方程，解此方程组一般采用数值积分法，可以获得导弹运动参数随时间变化的规律及其相应的弹道。给定一组初始条件可得到一组相应的特解，但得不到包含任意待定常数的一般解。这种方法的计算工作量大，但是应用电子计算机可以大大提高计算效率，并可以得到足够的计算精度。

2. 解析法

只有在特定条件下（其中最基本的假定是目标做等速直线飞行，导弹的速度为常值），才能得到满足任意初始条件的解析表达式。虽然这些特定条件在实际中是少见的，但解析解可以说明导引方法的某些一般特性。

3. 图解法

图解法也应在目标的运动特性、导弹飞行速度的变化规律及导引方法已知的条件下进行，所得到的弹道还是给定初始条件下的运动学弹道。图解法的优点是简洁、直观，但误差大。作图时，比例尺选取适当可以得到较为满意的结果。图 7-3 所示为通过图解法得到的速度追踪法导引弹道。其中，图 7-3（a）所示为绝对弹道，图 7-3（b）所示为相对弹道。

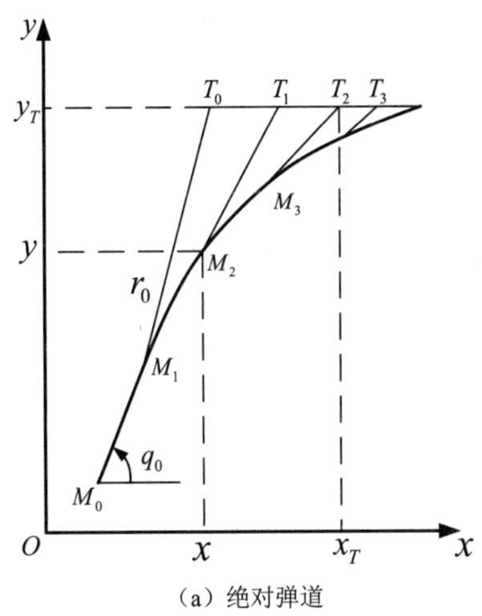

（a）绝对弹道

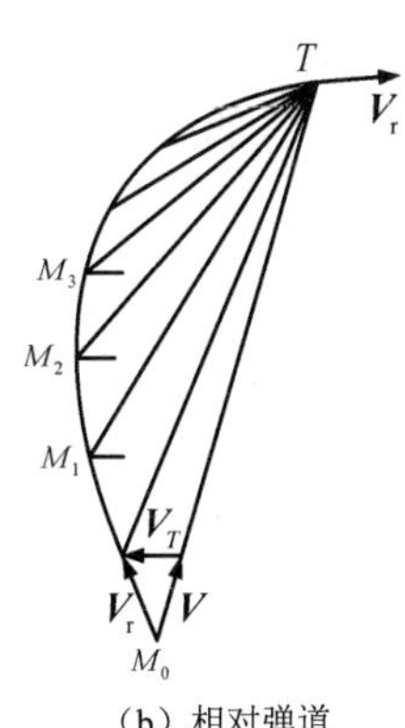

（b）相对弹道

图 7-3　速度追踪法导引弹道

7.2　经典导引规律

7.2.1　速度追踪法

所谓速度追踪法，就是指导弹在攻击目标的导引过程中，导弹速度矢量始终指向目标。这种方法要求导弹速度矢量的前置角η始终等于零。因此，速度追踪法的导引关系方程为

$$\varepsilon_1 = \eta = 0$$

1. 弹道方程

在使用速度追踪法时，弹-目相对运动方程组由式（7-1）可得

$$\left.\begin{aligned}&\frac{\mathrm{d}r}{\mathrm{d}t}=V_T\cos\eta_T-V\\&r\frac{\mathrm{d}q}{\mathrm{d}t}=-V_T\sin\eta_T\\&q=\sigma_T+\eta_T\end{aligned}\right\}\tag{7-3}$$

若V、V_T和σ_T为已知的时间函数，则式（7-3）中还包括 3 个未知量：r、q和η_T。给出初始值r_0、q_0和η_{T0}，用数值积分法可以得到相应的特解。

为了得到解析解，以便了解速度追踪法的一般特性，必须做以下假定：目标做等速直线运动，导弹做等速运动。

取基准线Ax平行于目标的运动轨迹，这时$\sigma_T=0$，$q=\eta_T$（见图 7-4），式（7-3）可改写为

$$\left.\begin{aligned}&\frac{\mathrm{d}r}{\mathrm{d}t}=V_T\cos q-V\\&r\frac{\mathrm{d}q}{\mathrm{d}t}=-V_T\sin q\end{aligned}\right\}\tag{7-4}$$

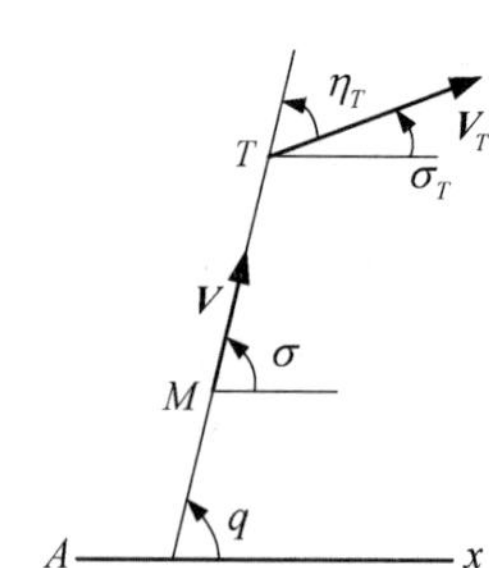

图 7-4　速度追踪法导引导弹与目标的相对运动关系

由式（7-4）可以导出相对弹道方程$r=f(q)$。

用式（7-4）中的第 1 个方程除以第 2 个方程得

$$\frac{\mathrm{d}r}{r}=\frac{V_T\cos q-V}{-V_T\sin q}\mathrm{d}q$$

令$p=V/V_T$，称为速度比。因假设导弹和目标做等速运动，所以p为一常值。于是

$$\frac{\mathrm{d}r}{r}=\frac{-\cos q+p}{\sin q}\mathrm{d}q$$

积分得

$$r=r_0\frac{\tan^p\dfrac{q}{2}\sin q_0}{\tan^p\dfrac{q_0}{2}\sin q}\tag{7-5}$$

令

$$c=r_0\frac{\sin q_0}{\tan^p\dfrac{q_0}{2}}\tag{7-6}$$

式中，(r_0,q_0)为开始导引瞬时导弹相对于目标的位置。

最终得到以目标为原点的用极坐标形式表示的导弹相对弹道方程：

$$r=c\frac{\tan^p\dfrac{q}{2}}{\sin q}=c\frac{\sin^{(p-1)}\dfrac{q}{2}}{2\cos^{(p+1)}\dfrac{q}{2}}\tag{7-7}$$

由式（7-7）即可画出速度追踪法导引的相对弹道（又称追踪曲线）。步骤如下。

（1）求命中目标时的q_k。命中目标时，$r_k=0$，当$p>1$时，由式（7-7）得到$q_k=0$。

（2）在q_0到q_k之间取一系列q值，由目标所在位置（T点）相应引出射线。

（3）将一系列q值分别代入式（7-7），可以求得对应的r值，并在射线上截取相应线段长度，即可求得导弹的对应位置。

（4）逐点描绘即可得到导弹的相对弹道。

举例：根据相对弹道的含义，用图解法画出速度追踪法导引的相对弹道，为讨论方便起见，假设目标做等速直线飞行，导弹做等速飞行。

步骤如下：设目标固定不动，按速度追踪法的导引关系，导弹速度矢量$\boldsymbol{V}$应始终指向目标。假如导弹追踪起始位置在$M_0\left(r_0,q_0\right)$处，起始时刻导弹的相对速度$\boldsymbol{V}_{\mathrm{r}}=\boldsymbol{V}-\boldsymbol{V}_T$，则沿$\boldsymbol{V}_{\mathrm{r}}$方向可得到经过 1s 后导弹相对于目标的位置$M_1$。依次类推，可确定各瞬时导弹相对于目标的位置$M_2$、$M_3$……。最后，光滑连接各点就得到速度追踪法导引时的相对弹道，如图 7-3（b）所示。显然，相对弹道的切线即该瞬时导弹相对速度$\boldsymbol{V}_{\mathrm{r}}$的方向。若导弹的起始位置$M_0\left(r_0,q_0\right)$不同，则可以画出相对弹道族，其中每条相对弹道的形状均不相同，如图 7-5 所示。

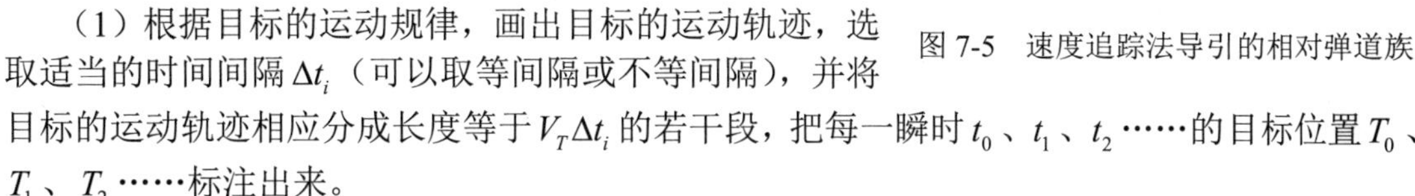

图 7-5　速度追踪法导引的相对弹道族

速度追踪法导引的绝对弹道的作图步骤如下。

（1）根据目标的运动规律，画出目标的运动轨迹，选取适当的时间间隔Δt_i（可以取等间隔或不等间隔），并将目标的运动轨迹相应分成长度等于$V_T\Delta t_i$的若干段，把每一瞬时t_0、t_1、t_2……的目标位置T_0、T_1、T_2……标注出来。

（2）设导弹的起始位置在M_0点。用直线连接M_0和T_0点，按速度追踪法的定义，导弹速度矢量$\boldsymbol{V}$始终指向目标。经过时间间隔$\Delta t_1=t_1-t_0$后，导弹飞过的距离为$M_0M_1=V\left(t_0\right)\Delta t_1$，$M_1$点应在$M_0T_0$连线上，据此得到$t_1$时刻的导弹位置$M_1$。

（3）连接M_1和T_1点，并求出在时间间隔$\Delta t_2=t_2-t_1$内，导弹飞过的距离$M_1M_2=V\left(t_1\right)\Delta t_2$，$M_2$点应在$M_1T_1$连线上，据此求得$t_2$时刻的导弹位置$M_2$。

（4）依次类推，确定导弹各位置，直至导弹与目标相遇。此时，用光滑曲线连接点，就得到速度追踪法导引的绝对弹道，如图 7-3（a）所示。导弹飞行速度的方向就是弹道上各点的切线方向。

如果给出目标相对于发射坐标系的运动规律$x_T\left(t\right)$、$y_T\left(t\right)$，又用数值积分法或解析法解式（7-1），分别得到$r\left(t\right)$、$q\left(t\right)$，则参照图 7-3（a）可以导出确定导弹相对于发射坐标系的运动轨迹的表达式：

$$\left.\begin{aligned}x\left(t\right)&=x_T\left(t\right)-r\left(t\right)\cos q\left(t\right)\\y\left(t\right)&=y_T\left(t\right)-r\left(t\right)\sin q\left(t\right)\end{aligned}\right\}\tag{7-8}$$

2．直接命中目标的条件

从式（7-4）的第 2 个方程中可以看出，$\dot{q}$总与q的符号相反。这表明无论导弹开始追踪瞬时的q_0为何值，导弹在整个导引过程中，$\left|q\right|$都是在不断减小的，即导弹总是绕到目标的正后方命中目标，如图 7-5 所示。因此，导弹命中目标时，$q\to 0$。

由式（7-7）可以得到以下结论。

（1）若$p>1$，且$q\to 0$，则$r\to 0$。

（2）若 $p=1$，且 $q \to 0$，则 $r \to r_0 \dfrac{\sin q_0}{2\tan^p \dfrac{q_0}{2}}$。

（3）若 $p<1$，且 $q \to 0$，则 $r \to \infty$。

显然，只有导弹的飞行速度大于目标的速度才有可能直接命中目标；若导弹的飞行速度等于或小于目标的速度，则导弹与目标最终将保持一定的距离或距离越来越远而不能直接命中目标。由此可见，导弹直接命中目标的必要条件是导弹的飞行速度大于目标的速度（$p>1$）。

3．导弹命中目标所需的飞行时间

导弹命中目标所需的飞行时间直接关系着控制系统及弹体参数的选择，它是导弹武器系统设计的必要数据。

式（7-4）中的两个方程分别乘以 $\cos q$ 和 $\sin q$，并相减，经整理得

$$\cos q \frac{\mathrm{d}r}{\mathrm{d}t} - r\sin q \frac{\mathrm{d}q}{\mathrm{d}t} = V_T - V\cos q \tag{7-9}$$

式（7-4）中的第 1 个方程可改写为

$$\cos q = \frac{\dfrac{\mathrm{d}r}{\mathrm{d}t} + V}{V_T}$$

将上式代入式（7-9），整理后得

$$\left(p+\cos q\right)\frac{\mathrm{d}r}{\mathrm{d}t} - r\sin q\frac{\mathrm{d}q}{\mathrm{d}t} = V_T - pV$$

$$\mathrm{d}\left[r\left(p+\cos q\right)\right] = \left(V_T - pV\right)\mathrm{d}t$$

积分得

$$t = \frac{r_0\left(p+\cos q_0\right) - r\left(p+\cos q\right)}{pV - V_T} \tag{7-10}$$

将命中目标的条件（$r \to 0$，$q \to 0$）代入式（7-10），可得导弹从开始追踪至命中目标所需的飞行时间为

$$t_k = \frac{r_0\left(p+\cos q_0\right)}{pV - V_T} = \frac{r_0\left(p+\cos q_0\right)}{\left(V-V_T\right)\left(1+p\right)} \tag{7-11}$$

由式（7-11）可以得出以下结论。

（1）迎面攻击（$q_0 = \pi$）时，$t_k = \dfrac{r_0}{V+V_T}$。

（2）尾追攻击（$q_0 = 0$）时，$t_k = \dfrac{r_0}{V-V_T}$。

（3）侧面攻击（$q_0 = \dfrac{\pi}{2}$）时，$t_k = \dfrac{r_0 p}{\left(V-V_T\right)\left(1+p\right)}$。

因此，在 r_0、V 和 V_T 相同的条件下，q_0 在 0 至 π 范围内，随着 q_0 的增大，导弹命中目标所需的飞行时间将缩短。迎面攻击（$q_0 = \pi$）时，所需的飞行时间最短。

4．导弹的法向过载

导弹的过载特性是评定导引方法优劣的重要标志之一。过载的大小直接影响制导系统的

工作条件和导引误差，它也是计算弹体结构强度的重要条件。沿导引弹道飞行的需用法向过载必须小于可用法向过载，否则，导弹的飞行将脱离追踪曲线并按可用法向过载决定的弹道曲线飞行，在这种情况下，导弹直接命中目标是不可能的。

本章的法向过载定义（第 5 章中的第二种定义）为法向加速度与重力加速度之比，即

$$n=\frac{a_n}{g} \tag{7-12}$$

式中，a_n 为作用在导弹上的所有外力（包括重力）的合力产生的法向加速度。

速度追踪法导引导弹的法向加速度为

$$a_n=V\frac{\mathrm{d}\sigma}{\mathrm{d}t}=V\frac{\mathrm{d}q}{\mathrm{d}t}=-\frac{VV_T\sin q}{r} \tag{7-13}$$

将式（7-5）代入上式得

$$\begin{aligned}a_n&=-\frac{VV_T\sin q}{r_0\dfrac{\tan^p\dfrac{q}{2}\sin q_0}{\tan^p\dfrac{q_0}{2}\sin q}}=-\frac{VV_T\tan^p\dfrac{q_0}{2}}{r_0\sin q_0}\frac{4\cos^p\dfrac{q}{2}\sin^2\dfrac{q}{2}\cos^2\dfrac{q}{2}}{\sin^p\dfrac{q}{2}}\\&=-\frac{4VV_T}{r_0}\frac{\tan^p\dfrac{q_0}{2}}{\sin q_0}\cos^{(p+2)}\frac{q}{2}\sin^{(2-p)}\frac{q}{2}\end{aligned} \tag{7-14}$$

将式（7-14）代入式（7-12），且法向过载只考虑其绝对值，可得

$$|n|=\frac{4VV_T}{gr_0}\left|\frac{\tan^p\dfrac{q_0}{2}}{\sin q_0}\cos^{(p+2)}\frac{q}{2}\sin^{(2-p)}\frac{q}{2}\right| \tag{7-15}$$

导弹命中目标时，$q\to 0$，由式（7-15）可以得出以下结论。

（1）当 $p>2$ 时，$\lim\limits_{q\to 0}|n|=\infty$。

（2）当 $p=2$ 时，$\lim\limits_{q\to 0}|n|=\dfrac{4VV_T}{gr_0}\left|\dfrac{\tan^p\dfrac{q_0}{2}}{\sin q_0}\right|$。

（3）当 $p<2$ 时，$\lim\limits_{q\to 0}|n|=0$。

由此可见，对于速度追踪法导引，考虑到命中点的法向过载，只有速度比满足$1<p\leqslant 2$时，导弹才有可能直接命中目标。

5. 允许攻击区

所谓允许攻击区，就是指导弹在此区域内以速度追踪法导引飞行，其飞行弹道上的需用法向过载均不超过可用法向过载。

由式（7-13）得

$$r=-\frac{VV_T\sin q}{a_n}$$

将式（7-12）代入上式，如果只考虑其绝对值，则上式可改写为

$$r=\frac{VV_T}{gn}\left|\sin q\right| \tag{7-16}$$

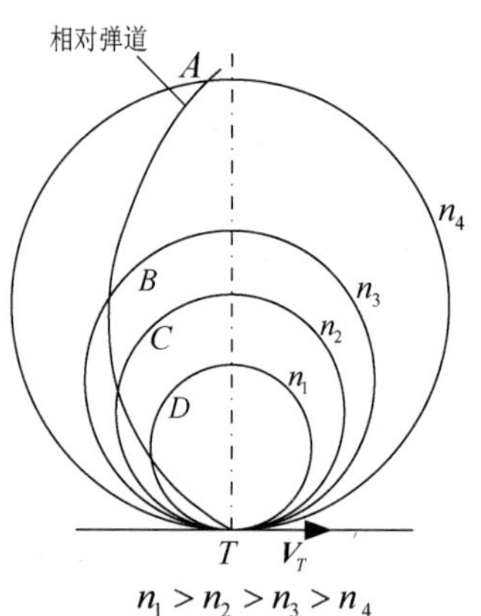

图 7-6　等过载圆族

在 V 、V_T 和 n 给定的条件下，在由 r 、q 组成的极坐标系中，式（7-16）表示的是一个圆的方程，即追踪曲线上过载相同点的连线（简称等过载曲线）是个圆（等过载圆）。圆心在 $\left(VV_T/2gn,\pm\pi/2\right)$ 上，圆的半径等于 $VV_T/2gn$ 。在 V 、V_T 一定时，给出不同的 n ，就可以画出圆心在 $q=\pm\pi/2$ 上、半径大小不同的圆族，且 n 越大，等过载圆的半径越小。等过载圆族通过目标，与目标的速度相切，如图 7-6 所示。

假设可用法向过载为 n_p，相应有一等过载圆。现在要确定速度追踪法导引起始瞬时，导弹相对于目标的距离 r_0 为某一给定值的允许攻击区。

设导弹的初始位置分别为 M_{01} 、M_{02}^* 、M_{03} 点，各自对应的追踪曲线为 1、2、3，如图 7-7 所示。追踪曲线 1 不与 n_p 决定的等过载圆相交，因而其上任意一点的法向过载 $n<n_p$ 。追踪曲线 3 与 n_p 决定的等过载圆相交，因而其上有一段的法向过载 $n>n_p$ 。显然，导弹从 M_{03} 点开始追踪导引是不允许的，因为它不能直接命中目标；追踪曲线 2 与 n_p 决定的等过载圆正好相切，切点 E 的过载最大，且 $n=n_p$ ，其上任意一点均满足 $n\leqslant n_p$ 。因此，M_{02}^* 点是速度追踪法导引的极限初始位置，它由 r_0、q_0^* 确定。于是，当 r_0 一定时，允许攻击区必须满足 $\left|q_0\right|\leqslant\left|q_0^*\right|$，$\left(r_0,q_0^*\right)$ 对应的追踪曲线 2 把攻击平面分成两个区域，$\left|q_0\right|<\left|q_0^*\right|$ 的那个区域就是由导弹可用法向过载决定的允许攻击区，如图 7-8 中的阴影线所示的区域。因此，要确定允许攻击区，在 r_0 一定时，必须首先确定 q_0^*。

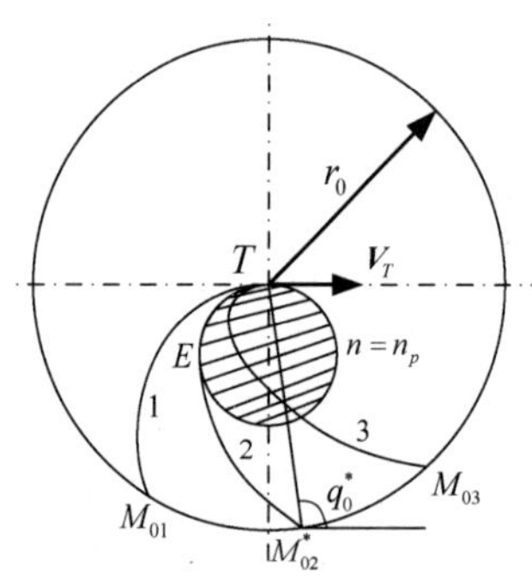

图 7-7　速度追踪法导引的允许攻击区

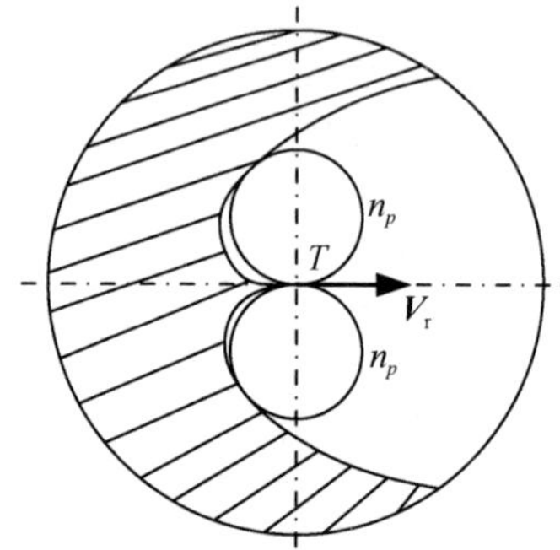

图 7-8　确定极限起始位置

上面提到，在追踪曲线 2 上，E 点的过载最大，此点对应的坐标为 $\left(r^*,q^*\right)$ 。其中 q^* 可以由 $\frac{\mathrm{d}n}{\mathrm{d}q}=0$ 求得。由式（7-15）可得

$$\frac{\mathrm{d}n}{\mathrm{d}q}=\frac{2VV_T}{r_0g\dfrac{\sin q_0}{\tan^p\dfrac{q_0}{2}}}\left[\left(2-p\right)\sin^{(1-p)}\frac{q}{2}\cos^{(p+3)}\frac{q}{2}-\left(2+p\right)\sin^{(3-p)}\frac{q}{2}\cos^{(p+1)}\frac{q}{2}\right]=0$$

$$(2-p)\sin^{(1-p)}\frac{q^*}{2}\cos^{(p+3)}\frac{q^*}{2}=(2+p)\sin^{(3-p)}\frac{q^*}{2}\cos^{(p+1)}\frac{q^*}{2}$$

整理后得

$$(2-p)\cos^2\frac{q^*}{2}=(2+p)\sin^2\frac{q^*}{2}$$

上式又可以写为

$$2\left(\cos^2\frac{q^*}{2}-\sin^2\frac{q^*}{2}\right)=p\left(\sin^2\frac{q^*}{2}+\cos^2\frac{q^*}{2}\right)$$

于是

$$\cos q^*=\frac{p}{2}$$

由此可知，追踪曲线法向过载最大值处的目标线角 q^* 仅取决于速度比 p 的大小。因 E 点在 n_p 的等过载圆上，且其对应的 r^* 满足式（7-16），所以有

$$r^*=\frac{VV_T}{gn_p}\left|\sin q^*\right|$$

因为

$$\sin q^*=\sqrt{1-\frac{p^2}{4}}$$

所以

$$r^*=\frac{VV_T}{gn_p}\left(1-\frac{p^2}{4}\right)^{\frac{1}{2}} \tag{7-17}$$

又因为 E 点在追踪曲线 2 上，所以 r^* 也同时满足式（7-5），即

$$r^*=r_0\frac{\tan^p\dfrac{q^*}{2}\sin q_0^*}{\tan^p\dfrac{q_0^*}{2}\sin q^*}=\frac{r_0\sin q_0^* 2(2-p)^{\frac{p-1}{2}}}{\tan^p\dfrac{q_0^*}{2}(2+p)^{\frac{p+1}{2}}} \tag{7-18}$$

于是

$$\frac{VV_T}{gn_p}\left(1-\frac{p}{2}\right)^{\frac{1}{2}}\left(1+\frac{p}{2}\right)^{\frac{1}{2}}=\frac{r_0\sin q_0^*}{\tan^p\dfrac{q_0^*}{2}}\frac{2(2-p)^{\frac{p-1}{2}}}{(2+p)^{\frac{p+1}{2}}} \tag{7-19}$$

显然，当 V 、V_T 、n_p 和 r_0 给定时，可以由式（7-19）解出 q_0^*。此时，允许攻击区也就相应确定了。

如果导弹发射瞬时就开始实现速度追踪法导引，那么 $\left|q_0\right|\leqslant\left|q_0^*\right|$ 确定的范围即允许发射区。

速度追踪法是最早被提出的一种导引方法，技术上实现速度追踪法导引是比较简单的。例如，只要在弹内装一个风标装置，并将目标位标器安装在风标上，使其轴线与风标指向平行，由于风标的指向始终沿着导弹速度矢量方向，因此只要目标影像偏离了位标器的轴线，导弹速度矢量就没有指向目标，制导系统就会形成控制指令，以消除偏差，实现速度追踪法

导引。由于速度追踪法导引在技术实施方面比较简单，因此部分空-地导弹、激光制导炸弹都采用了这种导引方法。但是，这种导引方法的弹道特性存在严重的缺点。因为导弹的绝对速度方向始终指向目标，相对速度方向总落后于目标线，所以无论从哪个方向发射，导弹总是要绕到目标的后方命中目标，这就导致导弹弹道较弯曲（尤其在命中点附近），需用法向过载较大，要求导弹有很高的机动性，由于可用法向过载的限制而不能实现全向攻击。同时，速度追踪法导引考虑到命中点的法向过载，速度比受到严格限制（$1<p\leqslant 2$）。因此，速度追踪法目前应用很少。

7.2.2 平行接近法

平行接近法是在整个导引过程中，目标瞄准在空间保持平行移动的一种导引方法，其导引关系方程为

$$\varepsilon_1=\frac{\mathrm{d}q}{\mathrm{d}t}=0$$

或

$$\varepsilon_1=q-q_0=0$$

式中，q_0为开始使用平行接近法导引瞬间的目标线角。

使用平行接近法导引时，弹-目相对运动方程组为

$$\left.\begin{aligned}&\frac{\mathrm{d}r}{\mathrm{d}t}=V_T\cos\eta_T-V\cos\eta\\&r\frac{\mathrm{d}q}{\mathrm{d}t}=V\sin\eta-V_T\sin\eta_T\\&q=\sigma+\eta\\&q=\sigma_T+\eta_T\\&\varepsilon_1=\frac{\mathrm{d}q}{\mathrm{d}t}=0\end{aligned}\right\}\tag{7-20}$$

由式（7-20）中的第 2 个方程可以导出实现平行接近法的运动关系式为

$$V\sin\eta=V_T\sin\eta_T\tag{7-21}$$

表明按平行接近法导引时，无论目标做何种机动飞行，导弹速度矢量$\boldsymbol{V}$和目标速度矢量$\boldsymbol{V}_T$在垂直于目标线上的分量相等。由图 7-9 可见，导弹的相对速度$\boldsymbol{V}_\mathrm{r}$正好落在目标线上，即导弹的相对速度始终指向目标。因此，在整个导引过程中，相对弹道是直线弹道。

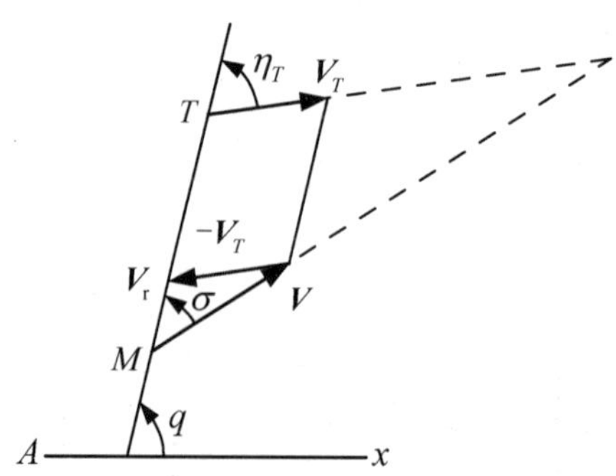

图 7-9 平行接近法导引的导弹与目标的相对运动关系

显然，按平行接近法导引时，导弹速度矢量$\boldsymbol{V}$超前了目标线，导弹速度矢量的前置角η应满足

$$\eta = \arcsin\left(\frac{V_T}{V}\sin\eta_T\right) \tag{7-22}$$

1．直线弹道的条件

按平行接近法导引时，在整个导引过程中，目标线角q保持不变。如果导弹速度矢量的前置角η保持常值，则导弹弹道角σ为常值，导弹飞行的绝对弹道是一条直线弹道。显然，由式（7-22）可见，在攻击平面内，当目标做直线飞行（η_T为常值）时，只要速度比p保持为常值，且$p>1$，那么η就为常值，即导弹无论从什么方向攻击目标，它的飞行弹道（绝对弹道）都是直线弹道。

2．导弹的法向过载

为逃脱导弹的攻击，目标往往做机动飞行，并且导弹的飞行速度通常也是变化的。下面研究这种情况下导弹的需用法向过载。

对式（7-21）求导得

$$\frac{\mathrm{d}V}{\mathrm{d}t}\sin\eta + V\cos\eta\frac{\mathrm{d}\eta}{\mathrm{d}t} = \frac{\mathrm{d}V_T}{\mathrm{d}t}\sin\eta_T + V_T\cos\eta_T\frac{\mathrm{d}\eta_T}{\mathrm{d}t} \tag{7-23}$$

将

$$\frac{\mathrm{d}\eta}{\mathrm{d}t} = -\frac{\mathrm{d}\sigma}{\mathrm{d}t}$$

$$\frac{\mathrm{d}\eta_T}{\mathrm{d}t} = -\frac{\mathrm{d}\sigma_T}{\mathrm{d}t}$$

代入式（7-23）可得

$$\frac{\mathrm{d}V}{\mathrm{d}t}\sin\eta - V\cos\eta\frac{\mathrm{d}\sigma}{\mathrm{d}t} = \frac{\mathrm{d}V_T}{\mathrm{d}t}\sin\eta_T - V_T\cos\eta_T\frac{\mathrm{d}\sigma_T}{\mathrm{d}t}$$

令$a_n = V\dfrac{\mathrm{d}\sigma}{\mathrm{d}t}$为导弹的法向加速度，$a_{nT} = V_T\dfrac{\mathrm{d}\sigma_T}{\mathrm{d}t} = n_T g$为目标的法向加速度。于是导弹的需用法向过载为

$$n = \frac{a_n}{g} = n_T\frac{\cos\eta_T}{\cos\eta} + \frac{1}{g}\left(\frac{\mathrm{d}V}{\mathrm{d}t}\frac{\sin\eta}{\cos\eta} - \frac{\mathrm{d}V_T}{\mathrm{d}t}\frac{\sin\eta_T}{\cos\eta}\right) \tag{7-24}$$

可以看出，导弹的需用法向过载不仅与目标的机动性n_T有关，还与导弹和目标的切向加速度$\mathrm{d}V/\mathrm{d}t$、$\mathrm{d}V_T/\mathrm{d}t$有关。

当目标做机动飞行，而导弹做变速飞行时，若速度比p保持为常值，则采用平行接近法导引，导弹的需用法向过载总比目标的机动法向过载小，现证明如下。

对于式（7-21），对时间t求一阶导数，得

$$p\dot{\eta}\cos\eta = \dot{\eta}_T\cos\eta_T$$

由于$\dot{\eta} = -\dot{\sigma}$，$\dot{\eta}_T = -\dot{\sigma}_T$，因此代入上式得

$$\frac{V\dot{\sigma}}{V_T\dot{\sigma}_T} = \frac{\cos\eta_T}{\cos\eta}$$

因为恒有$V > V_T$，所以由式（7-21）得

$$\eta_T > \eta$$

因此

$$\frac{V\dot{\sigma}}{V_T\dot{\sigma}_T} = \frac{a_n}{a_{nT}} < 1$$

或

$$n < n_T$$

由此可以得出结论：目标无论做何种机动飞行，在采用平行接近法导引时，导弹的需用法向过载总小于目标的机动法向过载，即导弹弹道的弯曲程度总比目标航迹的弯曲程度小（见图 7-10）。因此，导弹的机动性就可以低于目标的机动性。

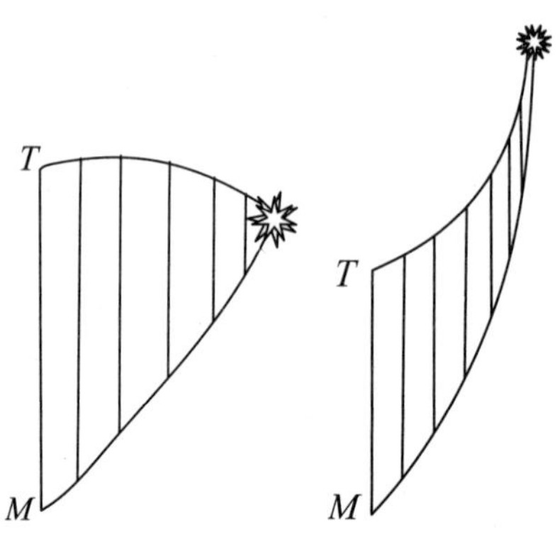

图 7-10 平行接近法导引的导弹弹道

与其他导引方法相比，平行接近法导引弹道最为平直，因而导弹需用法向过载比较小，这样，其所需的弹翼面积可以缩小，且对弹体结构的受力和控制系统均有利。此时，导弹可以实现全向攻击，因此，从这个意义上来说，平行接近法是最好的一种导引方法。可是，到目前为止，平行接近法并未得到广泛应用，主要原因是实施这种导引对制导系统提出了严格的要求，使得制导系统复杂化。它要求制导系统在每一瞬时都精确地测量目标、导弹的飞行速度及其前置角，并严格保持平行接近法的运动关系，即$V\sin\eta = V_T\sin\eta_T$。实际上，由于导弹发射瞬时的偏差或飞行过程中的干扰存在，不可能绝对保证导弹的相对速度$\boldsymbol{V}_r$始终指向目标，因此平行接近法很难实现。

7.2.3 比例导引法

比例导引法是导弹在攻击目标的导引过程中，导弹速度矢量的旋转角速度与目标线的旋转角速度成比例的一种导引方法，其导引关系方程为

$$\varepsilon_1 = \frac{\mathrm{d}\sigma}{\mathrm{d}t} - K\frac{\mathrm{d}q}{\mathrm{d}t} = 0 \tag{7-25}$$

式中，K为比例系数。

假定比例系数K是一个常数，对式（7-25）进行积分，就可以得到比例导引关系方程的另一种表达形式：

$$\varepsilon_1=(\sigma-\sigma_0)-K(q-q_0)=0 \tag{7-26}$$

将几何关系式 $q=\sigma+\eta$ 对时间 t 求导，可得

$$\frac{\mathrm{d}q}{\mathrm{d}t}=\frac{\mathrm{d}\sigma}{\mathrm{d}t}+\frac{\mathrm{d}\eta}{\mathrm{d}t}$$

将此式代入式（7-25），可得到比例导引关系方程的另外两种表达形式：

$$\frac{\mathrm{d}\eta}{\mathrm{d}t}=(1-K)\frac{\mathrm{d}q}{\mathrm{d}t} \tag{7-27}$$

$$\frac{\mathrm{d}\eta}{\mathrm{d}t}=\frac{1-K}{K}\frac{\mathrm{d}\sigma}{\mathrm{d}t} \tag{7-28}$$

由式（7-27）可见，如果 $K=1$，则 $\frac{\mathrm{d}\eta}{\mathrm{d}t}=0$，即 $\eta=\eta_0=$ 常数，这就是常值前置角导引方法，而速度追踪法的 $\eta=0$ 是常值前置角导引方法的一个特例；如果 $K\to\infty$，则 $\frac{\mathrm{d}q}{\mathrm{d}t}\to 0$，即 $q=q_0=$ 常数，这就是平行接近法。

因此，速度追踪法和平行接近法是比例导引法的特殊情况。换句话说，比例导引法是介于速度追踪法和平行接近法之间的一种导引方法。比例导引法的比例系数 K 应选择为 1～∞，通常可取 2～6。比例导引法的弹道特性也介于速度追踪法和平行接近法的弹道特性之间，如图 7-11 所示。随着比例系数 K 的增大，导引弹道越来越平直，需用法向过载也就越小。比例导引法既可用于自动瞄准制导导弹，又可用于遥控制导导弹。

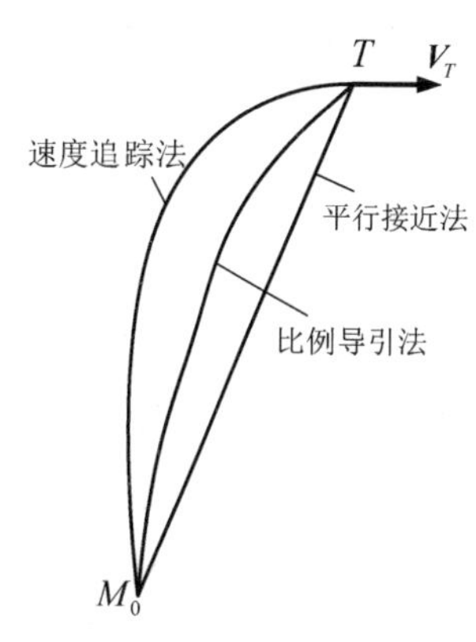

图 7-11　3 种导引方法的弹道比较

1．比例导引法的弹-目相对运动方程

按比例导引法导引时，弹-目相对运动方程组为

$$\left.\begin{aligned}
&\frac{\mathrm{d}r}{\mathrm{d}t}=V_T\cos\eta_T-V\cos\eta\\
&r\frac{\mathrm{d}q}{\mathrm{d}t}=V\sin\eta-V_T\sin\eta_T\\
&q=\sigma+\eta\\
&q=\sigma_T+\eta_T\\
&\frac{\mathrm{d}\sigma}{\mathrm{d}t}=K\frac{\mathrm{d}q}{\mathrm{d}t}
\end{aligned}\right\} \tag{7-29}$$

若给出 V、V_T、σ_T 的变化规律和初始条件（r_0、q_0、σ_0 或 η_0），则式（7-29）可用数值积分法或图解法解算。仅在特殊条件下（如比例系数 $K=2$、目标做等速直线飞行且导弹做等速飞行），式（7-29）才可能得到解析解。

例 7-1　设坦克目标做水平等速直线运动，$V_T=12\,\mathrm{m/s}$，反坦克导弹采用自动瞄准制导，按比例导引法导引导弹侧面拦击目标，导弹等速飞行，$V=120\,\mathrm{m/s}$，比例系数 $K=4$，攻击平面为一水平面（见图 7-12）。设初始条件为 $r_0=3000\mathrm{m}$，$q_0=70°$，$\eta_0=-2°$。试用欧拉数值积分法解算运动学弹道。

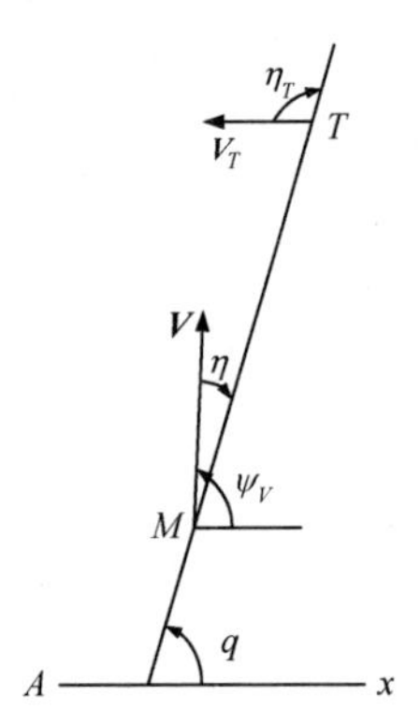

图 7-12 比例导引法导引导弹与目标的相对运动关系

［解］选取基准线 Ax 平行于目标的运动方向，根据上述已知条件，列出弹-目相对运动方程组：

$$\frac{\mathrm{d}r}{\mathrm{d}t}=-V_T\cos q-V\cos\eta$$

$$r\frac{\mathrm{d}q}{\mathrm{d}t}=V_T\sin q+V\sin\eta$$

$$\psi_V=q-\eta$$

$$\dot{\psi}_V=K\dot{q}$$

将上述方程组改写成便于进行数值积分的形式。

由方程组的第 3、4 个方程可分别得

$$\eta=q-\psi_V=Kq_0-\psi_{V0}-(K-1)q$$

$$\psi_V=\psi_{V0}+K(q-q_0)$$

将其代入上述方程组的第 1、2 个方程得

$$\frac{\mathrm{d}r}{\mathrm{d}t}=-V_T\cos q-V\cos\left[Kq_0-\psi_{V0}-(K-1)q\right]$$

$$\frac{\mathrm{d}q}{\mathrm{d}t}=\frac{1}{r}\left\{V_T\sin q+V\sin\left[Kq_0-\psi_{V0}-(K-1)q\right]\right\}$$

确定绝对弹道，所选发射坐标系的原点与导弹初始位置重合，弹道的参数为 (x,z)，其表达式为

$$x=x_T-r\sin q$$

$$z=z_T-r\cos q$$

式中

$$x_T=x_{T0}=r_0\sin q_0$$

$$z_T=z_{T0}-V_Tt=r_0\cos q_0-V_Tt$$

本例选取等积分步长 $\Delta t=2\mathrm{s}$，计算结果如表 7-1 所示。根据命中条件 $x=x_T$，$z=z_T$，还可以确定导弹命中目标所需的飞行时间 t_k。本例 $t_k\approx 24.28\mathrm{s}$。

表 7-1 例 7-1 的计算结果

t/s	$V_T\cos q$/ $\mathrm{m\cdot s^{-1}}$	$V\cos[Kq_0-\psi_{V0}-(K-1)q]$/ $\mathrm{m\cdot s^{-1}}$	$\frac{\mathrm{d}r}{\mathrm{d}t}$/ $\mathrm{m\cdot s^{-1}}$	r/m	$V_T\sin q$/ $\mathrm{m\cdot s^{-1}}$	$V\sin[Kq_0-\psi_{V0}-(K-1)q]$/ $\mathrm{m\cdot s^{-1}}$	$\frac{\mathrm{d}q}{\mathrm{d}t}$/$\mathrm{s^{-1}}$	q/（°）	z/m	x/m
0	4.1042	119.927	−124.031	3000	11.2763	−4.1879	0.002363	70	0	0
2	4.051	119.855	−124	2751.937	11.2956	−5.8879	0.001965	70.2708	73.061	228.672
4	4.0064	119.778	−124	2504.124	11.314	−7.3007	0.001602	70.496	142.008	458.633
6	3.9702	119.702	−124	2256.556	11.3242	−8.4512	0.001273	70.6795	207.478	689.603
8	3.9414	119.634	−124	2009.212	11.3343	−9.3654	0.00098	70.8254	270.134	921.329
10	3.9192	119.577	−123	1762.061	11.342	−10.0687	0.000723	70.9377	330.571	1153.64
12	3.9027	119.532	−123	1515.069	11.3477	−10.587	0.000502	71.0205	389.305	1386.36
14	3.8914	119.5	−123	1268.199	11.3515	−10.9468	0.0003191	71.078	446.808	1619.4
16	3.8841	119.478	−123	1021.417	11.354	−11.1758	0.0001745	71.1146	503.448	1852.636
18	3.8802	119.467	−123	774.692	11.3554	−11.3009	0.0000703	71.1346	559.563	2085.994

续表

t/s	$V_T \cos q$/ m·s^{-1}	$V\cos[Kq_0-\psi_{V0}-(K-1)q]$/ m·s^{-1}	$\frac{dr}{dt}$/ m·s^{-1}	r/m	$V_T \sin q$/ m·s^{-1}	$V\sin[Kq_0-\psi_{V0}-(K-1)q]$/ m·s^{-1}	$\frac{dq}{dt}$/s^{-1}	q/（°）	z/m	x/m
20	3.8786	119.462	−123	527.998	11.3559	−11.3516	0.0000082	71.1427	615.406	2319.41
22	3.8784	119.461	−123	271.317	11.356	−11.3572	0.0000043	71.1436	671.138	2552.851
24	3.8785	119.462	−123	34.638	11.3559	−11.3541	0.0000523	71.1431	726.865	2786.29
24.28				0				71.1439	734.69	2819.07

2. 弹道特性

（1）直线弹道。

直线弹道的条件为 $\dot{\sigma}=0$，因而 $\dot{q}=0$，$\dot{\eta}=0$，即 $\eta=\eta_0=$常数。

考虑式（7-29）中的第 2 个方程，按比例导引法导引时，导弹沿直线弹道飞行的条件可改写为

$$V\sin\eta - V_T\sin\eta_T = 0 \tag{7-30}$$

表示导弹和目标的速度矢量在垂直于目标线方向上的分量相等，即导弹的相对速度始终指向目标。因此，要获得直线弹道，在开始导引瞬时，导弹速度矢量的前置角 η_0 要严格满足

$$\eta_0 = \arcsin\left(\frac{V_T}{V}\sin\eta_T\right)\bigg|_{t=t_0} \tag{7-31}$$

图 7-13 所示为目标做等速直线运动，导弹做等速运动，且 $K=5$，$\eta_0=0°$，$\sigma_T=0°$，$p=2$ 时，从不同方向发射的导弹的相对弹道示意图。当 $q_0=0°$ 及 $q_0=180°$ 时，η_0 满足式（7-31），对应的是两条直线弹道。而从其他方向发射导弹时，η_0 不满足式（7-31），$\dot{q}\neq 0$，即目标线在整个导引过程中不断转动，因此 $\dot{\sigma}\neq 0$，导弹的相对弹道和绝对弹道都不是直线弹道。但导弹在整个导引过程中，q 变化很小，并且对于同一发射方向（q_0 相同），虽然开始导引时的相对距离 r_0 不同，但导弹命中目标时的目标线角 q_k 是相同的，即 q_k 与 r_0 无关。

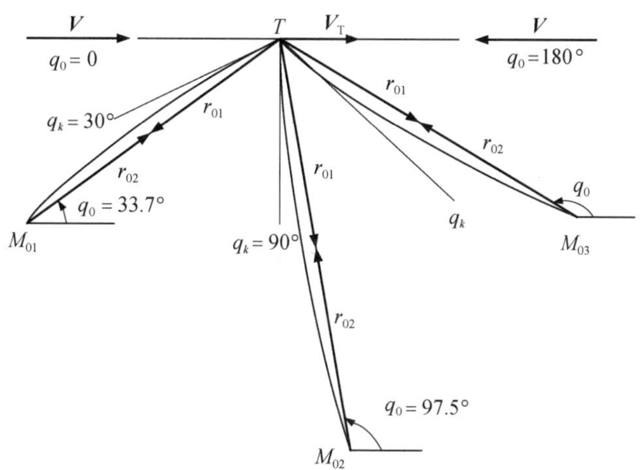

图 7-13　从不同方向发射的导弹的相对弹道示意图（$K=5$、$\eta_0=0°$、$\sigma_T=0°$、$p=2$）

以上结论可证明如下。

导弹命中目标时，$r_k=0$，由式（7-29）中的第 2 个方程可得

$$\eta_k = \arcsin\left[\frac{1}{p}\sin\left(q_k - \sigma_{Tk}\right)\right] \quad (7\text{-}32)$$

对式（7-27）进行积分可得

$$\eta_k = \eta_0 + (1-K)(q_k - q_0)$$

将上式代入式（7-32），并将 $\eta_0 = 0$（相当于直接瞄准发射的情况）和 $\sigma_T \equiv 0$ 代入，可得

$$q_k = q_0 - \frac{1}{K-1}\arcsin\left(\frac{\sin q_k}{p}\right)$$

可见，q_k 与初始相对距离 r_0 无关。由于

$$\sin q_k \leqslant 1$$

因此

$$|q_k - q_0| \leqslant \frac{1}{K-1}\arcsin\left(\frac{1}{p}\right) \quad (7\text{-}33)$$

对于从不同方向发射的导弹的弹道，如果把目标线转动角度的最大值 $|q_k - q_0|_{\max}$ 记作 $\Delta q_{\max}$，并设 $K=5$、$p=2$，将其代入式（7-33），则可得 $\Delta q_{\max} = 7.5°$，它对应 $q_0 = 97.5°$，$q_k = 90°$ 的情况。目标线实际上转过的角度不超过 $\Delta q_{\max}$。当 $q_0 = 33.7°$ 时，$q_k = 30°$，目标线只转过了 3.7°。

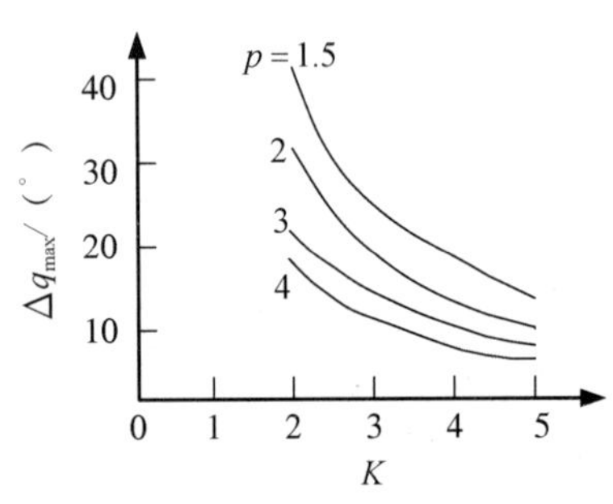

图 7-14 目标线转动角度的最大值（$\eta_0 = 0$）

$\Delta q_{\max}$ 取决于速度比 p 和比例系数 K，其变化趋势如图 7-14 所示。可见，目标线转动角度的最大值将随着速度比 p 和比例系数 K 的增大而减小。

（2）导弹的需用法向过载。

比例导引法要求导弹的转弯速度 $\dot{\sigma}$ 与目标线转动角速度 $\dot{q}$ 成正比，因而导弹的需用法向过载也与 $\dot{q}$ 成正比。要了解弹道上各点需用法向过载的变化规律，只需讨论 $\dot{q}$ 的变化规律即可。

对式（7-29）中的第 2 个方程的两边关于时间求导，得

$$\dot{r}\dot{q} + r\ddot{q} = \dot{V}\sin\eta + V\dot{\eta}\cos\eta - \dot{V}_T\sin\eta_T - V_T\dot{\eta}_T\cos\eta_T$$

由于

$$\dot{\eta} = (1-K)\dot{q}$$

$$\dot{\eta}_T = \dot{q} - \dot{\sigma}_T$$

$$\dot{r} = -V\cos\eta + V_T\cos\eta_T$$

因此

$$r\ddot{q} = -(KV\cos\eta + 2\dot{r})(\dot{q} - \dot{q}^*) \quad (7\text{-}34)$$

式中

$$\dot{q}^* = \frac{\dot{V}\sin\eta - \dot{V}_T\sin\eta_T + V_T\dot{\sigma}_T\cos\eta_T}{KV\cos\eta + 2\dot{r}} \quad (7\text{-}35)$$

以下分两种情况进行讨论。

① 目标做等速直线飞行，导弹做等速飞行。

在此特殊情况下，由式（7-35）可知

$$\dot{q}^* = 0$$

于是式（7-34）可改写为

$$\ddot{q} = -\frac{1}{r}(KV\cos\eta + 2\dot{r})\dot{q} \tag{7-36}$$

可见，如果$(KV\cos\eta + 2\dot{r}) > 0$，则$\ddot{q}$与$\dot{q}$的符号相反：当$\dot{q} > 0$时，$\ddot{q} < 0$，$\dot{q}$将减小；当$\dot{q} < 0$时，$\ddot{q} > 0$，$\dot{q}$将增大。总之，$|\dot{q}|$将不断减小。如图 7-15 所示，此时，$\dot{q}$随时间的变化规律是向横坐标接近，弹道的需用法向过载将随$|\dot{q}|$的减小而减小，弹道变得平直，这种情况称为$\dot{q}$收敛。

若$(KV\cos\eta + 2\dot{r}) < 0$，则$\ddot{q}$与$\dot{q}$的符号相同，$|\dot{q}|$将不断增大，$\dot{q}$随时间的变化规律如图 7-16 所示，这种情况称为$\dot{q}$发散。此时，弹道的需用法向过载将随$|\dot{q}|$的增大而增大，弹道变得弯曲。

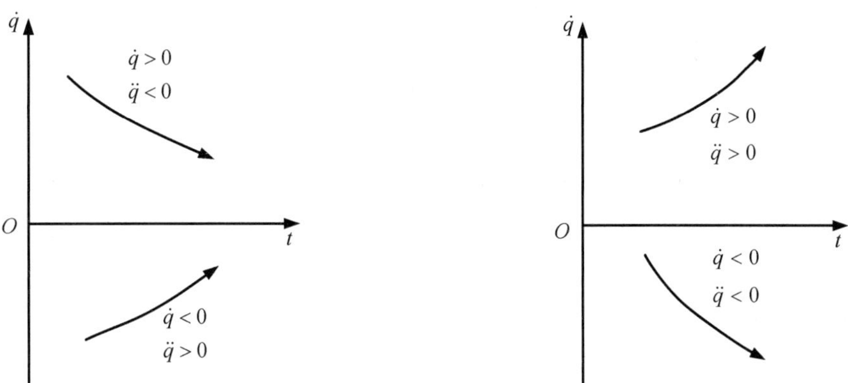

图 7-15　$(KV\cos\eta + 2\dot{r}) > 0$时$\dot{q}$随时间的变化规律　　图 7-16　$(KV\cos\eta + 2\dot{r}) < 0$时$\dot{q}$随时间的变化规律

因此，要使导弹平缓转弯，必须使$\dot{q}$收敛。为此，应满足以下条件：

$$K > \frac{2|\dot{r}|}{V\cos\eta} \tag{7-37}$$

由此得出结论：只要比例系数K选择得足够大，使其满足式（7-37），$|\dot{q}|$就可逐渐减小而趋于零；相反，如果K不满足式（7-37），则$|\dot{q}|$将逐渐增大，在接近目标时，导弹要以无穷大的速率转弯，这实际上是无法实现的，最终将导致导弹脱靶。

② 目标做机动飞行，导弹做变速飞行。

由式（7-35）可知，$\dot{q}^*$是随时间变化的函数，它与目标的切向加速度$\dot{V}_T$、法向加速度$V_T\dot{\sigma}_T$和导弹的切向加速度$\dot{V}$有关。因此，$\dot{q}^*$不再为零。当$(KV\cos\eta + 2\dot{r}) \neq 0$时，$\dot{q}^*$是有限值。

由式（7-34）可知，如果$(KV\cos\eta + 2\dot{r}) > 0$，且$\dot{q} < \dot{q}^*$，则$\ddot{q} > 0$，这时$\dot{q}$将不断增大；当$\dot{q} > \dot{q}^*$时，$\ddot{q} < 0$，这时$\dot{q}$将不断减小。总之，当$(KV\cos\eta + 2\dot{r}) > 0$时，$\dot{q}$有逐渐接近$\dot{q}^*$的趋势；反之，如果$(KV\cos\eta + 2\dot{r}) < 0$，则$\dot{q}$有逐渐离开$\dot{q}^*$的趋势，弹道变得弯曲，在接近目标时，导弹要以极大的速率转弯。

下面讨论导弹命中目标时的$\dot{q}^*$。

如果$(KV\cos\eta + 2\dot{r}) > 0$，则$\ddot{q}$是有限值。由式（7-34）可以看出，在命中点处，$r_k = 0$，即$r\ddot{q} = 0$，这就要求$\dot{q}$与$\dot{q}^*$相等，即

$$\dot{q}_k = \dot{q}_k^* = \left.\frac{\dot{V}\sin\eta - \dot{V}_T\sin\eta_T + V_T\dot{\sigma}_T\cos\eta_T}{KV\cos\eta + 2\dot{r}}\right|_{t=t_k} \tag{7-38}$$

导弹命中目标时，其需用法向过载为

$$n_k = \frac{V_k\dot{\sigma}_k}{g} = \frac{KV_k\dot{q}_k}{g} = \left.\frac{1}{g}\frac{\left(\dot{V}\sin\eta - \dot{V}_T\sin\eta_T + V_T\dot{\sigma}_T\cos\eta_T\right)}{\cos\eta - \dfrac{2|\dot{r}|}{KV}}\right|_{t=t_k} \tag{7-39}$$

可见，导弹命中目标时，其需用法向过载与命中点的导弹速度和导弹向目标的接近速度 $\dot{r}$（或导弹攻击方向）有直接关系。如果命中点的导弹速度低，那么需用法向过载将增大。特别是对空-空导弹来说，它通常是在被动段命中目标的，由于被动段速度的下降，命中点附近的需用法向过载将增大。导弹从不同方向攻击目标时，$|\dot{r}|$ 是不同的，如迎面攻击时 $|\dot{r}| = V + V_T$，尾追攻击时 $|\dot{r}| = V - V_T$。由于前半球攻击的 $|\dot{r}|$ 比后半球攻击的 $|\dot{r}|$ 大，显然，前半球攻击的需用法向过载比后半球攻击的大，因此，后半球攻击比较有利。由式（7-39）还可以看出，命中时刻导弹的速度变化和目标的机动性对需用法向过载也有影响。

当 $\left(KV\cos\eta + 2\dot{r}\right) < 0$ 时，$\dot{q}$ 是发散的，$|\dot{q}|$ 不断增大而趋于无穷大，因此

$$\dot{q}_k \to \infty$$

这意味着当 K 较小时，在接近目标的瞬间，导弹要以无穷大的速率转弯，命中点的需用法向过载也趋于无穷大，这实际上是不可能实现的。因此，当 $K < \left(2|\dot{r}|/V\cos\eta\right)$ 时，导弹不能直接命中目标。

3. 比例系数 K 的选择

由前面的讨论可知，比例系数 K 的大小直接影响弹道特性，影响导弹能否直接命中目标。选择合适的 K 除考虑这两个因素外，还需要考虑结构强度所允许的承受过载的能力，以及制导系统能否稳定地工作等因素。

（1）K 的下限应满足 $\dot{q}$ 收敛的条件。

$\dot{q}$ 收敛使导弹在接近目标的过程中，目标线的旋转角速度 $|\dot{q}|$ 不断减小，相应的需用法向过载也不断减小。$\dot{q}$ 收敛的条件为（为了方便，这里重写）

$$K > \frac{2|\dot{r}|}{V\cos\eta} \tag{7-40}$$

这就限制了 K 的下限值。由式（7-40）可知，导弹从不同方向攻击目标时，$|\dot{r}|$ 是不同的，K 的下限值也不同，这就要依据具体情况选择适当的 K，使导弹从各个方向攻击的性能都能适当得到“照顾”，不至于优劣悬殊；或者只考虑充分发挥导弹在主攻方向上的性能。

（2）K 受可用法向过载的限制。

式（7-40）限制了比例系数的 K 的下限值。但其上限值如果取得过大，则由 $n = \left(KV\dot{q}/g\right)$ 可知，即使 $\dot{q}$ 不太大，也可能使需用法向过载很大。导弹在飞行过程中的可用法向过载受最大舵偏角的限制。若需用法向过载超过可用法向过载，则导弹将不能沿比例导引弹道飞行。因此，可用法向过载限制了 K 的上限值。

（3）K 应满足制导系统稳定工作的要求。

如果 K 选得过大，那么外界干扰对导弹飞行的影响明显增大。$\dot{q}$ 的微小变化将引起 $\dot{\sigma}$ 的很大变化。从制导系统能稳定工作出发，K 的上限值要受到限制。

只有综合考虑上述因素，才能选择出一个合适的K。它可以是一个常数，也可以是一个变数。

4. 比例导引法的优点和缺点

比例导引法的优点：在满足$K>\left(2|\dot{r}|/V\cos\eta\right)$的条件下，$|\dot{q}|$逐渐减小，弹道前段较弯曲，能充分利用导弹的机动性；弹道后段较平直，使导弹具有较高的机动性。只要K、η_0、q_0、p等参数组合适当，就可以使全弹道上的需用法向过载均不超过可用法向过载，因而能实现全向攻击。另外，与平行接近法相比，它对瞄准发射时的初始条件要求不严，在技术实施上只需测量$\dot{q}$、$\dot{\sigma}$即可，实现比例导引比较容易。比例导引法的弹道也较平直。因此，空-空、地-空等自动瞄准制导导弹都广泛采用比例导引法。

比例导引法的缺点：命中目标时的需用法向过载与命中点的导弹速度和导弹的攻击方向有直接关系。

5. 其他形式的比例导引方法

为了消除上述比例导引法的缺点，改善比例导引特性，多年来人们致力于比例导引法的改进，并对其不同的应用条件提出了很多不同的改进形式。以下仅举例说明。

（1）广义比例导引法。

广义比例导引法的导引关系为需用法向过载与目标线转动角速度成比例，即

$$n=K_1\dot{q} \tag{7-41}$$

或

$$n=K_2|\dot{r}|\dot{q} \tag{7-42}$$

式中，K_1、K_2为比例系数。

下面讨论这两种广义比例导引法在命中点处的需用法向过载。

将关系式$n=K_1\dot{q}$与上述比例导引法$n=\left(KV/g\right)\dot{q}$（$\dot{\sigma}=K\dot{q}$）进行比较，得

$$K=\frac{K_1 g}{V}$$

将其代入式（7-39），得导弹命中目标时的需用法向过载为

$$n_k=\frac{1}{g}\left.\frac{\left(\dot{V}\sin\eta-\dot{V}_T\sin\eta_T+V_T\dot{\sigma}_T\cos\eta_T\right)}{\cos\eta-\dfrac{2|\dot{r}|}{K_1 g}}\right|_{t=t_k} \tag{7-43}$$

可见，按$n=K_1\dot{q}$形式导引时，命中点处的需用法向过载与导弹速度没有直接关系。

当按$n_2=K_2|\dot{r}|\dot{q}$形式导引时，命中点处的需用法向过载可仿照前面的推导方法，得

$$K=\frac{K_2 g|\dot{r}|}{V}$$

将其代入式（7-39），就可以得按$n_2=K_2|\dot{r}|\dot{q}$形式导引时命中点处的需用法向过载为

$$n_k=\frac{1}{g}\left.\frac{\left(\dot{V}\sin\eta-\dot{V}_T\sin\eta_T+V_T\dot{\sigma}_T\cos\eta_T\right)}{\cos\eta-\dfrac{2}{K_2 g}}\right|_{t=t_k} \tag{7-44}$$

可见，按$n_2=K_2|\dot{r}|\dot{q}$形式导引时，命中点处的需用法向过载不但与导弹速度无关，而且与导弹攻击方向也无关，这有利于实现全向攻击。

（2）改进比例导引法。

根据式（7-29），相对运动方程可以写为

$$\left.\begin{aligned}\dot{r}&=-V\cos(\sigma-q)+V_T\cos(\sigma_T-q)\\ r\dot{q}&=-V\sin(\sigma-q)+V_T\sin(\sigma_T-q)\end{aligned}\right\}\tag{7-45}$$

对其中的第 2 个方程求导，并将第 1 个方程代入，整理后得

$$r\ddot{q}+2\dot{r}\dot{q}=-\dot{V}\sin(\sigma-q)+\dot{V}_T\sin(\sigma_T-q)+V_T\dot{\sigma}_T\cos(\sigma_T-q)-V\dot{\sigma}\cos(\sigma-q)\tag{7-46}$$

控制系统实现比例导引时，一般使导弹需用法向过载与目标线旋转角速度成比例，即

$$n=A\dot{q}\tag{7-47}$$

又知

$$n=\frac{V}{g}\dot{\sigma}+\cos\sigma\tag{7-48}$$

式中，过载 n（不含重力）是第 5 章中的第一种定义。

将式（7-48）代入式（7-47），可得

$$\dot{\sigma}=\frac{g}{V}(A\dot{q}-\cos\sigma)\tag{7-49}$$

将式（7-49）代入式（7-46），经整理得

$$\begin{aligned}\ddot{q}+\frac{|\dot{r}|}{r}\left(\frac{Ag\cos(\sigma-q)}{|\dot{r}|}-2\right)\dot{q}=\frac{1}{r}\big[&-\dot{V}\sin(\sigma-q)+\dot{V}_T\sin(\sigma_T-q)+\\ &V_T\dot{\sigma}_T\cos(\sigma_T-q)+g\cos\sigma\cos(\sigma-q)\big]\end{aligned}\tag{7-50}$$

令 $N=Ag\cos(\sigma-q)/|\dot{r}|$，称为有效导航比。于是，式（7-50）可改写为

$$\begin{aligned}\ddot{q}+\frac{|\dot{r}|}{r}(N-2)\dot{q}=\frac{1}{r}\big[&-\dot{V}\sin(\sigma-q)+\dot{V}_T\sin(\sigma_T-q)+\\ &V_T\dot{\sigma}_T\cos(\sigma_T-q)+g\cos\sigma\cos(\sigma-q)\big]\end{aligned}\tag{7-51}$$

可见，导弹按比例导引法导引时，目标线转动角速度（导弹需用法向过载）还受导弹切向加速度、目标切向加速度、目标法向加速度和重力作用的影响。

目前，很多自动瞄准制导导弹采用改进比例导引法。改进比例导引法就是对引起目标线转动的几个因素进行补偿，使得由它们产生的弹道需用法向过载在命中点附近尽量小。目前，采用较多的是对导弹切向加速度和重力作用进行补偿；目标切向加速度和目标机动由于是随机的，因此用一般方法进行补偿比较困难。

改进比例导引法根据设计思想的不同可有多种形式。这里根据使由导弹切向加速度和重力作用引起的弹道需用法向过载在命中点处的影响为零来设计。假设改进比例导引的形式为

$$n=A\dot{q}+y\tag{7-52}$$

式中，y 为待定的修正项。于是

$$\dot{\sigma}=\frac{g}{V}(A\dot{q}+y-\cos\sigma)\tag{7-53}$$

将式（7-53）代入式（7-46），并设 $\dot{V}_T=0$，$\dot{\sigma}_T=0$，可得

$$r\ddot{q}+2\dot{r}\dot{q}+Ag\cos(\sigma-q)\dot{q}=-\dot{V}\sin(\sigma-q)+g\cos\sigma\cos(\sigma-q)-g\cos(\sigma-q)y$$

或

$$\ddot{q}+\frac{|\dot{r}|}{r}(N-2)\dot{q}=\frac{1}{r}\left[-\dot{V}\sin(\sigma-q)+g\cos\sigma\cos(\sigma-q)-g\cos(\sigma-q)y\right] \tag{7-54}$$

若假设

$$r=r_0-|\dot{r}|t\text{，}\quad T=\frac{r_0}{|\dot{r}|}$$

式中，t 为导弹飞行时间；T 为导引段飞行总时间。则式（7-54）变为

$$\ddot{q}+\frac{1}{T-t}(N-2)\dot{q}=\frac{1}{r}\left[-\dot{V}\sin(\sigma-q)+g\cos\sigma\cos(\sigma-q)-g\cos(\sigma-q)y\right] \tag{7-55}$$

对式（7-55）进行积分，可得

$$\dot{q}=\dot{q}_0\left(1-\frac{t}{T}\right)^{N-2}+\frac{1}{(N-2)|\dot{r}|}\left[-\dot{V}\sin(\sigma-q)-g\cos(\sigma-q)y+g\cos\sigma\cos(\sigma-q)\right]\left[1-\left(1-\frac{t}{T}\right)^{N-2}\right] \tag{7-56}$$

于是

$$n=A\dot{q}+y=A\dot{q}_0\left(1-\frac{t}{T}\right)^{N-2}+\frac{A}{(N-2)|\dot{r}|}\left[-\dot{V}\sin(\sigma-q)-g\cos(\sigma-q)y+g\cos\sigma\cos(\sigma-q)\right]\left[1-\left(1-\frac{t}{T}\right)^{N-2}\right]+y \tag{7-57}$$

在命中点处，$t=T$，要使 n 为零，必须有

$$\frac{A}{(N-2)|\dot{r}|}\left[-\dot{V}\sin(\sigma-q)-g\cos(\sigma-q)y+\right]g\cos\sigma\cos(\sigma-q)\Big]+y=0$$

因此有

$$y=-\frac{N}{2g}\dot{V}\tan(\sigma-q)+\frac{N}{2}\cos\sigma \tag{7-58}$$

于是，改进比例导引法的导引关系式为

$$n=A\dot{q}-\frac{N}{2g}\dot{V}\tan(\sigma-q)+\frac{N}{2}\cos\sigma \tag{7-59}$$

式中，右边第二项为导弹切向加速度补偿项；第三项为重力补偿项。

6. 实现比例导引法举例

制导系统容易实现比例导引，其制导控制回路如图 7-17 所示，它基本上由导引头回路、控制指令形成装置、自动驾驶回路 3 部分组成，加上导弹及目标的运动学环节，使回路得到闭合。导引头连续跟踪目标，使天线瞄准目标，产生与目标线转动角速度 $\dot{q}$ 成正比的控制信号。图 7-18 所示为导引头方块图。目标位标器是用来测量目标线角 q 与目标位标器光轴视线角 q_1 之间的差值 Δq 的，力矩马达是为进动陀螺提供进动力矩 M 的装置。下面以导弹在铅垂面内的导引为例，假定目标位标器、放大器、力矩马达、进动陀螺等环节均是理想比例环节，忽略其惯性，则各个环节的输入量和输出量之间的关系式分别为

$$u=K_{\varepsilon}(q-q_1)=K_{\varepsilon}\Delta q \tag{7-60}$$

$$M = K_{\mathrm{M}}u \tag{7-61}$$

$$\frac{\mathrm{d}q_1}{\mathrm{d}t} = K_{\mathrm{H}}M \tag{7-62}$$

式中，K_ε为放大器的放大系数；K_{M}为力矩马达的比例系数；K_{H}为进动陀螺的比例系数。

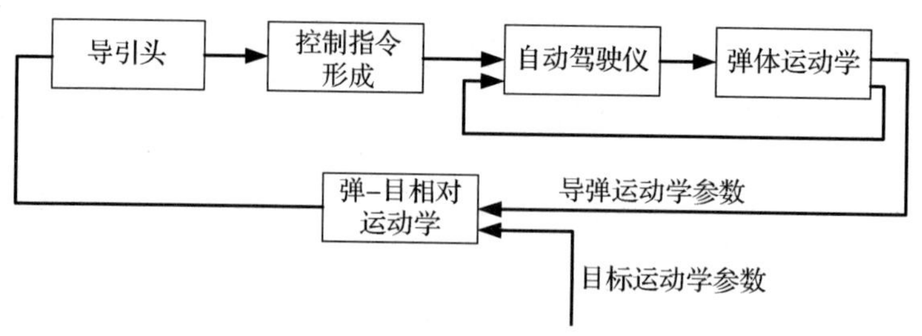

图 7-17　比例导引制导控制回路

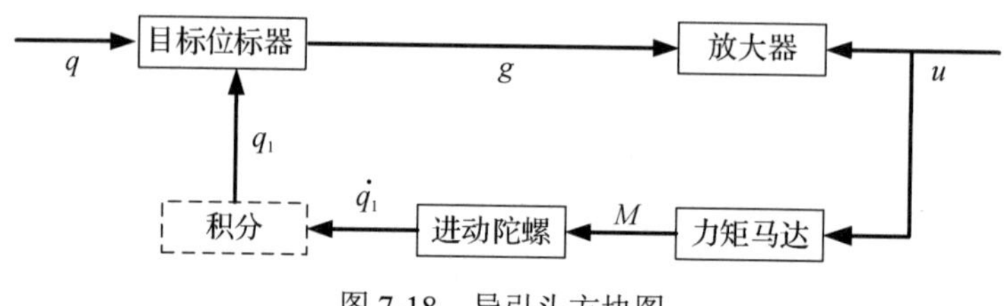

图 7-18　导引头方块图

对式（7-60）关于时间求一次导数得

$$\frac{\mathrm{d}u}{\mathrm{d}t} = K_\varepsilon \frac{\mathrm{d}\Delta q}{\mathrm{d}t} = K_\varepsilon\left(\frac{\mathrm{d}q}{\mathrm{d}t} - \frac{\mathrm{d}q_1}{\mathrm{d}t}\right)$$

将式（7-62）和式（7-61）代入上式可得

$$\frac{\mathrm{d}u}{\mathrm{d}t} = K_\varepsilon\left(\frac{\mathrm{d}q}{\mathrm{d}t} - K_{\mathrm{H}}K_{\mathrm{M}}u\right)$$

或

$$\frac{\mathrm{d}u}{\mathrm{d}t} + K_\varepsilon K_{\mathrm{H}}K_{\mathrm{M}}u = K_\varepsilon \frac{\mathrm{d}q}{\mathrm{d}t}$$

当u达到稳态值（$\frac{\mathrm{d}u}{\mathrm{d}t}=0$）时，上式可改写为

$$u = \frac{1}{K_{\mathrm{H}}K_{\mathrm{M}}}\frac{\mathrm{d}q}{\mathrm{d}t}$$

可见，导引头的输出信号u是与目标线转动角速度$\dot{q}$成正比的。

导引头的输出信号u用来驱动舵机，使舵面偏转。假定舵面的偏转角δ_z与u呈线性关系，即

$$\delta_z = K_{\mathrm{p}}u$$

式中，K_{p}为比例系数。

由于舵面偏转改变了导弹的攻角α，因此最终使导弹产生了一个法向加速度$V(\mathrm{d}\theta/\mathrm{d}t)$。如果忽略重力的影响，则在平衡条件下可得

$$\left.\begin{aligned} u &= \frac{1}{K_{\mathrm{H}} K_{\mathrm{M}}} \frac{\mathrm{d}q}{\mathrm{d}t} \\ \delta_z &= K_p u \\ \alpha &= -\frac{m_z^{\delta_z}}{m_z^{\alpha}} \delta_z \\ V \frac{\mathrm{d}\theta}{\mathrm{d}t} &= \frac{1}{m} \left(\frac{P}{57.3} + Y^{\alpha} \right) \alpha \end{aligned}\right\} \tag{7-63}$$

由此可以求得导弹速度矢量转动角速度的表达式为

$$\frac{\mathrm{d}\theta}{\mathrm{d}t} = -K_{\mathrm{p}} \frac{1}{K_{\mathrm{H}} K_{\mathrm{M}}} \frac{\left(\dfrac{P}{57.3} + Y^{\alpha} \right)}{mV} \frac{m_z^{\delta_z}}{m_z^{\alpha}} \frac{\mathrm{d}q}{\mathrm{d}t}$$

当比例导引法采用 $\dot{\theta} = K\dot{q}$ 形式时，比例系数 K 由上式可以得到：

$$K = -\frac{K_{\mathrm{p}}}{K_{\mathrm{H}} K_{\mathrm{M}}} \frac{\left(\dfrac{P}{57.3} + Y^{\alpha} \right)}{mV} \frac{m_z^{\delta_z}}{m_z^{\alpha}} \tag{7-64}$$

可以看出，比例系数 K 与导弹控制系统的参数（如 K_{p}、 K_{H} 和 K_{M} 等）、导弹的气动特性（如 Y^{α} 、 $m_z^{\delta_z}$ 和 m_z^{α} 等）、导弹的飞行性能（如 V 等）、导弹的结构参数和推力特性（如 m 、 P 等）有关。由于这些参数在导弹的飞行过程中是不断变化的，因此比例系数 K 也在不断变化，这就使得导弹在飞行过程中的弹道特性也将随之变化。

当比例导引法采用 $n = K_1\dot{q}$ 形式时，其比例系数 K_1 为

$$K_1 = -\frac{K_{\mathrm{p}}}{K_{\mathrm{H}} K_{\mathrm{M}}} \frac{\left(\dfrac{P}{57.3} + Y^{\alpha} \right)}{mg} \frac{m_z^{\delta_z}}{m_z^{\alpha}} \tag{7-65}$$

7.2.4　三点法

下面研究遥控制导导弹的导引方法。遥控导引时，导弹和目标的运动参数均由制导站来测量。在研究遥控导引弹道时，既要考虑目标的运动特性，又要考虑制导站的运动状态对导弹运动的影响。在讨论遥控导引弹道特性时，把导弹、目标和制导站看作质点，并设目标和制导站的运动特性 V_{T}、 V_{C}、 σ_{T}、 σ_{C} 的变化规律和导弹的飞行速度的变化规律是已知的。

遥控制导习惯上采用雷达坐标系，如图 7-19 所示，原点 O_{A} 与制导站位置 C 重合， $O_{\mathrm{A}}x_{\mathrm{R}}$ 指向跟踪物，包括目标和导弹； $O_{\mathrm{A}}y_{\mathrm{R}}$ 位于包含 $O_{\mathrm{A}}x_{\mathrm{R}}$ 的铅垂面内并垂直于 $O_{\mathrm{A}}x_{\mathrm{R}}$ ，指向上方； $O_{\mathrm{A}}z_{\mathrm{R}}$ 与 $O_{\mathrm{A}}x_{\mathrm{R}}$ 和 $O_{\mathrm{A}}y_{\mathrm{R}}$ 组成右手直角坐标系。

根据雷达坐标系 $O_{\mathrm{A}}x_{\mathrm{R}}y_{\mathrm{R}}z_{\mathrm{R}}$ 和发射坐标系 $O_{\mathrm{A}}xyz$ 的定义，它们之间的关系由两个角度来确定。如图 7-19 所示，高低角 ε 为 $O_{\mathrm{A}}x_{\mathrm{R}}$ 与地平面 $O_{\mathrm{A}}xz$ 之间的夹角， $0 \leqslant \varepsilon \leqslant 90°$ ；若跟踪物为目标，则称之为目标高低角，用 ε_{T} 表示，若跟踪物为导弹，则称之为导弹高低角，用 ε_{M} 表示。方位角 β 为 $O_{\mathrm{A}}x_{\mathrm{R}}$ 在地平面上的投影 $O_{\mathrm{A}}x'_{\mathrm{R}}$ 与发射坐标系的 $O_{\mathrm{A}}x$ 之间的夹角。若将 $O_{\mathrm{A}}x$ 以逆时针转到 $O_{\mathrm{A}}x'_{\mathrm{R}}$ 上，则 β 为正。若跟踪物为目标，则称之为目标方位角，用 β_{T} 表示；若跟踪物为导弹，则称之为导弹方位角，用 β_{M} 表示。跟踪物的坐标可以用 $(x_{\mathrm{R}}, y_{\mathrm{R}}, z_{\mathrm{R}})$ 表示；也可以用 $(\boldsymbol{R}, \varepsilon, \beta)$ 表示，其中， $\boldsymbol{R}$ 表示坐标原点到跟踪物的距离，称为矢径。

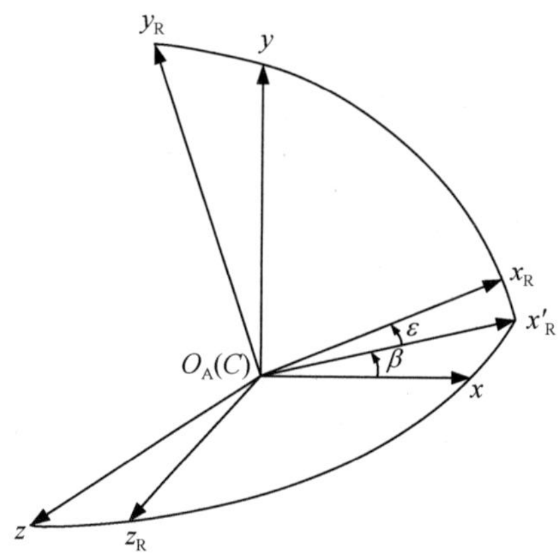

图 7-19　雷达坐标系

1．三点法的导引关系方程

三点法导引是指导弹在攻击目标的导引过程中，始终处于制导站与目标的连线上，如果观察者从制导站上看目标，则目标的影像正好被导弹的影像覆盖。因此，三点法又称目标覆盖法或重合法（见图 7-20）。

按三点法导引，由于制导站与导弹的连线 CM 和制导站与目标的连线 CT 重合，因此三点法的导引关系方程为

$$\varepsilon_M = \varepsilon_T\,,\quad \beta_M = \beta_T \tag{7-66}$$

技术上实施三点法导引很容易。例如，对于反坦克导弹，射手借助光学瞄准器具，以目视跟踪目标，并控制导弹时刻处在制导站与目标的连线上；地-空导弹用一个雷达波束既跟踪目标，又制导导弹，使导弹始终在波束中心线上运动。如果导弹偏离了波束中心线，则制导系统会发出指令，控制导弹回到波束中心线上，如图 7-21 所示。

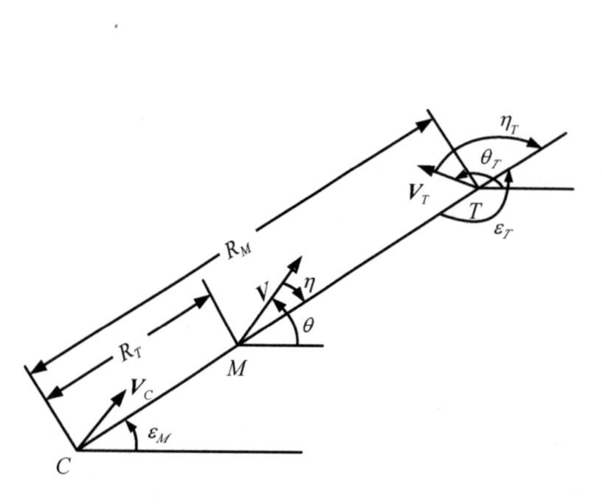

图 7-20　三点法

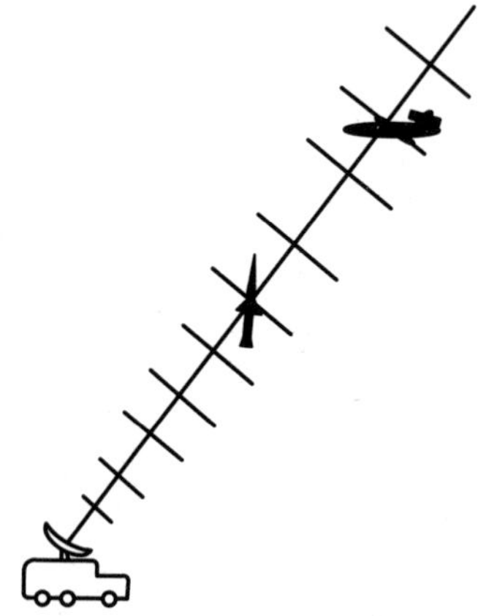

图 7-21　三点法波束制导

2．三点法导引的运动学方程组

下面研究铅垂面内的三点法导引。设制导站是静止的，攻击平面为铅垂面，即目标和导弹始终在通过制导站的铅垂面内运动。参考图 7-20，三点法导引的弹-目运动方程组为

$$
\left.\begin{aligned}
&\frac{\mathrm{d}R_M}{\mathrm{d}t}=V\cos\eta\\
&R_M\frac{\mathrm{d}\varepsilon_M}{\mathrm{d}t}=-V\sin\eta\\
&\frac{\mathrm{d}R_T}{\mathrm{d}t}=V_T\cos\eta_T\\
&R_T\frac{\mathrm{d}\varepsilon_T}{\mathrm{d}t}=-V_T\sin\eta_T\\
&\varepsilon_M=\theta+\eta\\
&\varepsilon_T=\theta_T+\eta_T\\
&\varepsilon_M=\varepsilon_T
\end{aligned}\right\}\tag{7-67}
$$

式中，目标运动参数 $V_T(t)$、$\theta_T(t)$ 和导弹速度 $V(t)$ 的变化规律是已知的。方程组的求解可用数值积分法和解析法。当然，也可以利用图解法求出三点法导引的绝对弹道和相对弹道。

在利用数值积分法解算方程组时，在给定的初始条件（R_{M_0}、ε_{M_0}、R_{T_0}、ε_{T_0}、θ_0、η_0、η_{T_0}）下，可首先对方程组中的第 3、4、6 个方程进行积分，求出目标运动参数 $R_T(t)$、$\varepsilon_T(t)$、$\eta_T(t)$；然后对其余方程进行积分，求出导弹运动参数 $R_M(t)$、$\varepsilon_M(t)$、$\theta(t)$、$\eta(t)$。由 $R_M(t)$ 和 $\varepsilon_M(t)$ 可以画出三点法导引的运动学弹道。

例 7-2　设坦克做水平等速直线运动，$V_T=12\,\mathrm{m/s}$；反坦克导弹按三点法导引拦截目标，并做等速飞行，$V=120\,\mathrm{m/s}$；攻击平面为一水平面；制导站静止；导弹开始导引瞬间的条件为 $R_{T_0}=3000\mathrm{m}$，$R_{M_0}=50\mathrm{m}$，$q_{M_0}=q_{T_0}=70°$，如图 7-22 所示。用欧拉数值积分法解出三点法导引时的导弹运动参数，并绘制弹道曲线。

［解］　选取发射坐标系 $O_\mathrm{A}xyz$，原点与制导站重合，$O_\mathrm{A}z$ 平行于目标的运动方向。根据已知条件，三点法导引的弹-目运动方程组为

$$
\left.\begin{aligned}
&\frac{\mathrm{d}R_M}{\mathrm{d}t}=V\cos\left(q_M-\psi_V\right)\\
&R_M\frac{\mathrm{d}q_M}{\mathrm{d}t}=-V\sin\left(q_M-\psi_V\right)\\
&\frac{\mathrm{d}R_T}{\mathrm{d}t}=-V_T\cos q_T\\
&R_T\frac{\mathrm{d}q_T}{\mathrm{d}t}=V_T\sin q_T\\
&q_M=q_T
\end{aligned}\right\}\tag{7-68}
$$

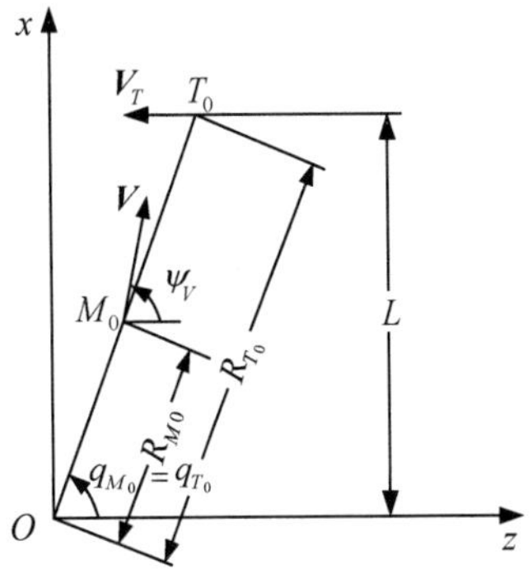

图 7-22　反坦克导弹三点法导引

将此方程组改写成便于进行数值积分的形式，即

$$
\left.\begin{aligned}
&\psi_V=q_M+\arcsin\left(\frac{V_T}{V}\frac{R_M}{R_T}\sin q_M\right)\\
&\frac{\mathrm{d}R_M}{\mathrm{d}t}=V\cos\left(q_M-\psi_V\right)\\
&\frac{\mathrm{d}R_T}{\mathrm{d}t}=-V_T\cos q_M\\
&\frac{\mathrm{d}q_M}{\mathrm{d}t}=-\frac{V}{R_M}\sin\left(q_M-\psi_V\right)
\end{aligned}\right\}\tag{7-69}
$$

为便于绘制弹道曲线，列出以下两个方程：

$$x = R_M \sin q_M, \quad z = R_M \cos q_M \tag{7-70}$$

根据上述方程组进行列表计算，结果如表 7-2 所示。本例选取等积分步长 $\Delta t = 2\text{s}$。

表 7-2　例 7-2 的计算结果

t/s	ψ_V/ (°)	$\frac{dR_M}{dt}$/ m·s^{-1}	R_M/m	$\frac{dR_T}{dt}$/ m·s^{-1}	R_T/m	$\frac{dq_M}{dt}$/ m·s^{-1}	q_M/ (°)	x/m	z/m
0	70.0897	120	50	−4.104	3000	0.00375	70	49.985	17.1
2	70.9530	119.995	290	−4.02	2991.79	0.00378	70.4298	273.238	97.15
4	71.8244	119.983	529.990	−3.9336	2983.75	0.003799	70.8629	500.682	173.73
6	72.7026	119.964	769.956	−3.8472	2975.88	0.00382	71.2983	729.30	246.85
8	73.5875	119.937	1009.884	−3.7608	2968.18	0.003839	71.7360	958.99	316.50
10	74.4791	119.903	1249.759	−3.6732	2960.66	0.003859	72.1760	1189.77	382.55
12	75.3770	119.861	1489.565	−3.5844	2953.31	0.003877	72.6182	1421.49	444.93
14	76.2814	119.811	1729.287	−3.4956	2946.14	0.003896	73.0626	1654.24	503.74
16	77.1921	119.752	1968.948	−3.4068	2939.15	0.003915	73.5091	1887.99	558.97
18	78.1086	119.685	2208.412	−3.3156	2932.34	0.003933	73.9578	2122.50	610.18
20	79.0307	119.610	2447.782	−3.2256	2925.71	0.003951	74.4085	2357.70	657.84
22	79.9587	119.525	2687.001	−3.1344	2919.26	0.003968	74.8612	2593.76	701.84
24	80.8918	—	2926.052	—	2912.99	—	75.3159	2830.37	741.75

按照计算结果作图，可以得到三点法导引的运动学弹道曲线，如图 7-23 所示。根据命中时 $R_M = R_T$，利用线性内插可确定从开始进行三点法导引至命中目标所需的飞行时间 $t_k = 23.9\text{s}$。

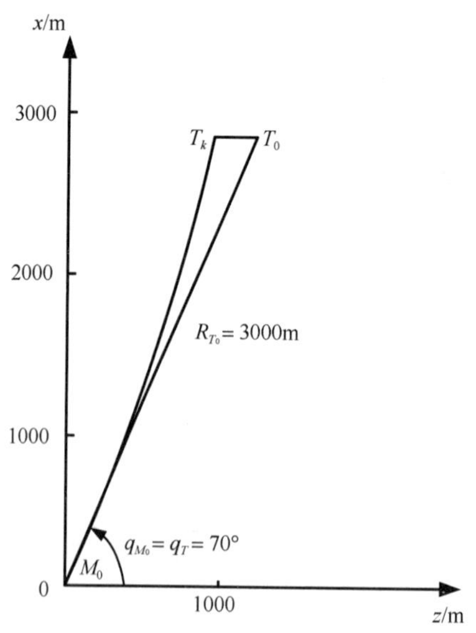

图 7-23　三点法导引的运动学弹道曲线

命中点一定在目标的运动轨迹上，导弹在命中点对应的 x_k 为

$$x_k = L = R_{T_0} \sin q_{T_0} = 3000 \times 0.9397\text{m} = 2819.1\text{m}$$

3．运动学弹道的图解法

这里只讨论制导站静止，且攻击平面为铅垂面的情况，假定目标的运动规律$V_T(t)$、$\theta_T(t)$和导弹速度$V(t)$已知。

在三点法导引的起始时刻（t_0），导弹和目标分别处于M_0和T_0点（见图7-24）。选取适当小的时间间隔Δt，目标在$t_1,t_2,t_3,\cdots$时刻的位置分别以$T_1,T_2,T_3,\cdots$点表示。将制导站的位置C点分别与$T_1,T_2,T_3,\cdots$点相连。按三点法导引的定义，在每一时刻，导弹的位置应位于C点与对应时刻目标位置的连线上。导弹在t_1时刻的位置M_1点即以M_0点为圆心、$\left[\left(V\left(t_0\right)+V\left(t_1\right)\right)/2\right]\left(t_1-t_0\right)$为半径作圆弧与线段$CT_1$的交点。$t_2$时刻导弹的位置$M_2$点是以$M_1$点为圆心、$\left[\left(V\left(t_1\right)+V\left(t_2\right)\right)/2\right]\left(t_2-t_1\right)$为半径作圆弧与线段$CT_2$的交点，依次类推。用光滑曲线连接$M_0,M_1,M_2,\cdots$，就得到三点法导引的运动学弹道曲线。为使计算的导弹平均速度$\left(V\left(t_i\right)+V\left(t_{i+1}\right)\right)/2$逼近对应瞬间的导弹速度，时间间隔$\Delta t$应尽可能取得小些，尤其在命中点附近。由图7-24可以看出，导弹速度对目标速度的比值越小，运动学弹道的曲率越大。

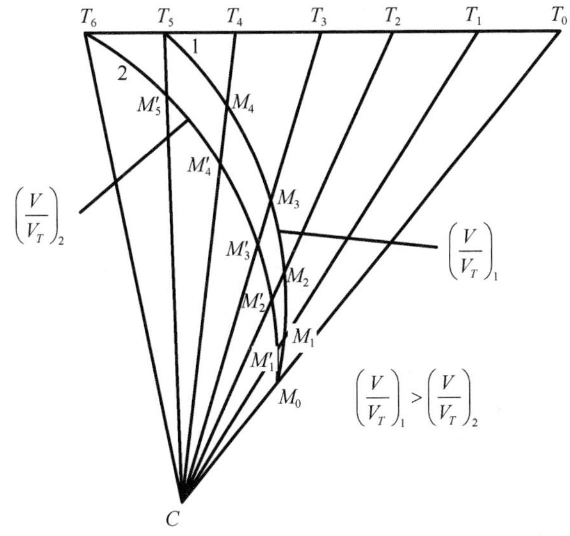

图7-24　三点法导引弹道图解法

4．运动学弹道的解析解

为了说明三点法导引的一般特性，必须采用解析法求解方程组。为此，需要做如下假设：制导站为静止状态，攻击平面与通过制导站的铅垂面重合，目标做水平等速直线飞行，导弹速度为常值。

取地面参考轴Ox平行于目标飞行航迹，参考图7-25，弹-目相对运动方程组，即式（7-67）可改写为

$$\left.\begin{aligned}\frac{\mathrm{d}R_M}{\mathrm{d}t}&=V\cos\eta\\R_M\frac{\mathrm{d}\varepsilon_M}{\mathrm{d}t}&=-V\sin\eta\end{aligned}\right\}\tag{7-71}$$

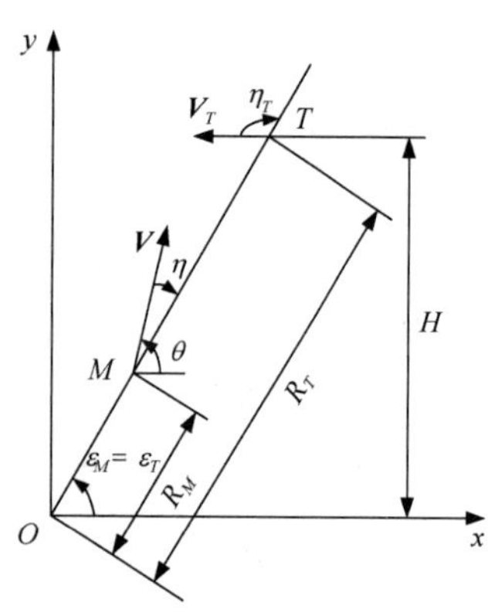

图 7-25 铅垂面内的三点法导引

$$\left.\begin{aligned}\frac{dR_T}{dt}&=-V_T\cos\varepsilon_T\\R_T\frac{d\varepsilon_T}{dt}&=V_T\sin\varepsilon_T\\\theta&=\varepsilon_M-\eta\\\varepsilon_M&=\varepsilon_T\end{aligned}\right\}\tag{7-71 续}$$

只要解出弹道方程 $y=f(\varepsilon_M)$，就可以画出弹道曲线。由图 7-25 可得

$$\left.\begin{aligned}y&=R_M\sin\varepsilon_M\\H&=R_T\sin\varepsilon_T\end{aligned}\right\}\tag{7-72}$$

对第 1 个方程关于 ε_M 求导，有

$$\frac{dy}{d\varepsilon_M}=\frac{dR_M}{d\varepsilon_M}\sin\varepsilon_M+R_M\cos\varepsilon_M\tag{7-73}$$

用式（7-71）中的第 1 个方程除以第 2 个方程得

$$\frac{dR_M}{d\varepsilon_M}=-\frac{R_M\cos\eta}{\sin\eta}$$

将此式代入式（7-73），并利用（7-72）中的第 1 个方程，将 R_M 换成 y，经整理后可得

$$\frac{dy}{d\varepsilon_M}=-\frac{y\sin(\varepsilon_M-\eta)}{\sin\eta\sin\varepsilon_M}\tag{7-74}$$

为了求出弹道方程 $y=f(\varepsilon_M)$，必须对式（7-74）进行积分。但是直接积分该式是比较困难的，通过引入弹道倾角 θ，可以分别求出 y 与 θ 和 ε_M 与 θ 的关系：

$$\left.\begin{aligned}y&=f_1(\theta)\\\varepsilon_M&=f_2(\theta)\end{aligned}\right\}\tag{7-75}$$

由此即可求出 y 与 ε_M 的关系。下面求式（7-75）。

利用几何关系式得

$$\theta=\varepsilon_M-\eta\tag{7-76}$$

对 ε_M 求导得

$$\frac{d\theta}{d\varepsilon_M}=1-\frac{d\eta}{d\varepsilon_M}\tag{7-77}$$

根据三点法导引关系 $\varepsilon_M=\varepsilon_T$、$\dot{\varepsilon}_M=\dot{\varepsilon}_T$，由式（7-71）可得

$$\sin\eta=-\frac{V_T}{V}\frac{R_M}{R_T}\sin\varepsilon_M\tag{7-78}$$

将式（7-72）代入式（7-78）得

$$\sin\eta=-\frac{y}{pH}\sin\varepsilon_M\tag{7-79}$$

式中，$p=V/V_T$。

在式（7-79）中，对 ε_M 求导，并把式（7-74）代入，将其结果代入式（7-77），经整理得

$$\frac{d\theta}{d\varepsilon_M}=\frac{2\sin(\varepsilon_M-\eta)}{\sin\varepsilon_M\cos\eta}\tag{7-80}$$

用式（7-74）除以式（7-80），并将式（7-76）和式（7-79）代入得

$$\frac{\mathrm{d}y}{\mathrm{d}\theta}=\frac{y}{2}\cot\theta+\frac{pH}{2\sin\theta} \tag{7-81}$$

式（7-81）为一阶线性微分方程，其通解为

$$y=\mathrm{e}^{\int\frac{1}{2}\cot\theta\mathrm{d}\theta}\left[c+\int\frac{pH}{2\sin\theta}\mathrm{e}^{-\int\frac{1}{2}\cot\theta\mathrm{d}\theta}\right] \tag{7-82}$$

因为

$$\int\cot\theta\mathrm{d}\theta=\ln\sin\theta$$

$$\mathrm{e}^{\int\frac{1}{2}\cot\theta\mathrm{d}\theta}=\sqrt{\sin\theta}$$

且当 $\theta=\theta_0$ 时，有

$$y=y_0$$

所以

$$c=\frac{y_0}{\sqrt{\sin\theta_0}}$$

代入式（7-82）可得

$$y=\sqrt{\sin\theta}\left[\frac{y_0}{\sqrt{\sin\theta_0}}+\frac{pH}{2}\int_{\theta_0}^{\theta}\frac{\mathrm{d}\theta}{\sin^{3/2}\theta}\right] \tag{7-83}$$

式中，y_0、θ_0 分别为导弹按三点法导引的起始瞬间的飞行高度和弹道倾角。

$\int_{\theta_0}^{\theta}\frac{\mathrm{d}\theta}{\sin^{3/2}\theta}$ 可用椭圆函数 $F(\theta_0)=\int_{\theta_0}^{\frac{\pi}{2}}\frac{\mathrm{d}\theta}{\sin^{3/2}\theta}$ 和 $F(\theta)=\int_{\theta}^{\frac{\pi}{2}}\frac{\mathrm{d}\theta}{\sin^{3/2}\theta}$ 表示，此时，式（7-83）可改写为

$$y=\sqrt{\sin\theta}\left\{\frac{y_0}{\sqrt{\sin\theta_0}}+\frac{pH}{2}\left[F(\theta_0)-F(\theta)\right]\right\} \tag{7-84}$$

式（7-84）表示出了 y 和 θ 的关系，其中的 $F(\theta)$ 和 $F(\theta_0)$ 可查椭圆函数表（见表 7-3）。

表 7-3　椭圆函数表

θ/（°）	$F(\theta)$	尾差	θ/（°）	$F(\theta)$	尾差
6	5.4389	−1.2304	51	0.7749	−0.0741
9	4.2085	−0.6646	54	0.7008	−0.0699
12	3.5439	−0.6646	57	0.6309	−0.0665
15	2.8793	−0.4628	60	0.5644	−0.0637
18	2.4165	−0.3464	63	0.5007	−0.0615
21	2.0701	−0.2214	66	0.4392	−0.0588
24	1.8487	−0.1855	69	0.3804	−0.0572
27	1.6632	−0.1586	72	0.3232	−0.0557
30	1.5046	−0.1387	75	0.2675	−0.0546
33	1.3659	−0.1239	78	0.2129	−0.0539
36	1.2420	−0.1120	81	0.1590	−0.0538
39	1.1300	−0.0998	84	0.1052	−0.0529
42	1.0302	−0.0917	87	0.0523	−0.0523
45	0.9385	−0.0847	90	0	
48	0.8538	−0.0789	—	—	—

下面求ε_M和θ的关系式。将式（7-76）代入式（7-79）得

$$\cot\varepsilon_M = \cot\theta + \frac{y}{Hp\sin\theta} \tag{7-85}$$

将给定的一系列θ代入式（7-84），求出对应的一系列y，并代入式（7-85），可求出相应的ε_M。这样，利用下列方程组即可求得弹道参数，并可画出目标做等速水平直线飞行和导弹做等速飞行时按三点法导引的运动学弹道：

$$\left.\begin{aligned}
& y = \sqrt{\sin\theta}\left\{\frac{y_0}{\sqrt{\sin\theta_0}} + \frac{pH}{2}\left[F(\theta_0) - F(\theta)\right]\right\} \\
& \cot\varepsilon_M = \cot\theta + \frac{y}{Hp\sin\theta} \\
& R_M = \frac{y}{\sin\varepsilon_M}
\end{aligned}\right\} \tag{7-86}$$

例 7-3 对例 7-2 采用解析解确定三点法导引的弹道参数与采用数值积分法的结果进行比较。

［解］ 已知$L = R_{T_0}\sin q_{T_0} = 2819.1\text{m}$，$x_0 = 46.985\text{m}$，$\psi_{V_0} = 70.0897°$，$p = V/V_T = 10$。计算弹道参数的方程为

$$\left.\begin{aligned}
& x = \sqrt{\sin\psi_V}\left\{\frac{x_0}{\sqrt{\sin\psi_{V_0}}} + \frac{pL}{2}\left[F(\psi_{V0}) - F(\psi_V)\right]\right\} \\
& \cot q_M = \cot\psi_V + \frac{x}{Lp\sin\psi_V} \\
& R_M = \frac{x}{\sin q_M} \\
& z = R_M\cos q_M
\end{aligned}\right\} \tag{7-87}$$

根据式（7-87）进行列表计算，首先需要给出一系列ψ_V。为便于对其计算结果与数值积分法的计算结果进行比较，可参照表 7-2 给出的ψ_V。

将计算结果列于表 7-4 中。结果表明，用解析解确定三点法导引的弹道参数与数值积分法的计算结果十分接近。

表 7-4 例 7-3 的计算结果

ψ_V/（°）	$F(\psi_V)$	$F(\psi_{V0})$	x/m	q_M/（°）	R_M/m	z/m
70.0897	0.35962	0.35962	46.985	70.0000	50.000	17.101
70.9530	0.34316	0.35962	272.682	70.4306	289.398	96.934
71.8244	0.32655	0.35962	501.590	70.8613	530.935	174.072
72.7026	0.31016	0.35962	728.567	71.2997	769.172	246.612
73.5875	0.29373	0.35962	957.087	71.7400	1007.842	315.787
74.4791	0.27717	0.35962	1188.354	72.1790	1248.245	382.013
75.3770	0.26064	0.35962	1420.054	72.6210	1487.980	444.445
76.2814	0.24418	0.35962	1651.561	73.0684	1726.400	502.780
77.1921	0.22760	0.35962	1885.439	73.5151	1966.272	557.949
78.1086	0.21095	0.35962	2120.899	73.9622	2206.787	609.669
79.0307	0.19438	0.35962	2355.770	74.4141	2445.698	657.110

续表

ψ_V/（°）	$F(\psi_V)$	$F(\psi_{V0})$	x/m	q_M/（°）	R_M/m	z/m
79.9587	0.17771	0.35962	2592.477	74.8658	2685.614	701.160
80.8917	0.16094	0.35962	2830.944	75.3173	2926.524	741.786

5. 导弹的转弯速率

设导弹在铅垂面内飞行。如果知道了导弹的转弯速率 $\dot{\theta}(t)$，就可得到需用法向过载在弹道上各点的变化规律。因此，转弯速率是一个很重要的弹道特性参数。

（1）目标做机动飞行，导弹做变速飞行。

参考图 7-20，将式（7-67）中的第 2、4 个方程改写为

$$\dot{\varepsilon}_M=\frac{V}{R_M}\sin\left(\theta-\varepsilon_M\right)$$

$$\dot{\varepsilon}_T=\frac{V_T}{R_T}\sin\left(\theta_T-\varepsilon_T\right)$$

对于三点法导引，有 $\varepsilon_M=\varepsilon_T$、$\dot{\varepsilon}_M=\dot{\varepsilon}_T$，于是

$$VR_T\sin\left(\theta-\varepsilon_T\right)=V_TR_M\sin\left(\theta_T-\varepsilon_T\right)$$

对上式两边求导得

$$\begin{aligned}&\left(\dot{\theta}-\dot{\varepsilon}_T\right)VR_T\cos\left(\theta-\varepsilon_T\right)+\dot{V}R_T\sin\left(\theta-\varepsilon_T\right)+V\dot{R}_T\sin\left(\theta-\varepsilon_T\right)\\=&\left(\dot{\theta}_T-\dot{\varepsilon}_T\right)V_TR_M\cos\left(\theta_T-\varepsilon_T\right)+\dot{V}_TR_M\sin\left(\theta_T-\varepsilon_T\right)+V_T\dot{R}_M\sin\left(\theta_T-\varepsilon_T\right)\end{aligned}$$

将运动学关系式

$$\cos\left(\theta-\varepsilon_T\right)=\frac{\dot{\varepsilon}_T}{V}$$

$$\cos\left(\theta_T-\varepsilon_T\right)=\frac{\dot{R}_T}{V_T}$$

$$\sin\left(\theta-\varepsilon_T\right)=\frac{R_M\dot{\varepsilon}_T}{V}$$

$$\sin\left(\theta_T-\varepsilon_T\right)=\frac{R_T\dot{\varepsilon}_T}{V_T}$$

$$\tan\left(\theta-\varepsilon_T\right)=\frac{R_M}{\dot{R}_M}\dot{\varepsilon}_T$$

代入，整理后得

$$\dot{\theta}=\frac{R_M\dot{R}_T}{R_T\dot{R}_M}\dot{\theta}_T+\left(2-\frac{2R_M\dot{R}_T}{R_T\dot{R}_M}-\frac{R_M\dot{V}}{\dot{R}_MV}\right)\dot{\varepsilon}_T+\frac{\dot{V}_T}{V_T}\tan\left(\theta-\varepsilon_T\right)\tag{7-88}$$

当导弹命中目标时，$R_M=R_T$。此时，命中点处导弹的转弯速率为

$$\dot{\theta}_k=\left[\frac{\dot{R}_T}{\dot{R}_M}\dot{\theta}_T+\left(2-\frac{2\dot{R}_T}{\dot{R}_M}-\frac{R_M\dot{V}}{\dot{R}_MV}\right)\dot{\varepsilon}_T+\frac{\dot{V}_T}{V_T}\tan\left(\theta-\varepsilon_T\right)\right]_{t=t_k}\tag{7-89}$$

表明导弹按三点法导引时，在命中点处，导弹过载受目标机动的影响很大，以致在命中点附近可能造成相当大的导引误差。

（2）目标做水平等速直线飞行，导弹做等速飞行。

设目标飞行高度为 H，导弹在铅垂面内拦截目标，如图 7-25 所示。此时，$\dot{V}_T=0$、$\dot{\theta}_T=0$、

$\dot{V}=0$，将这些条件代入式（7-88），得

$$\dot{\theta}=\left(2-\frac{2R_M\dot{R}_T}{R_T\dot{R}_M}\right)\dot{\varepsilon}_T \tag{7-90}$$

将关系式

$$\varepsilon_T=\varepsilon_M$$

$$\dot{\varepsilon}_T=\dot{\varepsilon}_M$$

$$R_T=H/\sin\varepsilon_T$$

$$\dot{\varepsilon}_T=\frac{V_T}{R_T}\sin\varepsilon_T=\frac{V_T}{H}\sin^2\varepsilon_T$$

$$\dot{R}_M=V\cos\eta=V\sqrt{1-\sin^2\eta}=V\sqrt{1-\left(\frac{R_M\dot{\varepsilon}_T}{V}\right)^2}$$

$$\dot{R}_T=-V_T\cos\varepsilon_T$$

代入式（7-90），整理后得

$$\dot{\theta}=\frac{V_T}{H}\sin^2\varepsilon_T\left(2+\frac{R_M\sin 2\varepsilon_T}{\sqrt{p^2H^2-R_M^2\sin^4\varepsilon_T}}\right) \tag{7-91}$$

导弹命中目标时，$H=R_{Mk}\sin\varepsilon_{Tk}$，将其代入式（7-91），就可以得到命中点处导弹的转弯速率：

$$\dot{\theta}_k=\frac{2V_T}{H}\sin^2\varepsilon_{Tk}\left(1+\frac{\cos\varepsilon_{Tk}}{\sqrt{p^2-\sin^2\varepsilon_{Tk}}}\right) \tag{7-92}$$

表明在V_T、V（或$p=\dfrac{V}{V_T}$）和H已知时，按三点法导引，导弹的转弯速率完全取决于导弹所处的位置$\left(R_M,\varepsilon_M\right)$，即$\dot{\theta}$是$R_M$与高低角$\varepsilon_M$的函数。

6. 等法向加速度曲线

若给定$\dot{\theta}$为某一常值，则由式（7-91）可得到一个只包含变量ε_M及R_M的关系式，即

$$f\left(R_M,\varepsilon_M\right)=0$$

上式在极坐标系中表示一条曲线，在这条曲线上，各点的$\dot{\theta}$值均相等。显然，在速度V为常值的情况下，该曲线上各点的法向加速度a_n也是常值。因此，称这条曲线为等法向加速度曲线或等$\dot{\theta}$曲线。如果给出一系列$\dot{\theta}$，那么由式（7-91）就可以得到相应的一族等法向加速度曲线，将其画在极坐标系中，如图7-26中的实线所示。

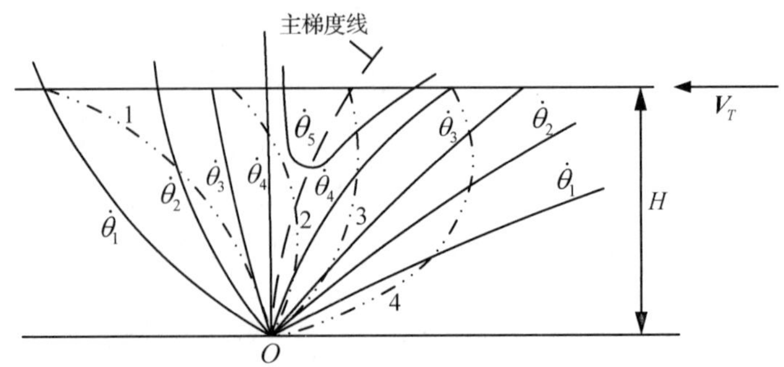

图7-26 三点法导引弹道与等法向加速度曲线

在图 7-26 中，$\dot{\theta}_4$ 曲线的铅垂线对应 $\varepsilon_M = 90^\circ$ 的情况，这时 $\dot{\theta}_4 = \left(2V_T/H\right)$。$\dot{\theta}_1$、$\dot{\theta}_2$、$\dot{\theta}_3$ 曲线均通过 O 点，$\dot{\theta}_1, \dot{\theta}_2, \dot{\theta}_3 < \left(2V_T/H\right)$。$\dot{\theta}_5$ 曲线不通过 O 点，$\dot{\theta}_5 > \left(2V_T/H\right)$。也就是说，在图 7-26 中，$\dot{\theta}_1 < \dot{\theta}_2 < \dot{\theta}_3 < \dot{\theta}_4 < \dot{\theta}_5 < \cdots$。

图 7-26 中的虚线是各等法向加速度曲线中极小值点的连线，表示法向加速度的变化趋势，沿这条虚线向上，法向加速度的值越来越大，称其为主梯度线。

图 7-26 中的双点画线为导弹在不同初始条件 $\left(R_{M_0}, \varepsilon_{M_0}\right)$ 下的三点法导引弹道。

应当指出的是，等法向加速度曲线族是在某一组给定的 V_T、V、H 下画出来的。如果给定另一组值，那么将得到另一族形状相似的等法向加速度曲线。

等法向加速度曲线族对于研究弹道上各点的法向加速度（或需用法向过载）十分方便。从图 7-26 中可见，所有的弹道按其相对于主梯度线的位置可以分为 3 组，一组在其右边，一组在其左边，一组与主梯度线相交。

（1）主梯度线左边的弹道（如图 7-26 中的弹道曲线 1）相当于尾追攻击的情况，初始发射的高低角 $\varepsilon_{M_0} \geqslant \pi/2$。弹道曲线首先与 $\dot{\theta}$ 较大的等法向加速度曲线相交，之后才与 $\dot{\theta}$ 较小的等法向加速度曲线相交。可见，随着导弹矢径 $\boldsymbol{R}_M$ 的增大，弹道上对应点的法向加速度不断减小，命中点处的法向加速度最小，法向加速度的最大值出现在导引弹道的起始点。由式（7-91）可以求得导引弹道起始点的矢径：

$$R_M = R_{M_0} = 0, \quad \left(a_n\right)_{\max} = V\dot{\theta}_{\max} = \frac{2VV_T}{H}\sin^2\varepsilon_{M_0}$$

由于

$$\dot{\varepsilon}_{M_0} = \dot{\varepsilon}_{T_0} = \frac{V_T}{H}\sin^2\varepsilon_{M_0}$$

因此

$$\left(a_n\right)_{\max} = 2V\dot{\varepsilon}_{M_0}$$

式中，$\dot{\varepsilon}_{M_0}$ 表示按三点法导引初始瞬间矢径 $\boldsymbol{R}_{M_0}$ 的转动角速度。当 V、H 为常值时，$\dot{\varepsilon}_{M_0}$ 取决于初始瞬间矢径 $\boldsymbol{R}_{M_0}$ 的高低角 ε_{M_0}，ε_{M_0} 越接近 $\pi/2$，$\dot{\varepsilon}_{M_0}$ 的值越大。因此，在主梯度线左边这一组弹道中，最大的法向加速度出现在 $\varepsilon_{M_0} = \pi/2$ 时，即

$$\left(a_n\right)_{\max} = \frac{2VV_T}{H}$$

这种情况相当于目标只有在飞临发射阵地上空时才发射导弹。

（2）主梯度线右边的弹道（如图 7-26 中的弹道曲线 4）相当于迎击目标的情况，初始发射的高低角 $\varepsilon_{M_0} < \pi/2$。弹道曲线首先与 $\dot{\theta}$ 较小的等法向加速度曲线相交，然后与 $\dot{\theta}$ 较大的等法向加速度曲线相交。可见，弹道上各点的法向加速度随矢径 $\boldsymbol{R}_M$ 的增大而增大，而命中点处的法向加速度最大。由式（7-92）求得命中点的法向加速度为

$$\left(a_n\right)_{\max} = V\dot{\theta}_k = \frac{2VV_T}{H}\sin^2\varepsilon_{Tk}\left(1 + \frac{\cos\varepsilon_{Tk}}{\sqrt{p^2 - \sin^2\varepsilon_{Tk}}}\right)$$

在这种情况下，目标尚未飞到发射阵地上空便被击落。在这组弹道中，其末段都比较弯曲。其中，弹道曲线 3 在命中点处的法向加速度最大，该弹道曲线与主梯度线正好相交在命中点。地-空导弹主要采用迎击方式，因此在采用三点法导引时，导弹弹道末段比较弯曲。

（3）与主梯度线相交的弹道（如图 7-26 中的弹道曲线 2）介于上述两者之间，最大法向加速度出现在弹道中段的某一点处。

7. 攻击禁区

所谓攻击禁区，就是指在此区域内，导弹的需用法向过载将超过可用法向过载，因此导弹不能沿理想弹道飞行，导致导弹不能直接命中目标。

下面以地-空导弹为例，介绍按三点法导引时，由可用法向过载决定的攻击禁区。

当导弹以等速攻击在铅垂面内做水平等速直线飞行的目标时，若已知导弹的可用法向过载 n_p，则可以算出相应的可用法向加速度 a_{np} 或转弯速率 $\dot{\theta}_p$，在 V_T、V、H 一定时，根据式（7-91）可以求出一组 (R_M,ε_M)。这样，可在极坐标系中画出由导弹可用法向过载决定的等法向加速度曲线 2，如图 7-27 所示。等法向加速度曲线 2 与目标航迹相交于 E、F 两点。显然，图 7-27 中的阴影区的需用法向过载超过了可用法向过载，故存在由可用法向过载决定的攻击禁区。在不同初始条件 $(R_{M_0},\varepsilon_{M_0})$ 对应的弹道中，弹道曲线②的命中点恰好在 F 点，弹道曲线①与等法向加速度曲线 2 相切于 E 点，即弹道曲线①和②对应的命中点处的需用法向过载正好等于可用法向过载。于是，攻击平面被这两条弹道曲线分割成Ⅰ、Ⅱ、Ⅲ 三个区域。由图 7-27 可见，位于区域Ⅰ、Ⅲ内的任何一条弹道曲线都不会与等法向加速度曲线 2 相交，即此区域的需用法向过载都小于可用法向过载。位于区域Ⅱ内的所有弹道曲线在命中目标前，必然与等法向加速度曲线 2 相交，即此区域的需用法向过载将超过可用法向过载。因此，应禁止导弹进入阴影区。我们把弹道曲线①、②对应的弹道称为极限弹道。如果用 $\varepsilon_{M_{01}}$、$\varepsilon_{M_{02}}$ 分别表示①、②两条弹道曲线对应的弹道的初始高低角，则在掌握发射时机时，ε_{M_0} 应当满足 $\varepsilon_{M_0} \geqslant \varepsilon_{M_{01}}$ 或 $\varepsilon_{M_0} \leqslant \varepsilon_{M_{02}}$。但是，对于地-空导弹，为了阻止目标进入保卫区，总是尽可能采用迎击方式，因此，所选择的高低角应满足 $\varepsilon_{M_0} \leqslant \varepsilon_{M_{02}}$。

以上讨论的是由可用法向过载决定的等法向加速度曲线与目标航迹相交的情况。如果可用法向过载相当大，那么对应的等法向加速度曲线（如图 7-27 中的曲线 1）与目标航迹不相交。这时，无论以多大的高低角发射导弹，弹道上每点的需用法向过载均小于可用法向过载。从法向过载的角度来看，这种情况不存在攻击禁区。

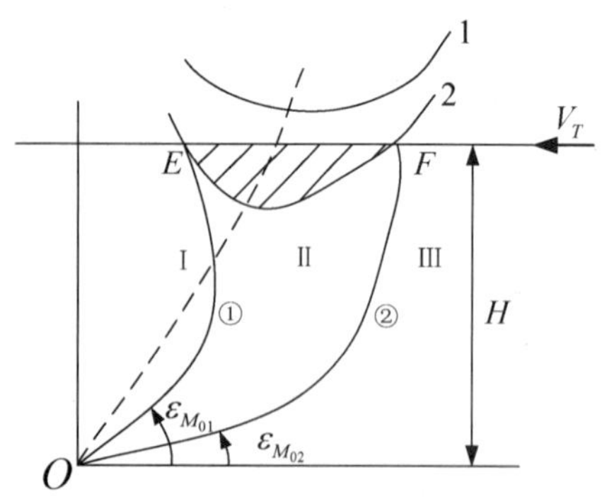

图 7-27 由可用法向过载决定的攻击禁区

8. 三点法导引的优点和缺点

综上所述，三点法导引最显著的优点是技术实施简单，抗干扰性能好。当射击低速目标、从高空向低空滑行或俯冲的目标；或者目标释放干扰而制导站测量不到目标距离信息，制导雷达波束宽度或扫描范围很窄时，应用三点法不但简单易行，而且其性能往往优于其他一些制导规律。它是地-空导弹使用较多的导引方法之一。

但是，三点法导引也存在明显的缺点。首先，其弹道较弯曲，迎击目标时，越接近目标，弹道越弯曲，需用法向过载就越大，命中点处的需用法向过载达到最大。这对攻击高空和高速目标很不利。因为随着高度的提升，空气密度迅速减小，所以由空气动力提供的法向力也大大减小，使导弹的可用法向过载减小；又由于目标速度高，导弹的需用法向过载也相应增大，因此在导弹接近目标时，可能出现导弹的可用法向过载小于需用法向过载的情况，导致导弹脱靶。

其次，动态误差难以补偿。动态误差是指制导系统过渡过程中复现输入时的误差。由于目标机动、导弹运动干扰等的影响，制导回路实际上没有稳定状态，因此总会有动态误差。理想弹道越弯曲，引起的动态误差就越大。为了消除动态误差，需要在指令信号中加入补偿信号，这时，必须测量目标机动时的坐标及其一阶、二阶导数。由于来自目标的反射信号有起伏现象，以及接收机有干扰等原因，制导站测量的坐标不准确；如果再引入坐标的一阶和二阶导数，就会出现更大的误差，使形成的补偿信号不准确，甚至不易形成。因此，在三点法导引中，由目标机动引起的动态误差难以得到补偿，往往会形成偏离波束中心线十几米的动态误差。

最后，导弹按三点法导引迎击低空目标时，其发射角很小。导弹离轨时的飞行速度也很低，这时的操纵效率也比较低，空气动力能提供的法向力也比较小，因此导弹离轨后可能有下沉现象。在初始段弹道比较低伸的情况下，若又存在较大的下沉，则会引起导弹碰地。为了克服这一缺点，有的地-空导弹在攻击低空目标时，采用了小高度三点法，目的是提高初始段弹道高度，如图 7-28 所示。小高度三点法在三点法的基础上加入了一项前置偏差量。小高度三点法制导规律的表达式为

$$\varepsilon_M = \varepsilon_T + \Delta\varepsilon$$
$$\beta_M = \beta_T$$

式中，前置偏差量 $\Delta\varepsilon$ 随时间而衰减，当导弹接近目标时，其值趋于零。$\Delta\varepsilon$ 的表达形式可以为

$$\Delta\varepsilon = \frac{h_\varepsilon}{R_M}\mathrm{e}^{-\frac{t-t_\mathrm{f}}{\tau}}$$

或

$$\Delta\varepsilon = \Delta\varepsilon_0\mathrm{e}^{-k\left(1-\frac{R_M}{R_T}\right)}$$

式中，h_ε 和 τ 在给定弹道上为常值；$\Delta\varepsilon_0$ 为初始前置偏差量；k 为正常值；t_f 一般为导弹进入波束的时间；t 为导弹的飞行时间。

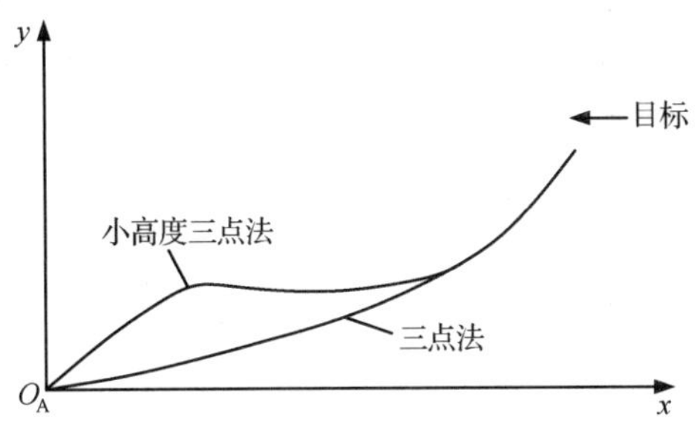

图 7-28　小高度三点法示意图

由于小高度三点法中加入了一项前置偏差量 $\Delta\varepsilon$，在导弹飞行过程中，$\Delta\varepsilon$ 是正值，而其变化率为负值，因此，小高度三点法的初始段的飞行弹道高度比三点法的初始段的飞行弹道高度高，如图 7-28 所示。

7.2.5　前置量法

三点法导引弹道比较弯曲，需用法向过载较大，为了改善遥控制导导弹的导引弹道特性，

需要寻找能使弹道比较平直，特别是能使弹道末段比较平直的其他导引方法。

从对速度追踪法和平行接近法的分析比较中可以看出，在平行接近法中，导弹速度矢量不指向目标，而是沿着目标飞行方向超前目标线一个角度，使得平行接近法比速度追踪法的弹道平直。同理，遥控制导导弹也可以采用某个前置量，使得弹道平直些。这里所指的前置量就是导弹与制导站之间的连线 CM 超前目标与制导站之间的连线 CT 的一个角度。这类导引方法称为前置量法，也称角度法或矫直法。

要实现前置量法导引，需要用双波束制导，其中一个波束用于跟踪目标，测量目标的位置；另一个波束用于跟踪和控制导弹，测量导弹的位置。

1. 传统前置量法

所谓前置量法，就是指导弹在整个导引过程中，导弹与制导站之间的连线始终超前于目标与制导站之间的连线，而这两条连线之间的夹角是按某种规律变化的。

（1）导引关系方程。

采用雷达坐标系建立导引关系方程。按前置量法导引，导弹的高低角 ε_M 和方位角 β_M 应分别超前目标的高低角 ε_T 和方位角 β_T 一个角度，如图 7-29 所示。

下面研究攻击平面为铅垂面的情况。根据前置量法的定义，有

$$\varepsilon_M = \varepsilon_T + \Delta\varepsilon \tag{7-93}$$

式中，$\Delta\varepsilon$ 为前置角。

导弹直接命中目标时，目标和导弹相对于制导站的距离之差 $\Delta R = R_T - R_M$ 应为零，$\Delta\varepsilon$ 也应为零。为满足这两个条件，$\Delta\varepsilon$ 与 ΔR 之间应有如下关系：

$$\Delta\varepsilon = C_\varepsilon \Delta R$$

这样，式（7-93）可表示为

$$\varepsilon_M = \varepsilon_T + C_\varepsilon \Delta R \tag{7-94}$$

在前置量法中，函数 C_ε 的选择应尽量使弹道平直。若导弹的高低角随时间的变化率 $\dot{\varepsilon}_M$ 为零，则导弹的绝对弹道为直线弹道。要求全弹道上 $\dot{\varepsilon}_M \equiv 0$ 是不现实的，一般只能要求导弹在接近目标时，$\dot{\varepsilon}_M$ 趋于零，这样就可以使弹道末段平直些。因此，这种导引方法又称矫直法。

下面根据这一要求来确定 C_ε 的表达式。对于式（7-94），对时间求一阶导数得

$$\dot{\varepsilon}_M = \dot{\varepsilon}_T + \dot{C}_\varepsilon \Delta R + C_\varepsilon \Delta\dot{R}$$

式中

$$\dot{C}_\varepsilon = \frac{\mathrm{d}C_\varepsilon}{\mathrm{d}t},\quad \Delta\dot{R} = \frac{\mathrm{d}\Delta R}{\mathrm{d}t}$$

在命中点处，$\Delta R = 0$，并要求 $\dot{\varepsilon}_M = 0$，代入上式可得

$$C_\varepsilon = -\frac{\dot{\varepsilon}_T}{\Delta\dot{R}}$$

因此，前置量法的导引关系方程可表示为

$$\varepsilon_M = \varepsilon_T - \frac{\dot{\varepsilon}_T}{\Delta\dot{R}}\Delta R \tag{7-95}$$

（2）相对运动方程组。

设制导站静止，攻击平面为通过制导站的铅垂面，在此平面内，目标做机动飞行，导弹做变速飞行。参考图 7-30，前置量法导引的相对运动方程组为

$$\left.\begin{aligned}&\frac{\mathrm{d}R_M}{\mathrm{d}t}=V\cos\eta\\&R_M\frac{\mathrm{d}\varepsilon_M}{\mathrm{d}t}=-V\sin\eta\\&\frac{\mathrm{d}R_T}{\mathrm{d}t}=V_T\cos\eta_T\\&R_T\frac{\mathrm{d}\varepsilon_T}{\mathrm{d}t}=-V_T\sin\eta_T\\&\varepsilon_M=\theta+\eta\\&\varepsilon_T=\theta_T+\eta_T\\&\varepsilon_M=\varepsilon_T-\frac{\dot{\varepsilon}_T}{\Delta\dot{R}}\Delta R\\&\Delta R=R_T-R_M\\&\Delta\dot{R}=\dot{R}_T-\dot{R}_M\end{aligned}\right\}\tag{7-96}$$

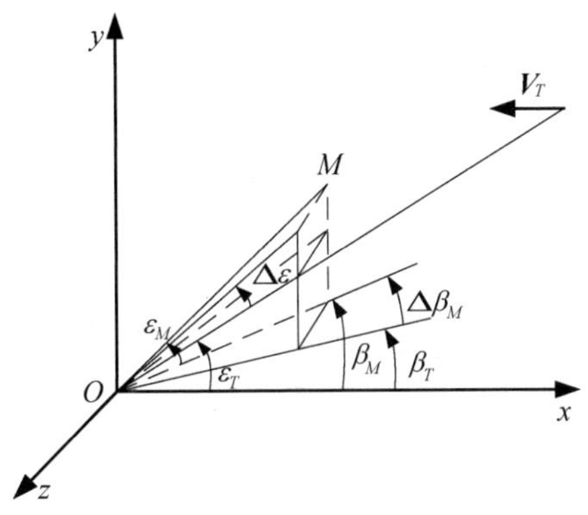

图 7-29 前置量法

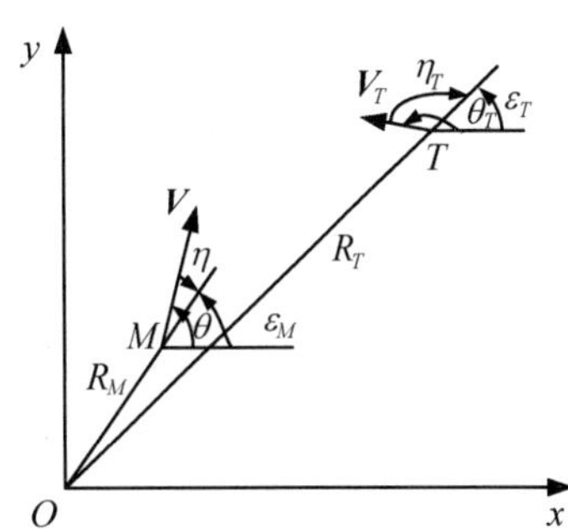

图 7-30 铅垂面内的前置量法导引

当目标的运动规律$V_T(t)$、$\theta_T(t)$和导弹速度的变化规律$V(t)$已知时，上述方程组包含 9 个未知量：R_M、R_T、ε_M、ε_T、η、η_T、θ、ΔR、$\Delta\dot{R}$。由于该方程组有 9 个方程，因此它是封闭的。

（3）导弹的转弯速率。

式（7-96）中的第 2 个方程可改写为

$$R_M\frac{\mathrm{d}\varepsilon_M}{\mathrm{d}t}=-V\sin\eta=V\sin(\theta-\varepsilon_M)$$

对上式求一阶导数得

$$\dot{R}_M\dot{\varepsilon}_M+R_M\ddot{\varepsilon}_M=\dot{V}\sin(\theta-\varepsilon_M)+V\cos(\dot{\theta}-\dot{\varepsilon}_M)\cos(\theta-\varepsilon_M)$$

式（7-96）中的第 1、2 个方程可分别改写为

$$\cos(\theta-\varepsilon_M)=\frac{\dot{R}_M}{V}$$

$$\sin(\theta-\varepsilon_M)=\frac{R_M\dot{\varepsilon}_M}{V}$$

整理后得

$$\dot{\theta}=\left(2-\frac{\dot{V}R_M}{V\dot{R}_M}\right)\dot{\varepsilon}_M+\frac{R_M}{\dot{R}_M}\ddot{\varepsilon}_M \tag{7-97}$$

可见，转弯速率$\dot{\theta}$不仅与$\dot{\varepsilon}_M$有关，还与$\ddot{\varepsilon}_M$有关。在命中点处，由于$\dot{\varepsilon}_M=0$，因此由式（7-97）可得

$$\dot{\theta}_k=\left(\frac{R_M}{\dot{R}_M}\ddot{\varepsilon}_M\right)_{t=t_k} \tag{7-98}$$

表明$\dot{\theta}_k$不为零，即导弹在命中点附近的弹道并不是直线弹道；但是$\dot{\theta}_k$很小，即在命中点附近的弹道接近直线弹道。因此，“矫直”的意思并不是直线弹道，只是在接近命中点时，弹道较为平直而已。

为了比较前置量法和三点法在命中点处的转弯速率$\dot{\theta}_k$（或需用法向过载），先对导引关系方程，即式（7-95）求二阶导数，并考虑命中点的条件$\Delta R=0$、$\varepsilon_M=\varepsilon_T$、$\dot{\varepsilon}_M=0$，可得

$$\ddot{\varepsilon}_{Mk}=\left(-\ddot{\varepsilon}_T+\frac{\dot{\varepsilon}_T\Delta\ddot{R}}{\Delta\dot{R}}\right)_{t=t_k} \tag{7-99}$$

再对式（7-96）中的第4个方程

$$R_T\frac{\mathrm{d}\varepsilon_T}{\mathrm{d}t}=V_T\sin\left(\theta_T-\varepsilon_T\right)$$

求一阶导数，同时考虑命中点的条件，可得

$$\ddot{\varepsilon}_{Tk}=\left[\frac{1}{R_T}\left(\frac{R_T\dot{V}_T\dot{\varepsilon}_T}{V_T}+\dot{R}_T\dot{\theta}_T-2\dot{R}_T\dot{\varepsilon}_T\right)\right]_{t=t_k} \tag{7-100}$$

将式（7-100）代入式（7-99），并将结果代入式（7-98），得命中点处导弹的转弯速率为

$$\dot{\theta}_k=\left[\frac{\dot{\varepsilon}_T}{\dot{R}_M}\left(2\dot{R}_T+\frac{\Delta\ddot{R}R_T}{\Delta\dot{R}}\right)-\frac{\dot{V}_T}{\dot{R}_M}\sin\left(\theta_T-\varepsilon_T\right)-\frac{R_T\dot{\theta}_T}{\dot{R}_M}\right]_{t=t_k} \tag{7-101}$$

可见，导弹在命中点处的转弯速率$\dot{\theta}_k$仍受目标机动的影响，这是不利的。由于目标机动，$\dot{V}_T$和$\dot{\theta}_T$的值都不易测量，难以形成补偿信号来修正弹道，势必引起动态误差。特别是$\dot{\theta}_T$的影响更大，通常，目标做机动飞行时，$\dot{\theta}_T$可达0.01～0.03rad/s，这样的误差数值是比较大的。

对式（7-101）和三点法导引时命中点处的转弯速率的表达式，即式（7-89）进行比较，可以看出，对于同样的目标机动动作，即同样的$\dot{V}_T$、$\dot{\theta}_T$，在三点法导引中，其对导弹命中点处转弯速率的影响与其在前置量法导引中造成的影响正好相反。也就是说，若在三点法导引中，目标机动对命中点处导弹的转弯速率的影响为正，则在前置量法导引中，目标机动对命中点处导弹的转弯速率的影响为负。因此，就可能存在介于三点法导引和前置量法导引之间的某种导引方法，采用这种导引方法，目标机动对命中点处导弹的转弯速率的影响为零，这种导引方法就是半前置量法。

2. 半前置量法

假设制导站静止，攻击平面为通过制导站的铅垂面。三点法和前置量法的导引关系方程可以写成以下通式：

$$\varepsilon_M=\varepsilon_T+\Delta\varepsilon=\varepsilon_T-A_\varepsilon\frac{\dot{\varepsilon}_T}{\Delta\dot{R}}\Delta R \tag{7-102}$$

显然，在式（7-102）中，当$A_\varepsilon=0$时，是三点法；当$A_\varepsilon=1$时，是前置量法。半前置量法

是介于三点法与前置量法之间的导引方法，其系数 A_ε 也应介于 0 和 1 之间。那么，A_ε 为何值才能使命中点处导弹的转弯速率与目标机动无关呢？

对于式(7-102)，关于时间求一阶和二阶导数，并代入命中点的条件，即 $\Delta R = 0$ 和 $\varepsilon_M = \varepsilon_T$，可得

$$\dot{\varepsilon}_{Mk} = \dot{\varepsilon}_{Tk}\left(1 - A_\varepsilon\right) \tag{7-103}$$

$$\ddot{\varepsilon}_{Mk} = \left[\ddot{\varepsilon}_T\left(1 - 2A_\varepsilon\right) + A_\varepsilon \frac{\dot{\varepsilon}_T \Delta\ddot{R}}{\Delta\dot{R}}\right]_{t=t_k} \tag{7-104}$$

将式（7-100）代入式（7-104），并将其结果同式（7-103）一起代入式（7-97）（在命中点处取值），得到

$$\dot{\theta}_k = \left\{\left(2 - \frac{\dot{V}R_M}{V\dot{R}_M}\right)\dot{\varepsilon}_T\left(1 - A_\varepsilon\right) + \frac{R_M}{\dot{R}_M}\left[\frac{1}{R_T}\left(-2\dot{R}_T\dot{\varepsilon}_T + \frac{\dot{V}_T R_T \dot{\varepsilon}_T}{V_T} + \dot{\theta}_T \dot{R}_T\right)\left(1 - 2A_\varepsilon\right) + A_\varepsilon \frac{\dot{\varepsilon}_T \Delta\ddot{R}}{\Delta\dot{R}}\right]\right\}_{t=t_k}$$

可以看出，若选取 $A_\varepsilon = 1/2$，则可消除目标机动对 $\dot{\theta}_k$ 的影响。这时

$$\dot{\theta}_k = \left\{\frac{\dot{\varepsilon}_T}{2}\left[\left(2 - \frac{\dot{V}R_M}{V\dot{R}_M}\right) + \frac{R_M \Delta\ddot{R}}{\dot{R}_M \Delta\dot{R}}\right]\right\}_{t=t_k} \tag{7-105}$$

将 $A_\varepsilon = \dfrac{1}{2}$ 代入式（7-102），得到半前置量法导引关系方程为

$$\varepsilon_M = \varepsilon_T - \frac{1}{2}\frac{\dot{\varepsilon}_T}{\Delta\dot{R}}\Delta R \tag{7-106}$$

在半前置量法导引中，由于目标机动 $\left(\dot{V}_T, \dot{\theta}_T\right)$ 对命中点处导弹的转弯速率（或需用法向过载）没有影响，从而减小了动态误差，提高了导引准确度。因此，从理论上来说，半前置量法导引是遥控制导中比较好的一种导引方法。

综上所述，命中点处的过载不受目标机动的影响，这是半前置量法导引最显著的优点。但是，要实现半前置量法导引，就需要不断地测量导弹和目标的矢径长度（R_M、R_T）、高低角（ε_M、ε_T）及其导数（$\dot{R}_M$、$\dot{R}_T$、$\dot{\varepsilon}_T$）等参数，以便不断形成指令信号。这样，就使得制导系统的结构比较复杂，技术实施也比较困难。在目标施放积极干扰而造成假象的情况下，导弹的抗干扰性能较差，甚至可能造成很大的起伏误差。

3. 一种实现半前置量法导引的方法

采用无线电波束制导，实现前置量法或半前置量法导引，若用两台雷达分别跟踪目标和制导导弹，则制导站设备庞大，不利于提高武器系统的机动性。因此，一般只用一台雷达，它既跟踪目标，又跟踪制导导弹。由于雷达波束的扫描角有一定的范围，因此导弹必须在扫描角范围内才能受控。要实现此种方案，前置量 $\Delta\varepsilon$（$\Delta\beta$）就要受扫描角的限制。若雷达波束中心线（等强度线）正好对准目标，则 $\Delta\varepsilon$（$\Delta\beta$）不能大于扫描角的一半（见图 7-31）；否则，导弹会失控。

此外，限制前置量 $\Delta\varepsilon$（$\Delta\beta$）的初始值对减小初始段导引偏差也是有利的。如果初始段的前置量大，那么势必引起需用法向加速度的变化率较大，动态误差也较大。

在敌机施放干扰，而半前置量法导引无法实现时，要转换采用三点法。为了实现转换，希望前半置量法导引采用的发射规律尽可能与三点法导引采用的发射规律相近，因此，对前置量加以限制也是必要的。

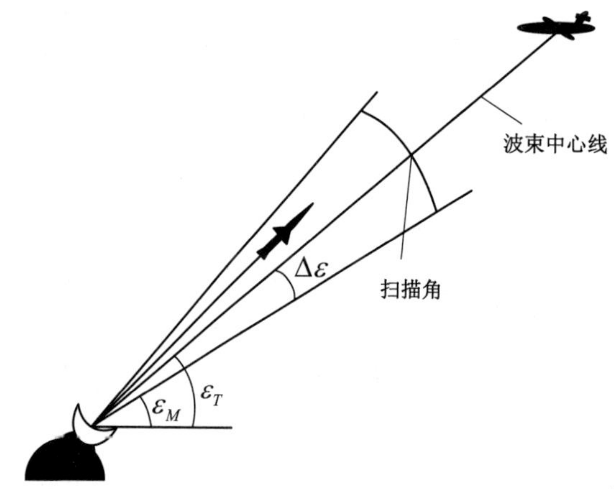

图 7-31 $\Delta\varepsilon$ 受扫描角限制的示意图

在前置量 $\Delta\varepsilon=-(1/2)(\dot{\varepsilon}_T/\Delta\dot{R})\Delta R$ 的表达式中，比值 $\dot{\varepsilon}_T/\Delta\dot{R}$ 在导引过程中的变化较小，因此，$\Delta\varepsilon$ 主要是按 ΔR 的变化规律变化的。而 ΔR 的变化规律是先大后小，即弹道末段的 ΔR 较小，这时 $\Delta\varepsilon$ 小于扫描角的一半容易得到满足；但在导弹开始受控时，ΔR 很大，有可能使 $\Delta\varepsilon$ 超出扫描角一半的限制范围。因此，在导引关系方程，即式（7-106）中，需要对 ΔR 的上限值加以限制，但是，$|\dot{R}|$ 也不能太小，否则，$\Delta\varepsilon$（$\Delta\beta$）仍可能超出扫描角一半的限制范围。因此，又要对 $|\dot{R}|$ 的下限值加以限制（对 $\Delta\dot{R}$ 限定上限值）。限制以后的半前置量法的导引关系方程可改写为

$$\varepsilon_M=\varepsilon_T-\frac{1}{2}\frac{\dot{\varepsilon}_T}{\overline{\Delta\dot{R}}}\overline{\Delta R} \tag{7-107}$$

式中，$\overline{\Delta R}$ 表示对 ΔR 的上限值加以限制后的量；$\overline{\Delta\dot{R}}$ 表示对 $\Delta\dot{R}$ 的上限值（$|\dot{R}|$ 的下限值）加以限制后的量。

（1）对 ΔR 的限制。

对 ΔR 上限值的限制可以用下式表示：

$$\overline{\Delta R}=S\Delta R$$

式中，S 为限制函数。

限制函数 S 应满足下列要求。

① 对弹道初始段起限制作用，而对弹道末段 $\Delta\varepsilon$ 的限制作用应越来越小，只有这样才能保证导弹接近目标时体现出半前置量法导引的特点。因此，导弹接近目标时，取 $S\to1$。同时，为了避免 $\Delta\varepsilon$ 为负值而出现“后置”（弹道性能变差）现象，又要求 $S\geqslant0$。因而，S 的取值满足

$$0\leqslant S\leqslant1$$

② 限制函数 S 的形式应尽可能简单。不要因限制函数的引入而使制导站的解算装置做复杂的运算，以精简设备，减小误差。

③ 引进限制函数 S 后，对整个弹道上需用法向加速度的影响应尽量合理，即在弹道上，需用法向加速度变化应比较均匀。

从上述要求出发，选择限制函数 S 为

$$S = 1 - \frac{\Delta R}{R_q}$$

式中，R_q 为常数。R_q 的大小直接关系到前置量 $\Delta\varepsilon$ 的大小。要求 $R_q \geqslant (\Delta R)_{\max}$，否则，当 $S < 0$ 时，将出现“后置”现象。但 R_q 也不能过大，否则，当 $S \to 1$ 时，它对 $\Delta\varepsilon$ 的限制作用就不明显了，甚至可能出现 $\Delta\varepsilon$ 超出扫描角一半的危险。因此，在确定 R_q 时，首先应根据对前置量 $\Delta\varepsilon$ 限制的要求和法向加速度较均匀变化的要求找出 R_q 的某一范围，然后考虑解算装置实现的难易程度等因素，从中确定某一值，于是

$$\overline{\Delta R} = \Delta R\left(1 - \frac{\Delta R}{R_q}\right) \tag{7-108}$$

此式是抛物线方程。$\overline{\Delta R} = f(\Delta R)$ 的曲线如图 7-32 所示。

从图 7-32 中可以看出，当 $\Delta R = R_q/2$ 时，$\overline{\Delta R} = R_q/4$ 为最大值。显然，导弹受控时，目标和导弹与制导站之间的距离差 $(\Delta R)_0$ 为 ΔR 的最大值。若选取 $R_q = (\Delta R)_0$，则

$$(\overline{\Delta R})_{\max} = \frac{(\Delta R)_0}{4}$$

（2）对 $\Delta\dot{R}$ 的限制。

对 $\Delta\dot{R}$ 上限值的限制可以用下式表示：

$$\overline{\Delta\dot{R}} = \begin{cases} (\Delta\dot{R})_{\max} & \Delta\dot{R} \geqslant (\Delta\dot{R})_{\max} \\ \Delta\dot{R} & \Delta\dot{R} < (\Delta\dot{R})_{\max} \end{cases}$$

式中，$(\Delta\dot{R})_{\max}$ 是根据设计要求选择的某一数值。$\overline{\Delta\dot{R}} = f(\Delta\dot{R})$ 的曲线如图 7-33 所示。

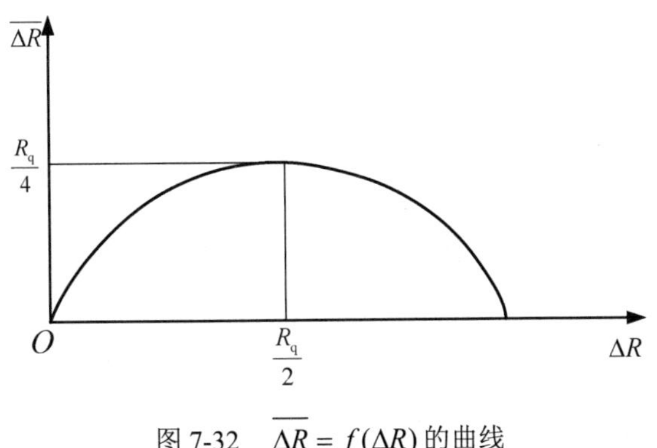

图 7-32　$\overline{\Delta R} = f(\Delta R)$ 的曲线

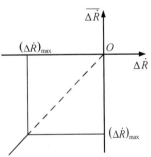

图 7-33　$\overline{\Delta\dot{R}} = f(\Delta\dot{R})$ 的曲线

经过限制后，半前置量法的导引关系方程可改写为

$$\varepsilon_M = \varepsilon_T - \frac{1}{2}\frac{\dot{\varepsilon}_T}{\overline{\Delta\dot{R}}}\Delta R\left(1 - \frac{\Delta R}{R_q}\right)$$

假设发射瞬时导弹就开始受控，则 $\Delta R = (\Delta R)_0$，并取 $R_q = (\Delta R)_0$。由上式可得 $\varepsilon_M = \varepsilon_T$，此即弹道前段为三点法导引，弹道弯曲些；但在导弹接近目标时，即 $\left(1 - \Delta R/R_q\right) \to 1$，又实现了半前置量法导引，此时，目标机动对弹道末段的需用法向过载的影响已逐渐减小，在命中点处已无直接影响。

7.3 最优制导规律

前面讨论的各种导引方法都是经典制导规律。一般来说，经典制导规律需要的信息量少，结构简单，易于实现，因此，现役的战术导弹大多使用经典制导规律或其改进形式。但是对于高性能的大机动目标，尤其在目标采用各种干扰措施的情况下，经典的制导规律就很不适用了。随着计算机技术的迅速发展，基于现代控制理论的最优制导规律、自适应制导规律及微分对策制导规律（统称为现代制导规律）得到迅速发展。与经典制导规律相比，现代制导规律有很多优点，如脱靶量小，导弹命中目标时姿态角满足要求，抗目标机动或其他随机干扰的能力强，弹道平直，弹道需用法向过载分布合理，可扩大作战空域等。因此，用现代制导规律制导导弹截击未来战场上出现的高速度、大机动、带有施放干扰能力的目标是有效的。然而，现代制导规律结构复杂，需要测量的参数较多，给制导规律的实现带来了困难，但随着微型计算机的出现和发展，现代制导规律的应用是可以实现的。

最优制导规律的优点是它不仅考虑导弹与目标的动力学问题，还考虑起点或终点的约束条件，寻求一个满足性能指标（泛函）的最优制导方案。根据具体要求，性能指标可以有不同的形式，战术导弹考虑的性能指标主要是导弹在飞行过程中付出的总的法向过载最小、终端脱靶量最小、控制能量最小、时间最短、导弹和目标的交会角具有特定的要求等。但是因为导弹的制导规律是一个变参数并受到随机干扰的非线性问题，其求解非常困难，所以通常对导弹拦截目标的过程做线性化处理，这样可以获得系统的近似最优解，在工程上也易于实现，并且在性能上接近最优制导规律。下面介绍二次型线性最优制导问题。

1. 导弹运动状态方程

如图 7-34 所示，把导弹、目标看作质点，它们在同一固定平面内运动。在此平面内任选固定坐标系 Oxy，导弹速度矢量 $\boldsymbol{V}$ 与 Oy 的夹角为 σ，目标速度矢量 $\boldsymbol{V}_T$ 与 Oy 的夹角为 σ_T，导弹与目标之间的连线 MT 与 Oy 的夹角为 q。设 σ、σ_T 和 q 都比较小，并且假定导弹和目标都做等速飞行，即 V、V_T 都是常值。

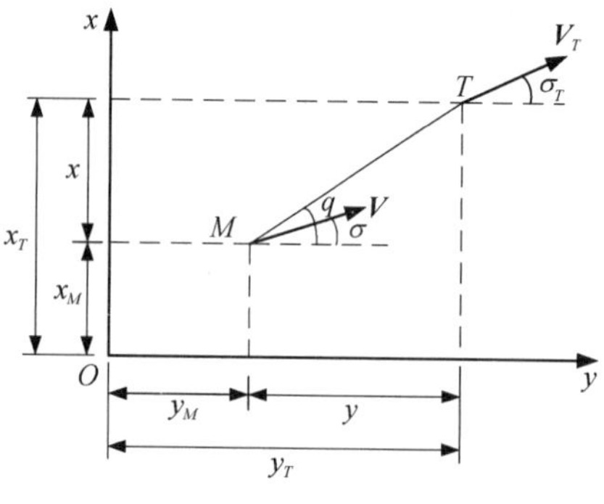

图 7-34 导弹与目标的运动关系图

设导弹与目标在 Ox 和 Oy 方向上的距离偏差分别为

$$\left.\begin{aligned} x &= x_T - x_M \\ y &= y_T - y_M \end{aligned}\right\} \tag{7-109}$$

对时间 t 求导数，并根据导弹相对于目标的运动关系得

$$\left.\begin{aligned} \dot{x} &= \dot{x}_T - \dot{x}_M = V_T \sin\sigma_T - V\sin\sigma \\ \dot{y} &= \dot{y}_T - \dot{y}_M = V_T \cos\sigma_T - V\cos\sigma \end{aligned}\right\} \tag{7-110}$$

由于 σ、σ_T 很小，因此 $\sin\sigma \approx \sigma$，$\sin\sigma_T \approx \sigma_T$，$\cos\sigma \approx 1$，$\cos\sigma_T \approx 1$，于是有

$$\left.\begin{aligned} \dot{x} &= V_T\sigma_T - V\sigma \\ \dot{y} &= V_T - V \end{aligned}\right\} \tag{7-111}$$

以 x_1 表示 x、x_2 表示 $\dot{x}$（$\dot{x}_1$），有

$$\left.\begin{aligned} \dot{x}_1 &= x_2 \\ \dot{x}_2 &= \ddot{x} = V_T\dot{\sigma}_T - V\dot{\sigma} \end{aligned}\right\} \tag{7-112}$$

式中，$V_T\dot{\sigma}_T$、$V\dot{\sigma}$ 分别为目标和导弹的法向加速度，分别用 a_T、a 表示，则

$$\dot{x}_2 = a_T - a \tag{7-113}$$

导弹的法向加速度 a 为一控制变量，一般作为控制信号加给舵机，舵面偏转后，弹体产生攻角 α，而后产生法向过载。如果忽略舵机及弹体的惯性，设控制变量的量纲与加速度的量纲相同，则可用控制变量 u 来表示 $-a$，即令

$$u = -a$$

于是式（7-113）变为

$$\dot{x}_2 = a_T + u \tag{7-114}$$

这样可得导弹运动状态方程为

$$\left.\begin{aligned}\dot{x}_1 &= x_2\\ \dot{x}_2 &= u + a_T\end{aligned}\right\} \tag{7-115}$$

设目标不机动，则 $a_T = 0$。此时，导弹运动状态方程可简化为

$$\left.\begin{aligned}\dot{x}_1 &= x_2\\ \dot{x}_2 &= u\end{aligned}\right\} \tag{7-116}$$

用矩阵简明地表示为

$$\begin{bmatrix}\dot{x}_1\\ \dot{x}_2\end{bmatrix} = \begin{bmatrix}0 & 1\\ 0 & 0\end{bmatrix}\begin{bmatrix}x_1\\ x_2\end{bmatrix} + \begin{bmatrix}0\\ 1\end{bmatrix}u \tag{7-117}$$

令

$$\boldsymbol{x} = (x_1, x_2)^{\mathrm{T}}，\quad \boldsymbol{A} = \begin{bmatrix}0 & 1\\ 0 & 0\end{bmatrix}，\quad \boldsymbol{B} = (0,1)^{\mathrm{T}}$$

则以 x_1、x_2 为状态变量，u 为控制变量的导弹运动状态方程为

$$\dot{\boldsymbol{x}} = \boldsymbol{A}\boldsymbol{x} + \boldsymbol{B}u \tag{7-118}$$

2. 基于二次型的最优制导规律

对于自动瞄准制导系统，通常选用二次型性能指标，因此，最优自动瞄准制导系统通常是基于二次型性能指标的最优控制系统。

导弹的纵向运动由式（7-110）中的第 2 个方程可表示为

$$\dot{y} = -(V - V_T) = -V_C$$

式中，V_C 为导弹对目标的接近速度，$V_C = V - V_T$。

设 t_k 为导弹与目标的遭遇时刻（此时导弹与目标相碰撞或两者间的距离最小），则在某一瞬时 t，导弹与目标在 Oy 方向上的距离偏差为

$$y = V_C(t_k - t) = (V - V_T)(t_k - t)$$

二次型性能指标的一般形式为

$$J = \int_0^T G(\boldsymbol{c}, \boldsymbol{u}, \boldsymbol{r}, t)\mathrm{d}t$$

式中，$\boldsymbol{c}$ 为系统的输出；$\boldsymbol{u}$ 为控制变量；$\boldsymbol{r}$ 为系统的输入；被积函数 $G(\boldsymbol{c}, \boldsymbol{u}, \boldsymbol{r}, t)$ 称为损失函数，它表示系统的实际性能对理想性能随时间变化的变量。最优控制问题就是确定 $\boldsymbol{u}$，使 $\boldsymbol{u}$ 和 $\boldsymbol{x}$ 受限制时，性能指标 J 最小。

如果损失函数为二次型，那么它首先应含有制导误差的平方项，其次应含有控制所需的能量项。对任何制导系统，最重要的是希望导弹与目标遭遇时刻 t_k 的脱靶量（制导误差的终

值）极小。由于选择指标为二次型，因此应以脱靶量的平方表示，即

$$\left[x_T(t_k)-x_M(t_k)\right]^2+\left[y_T(t_k)-y_M(t_k)\right]^2$$

为简化分析，通常选用 $y=0$ 时的 x 值作为脱靶量。于是，要求 t_k 对应的 x 值越小越好。由于舵偏角受到限制，导弹的可用过载有限，导弹结构能承受的最大载荷也受到限制，因此控制变量 $\boldsymbol{u}$ 也应受到限制。于是，选择下列形式的二次型性能指标函数：

$$J=\frac{1}{2}\boldsymbol{x}^{\mathrm{T}}(t_k)\boldsymbol{c}\boldsymbol{x}(t_k)+\frac{1}{2}\int_{t_0}^{t_k}\left(\boldsymbol{x}^{\mathrm{T}}\boldsymbol{\varphi}\boldsymbol{x}+\boldsymbol{u}^{\mathrm{T}}\boldsymbol{R}\boldsymbol{u}\right)\mathrm{d}t \tag{7-119}$$

式中，$\boldsymbol{c}$、$\boldsymbol{\varphi}$、$\boldsymbol{R}$ 为正数对角线矩阵，保证指标为正数，在多维情况下还保证性能指标为二次型。例如，对此处讨论的二维情况，有

$$\boldsymbol{c}=\begin{bmatrix} c_1 & 0 \\ 0 & c_2 \end{bmatrix}$$

这样，对于二维情况，由式（7-119）可得，性能指标函数中首先含有 $c_1x_1^2(t_k)$ 和 $c_2x_2^2(t_k)$。如果不考虑导弹相对运动速度项 $x_2(t_k)$，则令 $c_2=0$，$c_1x_1^2(t_k)$ 便表示脱靶量。积分项中的 $\boldsymbol{u}^{\mathrm{T}}\boldsymbol{R}\boldsymbol{u}$ 为控制能量项，对控制矢量为一维的情况，其可表示为 Ru^2。$\boldsymbol{R}$ 由对过载限制的大小来选择，$\boldsymbol{R}$ 小时，对导弹过载的限制小，过载就可能较大，但计算出来的最大过载不能超过导弹的可用过载；$\boldsymbol{R}$ 大时，对导弹过载的限制大，过载就可能较小。为充分发挥导弹的机动性能，过载不能太小，因此，应按导弹的最大过载恰好与可用过载相等这个条件来选择积分项中的 $\boldsymbol{R}$。积分项中的 $\boldsymbol{x}^{\mathrm{T}}\boldsymbol{\varphi}\boldsymbol{x}$ 为误差项。由于主要考虑脱靶量 $x(t_k)$ 和控制变量 u，因此，该误差项不予考虑。这样，用于自动瞄准制导系统的二次型性能指标函数可简化为

$$J=\frac{1}{2}\boldsymbol{x}^{\mathrm{T}}(t_k)\boldsymbol{c}\boldsymbol{x}(t_k)+\frac{1}{2}\int_{t_0}^{t_k}Ru^2\mathrm{d}t \tag{7-120}$$

当给定导弹运动状态方程为

$$\dot{\boldsymbol{x}}=\boldsymbol{A}\boldsymbol{x}+\boldsymbol{B}\boldsymbol{u}$$

时，应用最优控制理论，可得最优制导规律为

$$u=-\boldsymbol{R}^{-1}\boldsymbol{B}^{\mathrm{T}}\boldsymbol{P}\boldsymbol{x} \tag{7-121}$$

式中，$\boldsymbol{P}$ 由里卡蒂微分方程

$$\boldsymbol{A}^{\mathrm{T}}\boldsymbol{P}+\boldsymbol{P}\boldsymbol{A}-\boldsymbol{P}\boldsymbol{B}\boldsymbol{R}^{-1}\boldsymbol{B}^{\mathrm{T}}\boldsymbol{P}+\boldsymbol{\varphi}=\boldsymbol{P}$$

解得（这里 $\boldsymbol{\varphi}=0$）。$\boldsymbol{P}$ 的终端条件为

$$\boldsymbol{P}(t_k)=\boldsymbol{c}$$

求得 $\boldsymbol{P}$ 后，仍不考虑速度项 x_2，即 $c_2=0$，此时可得最优制导规律为

$$u=-\frac{(t_k-t)x_1+(t_k-t)^2x_2}{\dfrac{R}{c_1}+\dfrac{(t_k-t)^3}{3}} \tag{7-122}$$

为了使脱靶量最小，应选取 $c_1\to\infty$，则

$$u=-3\left[\frac{x_1}{(t_k-t)^2}+\frac{x_2}{t_k-t}\right] \tag{7-123}$$

根据图 7-34 可得

$$\tan q = \frac{x}{y} = \frac{x_1}{V_C\left(t_k - t\right)}$$

当 q 比较小时，$\tan q \approx q$，于是有

$$q = \frac{x_1}{V_C\left(t_k - t\right)} \tag{7-124}$$

$$\dot{q} = \frac{x_1 + \left(t_k - t\right)\dot{x}_1}{V_C\left(t_k - t\right)^2} = \frac{1}{V_C}\left[\frac{x_1}{\left(t_k - t\right)^2} + \frac{x_2}{t_k - t}\right] \tag{7-125}$$

将式（7-125）代入式（7-123）得

$$u = -3V_C\dot{q} \tag{7-126}$$

式中，u 的量纲是加速度的量纲（m/s²），把 u 与导弹速度矢量 $\boldsymbol{V}$ 的旋转角速度 $\dot{\sigma}$ 联系起来，有

$$u = -a = -V\dot{\sigma}$$

$$\dot{\sigma} = -\frac{u}{V}$$

$$\dot{\sigma} = \frac{3V_C}{V}\dot{q} \tag{7-127}$$

从式（7-126）和式（7-127）中可以看出，当不考虑弹体惯性时，自动瞄准制导的最优制导规律是比例导引，其比例系数为 $3V_C/V$，这也证明比例导引是一种很好的导引方法。

7.4 选择导引方法的基本要求

本章介绍了包括自动瞄准制导、遥控制导在内的几种常见的导引方法及其弹道特性。显然，导弹的弹道特性与其所采用的导引方法有很大关系。如果导引方法选择得合适，就能改善导弹的飞行特性，充分发挥导弹武器系统的作战性能。因此，选择合适的导引方法或改善现有导引方法存在的某些弊端并寻找新的导引方法是导弹设计的重要课题之一。在选择导引方法时，需要从导弹的飞行性能、作战空域、技术实施、制导精度、制导设备、战术使用等方面的要求进行综合考虑。

（1）弹道需用法向过载要小，变化应均匀，尤其在与目标相遇区，需用法向过载应趋于零。需用法向过载小一方面可以提高制导精度、缩短导弹命中目标所需的航程和时间，进而扩大导弹作战空域；另一方面，可用法向过载可以相应减小，这对用空气动力进行操纵的导弹来说，升力面面积可以缩小，相应导弹的结构质量也可以减轻。所选择的导引方法至少应该考虑需用法向过载要小于可用法向过载，可用法向过载与需用法向过载之差应具有足够的裕量，且应满足以下条件：

$$n_p \geqslant n_R + \Delta n_1 + \Delta n_2 + \Delta n_3$$

式中，n_p 为导弹的可用法向过载；n_R 为导弹的弹道需用法向过载；Δn_1 为导弹消除随机干扰所需的过载；Δn_2 为消除系统误差所需的过载；Δn_3 为补偿导弹纵向加速度所需的过载（对自动瞄准制导而言）。

（2）满足在尽可能大的作战空域杀伤目标的要求。空中活动目标的高度和速度可在相当大的范围内变化。在选择导引方法时，应考虑目标运动参数的可能变化范围，尽量使导弹能

在较大的作战空域内攻击目标。对空-空导弹来说，所选择的导引方法应使导弹具有全向攻击的能力。对地-空导弹来说，所选择的导引方法应使导弹不仅能迎击目标，还能尾击或侧击目标。

（3）当目标机动时，对导弹弹道，特别是弹道末段的影响最小，即导弹需要付出相应的机动过载要小，这将有利于提高导弹导向目标的精度。

（4）抗干扰能力强。空中目标为逃避导弹的攻击，常施放干扰来破坏导弹对目标的跟踪。因此，所选择的导引方法应在目标施放干扰的情况下具有对目标进行顺利攻击的可能性。

（5）在技术实施上应简易可行。导引方法所需的参数能够用测量方法得到，需要测量的参数应尽量少，并且测量起来简单、可靠，以便保证技术上容易实现，系统结构简单、可靠。

本章介绍的遥控制导、自动瞄准制导的各种导引方法都存在自己的缺点。为了弥补单一导引方法的不足，提高导弹的命中精度，在攻击较远距离的活动目标时，常常把几种导引方法组合起来使用，这就是复合制导。复合制导分为串联复合制导和并联复合制导。

串联复合制导是指在一段弹道上采用一种导引方法，而在另一段弹道上采用另一种导引方法，一般来说，可将制导过程分为 4 段：发射起飞段、巡航段（中制导段）、交接段和攻击段（末制导段）。例如，串联复合制导可以是中制导段采用遥控实现三点法导引，末制导段采用自动瞄准实现比例导引法导引。

并联复合制导是指在同一段弹道上同时采用不同的两种导引方法。例如，纵平面采用自动瞄准制导，侧平面采用遥控制导；纵平面采用遥控制导，侧平面采用自动瞄准制导等。

当前应用最多的是串联复合制导。例如，苏联的萨姆-4 防空导弹采用无线电指令+雷达半主动自动瞄准制导。由于复合制导是由单一导引方法制导叠加而成的，当利用某种导引方法制导时，其弹道特性与单一导引方法制导时的弹道特性完全相同，因此，对复合制导导弹运动特性的研究，主要是研究过渡段，即研究由一种导引方法确定的弹道向由另一种导引方法确定的弹道过渡时的特性，如交接点的弹道平滑问题、交接段的控制误差与补偿等。

习题 7

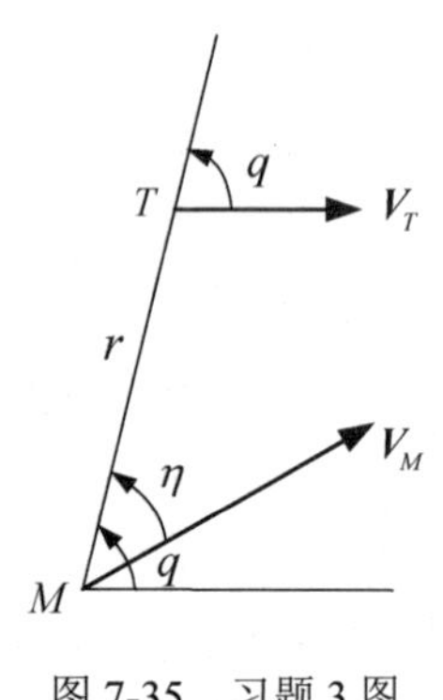

图 7-35　习题 3 图

1．导引弹道运动学分析的假设条件是什么？

2．试推导自动瞄准制导的弹-目相对运动方程。

3．导弹和目标的相对运动关系如图 7-35 所示，某瞬时，$V_M = 490\text{m/s}$，$V_T = 300\text{m/s}$，$\eta = 12°$，$q = 48°$，$r = 5260\text{m}$。试求接近速度 $\dot{r}$ 和目标线转动角速度 $\dot{q}$。

4．在导弹发射瞬时，目标的弹道倾角 $\theta_{T_0} = 0$，目标以 $\dot{\theta}_T = 2.5°/\text{s}$ 的速度做机动飞行，导弹按照 $\dot{\theta} = 4\dot{q}$ 的导引方法拦截目标，在 $t_\text{f} = 10\text{s}$ 时命中目标。命中目标瞬时，$V_M = 500\text{m/s}$，$V_T = 250\text{m/s}$，$\dot{V}_M = \dot{V}_T = 0$，$q_\text{f} = 25°$。求命中瞬时导弹的弹道倾角和需用法向过载。

5．在自动瞄准制导中，常见的导引方法有哪些？试写出它们的导引关系方程。

6．证明：在目标做机动飞行，而导弹做变速飞行时，若速度比 p 保持为常值，采用平行接近法导引，则导弹的需用法向过载总比目标机动时的法向过载小。

7．简述比例导引法、平行接近法和速度追踪法之间的关系。

8．在遥控制导中，常见的导引方法有哪些？试写出它们的导引关系方程。

9．什么叫攻击禁区？攻击禁区与哪些因素有关？

10．设敌机迎面向制导站水平飞来，且做等速直线运动，$V_M = 400\text{m/s}$，$H_T = 20\text{km}$，地-空导弹发射时，目标的高低角 $\varepsilon_{T_0} = 30°$，导弹按三点法导引。试求发射后导弹的高低角。

11．目标做等速平飞，$\theta_T = 180°$，$H_T = 20\text{km}$，$V_T = 300\text{m/s}$，导弹先按三点法导引飞行，在下列条件下转化为按比例导引法导引：$V = 600\text{m/s}$，$\varepsilon_T = 45°$，$R = 25\text{km}$，$\dot{\theta} = 3\dot{q}$。求导弹按比例导引法飞行的起始需用过载。

12．简述最优制导规律的优点。

第 8 章　导弹动态特性研究方法

前几章主要讨论的是导弹的弹道学问题。在研究弹道学问题时，通常采用瞬时平衡假设，即认为导弹在飞行过程中，任一瞬间绕质心的力矩都处于平衡状态，即合力矩为零。同时假定制导系统的各个环节（包括导弹本身）无惯性，也无时间延滞。也就是说，把导弹看作一个可控制的质点，即认为导弹由一种平衡的飞行状态转变到另一种平衡状态是在瞬间完成的。这时，从导弹可以控制且能稳定飞行的前提出发，我们仅着眼于控制结果导致的导弹的飞行速度、航程、高度等运动参数的变化规律；只要研究作用在质心上的诸力和运动之间的关系，就可以求出导弹的飞行弹道。这里并没有涉及控制的过程。然而，在实际飞行过程中，导弹绕质心的合力矩不可能经常处于平衡状态，因为控制飞行的最一般方法就是形成和运用控制力与控制力矩，使导弹绕质心转动，达到改变运动参数的目的。由于导弹和制导系统的各个环节都是有惯性的，而且制导系统也不可能在理想条件下工作，因此，为了达到新的平衡状态，导弹绕质心的转动运动不可能在瞬间完成，必须经历某一时间过程，这个过程通常称为过渡过程，故在制导系统工作时，就不能像弹道学中那样把导弹当作质点来处理。

另外，在飞行过程中，导弹除受到控制作用外，还受到干扰作用。例如，由风引起的空气动力和空气动力矩的变化；弹体制造的工艺误差、安装误差及弹翼安装误差都会使导弹结构外形偏离理论值，形成附加的空气动力和空气动力矩；发动机推力与额定值不一致，以及推力偏心引起的附加作用力和力矩；发动机开车或关车瞬间引起的作用力和力矩的突然变化；制导系统的元件有工艺误差和受外界干扰产生起伏误差等，使舵面出现不必要的偏转；自动驾驶仪的陀螺输出特性不对称，以及零点漂移、舵机的机械间隙和振动等，使得舵面偏转与要求的情况不一致等。由于这些干扰因素的存在，导弹在飞行过程中总是绕质心不断地转动，这种转动导致导弹在飞行过程中的弹道参数与按瞬时平衡假设的理想条件求得的结果并不完全相同。

导弹动态特性分析就是指将导弹看作质点系来研究其运动情况，不仅考虑作用在质心上的力，还考虑围绕质心的力矩。研究导弹在干扰力和干扰力矩的作用下能否保持原来的飞行状态；研究在操纵机构的作用下，导弹改变飞行状态的能力如何，即研究导弹的运动稳定性和操纵性。这些内容直接与导弹设计有关，涉及气动外形的选择、结构布局的安排、制导系统参数的确定等。因此，这部分知识是导弹总体设计、制导系统设计及准确度分析的基础。

8.1　干扰力与干扰力矩

导弹的真实飞行总是会偏离理想弹道，其原因虽然是多种多样的，如风、工艺误差、安装误差和控制系统误差等，但概括起来，无非是在导弹上形成了附加作用力和力矩。由于它们不是设计时所需的，而是一种干扰作用，因此称之为干扰力和干扰力矩。

下面简单介绍一下由风、工艺误差、安装误差和控制系统误差等因素引起的干扰作用机理，以及由此而形成的干扰力和干扰力矩。

1．风的影响

大气压力分布的不均匀性是产生风的根源。空气吸收太阳的热能因与昼夜、季节、地理位置、地形及大气中的含水量等有关，所以在不同的空气层之间将产生很大的温度差，引起空气密度和压力的变化，使空气质点产生运动而形成风。

在飞行力学中，常常引用阵风的概念，所谓阵风，其特点是风速和风向均会发生剧烈变化。阵风的量级和方向是完全不同的，它们是时间和空间的随机函数，因此只能实测，由统计数据来确定。若要得到阵风的精确统计特性，则必须在整个地球表面，于不同的季节，不分昼夜地对各种高度上的阵风进行全面的实测研究，因为这是一项十分庞大而复杂的工作，所以很难实现。因此在工程设计中，只能根据局部的实测数据，按照统计的原理，对阵风进行估值。

经估值分析，阵风可以分为垂直阵风和水平阵风，并以U代表垂直阵风速度、W代表水平阵风速度。在一般情况下，$W=2U$。例如，地面的U_0=6m/s，对应地面的$W_0=12\text{m/s}$。实测研究还证明，在对流层和平流层的下层，可以足够准确地认为阵风速度随着高度的升高而增大，计算阵风速度可以采用经验公式，即

$$U=U_0\sqrt{\frac{\rho_0}{\rho}}\text{，}\quad W=W_0\sqrt{\frac{\rho_0}{\rho}} \tag{8-1}$$

式中，U_0、W_0分别为地面的垂直阵风速度和水平阵风速度；ρ_0为地面空气密度；ρ为导弹飞行高度处的空气密度。因此，若已知地面阵风速度的大致数据，按式（8-1）可以估计出导弹飞行高度处的阵风速度。例如，在高度$H=10\text{km}$处的阵风速度为

$$U=6\sqrt{\frac{1}{0.337}}\text{m/s}\approx 10.3\text{m/s}\text{，}\quad W=12\sqrt{\frac{1}{0.337}}\text{m/s}\approx 20.6\text{m/s}$$

导弹受到阵风作用的结果是将出现附加攻角和侧滑角。

由图 8-1（a）可以看出，导弹受到风速为$\boldsymbol{U}$的垂直阵风的干扰作用后，使吹向导弹合成气流的方向由$\boldsymbol{V}$变为$\boldsymbol{V}_1$，由此形成了附加攻角$\Delta\alpha_1$，其正切值为

$$\tan\Delta\alpha_1=\frac{U\cos\theta}{V-U\sin\theta}\approx\frac{U}{V}\cos\theta \tag{8-2}$$

即

$$\Delta\alpha_1=\arctan(\frac{U}{V}\cos\theta) \tag{8-3}$$

若导弹在10km 高度处飞行，速度V分别为300m/s、500m/s、700m/s，取$U=10.4\text{m/s}$，并假定$\theta=0$，则由式（8-3）可得相应的附加攻角$\Delta\alpha_1$分别为$1°58'$、$1°11'$、$51'$。因此，考虑阵风对导弹飞行的影响，一般取$\Delta\alpha_1\approx 2°$。

同理，由风速为$\boldsymbol{W}_1$的水平阵风与导弹速度$\boldsymbol{V}$合成的气流方向变为$\boldsymbol{V}_2$，如图 8-1（b）所示，由此可求得附加攻角$\Delta\alpha_2$的正切值：

$$\tan\Delta\alpha_2=\frac{W_1\sin\theta}{V+W_1\cos\theta}\approx\frac{W_1}{V}\sin\theta$$

即

$$\Delta\alpha_2=\arctan(\frac{W_1}{V}\sin\theta) \tag{8-4}$$

如果已知风速分量W_2在侧滑角平面内的垂直飞行速度为V，如图 8-1（c）所示，那么同样很容易求得侧滑角偏差值为

$$\Delta\beta=\arctan\frac{W_2}{V} \tag{8-5}$$

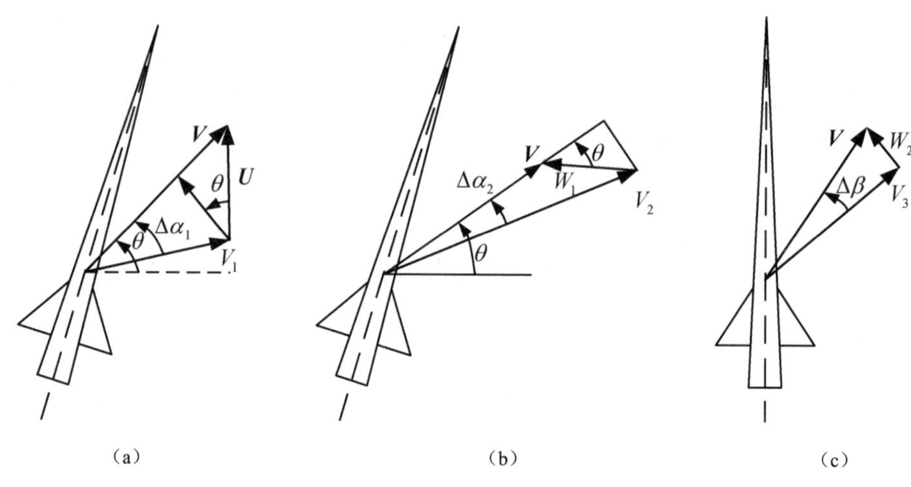

图 8-1　阵风干扰

由$\Delta\alpha$引起的纵向干扰力和干扰力矩分别为

$$F'_{yd}=qSC_y^{\alpha}\Delta\alpha \tag{8-6}$$

$$M'_{zd}=qSC_y^{\alpha}\Delta\alpha(x_g-x_j)$$

式中，x_g为重心至弹头顶点的距离；x_j为焦点至弹头顶点的距离。同理，侧滑角偏差产生的侧向干扰力和干扰力矩分别为

$$F'_{zd}=qSC_z^{\beta}\Delta\beta \tag{8-7}$$

$$M'_{yd}=qSC_z^{\beta}(x_g-x_{p_1})\Delta\beta$$

式中，x_{p_1}为侧向压力中心至弹头顶点的距离。

2. 发动机的安装误差

理论上要求发动机推力线应与弹身理论轴线相重合，但在生产过程中允许有一定的公差范围，因为尺寸绝对相等在制造中是无法实现的。

发动机推力线偏离弹身理论轴线的误差用推力偏心距l_p（推力作用点到弹身理论轴线的距离）和推力偏心角η_p（发动机推力线与弹身理论轴线的夹角）来描述（见图 8-2）。

对于导弹的推力偏心特性，不可能对每发导弹都进行检测，而是采取对一批导弹进行抽样检测的方法，由其统计特性给出。

若n发导弹的推力偏心距分别为$l_1,l_2,\cdots,l_n$，则推动偏心距的算术平均值$\overline{l}$为

$$\overline{l}=\frac{l_1+l_2+\cdots+l_n}{n} \tag{8-8}$$

为了说明真实偏差相对于算术平均值的分散情况，若认为偏差是相互独立的随机变量，则可用均方根偏差σ_l来表示，其值等于

$$\sigma_l=\sqrt{\frac{\sum(l_i-\overline{l})^2}{n}}\quad (i=1,2,\cdots,n) \tag{8-9}$$

相互独立的随机变量的分布性质也可用图形来说明。在直角坐标系的横轴上表示偏差量（$l_1,l_2,\cdots,l_n$），在纵轴上表示某偏差的概率密度。若假定偏差符合正态分布（高斯分布），则偏差概率分布曲线如图 8-3 所示。概率分析证明，在图 8-3 中，出现偏差大于$\overline{l}\pm 3\sigma_l$的情况只占0.3%，而出现偏差小于$\overline{l}\pm 3\sigma_l$的情况则为99.7%。

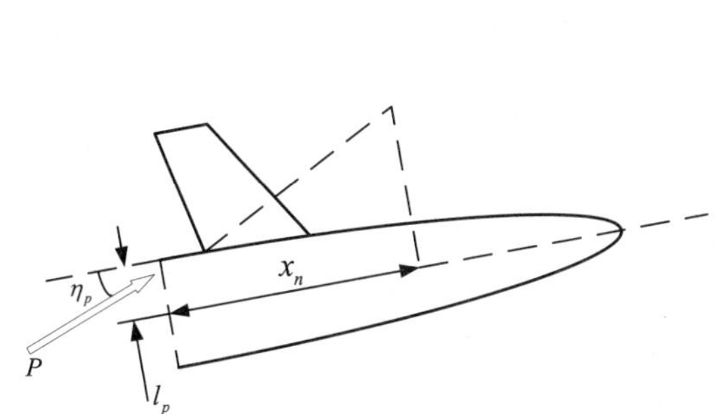

图 8-2　发动机推力线偏差干扰

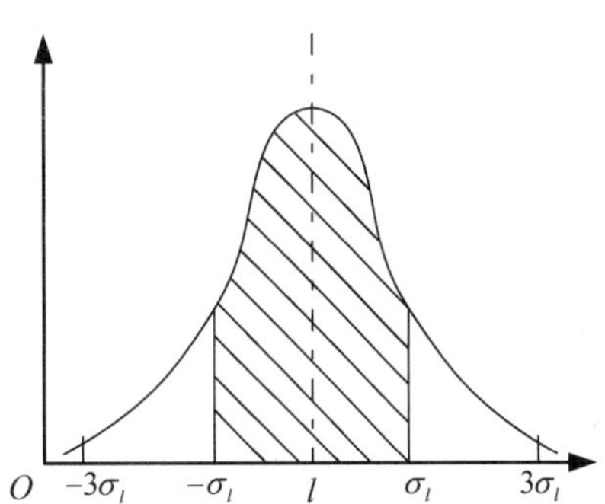

图 8-3　偏差概率分布曲线

根据统计观点，对一批导弹来说，其中最严重的推力偏心情况应为

$$l_p=\overline{l}\pm 3\sigma_l \tag{8-10}$$

同理，推力偏心角的最大值也应为

$$\eta_p=\overline{\eta}\pm 3\sigma_\eta \tag{8-11}$$

式中，$\overline{\eta}$为推动偏心角的算术平均值；σ_η为推动偏心角的均方根值。

由发动机的安装误差产生的l_p和η_p将产生如下的干扰力与干扰力矩：

$$\begin{gathered}F'_{\text{yd}}=P\sin\eta_p\\ F'_{\text{xd}}=-P(1-\cos\eta_p)\\ M'_{\text{zd}}=-P(x_{p_2}+x')\sin\eta_p\quad\left(x'\approx\frac{l_p}{\eta_p}\right)\end{gathered} \tag{8-12}$$

式中，x_{p_2}为发动机出口截面处至弹身重心的距离。若推力偏心角反向，则式（8-12）也要相应改变。

3．弹翼的安装误差

理论上要求对称翼型弹翼的翼弦平面通过弹身轴线，即两者之间没有夹角。但是由于存在工艺误差，因此形成了安装角φ_k（见图 8-4）。由于安装角在导弹飞行过程中与攻角起着同样的作用，因此其在导弹上也会产生干扰力和干扰力矩。

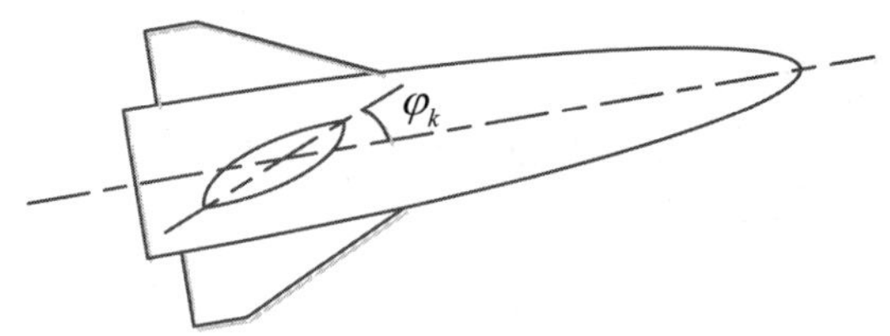

图 8-4 弹翼的安装误差干扰

假设一边弹翼的安装角均方根偏差值为σ_{φ_1}，而另一边弹翼的安装角均方根偏差值为σ_{φ_2}。因为安装角偏差是独立的随机变量，且符合正态分布规律，所以，求一对弹翼综合产生的安装角均方根偏差φ_k，按均方根值相加的规定，应为

$$\varphi_k=\sqrt{\frac{\sigma_{\varphi_1}^2+\sigma_{\varphi_2}^2}{2}} \tag{8-13}$$

由于每片弹翼的生产工艺条件相同，弹翼又左右对称，可取均方根值$\sigma_{\varphi_1}=\sigma_{\varphi_2}$，因此有

$$\varphi_k=\sigma_{\varphi_1} \tag{8-14}$$

例如，某导弹允许的弹翼安装角为$\varphi_k=\pm 13'$。

若不计安装角误差的数学期望，则一对水平弹翼产生的干扰力和干扰力矩分别为

$$F'_{yd}=qSC_{yW}^{\alpha}\varphi_k$$
$$M'_{zd}=qSC_{yW}^{\alpha}\varphi_k(x_g-x_F) \tag{8-15}$$

式中，x_F为压力中心到头部的距离；S为参考面积；C_{yW}^{α}为弹翼升力系数对攻角的斜率。

4．弹身的工艺误差

弹翼是分段制造的，每一舱段的端面都有所谓的允许误差，将各舱段对接起来，实际的轴线并不是一条直线，严格地讲是一条折线，如图 8-5 所示。

先设A和B两舱段对接面的工艺误差为h_1，如图 8-5（a）所示，不难求出它对A舱段产生的附加攻角$\Delta\alpha_{a_1}$为

$$\Delta\alpha_{a_1}\approx\frac{h_1}{D_1} \tag{8-16}$$

再设B和C两舱段对接面的工艺误差为h_2，如图 8-5（b）所示。这时，它对B舱段产生的附加攻角$\Delta\alpha_{b_1}$为

$$\Delta\alpha_{b_1}\approx\frac{h_2}{D_2} \tag{8-17}$$

由工艺误差h_2在A舱段上产生的附加攻角$\Delta\alpha_{a_2}$为

$$\Delta\alpha_{a_2}=\Delta\alpha_{b_1}\frac{l_C}{l_B+l_C} \tag{8-18}$$

如果$\Delta\alpha_{a_1}$和$\Delta\alpha_{a_2}$都是独立随机变量，且按正态规律分布，则依照上述计算安装角φ_k的方法，就可以找到A舱段的综合附加攻角，并计算出干扰力和干扰力矩。

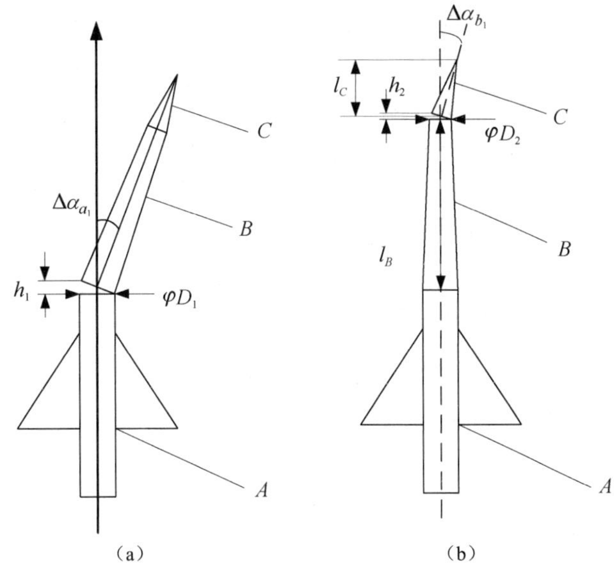

图 8-5　弹身对接误差干扰

5．控制系统误差

控制系统产生误差的原因是多种多样的，就其来源可以分为两类：一类是外界干扰对控制系统的影响，如使用环境和目标的起伏误差及噪声；另一类是控制元件的生产误差，以及测试仪器的准确性受到限制而形成的误差。其中比较典型的有以下几种。

（1）陀螺误差。由于陀螺转子重心偏移，或者转动接触产生的摩擦力矩驱使陀螺产生进动，从而形成随时间增加的漂移误差，如某导弹允许自由陀螺漂移量≤±0.75°。将陀螺安装到弹体上，由于测试仪器本身存在生产误差，不可能精确测出陀螺转子轴偏离设计基准的情况。

（2）舵机误差。舵机除本身的生产误差外，机械传动件的衔接间隙和摩擦因数的变化，以及其他控制元件的生产误差均会以虚假信号传递到舵机上，使舵面发生偏转而不能处在零位上，如某导弹的舵面离开零位的偏差角可达1°。

总之，无论是外界干扰产生的误差，还是控制系统本身的误差，最终都集中到舵面上，出现偏差角，其均方根值应为

$$\delta' = \sqrt{\delta_1'^2 + \delta_2'^2 + \cdots + \delta_n'^2} \tag{8-19}$$

式中，$\delta_1'^2, \delta_2'^2, \cdots, \delta_n'^2$ 分别代表陀螺、舵机，以及其他控制元件由误差引起的舵偏角均方根值。

6．经常干扰和瞬时干扰

如上面所讲，导弹飞行时总是不可避免地要受到各种干扰作用。因此，研究导弹动态特性的目的之一就是要排除或大大减小干扰对导弹飞行的影响。导弹的干扰如果按作用的时间长短来分，可以分为经常干扰和瞬时干扰。

经常干扰是在导弹运动时经常作用于导弹上的干扰，如安装误差、发动机推力偏心、舵面偏离零位等。对于这种干扰，在进行动态特性分析时，通常用干扰力和干扰力矩来表示。经常干扰是多种多样的，有的是常值干扰，有的是随机干扰。例如：

（1）由于工艺或别的原因，导弹的结构或外形偏离了理论值，如重心、转动惯量的误差；

弹翼相对于弹体的安装角，在以弹体纵轴为基准时，这个角相当于弹翼上有一个附加的常值迎角，由此产生干扰空气动力及空气动力矩。弹体前后舱段对接时产生的误差可使弹头或别的舱段产生附加迎角等，所有这些干扰都具有一定的常值性，属于常值干扰。

（2）控制系统受到无线电干扰作用，在舵机上出现假信号，使舵面偏离预期位置，引起导弹攻角或侧滑角的偏差，从而产生附加的空气动力和空气动力矩，这种干扰属于随机干扰。

（3）在导弹的飞行过程中，由于风的影响，导弹相对于气流的速度大小和方向发生变化，进而引起导弹动压、攻角或侧滑角的偏差，产生附加的空气动力和空气动力矩。由于风既有常值部分（常值风），又有随机部分（随机风），因此风干扰既有常值性，又有随机性。

瞬时干扰又称偶然干扰或脉冲干扰。它是一种瞬时作用、瞬时消失，或者短时间作用、很快消失的干扰，如瞬时作用的阵风、发射时的起始扰动、级间分离，以及制导系统中偶然出现的短促信号等。这种干扰往往使某些运动参数出现初始偏差。例如，在瞬时作用的垂直阵风的影响下，导弹攻角产生初始偏差角 $\Delta\alpha_0$ 。这时，动态分析的目的就是研究这个初始偏差角对导弹运动的影响。

8.2 基准运动与扰动运动

8.2.1 基准运动与扰动运动的概念

前面已经简要介绍了由于干扰力和干扰力矩的作用，导弹的实际飞行总是会偏离理想弹道。这样，导弹的实际飞行运动也就包含了理想弹道不能准确描述的一些运动性质。下面给出两个常见的例子，以便更清楚地了解研究导弹动态特性的内容及重要性。

例 8-1 瞬时阵风对导弹运动的影响。

假定瞬时性质的干扰——垂直阵风作用在导弹上，使攻角产生初始偏差角 $\Delta\alpha_0$（见图 8-6）。于是，在导弹上出现附加升力 $Y^\alpha\Delta\alpha_0$，因法向力发生变化会改变飞行速度的方向，除此之外，$Y^\alpha\Delta\alpha_0$ 作用在焦点上会对重心产生一个力矩 $M_z^\alpha\Delta\alpha_0$，使导弹绕重心转动，所以会出现俯仰角和攻角的增量，这种情况在计算理想弹道时是无法全面考虑的，在理想弹道中，只能根据力矩平衡关系，认为攻角总与升降舵偏角相对应（图 8-6 中没有给出沿理想弹道飞行的作用力和力矩）。

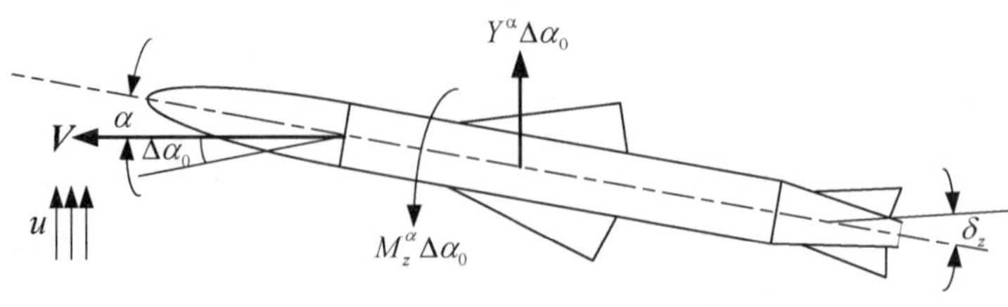

图 8-6 瞬时阵风对导弹运动的影响

考虑到由初始偏差角在导弹上形成了附加升力和力矩，势必使导弹的实际飞行具有两种运动成分，一种是理想弹道的运动，一种是由 $\Delta\alpha_0$ 引起的附加运动。如果导弹最终能够消除此附加运动，那么它将继续沿着理想弹道飞行。

研究附加运动的发生、经过和结果是动态特性分析的内容之一，研究的目的是希望导弹具有克服干扰作用的特性。

例 8-2　操纵舵面偏转对导弹运动的影响。

如图 8-7 所示，在纵向平面内，当导弹沿着理想弹道飞行时，力矩总是瞬时平衡的（图 8-7 中没有给出平面状态下的力矩）。

实际上，当转动升降舵偏角由 δ_z 增加到 $\delta_z+\Delta\delta_z$ 时，尾翼上的升力也要增加，假定增量为 $Y^{\delta_z}\Delta\delta_z$，这个增量虽然对导弹重心的移动有影响，但它的主要作用是对重心产生一个力矩 $M_z^{\delta_z}\Delta\delta_z$，从而破坏原来的力矩平衡状态，使导弹顺着 $M_z^{\delta_z}\Delta\delta_z$ 方向转动。但是，由于转动惯性、气动阻尼和恢复力矩的作用（图 8-7 中的 M_{z_1} 表示除气动阻尼力矩外的所有力矩的综合），这种转动势必持续一段时间后停止，因此导弹上的力矩并不是瞬时平衡的。同时，在转动过程中，由于改变了导弹上的作用力，因此会进一步影响导弹的重心运动。

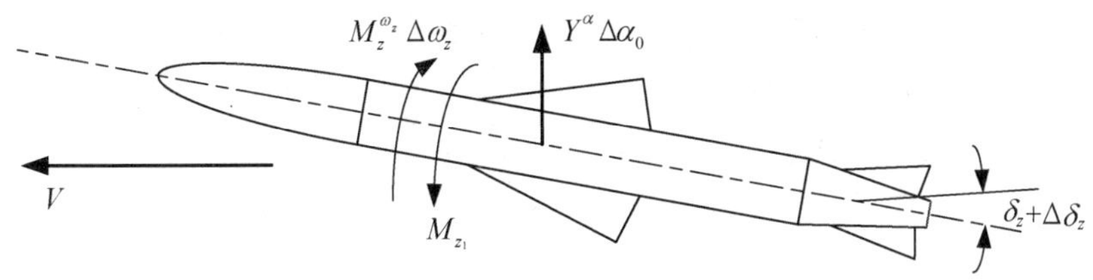

图 8-7　操纵舵面偏转对导弹运动的影响

操纵舵面偏转将使导弹产生什么样的运动性态也是动态特性分析要研究的重要课题之一。

以上两个例子说明导弹实际的飞行状况与理想弹道确有差异。我们知道，在理想弹道条件下，导弹外形及气动参数和结构参数符合标称值、发动机推力特性是额定的、控制系统是理想工作的、大气条件按标准大气表、目标特性是确定的、初始计算条件是给定的等，因此为了研究问题方便起见，这里将导弹沿理想弹道的飞行运动称为基准运动或未扰动运动；而导弹受到控制和干扰作用后，可近似看作在理想弹道运动的基础上，出现了附加运动，称为扰动运动。从这种含义上讲，理想弹道可称为基准弹道或未扰动弹道；弹道的实际参数将在未扰动弹道（如图 8-8 中的虚线所示）附近波动，所得的弹道就称为实际弹道或扰动弹道。

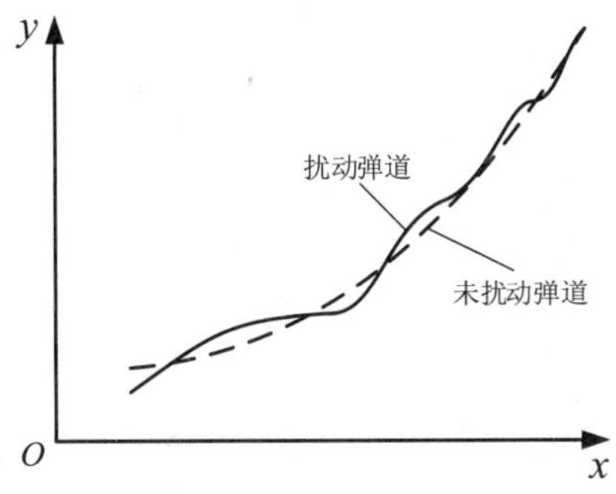

图 8-8　未扰动弹道与扰动弹道

8.2.2 运动稳定性和操纵性

导弹的动态特性是指其在运动过程中受到扰动或操纵机构作用而偏离基准运动状态后所表现出来的扰动运动特性，主要包括导弹弹体的运动稳定性和操纵性。

1. 运动稳定性

若导弹在运动过程中受到外界扰动而偏离基准运动状态，外界扰动消失后，导弹不经操纵，经过一段时间能自行恢复到原来的基准运动状态，则称导弹具有运动稳定性。运动稳定性常被称为动稳定性，或者简称稳定性。若外界扰动消失后，导弹不经操纵，不但不能恢复到原来的基准运动状态，而且偏离基准运动状态的情况越来越严重，则称导弹的运动是不稳定的。若这种偏离现象既不发散又不收敛，而保持在外界扰动消失瞬间的那个偏离量，则称导弹的运动是中立稳定的。可见，导弹的稳定性是指导弹受扰动后保持其原来运动状态的能力。需要指出的是，在讨论稳定性时，舵面的位置是不变的。

例如，在某一有限时间间隔内，由阵风引起的干扰力作用在导弹上，而且该力在时刻t_0又消失了（时刻t_0称为初始时刻）。由于干扰力的短时间作用，在$t=t_0$时，导弹的运动参数不同于其在未扰动飞行过程中的数值，即

$$V(t_0)=V_0(t_0)+\Delta V(t_0)$$
$$\alpha(t_0)=\alpha_0(t_0)+\Delta\alpha(t_0)$$

式中，偏量$\Delta V(t_0)$、$\Delta\alpha(t_0)$称为初始扰动。当$t>t_0$时，即在干扰力作用消失后，偏量ΔV、$\Delta\alpha$的变化取决于导弹弹体及其控制系统（这时起稳定作用）的动态特性。

为了评价导弹弹体的稳定性，假设在扰动运动中，即当$t>t_0$时，操纵机构一直保持在不变的位置上。此时，导弹对阵风的反应就表现为由运动参数初始扰动引起的固有运动，这种固有运动也称自由运动。

图 8-9 给出了干扰力和干扰力矩消失后，攻角的偏量随时间变化的各种情况。其中，$\Delta\alpha_0$为由扰动引起的初始攻角偏量。显然，图 8-9（a）中的曲线 1 和 2 代表的运动是稳定的，图 8-9（b）中的曲线 3、4 和 5 代表的运动是不稳定的。

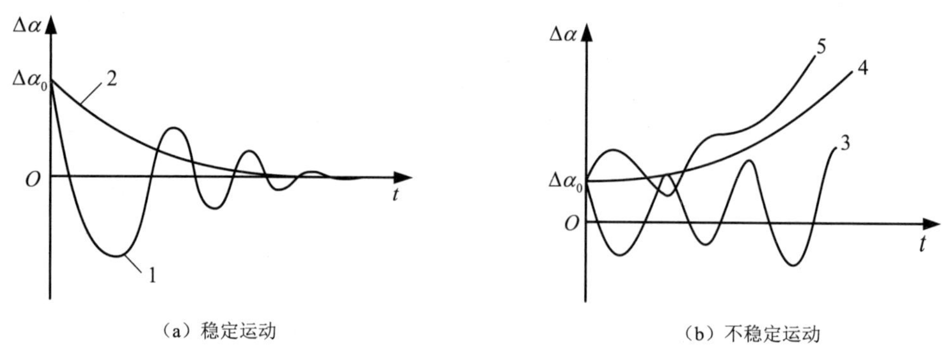

图 8-9 攻角的偏量随时间变化的情况

对于导弹的稳定性，更为确切的提法是指某些运动参数的稳定性。导弹的运动参数可以分为导弹质心运动参数（如V、x、y）和导弹绕质心转动的运动参数（又称角运动参数，如α、β、γ、ϑ、θ），因此，在研究导弹的稳定性时，往往不是笼统地说研究它的稳定性，而是针对一类运动参数或某几个运动参数而言，如导弹飞行高度的稳定性，攻角α、俯仰角

ϑ、倾斜角 γ 的稳定性等。

必须指出的是，导弹弹体的稳定性是指导弹没有控制作用时的抗干扰能力，这与制导系统参与工作时的闭环回路中的导弹系统的稳定性是不同的。例如，在没有控制作用的情况下，导弹是不稳定的；但在控制作用下可以变成稳定的。当然，也可能出现这种情况，即导弹在没有控制作用时是稳定的，而由于控制系统设计不合理，反而使得其在闭环时不稳定了。对于战术导弹，一般总是希望它在没有控制作用时具有良好的稳定性和动态品质，以降低对控制系统的要求。也有的导弹完全依靠弹体自身的稳定性来保证导弹的飞行稳定性。

还需要指出的是，这里所说的导弹的稳定性和静稳定性的概念是不同的。静稳定性是指干扰力和干扰力矩消失瞬间（$t=t_0$）导弹的运动趋势。如果导弹的运动趋势是恢复原来的飞行状态，则导弹具有静稳定性。当 $m_z^\alpha<0$ 时，导弹具有纵向静稳定性。

2．操纵性

导弹的操纵性可以理解为当操纵机构偏转后，导弹改变其原来的飞行状态（如攻角、侧滑角、俯仰角、弹道倾角、滚动角等）的能力及反应的快慢程度。换言之，导弹的操纵性就是导弹受控制时，改变其原来的平衡状态而达到新的平衡状态的一种属性。就改变原来的平衡状态而言，舵面的偏转可以看作一种强迫干扰。

研究操纵机构偏转时的导弹运动，即在研究导弹弹体的操纵性时，不考虑控制系统的工作过程，即在给定偏量 $\Delta\delta_z(t)$、$\Delta\delta_y(t)$、$\Delta\delta_x(t)$ 的条件下求解线性非齐次微分方程组。这种方程组的一般解是由齐次方程组的通解与非齐次方程组的特解组成的。齐次方程组的通解对应导弹的自由运动，非齐次方程组的特解对应导弹的强迫扰动运动。因此，操纵机构偏转时产生的扰动运动是由自由运动和强迫扰动运动组合而成的。

在研究导弹弹体的操纵性时，通常只研究导弹对操纵机构 3 种典型偏转的反应，分别为阶跃偏转、谐波偏转和脉冲偏转，舵面在实际飞行过程中的偏转可以认为是这 3 种典型偏转的组合。

导弹在飞行过程中由于受到外力的作用，弹体将发生弹性变形，从而使导弹的稳定性和操纵性问题变得更加复杂。这里略去这种弹性变形，只研究导弹作为刚体的动态特性问题。随后将会看到导弹的动态特性除与弹体本身的气动布局有关外，还取决于 Ma、高度等其他因素。

8.3　扰动运动的研究方法

对导弹的动态特性进行分析通常首先建立导弹运动方程组，然后通过求解方程组来分析其稳定性和操纵性。由第 5 章可知，导弹运动是非线性的，因此，要研究导弹的扰动运动，需要解非线性微分方程组。目前，实际应用中有两种不同的工程数学方法。

8.3.1　数值积分法

如果需要对导弹的扰动运动进行比较精确的计算，或者由于所研究的问题必须用非线性微分方程组来描述，就需要解非线性微分方程组。一般来说，大多数非线性微分方程组的解不可能用初等函数来表示，即得不出解析解，但是用数值积分法可以求出其特解。

随着大容量、高速度的电子计算机的出现，可以精确地算出导弹的扰动弹道及导弹受控运动的过程，由于电子计算机可以使用较为精确的描述导弹运动的数学模型，计算步长也可以根据精度要求选取，还可以选择各种初始条件进行计算。因此，数值积分法是在现代计算技术的基础上，精确计算导弹的扰动运动的常用方法之一。

由于用数值积分法解出的只能是对应于一组确定的初始条件的特解。因此，在研究导弹的扰动运动时，很难从解中总结出具有规律性的结果，这是数值积分法的一个缺点。

8.3.2 小扰动法

为了能够获得具有规律性的结果，通常期望能够求得导弹的扰动运动的解析解。因为解析解中包含了各种飞行参数和气动参数，可以直接分析参数对导弹动态特性的影响。如果对扰动运动方程组进行合理的简化处理，使其能够解析求解而又具有必要的工程精度，那么这是很有价值的。常用的方法就是利用小扰动假设将非线性微分方程线性化，通常该方法称为小扰动法。

当研究一个非线性系统在某一稳定平衡点附近的微小扰动运动状态时，原来的系统可以充分精确地用一个线性系统加以近似。几乎可以肯定地说，只要进行足够精确的分析，任何物理系统都是非线性的。我们说某个实际的物理系统是线性系统，只是说它的某些主要性能可以充分精确地用一个线性系统加以近似而已。而且所谓“充分精确”，其实就是指实际系统与理想化的线性系统的差别对于所研究的问题已经小到可以忽略的程度。只有当具体的条件和要求给定以后，才能确定一个实际系统是线性系统还是非线性系统。在这个问题上，并不存在绝对的判断准则。例如，导弹弹体自动驾驶仪系统（姿态控制系统）就是非线性系统，因为无论是导弹运动方程还是自动驾驶仪方程，它们都是非线性的。但是，当研究动态特性时，可以认为它们是线性的，而如果所研究的是导弹弹体-自动驾驶仪系统的自振问题，则略去自动驾驶仪方程的非线性是不允许的，因为正是由于自动驾驶仪的非线性特性才会发生自振。

如果扰动的影响很小，则扰动弹道很接近未扰动弹道，这样就有了对导弹运动方程组进行线性化的基础。为了对式（5-65）进行线性化，所有运动参数都分别写成它们在未扰动运动中的数值与参数偏量之和，即

$$\begin{cases} V(t) = V_0(t) + \Delta V(t) \\ \theta(t) = \theta_0(t) + \Delta\theta(t) \\ \omega_x(t) = \omega_{x_0}(t) + \Delta\omega_x(t) \\ z(t) = z_0(t) + \Delta z(t) \end{cases}$$

式中，下标 0 表示未扰动运动中的运动学参数的数值；$\Delta V(t)$、$\Delta\theta(t)$、$\Delta\omega_x(t)$、$\Delta z(t)$ 表示扰动运动参数对未扰动运动参数的偏差值，称为运动学参数偏量。

如果未扰动弹道的运动学参数已经根据弹道学中的方法求得，则只要求出偏量，扰动弹道的运动参数就可以确定了。因此，研究导弹的扰动运动就可以归结为研究运动学参数的偏量变化。由这样的研究方法可以得到一般性的结论，因此其获得了广泛应用。导弹弹体动态特性分析这部分内容就是建立在小扰动法的基础上的。

如果导弹制导系统的工作精度较高，实际飞行弹道总与未扰动弹道相当接近，实际弹道

的运动学参数也在未扰动弹道的运动学参数附近变化，那么，实践证明，在很多情况下，导弹运动方程组可以用线性化方程组来近似。如果扰动弹道和未扰动弹道的差别很大，那么用小扰动法研究导弹的稳定性就会有较大的误差，用于研究扰动弹道的误差就更大了，在这种情况下，不能应用此方法。

8.4　扰动运动方程组的建立方法

从前面可以知道，在小扰动假设的条件下，导弹的扰动运动等于未扰动运动中的数值与参数偏量之和。又因为未扰动运动已知，所以导弹的扰动运动求解问题就变成了参数偏量随时间的变化规律的求解问题。为此，本节主要研究参数偏量随时间的变化规律的数学模型的建立方法。

8.4.1　扰动运动线性化方法

导弹空间运动通常由一个非线性变系数的微分方程来描述，在数学上尚无求解这种方程的一般解析法。因此，对于非线性问题，往往用一个近似的线性系统来代替，并使其近似误差小到无关紧要的地步。非线性系统近似成线性系统的精确程度取决于线性化方法和线性化假设。在分析导弹的动态特性时，采用基于泰勒级数的线性化方法。

1．微分方程组线性化的方法

将导弹运动方程组写成如下一般形式：

$$f_1\frac{\mathrm{d}x_1}{\mathrm{d}t}=F_1,\ f_2\frac{\mathrm{d}x_2}{\mathrm{d}t}=F_2,\cdots,\ f_i\frac{\mathrm{d}x_i}{\mathrm{d}t}=F_i,\cdots,\ f_n\frac{\mathrm{d}x_n}{\mathrm{d}t}=F_n \tag{8-20}$$

式中，f_i 和 F_i 均是变量 $x_1,x_2,\cdots,x_n$ 的非线性函数，且

$$f_i=f_i\left(x_1,x_2,\cdots,x_n\right),\quad F_i=F_i\left(x_1,x_2,\cdots,x_n\right),\quad i=1,2,\cdots,n$$

式（8-20）的特解之一

$$x_1=x_{10}(t),\ x_2=x_{20}(t),\cdots,\ x_i=x_{i0}(t),\ x_n=x_{n0}(t)$$

对应一种未扰动运动。如果将该特解代入式（8-20），则得到以下等式：

$$f_{10}\frac{\mathrm{d}x_{10}}{\mathrm{d}t}=F_{10},\ f_{20}\frac{\mathrm{d}x_{20}}{\mathrm{d}t}=F_{20},\cdots,\ f_{i0}\frac{\mathrm{d}x_{i0}}{\mathrm{d}t}=F_{i0},\cdots,\ f_{n0}\frac{\mathrm{d}x_{n0}}{\mathrm{d}t}=F_{n0}$$

式中，$f_{i0}=f_i\left(x_{10},x_{20},\cdots,x_{n0}\right)$；$F_{i0}=F_i\left(x_{10},x_{20},\cdots,x_{n0}\right)$。

现在讨论式（8-20）中某个方程的线性化方法。例如，取第 i 个方程，为了书写简单，将下标 i 去掉，有

$$f\frac{\mathrm{d}x}{\mathrm{d}t}=F$$

从这个方程中减去相应的未扰动运动的第 i 个等式，可得到偏量形式的运动方程：

$$f\frac{\mathrm{d}x}{\mathrm{d}t}-f_0\frac{\mathrm{d}x_0}{\mathrm{d}t}=F-F_0 \tag{8-21}$$

式中，$F-F_0=\Delta F$ 为函数 F 的偏量，即在未扰动弹道与扰动弹道上，此函数的差值。

式（8-21）的左边为函数 $f\frac{\mathrm{d}x}{\mathrm{d}t}$ 类似的偏量。现在计算这一偏量，为此，加上并减去 $f\frac{\mathrm{d}x_0}{\mathrm{d}t}$ 得

$$f\frac{\mathrm{d}x}{\mathrm{d}t}-f_0\frac{\mathrm{d}x_0}{\mathrm{d}t}+f\frac{\mathrm{d}x_0}{\mathrm{d}t}-f\frac{\mathrm{d}x_0}{\mathrm{d}t}=\left(f_0+\Delta f\right)\frac{\mathrm{d}\Delta x}{\mathrm{d}t}+\Delta f\frac{\mathrm{d}x_0}{\mathrm{d}t} \tag{8-22}$$

式中，Δx 及 Δf 表示偏量，即

$$\Delta x=x-x_0,\quad \Delta f=f-f_0$$

现在求函数 $F\left(x_1,x_2,\cdots,x_n\right)$ 的偏量。根据泰勒公式，将变量 $x_1,x_2,\cdots,x_n$ 的非线性函数展开成增量 $\Delta x_1=x_1-x_{10},\Delta x_2=x_2-x_{20},\cdots,\Delta x_n=x_n-x_{n0}$ 的幂级数。将函数展开成级数是在变量数值为 $x_{10},x_{20},\cdots,x_{n0}$ 的邻域中进行的，如果只限于选取展开式的第 1 项，则可得

$$F\left(x_1,x_2,\cdots,x_n\right)=F\left(x_{10},x_{20},\cdots,x_{n0}\right)+\left(\frac{\partial F}{\partial x_1}\right)_0\Delta x_1+\left(\frac{\partial F}{\partial x_2}\right)_0\Delta x_2+\cdots+\left(\frac{\partial F}{\partial x_n}\right)_0\Delta x_n+R_2$$

式中，R_2 为展开式中含有二阶或更高阶小量的余项；$\left(\frac{\partial F}{\partial x_1}\right)_0,\left(\frac{\partial F}{\partial x_2}\right)_0,\cdots,\left(\frac{\partial F}{\partial x_n}\right)_0$ 为相应的未扰动弹道的偏导数 $\frac{\partial F}{\partial x_1},\frac{\partial F}{\partial x_2},\cdots,\frac{\partial F}{\partial x_n}$ 的值。

也就是说，函数 $F\left(x_1,x_2,\cdots,x_n\right)$ 的增量为

$$\Delta F=F\left(x_1,x_2,\cdots,x_n\right)-F\left(x_{10},x_{20},\cdots,x_{n0}\right)=\left(\frac{\partial F}{\partial x_1}\right)_0\Delta x_1+\left(\frac{\partial F}{\partial x_2}\right)_0\Delta x_2+\cdots+\left(\frac{\partial F}{\partial x_n}\right)_0\Delta x_n+R_2 \tag{8-23}$$

偏量 Δf 也有类似的表达式：

$$\Delta f=\left(\frac{\partial f}{\partial x_1}\right)_0\Delta x_1+\left(\frac{\partial f}{\partial x_2}\right)_0\Delta x_2+\cdots+\left(\frac{\partial f}{\partial x_n}\right)_0\Delta x_n+r_2 \tag{8-24}$$

从式（8-22）～式（8-24）中略去高于一阶的小量 $\Delta f\frac{\mathrm{d}\Delta x}{\mathrm{d}t}$、$R_2$ 及 r_2，并代入式（8-21），可以得到未知数为偏量 $\Delta x_1,\Delta x_2,\cdots,\Delta x_n$ 的扰动运动方程：

$$f_0\frac{\mathrm{d}\Delta x}{\mathrm{d}t}+\frac{\mathrm{d}x_0}{\mathrm{d}t}\left[\left(\frac{\partial f}{\partial x_1}\right)_0\Delta x_1+\left(\frac{\partial f}{\partial x_2}\right)_0\Delta x_2+\cdots+\left(\frac{\partial f}{\partial x_n}\right)_0\Delta x_n\right]=\left(\frac{\partial F}{\partial x_1}\right)_0\Delta x_1+\left(\frac{\partial F}{\partial x_2}\right)_0\Delta x_2+\cdots+\left(\frac{\partial F}{\partial x_n}\right)_0\Delta x_n$$

对式（8-20）中的每个方程都进行这样的变换后，就得到扰动运动方程组：

$$f_{i0}\frac{\mathrm{d}\Delta x_i}{\mathrm{d}t}=\left[\left(\frac{\partial F_i}{\partial x_1}\right)_0-\frac{\mathrm{d}x_{i0}}{\mathrm{d}t}\left(\frac{\partial f_i}{\partial x_1}\right)_0\right]\Delta x_1+\left[\left(\frac{\partial F_i}{\partial x_2}\right)_0-\frac{\mathrm{d}x_{i0}}{\mathrm{d}t}\left(\frac{\partial f_i}{\partial x_2}\right)_0\right]\Delta x_2+\cdots+\left[\left(\frac{\partial F_i}{\partial x_n}\right)_0-\frac{\mathrm{d}x_{i0}}{\mathrm{d}t}\left(\frac{\partial f_i}{\partial x_n}\right)_0\right]\Delta x_n \tag{8-25}$$

该方程组为线性微分方程组，因为包含在其中的新变量（增量 $\Delta x_1,\Delta x_2,\cdots,\Delta x_n$ ）只是一阶的，并且没有这些变量的乘积项。

因为假定未扰动运动是已知的，所以式（8-25）的方括号内的各项及 f_{i0} 都是时间 t 的已知函数。该方程组，即式（8-25）通常称为扰动运动方程组。

当对形式如式（8-20）所示的非线性微分方程组进行线性化时，利用式（8-25）是很方便的。不难看出，导弹运动方程组，即式（5-65）就具有这种形式。

2．作用在导弹上的力和力矩的线性化

由于导弹运动方程组中包含作用在导弹上的力和力矩，一般有发动机推力、空气动力和重力，因此，在进行导弹运动方程组的线性化之前，先要对这些力和力矩进行线性化。为此，必须了解这些力和力矩与哪些因素有关，以及其中哪些因素的影响可以忽略。

（1）发动机推力线性化。

如果是吸气式发动机，导弹的发动机推力大小是导弹飞行高度和飞行速度的函数，即

$$P=P(H,V)$$

那么，发动机推力偏量的线性化表达式为

$$\Delta P=\left(\frac{\partial P}{\partial V}\right)_0\Delta V+\left(\frac{\partial P}{\partial H}\right)_0\Delta H=P^V\Delta V+P^H\Delta H$$

式中，H 为导弹的飞行高度；P^V 、P^H 分别为推力对飞行速度和飞行高度的偏导数。

而固体火箭发动机的推力大小与导弹飞行速度及其他运动参数无关，仅与导弹飞行高度有关，因此，对该发动机推力不难进行线性化：

$$\Delta P=\left(\frac{\partial P}{\partial H}\right)_0\Delta H=P^H\Delta H$$

（2）空气动力和空气动力矩线性化。

由空气动力学可知，对于在 Ox_1y_1 面内具有对称性的导弹，影响空气动力和空气动力矩的主要参数是 V 、H 、α 、β 、ω_x 、ω_y 、ω_z 、δ_x 、δ_y 、δ_z 、$\dot{\alpha}$ 、$\dot{\beta}$ 、$\dot{\delta}_y$ 、$\dot{\delta}_z$ ，即

$$\left.\begin{array}{l}X(V,H,\alpha,\beta,\delta_y,\delta_z)\\ Y(V,H,\alpha,\delta_z)\\ Z(V,H,\beta,\delta_y)\\ M_x(V,H,\alpha,\beta,\delta_x,\delta_y,\delta_z,\omega_x,\omega_y,\omega_z)\\ M_y(V,H,\beta,\delta_y,\omega_x,\omega_y,\dot{\beta},\dot{\delta}_y)\\ M_z(V,H,\alpha,\delta_z,\omega_x,\omega_z,\dot{\alpha},\dot{\delta}_z)\end{array}\right\} \tag{8-26}$$

若是轴对称且具有倾斜稳定性的导弹，忽略其中的次要因素，则式（8-26）可以写为

$$\left.\begin{array}{l} X(V,H,\alpha,\beta) \\ Y(V,H,\alpha,\delta_z) \\ Z(V,H,\beta,\delta_y) \\ M_x(V,H,\omega_x,\delta_x) \\ M_y(V,H,\beta,\omega_y,\delta_y,\dot{\beta}) \\ M_z(V,H,\alpha,\omega_z,\delta_z,\dot{\alpha}) \end{array}\right\} \tag{8-27}$$

对于影响空气动力和空气动力矩的某些参数能否忽略，或者能否进一步简化取决于具体导弹的气动外形和运动状态。例如，对于绕其纵轴滚转的导弹，由于气动交连产生的马格努斯力矩就不能忽略。这时必须考虑攻角 α 和滚转角速度 ω_x 对偏航力矩 M_y 的影响，以及侧滑角 β 和滚转角速度 ω_x 对俯仰力矩 M_z 的影响。

① 对于面对称导弹，在实际飞行攻角 α 和侧滑角 β 范围内，忽略次要因素，空气动力和空气动力矩可以近似表示成下列形式：

$$\left.\begin{array}{r} X = X_0 + X^{\alpha^2}\alpha^2 + X^{\beta^2}\beta^2 \\ Y = Y_0 + Y^{\alpha}\alpha + Y^{\delta_z}\delta_z \\ Z = Z^{\beta}\beta + Z^{\delta_y}\delta_y \\ M_x = M_{x_0} + M_x^{\beta}\beta + M_x^{\omega_x}\omega_x + M_x^{\omega_y}\omega_y + M_x^{\delta_x}\delta_x + M_x^{\delta_y}\delta_y \\ M_y = M_y^{\beta}\beta + M_y^{\omega_x}\omega_x + M_y^{\omega_y}\omega_y + M_y^{\dot{\beta}}\dot{\beta} + M_y^{\delta_y}\delta_y \\ M_z = M_{z0} + M_z^{\alpha}\alpha + M_z^{\omega_z}\omega_z + M_z^{\dot{\alpha}}\dot{\alpha} + M_z^{\delta_z}\delta_z \end{array}\right\} \tag{8-28}$$

② 对于轴对称且具有倾斜稳定性的导弹，忽略次要因素，空气动力和空气动力矩可以近似表示成下列形式：

$$\left.\begin{array}{r} X = X_0 + X^{\alpha^2}\alpha^2 + X^{\beta^2}\beta^2 \\ Y = Y^{\alpha}\alpha + Y^{\delta_z}\delta_z \\ Z = Z^{\beta}\beta + Z^{\delta_y}\delta_y \\ M_x = M_{x_0} + M_x^{\omega_x}\omega_x + M_x^{\delta_x}\delta_x \\ M_y = M_y^{\beta}\beta + M_y^{\omega_y}\omega_y + M_x^{\dot{\beta}}\dot{\beta} + M_y^{\delta_y}\delta_y \\ M_z = M_z^{\alpha}\beta + M_z^{\omega_z}\omega_z + M_z^{\dot{\alpha}}\dot{\alpha} + M_z^{\delta_z}\delta_z \end{array}\right\} \tag{8-29}$$

③ 对于绕纵轴滚转的导弹，$M_y^{\omega_x}\omega_x$ 和 $M_z^{\omega_x}\omega_x$ 具有一定的数值，式（8-29）中的第 5、6 个方程应写为

$$\left.\begin{array}{l} M_y = M_y^{\beta}\beta + M_y^{\omega_x}\omega_x + M_y^{\omega_y}\omega_y + M_x^{\dot{\beta}}\dot{\beta} + M_y^{\delta_y}\delta_y \\ M_z = M_z^{\alpha}\alpha + M_z^{\omega_z}\omega_z + M_z^{\omega_x}\omega_x + M_z^{\dot{\alpha}}\dot{\alpha} + M_z^{\delta_z}\delta_z \end{array}\right\} \tag{8-30}$$

式中，X_0 为 $\alpha=\beta=0$ 时的阻力；M_{x_0} 为 $\omega_x=\delta_x=0$ 时的滚转力矩值；$Y^{\alpha},\cdots,Z^{\delta_y},\cdots,M_y^{\dot{\beta}}$ 分别为空气动力和空气动力矩对参数 $\alpha,\cdots,\delta_y,\cdots,\dot{\beta}$ 的偏导数；$M_y^{\omega_x}\omega_x$、$M_z^{\omega_x}\omega_x$ 为马格努斯力矩；X^{α^2}、X^{β^2} 为迎面阻力对 α^2 和 β^2 的偏导数。

上述所有导数值都是参数 α、β、δ_x、δ_y、δ_z、ω_x、ω_y、ω_z、$\dot{\alpha}$ 及 $\dot{\beta}$ 取零时的值，对于给定的导弹，偏导数都是导弹飞行高度 H 和飞行速度 V 的非线性函数。例如：

$$Y^{\alpha}=c_y^{\alpha}\frac{\rho V^2}{2}S$$

式中，$c_y^{\alpha}=c_y^{\alpha}\left(\frac{V}{C}\right)$，其中 $C=C(H)$；$\rho=\rho(H)$。

现在求空气动力和空气动力矩增量，这些增量是对应扰动飞行与未扰动飞行之间空气动力和空气动力矩的差值。这里将不考虑扰动运动中的飞行高度增量 ΔH 对空气动力和空气动力矩增量的影响（因为它很小）。下面的推导针对的都是气动面对称导弹。

根据式（8-23）及式（8-28），得到迎面阻力、升力、侧力和空气动力矩的偏量：

$$\Delta X=\left(\frac{\partial X}{\partial V}\right)_0\Delta V+\left(\frac{\partial X}{\partial \alpha}\right)_0\Delta\alpha+\left(\frac{\partial X}{\partial \beta}\right)_0\Delta\beta \tag{8-31}$$

$$\Delta Y=\left(\frac{\partial Y}{\partial V}\right)_0\Delta V+\left(Y^{\alpha}\right)_0\Delta\alpha+\left(Y^{\delta_z}\right)_0\Delta\delta_z \tag{8-32}$$

$$\Delta Z=\left(\frac{\partial Z}{\partial V}\right)_0\Delta V+\left(Z^{\beta}\right)_0\Delta\beta+\left(Z^{\delta_y}\right)_0\Delta\delta_y \tag{8-33}$$

$$\Delta M_x=\left(\frac{\partial M_x}{\partial V}\right)_0\Delta V+\left(M_x^{\beta}\right)_0\Delta\beta+\left(M_x^{\omega_x}\right)_0\Delta\omega_x+\left(M_x^{\omega_y}\right)_0\Delta\omega_y+\left(M_x^{\delta_x}\right)_0\Delta\delta_x+\left(M_x^{\delta_y}\right)_0\Delta\delta_y \tag{8-34}$$

$$\Delta M_y=\left(\frac{\partial M_y}{\partial V}\right)_0\Delta V+\left(M_y^{\beta}\right)_0\Delta\beta+\left(M_y^{\omega_y}\right)_0\Delta\omega_y+\left(M_y^{\omega_x}\right)_0\Delta\omega_x+\left(M_y^{\dot\beta}\right)_0\Delta\dot\beta+\left(M_y^{\delta_y}\right)_0\Delta\delta_y \tag{8-35}$$

$$\Delta M_z=\left(\frac{\partial M_z}{\partial V}\right)_0\Delta V+\left(M_z^{\alpha}\right)_0\Delta\alpha+\left(M_z^{\omega_z}\right)_0\Delta\omega_z+\left(M_z^{\dot\alpha}\right)_0\Delta\dot\alpha+\left(M_z^{\delta_z}\right)_0\Delta\delta_z \tag{8-36}$$

其中的偏导数的数值都是由未扰动运动参数确定的。利用式（8-28），这些偏导数表达式可写为

$$\left.\begin{aligned}
&\left(\frac{\partial X}{\partial V}\right)_0=\left(\frac{\partial X_0}{\partial V}\right)_0+\left(\frac{\partial X^{\alpha^2}}{\partial V}\right)_0\alpha_0^2+\left(\frac{\partial X^{\beta^2}}{\partial V}\right)_0\beta_0^2\\
&\left(\frac{\partial X}{\partial \alpha}\right)_0=2\left(X^{\alpha^2}\right)_0\alpha_0\\
&\left(\frac{\partial X}{\partial \beta}\right)_0=2\left(X^{\beta^2}\right)_0\beta_0\\
&\left(\frac{\partial Y}{\partial V}\right)_0=\left(\frac{\partial Y_0}{\partial V}\right)_0+\left(\frac{\partial Y^{\alpha}}{\partial V}\right)_0\alpha_0+\left(\frac{\partial Y^{\delta_z}}{\partial V}\right)_0\delta_{z_0}\\
&\left(\frac{\partial Z}{\partial V}\right)_0=\left(\frac{\partial Z^{\beta}}{\partial V}\right)_0\beta_0+\left(\frac{\partial Z^{\delta_y}}{\partial V}\right)_0\delta_{y_0}\\
&\left(\frac{\partial M_x}{\partial V}\right)_0=\left(\frac{\partial M_{x_0}}{\partial V}\right)_0+\left(\frac{\partial M_x^{\beta}}{\partial V}\right)_0\beta_0+\left(\frac{\partial M_x^{\omega_x}}{\partial V}\right)_0\omega_{x_0}+\left(\frac{\partial M_x^{\omega_y}}{\partial V}\right)_0\omega_{y_0}+\left(\frac{\partial M_x^{\delta_x}}{\partial V}\right)_0\delta_{x_0}+\left(\frac{\partial M_x^{\delta_y}}{\partial V}\right)_0\delta_{y_0}
\end{aligned}\right\} \tag{8-37}$$

$$\left.\begin{aligned}\left(\frac{\partial M_y}{\partial V}\right)_0&=\left(\frac{\partial M_y^{\beta}}{\partial V}\right)_0\beta_0+\left(\frac{\partial M_y^{\omega_y}}{\partial V}\right)_0\omega_{y_0}+\left(\frac{\partial M_y^{\dot\beta}}{\partial V}\right)_0\dot\beta_0+\left(\frac{\partial M_y^{\omega_x}}{\partial V}\right)_0\omega_{x_0}+\left(\frac{\partial M_y^{\delta_y}}{\partial V}\right)_0\delta_{y_0}\\\left(\frac{\partial M_z}{\partial V}\right)_0&=\left(\frac{\partial M_{z_0}}{\partial V}\right)_0+\left(\frac{\partial M_z^{\alpha}}{\partial V}\right)_0\alpha_0+\left(\frac{\partial M_z^{\omega_z}}{\partial V}\right)_0\omega_{z_0}+\left(\frac{\partial M_z^{\dot\alpha}}{\partial V}\right)_0\dot\alpha_0+\left(\frac{\partial M_z^{\delta_z}}{\partial V}\right)_0\delta_{z_0}\end{aligned}\right\}$$

（8-37 续）

式（8-37）在下面线性化以后的运动方程简化时要用到，但是在计算时不一定非按此式进行。具体计算这些导数，如：

$$\left.\begin{aligned}\left(\frac{\partial X}{\partial V}\right)_0&=\left(\frac{\partial}{\partial V}c_x\frac{1}{2}\rho V^2S\right)_0=\left(c_x\rho VS+\frac{\partial c_x}{\partial Ma}\frac{\partial Ma}{\partial V}\frac{\rho V^2}{2}S\right)_0=X_0\left(\frac{2}{V}+\frac{1}{C}\frac{1}{c_x}\frac{\partial c_x}{\partial Ma}\right)_0\\\left(\frac{\partial Y}{\partial V}\right)_0&=Y_0\left(\frac{2}{V}+\frac{1}{C}\frac{1}{c_y}\frac{\partial c_y}{\partial Ma}\right)_0\\\left(\frac{\partial Z}{\partial V}\right)_0&=Z_0\left(\frac{2}{V}+\frac{1}{C}\frac{1}{c_z}\frac{\partial c_z}{\partial Ma}\right)_0\\\left(\frac{\partial M_x}{\partial V}\right)_0&=M_{x_0}\left(\frac{2}{V}+\frac{1}{C}\frac{1}{m_x}\frac{\partial m_x}{\partial Ma}\right)_0\\\left(\frac{\partial M_y}{\partial V}\right)_0&=M_{y_0}\left(\frac{2}{V}+\frac{1}{C}\frac{1}{m_y}\frac{\partial m_y}{\partial Ma}\right)_0\\\left(\frac{\partial M_z}{\partial V}\right)_0&=M_{z_0}\left(\frac{2}{V}+\frac{1}{C}\frac{1}{m_z}\frac{\partial m_z}{\partial Ma}\right)_0\end{aligned}\right\}$$

（8-38）

3. 运动方程组的线性化

设未扰动运动为空间非定常飞行，其运动参数为 $V_0(t)$ 、 $\psi_{V_0}(t)$ 、 $\alpha_0(t)$ 、 $\beta_0(t)\cdots\cdots$ $\omega_{z0}(t)\cdots\cdots z_0(t)$ 。导弹运动方程线性化的基本假设是小扰动，即假定扰动运动参数与在同一时间内的未扰动运动参数的差值相当小。同时，为了使线性化以后的扰动运动方程比较简单，对未扰动运动做如下假设。

（1）未扰动运动中的侧向运动学参数 ψ_{V_0} 、 ψ_0 、 β_0 、 γ_{V_0} 、 γ_0 、 ω_{x_0} 、 ω_{y_0} 和侧向操纵机构偏转角 δ_{y_0} 、 δ_{x_0} ，以及纵向运动参数对时间的导数 $\omega_{z_0}\approx\dot\vartheta_0$ 、 $\dot\alpha_0$ 、 $\dot\delta_{z_0}$ 、 $\dot\theta_0$ 均很小，因此可以略去它们的乘积项，以及这些参数与其他小量的乘积项，同时假定在未扰动运动中，偏导数 $X^{\beta}=\left(\dfrac{\partial X}{\partial\beta}\right)_0$ 为一小量。

（2）不考虑导弹的结构参数偏量 Δm 、 ΔJ_x 、 ΔJ_y 、 ΔJ_z ，以及大气压强偏量 Δp 、大气密度偏量 $\Delta\rho$ 和坐标偏量 Δy 对扰动运动的影响，因为在扰动运动中，其影响是很小的。这样，参数 m 、 J_x 、 J_y 、 J_z 、 p 、 ρ 、 y 在扰动运动与未扰动运动中的数值一样，也是时间的已知函数。

根据上述假设，利用微分方程线性化的方法与空气动力和空气动力矩线性化的结果，就可以对运动方程组，即式（5-65）进行线性化。

式（5-65）中的第 1 个方程为

$$m\frac{\mathrm{d}V}{\mathrm{d}t}=P\cos\alpha\cos\beta-X-G\sin\theta$$

式中，变化的参数有 V、α、β 和 θ。与式（8-20）相比，m 相当于 f_i，V 相当于 x_i，而 $P\cos\alpha\cos\beta-X-G\sin\theta$ 相当于 F_i。根据式（8-25）和式（8-28），可得

$$m_0\frac{\mathrm{d}\Delta V}{\mathrm{d}t}=\left[\left(\frac{\partial P}{\partial V}\right)_0\cos\alpha_0\cos\beta_0-\left(\frac{\partial X}{\partial V}\right)_0\right]\Delta V+\left[-P_0\sin\alpha_0\cos\beta_0-\left(\frac{\partial X}{\partial\alpha}\right)_0\right]\Delta\alpha+ \left[-P_0\cos\alpha_0\sin\beta_0-\left(\frac{\partial X}{\partial\beta}\right)_0\right]\Delta\beta+\left[-G\cos\theta_0\right]\Delta\theta \tag{8-39}$$

式中，导数值 $\left(\frac{\partial P}{\partial V}\right)_0$、$\left(\frac{\partial X}{\partial V}\right)_0$、$\left(\frac{\partial X}{\partial\alpha}\right)_0$、$\left(\frac{\partial X}{\partial\beta}\right)_0$ 是对应未扰动运动的数值。利用偏导数的简略表示法，并略掉下标 0 可得

$$\left(\frac{\partial P}{\partial V}\right)_0=P^V,\quad \left(\frac{\partial X}{\partial V}\right)_0=X^V,\quad \left(\frac{\partial X}{\partial\alpha}\right)_0=X^\alpha,\quad \left(\frac{\partial X}{\partial\beta}\right)_0=X^\beta$$

这样，式（8-39）可写成下面的形式：

$$m\frac{\mathrm{d}\Delta V}{\mathrm{d}t}=\left(P^V\cos\alpha\cos\beta-X^V\right)\Delta V+\left(-P\sin\alpha\cos\beta-X^\alpha\right)\Delta\alpha+ (-P\cos\alpha\sin\beta-X^\beta)\Delta\beta+\left[-G\cos\theta\right]\Delta\theta \tag{8-40}$$

由于已假设侧向参数是小量，因此有

$$P\cos\alpha\sin\beta\Delta\beta\approx P\cos\alpha\left(\beta\Delta\beta\right)$$

$$X^\beta\Delta\beta=2X^{\beta^2}\left(\beta\Delta\beta\right)$$

以上两式都包含小量的乘积项。若去掉式（8-40）中的二阶小量项，并且角度的正弦和余弦用近似式表示，即

$$\sin\alpha\approx\alpha,\quad \sin\beta\approx\beta,\quad \sin\alpha\approx\cos\beta\approx 1$$

则最终得到

$$m\frac{\mathrm{d}\Delta V}{\mathrm{d}t}=\left(P^V-X^V\right)\Delta V+\left(-P\alpha-X^\alpha\right)\Delta\alpha+\left(-G\cos\theta\right)\Delta\theta \tag{8-41}$$

式（8-41）的物理意义：右边第 1 项是由速度偏量 ΔV（同一时刻，扰动运动速度相对于未扰动运动速度的偏量）引起的 Ox_2 方向上的力的偏量；第 2 项是由攻角偏量 $\Delta\alpha$ 引起的 Ox_2 方向上的力的偏量；第 3 项是由弹道倾角偏量 $\Delta\theta$ 引起的 Ox_2 方向上的力的偏量；由其他参数偏量引起的 Ox_2 方向上的力的偏量很小而被忽略。$\mathrm{d}\Delta V/\mathrm{d}t$ 在同一时刻 t 可表示为 $\mathrm{d}\Delta V/\mathrm{d}t=\Delta\left(\mathrm{d}V/\mathrm{d}t\right)$，表示由 Ox_2 方向上的力的偏量引起的加速度偏量。

式（5-65）中的第 2 个方程为

$$mV\frac{\mathrm{d}\theta}{\mathrm{d}t}=P\left(\sin\alpha\cos\gamma_V+\cos\alpha\sin\beta\sin\gamma_V\right)+Y\cos\gamma_V-Z\sin\gamma_V-G\cos\theta$$

式中，变化的参数有 V、α、β、γ_V、θ、δ_z 和 δ_y。仍然与式（8-20）相比，mV 相当于 f_i，θ 相当于 x_i，$P\left(\sin\alpha\cos\gamma_V+\cos\alpha\sin\beta\sin\gamma_V\right)+Y\cos\gamma_V-Z\sin\gamma_V-G\cos\theta$ 相当于 F_i，根据式（8-25），可得

$$mV\frac{\mathrm{d}\Delta\theta}{\mathrm{d}t}=\left[P^V\left(\sin\alpha\cos\gamma_V+\cos\alpha\sin\beta\sin\gamma_V\right)+Y^V\cos\gamma_V-Z^V\sin\gamma_V-m\frac{\mathrm{d}\theta}{dt}\right]\Delta V+$$
$$\left[P\left(\cos\alpha\cos\gamma_V-\sin\alpha\sin\beta\sin\gamma_V\right)+Y^\alpha\cos\gamma_V\right]\Delta\alpha+$$
$$P\left(\cos\alpha\cos\beta\sin\gamma_V-Z^\beta\sin\gamma_V\right)\Delta\beta+\left(G\sin\theta\right)\Delta\theta+$$
$$\left[P\left(-\sin\alpha\sin\gamma_V+\cos\alpha\sin\beta\cos\gamma_V\right)-Y\sin\gamma_V-Z\cos\gamma_V\right]\Delta\gamma_V+$$
$$\left(Y^{\delta_z}\cos\gamma_V\right)\Delta\delta_z-\left(Z^{\delta_y}\sin\gamma_V\right)\Delta\delta_y$$

根据假设，导数 $\mathrm{d}\theta/\mathrm{d}t$ 是小量，$m\left(\mathrm{d}\theta/\mathrm{d}t\right)\Delta V$ 是二阶小量，$Z\cos\gamma_V\Delta\gamma_V$ 也是二阶小量（因为 $Z\Delta\gamma_V=Z^\beta\left(\beta\Delta\gamma_V\right)+Z^{\delta_y}\left(\delta_y\Delta\gamma_V\right)$）。此外，所有包含 $\sin\gamma_V$ 或 $\sin\beta$ 的各项，如 $\sin\gamma_V\Delta\delta_y$ 和 $\sin\beta\Delta\gamma_V$ 都是高于一阶的小量。并且，认为 $\cos\gamma_V\approx1$，最终得到

$$mV\frac{\mathrm{d}\Delta\theta}{\mathrm{d}t}=\left(P^V\alpha+Y^V\right)\Delta V+\left(P+Y^\alpha\right)\Delta\alpha+\left(G\sin\theta\right)\Delta\theta+Y^{\delta_z}\Delta\delta_z \tag{8-42}$$

式（5-65）中的第 3 个方程为

$$-mV\cos\theta\frac{\mathrm{d}\Delta\psi_v}{\mathrm{d}t}=P\left(\sin\alpha\sin\gamma_V-\cos\alpha\cos\beta\cos\gamma_V\right)+Y\sin\gamma_V+Z\cos\gamma_V$$

经过线性化后上式具有下列形式：

$$-mV\cos\theta\frac{\mathrm{d}\Delta\psi_V}{\mathrm{d}t}=(-P+Z^\beta)\Delta\beta+(P\alpha+Y)\Delta\gamma_V+Z^{\delta_y}\Delta\delta_y \tag{8-43}$$

在式（8-43）中，去掉了包括小量乘积的各项，即 $\left(\mathrm{d}\psi_V/\mathrm{d}t\right)\Delta V$、$\left(\mathrm{d}\psi_V/\mathrm{d}t\right)\Delta\theta$、$\beta\Delta V$、$\delta_V\Delta V$，以及包含 $\sin\beta$ 或 $\sin\gamma_V$ 的二阶小量。

式（5-65）中的第 4 个方程为

$$J_x\frac{\mathrm{d}\omega_x}{\mathrm{d}t}=M_x-\left(J_z-J_y\right)\omega_y\omega_z$$

式中，变化的参数有 V、ω_x、ω_y、ω_z、δ_x、β 和 δ_y。同样，与式（8-20）相比，J_x 相当于 f_i，ω_x 相当于 x_i，$M_x-\left(J_z-J_y\right)\omega_y\omega_z$ 相当于 F_i。根据式（8-25）进行线性化，并利用式（8-34）可得

$$J_x\frac{\mathrm{d}\Delta\omega_x}{\mathrm{d}t}=M_x^V\Delta V+M_x^\beta\Delta\beta+M_x^{\omega_x}\Delta\omega_x+\left[M_x^{\omega_y}\Delta\omega_x-\left(J_z-J_y\right)\omega_z\right]\Delta\omega_y+$$
$$\left[-\left(J_z-J_y\right)\omega_y\right]\Delta\omega_z+M_x^{\delta_x}\Delta\delta_x+M_x^{\delta_y}\Delta\delta_x$$

利用式（8-37）并略去包含 $\beta\Delta V$、$\omega_x\Delta V$、$\omega_y\Delta V$、$\delta_x\Delta V$、$\delta_y\Delta V$、$\omega_z\Delta\omega_y$、$\omega_y\Delta\omega_z$ 小量的各项，且认为 $\left(\partial M_{x0}/\partial V\right)_0$ 是小量，于是得到

$$J_x\frac{\mathrm{d}\Delta\omega_x}{\mathrm{d}t}=M_x^\beta\Delta\beta+M_x^{\omega_x}\Delta\omega_x+M_x^{\omega_y}\Delta\omega_y+M_x^{\delta_x}\Delta\delta_x+M_x^{\delta_y}\Delta\delta_y \tag{8-44}$$

式（5-65）中的第 5 个方程为

$$J_y\frac{\mathrm{d}\omega_y}{\mathrm{d}t}=M_y-\left(J_x-J_z\right)\omega_z\omega_x$$

经过线性化后，利用式（8-37）并略去 $M_y^V\Delta V$ 中包含的小量参数 β_0、ω_{x0}、ω_{y0}、$\dot{\beta}_0$、δ_{y0} 与小偏量 ΔV 乘积的各项，以及 $\omega_z\Delta\omega_x$、$\omega_x\Delta\omega_z$ 项，得到

$$J_y\frac{\mathrm{d}\Delta\omega_y}{\mathrm{d}t}=M_y^\beta\Delta\beta+M_y^{\omega_y}\Delta\omega_y+M_y^{\dot{\beta}}\Delta\dot{\beta}+M_y^{\delta_y}\Delta\delta_y+M_y^{\omega_x}\Delta\omega_x \tag{8-45}$$

式（5-65）中的第 6 个方程为

$$J_z \frac{\mathrm{d}\omega_z}{\mathrm{d}t} = M_z - \left(J_y - J_x\right)\omega_x\omega_y$$

经过线性化后，利用式（8-37）式并略去 $M_z^V \Delta V$、$\omega_{z0}\Delta V$、$\dot{\alpha}\Delta V$ 项和 $\omega_x \Delta\omega_y$、$\omega_y \Delta\omega_x$ 项，可得

$$J_z \frac{\mathrm{d}\Delta\omega_z}{\mathrm{d}t} = M_z^V \Delta V + M_z^\alpha \Delta\alpha + M_z^{\omega_z} \Delta\omega_z + M_z^{\dot{\alpha}} \Delta\dot{\alpha} + M_z^{\delta_z} \Delta\delta_z \tag{8-46}$$

式中，$M_z^V \Delta V = \left[\left(\frac{\partial M_{z_0}}{\partial V}\right)_0 + \left(\frac{\partial M_z^\alpha}{\partial V}\right)_0 \alpha_0 + \left(\frac{\partial M_z^{\delta_z}}{\partial V}\right)_0 \delta_{z_0}\right]$。

在式（8-41）～式（8-46）中，还要相应的引入由于干扰作用而产生的干扰力 F_{gx}、F_{gy}、F_{gz} 及干扰力矩 M_{gz}、M_{gy}、M_{gx}。

对式（5-65）中的第 7～12 个方程进行线性化的结果如下：

$$\left.\begin{aligned}
\frac{\mathrm{d}\Delta\psi}{\mathrm{d}t} &= \frac{1}{\cos\vartheta}\Delta\omega_y \\
\frac{\mathrm{d}\Delta\vartheta}{\mathrm{d}t} &= \Delta\omega_z \\
\frac{\mathrm{d}\Delta\gamma}{\mathrm{d}t} &= \Delta\omega_x - \tan\vartheta\Delta\omega_y
\end{aligned}\right\} \tag{8-47}$$

$$\left.\begin{aligned}
\frac{\mathrm{d}\Delta x}{\mathrm{d}t} &= \cos\theta\Delta V - V\sin\theta\Delta\theta \\
\frac{\mathrm{d}\Delta y}{\mathrm{d}t} &= \sin\theta\Delta V + V\cos\theta\Delta\theta \\
\frac{\mathrm{d}\Delta z}{\mathrm{d}t} &= -V\cos\theta\Delta\psi_V
\end{aligned}\right\} \tag{8-48}$$

对几何关系方程[式（5-65）中的第 14～16 个方程]进行线性化的结果如下：

$$\left.\begin{aligned}
\Delta\theta &= \Delta\vartheta - \Delta\alpha \\
\Delta\psi_V &= \Delta\psi + \frac{\alpha}{\cos\theta}\Delta\gamma - \frac{1}{\cos\theta}\Delta\beta \\
\Delta\gamma_V &= \tan\theta\Delta\beta + \frac{\cos\vartheta}{\cos\theta}\Delta\gamma
\end{aligned}\right\} \tag{8-49}$$

最终可得到线性化以后的扰动运动方程组：

$$\left.\begin{aligned}
m\frac{\mathrm{d}\Delta V}{\mathrm{d}t} &= \left(P^V - X^V\right)\Delta V + \left(-P\alpha - X^\alpha\right)\Delta\alpha + \left(-G\cos\theta\right)\Delta\theta + F_{gx} \\
mV\frac{\mathrm{d}\Delta\theta}{\mathrm{d}t} &= \left(P^V\alpha + Y^V\right)\Delta V + \left(P + Y^\alpha\right)\Delta\alpha + \left(G\sin\theta\right)\Delta\theta + Y^{\delta_z}\Delta\delta_z \\
-mV\cos\theta\frac{\mathrm{d}\Delta\psi_V}{\mathrm{d}t} &= \left(-P + Z^\beta\right)\Delta\beta + \left(P\alpha + Y\right)\Delta\gamma_V + Z^{\delta_y}\Delta\delta_y + F_{gz} \\
J_x\frac{\mathrm{d}\Delta\omega_x}{\mathrm{d}t} &= M_x^\beta\Delta\beta + M_x^{\omega_x}\Delta\omega_x + M_x^{\omega_y}\Delta\omega_y + M_x^{\delta_x}\Delta\delta_x + M_x^{\delta_y}\Delta\delta_y + M_{gx} \\
J_y\frac{\mathrm{d}\Delta\omega_y}{\mathrm{d}t} &= M_y^\beta\Delta\beta + M_y^{\omega_y}\Delta\omega_y + M_y^{\dot{\beta}}\Delta\dot{\beta} + M_y^{\delta_y}\Delta\delta_y + M_y^{\omega_x}\Delta\omega_x + M_{gy}
\end{aligned}\right\} \tag{8-50}$$

$$
\left.\begin{aligned}
&J_z\frac{\mathrm{d}\Delta\omega_z}{\mathrm{d}t}=M_z^V\Delta V+M_z^{\alpha}\Delta\alpha+M_z^{\omega_z}\Delta\omega_z+M_z^{\dot{\alpha}}\Delta\dot{\alpha}+M_z^{\delta_z}\Delta\delta_z+M_{gz}\\
&\frac{\mathrm{d}\Delta\psi}{\mathrm{d}t}=\frac{1}{\cos\vartheta}\Delta\omega_y\\
&\frac{\mathrm{d}\Delta\vartheta}{\mathrm{d}t}=\Delta\omega_z\\
&\frac{\mathrm{d}\Delta\gamma}{\mathrm{d}t}=\Delta\omega_x-\tan\vartheta\Delta\omega_y\\
&\frac{\mathrm{d}\Delta x}{\mathrm{d}t}=\cos\theta\Delta V-V\sin\theta\Delta\theta\\
&\frac{\mathrm{d}\Delta y}{\mathrm{d}t}=\sin\theta\Delta V+V\cos\theta\Delta\theta\\
&\frac{\mathrm{d}\Delta z}{\mathrm{d}t}=-V\cos\theta\Delta\psi_V\\
&\Delta\psi_V=\Delta\psi+\frac{\alpha}{\cos\theta}\Delta\gamma-\frac{1}{\cos\theta}\Delta\beta\\
&\Delta\gamma_V=\tan\theta\Delta\beta+\frac{\cos\vartheta}{\cos\theta}\Delta\gamma
\end{aligned}\right\}\tag{8-50续}
$$

轴对称导弹线性化以后的偏量方程组与式（8-50）基本相同，只是其中的第 4～6 个方程简化为

$$
\left.\begin{aligned}
&J_x\frac{\mathrm{d}\Delta\omega_x}{\mathrm{d}t}=M_x^{\omega_x}\Delta\omega_x+M_x^{\delta_x}\Delta\delta_x+M_{gx}\\
&J_y\frac{\mathrm{d}\Delta\omega_y}{\mathrm{d}t}=M_y^{\beta}\Delta\beta+M_y^{\omega_y}\Delta\omega_y+M_y^{\dot{\beta}}\Delta\dot{\beta}+M_y^{\delta_y}\Delta\delta_y+M_{gy}\\
&J_z\frac{\mathrm{d}\Delta\omega_z}{\mathrm{d}t}=M_z^V\Delta V+M_z^{\alpha}\Delta\alpha+M_z^{\omega_z}\Delta\omega_z+M_z^{\dot{\alpha}}\Delta\dot{\alpha}+M_z^{\delta_z}\Delta\delta_z+M_{gz}
\end{aligned}\right\}\tag{8-51}
$$

式中，$M_z^V\Delta V=\left[\left(\dfrac{\partial M_z^{\alpha}}{\partial V}\right)_0\alpha_0+\left(\dfrac{\partial M_z^{\delta_z}}{\partial V}\right)_0\delta_{z0}\right]\Delta V$。

在式（8-50）中，偏量ΔV、$\Delta\theta$……γ_V是时间的函数，这些偏量的系数由未扰动运动参数值V_0、α_0、β_0……δ_{z0}确定，如果未扰动运动是定常飞行，即其运动参数是常数，则这些偏量的系数与时间无关。于是得到便于研究的常系数微分方程组。如果未扰动运动是非定常飞行，那么这些偏量的系数与时间有关，即未扰动运动参数随时间变化，此时，线性化以后的扰动运动方程组是变系数微分方程组。

8.4.2 扰动运动分解：纵向扰动运动和侧向扰动运动

从式（8-50）中很容易看出扰动运动方程组可以分为两组相互独立的方程组，一组用于描述纵向运动参数偏量ΔV、$\Delta\theta$、$\Delta\vartheta$、$\Delta\omega$、Δx、Δy、Δz、$\Delta\alpha$的变化，即

$$
\left.\begin{aligned}
&\frac{\mathrm{d}\Delta V}{\mathrm{d}t}=\frac{P^V-X^V}{m}\Delta V+\frac{-P\alpha-X^{\alpha}}{m}\Delta\alpha-g\cos\theta\Delta\theta+\frac{F_{gx}}{m}\\
&\frac{\mathrm{d}\Delta\theta}{\mathrm{d}t}=\frac{P^V\alpha+Y^V}{mV}\Delta V+\frac{P+Y^{\alpha}}{mV}\Delta\alpha+\frac{g\sin\theta}{V}\Delta\theta+\frac{Y^{\delta_z}}{mV}\Delta\delta_z+\frac{F_{gV}}{mV}
\end{aligned}\right\}\tag{8-52}
$$

$$
\left.\begin{aligned}
&\frac{\mathrm{d}\Delta\omega_z}{\mathrm{d}t}=\frac{M_z^V}{J_z}\Delta V+\frac{M_z^\alpha}{J_z}\Delta\alpha+\frac{M_z^{\omega_z}}{J_z}\Delta\omega_z+\frac{M_z^{\dot\alpha}}{J_z}\Delta\dot\alpha+\frac{M_z^{\delta_z}}{J_z}\Delta\delta_z+\frac{M_{gz}}{J_z}\\
&\frac{\mathrm{d}\Delta\vartheta}{\mathrm{d}t}=\Delta\omega_z\\
&\frac{\mathrm{d}\Delta x}{\mathrm{d}t}=\cos\theta\Delta V-V\sin\theta\Delta\theta\\
&\frac{\mathrm{d}\Delta y}{\mathrm{d}t}=\sin\theta\Delta V+V\cos\theta\Delta\theta\\
&\Delta\alpha=\Delta\vartheta-\Delta\theta
\end{aligned}\right\}\qquad(8\text{-}52\text{续})
$$

另外一组用于描述侧向运动参数偏量 $\Delta\psi_V$、$\Delta\omega_x$、$\Delta\omega_y$、$\Delta\psi$、$\Delta\gamma$、Δz、$\Delta\beta$、$\Delta\gamma_V$ 的变化，即

$$
\left.\begin{aligned}
&\cos\theta\frac{\mathrm{d}\Delta\psi_V}{\mathrm{d}t}=\frac{P-Z^\beta}{mV}\Delta\beta-\frac{P\alpha+Y}{mV}\Delta\gamma_V-\frac{Z^{\delta_y}}{mV}\Delta\delta_y-\frac{F_{gz}}{mV}\\
&\frac{\mathrm{d}\Delta\omega_x}{\mathrm{d}t}=\frac{M_x^\beta}{J_x}\Delta\beta+\frac{M_x^{\omega_x}}{J_x}\Delta\omega_x+\frac{M_x^{\omega_y}}{J_x}\Delta\omega_y+\frac{M_x^{\delta_x}}{J_x}\Delta\delta_x+\frac{M_x^{\delta_y}}{J_x}\Delta\delta_y+\frac{M_{gx}}{J_x}\\
&\frac{\mathrm{d}\Delta\omega_y}{\mathrm{d}t}=\frac{M_y^\beta}{J_y}\Delta\beta+\frac{M_y^{\omega_y}}{J_y}\Delta\omega_y+\frac{M_y^{\omega_x}}{J_y}\Delta\omega_x+\frac{M_y^{\dot\beta}}{J_y}\Delta\dot\beta+\frac{M_y^{\delta_y}}{J_y}\Delta\delta_y+\frac{M_{gy}}{J_y}\\
&\frac{\mathrm{d}\Delta\psi}{\mathrm{d}t}=\frac{1}{\cos\vartheta}\Delta\omega_y\\
&\frac{\mathrm{d}\Delta\gamma}{\mathrm{d}t}=\Delta\omega_x-\tan\vartheta\Delta\omega_y\\
&\frac{\mathrm{d}\Delta z}{\mathrm{d}t}=-V\cos\theta\Delta\psi_V\\
&\Delta\beta=\cos\theta\Delta\psi-\cos\theta\Delta\psi_V+\alpha\Delta\gamma\\
&\Delta\gamma_V=\tan\theta\Delta\beta+\frac{\cos\vartheta}{\cos\theta}\Delta\gamma
\end{aligned}\right\}\qquad(8\text{-}53)
$$

对于轴对称导弹，同样可以将扰动运动方程组分成纵向和侧向两组扰动运动方程组。

第 5 章中已指出，在一般情况下，导弹的运动可看作由导弹的质心沿坐标轴以速度 V_x、V_y、V_z 进行的 3 个平移运动和以角速度 ω_x、ω_y、ω_z 绕坐标轴进行的旋转运动组成。如果导弹相对于纵向平面 Ox_1y_1 是对称的，则当导弹以接近垂直面弹道飞行，且侧向参数很小时，导弹的一般运动可以分为纵向运动和侧向运动。

导弹的纵向运动由导弹质心以速度 V_{x2}、V_{y2} 沿 Ox_2、Oy_2 进行的 2 个平移运动（在 Ox_1y_1 对称面内的运动），以及相对于 Oz_1 以角速度 ω_{z_1} 进行的旋转运动组成。在纵向运动中，只有纵向运动参数 V、α、θ、ω_z、ϑ、x、y 等有变化，侧向运动学参数 β、γ、γ_V、ω_x、ω_y、ψ_V、ψ、z 均等于零。

导弹的侧向运动由导弹质心以速度 V_{z_2} 沿 Oz_2 进行的平移运动及分别绕 Ox_1 和 Oy_1 以角速度 ω_x、ω_y 进行的旋转运动组成，因此侧向运动是描述侧向运动参数变化的运动。

纵向运动可以独立存在，而侧向运动则只能与纵向运动同时存在。

在扰动运动中，如果干扰作用或俯仰操纵机构的偏转仅使纵向运动参数有偏量，而侧向

运动参数仍保持未扰动飞行时的数值，那么这样的扰动运动通常称为纵向扰动运动。

如果干扰作用或操纵机构的偏转仅使侧向运动参数ψ_V、ψ、β、γ_V、ω_x、ω_y、ψ_V、ψ、z产生偏量，而纵向运动参数仍保持未扰动飞行时的数值，那么这样的扰动运动称为侧向扰动运动。

由式（8-52）和式（8-53）可见，纵向和侧向两种扰动运动能够独立存在。虽然侧向扰动运动方程组中包含纵向未扰动参数，但是在分析扰动运动时，未扰动运动是已知的。因此，在进行导弹动态特性分析时，对纵向扰动运动和侧向扰动运动可以分别独立进行分析。但是必须注意扰动运动被分成纵向和侧向两种扰动运动只有在满足下列条件时才有可能。

（1）导弹相对于纵向平面Ox_1y_1对称。

（2）运动参数对其未扰动运动数值的偏量足够小。

（3）在未扰动运动中，侧向运动参数及纵向运动参数对时间的导数足够小。

如果满足了条件（1）、（3），那么纵向力X、Y和力矩M_z对任何侧向运动参数的导数都接近零，如$X^\beta \approx 0$；如果满足了条件（2）、（3），那么在描述侧向运动参数变化的方程中，带有纵向运动参数的各项就都可以去掉。例如，以$\left(\dfrac{\partial M_y}{\partial V}\right)_0 \Delta V$这一项为例，根据式（8-37），可得

$$\left(\frac{\partial M_y}{\partial V}\right)_0 \Delta V = \left(\frac{\partial M_y^\beta}{\partial V}\right)_0 \beta_0 \Delta V + \left(\frac{\partial M_y^{\omega_y}}{\partial V}\right)_0 \omega_{y_0} \Delta V + \left(\frac{\partial M_y^{\dot\beta}}{\partial V}\right)_0 \dot\beta_0 \Delta V + \left(\frac{\partial M_y^{\delta_y}}{\partial V}\right)_0 \delta_{y_0} \Delta V \tag{8-54}$$

在未扰动运动中，参数β_0、$\dot\beta_0$、ω_{y_0}、δ_{y_0}是小量，而它们与ΔV的乘积是二阶小量，因此，当飞行速度改变时，偏航力矩的增量$\left(\dfrac{\partial M_y}{\partial V}\right)_0 \Delta V$同样是二阶小量。同理，当纵向运动参数变化时，侧向力Z和力矩M_x、M_y的增量都是二阶小量，因此，在对线性化运动方程进行简化时，可以把它们略去。

8.5 系数冻结法

绝大多数导弹在飞行过程中，即便按照未扰动弹道飞行，其运动参数也是随时间变化的，只有在某些特殊情况下，即导弹做水平直线等速飞行时，才可以近似地认为运动参数不变，如飞航式导弹弹道的中段（平飞段）。但是严格地说，由于飞行过程中的导弹质量m和转动惯量J_x、J_y、J_z随着燃料的不断消耗也在不断地变化，因此，即使导弹能够严格保持等速平飞，某些运动参数，如攻角α和俯仰角θ仍然是时间的函数，因此得到的线性化扰动运动方程组总是变系数线性微分方程组。

求解变系数线性系统是比较复杂的问题，只有在极简单的情况下（一般不超过二阶）才可能求得解析解。对于式（8-52）和式（8-53），通过数字计算机只能得到特解。而研究常系数线性方程则简单得多，特别是求一般解析解的方法大家是熟知的。此外，还有很多研究常系数线性方程解的方法，它们在工程实践中获得了广泛应用，如判断解的稳定性方法、频率

法等。

为了有可能采用常系数线性系统自动控制理论中介绍的方法，通常利用所谓的系数冻结法来研究导弹的动态特性。

在研究导弹的动态特性时，并不是对导弹的所有可能弹道逐条逐点地进行分析，而是选取典型弹道上的特征点进行分析。例如，在对某地-空导弹的动态特性进行分析时，首先选取典型弹道，然后在典型弹道上选取特征点，如助推器脱落干扰点、控制开始点、可用过载最小点、需用过载最大点及干扰力和干扰力矩最大点等。通过对典型弹道上的特征点进行动态分析可以了解导弹在整个飞行过程中的动态特性。

所谓系数冻结，就是指在研究导弹的动态特性时，如果未扰动弹道已经给出，则在该弹道上任意点的运动参数和结构参数都是已知的，近似认为在所研究的弹道点（特征点）附近，未扰动运动的运动参数、气动参数、结构参数和制导系统参数都固定不变，即近似地认为式（8-50）中的各扰动运动方程的扰动偏量前的系数在特征点附近冻结不变。这样，就把变系数线性微分方程变为常系数线性微分方程，使求解大为简化。

系数冻结法并无严格的理论依据或数学证明。在实用中发现，在过渡过程时间内，当系数的变化不超过 15%～20%时，系数冻结法不至于带来很大的误差。而人们主要研究的是快衰减短周期扰动运动（参见第 9 章），过渡过程时间一般在几秒钟以内，在此期间，系数不会有很大变化，因此，采用系数冻结法不至于产生太大的误差。问题是如何选择特征点，一般应考虑选取未扰动弹道上运动参数变化激烈的那些点，如级间分离点、发动机点火（或熄火）点、起控点、最大过载点、最大动压点等，通过对这些点上的扰动运动的研究来认识一条弹道上扰动运动的总体情况。

但是也有例外，有时系数变化并不大，而用系数冻结法求得的常系数微分方程的解与实际情况差别很大。因此，在初步选择导弹和制导系统的参数时，可以采用系数冻结法，但在进行进一步设计时，应该用非线性微分方程组，通过数字计算机和飞行试验等方法加以验证。

习题 8

1．导弹的动态特性主要研究哪些内容？

2．什么是瞬时干扰和经常干扰？试举例说明。

3．请问使导弹的真实飞行总是偏离理想弹道的常见原因有哪些？

4．简述基准运动、附加运动和扰动运动的概念，以及理想弹道、实际弹道与基准弹道、扰动弹道的关系。

5．请简要叙述导弹的静稳定性、动稳定性和操纵性的概念及其之间的关系。

6．试述小扰动的含义，并说明为什么要采用小扰动法。

7．阐述系数冻结法的含义，并说明为什么要采用系数冻结法。

8．除了课程中介绍的干扰，请调研导弹还可能受到哪些干扰，并分析干扰产生的原理及主要消除措施。

第 9 章　导弹的纵向扰动运动动态特性分析

在第 8 章中已经把导弹的扰动运动分解为纵向扰动运动和侧向扰动运动，并以两组相互独立的扰动运动方程组来描述。本章具体研究导弹的纵向扰动运动特性，即研究纵向扰动运动的稳定性和操纵性。在对不同的具体问题进行研究时，还要通过对纵向扰动运动的分析来讨论方程组可能的简化。

9.1　纵向扰动运动方程组

9.1.1　纵向扰动运动方程组的建立

由纵向扰动运动方程组，即式（8-52）可知，它的变量是运动参数偏量ΔV、$\Delta\theta$、$\Delta\omega_z$、$\Delta\vartheta$、$\Delta\alpha$，以及Δx和Δy。由于偏量Δx和Δy并不包含在其他方程中，因此可以把描述偏量Δx和Δy的两个方程独立出来。这样，纵向扰动运动方程组就变为

$$\left.\begin{aligned}
&\frac{\mathrm{d}\Delta V}{\mathrm{d}t}=\frac{P^V-X^V}{m}\Delta V+\frac{-P\alpha-X^\alpha}{m}\Delta\alpha-g\cos\theta\Delta\theta+\frac{F_{gx}}{m}\\
&\frac{\mathrm{d}\Delta\omega_z}{\mathrm{d}t}=\frac{M_z^V}{J_z}\Delta V+\frac{M_z^\alpha}{J_z}\Delta\alpha+\frac{M_z^{\omega_z}}{J_z}\Delta\omega_z+\frac{M_z^{\dot\alpha}}{J_z}\Delta\dot\alpha+\frac{M_z^{\delta_z}}{J_z}\Delta\delta_z+\frac{M_{gz}}{J_z}\\
&\frac{\mathrm{d}\Delta\theta}{\mathrm{d}t}=\frac{P^V\alpha+Y^V}{mV}\Delta V+\frac{P+Y^\alpha}{m}\Delta\alpha+\frac{g\sin\theta}{V}\Delta\theta+\frac{Y^{\delta_z}}{mV}\Delta\delta_z+\frac{F_{gy}}{mV}\\
&\frac{\mathrm{d}\Delta\vartheta}{\mathrm{d}t}=\Delta\omega_z\\
&\Delta\alpha=\Delta\vartheta-\Delta\theta
\end{aligned}\right\}\tag{9-1}$$

为了使式（9-1）书写简便，引入方程系数的简化表示符号。为此，对方程和运动参数偏量进行编号，如表 9-1 所示。

表 9-1　导弹的纵向扰动运动线性化方程和运动参数偏量编号

方程编号 i	扰动运动方程	运动参数偏量编号 j	运动参数偏量
1	$\frac{\mathrm{d}\Delta V}{\mathrm{d}t}=\frac{P^V-X^V}{m}\Delta V+\frac{-P\alpha-X^\alpha}{m}\Delta\alpha-g\cos\theta\Delta\theta+\frac{F_{gx}}{m}$	1	ΔV
		2	$\Delta\omega_z$

续表

方程编号 i	扰动运动方程	运动参数偏量编号 j	运动参数偏量
2	$\frac{d\Delta\omega_z}{dt}=\frac{M_z^V}{J_z}\Delta V+\frac{M_z^\alpha}{J_z}\Delta\alpha+\frac{M_z^{\omega_z}}{J_z}\Delta\omega_z+\frac{M_z^{\dot{\alpha}}}{J_z}\Delta\dot{\alpha}+\frac{M_z^{\delta_z}}{J_z}\Delta\delta_z+\frac{M_{gz}}{J_z}$	3	$\Delta\theta$
		4	$\Delta\alpha$
3	$\frac{d\Delta\theta}{dt}=\frac{P^V\alpha+Y^V}{mV}\Delta V+\frac{P+Y^\alpha}{mV}\Delta\alpha+\frac{g\sin\theta}{V}\Delta\theta+\frac{Y^{\delta_z}}{mV}\Delta\delta_z+\frac{F_{gy}}{mV}$	5	$\Delta\delta_z$
		6	F_{gx},F_{gy},M_{gz}

方程中的各个系数用 a_{ij} 表示，其第一个下标 i 表示方程编号，第二个下标 j 表示运动参数偏量编号，如 a_{11} 就代表 $\left(P^V-X^V\right)/m$ 。系数 a_{ij} 的表达式如表 9-2 所示。

表 9-2　系数 a_{ij} 的表达式

方程编号 i	运动系数偏量编号 j					
	1	2	3	4	5	6
1	$a_{11}=\frac{P^V-X^V}{m}$ （s^{-1}）	$a_{12}=0$	$a_{13}=-g\cos\theta$ （$m\cdot s^{-2}$）	$a_{14}=\frac{-P\alpha-X^\alpha}{m}$ （$m\cdot s^{-2}$）	$a_{15}=-\frac{X^{\delta_z}}{m}$ （$m\cdot s^{-2}$）	$a_{16}=\frac{1}{m}$ （kg^{-1}）
2	$a_{21}=\frac{M_z^V}{J_z}$ （$m^{-1}\cdot s^{-1}$）	$a_{22}=\frac{M_z^{\omega_z}}{J_z}$ （s^{-1}）	$a_{23}=0$	$a_{24}=\frac{M_z^\alpha}{J_z}$ （s^{-2}） $a_{24}'=\frac{M_z^{\dot{\alpha}}}{J_z}$ （s^{-1}）	$a_{25}=\frac{M_z^{\delta_z}}{J_z}$ （s^{-2}） $a_{25}'=\frac{M_z^{\dot{\delta}_z}}{J_z}$ （s^{-1}）	$a_{26}=\frac{1}{J_z}$ （$kg^{-1}\cdot m^{-1}$）
3	$a_{31}=\frac{P^V\alpha+Y^V}{mV}$ （m^{-1}）	$a_{32}=0$	$a_{33}=\frac{g\sin\theta}{V}$ （s^{-1}）	$a_{34}=\frac{P+Y^\alpha}{mV}$ （s^{-1}）	$a_{35}=\frac{Y^{\delta_z}}{mV}$ （s^{-1}）	$a_{36}=\frac{1}{mV}$ （$s\cdot kg^{-1}\cdot m^{-1}$）

这样，纵向扰动运动方程组可改写为如下形式：

$$\left.\begin{aligned}
&\frac{d\Delta V}{dt}-a_{11}\Delta V-a_{13}\Delta\theta-a_{14}\Delta\alpha=a_{16}F_{gx}\\
&\frac{d^2\Delta\vartheta}{dt^2}-a_{21}\Delta V-a_{22}\frac{d\Delta\vartheta}{dt}-a_{24}\Delta\alpha-a_{24}'\frac{d\Delta\alpha}{dt}=a_{25}\Delta\delta_z+a_{26}M_{gx}\\
&\frac{d\Delta\theta}{dt}-a_{31}\Delta V-a_{33}\Delta\theta-a_{34}\Delta\alpha=a_{35}\Delta\delta_z+a_{36}F_{gy}\\
&-\Delta\vartheta+\Delta\theta+\Delta\alpha=0
\end{aligned}\right\}\tag{9-2}$$

式中，a_{ij} 称为动力系数，表征导弹的动力学特性。

9.1.2　动力系数的物理意义

下面说明常用的几个动力系数的物理意义。

当取用系数表达式中空气动力和空气动力矩系数的导数时，要注意其单位，在国际单位制中，角度的单位为 rad，而角速度则以 rad/s 表示，如 $\left[c_y^\alpha\right]=\text{rad}^{-1}$，$\left[m_y^\beta\right]=\text{rad}^{-1}$，$\left[m_x^{\bar{\omega}_x}\right]=\text{rad}^{-1}$，$\left[m_z^{\bar{\dot{\alpha}}}\right]=\text{rad}^{-1}$ 等。

系数 a_{22}

$$a_{22}=\frac{M_z^{\omega_z}}{J_z}=\frac{m_z^{\bar{\omega}_z}qSb_A}{J_z}\frac{b_A}{V}\ （s^{-1}）\tag{9-3}$$

表征导弹的空气动力阻尼。由表 9-1 中的方程 2 可知，a_{22} 是角速度偏量为一个单位（$\Delta\omega_z = \Delta\dot{\vartheta} = 1$）时引起的导弹绕 Oz_1 转动的角加速度偏量。因为 $M_z^{\omega_z} < 0$，所以角加速度偏量 $\Delta\omega_z$ 的方向与力矩方向相反。因为角加速度 $a_{22}\Delta\dot{\vartheta}$ 的作用是阻止导弹相对于 Oz_1 转动，所以这作用称为阻尼。

系数 a_{24}

$$a_{24} = \frac{M_z^\alpha}{J_z} = \frac{m_z^\alpha qSb_A}{J_z} \ (\mathrm{s}^{-2}) \tag{9-4}$$

表征导弹的静稳定性，由表 9-1 中的方程 2 可以看出，a_{24} 是攻角变化一个单位（$\Delta\alpha = 1$）时引起的导弹绕 Oz_1 转动的角加速度偏量。如果 $a_{24} < 0$，即 $M_z^\alpha < 0$，则由攻角偏量 $\Delta\alpha$ 引起的角加速度偏量的方向与偏量 $\Delta\alpha$ 的方向相反。

系数 a_{25}

$$a_{25} = \frac{M_z^{\delta_z}}{J_z} = \frac{m_z^{\delta_z} qSb_A}{J_z} \ (\mathrm{s}^{-2}) \tag{9-5}$$

表征升降舵的效率。a_{25} 是操纵机构偏转一个单位（$\Delta\delta_z = 1$）时引起的导弹绕 Oz_1 转动的角加速度偏量。a_{25} 的正负取决于导弹气动布局，对于正常式布局导弹，a_{25} 为负值；对于鸭式布局导弹，a_{25} 为正值。

系数 a_{34}

$$a_{34} = \frac{P + Y^\alpha}{mV} = \frac{c_y^\alpha qS + P}{mV} \ (\mathrm{s}^{-1}) \tag{9-6}$$

表征攻角偏量为一个单位时引起的弹道切线转动的角速度偏量。系数 a_{34} 可以由攻角偏量为一个单位时引起的法向过载的偏量来表示，即

$$a_{34} = \frac{g}{V} n_y^\alpha \ (\mathrm{s}^{-1}) \tag{9-7}$$

式中

$$n_y^\alpha = \frac{\partial n_y}{\partial \alpha} = \frac{c_y^\alpha qS + P}{G}$$

系数 a_{35}

$$a_{35} = \frac{Y^{\delta_z}}{mV} \ (\mathrm{s}^{-1}) \tag{9-8}$$

表征操纵机构偏转一个单位时引起的弹道切线转动的角速度偏量。

系数 a_{33}

$$a_{33} = \frac{g\sin\theta}{V} \ (\mathrm{s}^{-1}) \tag{9-9}$$

表征当弹道倾角的偏量为一个单位时，由重力引起的弹道切线转动的角速度偏量（当弹道倾角偏量为 $\Delta\theta$ 时，重力的法向分量就产生大小为 $G\sin\theta\Delta\theta$ 的偏量）。

系数 a'_{24}

$$a'_{24} = \frac{M_z^{\dot{\alpha}}}{J_z} = \frac{m_z^{\dot{\alpha}} qSb_A}{J_z} \frac{b_A}{V} \ (\mathrm{s}^{-1}) \tag{9-10}$$

表征气流下洗的延迟对俯仰力矩的影响。a'_{24} 的大小是攻角变化率的偏量为一个单位时引起的导弹绕 Oz_1 转动的角加速度偏量。

对于旋转弹翼式导弹，还应考虑 $X^{\delta_z}\Delta\delta_z$ 和力矩 $M_z^{\dot{\delta}_z}\Delta\dot{\delta}_z$。这时，在式（9-2）的第 1 个方程的右边应加上 $a_{15}\Delta\delta_z$ 项，其中 a_{15} 为

$$a_{15}=\frac{-X^{\delta_z}}{m}\ (\mathrm{m\cdot s^{-2}}) \tag{9-11}$$

在式（9-2）的第 2 个方程的右边应加上 $a'_{25}\Delta\dot{\delta}_z$ 项，其中 a'_{25} 为

$$a'_{25}=\frac{M_z^{\dot{\delta}_z}}{J_z}\ (\mathrm{s^{-1}}) \tag{9-12}$$

鸭式布局导弹也存在力矩 $M_z^{\dot{\delta}_z}\Delta\dot{\delta}_z$，因此，要考虑 $a'_{25}\Delta\dot{\delta}_z$ 项。

至于 a_{15}、a'_{25} 及其他动力系数的物理意义，根据上面的分析方法，同样可以做出解释，这里不再赘述。

当给定的空气动力和空气动力矩系数导数 c_y^{α}、$c_y^{\delta_z}$、m_z^{α}、$m_z^{\delta_z}$ 等的单位为 deg^{-1} 时，在计算时，必须将其化为 rad^{-1}。

9.1.3 动力系数的确定

由动力系数表达式可知，动力系数的大小取决于导弹的结构参数、几何参数、气动参数及未扰动弹道参数。例如，为了确定动力系数 a_{22}、a_{24}、a'_{24}、a_{25}、a'_{25}、a_{34}、a_{35}、a_{15}、a_{16}、a_{26}、a_{36}，除知道气动参数外，还必须知道 P、m、J_z、V_0、y_0，为了算出系数 a_{11}、a_{14}、a_{15}、a_{21}、a_{31}，除知道其与 P、m、J_z、V_0、y_0 有关外，还需要知道 α_0 和 δ_{z_0}；系数 a_{13}、a_{33} 还与 θ_0 有关。

上述参数都是由未扰动弹道决定的。为了求得未扰动弹道，应求解非线性微分方程组，即式（5-65）。由于式（5-65）的求解比较复杂，并且在进行导弹总体和制导系统设计时，需要对各种不同典型弹道上的不同特征点进行计算与分析，因此，对未扰动弹道要进行多次计算，计算工作量是相当可观的。在进行初步设计时，可以对未扰动弹道进行简化计算。利用瞬时平衡假设条件得到导弹质心运动方程组，即式（5-70），其用于计算未扰动弹道十分简便。由这组方程求得的未扰动弹道称为理想弹道。理想弹道是理论弹道的一种简化情况，也是一种理论弹道。

动力系数主要取决于未扰动弹道上的速压 q 和马赫数 Ma，即取决于飞行高度和飞行速度。这些通过式（5-70）所求得的弹道参数的误差不会太大。

9.1.4 以矩阵形式表示扰动运动方程组

为将纵向扰动运动方程组，即式（9-2）用矩阵形式表示，取俯仰角速度 $\Delta\dot{V}=\Delta\omega_z$，并消去弹道倾角偏量 $\Delta\theta$ 及其角速度 $\Delta\dot{\theta}$，取 $\Delta\dot{\theta}=\Delta\dot{\vartheta}-\Delta\dot{\alpha}$，则式（9-2）可以写成如下矩阵形式：

$$\begin{bmatrix}\Delta\dot{V}\\ \Delta\dot{\omega}_z\\ \Delta\dot{\alpha}\\ \Delta\dot{\vartheta}\end{bmatrix}=\begin{bmatrix}a_{11} & 0 & a_{14}-a_{13} & a_{13}\\ a_{21}-a'_{24}a_{31} & a_{22}+a'_{24} & -a'_{24}a_{34}+a'_{24}a_{33}+a_{24} & -a'_{24}a_{33}\\ -a_{31} & 1 & -a_{34}+a_{33} & -a_{33}\\ 0 & 1 & 0 & 0\end{bmatrix}\begin{bmatrix}\Delta V\\ \Delta\omega_z\\ \Delta\alpha\\ \Delta\vartheta\end{bmatrix}+$$

$$\begin{bmatrix} 0 \\ a_{25}-a'_{24}a_{35} \\ -a_{35} \\ 0 \end{bmatrix}\Delta\delta_z+\begin{bmatrix} a_{25}F_{gx} \\ a_{26}M_{gz}-a'_{24}a_{36}F_{gy} \\ -a_{36}F_{gy} \\ 0 \end{bmatrix} \tag{9-13}$$

设四阶动力系数方阵为

$$\boldsymbol{L}=\begin{bmatrix} a_{11} & 0 & a_{14}-a_{13} & a_{13} \\ a_{21}-a'_{24}a_{31} & a_{22}+a'_{24} & -a'_{24}a_{34}+a'_{24}a_{33}+a_{24} & -a'_{24}a_{33} \\ -a_{31} & 1 & -a_{34}+a_{33} & -a_{33} \\ 0 & 1 & 0 & 0 \end{bmatrix} \tag{9-14}$$

则式（9-13）变为

$$\begin{bmatrix} \Delta\dot{V} \\ \Delta\dot{\omega}_z \\ \Delta\dot{\alpha} \\ \Delta\dot{\vartheta} \end{bmatrix}=\boldsymbol{L}\begin{bmatrix} \Delta V \\ \Delta\omega_Z \\ \Delta\alpha \\ \Delta\vartheta \end{bmatrix}+\begin{bmatrix} 0 \\ a_{25}-a'_{24}a_{35} \\ -a_{35} \\ 0 \end{bmatrix}\Delta\delta_z+\begin{bmatrix} a_{25}F_{gx} \\ a_{26}M_{gz}-a'_{24}a_{36}F_{gy} \\ -a_{36}F_{gy} \\ 0 \end{bmatrix} \tag{9-15}$$

（1）　　（2）　　（3）　　（4）

如果（3）和（4）两个列矩阵的元素都为零，则式（9-15）就是一个齐次线性微分方程组，这时矩阵方程描述的是导弹的纵向自由扰动运动。产生扰动的原因是导弹受到偶然干扰的作用，使某些运动参数出现了初始偏差，如偶然阵风引起的攻角初始偏量$\Delta\alpha_0$。导弹的纵向自由扰动运动的性质与方阵$\boldsymbol{L}$有关。这个方阵由动力系数组成，因此$\boldsymbol{L}$代表导弹的动力学性质。

当升降舵偏转（$\Delta\delta_z\neq 0$）时，列矩阵（3）必然存在，这时式（9-15）代表一个非齐次线性微分方程组，描述了导弹在舵面偏转时的纵向强迫扰动运动。由矩阵方程可以明显看出，舵面偏转时，即使无偶然干扰，强迫扰动运动也是由两个分量组成的，一个是自由分量，另一个是强迫分量，而方阵$\boldsymbol{L}$同样影响着扰动运动的性质。

在经常干扰力和干扰力矩的作用下，列矩阵（4）的元素有值，导弹会产生强迫扰动运动。

在线性代数中，列矩阵可以表示一个空间矢量，因此由式（9-15）可知，导弹的纵向扰动运动至少要由一个四维空间矢量来表示。由矩阵或空间矢量描述导弹的纵向扰动运动虽然书写方便，概括性很强，但不易了解扰动运动的物理概念，因此，在分析导弹动态特性的物理实质时，主要还是采用动力学形式的微分方程组；而在进行数学推导时，则采用矩阵形式。当然，用矩阵形式表示导弹的运动对于学习和应用现代控制理论也是必需的。

研究动态特性一般分 3 个步骤进行：第 1 步是研究导弹受到偶然干扰作用时，未扰动运动是否具有稳定性，这就要求分析自由扰动运动的特性，求解式（9-2）或式（9-15），即求解齐次线性微分方程组；第 2 步是研究导弹对控制作用（舵偏角$\Delta\delta_z\neq 0$）的反应，即操纵性问题，这时除了要分析自由扰动运动的特性，更重要的是分析过渡过程的品质；第 3 步是研究在常值干扰作用下可能产生的参数误差。

9.2　导弹的自由扰动运动特性分析

9.2.1　自由扰动运动方程组

现在讨论导弹的自由扰动运动。为此，在式（9-2）中，令 $\Delta\delta_z=0$、$F_{gx}=F_{gy}=F_{gz}=0$，则得自由扰动运动方程组如下：

$$\left.\begin{aligned}&\frac{\mathrm{d}\Delta V}{\mathrm{d}t}-a_{11}\Delta V-a_{13}\Delta\theta-a_{14}\Delta\alpha=0\\&-a_{11}\Delta V+\frac{\mathrm{d}^2\Delta\vartheta}{\mathrm{d}t^2}-a_{22}\frac{\mathrm{d}\Delta\vartheta}{\mathrm{d}t}-a_{24}\Delta\alpha-a_{24}'\frac{\mathrm{d}\Delta\alpha}{\mathrm{d}t}=0\\&-a_{31}\Delta V-a_{33}\Delta\theta+\frac{\mathrm{d}\Delta\theta}{\mathrm{d}t}-a_{34}\Delta\alpha=0\\&-\Delta\vartheta+\Delta\theta+\Delta\alpha=0\end{aligned}\right\}\tag{9-16}$$

当利用系数冻结法之后，式（9-16）是常系数齐次线性微分方程组，其变量为 ΔV、$\Delta\vartheta$、$\Delta\theta$ 和 $\Delta\alpha$，只要给出初始条件，就可以求出 $\Delta V(t)$、$\Delta\vartheta(t)$、$\Delta\theta(t)$ 和 $\Delta\alpha(t)$ 的变化规律。

9.2.2　特征方程及其根的特性

现在求式（9-16）的如下指数函数形式的特解：

$$\Delta V=A\mathrm{e}^{\lambda t},\quad \Delta\vartheta=B\mathrm{e}^{\lambda t},\quad \Delta\theta=C\mathrm{e}^{\lambda t},\quad \Delta\alpha=D\mathrm{e}^{\lambda t}\tag{9-17}$$

式中，A、B、C、D 和 λ 都是常数，它们需要根据式（9-17）满足式（9-16）的条件来确定。

将式（9-17）及其相应的变量 ΔV、$\Delta\vartheta$、$\Delta\theta$ 和 $\Delta\alpha$ 关于时间求导，可得

$$\frac{\mathrm{d}\Delta V}{\mathrm{d}t}=\lambda A\mathrm{e}^{\lambda t},\quad \frac{\mathrm{d}\Delta\vartheta}{\mathrm{d}t}=\lambda B\mathrm{e}^{\lambda t},\quad \frac{\mathrm{d}^2\Delta\vartheta}{\mathrm{d}t^2}=B\lambda^2\mathrm{e}^{\lambda t},\quad \frac{\mathrm{d}\Delta\theta}{\mathrm{d}t}=C\mathrm{e}^{\lambda t},\quad \frac{\mathrm{d}\Delta\alpha}{\mathrm{d}t}=D\mathrm{e}^{\lambda t}$$

代入式（9-16），消去共同因子 $\mathrm{e}^{\lambda t}$ 后，得到如下代数方程组：

$$\left.\begin{aligned}&(\lambda-a_{11})A-a_{13}C-a_{14}D=0\\&-a_{21}A+\lambda(\lambda-a_{22})B-(a_{24}'\lambda+a_{24})D=0\\&-a_{31}A-(a_{33}-\lambda)C-a_{34}D=0\\&-B+C+D=0\end{aligned}\right\}\tag{9-18}$$

该方程组可以看作对 A、B、C、D 而言的 4 个齐次线性代数方程，其中未知数 λ 是作为参变量出现的。显然，式（9-18）具有一个很明显的解，即

$$A=B=C=D=0$$

为了得到非明显解，应当要求方程组的系数行列式等于零，即

$$\varDelta(\lambda)=\begin{vmatrix}\lambda-a_{11}&0&-a_{13}&-a_{14}\\-a_{21}&\lambda(\lambda-a_{22})&0&-(a_{24}'\lambda+a_{24})\\-a_{31}&0&\lambda-a_{33}&-a_{34}\\0&-1&1&1\end{vmatrix}=0\tag{9-19}$$

这个方程是对 λ 而言的 4 次代数方程，称为特征方程。于是，只有当 λ 是特征方程的根时，常

系数齐次线性微分方程组，即式（9-16）的解才有如同式（9-17）所示的解的形式。

式（9-19）展开后得特征方程：

$$\Delta(\lambda)=\lambda^4+P_1\lambda^3+P_2\lambda^2+P_3\lambda^3+P_4=0 \tag{9-20}$$

式中

$$\left.\begin{aligned}
P_1&=-a_{33}+a_{34}-a_{22}-a'_{24}-a_{11}\\
P_2&=a_{31}a_{14}-a_{31}a_{13}+a_{22}a_{33}-a_{22}a_{34}-a_{24}+a_{33}a'_{24}+a_{33}a_{11}-a_{34}a_{11}+a_{22}a_{11}+a'_{24}a_{11}\\
P_3&=-a_{21}a_{14}-a_{31}a_{22}a_{14}+a_{22}a_{31}a_{13}+a'_{24}a_{31}a_{13}+a_{24}a_{33}-a_{22}a_{33}a_{11}+a_{22}a_{34}a_{11}+a_{24}a_{11}-a_{33}a_{11}a'_{24}\\
P_4&=a_{21}a_{33}a_{14}-a_{13}a_{21}a_{34}+a_{24}a_{31}a_{13}-a_{24}a_{33}a_{11}
\end{aligned}\right\} \tag{9-21}$$

式中，系数 P_1、P_2、P_3 和 P_4 为实数，它们取决于扰动运动方程组的系数。

特征方程有 4 个根：λ_1、λ_2、λ_3、λ_4。如果这 4 个根都不相同（对于导弹常是如此），则每个根 λ_i（$i=1,2,3,4$）对应式（9-16）有如下形式的特解：

$$\Delta V_i=A_i\mathrm{e}^{\lambda_i t},\quad \Delta\vartheta_i=B_i\mathrm{e}^{\lambda_i t},\quad \Delta\theta_i=C_i\mathrm{e}^{\lambda_i t},\quad \Delta\alpha_i=D_i\mathrm{e}^{\lambda_i t} \tag{9-22}$$

式（9-16）的通解将是这 4 个特解的和，即

$$\left.\begin{aligned}
\Delta V&=A_1\mathrm{e}^{\lambda_1 t}+A_2\mathrm{e}^{\lambda_2 t}+A_3\mathrm{e}^{\lambda_3 t}+A_4\mathrm{e}^{\lambda_4 t}\\
\Delta\vartheta&=B_1\mathrm{e}^{\lambda_1 t}+B_2\mathrm{e}^{\lambda_2 t}+B_3\mathrm{e}^{\lambda_3 t}+B_4\mathrm{e}^{\lambda_4 t}\\
\Delta\theta&=C_1\mathrm{e}^{\lambda_1 t}+C_2\mathrm{e}^{\lambda_2 t}+C_3\mathrm{e}^{\lambda_3 t}+C_4\mathrm{e}^{\lambda_4 t}\\
\Delta\alpha&=D_1\mathrm{e}^{\lambda_1 t}+D_2\mathrm{e}^{\lambda_2 t}+D_3\mathrm{e}^{\lambda_3 t}+D_4\mathrm{e}^{\lambda_4 t}
\end{aligned}\right\} \tag{9-23}$$

因为特征方程的系数 P_1、P_2、P_3 和 P_4 为实数，所以其根 λ_1、λ_2、λ_3、λ_4 可能是实数，也可能是共轭复数。因此，自由扰动运动只能有下列 3 种情况。

1. 4 个根均为实数

当 4 个根均为实数时，导弹的自由扰动运动由 4 个非周期运动组成。对应正根的运动参数随时间的增加而增大，对应负根的运动参数随时间的增加而减小，4 个根中即使只有 1 个是正根，所有偏量 ΔV、$\Delta\vartheta$、$\Delta\theta$ 和 $\Delta\alpha$ 也均随时间的增加而无限增大。

2. 2 个根为实数和 2 个根为共轭复数

一对共轭复根 $\lambda_1=\chi+\mathrm{i}\nu$ 和 $\lambda_2=\chi-\mathrm{i}\nu$ 与下列形式的特解相对应：

$$\Delta\vartheta_{1,2}=B_1\mathrm{e}^{\lambda_1 t}+B_2\mathrm{e}^{\lambda_2 t}$$

式中，B_1、B_2 为常数（共轭复数），$B_1=a-\mathrm{i}b$，$B_2=a+\mathrm{i}b$。利用欧拉公式

$$\left.\begin{aligned}
\mathrm{e}^{\mathrm{i}\nu t}+\mathrm{e}^{-\mathrm{i}\nu t}&=2\cos\nu t\\
\mathrm{e}^{\mathrm{i}\nu t}-\mathrm{e}^{-\mathrm{i}\nu t}&=2\sin\nu t
\end{aligned}\right\} \tag{9-24}$$

将 λ_1 和 λ_2 相对应的特解变换一下，有

$$\begin{aligned}
\Delta\vartheta_{1,2}&=B_1\mathrm{e}^{\lambda_1 t}+B_2\mathrm{e}^{\lambda_2 t}=(a-\mathrm{i}b)\mathrm{e}^{(\chi+\mathrm{i}\nu)t}+(a+\mathrm{i}b)\mathrm{e}^{(\chi-\mathrm{i}\nu)t}\\
&=a\mathrm{e}^{\chi t}\left(\mathrm{e}^{\mathrm{i}\nu t}+\mathrm{e}^{-\mathrm{i}\nu t}\right)-\mathrm{i}b\mathrm{e}^{\chi t}\left(\mathrm{e}^{\mathrm{i}\nu t}-\mathrm{e}^{-\mathrm{i}\nu t}\right)=2\mathrm{e}^{\chi t}\left(a\cos\nu t+b\sin\nu t\right)=B\mathrm{e}^{\chi t}\sin\left(\nu t+\psi\right)
\end{aligned} \tag{9-25}$$

式中，B、ψ 为新的任意常数，且

$$B=2\sqrt{a^2+b^2},\quad \psi=\arctan\frac{a}{b} \tag{9-26}$$

于是，一对共轭复根给出了振幅为$Be^{\chi t}$、角频率为v和相位为ψ的振荡运动。当$\chi>0$时，振幅$Be^{\chi t}$随时间的增加而增大；当$\chi<0$时，振幅是衰减的；当$\chi=0$时，振幅不随时间而变，如图 9-1 所示。在这种情况下，导弹的自由扰动运动由两个非周期运动和一个振荡运动叠加而成，即

$$\left.\begin{aligned}\Delta V &= A'e^{\chi t}\sin\left(vt+\psi_1\right)+A_3e^{\lambda_3 t}+A_4e^{\lambda_4 t}\\ \Delta \vartheta &= B'e^{\chi t}\sin\left(vt+\psi_2\right)+B_3e^{\lambda_3 t}+B_4e^{\lambda_4 t}\\ \Delta \theta &= C'e^{\chi t}\sin\left(vt+\psi_3\right)+C_3e^{\lambda_3 t}+C_4e^{\lambda_4 t}\\ \Delta \alpha &= D'e^{\chi t}\sin\left(vt+\psi_4\right)+D_3e^{\lambda_3 t}+D_4e^{\lambda_4 t}\end{aligned}\right\} \tag{9-27}$$

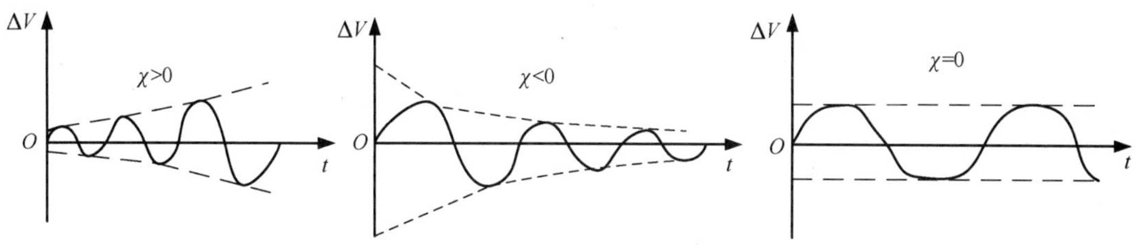

图 9-1　不同χ确定的扰动运动特性

如果在实根或复根实部中有一个符号为正，则增量ΔV、$\Delta\vartheta$、$\Delta\theta$和$\Delta\alpha$将随时间的增加而增大。

3．4 个根为 2 对共轭复根

当 4 个根为 2 对共轭复根时，导弹的自由扰动运动由两个振荡运动叠加而成，即

$$\begin{aligned}\Delta V &= A'e^{\chi t}\sin\left(vt+\psi_1\right)+A''e^{\xi t}\sin\left(\eta t+\gamma_1\right)\\ \Delta \vartheta &= B'e^{\chi t}\sin\left(vt+\psi_2\right)+B''e^{\xi t}\sin\left(\eta t+\gamma_2\right)\\ \Delta \theta &= C'e^{\chi t}\sin\left(vt+\psi_3\right)+C''e^{\xi t}\sin\left(\eta t+\gamma_3\right)\\ \Delta \alpha &= D'e^{\chi t}\sin\left(vt+\psi_4\right)+D''e^{\xi t}\sin\left(\eta t+\gamma_4\right)\end{aligned} \tag{9-28}$$

在这种情况下，如果任何一个复根的实部为正值，则增量ΔV、$\Delta\vartheta$、$\Delta\theta$和$\Delta\alpha$将随时间的增加而增大。

总之，导弹纵向运动的稳定性可以由特征方程，即式（9-20）的根来描述。

（1）若所有实根或复根的实部都是负值，则导弹运动是稳定的。

（2）只要有一个实根或一对复根的实部为正值，导弹运动就是不稳定的。

（3）在所有实根或复根的实部中，只要有一个等于零而其余均为负值，导弹就是中立稳定的。

也就是说，如果特征方程的根均位于复平面虚轴的左边，则扰动运动是衰减的，是稳定的；反之，则是不稳定的。

例 9-1　某地-空导弹在$H=5000\text{m}$的高度上飞行，飞行速度$V=641\text{m/s}$，动力系数由计算得到：$a_{11}=-0.00398\text{s}^{-1}$，$a_{13}=-7.73\text{m}\cdot\text{s}^{-2}$，$a_{14}=-32.05\text{m}\cdot\text{s}^{-2}$，$a_{21}\approx 0$，$a_{22}=-1.01\text{s}^{-1}$，$a_{24}=-102.2\text{s}^{-2}$，$a'_{24}=-0.1533\text{s}^{-1}$，$a_{25}=-67.2\text{s}^{-2}$，$a_{31}=0.0000615\text{s}^{-1}$，$a_{33}=-0.00941\text{s}^{-1}$，$a_{34}=1.152\text{s}^{-1}$，$a_{35}=0.01435\text{s}^{-1}$。试分析导弹扰动运动的稳定性。

［解］根据式（9-20）、式（9-21）得特征方程为

$$\lambda^4+2.329\lambda^3+103.385\lambda^2+1.375\lambda-0.0448=0$$

求得其根为

$$\lambda_{1,2}=\chi+\mathrm{i}\nu=-1.158\pm\mathrm{i}10.1，\quad \lambda_3=-0.0285，\quad \lambda_4=0.0152$$

可见，特征方程的根为一对具有负实部的共轭复根、一个负小实根和一个正小实根。因此，导弹扰动运动具有一个小的不稳定根。

例 9-2 某反坦克导弹在贴近地面并接近水平飞行的某时刻，飞行速度 $V=118\mathrm{m/s}$，动力系数由计算得到为下列数值：$a_{11}=-0.1102\mathrm{s}^{-1}$，$a_{13}=-9.786\mathrm{m}\cdot\mathrm{s}^{-2}$，$a_{14}=-17.256\mathrm{m}\cdot\mathrm{s}^{-2}$，$a_{21}=-0.000487\mathrm{s}^{-1}$，$a_{22}=-1.3415\mathrm{s}^{-1}$，$a_{24}=-126.78\mathrm{s}^{-2}$，$a'_{24}\approx 0$，$a_{25}=-16.508\mathrm{s}^{-2}$，$a_{31}=0.00162\mathrm{s}^{-1}$，$a_{33}=0.00582\mathrm{s}^{-1}$，$a_{34}=1.4764\mathrm{s}^{-1}$，$a_{35}=0.01935\mathrm{s}^{-1}$。试分析导弹扰动运动的稳定性。

［**解**］根据式（9-20）、式（9-21）得特征方程为

$$\lambda^4+2.922\lambda^3+129.07\lambda^2+13.426\lambda+1.922=0$$

求得其根为

$$\lambda_{1,2}=\chi+\mathrm{i}\nu=-1.40905\pm\mathrm{i}11.2595，\quad \lambda_{3,4}=-0.05195\pm\mathrm{i}0.1106$$

可见，特征方程的根是两对具有负实部的共轭复根，因此，导弹扰动运动是稳定的。

例 9-3 某岸-舰导弹在高度 $H=100\mathrm{m}$ 处接近水平等速飞行的某时刻，弹道倾角 $\theta=-0.69°$，飞行速度 $V=312.7\mathrm{m/s}$，动力系数由计算得到为下列数值：$a_{11}=-0.00601\mathrm{s}^{-1}$，$a_{13}=-9.8\mathrm{m}\cdot\mathrm{s}^{-2}$，$a_{14}=-0.0647\mathrm{m}\cdot\mathrm{s}^{-2}$，$a_{21}=-0.007697\mathrm{m}^{-1}\cdot\mathrm{s}^{-1}$，$a_{22}=-2.1256\mathrm{s}^{-1}$，$a_{24}=-45.3973\mathrm{s}^{-2}$，$a'_{24}=-0.5716\mathrm{s}^{-1}$，$a_{31}=0.00007107\mathrm{s}^{-1}$，$a_{33}=0$，$a_{34}=0.943\mathrm{s}^{-1}$，$a_{35}=0.1135\mathrm{s}^{-1}$。试分析导弹扰动运动的稳定性。

［**解**］根据式（9-20）、式（9-21）得特征方程为

$$\lambda^4+3.646\lambda^3+47.424\lambda^2+0.2648\lambda-0.0392=0$$

求得其根为

$$\lambda_{1,2}=-1.823\pm\mathrm{i}6.64，\quad \lambda_3=-0.03167，\quad \lambda_4=0.02606$$

可见，特征方程的根是一对具有负实部的共轭复根、一个负小实根和一个正小实根。因此，导弹扰动运动具有一个小的不稳定根。

例 9-4 某无人驾驶飞行器的飞行高度 $H=18000\mathrm{m}$，飞行速度 $V=200\mathrm{m/s}$，动力系数由计算得到为下列数值：$a_{11}=-0.0074\mathrm{s}^{-1}$，$a_{13}=9.8\mathrm{m}\cdot\mathrm{s}^{-2}$，$a_{14}=-9.17\mathrm{m}\cdot\mathrm{s}^{-2}$，$a_{21}=-0.001\mathrm{s}^{-1}$，$a_{22}=-0.28\mathrm{s}^{-1}$，$a_{24}=-5.9\mathrm{s}^{-2}$，$a'_{24}=0$，$a_{31}=0.00066\mathrm{s}^{-1}$，$a_{33}=0$，$a_{34}=0.47\mathrm{s}^{-1}$。试分析飞行器扰动运动的稳定性。

［**解**］根据式（9-20）、式（9-21）得飞行器的特征方程为

$$\lambda^4+0.757\lambda^3+6.038\lambda^2+0.036\lambda+0.034=0$$

求得其根为

$$\lambda_{1,2}=-0.376\pm\mathrm{i}2.426，\quad \lambda_{3,4}=-0.003\pm\mathrm{i}0.075$$

可见，特征方程的根为两对具有负实部的共轭复根，因此，飞行器扰动运动是稳定的。

由上述 4 个例子可以看出，虽然导弹或飞行器的类型不同，且具有不同的飞行高度和飞行速度，但表示纵向自由扰动运动的特征方程存在一定的规律性，即一对共轭复根的实部和虚部的绝对值远远超过另一对共轭复根的实部和虚部的绝对值（或实根绝对值）。这一点对于其他类型的导弹和飞行器也是适用的。关于根的规律性，下面还要做进一步讨论。

9.2.3　稳定性准则

在经典的自动控制理论中，根据特征方程的系数决定根的性质，从而判断动力学系统的稳定性，常用的有几种不同的方法，如劳思稳定判据、赫尔维茨（Hurwitz）稳定判据、奈奎斯特（Nyquist）稳定判据及根轨迹法等。在分析导弹的动态特性时，如果特征方程的阶次不高于 4 次，则采用赫尔维茨稳定判据最为方便。赫尔维茨稳定判据可以用来判断以代数形式描述的特征方程

$$\varDelta(\lambda)=a_0\lambda^m+a_1\lambda^{m-1}+\cdots+a_m=0 \tag{9-29}$$

的根的符号。

赫尔维茨稳定判据：要使特征方程的所有根都具有负实部，充要条件是赫尔维茨行列式 $\varDelta_m$ 及所有主子式 $\varDelta_1,\varDelta_2,\cdots,\varDelta_{m-1}$ 具有与系数 a_0 一样的符号，其中

$$\varDelta_1=a_1,\varDelta_2=\begin{vmatrix}a_1 & a_3\\ a_0 & a_2\end{vmatrix},\varDelta_3=\begin{vmatrix}a_1 & a_3 & a_5\\ a_0 & a_2 & a_4\\ 0 & a_1 & a_3\end{vmatrix},\cdots,\varDelta_m=\begin{vmatrix}a_1 & a_3 & a_5 & \cdots & 0\\ a_0 & a_2 & a_4 & \cdots & 0\\ \vdots & \vdots & \vdots & \cdots & \vdots\\ 0 & 0 & 0 & a_{m-2} & a_m\end{vmatrix}$$

即当 $a_0>0$ 时，$\varDelta_1,\varDelta_2,\cdots,\varDelta_m$ 都大于零。

对于阶次不高（$m\leqslant 5$）的特征方程，赫尔维茨稳定判据的要求可以简化，并具有如下形式：

$$\left.\begin{array}{l}\text{当}m=1\text{时，}\ a_0>0,a_1>0\\ \text{当}m=2\text{时，}\ a_0>0,a_1>0,a_2>0\\ \text{当}m=3\text{时，}\ a_0>0,a_1>0,a_2>0,a_3>0,\varDelta_2>0\\ \text{当}m=4\text{时，}\ a_0>0,a_1>0,\cdots,a_4>0,\varDelta_3>0\\ \text{当}m=5\text{时，}\ a_0>0,a_1>0,\cdots,a_5>0,\varDelta_4>0\end{array}\right\} \tag{9-30}$$

例 9-5　由例 9-2 中特征方程

$$\lambda^4+2.922\lambda^3+129.07\lambda^2+13.426\lambda^3+1.922=0$$

可知，当 $m=4$ 时，$a_0\sim a_3>0$，有

$$\varDelta_3=a_1a_2a_3-a^2{}_1a_4-a_0a^2{}_3=4866.85>0 \tag{9-31}$$

满足赫尔维茨稳定判据，特征方程的根 λ_1、λ_2、λ_3、λ_4 具有负实部，因此导弹扰动运动是稳定的。

9.2.4　飞行弹道的稳定性

如果导弹弹体是稳定的，则当它遇到外界的偶然干扰（如阵风等）且在干扰消失后，运动参数偏量 ΔV、$\Delta\vartheta$、$\Delta\theta$ 和 $\Delta\alpha$ 将逐渐趋于零。但是，在操纵机构固定的情况下，飞行弹道是否能恢复到原来的弹道上去呢？现在来分析这个问题。

由纵向扰动运动方程组，即式（8-52）中的第 5、6 个方程得到相应的扰动运动方程组如下：

$$
\left.\begin{aligned}
\frac{\mathrm{d}\Delta y}{\mathrm{d}t}&=\cos\theta\Delta V-V\sin\theta\Delta\theta\\
\frac{\mathrm{d}\Delta x}{\mathrm{d}t}&=\sin\theta\Delta V+V\cos\theta\Delta\theta
\end{aligned}\right\}
\tag{9-32}
$$

在已知起始扰动（如$\Delta\alpha_0$）的条件下，通过以上各节所述的扰动运动方程组，可以求出运动参数偏量$\Delta V(t)$和$\Delta\theta(t)$，将其代入式（9-32），就很容易通过数值积分法求出弹道的偏量Δy和Δx：

$$
\left.\begin{aligned}
\Delta y&=\int_{t_0}^{t}\left(\sin\theta\Delta V+V\cos\theta\Delta\theta\right)\mathrm{d}t\\
\Delta x&=\int_{t_0}^{t}\left(\cos\theta\Delta V-V\sin\theta\Delta\theta\right)\mathrm{d}t
\end{aligned}\right\}
\tag{9-33}
$$

当$t=t_0$时，$\Delta V=0$，$\Delta\theta=0$（$\Delta\alpha_0\neq 0$）；当$t=t_1$时，$\Delta V\neq 0$，$\Delta\theta\neq 0$，因此$\Delta y\neq 0$，$\Delta x\neq 0$；当时间t继续增加时，偏量ΔV、$\Delta\vartheta$、$\Delta\theta$和$\Delta\alpha$趋于零，而Δx、Δy并不趋于零，即弹道有偏离。

因此，导弹弹体对于弹道参数x和y（z也同样）并不具有稳定性。在控制飞行过程中，弹道的稳定性一定要依靠制导系统（也称轨迹控制系统）加以保证；而在无控飞行过程中，则会由于干扰而造成弹道偏离。

9.2.5 振荡周期及衰减程度

特征方程的每一对共轭复根$\lambda_{1,2}=\chi+\mathrm{i}\nu$均与式（9-16）的一个特解相对应。例如：

$$\Delta\alpha=D\mathrm{e}^{\chi t}\sin\left(\nu t+\psi\right)$$

式中，ν为振荡角频率（rad/s）。

而振荡周期

$$T=2\pi/\nu \tag{9-34}$$

振荡衰减（发散）程度通常由振幅（如果是实根，则为扰动偏量）减小为原来的 50%的时间$\Delta t=t_2-t_1$来表示。

当$t=t_1$时，振幅$|\Delta\alpha_1|=D\mathrm{e}^{\chi t_1}$；当$t=t_2$时，振幅$|\Delta\alpha_2|=D\mathrm{e}^{\chi t_2}$。

如果$\chi<0$，则可由条件

$$\frac{|\Delta\alpha_2|}{|\Delta\alpha_1|}=\mathrm{e}^{\chi(t_2-t_1)}=\frac{1}{2} \tag{9-35}$$

求出Δt的大小，即

$$\Delta t=t_2-t_1=\frac{-\ln 2}{\chi}\approx\frac{-0.693}{\chi} \tag{9-36}$$

可见，$|\chi|$越大，振荡衰减程度越大。如果$\chi>0$，则在不稳定的情况下，振幅增大一倍的时间为

$$\Delta t=t_2-t_1=\frac{-0.693}{\chi} \tag{9-37}$$

特征方程的实根$\lambda=\chi$与式（9-16）的特解相对应。例如：

$$\Delta\alpha=D\mathrm{e}^{\chi t}$$

在非周期运动情况下，同样可以用式（9-36）和式（9-37）计算振荡衰减（发散）程度。

振荡衰减（发散）程度也可以由一个周期内振幅的衰减（发散）程度来表示。例如：

$$\frac{De^{\chi(n+1)T}}{De^{\chi nT}} = e^{\chi T} = e^{2\pi\chi/\nu} \tag{9-38}$$

式中，$De^{\chi(n+1)T}$ 和 $De^{\chi nT}$ 为相邻两周期对应的瞬时振幅。$|\chi/\nu|$ 越大，在一个周期中，振幅的衰减（发散）程度越大。例 9-1～例 9-4 中的振荡周期、振幅减小为原来的 50%的时间、一个周期内振幅衰减程度的计算结果列于表 9-3 中。

表 9-3　振荡周期和振幅衰减程度的计算结果

例题	特征方程的根	振荡周期/s	振幅减小为原来的 50%的时间/s	一个周期内振幅的衰减程度
例 9-1	$-1.158\pm i10.1$ -0.0285 0.0152	0.622	0.599 24.316 45.592（增加）	0.487
例 9-2	$-1.40905\pm i11.2595$ $-0.05195\pm i0.1106$	0.558 56.810	0.492 13.34	0.456 0.0523
例 9-3	$-1.823\pm i6.64$ -0.03167 0.02606	0.946	0.38 21.88 26.59	0.178
例 9-4	$-0.376\pm i2.426$ $-0.003\pm i0.075$	2.589 83.78	1.843 231.0	0.378 0.778

9.2.6　短周期运动和长周期运动

由表 9-3 可知，导弹的自由扰动运动由快衰减和慢衰减两种不同形式的运动叠加而成。前面提到，一对共轭复根的实部和虚部的绝对值均远远超过另一对共轭复根的实部和虚部（或两个实根）的绝对值。复根的实部大小表征扰动运动的衰减程度，而虚部大小则表征振荡频率。由此可见，一对共轭大复根（就其模值而言）对应快衰减运动，而一对共轭小复根则与慢衰减运动相对应，不论扰动运动具有怎样的特性（由 2 个振荡运动相结合或由 4 个非周期运动相结合），上面所述的根与根之间的关系总是正确的。

如果导弹的纵向自由扰动运动由 2 个振荡运动组成（如表 9-3 中的例 9-2 和例 9-4），则一对共轭大复根（λ_1、λ_2）对应的高频快衰减运动称为短周期运动，一对共轭小复根（λ_3、λ_4）对应的低频慢衰减运动称为长周期运动。通常，短周期运动由于衰减很快而与快衰减的非周期运动实际上没有很大的差别。此外，由于短周期运动用得更多些，因此快衰减的非周期运动也被人为地称为短周期运动。

9.2.7　特征方程根的近似计算

用普通代数方法解 4 次或 4 次以上方程是相当烦琐的，通常采用不同的近似计算方法，这些在数值计算方法图书中已有介绍，这里仅简要地介绍两种应用上较为简便的方法。

1. 林氏法

特征方程是代数方程，其阶次由所研究问题的性质决定，如纵向扰动运动的特征方程的阶次为 4，如果考虑自动驾驶仪的动态方程，则所得特征方程的阶次可能高于 4。因此，特征方程可由一般形式的代数方程来表示：

$$a_0\lambda^n + a_1\lambda^{n-1} + a_2\lambda^{n-2} + \cdots + a_{n-2}\lambda^2 + a_{n-1}\lambda + a_n = 0 \tag{9-39}$$

将系数均除以 a_0，方程变为

$$\lambda^n + A_1\lambda^{n-1} + A_2\lambda^{n-2} + \cdots + A_{n-2}\lambda^2 + A_{n-1}\lambda + A_n = 0 \tag{9-40}$$

式中，$A_1 = \dfrac{a_1}{a_0}, A_2 = \dfrac{a_2}{a_0}, \cdots, A_{n-1} = \dfrac{a_{n-1}}{a_0}, A_n = \dfrac{a_n}{a_0}$。进行第一次近似时，取该式左边的后 3 项，得

$$\lambda^2 + \frac{A_{n-1}}{A_{n-2}}\lambda + \frac{A_n}{A_{n-2}} = 0 \tag{9-41}$$

将式（9-40）除以式（9-41），得

$$
\begin{array}{r|llllll}
 & \lambda^{n-2} + A_1'\lambda^{n-3} + \cdots + A_{n-2}' & & & & & \\
\hline
\lambda^2 + \dfrac{A_{n-1}}{A_{n-2}}\lambda + \dfrac{A_{n-2}}{A_{n-1}} & \lambda^n + & A_1\lambda^{n-1} + & A_2\lambda^{n-2} + \cdots + & A_{n-2}\lambda^2 + & A_{n-1}\lambda + & A_n \\
 & \lambda^n + & \dfrac{A_{n-1}}{A_{n-2}}\lambda^{n-1} + & \dfrac{A_{n-2}}{A_{n-1}}\lambda^{n-2} & & & \\
\hline
 & \times & \times & A_3\lambda^{n-3} & & & \\
 & \times & \times & \times & & & \\
\hline
 & & \times & \times & A_4\lambda^{n-4} & & \\
 & & \times & \times & \times & & \\
\hline
 & & & \cdots & \cdots & & \\
 & & & \cdots & \cdots & & \\
\hline
 & & & & R_1\lambda^2 & R_2\lambda & A_n \\
 & & & & \times & \times & \times \\
\hline
 & & & & \times & \times & \text{余式}
\end{array}
\tag{9-42}
$$

如果余式不等于零，则说明式（9-41）不是式（9-40）（代数方程）的因式，这时进行第 2 次近似，取除式为

$$\lambda^2 + \frac{R_2}{R_1}\lambda + \frac{A_n}{R_1} = 0 \tag{9-43}$$

将式（9-40）除以式（9-43），如果余式极小，则可将式（9-43）看作式（9-40）的一个因式，从而求出它的第一对根；如果余式仍相当大，则应按上述步骤进行第三次近似，依次类推，一直求到第一对根满足要求。求出一对根后，式（9-42）的商式方程就比原来方程的阶次降低了两次，此时以此商式作为被除式，按同样的方法就可求出第二对根，依次类推，最终可以求出全部根。

例 9-6 用林氏法求例 9-2 中特征方程的根。

［**解**］例 9-2 的特征方程式为

$$\lambda^4 + 2.922\lambda^3 + 129.07\lambda^2 + 13.462\lambda + 1.922=0 \tag{9-44}$$

第一次近似取出左边的后 3 项作为除式，并将各系数除以 129.07，得

$$\lambda^2 + 0.104\lambda + 0.0149=0 \tag{9-45}$$

将式（9-45）除式（9-44），得

$$
\begin{array}{r}
\lambda^2+2.818\lambda+128.762 \\
\lambda^2+0.104\lambda+0.0149\ \overline{\big)\ \lambda^4+2.922\lambda^3+129.07\lambda^2+13.462\lambda+1.922} \\
\lambda^4+0.104\lambda^3+0.0149\lambda^2 \qquad\qquad\qquad \\
\hline
2.818\lambda^3+129.055\lambda^2+13.462\lambda \qquad\quad \\
2.818\lambda^3+0.293\lambda^2+\quad 0.042\lambda \qquad\quad \\
\hline
128.762\lambda^2+13.384\lambda\ +1.922 \\
128.762\lambda^2+13.391\lambda\ +1.9186 \\
\hline
-0.007\lambda\ +0.0034
\end{array}
\tag{9-46}
$$

可以看出，所得余式已接近零，但为了得出更为精确的结果，可做第二次近似。为此，取下式为除式：

$$128.762\lambda^2+13.384\lambda+1.922 \tag{9-47}$$

并将各系数除以 128.762，得

$$\lambda^2+0.1039\lambda+0.01493 \tag{9-48}$$

以此式除式（9-44），得

$$
\begin{array}{r}
\lambda^2+2.8181\lambda+128.76227 \\
\lambda^2+0.1039\lambda+0.01493\ \overline{\big)\ \lambda^4+2.922\lambda^3+\ 129.07\lambda^2+13.462\lambda+1.922} \\
\lambda^4+0.1039\lambda^3+0.01493\lambda^2 \qquad\qquad\qquad \\
\hline
2.8181\lambda^3+129.05507\lambda^2+13.462\lambda \qquad \\
2.8181\lambda^3+0.2928\lambda^2\quad +0.0421\lambda \qquad \\
\hline
128.76227\lambda^2+13.3839\lambda+1.922 \\
128.76227\lambda^2+13.3784\lambda+1.9224 \\
\hline
-0.0055\lambda-0.0004
\end{array}
\tag{9-49}
$$

此时所得余式更接近零，结果已足够精确，因此式（9-44）可以分解为

$$\left(\lambda^2+2.8181\lambda+128.76227\right)\left(\lambda^2+0.1039\lambda+0.01493\right)=0 \tag{9-50}$$

从而得到特征方程的两对共轭复根为

$$\lambda_{1,2}=-1.40905\pm \mathrm{i}11.2595$$

$$\lambda_{3,4}=-0.05195\pm \mathrm{i}0.1106$$

例 9-6 说明用林氏法求根是比较简便的，它适用于求解 3 次以上的任何代数方程。对于具有一对共轭大根和一对共轭小根的 4 次代数方程，用它求解更为方便，但有时也会遇到余式消失很慢而需要进行多次近似的情况。

2．近似求根法

由于导弹的纵向扰动运动的典型情况是特征方程具有两个模值很大的根（λ_1、λ_2）和两个模值很小的根（λ_3、λ_4），因此，最简单的近似求根可以化为求解两个二次方程。例如，特征方程为

$$\lambda^4+P_1\lambda^3+P_2\lambda^2+P_3\lambda+P_4=0$$

对于模值很大的根（λ_1和λ_2），由于

$$\lambda^4+P_1\lambda^3+P_2\lambda^2 \gg P_3\lambda+P_4$$

因此其可近似由二次方程

$$\lambda^2 + P_1\lambda + P_2 = 0 \tag{9-51}$$

来确定。对于模值很小的根（λ_3、λ_4），由于

$$\lambda^4 + P_1\lambda^3 \ll P_2\lambda^2 + P_3\lambda + P_4$$

因此其可近似由二次方程

$$P_2\lambda^2 + P_3\lambda + P_4 = 0 \tag{9-52}$$

来确定。

如果忽略速度偏量ΔV和重力对模值很大的根的影响，则$a_{33} = a_{11} = a_{31} = 0$。此时，式（9-51）中的$P_1$、$P_2$可简化为

$$P_1 \approx a_{34} - a_{22} - a'_{24} \tag{9-53}$$

$$P_2 \approx -a_{24} - a_{22}a_{34} \tag{9-54}$$

式（9-51）可写为

$$\lambda^2 + \left(a_{34} - a_{22} - a'_{24}\right)\lambda + \left(-a_{24} - a_{22}a_{34}\right) = 0 \tag{9-55}$$

例 9-7 由例 9-2 中的特征方程求近似根。

［**解**］已知例 9-2 中的特征方程的系数$P_1 = 2.922$、$P_2 = 129.07$，因此由式（9-51）得

$$\lambda^2 + 2.922\lambda + 129.07 = 0$$

求得

$$\lambda_{1,2} = -1.461 \pm \mathrm{i}11.2657$$

同理，根据P_2～P_4的值，由式（9-52）得

$$129.07\lambda^2 + 13.426\lambda + 1.922 = 0$$

求得

$$\lambda_{3,4} = -0.052 \pm \mathrm{i}0.1104$$

由此可见，用近似求根法计算根的近似值与例 9-6 中的精确值相当接近。也可应用电子数字计算机求解特征方程的根。

9.3 导弹弹体的传递函数

在导弹制导系统中，弹体是其中的一个环节，也是控制对象，因此，在设计导弹制导系统时，必须了解弹体的动态特性。在经典的自动控制理论中，要用传递函数和频率特性等来表征系统的动态特性。因此，在设计导弹制导系统时，需要建立弹体的传递函数。

9.3.1 纵向扰动运动的传递函数

在纵向制导系统中，弹体环节的输出量是ΔV、$\Delta\vartheta$、$\Delta\theta$、$\Delta\alpha$，而输入量是$\Delta\delta_z$。若存在外界干扰，则输入量除$\Delta\delta_z$外，还有经常作用的干扰力F_{gz}、F_{gy}和干扰力矩M_{gz}。

在自动控制理论中，传递函数$W(s)$是初始条件为零时，输出量与输入量的拉普拉斯变换式之比。因此，为了得到弹体的传递函数，应对扰动运动方程组，即式（9-2）进行拉普拉斯变换，将原函数变为象函数，经整理后可写成下列矩阵方程：

$$\begin{bmatrix} s-a_{11} & 0 & -a_{13} & -a_{14} \\ -a_{21} & s(s-a_{22}) & 0 & -(a'_{24}s+a_{24}) \\ -a_{31} & 0 & s-a_{33} & -a_{34} \\ 0 & -1 & 1 & 1 \end{bmatrix} \begin{bmatrix} \Delta V(s) \\ \Delta \vartheta(s) \\ \Delta \theta(s) \\ \Delta \alpha(s) \end{bmatrix} = \begin{bmatrix} 0 \\ a_{25} \\ a_{35} \\ 0 \end{bmatrix} \Delta \delta_z(s) + \begin{bmatrix} a_{16}F_{gx}(s) \\ a_{26}M_{gz}(s) \\ a_{36}F_{gy}(s) \\ 0 \end{bmatrix} \tag{9-56}$$

这是运动参数偏量象函数的代数方程，其右边有两个列矩阵，因此，$\Delta V(s)$、$\Delta\vartheta(s)$、$\Delta\theta(s)$、$\Delta\alpha(s)$的解由两部分组成。若假定操纵机构的偏转，以及干扰力和干扰力矩都是相互独立的，则它们对导弹的纵向扰动运动的影响可以分别独立求解，之后进行线性叠加。利用克莱姆法则，其每一部分的解可分别表示为

$$\Delta V = \frac{\varDelta_V(s)}{\varDelta(s)}，\quad \Delta\vartheta = \frac{\varDelta_\vartheta(s)}{\varDelta(s)}，\quad \Delta\theta = \frac{\varDelta_\theta(s)}{\varDelta(s)}，\quad \Delta\alpha = \frac{\varDelta_\alpha(s)}{\varDelta(s)} \tag{9-57}$$

式中，$\varDelta(s)$为式（9-56）的主行列式；$\varDelta_V(s)$、$\varDelta_\vartheta(s)$、$\varDelta_\theta(s)$和$\varDelta_\alpha(s)$为伴随行列式，是将由式（9-56）右边所组成的各列代入主行列式的相应各列得到的行列式。

主行列式由齐次方程的系数组成，即

$$\varDelta(s) = \begin{vmatrix} s-a_{11} & 0 & -a_{13} & -a_{14} \\ -a_{21} & s(s-a_{22}) & 0 & -(a'_{24}s+a_{24}) \\ -a_{31} & 0 & s-a_{33} & -a_{34} \\ 0 & -1 & 1 & 1 \end{vmatrix} \tag{9-58}$$

它与式（9-56）左边矩阵的排列形式相同，还与纵向自由扰动运动的特征行列式，即式（9-19）的排列形式相同。因此

$$\varDelta(s) = s^4 + P_1 s^3 + P_2 s^2 + P_3 s + P_4 \tag{9-59}$$

式中，系数$P_1 \sim P_4$由式（9-21）决定。

将式（9-56）右边第一列的数值代替主行列式的每一列，可得相应的伴随行列式：

$$\varDelta_V(s) = \begin{vmatrix} 0 & 0 & -a_{13} & -a_{14} \\ a_{25} & s(s-a_{22}) & 0 & -(a'_{24}s+a_{24}) \\ a_{35} & 0 & s-a_{33} & -a_{34} \\ 0 & -1 & 1 & 1 \end{vmatrix} \Delta\delta_z(s) \tag{9-60}$$

根据传递函数的定义，并由式（9-57）求出以升降舵偏角$\Delta\delta_z(s)$为输入量，以$\Delta V(s)$、$\Delta\vartheta(s)$、$\Delta\theta(s)$、$\Delta\alpha(s)$为输出量的弹体纵向传递函数。在书写传递函数时，以下标表示输入量、上标表示输出量。为了简便，略去标号中的Δ符号，得

$$W_{\delta_z}^V(s) = \frac{\Delta V(s)}{\Delta\delta_z(s)} = \frac{\dfrac{\varDelta_V(s)}{\varDelta(s)}}{\Delta\delta_z(s)} = \frac{\varDelta_V(s)}{\varDelta(s)\Delta\delta_z(s)} = \frac{A_1 s^2 + A_2 s + A_3}{s^4 + P_1 s^3 + P_2 s^2 + P_3 s + P_4} \tag{9-61}$$

式中，$A_1 = a_{35}(a_{13} - a_{14})$；$A_2 = a_{22}a_{35}(a_{14} - a_{13}) - a_{13}a_{35}a'_{24} + a_{25}a_{14}$；$A_3 = a_{25}(a_{34}a_{13} - a_{14}a_{33}) - a_{24}a_{35}a_{13}$。用同样的方法可以求出其他传递函数，结果如下：

$$W_{\delta_z}^\vartheta(s) = \frac{\Delta\vartheta(s)}{\Delta\delta_z(s)} = \frac{B_1 s^2 + B_2 s + B_3}{s^4 + P_1 s^3 + P_2 s^2 + P_3 s + P_4} \tag{9-62}$$

式中，$B_1 = a_{25} - a_{35}a'_{24}$；$B_2 = a_{35}(a_{11}a'_{24} - a_{24}) + a_{25}(a_{34} - a_{11} - a_{33})$；$B_3 = a_{35}(a_{11}a_{24} - a_{21})$

$\left(a_{14}-a_{13}\right)+a_{25}\left[a_{31}\left(a_{14}-a_{13}\right)-a_{11}\left(a_{34}-a_{33}\right)\right]$。

$$W_{\delta_z}^{\theta}(s)=\frac{\Delta\theta(s)}{\Delta\delta_z(s)}=\frac{C_1s^3+C_2s^2+C_3s+C_4}{s^4+P_1s^3+P_2s^2+P_3s+P_4} \tag{9-63}$$

式中，$C_1=a_{35}$；$C_2=-a_{35}\left(a_{11}+a_{22}+a_{24}'\right)$；$C_3=a_{35}\left[a_{11}\left(a_{22}+a_{24}'\right)-a_{24}\right]+a_{25}a_{34}$；$C_4=a_{35}\left(a_{11}a_{24}-a_{21}a_{14}\right)-a_{25}\left(a_{11}a_{34}-a_{14}a_{31}\right)$。

$$W_{\delta_z}^{\alpha}(s)=\frac{\Delta\alpha(s)}{\Delta\delta_z(s)}=\frac{D_1s^3+D_2s^2+D_3s+D_4}{s^4+P_1s^3+P_2s^2+P_3s+P_4} \tag{9-64}$$

式中，$D_1=-a_{35}$；$D_2=a_{35}\left(a_{11}+a_{22}\right)+a_{25}$；$D_3=-a_{35}a_{11}a_{22}-a_{25}\left(a_{11}+a_{33}\right)$；$D_4=-a_{35}a_{21}a_{13}-a_{25}\left(a_{13}a_{31}-a_{11}a_{33}\right)$。

用同样的方法可以得到以经常干扰作用的力和力矩为输入量，以$\Delta V(s)$、$\Delta\vartheta(s)$、$\Delta\theta(s)$、$\Delta\alpha(s)$为输出量的弹体纵向传递函数$W_{M_{gz}}^{V}(s)$、$W_{M_{gz}}^{\vartheta}(s)$、$W_{M_{gz}}^{\theta}(s)$、$W_{M_{gz}}^{\alpha}(s)$、$W_{F_{gy}}^{V}(s)$、$W_{F_{gy}}^{\vartheta}(s)$、$W_{F_{gy}}^{\theta}(s)$、$W_{F_{gy}}^{\alpha}(s)$、$W_{F_{gx}}^{V}(s)$、$W_{F_{gx}}^{\vartheta}(s)$、$W_{F_{gx}}^{\theta}(s)$和$W_{F_{gx}}^{\alpha}(s)$。

$$W_{M_{gz}}^{\alpha}(s)=\frac{\Delta V(s)}{M_{gz}(s)}=\frac{A_{1M}s+A_{2M}}{s^4+P_1s^3+P_2s^2+P_3s+P_4} \tag{9-65}$$

式中，$A_{1M}=a_{26}a_{14}$；$A_{2M}=a_{26}\left(a_{13}a_{34}-a_{33}a_{14}\right)$。

$$W_{M_{gz}}^{\vartheta}(s)=\frac{\Delta\vartheta(s)}{M_{gz}(s)}=\frac{B_{1M}s^2+B_{2M}s+B_{3M}}{s^4+P_1s^3+P_2s^2+P_3s+P_4} \tag{9-66}$$

式中，$B_{1M}=a_{26}$；$B_{2M}=a_{26}\left(a_{34}-a_{11}-a_{33}\right)$；$B_{3M}=a_{26}a_{11}\left(a_{33}-a_{34}\right)+a_{26}a_{31}\left(a_{14}-a_{13}\right)$。

$$W_{M_{gz}}^{\theta}(s)=\frac{\Delta\theta(s)}{M_{gz}(s)}=\frac{C_{1M}s^2+C_{2M}}{s^4+P_1s^3+P_2s^2+P_3s+P_4} \tag{9-67}$$

式中，$C_{1M}=a_{26}a_{34}$；$C_{2M}=a_{26}\left(a_{14}a_{31}-a_{11}a_{34}\right)$。

$$W_{M_{gz}}^{\alpha}(s)=\frac{\Delta\alpha(s)}{M_{gz}(s)}=\frac{D_{1M}s^2+D_{2M}s+D_{3M}}{s^4+P_1s^3+P_2s^2+P_3s+P_4} \tag{9-68}$$

式中，$D_{1M}=a_{26}$；$D_{2M}=-a_{26}\left(a_{11}+a_{33}\right)$；$D_{3M}=a_{26}a_{31}\left(a_{33}a_{11}-a_{31}a_{13}\right)$。

当运动参数初始偏量为零时，可以得到纵向扰动运动参数偏量表达式。例如，俯仰角偏量表达式为

$$\Delta\vartheta=W_{\delta_z}^{\vartheta}(s)\Delta\delta_z(s)+W_{F_{gx}}^{\vartheta}(s)F_{gx}(s)+W_{F_{gy}}^{\vartheta}(s)F_{gy}(s)+W_{M_{gz}}^{\vartheta}(s)M_{gz}(s) \tag{9-69}$$

式中，传递函数$W_{\delta_z}^{\vartheta}(s)$、$W_{F_{gx}}^{\vartheta}(s)$、$W_{F_{gy}}^{\vartheta}(s)$和$W_{M_{gz}}^{\vartheta}(s)$表示俯仰角对相应输入的反应。

在建立导弹控制系统结构图时，干扰力矩可以通过相应的传递函数来表示，如图 9-2（a）所示；也可以利用相应的传递函数将干扰力矩折算为操纵面偏角，如图 9-2（b）所示。

$$W_{M_{gz}}^{\delta_z}(s)=\frac{\Delta\delta_{gz}(s)}{M_{gz}(s)}=\frac{\Delta\vartheta(s)\Delta\delta_{gz}(s)}{M_{gz}(s)\Delta\vartheta(s)}=\frac{W_{M_{gz}}^{\vartheta}(s)}{W_{\delta_z}^{\vartheta}(s)} \tag{9-70}$$

式中，$\Delta\delta_{gz}$称为等效干扰舵偏角。这样

$$W_{M_{gz}}^{\vartheta}(s)=W_{M_{gz}}^{\delta_z}(s)W_{\delta_z}^{\vartheta}(s)$$

其他由干扰力矩引起的传递函数也可以变换成上面的形式。

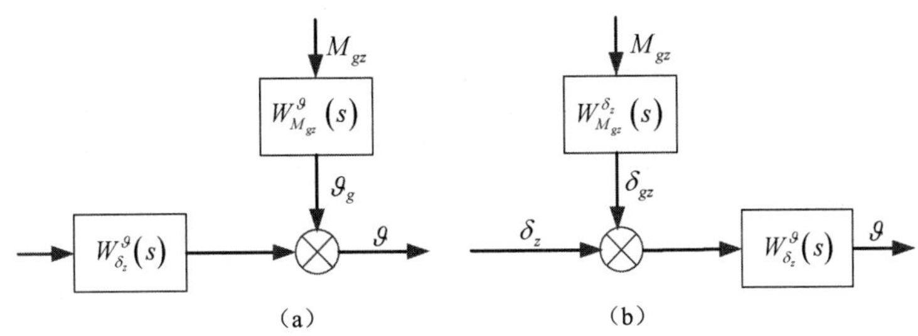

图 9-2　干扰力矩的两种输入

9.3.2　短周期纵向扰动运动的传递函数

对短周期纵向扰动运动方程组，即式（9-56）进行拉普拉斯变换，当运动参数偏量初始值为零时，有

$$\begin{bmatrix} s(s-a_{22}) & 0 & -(a_{24}'s+a_{24}) \\ 0 & s-a_{33} & -a_{34} \\ -1 & 1 & 1 \end{bmatrix}\begin{bmatrix} \Delta\vartheta(s) \\ \Delta\theta(s) \\ \Delta\alpha(s) \end{bmatrix}=\begin{bmatrix} a_{25} \\ a_{35} \\ 0 \end{bmatrix}\Delta\delta_z(s)+\begin{bmatrix} a_{26}M_{gz}(s) \\ a_{36}F_{gy}(s) \\ 0 \end{bmatrix} \tag{9-71}$$

采用上述方法，同样可以得到短周期纵向扰动运动的传递函数，结果如下：

$$W_{\delta_z}^{\vartheta}(s)=\frac{\Delta\vartheta(s)}{\Delta\delta_z(s)}=\frac{(-a_{35}a_{24}'+a_{25})s+a_{25}(a_{34}-a_{33})-a_{35}a_{24}}{s^3+P_1s^2+P_2s+P_3} \tag{9-72}$$

$$W_{\delta_z}^{\theta}(s)=\frac{\Delta\theta(s)}{\Delta\delta_z(s)}=\frac{a_{35}s^2-a_{35}(a_{22}+a_{24}')s+a_{25}a_{34}-a_{35}a_{24}}{s^3+P_1s^2+P_2s+P_3} \tag{9-73}$$

$$W_{\delta_z}^{\alpha}(s)=\frac{\Delta\alpha(s)}{\Delta\delta_z(s)}=\frac{-a_{35}s^2+(a_{35}a_{22}+a_{25})s-a_{25}a_{33}}{s^3+P_1s^2+P_2s+P_3} \tag{9-74}$$

式中，$P_1 \sim P_3$ 的表达式分别为

$$P_1=-a_{33}+a_{34}-a_{22}-a_{24}'$$
$$P_2=a_{22}a_{33}-a_{22}a_{34}-a_{24}+a_{33}a_{24}'$$
$$P_3=a_{22}a_{33}$$

根据上面所述，对于有翼式导弹，若不计重力的影响，即 $a_{33}=0$，则可得短周期阶段经过简化的传递函数，并通过因式分解得到以典型基本环节表示的传递函数：

$$W_{\delta_z}^{\vartheta}(s)=\frac{\Delta\vartheta(s)}{\Delta\delta_z(s)}=\frac{(-a_{35}a_{24}'+a_{25})s+a_{25}a_{34}-a_{35}a_{24}}{s\left[s^2+(a_{34}-a_{22}-a_{24}')s+(-a_{22}a_{34}-a_{24})\right]}=\frac{K_M(T_1s+1)}{s(T_M^2s^2+2T_M\xi_Ms+1)} \tag{9-75}$$

式中，$K_M=\dfrac{-a_{25}a_{34}+a_{35}a_{24}}{a_{22}a_{34}+a_{24}}$（$s^{-1}$）为导弹的传递系数；$T_M=\dfrac{1}{\sqrt{-a_{24}-a_{22}a_{34}}}$（s）为导弹的时间常数；$\xi_M=\dfrac{-a_{22}-a_{24}'+a_{34}}{2\sqrt{-a_{24}-a_{22}a_{34}}}$ 为导弹的相对阻尼系数；$T_1=\dfrac{-a_{35}a_{24}'+a_{25}}{a_{25}a_{34}-a_{35}a_{24}}$（s）为导弹的空气动力时间常数。

同样可以求得

$$W_{\delta_z}^{\theta}(s)=\frac{\Delta\theta(s)}{\Delta\delta_z(s)}=\frac{a_{35}s^2-a_{35}(a_{22}+a_{24}')s+a_{25}a_{34}-a_{35}a_{24}}{s\left[s^2+(a_{34}-a_{22}-a_{24}')s+(-a_{22}a_{34}-a_{24})\right]}=\frac{K_M(T_{1\theta}s+1)(T_{2\theta}s+1)}{s(T_M^2s^2+2T_M\xi_Ms+1)} \tag{9-76}$$

式中，$T_{1\theta}T_{2\theta}=\dfrac{a_{35}}{a_{25}a_{34}-a_{35}a_{24}}$；$T_{1\theta}+T_{2\theta}=\dfrac{-a_{35}\left(a_{22}+a'_{24}\right)}{a_{25}a_{34}-a_{35}a_{24}}$。

$$W_{\delta_z}^{\alpha}(s)=\frac{\Delta\alpha(s)}{\Delta\delta_z(s)}=\frac{-a_{35}s^2+\left(a_{35}a_{22}+a_{25}\right)s-a_{25}a_{33}}{s\left[s^2+\left(a_{34}-a_{22}-a'_{24}\right)s+\left(-a_{22}a_{34}-a_{24}\right)\right]}=\frac{K_\alpha\left(T_\alpha s+1\right)}{T_M^2s^2+2T_M\xi_M s+1}\tag{9-77}$$

式中，$K_\alpha=\dfrac{-\left(a_{35}a_{22}+a_{25}\right)}{a_{22}a_{34}+a_{24}}$为导弹攻角的传递系数；$T_\alpha=\dfrac{-a_{35}}{a_{35}a_{22}+a_{25}}$（s）为导弹攻角的时间常数。

如果下洗动力系数a'_{24}可以略去，则上述传递函数可进一步简化如下：

$$W_{\delta_z}^{\vartheta}(s)=\frac{K_M\left(T_1s+1\right)}{s\left(T_M^2s^2+2T_M\xi_M s+1\right)}\tag{9-78}$$

$$W_{\delta_z}^{\theta}(s)=\frac{K_M\left[1+T_1\dfrac{a_{35}}{a_{25}}s\left(s-a_{22}\right)\right]}{s\left(T_M^2s^2+2T_M\xi_M s+1\right)}\tag{9-79}$$

$$W_{\delta_z}^{\alpha}(s)=\frac{K_MT_1\left[1-\dfrac{a_{35}}{a_{25}}\left(s-a_{22}\right)\right]}{T_M^2s^2+2T_M\xi_M s+1}\tag{9-80}$$

此时，参数ξ_M和T_1的表达式中的$a'_{24}=0$。

法向过载n_y是导弹运动的重要参数之一。通常用过载来评定导弹的机动性，法向过载的变化情况对导弹的结构强度和制导系统的影响很大。下面推导法向过载的传递函数。法向过载为

$$n_y=\frac{V}{g}\frac{\mathrm{d}\theta}{\mathrm{d}t}+\cos\theta$$

线性化取偏量后得

$$\Delta n_y=\frac{\Delta V}{g}\frac{\mathrm{d}\theta_0}{\mathrm{d}t}+\frac{V_0}{g}\frac{\mathrm{d}\Delta\theta}{\mathrm{d}t}-\sin\theta_0\Delta\theta\tag{9-81}$$

略去二次微量$\dfrac{\Delta V}{g}\dfrac{\mathrm{d}\theta_0}{\mathrm{d}t}$；$\sin\theta_0\Delta\theta$中的$\sin\theta_0\leqslant 1$，$\Delta\theta$为小量，故$\sin\theta_0\Delta\theta$与$\dfrac{\Delta V}{g}\dfrac{\mathrm{d}\theta_0}{\mathrm{d}t}$相比是小量，也可以略去。这样就有

$$\Delta n_y\approx\frac{V_0}{g}\frac{\mathrm{d}\Delta\theta}{\mathrm{d}t}\tag{9-82}$$

因此法向过载的传递函数为

$$W_{\delta_z}^{n_y}(s)=\frac{\Delta n_y(s)}{\Delta\delta_z(s)}=\frac{V}{g}W_{\delta_z}^{\theta}(s)s\tag{9-83}$$

式（9-75）、式（9-76）和式（9-83）可用开环状态的结构方块图表示，如图 9-3 所示。其中

$$W_{\dot\theta}^{\dot\vartheta}(s)=\frac{W_{\delta_z}^{\dot\vartheta}(s)}{W_{\delta_z}^{\dot\theta}(s)}=\frac{T_1s+1}{\left(T_{1\theta}s+1\right)\left(T_{2\theta}s+1\right)}\tag{9-84}$$

$$W_{\dot\theta}^{\alpha}(s)=\frac{W_{\delta_z}^{\alpha}(s)}{W_{\delta_z}^{\dot\theta}(s)}=\frac{K_\alpha\left(T_\alpha s+1\right)}{K_M\left(T_{1\theta}s+1\right)\left(T_{2\theta}s+1\right)}\tag{9-85}$$

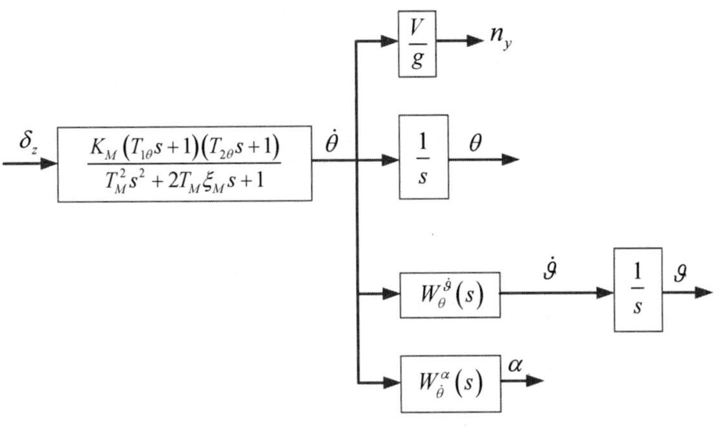

图 9-3　弹体纵向传递函数结构方块图

对于正常式布局导弹，在一般情况下，动力系数 $a_{35} \ll a_{34}$，于是，当忽略 a_{33}、a'_{24} 和 a_{35} 时，弹体纵向传递函数可简化为

$$\left.\begin{aligned}
W_{\delta_z}^{\vartheta}(s) &= \frac{K_M(T_1 s+1)}{s(T_M^2 s^2+2T_M\xi_M s+1)} \\
W_{\delta_z}^{\theta}(s) &= \frac{K_M}{s(T_M^2 s^2+2T_M\xi_M s+1)} \\
W_{\delta_z}^{\alpha}(s) &= \frac{K_M T_1}{T_M^2 s^2+2T_M\xi_M s+1} \\
W_{\delta_z}^{n_y}(s) &= \frac{K_M \dfrac{V}{g}}{T_M^2 s^2+2T_M\xi_M s+1}
\end{aligned}\right\} \tag{9-86}$$

式中

$$K_M = -\frac{a_{25}a_{34}}{a_{22}a_{34}+a_{24}}, \quad T_1 = \frac{1}{a_{34}}$$

在这种情况下，图 9-3 中的各式也要做相应的改变，其中运动参数的转换函数变为

$$W_{\dot{\theta}}^{\alpha} = T_1, \quad W_{\theta}^{\dot{\vartheta}}(s) = T_1 s+1 \tag{9-87}$$

对于由于干扰力矩 M_{gz} 而产生的弹体纵向传递函数，当不考虑动力系数 a_{33} 和 a'_{24} 时，经推导得

$$W_{M_{gz}}^{\vartheta}(s) = \frac{T_M^2 a_{26}(s+a_{34})}{s(T_M^2 s^2+2T_M\xi_M s+1)} \tag{9-88}$$

$$W_{M_{gz}}^{\theta}(s) = \frac{T_M^2 a_{26}a_{34}}{s(T_M^2 s^2+2T_M\xi_M s+1)} \tag{9-89}$$

$$W_{M_{gz}}^{\alpha}(s) = \frac{T_M^2 a_{26}}{T_M^2 s^2+2T_M\xi_M s+1} \tag{9-90}$$

$$W_{M_{gz}}^{\delta_z}(s) = \frac{a_{26}}{a_{25}} \tag{9-91}$$

即

$$\delta_{gz} = M_{gz} / M_z^{\delta_z}$$

此时，图 9-2（b）可画成图 9-4。干扰力矩 M_{gz} 的传递函数可写为

$$W_{M_{gz}}^{\vartheta}(s) = W_{\delta_z}^{\vartheta}(s) W_{M_{gz}}^{\delta_z}(s) = W_{\delta_z}^{\vartheta}(s) \frac{1}{M_z^{\delta_z}}$$

$$W_{M_{gz}}^{\theta}(s) = W_{\delta_z}^{\theta}(s) W_{M_{gz}}^{\delta_z}(s) = W_{\delta_z}^{\theta}(s) \frac{1}{M_z^{\delta_z}}$$

$$W_{M_{gz}}^{\alpha}(s) = W_{\delta_z}^{\alpha}(s) W_{M_{gz}}^{\delta_z}(s) = W_{\delta_z}^{\alpha}(s) \frac{1}{M_z^{\delta_z}}$$

$\delta_{gz} = M_{gz} / M_z^{\delta_z}$

δ_z → ⊗ → $W_{\delta_z}^{\vartheta}(s)$ → ϑ

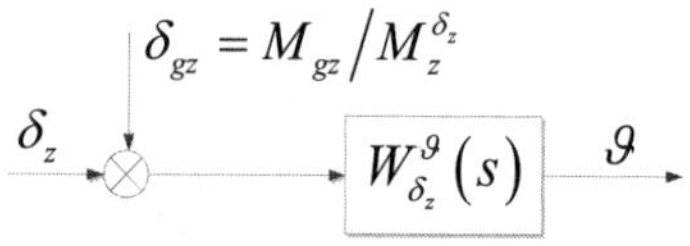

图 9-4 干扰力矩输入的简化

反映导弹短周期纵向扰动运动的结构方块图也可由式（9-56）来直接描述，其组成如图 9-5 所示。

利用图 9-5 分析弹体的气动布局、质心位置对动态特性的影响，进行模拟求解很方便。

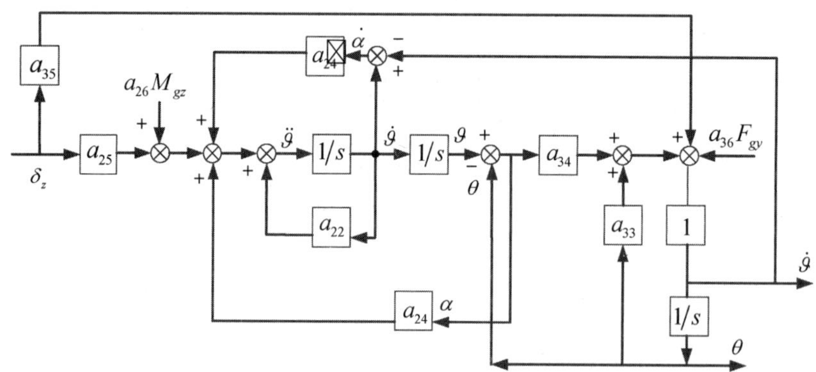

图 9-5 短周期纵向扰动运动的结构方块图

9.4 操纵机构阶跃偏转时的纵向动态特性分析

下面采用短周期扰动运动方程组及由此推导的纵向传递函数讨论短周期扰动运动阶段的纵向动态特性。

9.4.1 稳定性分析

1. 重力对稳定性的影响

由对短周期纵向扰动运动方程组，即式（9-56）的特征方程［式（9-57）］求根的结果（见例 9-1～例 9-4）可知，它是由一对具有负实部的大复根和一个小实根组成的。一对具有负实

部的大复根与没有简化的纵向扰动运动方程组的特征方程的根中的一对具有负实部的大复根很接近，一个小实根根据计算条件不同可为正小实根、负小实根或零根。

由式（9-20）和式（9-21）可知，特征方程为

$$\Delta(\lambda)=\lambda^3+\left(a_{34}-a_{33}-a_{22}-a_{24}'\right)\lambda^2+\left[a_{22}\left(a_{33}-a_{34}\right)-a_{24}+a_{33}a_{24}'\right]\lambda+a_{24}a_{33}=0$$

如果导弹具有静稳定性，则动力系数 $a_{24}<0$。当导弹未扰动运动是定常爬高，即弹道倾角 $\theta_0>0$，动力系数 $a_{33}>0$ 时，系数 $a_{24}a_{33}<0$，不能满足赫尔维茨稳定判据，特征方程具有一个正小实根。因为特征方程的系数 $P_3=a_{24}a_{33}$ 和 P_1、 P_2 相比很小，所以这个正小实根的值很小。当导弹未扰动运动是下滑飞行时，情况完全相反，特征方程有一个负小实根，其值同样很小。当导弹未扰动运动是水平直线飞行时，因为 $\theta_0=0$，所以系数 $a_{33}a_{24}=0$，特征方程有零根。但是上述这个小实根的正负并不完全反映导弹的实际情况。由表 9-3 可见，例 9-2 中不简化的特征方程的根 $\lambda_{3,4}$ 是一对具有负实部的小复根，而短周期纵向扰动运动的特征方程的根 λ_3 却是正根；例 9-3 中的特征方程的根为一个负小实根和一个正小实根，而简化后为一个零根。这些都是由于简化误差造成的。但是，由于这个根的值很小，因此无论它是正值还是负值，对短暂（几秒钟）的弹体动态特性的影响都极小。

当导弹未扰动运动是水平直线飞行（$\theta_0=0$）时，短周期纵向扰动运动的计算表明，在偶然干扰的作用下，短周期纵向扰动运动结束时，俯仰角将保持一个常值偏量，而攻角则衰减到未受干扰前的状态，如例 9-4 中的飞行器，当它受到偶然干扰后，通过式（9-56）计算运动参数偏量的过渡过程，得

$$\Delta\vartheta(t)=1.98^\circ\mathrm{e}^{-0.376t}\sin\left(139.054^\circ t-1.22^\circ\right)+1.956^\circ$$

$$\Delta\alpha(t)=2.0021^\circ\mathrm{e}^{-0.376t}\sin\left(139.054^\circ t-87.76^\circ\right)$$

实际上，俯仰角的常值偏量项是由于简化了长周期运动造成的。如果考虑长周期运动，则运动参数偏量应为

$$\Delta\vartheta(t)=1.98^\circ\mathrm{e}^{-0.376t}\sin\left(139.01^\circ t-1.16^\circ\right)+1.964^\circ\mathrm{e}^{-0.003t}\sin\left(4.297t-1.28^\circ\right)$$

$$\Delta\alpha(t)=2.003\mathrm{e}^{-0.376t}\sin\left(139.01^\circ t-87.93^\circ\right)+0.05^\circ\mathrm{e}^{-0.003t}\sin\left(4.297t-0.2^\circ\right)$$

因此，在进入长周期运动阶段后，$\Delta\vartheta$ 并不是一个常数，而是缓慢变小的。在短周期运动阶段，这一项也不是常数项，也在缓慢变小，但是由于它的变化很微小，因此，在短暂的几秒钟内，把它看作常数带来的误差不大。

2．动态稳定的极限条件

当不考虑重力的影响，即 $a_{24}a_{33}=0$ 时，特征方程的一个小根近似为零，但对其余两个大根影响不大（见表 9-3）。此时，$W_{\delta_z}^{\dot\vartheta}$、$W_{\delta_z}^{\dot\theta}$ 和 $W_{\delta_z}^{\alpha}$ 的特征方程为

$$\Delta(\lambda)=\lambda^2+\left(a_{34}-a_{22}-a_{24}'\right)\lambda-\left(a_{22}a_{34}+a_{24}\right)=0 \tag{9-92}$$

或

$$T_M^2\lambda^2+2\xi_M T_M\lambda+1=0 \tag{9-93}$$

它的根为

$$\lambda_{1,2}=\frac{-\xi_M\pm\sqrt{\xi_M^2-1}}{T_M}=-\frac{1}{2}\left(a_{34}-a_{22}-a_{24}'\right)\pm\sqrt{\frac{1}{4}\left(a_{34}-a_{22}-a_{24}'\right)^2+\left(a_{22}a_{34}+a_{24}\right)} \tag{9-94}$$

如果$\frac{1}{4}(a_{34}-a_{22}-a_{24}')^2+(a_{22}a_{34}+a_{24})\geqslant 0$（$\xi_M\geqslant 1$），则$\lambda_{1,2}$为两个实根；当$a_{22}a_{34}+a_{24}=0$时，出现一个零根，这时导弹的扰动运动是中立稳定的；当$a_{22}a_{34}+a_{24}>0$时，因为$a_{34}-a_{22}-a_{24}'>0$，所以必然会出现一个正实根，这时导弹的未扰动运动是不稳定的。因此，导弹具有纵向稳定性的条件为

$$a_{22}a_{34}+a_{24}<0 \tag{9-95}$$

这个不等式称为动态稳定的极限条件。

需要特别指出的是，这里讨论的是两个大根对应的$\Delta\dot{\vartheta}$、$\Delta\dot{\theta}$、Δn_y和$\Delta\alpha$的动态稳定性。

将动力系数表达式代入式（9-95），得到

$$\frac{M_z^\alpha}{J_z}<-\frac{M_z^{\omega_z}}{J_z}\frac{P+Y^\alpha}{mV}$$

或

$$-M_z^\alpha>M_z^{\omega_z}\frac{P+Y^\alpha}{mV} \tag{9-96}$$

因为$M_z^{\omega_z}$总是负值，而$\frac{P+Y^\alpha}{mV}$则为正值，所以式（9-96）的右边是一个负数。因此，如果导弹具有静稳定性，即$M_z^\alpha<0$，那么式（9-96）一定成立。也就是说，导弹的运动一定是稳定的。如果导弹虽然是静不稳定的（$M_z^\alpha>0$），但是静不稳定度很小，而导弹阻尼$M_z^{\omega_z}$及法向力$\frac{P+Y^\alpha}{mV}$却很大，那么也有可能满足式（9-96），此时，导弹的运动还是稳定的。但是实际上式（9-96）的右边数值是有限的，而且，由于飞行过程中速度、高度、质心等的变化，使得其变化较大，很难保证静不稳定导弹在飞行弹道的各特征点处都满足式（9-96）。因此，对于有翼式导弹，一般都将其设计成静稳定的。例如，例 9-1 中的导弹的动力系数的变化范围为

$$a_{24}\text{为}(-14.47\sim-158)\,\mathrm{s}^{-2}$$
$$a_{22}\text{为}(-0.109\sim-1.755)\,\mathrm{s}^{-1}$$
$$a_{34}\text{为}(0.1966\sim2.412)\,\mathrm{s}^{-1}$$

于是有

$$a_{22}a_{34}+a_{24}<0$$

即此导弹在飞行过程中始终是稳定的。

3. 产生振荡过渡过程的条件

如果$\frac{1}{4}(a_{34}-a_{22}-a_{24}')^2+(a_{22}a_{34}+a_{24})<0$（$\xi_M<1$），则$\lambda_{1,2}$为一对共轭复根，扰动运动是振荡运动。此时

$$\lambda_{1,2}=\frac{-\xi_M}{T_M}\pm\mathrm{i}\frac{\sqrt{1-\xi_M^2}}{T_M}=-\frac{1}{2}(a_{34}-a_{22}-a_{24}')\pm\mathrm{i}\sqrt{-(a_{22}a_{34}+a_{24})-\frac{1}{4}(a_{34}-a_{22}-a_{24}')^2} \tag{9-97}$$

式中

$$\frac{-\xi_M}{T_M}=-\frac{1}{2}(a_{34}-a_{22}-a_{24}')<0 \tag{9-98}$$

由式（9-97）可知，只要满足产生振荡过渡过程的条件，短周期纵向扰动运动一定是稳定的。

当忽略下洗时，产生振荡过渡过程的条件为

$$\frac{1}{4}\left(a_{34}-a_{22}\right)^2+\left(a_{22}a_{34}+a_{24}\right)<0$$

展开整理后得

$$-a_{24}>\left(\frac{a_{34}+a_{22}}{2}\right)^2 \tag{9-99}$$

将动力系数表达式代入式（9-99）后得

$$\frac{-M_z^\alpha}{J_z}>\left(\frac{\dfrac{P+Y^\alpha}{mV}+\dfrac{M_z^{\omega_z}}{J_z}}{2}\right)^2 \tag{9-100}$$

这个不等式右边总是正值。不难看出，要使其产生振荡运动，就需要静稳定度足够大，以满足式（9-99），而且只要满足式（9-99），扰动运动一定是稳定的振荡运动。

由上述讨论可知，产生稳定的振荡运动比产生非周期稳定运动对静稳定度 M_z^α 的要求严格得多。

对例 9-1 中的导弹的动力系数的变化范围进行计算，结果表明，导弹在飞行过程中总满足式（9-99）。由此可见，该导弹的飞行过程不仅是稳定的，还是稳定的振荡运动。

根据上面的讨论，可以把式（9-75）～式（9-77）（传递函数）的分母中的二次三项式的因式分解及其特征方程的根总结成表 9-4。

表 9-4 传递函数分母中的二次三项式的因式分解及其特征方程的根

$a_{22}a_{34}+a_{24}$	ξ_M	As^2+Bs+1	特征方程的根	说明
<0（稳定）	<1	$T_M^2\lambda^2+2\xi_M T_M\lambda+1$	$\lambda_{1,2}=\frac{1}{T_M}\left(-\xi_M\pm\mathrm{i}\sqrt{1-\xi_M^2}\right)$	共轭复根，实部为负值
	$=1$	$(Ts+1)^2$	$\lambda_{1,2}=\frac{1}{T}$	2 个负重根
	>1	$(T's+1)(T''s+1)$	$\lambda_1=-\frac{1}{T'}$，$\lambda_2=-\frac{1}{T''}$	2 个负实根
$=0$（中立稳定）	—	$s(Ts+1)$	$\lambda_1=0$，$\lambda_2=-\frac{1}{T}$	1 个零根
>0（不稳定）	—	$-(T's-1)(T''s+1)$	$\lambda_1=\frac{1}{T'}$，$\lambda_2=-\frac{1}{T''}$	1 个正实根

下面只限于讨论 $a_{22}a_{34}+a_{24}<0$ 的情况。

4．振荡运动的衰减程度和振荡频率

式（9-98）中的 ξ_M/T_M 表示短周期纵向扰动运动的衰减程度，称为阻尼系数或衰减系数。ξ_M/T_M 的值越大，短周期纵向扰动运动衰减得越快。将各动力系数表达式代入式（9-98），求得

$$\frac{\xi_M}{T_M}=\frac{1}{4}\left(\frac{2P/V+c_y^\alpha\rho VS}{m}-\frac{m_z^{\omega_z}\rho VSb_A^2}{J_z}-\frac{m_z^{\dot\alpha}\rho VSb_A^2}{J_z}\right)\approx\frac{1}{4}\left(\frac{2P/V+c_y^\alpha\rho VS}{m}-\frac{m_z^{\omega_z}\rho VSb_A^2}{J_z}\right) \tag{9-101}$$

当速度V增大时，Ma增大，当$Ma>1$时，$m_z^{\omega_z}$和c_y^{α}稍有减小，对衰减系数ξ_M/T_M的影响没有速度的直接影响大。因此，增大速度V将增大衰减系数，使短周期纵向扰动运动的衰减程度变大。

增加飞行高度H，空气密度ρ将减小。例如，当$H=10\text{km}$时，空气密度为海平面处的空气密度的33.7%；当$H=20\text{km}$时，空气密度为海平面处的空气密度的7.25%。因此，导弹纵向短周期运动的衰减程度随着飞行高度H的增加而迅速减小，即导弹的高空稳定性要比低空稳定性差得多。

随着飞行高度H的增加，虽然减小了声速，增大了Ma，当$Ma>1$时，Ma的增大可能引起$m_z^{\omega_z}$和c_y^{α}的减小，但是由于声速减小不多，因此不会使$m_z^{\omega_z}$和c_y^{α}发生很大的变化。

例如，例 9-1 中的导弹对于攻击高空（$H=22\text{km}$）目标的大发射角典型弹道，随着飞行高度的增加，衰减系数减小 90.9%左右，这主要是由于ρ随着飞行高度的增加一直减小为海平面处的空气密度的 5.2%，虽然随着飞行高度的增加（飞行时间增加），飞行速度也有所增加，但是空气密度的减小对衰减系数ξ_M/T_M的减小将起主要作用。该导弹对于攻击低空（$H=3\text{km}$）目标的小发射角典型弹道，随着飞行时间的增加，飞行速度增大，飞行高度也增加，阻尼系数略有增大，ξ_M/T_M由1.79变为1.88，这是由于飞行速度的增大起了主要作用，因为空气密度仅减小为海平面处的空气密度的74.2%。该导弹的阻尼系数总的变化为 0.156～1.9。

由式（9-101）可以看出，静稳定度对导弹自由振荡的衰减并无影响。

由式（9-97）的虚部可得振荡角频率为

$$\begin{aligned}\omega&=\sqrt{-\left(a_{22}a_{34}+a_{24}\right)-\frac{1}{4}\left(a_{34}-a_{22}-a_{24}'\right)^2}\\&\approx\sqrt{-\left(a_{22}a_{34}+a_{24}\right)-\frac{1}{4}\left(a_{34}-a_{22}\right)^2}=\sqrt{-a_{24}-\frac{1}{4}\left(a_{34}+a_{22}\right)^2}\end{aligned}\tag{9-102}$$

把动力系数表达式代入式（9-102），求得

$$\omega=0.707\sqrt{\frac{m_z^{\alpha}\rho VSb_A^2}{J_z}-\frac{1}{8}\left(\frac{2P/V+c_y^{\alpha}\rho VS}{m}+\frac{m_z^{\omega_z}\rho VSb_A^2}{J_z}\right)}\ \text{(rad/s)}\tag{9-103}$$

飞行速度和飞行高度对振荡角频率的影响与对衰减程度的影响一样，增大飞行速度将提高振荡角频率，而增加飞行高度则会降低振荡角频率。

影响导弹自由振荡频率的主要是静稳定系数a_{24}，当$|a_{24}|$的值增大时，振荡频率提高。

若衰减系数

$$\frac{\xi_M}{T_M}=\frac{1}{2}\left(a_{34}-a_{22}-a_{24}'\right)=0$$

则在过渡过程中，振荡频率为

$$\omega_c=\sqrt{-\left(a_{22}a_{34}+a_{24}\right)}=\frac{1}{T_M}\ \text{(rad/s)}\tag{9-104}$$

没有阻尼时的自由振荡频率ω_c称为振荡的固有角频率。以 Hz 为单位的固有频率为

$$f=\frac{\omega_c}{2\pi}$$

根据式（9-104），由于$a_{22}a_{34}\ll a_{24}$，因此

$$\omega_c \approx \sqrt{a_{24}} = \sqrt{\frac{m_z^\alpha \rho V^2 S b_A}{2J_z}} \tag{9-105}$$

可见，导弹的固有频率主要取决于惯性矩、静稳定度和速压。

随着飞行速度和飞行高度及导弹质心位置的变化，导弹的固有频率可能变化若干倍。例如，某地-空导弹在攻击高空目标的典型弹道上，其固有频率的变化范围为 4～11rad/s 。

9.4.2 操纵机构阶跃偏转时的过渡过程

当俯仰操纵机构阶跃偏转时，导弹由一种飞行状态过渡到另一种飞行状态。如果不考虑惯性，则该过渡过程瞬时完成。实际上，由于导弹的惯性，参数 $\dot{\vartheta}$、$\dot{\theta}$、n_y 和 α 是在某一时间间隔内变化的，这个变化过程称为过渡过程。在过渡过程结束时，参数 $\dot{\vartheta}$、$\dot{\theta}$、n_y 和 α 稳定在与操纵机构新位置对应的数值上。

下面研究忽略 a_{33}、a_{35} 和 a'_{24} 动力系数时导弹的过渡过程。

式（9-86）就输出量（如 $\dot{\theta}$、n_y 和 α）而言是一个二阶环节，其传递函数可以写为

$$\frac{\Delta X(s)}{\Delta \delta_z(s)} = \frac{K}{T_M^2 s^2 + 2T_M \xi_M s + 1} \tag{9-106}$$

式中，ΔX 为 $\Delta\dot{\theta}$、Δn_y 和 $\Delta\alpha$ 中的任何一个值；K 为与 ΔX 相对应的传递系数 K_M、$K_M \dfrac{V}{g}$ 和 $K_M T_1$。式（9-106）可变换为

$$\Delta X(s) = \frac{K}{T_M^2 s^2 + 2T_M \xi_M s + 1} \Delta \delta_z(s)$$

当 $\xi_M > 1$ 时，用拉普拉斯逆变换法求出过渡过程 $\Delta X(t)$ 为

$$\Delta X(t) = \left[1 - \frac{1}{2\xi_M\left(\sqrt{\xi_M^2 - 1} - \xi_M\right) + 2} e^{-\left(\frac{\xi_M - \sqrt{\xi_M^2 - 1}}{T_M}\right)t} + \frac{1}{2\xi_M\left(\sqrt{\xi_M^2 - 1} + \xi_M\right) - 2} e^{-\left(\frac{\xi_M + \sqrt{\xi_M^2 - 1}}{T_M}\right)t}\right] K\Delta\delta_z \tag{9-107}$$

这时，过渡过程是由两个衰减的非周期运动组成的。

当 $\xi_M < 1$ 时，用拉普拉斯逆变换法求出过渡过程 $\Delta X(t)$ 为

$$\Delta X(t) = \left[1 - \frac{e^{-\frac{\xi_M}{T_M}t}}{\sqrt{1-\xi_M^2}} \cos\left(\frac{\sqrt{1-\xi_M^2}}{T_M} t - \varphi_1\right)\right] K\Delta\delta_z \tag{9-108}$$

式中

$$\tan\varphi_1 = \frac{\xi_M}{\sqrt{1-\xi_M}}$$

俯仰角速度 $\Delta\dot{\vartheta}(t)$ 的过渡函数由式（9-86）中的第 1 个方程和式（9-108）可得

$$\frac{\Delta\dot{\vartheta}(t)}{K\Delta\delta_z} = 1 - e^{-\frac{\xi_M}{T_M}t} \sqrt{\frac{1 - 2\xi_M \dfrac{T_1}{T_M} + \left(\dfrac{T_1}{T_M}\right)^2}{1-\xi_M^2}} \cos\left(\frac{\sqrt{1-\xi_M^2}}{T_M} t + \varphi_1 + \varphi_2\right) \tag{9-109}$$

$$\tan\left(\varphi_1+\varphi_2\right)=\frac{\dfrac{T_1}{T_M}-\xi_M}{\sqrt{1-\xi_M^2}}$$

对式（9-108）和式（9-109）进行积分，可得 $\xi_M<1$ 时的俯仰角 $\Delta\vartheta$ 和弹道倾角 $\Delta\theta$ 的过渡函数分别如下：

$$\left.\begin{aligned}&\frac{\Delta\vartheta}{K\Delta\delta_z}=T_M\left[\frac{t}{T_M}-2\xi_M+\frac{T_1}{T_M}-\mathrm{e}^{-\frac{\xi_M}{T_M}t}\sqrt{\frac{1-2\xi_M\dfrac{T_1}{T_M}+\left(\dfrac{T_1}{T_M}\right)^2}{1-\xi_M^2}}\sin\left(\frac{\sqrt{1-\xi_M^2}}{T_M}t+\varphi_2\right)\right]\\&\tan\varphi_2=\frac{\sqrt{1-\xi_M^2}\left(\dfrac{T_1}{T_M}-2\xi_M\right)}{1-2\xi_M^2+\xi_M\dfrac{T_1}{T_M}}\end{aligned}\right\}\tag{9-110}$$

$$\left.\begin{aligned}&\frac{\Delta\vartheta}{K\Delta\delta_z}=T_M\left[\frac{t}{T_M}-2\xi_M-\frac{\mathrm{e}^{-\frac{\xi_M}{T_M}t}}{\sqrt{1-\xi_M^2}}\sin\left(\frac{\sqrt{1-\xi_M^2}}{T_M}t-2\varphi_1\right)\right]\\&\tan2\varphi_1=\frac{2\xi_M\sqrt{1-\xi_M^2}}{1-2\xi_M^2}\end{aligned}\right\}\tag{9-111}$$

将式（9-109）和式（9-110）所描述的过渡过程图线绘于图 9-6 中，相应的过渡过程图线绘于图 9-7 中。

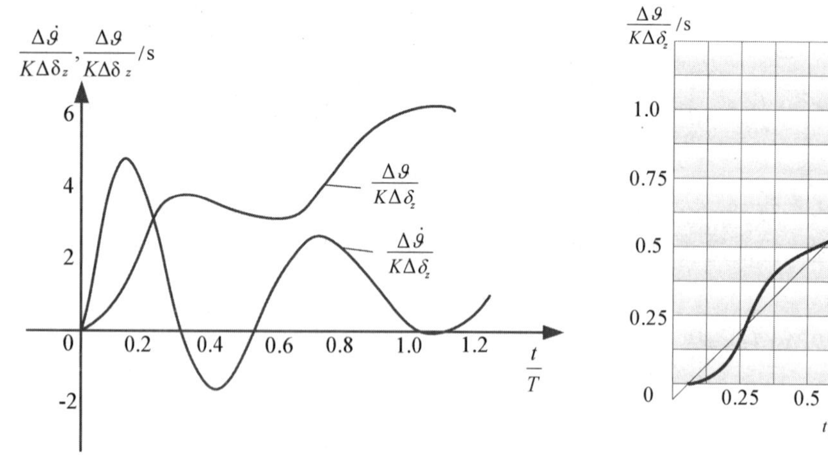

图 9-6　$\Delta\dot\vartheta$ 和 $\Delta\vartheta$ 在过渡过程中的变化

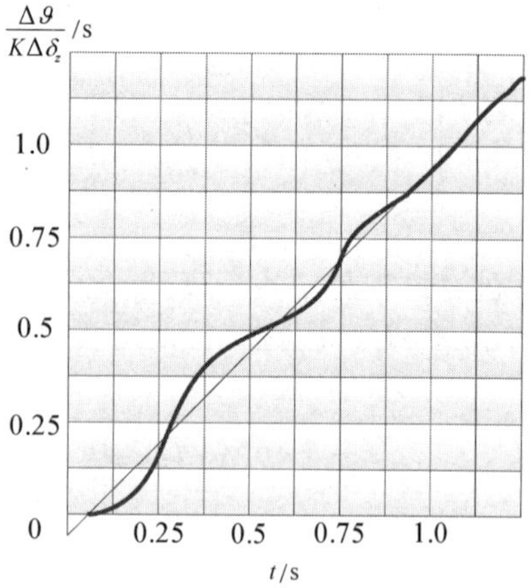

图 9-7　$\Delta\theta$ 在过渡过程中的变化

下面比较 $\Delta\alpha$ 和 $\Delta\theta$ 的振荡项振幅。攻角的振荡过程用式（9-108）来描述，而该式中的 K 应代入攻角的传递系数 $K_M T_1$。比较式（9-111）和式（9-108）后可以看出，弹道倾角的振荡项振幅是攻角的振荡项振幅的 $\dfrac{T_1}{T_M}$。对大多数固定弹翼式导弹来说，数值

$$\frac{T_1}{T_M}=\frac{\sqrt{-\left(a_{22}a_{34}+a_{24}\right)}}{a_{34}}$$

是很大的，以至于纵轴的振动实质上可以归于攻角的振动。

由图 9-6、图 9-7 可见，导弹操纵机构阶跃偏转后如果保持不变，则只能使攻角/俯仰角速度和弹道倾角角速度达到稳定状态，而俯仰角和弹道倾角则是随时间增大的。

在自动控制理论中，对阶跃作用下的过渡过程的主要品质进行评价的指标有传递系数、过渡过程时间，以及过渡过程中输出量的最大偏量、超调量和振荡次数等。下面分别进行讨论。

9.4.3 导弹的传递系数

1. 导弹传递函数的表达式及其简化

传递系数（放大系数）为稳态时输出量与输入量的比。对于给定的传递函数 $W(s)$，传递系数 K 由如下关系式确定：

$$K=\lim_{s\to 0}W(s) \tag{9-112}$$

导弹纵向传递系数 K 为过渡过程结束时，导弹纵向运动参数偏量的稳态值与升降舵偏角之比。根据式（9-112）可直接由式（9-75）～式（9-77）得到导弹的传递系数：

$$K_M=\frac{\Delta\dot{\vartheta}_s}{\Delta\delta_z}=\frac{\Delta\dot{\theta}_s}{\Delta\delta_z}=\frac{-a_{25}a_{34}+a_{24}a_{35}}{a_{24}+a_{22}a_{34}} \tag{9-113}$$

当 $|a_{22}a_{34}|\ll|a_{24}|$，且 $|a_{24}a_{35}|\ll|a_{25}a_{34}|$ 时，有

$$K_M\approx-\frac{a_{25}}{a_{24}}a_{34}=-\frac{m_z^{\delta_z}}{m_z^{\alpha}}\frac{P+Y^{\alpha}}{mV} \tag{9-114}$$

例如，某地-空导弹攻击高空（$H=22\text{km}$）目标的典型弹道，经计算得到传递系数值如表 9-5 所示。其中，导弹纵向传递系数 K_M 的精确值与近似值分别用式（9-113）和式（9-114）进行计算。可以看出，所得近似值与精确值差别不大，说明用式（9-114）来进行初步讨论是可行的。

表 9-5　某地-空导弹传递系数的精确值与近似值的比较

H/m	1067.7	4526	8210	14288	22038
$V/\text{m}\cdot\text{s}^{-1}$	546.9	609.2	701.5	880.3	1090.9
a_{22}/s^{-1}	−1.488	−0.132	−0.7748	−0.3528	0.1127
a_{24}'/s^{-1}	−0.2709	−0.1754	−0.0978	−0.0300	0.0064
a_{25}/s^{-1}	−66.54	−54.93	−41.52	−21.59	7.967
a_{34}/s^{-1}	1.296	1.126	0.900	0.514	0.206
a_{24}/s^{-2}	104.7	−91.97	−76.51	−46.44	17.70
a_{35}/s^{-1}	0.129	0.106	0.076	0.036	0.012
K_M/s^{-1}（精确值）	0.6815	0.5593	0.4088	0.2024	0.0805
K_M/s^{-1}（近似值）	0.8236	0.6725	0.4884	0.2390	0.0926

导弹法向过载的传递系数为

$$K_{n_y}=\frac{\Delta n_{ys}}{\Delta\delta_z}=\frac{V}{g}\left(\frac{\Delta\dot{\theta}_s}{\Delta\delta_z}\right)=\frac{V}{g}K_M=\frac{-a_{25}a_{34}+a_{24}a_{35}}{a_{24}+a_{22}a_{34}}\frac{V}{g}\approx-\frac{a_{25}a_{34}}{a_{24}}\frac{V}{g} \tag{9-115}$$

导弹攻角的传递系数为

$$K_\alpha=\frac{\Delta\alpha_s}{\Delta\delta_z}=-\frac{a_{25}+a_{22}a_{35}}{a_{24}+a_{22}a_{34}} \tag{9-116}$$

当$|a_{22}a_{35}|\ll|a_{25}|$，且$|a_{22}a_{34}|\ll|a_{24}|$时，有

$$K_\alpha\approx-\frac{a_{25}}{a_{24}}=-\frac{m_z^{\delta_z}}{m_z^\alpha} \tag{9-117}$$

$$\frac{\Delta\dot{\vartheta}_s}{\Delta\alpha_s}=\frac{-a_{24}a_{35}+a_{25}a_{34}}{a_{25}+a_{22}a_{35}}\approx a_{34}=\frac{P+Y^\alpha}{mV}\ (\mathrm{s}^{-1}) \tag{9-118}$$

对于具有静稳定性的正常式或无尾式布局导弹，因为$a_{24}<0$，$a_{25}<0$，而$a_{34}>0$，且$|a_{25}a_{34}|\ll|a_{24}a_{35}|$，所以传递系数$K_M$、$K_{n_y}$和$K_\alpha$均为负值。对于具有静稳定性的鸭式和旋转弹翼式布局导弹，因为$a_{25}>0$，所以这些传递系数均为正值。

2. 传递系数的物理意义

传递系数K_M表示操纵机构偏转角与弹道倾角角速度变化之间的关系，即

$$\Delta\dot{\theta}_s=K_M\Delta\delta_z \tag{9-119}$$

K_M越大，$\Delta\dot{\theta}_s$越大，导弹的机动性越好。

当操纵机构偏转$\Delta\delta_z$角时，过渡过程结束后，稳态法向过载为

$$\Delta n_{ys}=K_M\frac{V}{g}\Delta\delta_z \tag{9-120}$$

显然，最大可能的稳态过载即可用过载，为

$$n_{yp}=K_M\frac{V}{g}\delta_{z\max}+\left(n_{ys}\right)_{\delta_z=0} \tag{9-121}$$

式中，n_{yp}为法向可用过载；$\left(n_{ys}\right)_{\delta_z=0}$为$\delta_z=0$时产生的法向过载。对轴对称导弹，$\left(n_{ys}\right)_{\delta_z=0}$为零；对于面对称导弹，其值或者为零，或者很小，一般可不考虑。

过载传递系数$K_M V/g$的值应当足够大，以便使任意弹道上每点的可用过载都超过需用过载，并具有必需的裕量。

当操纵机构偏转$\Delta\delta_z$角时，攻角改变的值为

$$\Delta\alpha_s=K_\alpha\Delta\delta_z$$

攻角传递系数K_α表征操纵机构的效率，即操纵机构改变攻角的能力。

式（9-118）说明，过渡过程结束后，攻角稳态值与弹道倾角角速度稳态值之比取决于动力系数a_{34}。换言之，如果力矩系数之比$m_z^\alpha/m_z^{\delta_z}$已定，则在同样的升降舵偏角下，虽然攻角稳态值不变，但是随着动力系数a_{34}的增大，弹道倾角角速度稳态值增大，即导弹的机动性变好。

3. 传递系数与飞行高度、飞行速度及质心位置等的关系

对于同一导弹，如果飞行情况不同，那么它的传递系数K_M会有很大变化。由表 9-5 可见，导弹在低空飞行时，如$H=1067.7\mathrm{m}$，传递系数$K_M=0.6815$；而导弹在高空飞行时，如$H=22038\mathrm{m}$，$K_M=0.0805$，传递系数减小约88.2%。可见，传递系数随飞行状态的改变而变

化很大。

传递系数 K_M 随着飞行状态变化的原因可由式（9-118）进行分析。考虑到多数有翼式导弹的推力 P 要比升力导数 Y^α 小得多，故可将传递系数进一步简化为

$$K_M = \frac{-m_z^{\delta_z}}{m_z^\alpha}\frac{Y^\alpha}{mV} = \frac{-m_z^{\delta_z}}{m_z^\alpha}\frac{\rho V c_y^\alpha S}{2m} \tag{9-122}$$

可见，当飞行高度增加时，由于空气密度 ρ 减小，使得 Y^α 减小，当其他参数都不发生变化时，传递系数 K_M 减小。这意味着飞行高度增加，导弹的操纵性能变坏。

当飞行速度 V 增大，而其他参数不发生变化时，传递系数 K_M 增大。

当静稳定度 $\left|m_z^\alpha\right|$ 增大时，传递系数减小，这意味着静稳定度的增大会使导弹的操纵性能变坏。为了保证导弹具有一定的操纵性和稳定性，就必须把 m_z^α 限制在一定的范围内，即限制导弹质心在一定范围内。质心的后限是为了保证导弹具有一定的静稳定性，质心的前限应使导弹满足必要的操纵性能。

由表 9-5 可见，该地-空导弹随着飞行时间的增加，飞行高度增加、飞行速度增大，导弹质量减小，导弹传递系数 K_M 减小。这是因为空气密度 ρ 的减小对 K_M 的影响大大超过飞行速度的增大和质量的减小对 K_M 的影响。但是，在攻击低空目标的典型弹道上，传递系数随飞行高度的增加，由 $K_M = 0.6883$ 变为 $K_M = 0.9607$，这是因为随着飞行时间的增加，飞行高度增加，但空气密度 ρ 减小较少，飞行速度的增大起主要作用。

传递系数 K_M 决定导弹的机动性，一般要求在飞行弹道上，K_M 变化不要太大。通常可以采取以下两种方法来实现。

（1）对弹体进行部位安排时，使质心位置 x_G 和焦点位置 x_F 的变化抵消飞行速度和飞行高度的影响。因为式（9-122）可以写为

$$K_M \approx \frac{-m_z^{\delta_z}}{x_G - x_F}\frac{\rho V S}{2m} \tag{9-123}$$

所以，如果所设计的导弹在飞行过程中能使比值 $\rho V/\left(x_G - x_F\right)$ 变化不大，则可减小传递系数 K_M 的变化范围，从而有利于改善导弹的操纵性能。

（2）在飞行过程中改变弹翼的形状和位置，以便调节导弹焦点来适应飞行速度和飞行高度的改变，从而减小传递系数 K_M 的变化范围。例如，奥利康地-空导弹在主动段飞行时，弹翼可以沿弹体纵轴移动。当然，也可采用自适应控制系统，使系统自动修正以适应被控对象性能的变化。

9.4.4　过渡过程时间

由描述过渡过程的式（9-107）和式（9-108）不难看出，固有角频率 $\omega_c = 1/T_M$ 为独立变量 t 的一个系数。因此，可以改变时间的比例尺度，并引入相对时间 $\overline{t} = t/T_M$，于是式（9-106）可以写为

$$\left(s^2 + 2\xi_M s + 1\right)\Delta X\left(s\right) = K\Delta\delta_z\left(s\right) \tag{9-124}$$

可以看出，过渡过程的特性仅由相对衰减系数 ξ_M 决定，而过渡过程时间轴的比例尺则由 ω_c 决定。图 9-8 给出了由该方程求出的各种不同 ξ_M 值对应的过渡过程曲线。结合自动控制原

理，由曲线$\dfrac{\Delta X}{K\Delta\delta}=f\left(\dfrac{t}{T_M}\right)$可以看出，当$\xi_M=0.75$时，得到的过渡过程最短（以无量纲时间计）。在这种情况下，过渡过程的延续时间等于$t_p\approx 3T_M=3/\omega_c$。当给定$\xi_M$时，过渡过程时间与$\omega_c$成反比，或者说与时间常数$T_M$成正比。而$T_M$的表达式为

$$T_M=\frac{1}{\sqrt{-(a_{22}a_{34}+a_{24})}}$$

表明增大$|a_{22}|$、$|a_{24}|$和a_{34}，将使T_M减小（$|a_{24}|$的影响是主要的），从而有利于缩短过渡过程时间而改善导弹的操纵性能。但是增大动力系数$|a_{24}|$，就要减小传递系数K_M，这对导弹的操纵性能又是不利的。因此，在设计导弹和制导系统时，必须合理地确定导弹的静稳定度。

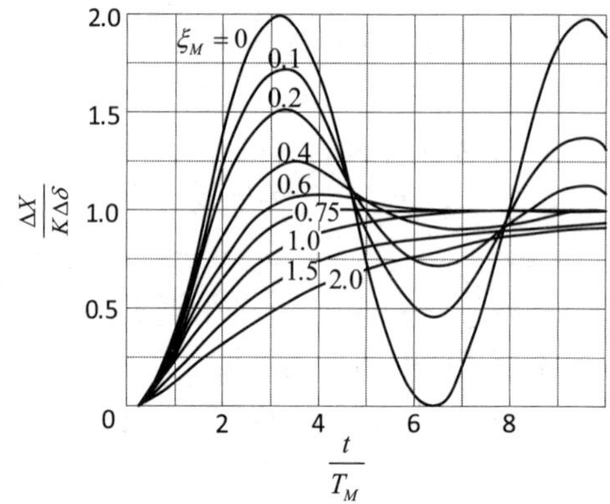

图 9-8 $\Delta\dot{\theta}$、Δn_y 和 $\Delta\alpha$ 的过渡过程特性与相对衰减系数的关系

由式（9-104）可知时间常数T_M与ω_c的关系为

$$\omega_c=\frac{1}{T_M}\approx\sqrt{-a_{24}}$$

以 Hz 为单位的导弹固有频率为

$$f_c\approx\frac{1}{2\pi}\sqrt{\frac{-m_z^\alpha qSb_A}{J_z}}=\frac{1}{2\pi}\sqrt{\frac{-(\bar{x}_G-\bar{x}_F)c_y^\alpha qSb_A}{J_z}} \tag{9-125}$$

说明导弹的静稳定度的大小决定了它的固有频率。增大静稳定度可以减小时间常数，提高固有频率。

时间常数T_M和固有频率f_c还与飞行状态有关。随着飞行高度的增加，f_c会减小；随着飞行速度的增大，f_c会增大。为了减小f_c和T_M的变化范围，要求$(\bar{x}_G-\bar{x}_F)$与速压q成反比，但是这一要求与传递系数K_M的要求，即$(\bar{x}_G-\bar{x}_F)$与ρV成正比相反。因此，在设计弹体与控制系统时，只能采取折中方案，综合考虑对各传递参数的要求。

9.4.5 过渡过程中输出量的最大偏量和超调量

利用以上所得结论求操纵机构阶跃偏转后，参数$\Delta\dot{\theta}$、$\Delta\alpha$、Δn_y的最大值。如上所述，过渡过程的特性仅由相对衰减系数ξ_M决定。

当$\xi_M>1$时，运动参数X的最大偏量等于它的稳态值，即

$$\Delta X_{\max} = \Delta X_{\mathrm{s}} = K\Delta\delta \tag{9-126}$$

当$\xi_M < 1$时，利用式（9-108）写出

$$\Delta X = \Delta X_{\mathrm{s}}\left[1 - \frac{\mathrm{e}^{-\frac{\xi_M}{T_M}t}}{\sqrt{1-\xi_M^2}}\cos\left(\frac{\sqrt{1-\xi_M^2}}{T_M}t - \varphi_1\right)\right] \tag{9-127}$$

在过渡过程中，ΔX 达到最大值的时刻是由条件为$\Delta\dot{X} = 0$所确定的时刻，即

$$t_{\mathrm{p}} = \frac{\pi}{\omega} \tag{9-128}$$

这是过渡过程开始经过半个周期的时刻。这时，ΔX 的最大值为

$$\Delta X_{\max} = \Delta X_{\mathrm{s}}\left(1 + \mathrm{e}^{-\frac{\xi_M}{T_M}\frac{\pi}{\omega}}\right) \tag{9-129}$$

运动参数（过载、攻角等）超过稳态值的增量通常称为超调量，即

$$\Delta X_{\mathrm{p}} = \Delta X_{\max} - \Delta X_{\mathrm{s}} \tag{9-130}$$

相对超调量σ等于超调量与稳态值之比

$$\sigma = \frac{\Delta X_{\max} - \Delta X_{\mathrm{s}}}{\Delta X_{\mathrm{s}}} \tag{9-131}$$

由此可得

$$\Delta X_{\max} = (1+\sigma)\Delta X_{\mathrm{s}} \tag{9-132}$$

显然，当操纵机构做阶跃偏转时，有

$$\sigma = \mathrm{e}^{-\frac{\xi_M}{T_M}\frac{\pi}{\omega}} = \mathrm{e}^{\frac{-\pi\xi_M}{\sqrt{1-\xi_M^2}}} \tag{9-133}$$

可见，在操纵机构阶跃偏转时，相对超调量只取决于相对阻尼系数ξ_M。通常导弹的ξ_M很小，尤其在高空飞行时，ξ_M更小，因此相对超调量σ是很大的。$\Delta X_{\max}$是导弹在所研究的弹道点上操纵机构瞬时偏转$\Delta\delta_z$角后产生的。在一般情况下，σ取决于操纵机构的偏转规律$\delta(t)$，尤其取决于操纵机构的偏转速度。

导弹在飞行过程中的最大过载是导弹结构强度设计中需要考虑的一个重要参数，对于攻击活动目标的导弹，常有可能要求操纵机构急剧偏转到极限位置的控制信号。在弹体响应的过渡过程中，导弹会产生很大的攻角或侧滑角，从而产生大的过载。利用式（9-132）可以确定过渡过程中的最大过载。一般来说，导弹过载的相对超调量取决于导弹自动驾驶仪系统的阻尼特性和操纵机构的偏转速度，相对超调量的大小可以通过计算或由模拟结果确定，或者从飞行试验数据中取得。

作为第一次近似，导弹过载的相对超调量可按式（9-133）进行计算，这时假设操纵机构的偏转速度无限大（操纵机构的偏转速度达(100°~150°)/s 时，偏转速度可以看作无限大）。相对阻尼系数可以通过典型弹道上的特征点计算得到。于是，过渡过程中的最大过载偏量为

$$\Delta n_{y\max} = \Delta n_{y\mathrm{s}}(1+\sigma) = \frac{g}{V}K_M\Delta\delta_z(1+\sigma) \tag{9-134}$$

如果未扰动运动是在可用过载下飞行，那么导弹在飞行过渡过程中的最大法向过载应为

$$n_{y\max} = n_{y\mathrm{P}} + \Delta n_{y\mathrm{s}}(1+\sigma) \tag{9-135}$$

式中

$$n_{yP}=\frac{P\alpha+Y}{G}=-\left(\frac{P+c_y^\alpha qS}{G}\frac{m_z^{\delta_z}}{m_z^\alpha}\right)\Delta\delta_{\max}$$

最严重的情况是，当导弹在可用过载下飞行时，升降舵偏角由一个极限位置突然偏转到另一个极限位置，即由原来的 $-\delta_{z\max}$ 变为 $+\delta_{z\max}$，或者由 $+\delta_{z\max}$ 变为 $-\delta_{z\max}$，这时，升降舵偏角相当于突然偏转了最大值的 2 倍，即

$$\Delta\delta_z=\pm 2\delta_{\max}$$

最大过载偏量为

$$\Delta n_{y\max}=\pm 2n_{y\mathrm{P}}\left(1+\sigma\right) \tag{9-136}$$

最大过载为

$$n_{y\max}=\pm n_{y\mathrm{P}}\pm 2n_{y\mathrm{P}}\left(1+\sigma\right)=\pm n_{y\mathrm{P}}\left(1+2\sigma\right) \tag{9-137}$$

或

$$n_{y\max}=n_{y\mathrm{P}}\left(1+2\mathrm{e}^{-\pi\xi_M}\Big/\sqrt{1-\xi_M^2}\right) \tag{9-138}$$

这时过渡过程中的超调量将增大为原来的 2 倍。

由于 σ 可能达到比较大的数值，因此，在上述情况下，相应的最大过载比可用过载大得多。

当操纵机构以不大的速度偏转时，出现的过载超调量小得多，根据操纵机构偏转速度的不同，对于同一导弹，在飞行弹道的某一点上可以得到不同的过载与时间的关系。图 9-9 给出了升降舵偏角由零增大到最大值时，不同偏转速度对过载超调量的影响。

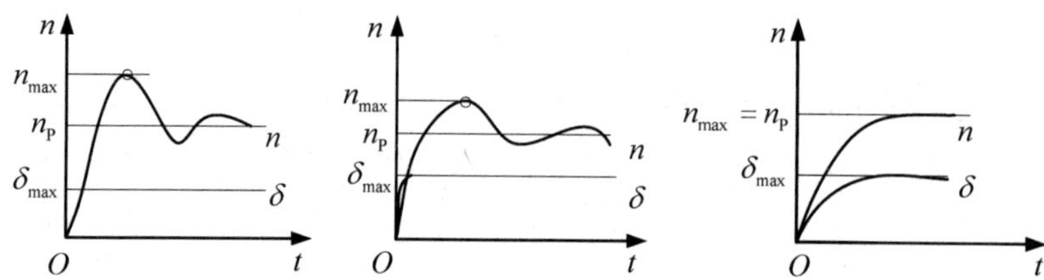

图 9-9　操纵机构偏转速度对过载超调量的影响

在设计导弹及其控制系统时，希望尽可能减小过载超调量，以使进行强度计算时所依据的过载较小。一般来说，减小偏转速度可以减小过载超调量，但是从制导系统的精确度要求出发，操纵机构的偏转应当没有延迟，并且是非常迅速的，对于地−空导弹尤其如此。

为了减小过载的最大值，希望导弹具有比较大的相对阻尼系数 ξ_M：

$$\xi_M=\frac{a_{34}-a_{22}-a_{24}'}{2\sqrt{-\left(a_{22}a_{34}+a_{24}\right)}}=\frac{a_{34}-a_{22}}{2\sqrt{-a_{24}}} \tag{9-139}$$

说明增大动力系数 $|a_{22}|$ 和 a_{34} 对增大 ξ_M 是有利的，而 $|a_{24}|$ 却不能太大。这与传递系数 K_M 对 $|a_{24}|$ 的要求相同。但是当 $|a_{24}|$ 太小时，将使时间常数 T_M 增大，这又会使过渡过程时间增加。将相应的动力系数表达式代入式（9-139）可得

$$\xi_M=\frac{\dfrac{-1}{2J_z}m_z^{\omega_z}\rho VSb_A^2+\dfrac{P}{mV}+\dfrac{1}{2m}c_y^\alpha\rho VS}{2\sqrt{\dfrac{-1}{2J_z}m_z^\alpha\rho V^2Sb_A}} \tag{9-140}$$

式中，P/mV 的值与其他项相比可以略去，式（9-140）可进一步简化为

$$\xi_M \approx \frac{\left(-m_z^{\omega_z}\sqrt{\rho S}b_A^2 / J_z\right)+\left(c_y^{\alpha}\sqrt{\rho S} / m\right)}{2\sqrt{-2m_z^{\alpha}b_A / J_z}} \tag{9-141}$$

可以看出，导弹因受气动外形布局的限制，以及不可能选择过大的弹翼面积，相对阻尼系数 ξ_M 的数值不可能接近 0.75 。例如，某地-空导弹的 ξ_M 为0.04～0.13，某反坦克导弹的 ξ_M 为0.12～0.19 。

ξ_M 与飞行速度无直接关系，因此相对超调量 σ 也不随飞行速度的变化而发生明显的改变。但是 ξ_M 与空气密度有关，随着飞行高度的增加，它将明显地减小，如例 9-1 中的地-空导弹的相对阻尼系数随飞行高度的变化如表 9-6 所示。

表 9-6　例 9-1 中的地-空导弹的相对阻尼系数随飞行高度的变化

H/km	5.03	9.19	13.1	16.17	19.67	22.0
ξ_M	0.121	0.095	0.072	0.056	0.044	0.035

可见，虽然随着飞行时间的增加，飞行高度增加，空气密度 ρ 减小，静稳定度 m_z^{α} 减小，但是空气密度 ρ 的影响是主要的。

为了增大导弹的相对阻尼系数 ξ_M，改善过渡过程品质，特别是为了减小相对超调量，多数导弹都是通过自动驾驶仪的作用来补偿弹体阻尼的不足的。

9.5　弹体的频率特性

弹体的频率特性和传递函数一样，是弹体动态特性的一种表示方法。

求出输入为操纵机构阶跃偏转的传递函数后，就可以进一步求出弹体的频率特性。弹体作为控制对象这一环节出现在制导回路中，因此，如果用频率法进行制导回路设计及分析，就必须先画出弹体的频率特性曲线。

所谓弹体的频率特性，其物理意义就是指，当操纵机构做谐波规律振动时，导弹运动参数的响应特性，有时也称为导弹对于操纵机构偏转的跟随特性。

假设操纵机构按谐波规律偏转，则

$$\delta(t) = \delta_0 \sin\omega_{\mathrm{B}} t$$

式中，δ_0 为操纵机构偏转振幅（°）；ω_{B} 为操纵机构偏转频率（°/s）。

导弹的扰动运动是由自由扰动运动和强迫扰动运动叠加而成的。自由扰动运动可以是非周期的，也可以是振荡的，强迫扰动运动的频率与 ω_{B} 相同。例如，在操纵机构按谐波规律偏转的情况下，运动参数偏量 $\Delta\dot{\theta}$、Δn_y 和 $\Delta\alpha$ 的变化用如下方程来描述：

$$T_M^2\ddot{x} + 2\xi_M T_M \dot{X} = K\delta_0 \sin\omega_{\mathrm{B}} t \tag{9-142}$$

该方程的通解可以表示为

$$X = C_1\mathrm{e}^{\lambda_1 t} + C_2\mathrm{e}^{\lambda_2 t} + D\delta_0 \sin\left(\omega_{\mathrm{B}} + \varphi\right) \tag{9-143}$$

式中，D 和 φ 的值分别用下列公式确定：

$$D(\omega_B)=\frac{K}{\sqrt{\left(1-\omega_B^2T_M^2\right)^2+4\xi_M^2\omega_B^2T_M^2}} \tag{9-144}$$

$$\varphi(\omega_B)=-\arctan\frac{2\xi_M\omega_BT_M}{1-\omega_B^2T_M^2} \tag{9-145}$$

从式（9-143）中可以看出，参数$\Delta\dot{\theta}$、Δn_y和$\Delta\alpha$相对于操纵机构的振荡具有相位延迟。例如，就绝对值而言，$\Delta\dot{\theta}$、Δn_y和$\Delta\alpha$的最大值在δ_z的最大值之后才出现。

如果$\xi_M<1$，则根λ_1和λ_2为共轭复根，这时式（9-143）的通解可以表示为

$$X=C\frac{e^{\frac{-\xi_M}{T_M}}}{\sqrt{1-\xi_M^2}}\cos\left(\frac{\sqrt{1-\xi_M^2}}{T_M}t-\varphi_1\right)+D\delta_0\sin(\omega_Bt+\varphi) \tag{9-146}$$

式中，C和φ_1为根据初始条件确定的任意常数。

在两个通解，即式（9-143）和式（9-146）中，表达式

$$X_f=C_1e^{\lambda_1t}+C_2e^{\lambda_2t} \tag{9-147}$$

和

$$X_f=C\frac{e^{\frac{-\xi_M}{T_M}}}{\sqrt{1-\xi_M^2}}\cos\left(\frac{\sqrt{1-\xi_M^2}}{T_M}t-\varphi_1\right) \tag{9-148}$$

为齐次方程的通解，对应导弹的自由扰动运动；表达式

$$X_B=D\delta_0\sin(\omega_Bt+\varphi) \tag{9-149}$$

为式（9-142）的特解，对应导弹的强迫扰动运动。

当初始条件$t=0$时，$X(0)=0$，强迫扰动运动过程开始，X_f和X_B的绝对值相等，但正负号相反，即

$$X=X_f+X_B=0$$

接着，自由扰动运动比较快地衰减，经过一定的时间间隔后，导弹的扰动运动就只剩下强迫扰动运动，如图 9-10 所示。

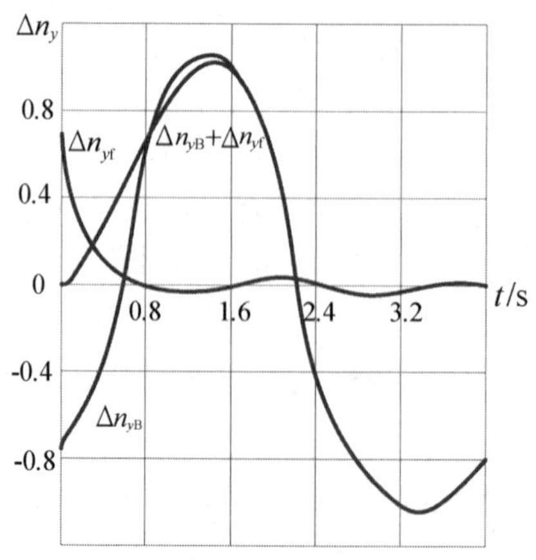

图 9-10　导弹的强迫扰动运动开始时过载偏量的变化

结构参数和气动参数对导弹的自由扰动运动的影响前面已经讨论过，这里和在自动控制理论中一样，仅限于研究导弹的强迫扰动运动。这样，导弹的频率特性就可以理解为操纵机构按不同频率的谐波规律振动时，导弹的强迫扰动运动响应特性。

幅频特性 $D(\omega_{\mathrm{B}})$ 给出了强迫扰动运动的振幅 $D\delta_0$ 与操纵机构振幅 δ_0 的比值随操纵机构振荡角频率 ω_{B} 的变化而变化的关系。式（9-144）和根据该表达式在图 9-11 上画出的图线是幅频特性的一个例子，这是对应振荡环节的幅频特性。

相频特性 $\varphi(\omega_{\mathrm{B}})$ 给出了强迫扰动运动的相位相对于操纵机构振荡相位的偏移随操纵机构振荡角频率 ω_{B} 的变化而变化的关系，根据式（9-145）在图 9-12 上画出了各种相对阻尼系数 ξ_M 情况下的相位移 φ 与频率比 $\omega_{\mathrm{B}}/\omega_{\mathrm{c}}$ 的关系曲线，这是对应振荡环节的相频特性。

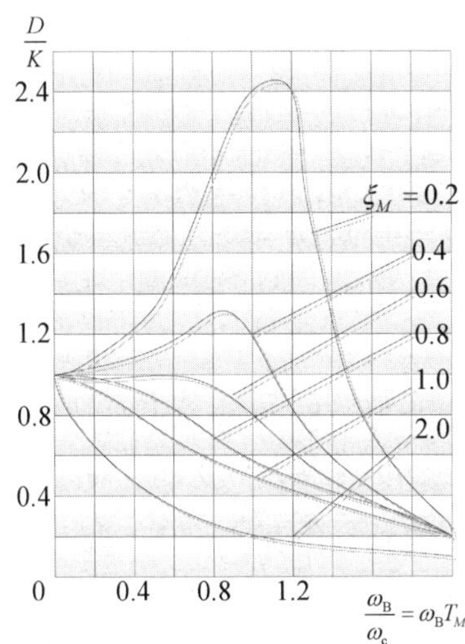

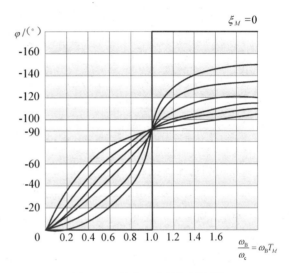

图 9-11　振荡环节的幅频特性

图 9-12　振荡环节的相频特性

频率特性的作图方法可参看自动控制理论有关图书，开环系统输出端的强迫谐波振荡的振幅与输入端的谐波振荡的振幅的比值等于该系统传递函数 $W(s)$ 在 $s=\mathrm{i}\omega$ 时的模值，即

$$D(\omega)=\left|W(\mathrm{i}\omega)\right| \tag{9-150}$$

当 $s=\mathrm{i}\omega$ 时，该传递函数的相角等于输出端强迫扰动运动相对于输入端谐波振荡的相位移，即

$$\varphi(\omega)=\arg W(\mathrm{i}\omega) \tag{9-151}$$

从式（9-86）中可以看出，如果输出参数为 $\Delta\dot{\theta}$ 、Δn_y 和 $\Delta\alpha$ ，那么导弹的动态特性可用振荡环节的传递函数来描述。而振荡环节的频率特性表示在图 9-11 和图 9-12 中。

由图 9-11 可以看出，当阻尼很小，且操纵机构振荡角频率 ω_{B} 接近振荡固有频率 ω_{c} 时，会出现共振现象。此时，导弹运动参数的振幅大于过渡过程结束稳态时的振幅，即

$$D\delta_0 > K\delta_0$$

当

$$\frac{\omega_{\mathrm{B}}}{\omega_{\mathrm{c}}}=\sqrt{1-2\xi_M^2} \tag{9-152}$$

时，得到振幅的最大值。

当 $\omega_{\mathrm{B}}/\omega_{\mathrm{c}}=1$ 时，操纵机构振荡角频率与固有频率一致，而固有频率就是没有阻尼（ $\xi_M=0$ ）时的自由振荡频率。

当$\omega_{\mathrm{B}}/\omega_{\mathrm{c}}=\sqrt{1-\xi_M^2}$时，操纵机构振荡角频率与有阻尼情况下的自由振荡频率一致。因此，出现最大振幅的频率比有阻尼情况下的自由振荡频率稍低些。

由于ξ_M的值很小时出现的共振现象最为严重，因此通常将固有频率ω_{c}当作共振频率，即

$$\omega_{\mathrm{c}}=\sqrt{-\left(a_{24}+a_{22}a_{34}\right)} \tag{9-153}$$

总之，固有频率ω_{c}（或时间常数$T_M=1/\omega_{\mathrm{c}}$）对弹体动态特性的影响仅次于传递系数$K$。

如果使操纵机构以频率ω_{c}或与之接近的频率偏转，则在阻尼很小时，可以使导弹得到很大的过载和攻角。为了避免共振，控制系统应当使操纵机构振荡角频率不要接近导弹的固有频率。

现在研究导弹的相频特性。由式（9-142）～式（9-145）可知，$\Delta\dot{\theta}$、Δn_y和$\Delta\alpha$的振荡相位相同。当$K>0$时，$\Delta\dot{\theta}$、Δn_y和$\Delta\alpha$的强迫扰动运动相位

$$\varphi=-\arctan\frac{2\xi_M\omega_{\mathrm{B}}T_M}{1-\omega_{\mathrm{B}}^2T_M^2} \tag{9-154}$$

滞后于操纵机构谐波振荡相位，如图 9-12 所示。式（9-154）中的负号说明产生了相位滞后。

随着$\omega_{\mathrm{B}}/\omega_{\mathrm{c}}=\omega_{\mathrm{B}}T_M$的增大，相位移也增大。当$\omega_{\mathrm{B}}/\omega_{\mathrm{c}}=0$时，$\varphi=0$；当$\omega_{\mathrm{B}}=\omega_{\mathrm{c}}$，即共振时，相位移$\varphi=-90^\circ$；当$\omega_{\mathrm{B}}/\omega_{\mathrm{c}}=\infty$时，$\varphi=-180^\circ$。从图 9-12 中可见，除了$\xi_M=0$的情况，$\Delta\dot{\theta}$、$\Delta n_y$和$\Delta\alpha$的振荡在相位上经常滞后于操纵机构的振荡。当没有阻尼（$\xi_M=0$）时，在ω_{B}从零到ω_{c}的范围内没有相位移，而当$\omega_{\mathrm{B}}>\omega_{\mathrm{c}}$时，相位移为$-180^\circ$。在这两种情况（$\varphi=0$或$\varphi=-180^\circ$）下，参数$\Delta\dot{\theta}$、$\Delta n_y$和$\Delta\alpha$的绝对值与操纵机构的偏转角成正比，即导弹无延迟地跟随操纵机构偏转。因此，导弹理想地跟随操纵机构偏转只有在没有阻尼（$\xi_M=0$）时才能实现。

在设计控制系统时，总是把导弹的频率特性绘成图线。由自动控制理论可知，采用对数频率特性曲线可以使运算大大简化。这主要是因为将传递函数分为简单的典型环节后，利用对数就可以将各环节的振幅和相位分别相加得出总的频率特性曲线，所以实践中经常采用这种方法。

例 9-8 某型地－空导弹在飞行 18s 时，弹体传递函数为$W_{\delta_z}^{\vartheta}(s)=\dfrac{4.15(0.392s+1)}{s(0.1342^2s^2+2\times0.274\times0.1342s+1)}$，试绘制导弹传递函数的频率特性曲线。

［解］上述传递函数是由下列 4 个典型环节组成的。

（1）放大环节：

$$W_1(s)=4.15$$

（2）一阶微分环节：

$$W_2(s)=0.393s+1$$

（3）积分环节：

$$W_3(s)=\frac{1}{s}$$

（4）振荡环节：

$$W_4(s)=\frac{1}{0.1342^2s^2+2\times0.274\times0.1342s+1}$$

各典型环节及总的对数频率特性曲线绘于图 9-13 中。

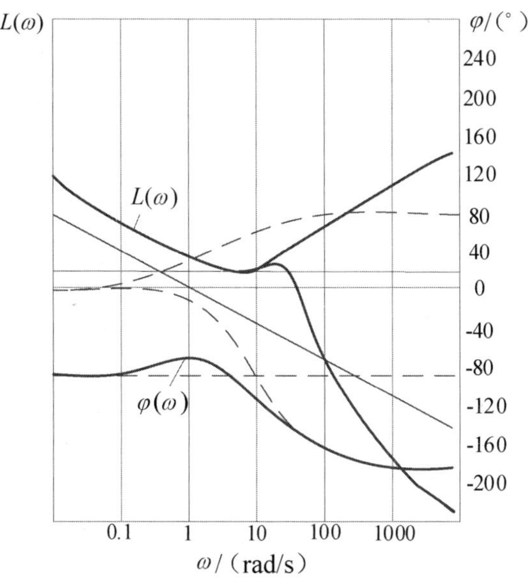

图 9-13　各典型环节及总的对数频率特性曲线

例 9-9　某型导弹根据动力系数求得的参数为$|K|=1.4$，$T_M=0.1$，$\xi_M=0.15$，$T_1=0.42$。这时，弹体的传递函数应为 $W_{\delta_z}^{\dot{\vartheta}}(s)=\dfrac{1.4}{0.1^2s^2+2\times0.15\times0.1s+1}$，$W_{\delta_z}^{\alpha}(s)=\dfrac{1.4\times0.42}{0.1^2s^2+2\times0.15\times0.1s+1}$，$W_{\delta_z}^{\vartheta}(s)=\dfrac{1.4}{s\left(0.1^2s^2+2\times0.15\times0.1s+1\right)}$，$W_{\theta}^{\vartheta}(s)=W_{\dot{\theta}}^{\dot{\vartheta}}(s)=T_1s+1=0.42s+1$。试绘制导弹传递函数的频率特性曲线。

[解] 这 4 个传递函数的对数频率特性曲线分别如图 9-14～图 9-16 所示。

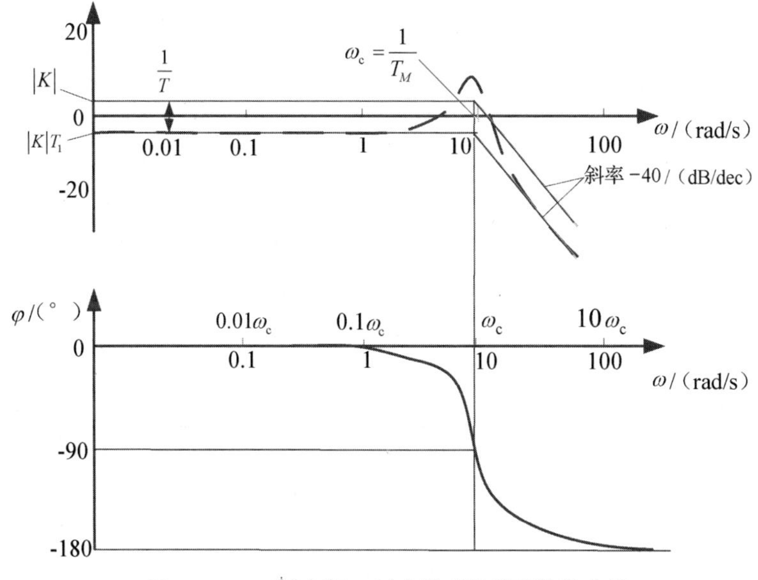

图 9-14　$W_{\delta_z}^{\dot{\vartheta}}(s)$和$W_{\delta_z}^{\alpha}(s)$的对数频率特性曲线

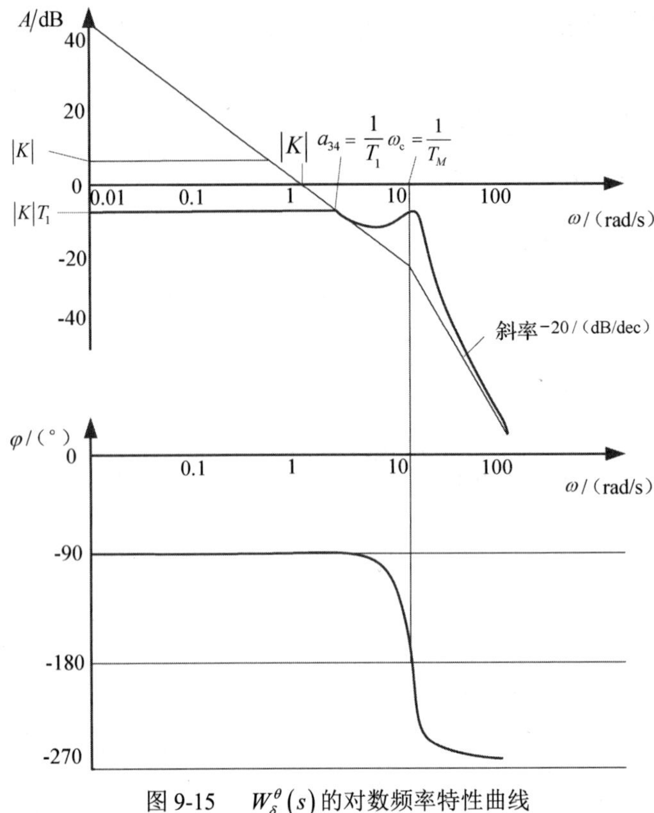

图 9-15　$W_{\delta_z}^{\theta}(s)$ 的对数频率特性曲线

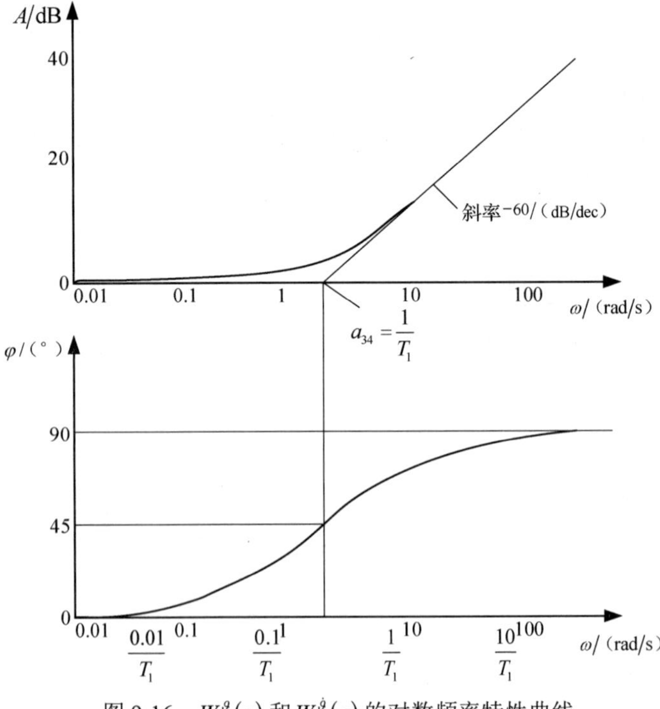

图 9-16　$W_{\theta}^{\vartheta}(s)$ 和 $W_{\dot{\theta}}^{\dot{\vartheta}}(s)$ 的对数频率特性曲线

从上面的例子中可以看出，只要知道了传递函数的形式，以及参数$|K|$、T_M、ξ_M和T_1，传递函数的频率特性就可以求出。

习题 9

1．简述动力系数 a_{22}、a_{24}、a_{25}、a_{34} 的物理意义。

2．已知某吸气式超声速导弹在 $H=16000\text{m}$ 的高度上巡航飞行，飞行速度 $V=855\text{m/s}$，动力系数分别为 $a_{11}=0.0012\text{s}^{-1}$，$a_{12}=0$，$a_{13}=-9.8017\text{m}\cdot\text{s}^{-2}$，$a_{14}=-13.5167\text{m}\cdot\text{s}^{-2}$，$a_{15}=-1.6543\text{m}\cdot\text{s}^{-2}$，$a_{16}=0.0012\text{kg}^{-1}$，$a_{21}=-0.0015\text{m}^{-1}\cdot\text{s}^{-1}$，$a_{22}=-5.5997\text{s}^{-1}$，$a_{23}=0$，$a_{24}=-26.593\text{s}^{-2}$，$a_{24}'=0$，$a_{25}=-20.3008\text{s}^{-2}$，$a_{25}'=0$，$a_{26}=5.5769\times10^{-4}\text{kg}^{-1}\cdot\text{m}^{-2}$，$a_{31}=5.0878\times10^{-7}\text{m}^{-1}$，$a_{32}=0$，$a_{33}=3.6316\times10^{-4}\text{s}^{-1}$，$a_{34}=0.1976\text{s}^{-1}$，$a_{35}=0.0211\text{s}^{-1}$，$a_{36}=1.4\times10^{-6}\text{s}\cdot\text{kg}^{-1}\cdot\text{m}^{-1}$。试计算扰动运动的特征方程的根的近似值并分析导弹扰动运动的稳定性。

3．已知纵向扰动运动的特征方程的根为

$$\lambda_{1,2}=-0.375\pm\text{i}2.427,\quad \lambda_{3,4}=-0.0029\pm\text{i}0.0755$$

求长/短周期纵向扰动运动的衰减程度和振荡周期。

4．根据习题 2，试计算传递系数 K_M、时间常数 T_M、气动时间常数 T_1、阻尼系数 ξ_M、固有频率 f_c。

5．已知某型无动力制导弹根据动力系数计算求得的参数为 $|K_M|=9.17$，$T_M=0.265$，$\xi_M=0.055$，$T_1=2.43$。试求弹体传递函数 $W_{\delta_z}^{\dot{\vartheta}}$、$W_{\delta_z}^{\alpha}$、$W_{\delta_z}^{\theta}$，并绘制传递函数的对数频率特性曲线。

第 10 章　导弹侧向扰动运动动态特性分析

第 8 章已经讨论了在一定的条件下，导弹的扰动运动可以分为纵向和侧向两个互相独立的扰动运动。这样就可以分别研究纵向扰动运动和侧向扰动运动。实践证明，这种处理问题的方法是可行的。

本章研究导弹侧向扰动运动的规律，分析侧向扰动运动的组成及其动态特性。对于气动轴对称和倾斜自动稳定的导弹，当重力影响可以忽略不计时，侧向扰动运动又可以分为偏航与倾斜两个互相独立的扰动运动，而偏航扰动运动的特性与纵向扰动运动的特性完全一致。但是，在研究面对称导弹（如飞机型导弹）的侧向扰动运动时，导弹的偏航扰动运动和倾斜扰动运动就不能分开研究。在这种情况下，研究侧向扰动运动的动态特性是比较复杂的问题。因此，本章重点讨论面对称导弹的侧向扰动运动的动态特性。

10.1　侧向扰动运动方程组

由式（8-53）得到面对称导弹侧向扰动运动方程组为

$$\left.\begin{aligned}
&\cos\theta\frac{\mathrm{d}\Delta\psi_V}{\mathrm{d}t}=\frac{P-Z^{\beta}}{mV}\Delta\beta-\frac{P\alpha+Y}{mV}\Delta\gamma_V-\frac{Z^{\delta_y}}{mV}\Delta\delta_y-\frac{F_{gz}}{mV}\\
&\frac{\mathrm{d}\Delta\omega_x}{\mathrm{d}t}=\frac{M_x^{\beta}}{J_x}\Delta\beta+\frac{M_x^{\omega_x}}{J_x}\Delta\omega_x+\frac{M_x^{\omega_y}}{J_x}\Delta\omega_y+\frac{M_x^{\delta_x}}{J_x}\Delta\delta_x+\frac{M_x^{\delta_y}}{J_x}\Delta\delta_y+\frac{M_{gx}}{J_x}\\
&\frac{\mathrm{d}\Delta\omega_y}{\mathrm{d}t}=\frac{M_y^{\beta}}{J_y}\Delta\beta+\frac{M_y^{\omega_x}}{J_y}\Delta\omega_x+\frac{M_y^{\omega_y}}{J_y}\Delta\omega_y+\frac{M_y^{\dot\beta}}{J_y}\Delta\dot\beta+\frac{M_y^{\delta_y}}{J_y}\Delta\delta_y+\frac{M_{gy}}{J_y}\\
&\frac{\mathrm{d}\Delta\psi}{\mathrm{d}t}=\frac{1}{\cos\vartheta}\Delta\omega_y\\
&\frac{\mathrm{d}\Delta\gamma}{\mathrm{d}t}=\Delta\omega_x-\tan\vartheta\Delta\omega_y\\
&\frac{\mathrm{d}\Delta z}{\mathrm{d}t}=-V\cos\theta\Delta\psi_V\\
&\Delta\beta=\cos\theta\Delta\psi-\cos\theta\Delta\psi_V+\alpha\Delta\gamma\\
&\Delta\gamma_V=\tan\theta\Delta\beta+\frac{\cos\vartheta}{\cos\theta}\Delta\gamma
\end{aligned}\right\}\qquad(10\text{-}1)$$

在式（10-1）中，$\dfrac{\mathrm{d}\Delta z}{\mathrm{d}t}=-V\cos\theta\Delta\psi_V$ 可以单独求解。该方程组中的第 1 个方程可消去偏量 $\Delta\gamma_V$，变换 $\dfrac{P\alpha+Y}{mV}\Delta\gamma_V$ 项，其中 $\dfrac{P\alpha+Y}{mV}$ 是未扰动运动参数。如果以式（5-65）来描述未扰动运动，则其中的第 2 个方程为

$$mV\frac{\mathrm{d}\theta}{\mathrm{d}t}=P\left(\sin\alpha\cos\gamma_V+\cos\alpha\sin\beta\sin\gamma_V\right)+Y\cos\gamma_V-Z\sin\gamma_V-G\cos\theta$$

前面已假定在未扰动飞行过程中，侧向参数是足够小的，因此，可以忽略这些参数的乘积。例如，$\sin\beta\sin\gamma_V\approx\beta\gamma_V\approx 0$，同时，$\sin\alpha\approx\alpha$，$\cos\gamma_V\approx 1$。这样，可得到侧向参数为小量的空间未扰动飞行的简化方程：

$$mV\frac{\mathrm{d}\theta}{\mathrm{d}t}=P\alpha+Y-G\cos\theta$$

利用此方程，以及式（10-1）中 $\Delta\gamma_V$ 的表达式，可得

$$\frac{P\alpha+Y}{mV}\Delta\gamma_V=\left(\frac{\mathrm{d}\theta}{\mathrm{d}t}+\frac{g}{V}\cos\theta\right)\left(\tan\theta\Delta\beta+\frac{\cos\vartheta}{\cos\theta}\Delta\gamma\right)$$

忽略小量乘积，并如以前所假定的，即认为未扰动飞行过程中的导数 $\dot{\theta}=\dot{\vartheta}-\dot{\alpha}$ 为小量，于是得到

$$\frac{P\alpha+Y}{mV}\Delta\gamma_V=\frac{g}{V}\left(\sin\theta\Delta\beta+\cos\theta\Delta\gamma\right)$$

此时，式（10-1）可以改写为

$$\left.\begin{aligned}
&\frac{\mathrm{d}\Delta\omega_x}{\mathrm{d}t}=\frac{M_x^{\beta}}{J_x}\Delta\beta+\frac{M_x^{\omega_x}}{J_x}\Delta\omega_x+\frac{M_x^{\omega_y}}{J_x}\Delta\omega_y+\frac{M_x^{\delta_x}}{J_x}\Delta\delta_x+\frac{M_x^{\delta_y}}{J_x}\Delta\delta_y+\frac{M_{gx}}{J_x}\\
&\frac{\mathrm{d}\Delta\omega_y}{\mathrm{d}t}=\frac{M_y^{\beta}}{J_y}\Delta\beta+\frac{M_y^{\omega_x}}{J_y}\Delta\omega_x+\frac{M_y^{\omega_y}}{J_y}\Delta\omega_y+\frac{M_y^{\dot{\beta}}}{J_y}\Delta\dot{\beta}+\frac{M_y^{\delta_y}}{J_y}\Delta\delta_y+\frac{M_{gy}}{J_y}\\
&\cos\theta\frac{\mathrm{d}\Delta\psi_V}{\mathrm{d}t}=\left(\frac{P-Z^{\beta}}{mV}-\frac{g}{V}\sin\theta\right)\Delta\beta-\frac{g}{V}\cos\vartheta\Delta\gamma-\frac{Z^{\delta_y}}{mV}\Delta\delta_y-\frac{F_{gz}}{mV}\\
&\frac{\mathrm{d}\Delta\psi}{\mathrm{d}t}=\frac{1}{\cos\vartheta}\Delta\omega_y\\
&\frac{\mathrm{d}\Delta\gamma}{\mathrm{d}t}=\Delta\omega_x-\tan\vartheta\Delta\omega_y\\
&\cos\theta\Delta\psi=\cos\theta\Delta\psi_V-\Delta\beta+\alpha\Delta\gamma
\end{aligned}\right\}\tag{10-2}$$

由此可见，导弹的侧向扰动运动是由 5 个一阶微分方程和 1 个几何关系式组成的方程组来描述的。该方程组包含 6 个未知数：$\Delta\omega_x$、$\Delta\omega_y$、$\Delta\psi_V$、$\Delta\psi$、$\Delta\beta$、$\Delta\gamma$。

为了使式（10-2）书写简便，引入方程系数的简化表示，即用符号（如 b_{ij}）表示动力系数，其中，下标 i 表示方程编号，j 表示运动参数偏量编号。表 10-1 所示为运动参数偏量编号，表 10-2 所示为动力系数 b_{ij} 的表达式。

表 10-1　运动参数偏量编号

运动参数偏量编号 j	1	2	3	4
运动参数偏量	$\Delta\omega_x$	$\Delta\omega_y$	$\Delta\psi_V$	$\Delta\beta$
运动参数偏量编号 j	5	6	7	8
运动参数偏量	$\Delta\delta_x$	$\Delta\gamma$	$\Delta\delta_y$	M_{g_x}，M_{g_y}，M_{g_z}

表 10-2 动力系数 b_{ij} 的表达式

方程编号 i	运动参数偏量编号 j							
	1	2	3	4	5	6	7	8
1	$b_{11}=\frac{M_x^{\omega_x}}{J_x}$	$b_{12}=\frac{M_x^{\omega_y}}{J_x}$	$b_{13}=0$	$b_{14}=\frac{M_x^{\beta}}{J_x}$	$b_{15}=\frac{M_x^{\delta_y}}{J_x}$	$b_{16}=0$	$b_{17}=\frac{M_x^{\delta_x}}{J_x}$	$b_{18}=\frac{1}{J_x}$
2	$b_{21}=\frac{M_y^{\omega_x}}{J_y}$	$b_{22}=\frac{M_y^{\omega_y}}{J_y}$	$b_{23}=0$	$b_{24}=\frac{M_y^{\beta}}{J_y}$，$b'_{24}=\frac{M_y^{\dot\beta}}{J_y}$	$b_{25}=\frac{M_y^{\delta_y}}{J_y}$，$b'_{25}=\frac{M_y^{\dot\delta_y}}{J_y}$	$b_{26}=0$	$b_{27}=0$	$b_{28}=\frac{1}{J_y}$
3	$b_{31}=0$	$b_{32}=-\frac{\cos\theta}{\cos\vartheta}$	$b_{33}=0$	$b_{34}=\frac{P-Z^{\beta}}{mV}$	$b_{35}=\frac{Z^{\delta_y}}{mV}$	$b_{36}=\frac{g}{V}\cos\vartheta$	$b_{37}=0$	$b_{38}=-\frac{1}{mV}$

这样，侧向扰动运动方程组就可写成如下形式：

$$\left.\begin{aligned}&\frac{\mathrm{d}\Delta\omega_x}{\mathrm{d}t}=b_{14}\Delta\beta+b_{11}\Delta\omega_x+b_{12}\Delta\omega_y+b_{17}\Delta\delta_x+b_{15}\Delta\delta_y\\&\frac{\mathrm{d}\Delta\omega_y}{\mathrm{d}t}=b_{24}\Delta\beta+b_{21}\Delta\omega_x+b_{22}\Delta\omega_y+b'_{24}\Delta\dot\beta+b_{25}\Delta\delta_y+b_{28}M_{g_z}\\&\cos\theta\frac{\mathrm{d}\Delta\psi_V}{\mathrm{d}t}=(b_{34}-a_{33})\Delta\beta+b_{36}\Delta\gamma+b_{35}\Delta\delta_y+b_{38}F_{g_z}\\&\frac{\mathrm{d}\Delta\psi}{\mathrm{d}t}=\frac{1}{\cos\vartheta}\Delta\omega_y\\&\frac{\mathrm{d}\Delta\gamma}{\mathrm{d}t}=\Delta\omega_x-\tan\vartheta\Delta\omega_y\\&\cos\theta\Delta\psi=\cos\theta\Delta\psi_V-\Delta\beta+\alpha\Delta\gamma\end{aligned}\right\}\tag{10-3}$$

式（10-3）还可以继续简化，使其降为 4 阶，利用等式

$$\cos\theta\Delta\psi_V=\cos\theta\Delta\psi-\Delta\beta+\alpha\Delta\gamma$$

消去式(10-3)中的未知数 $\Delta\psi$：先微分上述等式并去掉小量的乘积 $\frac{\mathrm{d}\theta}{\mathrm{d}t}\Delta\psi_V$、$\frac{\mathrm{d}\theta}{\mathrm{d}t}\Delta\psi$、$\frac{\mathrm{d}\alpha}{\mathrm{d}t}\Delta\gamma$，再利用式（10-3）中的第 4 个方程，得到

$$\cos\theta\frac{\mathrm{d}\Delta\psi_V}{\mathrm{d}t}=\cos\theta\frac{\mathrm{d}\Delta\psi}{\mathrm{d}t}-\frac{\mathrm{d}\Delta\beta}{\mathrm{d}t}+\alpha\frac{\mathrm{d}\Delta\gamma}{\mathrm{d}t}=\frac{\cos\theta}{\cos\vartheta}\Delta\omega_y-\frac{\mathrm{d}\Delta\beta}{\mathrm{d}t}+\alpha\frac{\mathrm{d}\Delta\gamma}{\mathrm{d}t}$$

这样，式（10-3）中的第 3 个方程可以改写为

$$b_{32}\Delta\omega_y+(b_{34}-a_{33})\Delta\beta+\frac{\mathrm{d}\Delta\beta}{\mathrm{d}t}-\alpha\frac{\mathrm{d}\Delta\gamma}{\mathrm{d}t}+b_{36}\Delta\gamma=-b_{35}\Delta\delta_y-b_{38}F_{g_z}\tag{10-4}$$

式中

$$b_{32}=-\frac{\cos\theta}{\cos\vartheta}$$

对于式（10-3）中的第 4 个方程，在解出基本方程组后，可直接求出增量 $\Delta\psi$：

$$\Delta\psi=\frac{1}{\cos\vartheta}\int_0^t\Delta\omega_y(t)\mathrm{d}t+\Delta\psi_0\tag{10-5}$$

于是侧向扰动运动方程组变为

$$
\left.\begin{aligned}
&\frac{\mathrm{d}\Delta\omega_x}{\mathrm{d}t}-b_{11}\Delta\omega_x-b_{12}\Delta\omega_y-b_{14}\Delta\beta=b_{17}\Delta\delta_x+b_{15}\Delta\delta_y+b_{18}M_{gx}\\
&\frac{\mathrm{d}\Delta\omega_y}{\mathrm{d}t}-b_{21}\Delta\omega_x-b_{22}\Delta\omega_y-b_{24}\Delta\beta-b'_{24}\Delta\dot{\beta}=b_{25}\Delta\delta_y+b_{28}M_{gz}\\
&b_{32}\Delta\omega_y+\left(b_{34}-a_{33}\right)\Delta\beta+\frac{\mathrm{d}\Delta\beta}{\mathrm{d}t}-\alpha\frac{\mathrm{d}\Delta\gamma}{\mathrm{d}t}+b_{36}\Delta\gamma=-b_{35}\Delta\delta_y-b_{38}F_{gz}\\
&\Delta\omega_x-\tan\vartheta\Delta\omega_y-\frac{\mathrm{d}\Delta\gamma}{\mathrm{d}t}=0
\end{aligned}\right\}\tag{10-6}
$$

将第 2 个方程中的$\Delta\dot{\beta}$用第 3 个方程代替（$\Delta\dot{\beta}=\frac{\mathrm{d}\beta}{\mathrm{d}t}$），第 3 个方程中的$\Delta\dot{\gamma}$（$\Delta\dot{\gamma}=\frac{\mathrm{d}\Delta\gamma}{\mathrm{d}t}$）用第 4 个方程代替，方程组可以写成如下矩阵形式：

$$
\begin{bmatrix}\Delta\dot{\omega}_x\\ \Delta\omega_y\\ \Delta\dot{\beta}\\ \Delta\dot{\gamma}\end{bmatrix}=N\begin{bmatrix}\Delta\omega_x\\ \Delta\omega_y\\ \Delta\beta\\ \Delta\gamma\end{bmatrix}+\begin{bmatrix}b_{17}\\ 0\\ 0\\ 0\end{bmatrix}\Delta\delta_x+\begin{bmatrix}b_{15}\\ b_{25}-b'_{24}b_{35}\\ -b_{35}\\ 0\end{bmatrix}\Delta\delta_y+\begin{bmatrix}b_{18}M_{gx}\\ -b_{38}b'_{24}F_{gz}+b_{28}M_{gz}\\ -b_{38}F_{gz}\\ 0\end{bmatrix}\tag{10-7}
$$

式中，侧向动力系数 4 阶方阵为

$$
\boldsymbol{N}=\begin{bmatrix}b_{11} & b_{12} & b_{14} & 0\\ b_{12}+b'_{24}\alpha & b_{22}-b'_{24}b_{32}-b'_{24}\alpha\tan\vartheta & b_{24}-b'_{24}\left(b_{34}-a_{33}\right) & -b_{36}b'_{24}\\ \alpha & -\left(\alpha\tan\vartheta+b_{32}\right) & -\left(b_{34}-a_{33}\right) & -b_{36}\\ 1 & -\tan\vartheta & 0 & 0\end{bmatrix}\tag{10-8}
$$

在式（10-7）中，若右边的舵偏角和干扰力矩、干扰力的列矩阵等于零，则该矩阵方程描述的是侧向自由扰动运动；若舵偏角和干扰力矩、干扰力的列矩阵不为零，则该矩阵方程描述的是侧向强迫扰动运动。

10.2　侧向自由扰动运动的一般性质

10.2.1　特征方程及其根的形态

与纵向扰动运动一样，式（10-6）所示的齐次方程组的特解为

$$
\Delta\omega_x=A\mathrm{e}^{\lambda t},\quad \Delta\omega_y=B\mathrm{e}^{\lambda t},\quad \Delta\beta=C\mathrm{e}^{\lambda t},\quad \Delta\gamma=D\mathrm{e}^{\lambda t}
$$

式中，A、B、C、D为常数。

将这些特解代入式（10-6），并消去因子$\mathrm{e}^{\lambda t}$，得到由 4 个相对于未知数A、B、C、D的线次齐次方程组成的方程组。如果特征行列式等于零，即

$$
\varDelta(\lambda)=\begin{vmatrix}\lambda-b_{11} & -b_{12} & -b_{14} & 0\\ -b_{21} & \lambda-b_{22} & -\left(b'_{24}\lambda+b_{24}\right) & 0\\ 0 & b_{32} & \lambda+b_{34}-a_{33} & -\alpha\lambda+b_{36}\\ 1 & -\tan\vartheta & 0 & -\lambda\end{vmatrix}\tag{10-9}
$$

则该方程组具有非零解。展开此行列式，得到式（10-6）的特征方程：

$$
\lambda^4+P_1\lambda^3+P_2\lambda^2+P_3\lambda+P_4=0\tag{10-10}
$$

式中

$$
\left.\begin{aligned}
P_1 &= -a_{33} - b_{22} + b_{34} - b_{11} + \alpha \tan \vartheta b_{24}' + b_{32} b_{24}' \\
P_2 &= -b_{22} b_{34} + a_{33} b_{22} + b_{22} b_{11} - b_{34} b_{11} + b_{11} b_{33} + b_{24} b_{32} - b_{24}' b_{32} b_{11} - \\
&\quad b_{21} b_{12} + \left(-b_{14} + b_{24} \tan \vartheta - b_{24}' b_{11} \tan \vartheta - b_{24}' b_{12}\right)\alpha - b_{24}' b_{36} \tan \vartheta \\
P_3 &= \alpha\left(b_{22} b_{14} + b_{21} b_{14} \tan \vartheta - b_{24} \tan \vartheta b_{11} - b_{24} b_{12}\right) - b_{36}\left(b_{24} \tan \vartheta - b_{24}' b_{11} \tan \vartheta - b_{24}' b_{12} - b_{14}\right) + \\
&\quad b_{11} b_{34} b_{22} - a_{33} b_{22} b_{11} + b_{21} b_{32} b_{14} + a_{33} b_{21} b_{12} - b_{34} b_{21} b_{12} - b_{24} b_{32} b_{11} \\
P_4 &= -b_{36}\left(b_{22} b_{14} + b_{21} b_{14} \tan \vartheta - b_{24} b_{11} \tan \vartheta - b_{24} b_{12}\right)
\end{aligned}\right\} \tag{10-11}
$$

特征方程的根决定了导弹自由扰动运动的特性。如果根为实数，则它相应的特解为非周期运动，至于运动是发散的还是衰减的，取决于根的正负。在复根 $\lambda_1 = \chi + \mathrm{i}\nu$ 的情况下，特征方程有与之共轭的复根 $\lambda_2 = \chi - \mathrm{i}\nu$ 。一对共轭复根相当于周期 $T = 2\pi/\nu$ 和衰减系数为 χ 的振荡运动。振幅随时间的增加是增大还是缩小取决于 χ 的正负。

在研究导弹的侧向扰动运动时，经常遇到的情况是特征方程，即式（10-10）具有一对共轭复根 $\lambda_{1,2} = \chi \pm \mathrm{i}\nu$ 和两个实根。这时，式（10-6）的通解具有以下形式：

$$
\left.\begin{aligned}
\Delta\omega_x &= A_1 \mathrm{e}^{\lambda_1 t} + A_2 \mathrm{e}^{\lambda_2 t} + A' \mathrm{e}^{\chi t} \sin\left(\nu t + \psi_1\right) \\
\Delta\omega_y &= B_1 \mathrm{e}^{\lambda_1 t} + B_2 \mathrm{e}^{\lambda_2 t} + B' \mathrm{e}^{\chi t} \sin\left(\nu t + \psi_2\right) \\
\Delta\beta &= C_1 \mathrm{e}^{\lambda_1 T} + C_2 \mathrm{e}^{\lambda_2 T} + C' \mathrm{e}^{\chi t} \sin\left(\nu t + \psi_3\right) \\
\Delta\gamma &= D_1 \mathrm{e}^{\lambda_1 t} + D_2 \mathrm{e}^{\lambda_2 t} + D' \mathrm{e}^{\chi t} \sin\left(\nu t + \psi_4\right)
\end{aligned}\right\} \tag{10-12}
$$

侧向自由扰动运动由 3 个运动叠加而成，其中，2 个是非周期的，1 个是振荡的。通常，按绝对值来说，两个实根中的一个很大，另一个很小；而复根的实部则处于两者之间。

例 10-1 已知某飞机型飞行器在高度 $H = 12000\mathrm{m}$ 处以速度 $V = 222\mathrm{m/s}$（$Ma = 0.75$），$\theta \approx 0$ 飞行时，式（10-6）中的系数 $b_{11} = -1.66\mathrm{s}^{-1}$ ，$b_{12} = -0.56\mathrm{s}^{-1}$ ，$b_{14} = -6.2\mathrm{s}^{-2}$ ，$b_{15} = -0.75\mathrm{s}^{-2}$ ，$b_{17} = -5.7\mathrm{s}^{-2}$ ，$b_{21} = -0.0198\mathrm{s}^{-1}$ ，$b_{22} = -0.19\mathrm{s}^{-1}$ ，$b_{24}' = 0$ ，$b_{24} = -2.28\mathrm{s}^{-2}$ ，$b_{25} = -0.835\mathrm{s}^{-2}$ ，$b_{23}' = -1$ ，$b_{34} = -0.059\mathrm{s}^{-1}$ ，$b_{35} = -0.0152\mathrm{s}^{-1}$ ，$b_{36} = -0.0442\mathrm{s}^{-1}$ ，$a_{33} = 0$ 。试求侧向自由扰动运动的形态。

［解］将上述已知系数代入式（10-11）得

$$P_1 = 1.909 ,\quad P_2 = 2.69 ,\quad P_3 = 3.95 ,\quad P_4 = -0.00347$$

从而得到特征方程为

$$\lambda^4 + 1.909\lambda^3 + 2.69\lambda^2 + 3.95\lambda - 0.00347 = 0$$

由于所得系数 P_4 为负值，因此，所研究的飞机型飞行器在侧向扰动运动中是不稳定的，解出特征方程的根如下：

$$\lambda_1 = -1.695 ,\quad \lambda_2 = 0.001105 ,\quad \lambda_{3,4} = -0.107 \pm \mathrm{i}1.525$$

可见，该飞行器的侧向自由扰动运动方程的特征值是以两个实根（λ_1 为特征方程的大根，λ_2 为特征方程的小根）和一对共轭复根 $\lambda_{3,4}$ 组成的。

在初始条件 $t = 0$ 时，$\Delta\omega_x = \Delta\omega_y = \Delta\beta = \Delta\gamma = 0$ ，$\Delta\delta_y = 5.73°$ ，$\Delta\delta_x = 0$ ，扰动运动方程组的解如下：

$$\Delta\omega_x = -0.0085\mathrm{e}^{-1.695t} + 0.088\mathrm{e}^{0.001105t} + 0.1026\mathrm{e}^{-0.1075t}\cos\left(87.5t + 140.8°\right)$$

$$\Delta\omega_y = 3.502 - 0.00015e^{-1.695t} - 3.51e^{0.001105t} + 0.0364e^{-0.1076t}\cos(87.5t + 92.5°)$$

$$\Delta\beta = -0.3261 + 0.2923e^{0.001105t} + 0.0353e^{-0.1075t}\cos(87.5t - 3.1°)$$

$$\Delta\gamma = -79.95 + 0.005e^{-1.695t} + 79.85e^{0.001105t} + 0.0668e^{-0.1075t}\cos(87.5t + 47.5°)$$

其对应的曲线如图 10-1 所示。

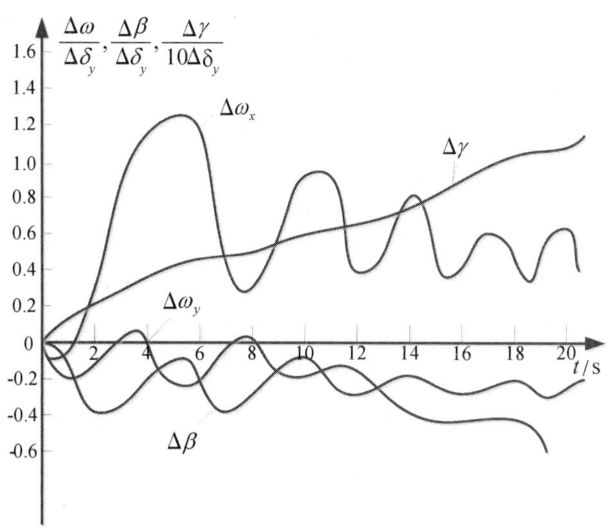

图 10-1　方向舵单位阶跃偏转时的过渡过程

10.2.2　侧向自由扰动运动的一般性质

通过上述分析可以了解到侧向自由扰动运动的一般性质，即特征方程的根和系数的规律性点。

（1）对应大实根 λ_1（指 λ_i 中绝对值最大的根）的运动称为倾斜扰动运动，是非周期运动。λ_1 主要取决于动力系数 $b_{11} = M_x^{\omega_x} / J_x$ 的值，因为由式（10-11）可知

$$P_1 = -a_{33} - b_{22} + b_{34} - b_{11} + \alpha\tan\vartheta b'_{24} + b_{32}b'_{24}$$

代入动力系数的表达式得

$$P_1 = -\frac{g}{V}\sin\theta - \frac{M_y^{\omega_y}}{J_y} + \frac{P - Z^{\beta}}{mV} - \frac{M_x^{\omega_x}}{J_x} + \alpha\tan\vartheta\frac{M_y^{\dot\beta}}{J_y} + \left(-\frac{\cos\theta}{\cos\vartheta}\right)\left(\frac{M_y^{\dot\beta}}{J_y}\right)$$

由于 $M_y^{\omega_y} > M_y^{\dot\beta}$，$J_y \gg J_x$，而 α 以弧度表示，故 α 的值很小，而高速飞行时的导弹的 V 很大，即其倒数很小，因此上式中的 $\left|\frac{M_x^{\omega_x}}{J_x}\right|$ 与其他项相比是大项，即 P_1 可近似表示为

$$P_1 \approx -\frac{M_x^{\omega_x}}{J_x} \tag{10-13}$$

对于大实根（通常大于 1），下列关系式总是成立：

$$|\lambda_1|^4 > |\lambda_1|^3 > |\lambda_1|^2 > |\lambda_1|$$

而

$$P_4 = \lambda_1\lambda_2\lambda_3\lambda_4$$

由于其中有小根 λ_2，因此 P_4 也很小。这样，式（10-10）左边的后三项与前两项相比可以忽略不计，于是有

$$\lambda_1^4 + P_1\lambda_1^3 + P_2\lambda_1^2 + P_3\lambda_1 + P_4 \approx \lambda_1^4 + P_1\lambda_1^3 \approx 0$$

$$\lambda_1 + P_1 \approx 0$$

$$\lambda_1 \approx -P_1 = b_{11} = \frac{M_x^{\omega_x}}{J_x} \tag{10-14}$$

一般按此公式求得的近似解的误差不大。例如，在例 10-1 中，$\lambda_1 = -1.695$，$b_{11} = -1.66$，$\lambda_1 \approx b_{11} = -1.66$，误差只有约 2%。

一般在正常攻角下，$b_{11} = \dfrac{M_x^{\omega_x}}{J_x}$ 较大，因此 $|\lambda_1|$ 较大，故大实根对应的非周期运动衰减很快，通常延续时间不到 1s。例如，在例 10-1 中，大实根对应的非周期运动的幅值衰减一半的时间只有 0.41s。

从 $M_x^{\omega_x} = m_x^{\bar{\omega}_x} qSl^2 / 2V$ 中知道，当飞行高度 H 增加时，空气密度减小，q 随之减小，$\left|M_x^{\omega_x}\right|$ 减小，收敛速度减慢；当飞行速度增大时，q/V 增大，$\left|M_x^{\omega_x}\right|$ 增大，收敛速度加快。

大实根 λ_1 对应的非周期运动只对倾斜扰动运动 $\Delta\omega_x$ 有显著影响，而对 $\Delta\omega_y$、$\Delta\beta$ 则影响不大。例如，在例 10-1 中，侧向扰动运动偏量解的系数值为

$$|A_1| = 0.0085,\quad |A_2| = 0.0881,\quad |A'| = 0.1026$$

$$|B_1| = 0.00015,\quad |B_2| = 3.51,\quad |B'| = 0.0364$$

$$|C_1| = 0,\quad |C_2| = 0.2923,\quad |C'| = 0.0353$$

可见，$|B_1| \ll |B_2|$，$|C_1| \ll |C_2|$。可以看出，大根 λ_1 对 $\Delta\omega_y$、$\Delta\beta$ 的影响是很小的。

（2）对应小实根 λ_2 的运动称为螺旋运动，这是因为当 λ_2 为正值时，侧向运动参数 $\Delta\omega_x$、$\Delta\omega_y$、$\Delta\beta$、$\Delta\gamma$ 均随时间缓慢增大，飞行器沿螺旋线运动。这种运动形态是由 3 种飞行状态叠加而成的，即倾斜角 γ 随时间较快地增大；当 $(P\alpha + Y)\cos\gamma$ 不能与导弹本身的重力 G 平衡时，导弹便开始下坠；$\Delta\omega_y$ 也随时间的增加而增大。由小实根 λ_2 的正值决定的这种不稳定性称为螺旋不稳定性。

对于这个绝对值很小的根，也可以用近似方法迅速求出。因为通常 $\lambda_2 \ll 1$，所以

$$\lambda_2^4 < \lambda_2^3 < \lambda_2^2 < \lambda_2$$

于是

$$\lambda_2^4 + P_1\lambda_2^3 + P_2\lambda_2^2 + P_3\lambda_2 + P_4 \approx P_3\lambda_2 + P_4 \approx 0$$

$$\lambda_2 \approx -P_4 / P_3 \tag{10-15}$$

通常 $P_3 \gg P_4$，因此在一般情况下，按上式求得的近似解的误差不大。例如，在例 10-1 中，$\lambda_2 = 0.001105$，$\lambda_2 \approx -P_4 / P_3 = 0.0011$，误差只有约 0.45%。

（3）对应一对共轭复根的运动称为振荡运动。在这种运动中，导弹时而向一方倾斜和偏航，时而向另一方倾斜和偏航，类似滑冰运动中的荷兰滚花式动作。因此，也有被称为荷兰滚的运动。由于它的振荡频率比较高，如果不稳定，则难以纠正，因此，要求它必须是稳定的，并希望它可以很快地衰减。

对于共轭复根的近似求法，由于已近似求出 λ_1 和 λ_2，四次特征方程就很容易化为二次方程，因此，求解非常简单。例如，例 10-1 中的特征方程为

$$\lambda^4+1.909\lambda^3+2.69\lambda^2+3.95\lambda-0.00437=(\lambda+1.66)(\lambda-0.0011)(\lambda^2+A\lambda+B)=0$$

即

$$\lambda^2+0.250\lambda+2.39=0$$

$$\lambda_{3,4}=-0.125\pm \mathrm{i}1.54$$

与精确根 $\lambda_{3,4}=-0.107\pm \mathrm{i}1.525$ 相比，结果相当接近。

由于导弹以较大的速度飞行时，弹翼面积和展弦比都比较小，因此 $|b_{11}|$ 的值相对于 P_1 中的其他各项的数值可能大得不多，这时，采用近似求根方法会产生较大的误差。但是，为了迅速地估计出导弹的侧向扰动运动的动态特性，这种方法还是可行的。

综上所述，面对称飞机型导弹的侧向自由扰动运动是由两种非周期运动和一种振荡运动叠加而成的。例 10-1 中的 $\Delta\omega_x$ 的 3 种运动分别表示在图 10-2 中。

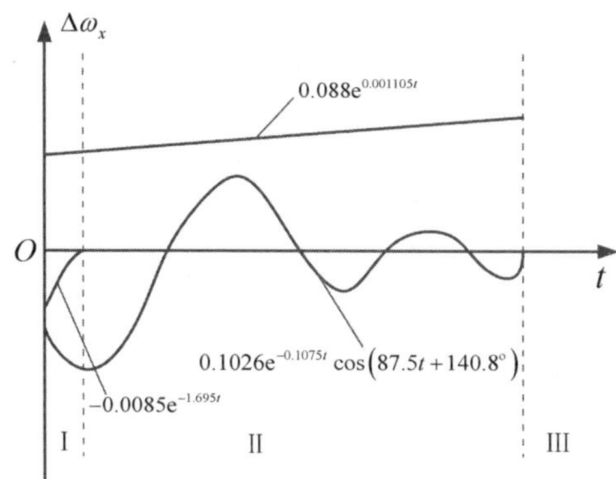

图 10-2　侧向扰动运动参数偏量 $\Delta\omega_x$ 的 3 种运动

若按时间划分，侧向自由扰动运动可以分为 3 个阶段。

第 1 阶段对应大实根快衰减时间。在这一阶段，3 种运动都是存在的，但主要是大实根对应的倾斜运动，它很快衰减而消失。由于这一阶段的延续时间很短，因此另两种运动的变化还不大。

在第 2 阶段，因大根对应的倾斜扰动运动已基本消失，只剩下振荡运动和螺旋运动。所以此阶段主要为振荡运动，当偏航静稳定性较高时，延续时间约为几秒钟。

此后即进入第 3 阶段，只剩下对应小实根的螺旋运动。该运动出现的时间很长，虽然是螺旋不稳定运动，但只需将方向舵或副翼偏转很小的角度，就能使飞机型导弹脱离螺旋运动。

10.3　侧向扰动运动的稳定性

10.3.1　侧向稳定边界图

判别侧向扰动运动的稳定性与判别纵向扰动运动的稳定性一样，可以采用赫尔维茨稳定判据。侧向扰动运动的稳定性主要取决于偏航静稳定度 m_y^β 和横向静稳定度 m_x^β。在设计过程中，为了便于了解它们对侧向扰动运动稳定性的影响，最方便的方法是绘制侧向稳定边界图。

侧向稳定边界图是以 $-b_{24}=-M_y^\beta/J_y$ 和 $-b_{14}=-M_x^\beta/J_x$ 作为坐标轴绘制的，如图 10-3 所示。

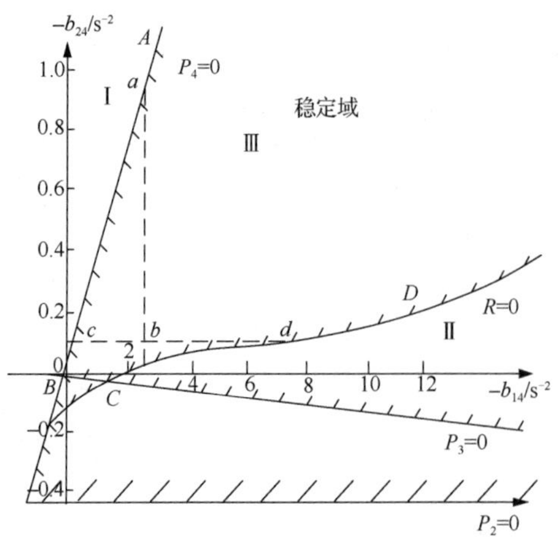

图 10-3　侧向稳定边界图

根据赫尔维茨稳定判据，要使其运动是稳定的，则要求下述不等式同时成立：

$$\left.\begin{aligned}&P_1>0,P_2>0,P_3>0,P_4>0\\&R=P_1P_2P_3-P_1^2P_4-P_3^2>0\end{aligned}\right\}\tag{10-16}$$

由式（10-11）中的 P_1 的表达式可知，P_1 与 b_{24} 和 b_{14} 无关，且由式（10-13）可知

$$P_1\approx -M_x^{\omega_x}/J_x>0$$

因此，$P_1>0$ 的条件总是可以满足的。故此条件不在讨论之列。这样，要使导弹的侧向扰动运动稳定的边界条件为

$$\left.\begin{aligned}&P_2=0,P_3=0,P_4=0\\&R=P_1P_2P_3-P_1^2P_4-P_3^2=0\end{aligned}\right\}\tag{10-17}$$

由式（10-11）可以看出，在 $P_2=0$，$P_3=0$，$P_4=0$ 这些稳定边界方程中，$-b_{24}$ 和 $-b_{14}$ 之间是线性关系；而在稳定边界方程 $R=0$ 中，$-b_{24}$ 和 $-b_{14}$ 之间的关系式是二次方程。

这里，用例 10-1 给出的飞机型飞行器的动力系数来绘制侧向扰动运动的稳定域，将各动力系数代入式（10-11）得

$$\begin{aligned}&P_1=1.909\\&P_2=0.4242-b_{24}\\&P_3=-0.024b_{14}-1.66b_{24}+0.0179\\&P_4=-0.0084b_{14}+0.0248b_{24}\end{aligned}$$

将上述结果代入 $R=P_1P_2P_3-P_1^2P_4-P_3^2$，求得

$$R=0.4133b_{24}^2-0.000595b_{14}^2-0.03442b_{14}b_{24}+0.0117b_{24}-1.4094b_{24}+0.014175$$

并将 $P_1\sim P_4$ 的计算结果代入式（10-17），求得稳定的边界条件为

$$\begin{aligned}&b_{24}=0.4242\ (P_2=0)\\&b_{24}=-0.0147b_{14}+0.01078\ (P_3=0)\\&b_{24}=0.338b_{14}\ (P_4=0)\\&b_{24}^2-0.0144b_{14}^2-0.0833b_{14}b_{24}+0.02836b_{24}-3.4107b_{24}+0.0343=0\ (R=0)\end{aligned}$$

式中，前 3 个方程分别表示 3 个直线方程，对应图 10-3 中的 $P_2=0$，$P_3=0$，$P_4=0$ 三条边界线；第 4 个方程为一般的二次曲线方程，可以由它求出不同的 $-b_{14}$ 值满足 $R=0$ 条件时的 $-b_{24}$，图 10-3 中只画出它的一半。带有阴影线的一侧分别满足 $P_1>0$，$P_2>0$，$P_3>0$ 和 $R>0$。这

个区域称为稳定域。只要导弹的 $-b_{24}$ 和 $-b_{14}$ 的组合落入此区域内，导弹的侧向扰动运动就是稳定的。

由于简化后的特征方程为

$$(\lambda - b_{11})\left(\lambda + \frac{P_4}{P_3}\right)(\lambda^2 + A\lambda + B) = 0$$

因此在 $P_3 > 0$ ， $R > 0$ 的阴影区域内，就保证了小实根为负值，即保证螺旋运动是稳定的。$P_3 = 0$ ， $P_4 = 0$ 称为螺旋不稳定边界。由图 10-3 可以看出， $R = 0$ 的边界 $\lambda^2 + A\lambda + B = 0$ 对应的侧向扰动运动边界即振荡运动的稳定边界。

应当指出，赫尔维茨稳定判据只能确定系统是否稳定，却不能确定其稳定程度。同样，在侧向稳定边界图上，也不能判别导弹的侧向扰动运动的稳定程度。如果导弹的外形略加改变，如加大垂直尾翼或减小导弹上的反角，则可以使 $-b_{24}$ 和 $-b_{14}$ 有较大的变化，其他的动力系数虽然相应地也有变化，但是实践证明，侧向稳定边界图上的稳定边界线变化并不显著。在飞行弹道的每一点处都有一定的 $-b_{24}$ 和 $-b_{14}$ 值，它们对应侧向稳定边界图上的一个点，根据这个点的位置就可以判断导弹在该导弹弹道特征点上是否稳定。因此，在初步设计中确定导弹外形时，侧向稳定边界图十分有用。例如，图 10-3 中的虚线 ab 代表 $-b_{14}$ 不变时， $-b_{24}$ 改变多大就达到稳定边界；虚线 cd 代表 $-b_{24}$ 不变时， $-b_{14}$ 改变多大就达到稳定边界。此外，考虑到计算和风洞试验所得的 m_x^β 与 m_y^β 的值总是有一定的误差，通过侧向稳定边界图可以估计误差对导弹的侧向扰动运动稳定性的影响。

通过对侧向稳定边界图的讨论，可以得到一些重要的结论。

10.3.2　侧向扰动运动稳定性分析

由侧向稳定边界图可以看出，飞机型导弹虽然具有偏航静稳定性（ $m_y^\beta < 0$ ）和横向静稳定性（ $m_x^\beta < 0$ ），但并不一定具有侧向稳定性。由图 10-3 可见，在Ⅰ区，$-b_{24}$ 和 $-b_{14}$ 同时大于零，由于 $-b_{24} \ll -b_{14}$，因此有可能出现螺旋不稳定运动；在Ⅱ区，因为 $-b_{24} \gg -b_{14}$，所以有可能产生振荡不稳定运动，这些情况可以通过运动的物理过程加以说明。

在Ⅰ区， $-b_{24} \ll -b_{14}$，即

$$\frac{-M_y^\beta}{J_y} \gg \frac{-M_x^\beta}{J_x}$$

假设导弹在纵向平面内运动，受到偶然干扰作用，具有初始倾斜角 γ_0 ，这时 $\gamma_0 \approx \gamma_V$ 。由于 $P\alpha + Y$ 在 Oz_2 上的投影使得 $\mathrm{d}\Delta\psi_V/\mathrm{d}t < 0$，导弹向右侧滑，即 $\beta > 0$ ，因此产生力矩 $M_y^\beta \beta < 0$ ，它力图使倾斜角 γ 减小，如图 10-4 所示。与此同时，由于 $\beta > 0$ ，因此还会产生力矩 $M_y^\beta < 0$ ，使导弹绕 Oy_1 向右旋转，即角速度 $\omega_y < 0$ 。在这种情况下，由于交叉力矩 $M_x^{\omega_y}\omega_y > 0$ ，因此又会使倾斜角 γ 增大，综合上述两个因素，又考虑到

$$\left|\frac{M_y^\beta}{J_y}\beta\right| \gg \left|\frac{M_x^\beta}{J_x}\beta\right|$$

可得

$$\left|M_x^{\omega_y}\omega_y\right| > \left|M_x^{\beta}\beta\right|$$

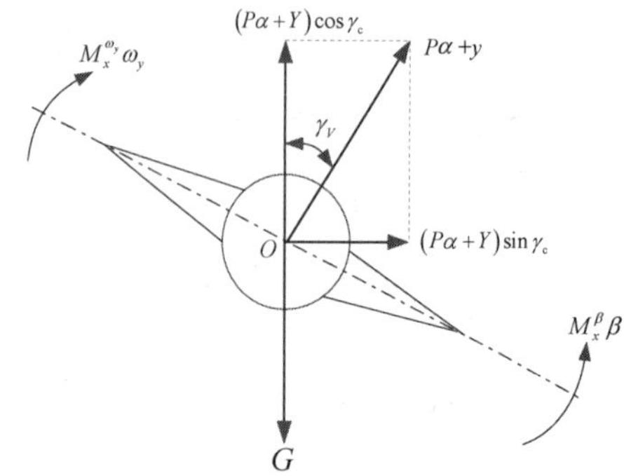

图 10-4　具有初始扰动角 γ_0 时，作用于导弹上的力和力矩

因此，倾斜角将越来越大，导弹的重力将大于平衡它的举力在铅垂面内的投影，于是导弹便开始下降，并缓慢增大倾斜角和旋转角速度。

在Ⅱ区，$-b_{14} \gg -b_{24}$，即

$$\frac{-M_x^{\beta}}{J_x} \gg \frac{-M_y^{\beta}}{J_y}$$

如果$|b_{24}|$的值较小或$-b_{24}$为负值，则在第 2 阶段，螺旋运动就会衰减，而振荡运动在第 3 阶段仍继续进行。在这种情况下，导弹在倾斜后的侧滑会引起很大的力矩$M_x^{\beta}\beta<0$，该力矩迅速消除导弹的倾斜，并使导弹向另一方（左）倾斜。这一倾斜又出现负的侧滑角，导弹又向右倾斜，继而向右侧滑。如此循环往复，导弹一会儿向右，一会儿向左做交替倾斜，即导弹产生不稳定的振荡运动。

设计时应设法使动力系数$-b_{24}$和$-b_{14}$位于Ⅲ区，即稳定域内。对于即使是装有稳定自动器的导弹，过于缓慢地衰减或发散的振荡运动不是我们希望看到的。

还应该指出的是，如果偏航静稳定性比较低，横向静稳定性很高，那么还可能出现对操纵不利的“副翼反逆”效应。这是因为当副翼偏转时，假如$\delta_x<0$，则有$M_x^{\delta_x}\delta_x>0$，导弹滚转产生倾斜，$\gamma>0$。由于右侧滑使$\beta>0$，因此，偏航静稳定性比较低会使侧滑角β比较大；并且，因为横向静稳定性很高，所以会产生很大的逆时针方向的倾斜力矩（$M_x^{\beta}\beta<0$）。它与力矩$M_x^{\delta_x}\delta_x$的方向相反，因而降低了副翼效率。在严重情况下，甚至可能使导弹发生方向相反的滚转，即所谓的“副翼反逆”效应。因此，在横向静稳定性很高的情况下，为了克服该效应，在偏转副翼的同时，要相应地偏转方向舵。

10.3.3　气动外形对侧向稳定性的影响

根据以上分析可知，在选择飞机型导弹的气动外形时，为了保证侧向稳定性（侧向扰动运动的稳定性），导弹除了具有横向静稳定性，还必须具备较高的偏航静稳定性。但是，对超声速飞机型导弹来说，具有足够的偏航静稳定性并不容易，原因有以下几点。

（1）飞机型导弹的偏航静稳定度是由垂直尾翼形成的静稳定度和弹身的静不稳定度的和组成的。由于高速导弹的质心一般都离弹身头部较远，因此弹身的静不稳定度很大。

（2）侧向力系数 c_z^{β} 随 Ma 的增大而减小，因此，垂直尾翼的静稳定度也将随 Ma 的增大而减小。

（3）为了避免垂直尾翼跨声速气动特性的剧烈变化，以及减小跨声速时的波阻，垂直尾翼总是采用相对厚度较小的薄翼型。但是，导弹在高速飞行时，由于气动载荷形成的弹性变形可能很大，这将进一步降低垂直尾翼的效率。

上述原因，以及下面将要涉及的攻角影响对偏航静稳定性都是不利的。因此，为了在各种速度、高度和攻角条件下都能有必要的偏航静稳定性，只能采用后掠角很大且面积很大的垂直尾翼。但是，这样的尾翼产生的横向静稳定度也会比较大。为了减小横向静稳定度，应该将弹翼的上反角减小，甚至做成下反角。有的导弹在弹身尾部下方装有小的腹鳍，这样可以同时达到增大偏航静稳定度和减小横向静稳定度的目的。

10.3.4　飞行状态对侧向稳定性的影响

1．攻角的影响

很多侧向动力系数都与攻角有关。例如，当采用大后掠弹翼时，若增大攻角，则横向静稳定性将显著提升，而偏航静稳定性则可能下降。这是由于小展弦比和大根梢比弹翼形成的尾流、细长弹身产生的漩涡对垂直尾翼产生了不利的影响。在大攻角下，由弹翼、弹身或发动机舱产生的干扰气流在导弹侧滑情况下产生侧洗效应，也会降低垂直尾翼的效率。因此，飞机型导弹在小攻角下是螺旋不稳定的，而大攻角下的干扰气流则可能使导弹具有螺旋稳定性。

2．弹道倾角的影响

假如未扰动飞行的攻角不大，则 $\vartheta \approx \theta$，$b_{32}=-1$。因此，改变弹道倾角 θ，只会引起下列动力系数发生变化：

$$a_{33}=\frac{g}{V}\sin\theta\text{，}\quad a_{36}=\frac{-g\cos\theta}{V}$$

而由式（10-11）中的第 4 个方程可知，当交叉动力系数 b_{21} 可以不计时，则 P_4 的表达式可以改写为

$$P_4\approx -b_{36}\left(b_{22}b_{14}-b_{24}b_{11}\tan\vartheta-b_{24}b_{12}\right)=0 \tag{10-18}$$

因此

$$\frac{b_{24}}{b_{14}}=\frac{b_{22}}{b_{11}\tan\vartheta+b_{12}} \tag{10-19}$$

可以看出，俯仰角 ϑ 直接影响 $P_4=0$ 的斜率。当 ϑ 为 $0\sim\pi/2$ 时，随着 ϑ 的增大，$P_4=0$ 这条边界线的斜率越来越小，因而稳定域越来越小；ϑ 角越小，稳定域越大，甚至有可能出现 $b_{24}/b_{14}<0$ 的情况，即 $P_4=0$ 决定的稳定边界线落入Ⅱ～Ⅳ象限内。因此，在其他飞行参数相同的条件下，如果弹道倾角 θ 最大时，螺旋运动是稳定的，则在其他弹道倾角下，螺旋运动也一定是稳定的。

改变弹道倾角 θ 对 $R=0$ 稳定边界线的影响可以由系数 $P_1\sim P_4$ 的表达式看出，其中有若干小项在初步近似中可以略去，最终得出

$$P_1 \approx -b_{11}$$
$$P_2 \approx b_{22}b_{11}$$
$$P_3 \approx b_{22}b_{11}b_{34} + b_{11}b_{24} + \left(-b_{21} + b_{36} + \alpha b_{22}\right)b_{14}$$
$$P_4 \approx -b_{36}\left[b_{22}b_{14} + \left(-\tan\vartheta b_{11} - b_{12}\right)b_{24}\right]$$

可以看出，弹道倾角的变化只通过 b_{36} 影响 P_3，通过 b_{36}、$\tan\vartheta$ 影响 P_4。考虑到 $-b_{36}b_{14}$ 项对 P_3 的影响并不显著，而 P_4 本身又非常小，可以认为

$$R = P_1P_2P_3 - P_1^2P_4 - P_3^2 \approx P_1P_2P_3 - P_3^2$$

因此 θ 和 ϑ 的变化对于 $R=0$ 这条稳定边界线的影响不大。

3．推力的影响

在加速发动机点火或熄火瞬间，推力会突然变化，从而影响动力系数 b_{34}。在其他飞行条件不变的情况下，研究推力对稳定域的影响是具有实际意义的。由于特征方程的系数 $P_4=0$ 中不包含 b_{34}，因此推力的改变对 $P_4=0$ 这条稳定边界线并无影响。b_{34} 的变化对 $R=0$ 这条稳定边界线是有显著影响的，通过繁复的分析可以得出，b_{34} 增大将使稳定域增大。因此，如果其他飞行条件相同或接近，则应当考虑的危险情况是推力较小的情况。

10.3.5 对侧向稳定性的要求

前面已经提及，用赫尔维茨稳定判据或侧向稳定边界图只能确定导弹弹体是否具有稳定性，而不能确定其稳定度，若要较精确地评定几个设计方案的稳定性，则应当解出各典型弹道上若干特征点的自由扰动的过渡过程，这需要付出相当多的时间和人力。为了初步评定稳定度，可以提出以下几点参考要求。

1．快收敛的倾斜扰动运动

对于快收敛的倾斜扰动运动，一般要求其衰减得快一些，这样，一方面可以有较好的倾斜稳定性，另一方面可以改善导弹对副翼偏转的操纵性能，这一运动形态的指标一般用 $T_1 = 1/|\lambda_1|$ 来表示。

2．慢发散的螺旋不稳定运动

对于慢发散运动，侧向稳定自动器完全有能力将它纠正过来。因此，一般并不严格要求它一定是稳定的，而只要求它发散得不太快即可，这一运动形态的指标一般用 $T_2 = 1/|\lambda_2|$ 来表示。

3．稳定的荷兰滚运动

荷兰滚运动是特征方程中共轭复根 $\lambda_{3,4} = a \pm \mathrm{i}b$ 对应的振荡运动。它的半衰期为 $t_2 - t_1 = -0.693/a$，振荡周期为 $T = 2\pi/b$，要求 $t_2 - t_1$ 和 T 都小些，以保证导弹的振荡运动能较快地稳定下来。

对荷兰滚运动，有时还要求倾斜角速度的最大振幅 $\omega_{x\max}$ 和偏航角速度的最大振幅 $\omega_{y\max}$ 之比

$$\partial e = \frac{|\omega_{x\max}|}{|\omega_{y\max}|}$$

不大于某一数值。

根据上述要求，对于飞机型导弹，为了获得比较好的侧向扰动运动动态特性，可以稍微牺牲螺旋稳定性以改善荷兰滚运动的动态特性，即在侧向稳定边界图上，代表点的位置往往靠近 $P_4 = 0$ 的线，甚至可以允许位于 P_4 稍小于零的区域。这是因为微小的螺旋不稳定运动发展很缓慢，对自动驾驶仪的工作没有任何不利的影响，而它却可以改善荷兰滚运动的动态特性。

10.4　侧向扰动运动方程组的简化

10.4.1　面对称导弹做接近水平飞行时侧向扰动运动方程组的简化

假定未扰动运动的俯仰角 ϑ、弹道倾角 θ 和攻角 α 都足够小，取 $\cos\vartheta \approx \cos\theta \approx 1$，并去掉小量的乘积 $\alpha\Delta\gamma$ 和 $\tan\vartheta\Delta\omega_y$ 后，侧向扰动运动方程组，即式（10-3）可以大为简化，其中后 3 个方程简化为

$$\left.\begin{aligned}
&\frac{\mathrm{d}\Delta\psi}{\mathrm{d}t} = \Delta\omega_y \\
&\frac{\mathrm{d}\Delta\gamma}{\mathrm{d}t} = \Delta\omega_x \\
&\Delta\psi_V = \Delta\psi - \Delta\beta
\end{aligned}\right\} \tag{10-20}$$

在式（10-3）的前 2 个方程中，将 $\Delta\omega_x$ 和 $\Delta\omega_y$ 代换成 $\Delta\dot{\gamma}$ 与 $\Delta\dot{\psi}$，并在第 3 个方程中去掉乘积 $\sin\theta\Delta\beta$（$a_{33}\Delta\beta = 0$），得到

$$\left.\begin{aligned}
&\frac{\mathrm{d}^2\Delta\gamma}{\mathrm{d}t^2} - b_{11}\frac{\mathrm{d}\Delta\gamma}{\mathrm{d}t} - b_{12}\frac{\mathrm{d}\Delta\psi}{\mathrm{d}t} - b_{14}\Delta\beta = b_{15}\Delta\delta_y + b_{17}\Delta\delta_x + b_{18}M_{g_x} \\
&\frac{\mathrm{d}^2\Delta\psi}{\mathrm{d}t^2} - b_{21}\frac{\mathrm{d}\Delta\gamma}{\mathrm{d}t} - b_{22}\frac{\mathrm{d}\Delta\psi}{\mathrm{d}t} - b_{24}\Delta\beta - b'_{24}\Delta\dot{\beta} = b_{25}\Delta\delta_y + b_{28}M_{g_y} \\
&\frac{\mathrm{d}\Delta\psi_V}{\mathrm{d}t} - b_{34}\Delta\beta - b_{36}\Delta\gamma = b_{35}\Delta\delta_y + b_{38}F_{g_z} \\
&\Delta\psi - \Delta\psi_V - \Delta\beta = 0
\end{aligned}\right\} \tag{10-21}$$

此方程组包含 4 个未知数：ψ_V、ψ、β 和 γ。通常用它来研究飞机型导弹做接近水平飞行时的侧向稳定性。

上述方程组的进一步简化取决于导弹的气动布局和操纵机构类型。

10.4.2　轴对称导弹做接近水平飞行时侧向扰动运动方程组的简化

对于轴对称导弹，系数 $b_{36} = M_x^{\omega_y} / J_x$ 和 $b_{21} = M_y^{\omega_x} / J_y$ 与其他系数相比是很小的，因此与它们相对应的 $b_{12}\Delta\dot{\psi}$ 和 $b_{21}\Delta\dot{\gamma}$ 项可以略去。

如果导弹在自动驾驶仪偏转副翼的作用下具有良好的倾斜稳定性，能够使倾斜角 γ 很小，则可以略去重力的侧向分量 $b_{36}\Delta\gamma$。此时，侧向扰动运动方程组可以分为偏航扰动运动方程组和倾斜扰动运动方程：

$$\left.\begin{aligned}&\frac{\mathrm{d}^2\Delta\psi}{\mathrm{d}t^2}-b_{22}\frac{\mathrm{d}\Delta\psi}{\mathrm{d}t}-b_{24}\Delta\beta-b'_{24}\Delta\dot{\beta}=b_{25}\Delta\delta_y+b_{28}M_{g_y}\\&\frac{\mathrm{d}\Delta\psi_V}{\mathrm{d}t}-b_{34}\Delta\beta=b_{35}\Delta\delta_y+b_{38}F_{g_z}\\&\Delta\psi-\Delta\psi_V-\Delta\beta=0\end{aligned}\right\}\tag{10-22}$$

$$\frac{\mathrm{d}^2\Delta\gamma}{\mathrm{d}t^2}-b_{11}\frac{\mathrm{d}\Delta\gamma}{\mathrm{d}t}=b_{14}\Delta\beta+b_{15}\Delta\delta_y+b_{17}\Delta\delta_x+b_{18}M_{g_x}\tag{10-23}$$

式（10-22）和式（10-23）分别用于研究偏航扰动运动与倾斜扰动运动是很方便的。偏航扰动运动方程组是独立的，它与描述短周期纵向扰动运动的方程组，即式（9-16）完全对应（忽略重力项 a_{33}），即偏航运动参数偏量 ψ 、ψ_V 和 β 对应纵向运动参数偏量 ϑ 、θ 和 α ，动力系数也一一对应。对于气动轴对称导弹，动力系数 $a_{22}=b_{22}$ ，$a_{24}=b_{24}$ ，$a'_{24}=b'_{24}$ ，$a_{25}=b_{25}$ ，$a_{26}=b_{38}$ ，$a_{34}=b_{34}$ ，$a_{35}=b_{35}$ ，$a_{36}=b_{38}$ 。

因此，研究纵向扰动运动所得到的结论，包括干扰作用和控制作用下的动态特性，对于偏航扰动运动也是适用的，这里不再赘述。

式（10-23）可以在求解式（10-22）后单独求解。它的右边两项 $b_{14}\Delta\beta$ 和 $b_{15}\Delta\delta_y$ 是偏航扰动运动对倾斜扰动运动的影响，可以作为已知干扰力矩，如果忽略这两项，则式（10-23）可以写为

$$\frac{\mathrm{d}^2\Delta\gamma}{\mathrm{d}t^2}-b_{11}\frac{\mathrm{d}\Delta\gamma}{\mathrm{d}t}=b_{17}\Delta\delta_x+b_{18}M_{gx}\tag{10-24}$$

这样，偏航扰动运动和倾斜扰动运动就相互完全独立。对轴对称导弹，这样的近似处理具有相当好的精确性，可以满足初步设计要求。

10.5 侧向传递函数

对式（10-6）进行拉普拉斯变换后得

$$\left.\begin{aligned}&(s-b_{11})\Delta\omega_x-b_{12}\Delta\omega_y-b_{14}\Delta\beta=b_{15}\Delta\delta_y+b_{17}\Delta\delta_x+b_{18}M_{gx}\\&-b_{21}\Delta\omega_x+(s-b_{22})\Delta\omega_y-(b'_{24}s+b_{24})\Delta\beta=b_{25}\Delta\delta_y+b_{28}M_{gy}\\&b_{32}\Delta\omega_y+(s+b_{34}-a_{33})\Delta\beta+(\alpha s+b_{36})\Delta\gamma=-b_{35}\Delta\delta_y-b_{38}F_{gz}\\&\Delta\omega_x-\tan\vartheta\Delta\omega_y-s\Delta\gamma=0\end{aligned}\right\}\tag{10-25}$$

用与求纵向扰动运动的传递函数相同的方法，可以求得侧向扰动运动的传递函数。方向舵偏转的传递函数如下：

$$\left.\begin{aligned}&W_{\delta_y}^{\omega_x}(s)=\frac{A_1s^3+A_2s^2+A_3s+A_4}{s^4+P_1s^3+P_2s^2+P_3s+P_4}\\&W_{\delta_y}^{\omega_y}(s)=\frac{B_1s^3+B_2s^2+B_3s+B_4}{s^4+P_1s^3+P_2s^2+P_3s+P_4}\\&W_{\delta_y}^{\beta}(s)=\frac{D_1s^3+D_2s^2+D_3s+D_4}{s^4+P_1s^3+P_2s^2+P_3s+P_4}\\&W_{\delta_y}^{\gamma}(s)=\frac{E_2s^2+E_3s+E_4}{s^4+P_1s^3+P_2s^2+P_3s+P_4}\end{aligned}\right\}\tag{10-26}$$

式中

$$\left.\begin{aligned}
&A_1=-b_{15}\\
&A_2=-b_{15}\left(b_{34}-a_{33}\right)-b_{22}-b_{24}'\left(-\alpha\tan\theta-b_{32}\right)-b_{12}\left(-b_{24}'b_{35}+b_{25}\right)+b_{35}b_{14}\\
&A_3=-b_{15}\left[-b_{22}\left(b_{34}-a_{33}\right)-b_{24}'b_{36}\tan\vartheta+\alpha b_{24}\tan\vartheta\right]+b_{24}b_{32}-\\
&\qquad b_{12}\left[-b_{24}b_{35}+b_{25}\left(b_{34}-a_{33}\right)\right]-b_{14}\left[b_{24}b_{35}+b_{25}\left(-\alpha\tan\theta-b_{32}\right)\right]\\
&A_4=b_{24}b_{38}\tan\vartheta b_{15}+b_{25}b_{36}\tan\vartheta b_{14}
\end{aligned}\right\}\tag{10-27}$$

$$\left.\begin{aligned}
&B_1=-b_{25}+b_{24}'b_{35}\\
&B_2=-b_{15}\left(b_{21}+\alpha b_{24}'\right)-b_{25}\left(b_{34}-a_{33}-b_{11}\right)+b_{35}\left(b_{24}-b_{24}'b_{11}\right)\\
&B_3=-b_{15}\left[b_{21}\left(b_{34}-a_{33}\right)-b_{24}'b_{36}+\alpha b_{24}\right]-\\
&\qquad b_{25}\left[-b_{11}\left(b_{34}-a_{33}\right)-\alpha b_{14}\right]+b_{35}\left(b_{24}'b_{14}-b_{24}b_{11}\right)\\
&B_4=b_{36}\left(b_{24}b_{15}-b_{25}b_{14}\right)
\end{aligned}\right\}\tag{10-28}$$

$$\left.\begin{aligned}
&D_1=b_{35}\\
&D_2=-\alpha b_{15}-b_{25}\left(-\alpha\tan\theta-b_{32}\right)+b_{35}\left(-b_{22}-b_{11}\right)\\
&D_3=-b_{15}\left[-b_{21}b_{32}-b_{36}-\alpha\left(b_{21}\tan\vartheta+b_{22}\right)\right]-\\
&\qquad b_{25}\left[\alpha b_{12}+b_{36}\tan\vartheta-b_{11}\left(-\alpha\tan\theta-b_{32}\right)\right]+b_{35}\left(b_{22}b_{11}-b_{12}b_{21}\right)\\
&D_4=-b_{15}b_{36}\left(b_{21}\tan\vartheta+b_{22}\right)+b_{25}b_{36}\left(\tan\vartheta b_{11}+b_{12}\right)
\end{aligned}\right\}\tag{10-29}$$

$$\left.\begin{aligned}
&E_2=-b_{15}+b_{25}\tan\vartheta-b_{24}'b_{35}\tan\vartheta\\
&E_3=-b_{15}\left[-\left(b_{34}-a_{33}\right)-\left(b_{21}\tan\vartheta+b_{22}\right)+b_{24}'b_{34}\right]-\\
&\qquad b_{25}\left[-\tan\vartheta\left(b_{34}-a_{33}\right)+\left(\tan\vartheta b_{11}+b_{12}\right)\right]+\\
&\qquad b_{35}\left[b_{14}-b_{24}\tan\vartheta+b_{24}'\left(\tan\vartheta b_{11}+b_{12}\right)\right]\\
&E_4=-b_{15}\left[\left(b_{34}-a_{33}\right)\left(b_{21}\tan\vartheta+b_{22}\right)+b_{24}b_{32}\right]-\\
&\qquad b_{25}\left[\left(b_{34}-a_{33}\right)\left(\tan\vartheta b_{11}+b_{12}\right)-b_{32}b_{14}\right]+\\
&\qquad b_{35}\left[-b_{14}\left(b_{21}\tan\vartheta+b_{22}\right)+b_{24}\left(\tan\vartheta b_{11}+b_{12}\right)\right]
\end{aligned}\right\}\tag{10-30}$$

$P_1\sim P_4$ 可以根据式（10-11）求出。

副翼偏转的传递函数如下：

$$\left.\begin{aligned}
&W_{\delta_x}^{\omega_x}(s)=\frac{-b_{17}\left(s^3+A_2's^2+A_3's+A_4'\right)}{s^4+P_1s^3+P_2s^2+P_3s+P_4}\\
&W_{\delta_y}^{\omega_y}(s)=\frac{-b_{17}\left(B_2's^2+B_3's+B_4'\right)}{s^4+P_1s^3+P_2s^2+P_3s+P_4}\\
&W_{\delta_y}^{\beta}(s)=\frac{-b_{17}\left(D_2's^2+D_3's+D_4'\right)}{s^4+P_1s^3+P_2s^2+P_3s+P_4}\\
&W_{\delta_y}^{\gamma}(s)=\frac{-b_{17}\left(s^2+E_3's+E_4'\right)}{s^4+P_1s^3+P_2s^2+P_3s+P_4}
\end{aligned}\right\}\tag{10-31}$$

式中

$$\left.\begin{aligned}A_2' &= (b_{34}-a_{33})-b_{22}-b_{24}'(-\alpha\tan\theta-b_{32})\\A_3' &= -b_{22}(b_{34}-a_{33})-b_{24}'b_{36}\tan\vartheta-b_{24}(-\alpha\tan\theta-b_{32})\\A_4' &= -b_{24}b_{36}\tan\vartheta\end{aligned}\right\}\tag{10-32}$$

$$\left.\begin{aligned}B_2' &= b_{21}+\alpha b_{24}'\\B_3' &= b_{21}(b_{34}-a_{33})-b_{24}'b_{36}+\alpha b_{24}\\B_4' &= -b_{24}b_{36}\end{aligned}\right\}\tag{10-33}$$

$$\left.\begin{aligned}D_2' &= \alpha\\D_3' &= -b_{21}b_{32}-b_{36}-\alpha(b_{21}\tan\vartheta+b_{22})\\D_4' &= b_{36}(b_{21}\tan\vartheta+b_{22})\end{aligned}\right\}\tag{10-34}$$

$$\left.\begin{aligned}E_3' &= (b_{34}-a_{33})-(b_{21}\tan\vartheta+b_{22})+b_{24}'b_{34}\\E_4' &= b_{24}b_{32}-(b_{21}\tan\vartheta+b_{22})(b_{34}-a_{33})\end{aligned}\right\}\tag{10-35}$$

如果采用简化条件，则由式（10-32）～式（10-35）即可得到简化后的副翼偏转的传递函数。

对于轴对称导弹，如果侧向扰动运动方程组采用式（10-22）和式（10-23），则偏航扰动运动的传递函数与纵向扰动运动的传递函数完全相同，只是动力系数 a_{ij} 和 b_{ij} 互相置换了（$a_{36}=b_{38}$ 除外）。

利用式（10-24）求倾斜扰动运动的传递函数。先对其进行拉普拉斯变换，得到

$$s(s-b_{11})\Delta\gamma(s)=b_{17}\Delta\delta_x(s)+b_{18}M_{gx}\tag{10-36}$$

显然，传递函数为

$$W_{\delta_x}^{\gamma}(s)=\frac{b_{17}}{s(s-b_{11})}=\frac{K_{M_x}}{s(T_{M_x}s+1)}\tag{10-37}$$

式中，K_{M_x} 为导弹倾斜扰动运动的传递函数；T_{M_x} 为导弹倾斜扰动运动的时间常数。

特征方程的根为一个零根和一个实根。实根 $\lambda_2=b_{11}<0$，代表稳定的非周期运动；另一个根 $\lambda_1=0$，代表中立情况，其物理意义是，若由于某一偶然原因，导弹产生一个倾斜角 γ_0，如果不进行操纵，即副翼不偏转，那么导弹将一直保持倾斜角 γ 飞行。

将式（10-37）改写为 δ_x 对 $\dot{\gamma}$ 的传递函数：

$$W_{\delta_x}^{\dot{\gamma}}(s)=\frac{K_{M_x}}{T_{M_x}s+1}\tag{10-38}$$

显然，在初始 $\dot{\gamma}$ 为 0 时，副翼做阶跃偏转的解为

$$\frac{\dot{\gamma}}{\delta_x}=K_{M_x}\left(1-\mathrm{e}^{-\frac{t}{T_{M_x}}}\right)\tag{10-39}$$

$$\frac{\gamma}{\delta_x}=K_{M_x}\left[t-T_{M_x}\left(1-\mathrm{e}^{-\frac{t}{T_{M_x}}}\right)\right]\tag{10-40}$$

倾斜操纵机构阶跃偏转时倾斜角速度的过渡过程曲线如图 10-5 所示。

由式（10-39）和式（10-40）可以看出，倾斜过渡过程仅由两个参数来表征，即传递系数 K_{M_x} 和时间常数 T_{M_x}。于是，导弹倾斜角速度的动态特性与非周期环节的一致。当 $t\to\infty$ 时，倾斜角速度 $\dot{\gamma}$ 按指数规律趋于稳态值 $\dot{\gamma}_s$。时间常数 T_{M_x} 表征非周期过渡期的时间常数，即反映

导弹在倾斜扰动运动中的惯性程度。

因为任何导弹的时间常数 T_{M_x} 都是正的，所以在所讨论的过渡过程中，自由扰动运动总是衰减的。

如果导弹上有经常作用的倾斜干扰力矩 M_{gx}，那么当以 M_{gx} 为输入量、$\dot{\gamma}$ 为输出量时，由式（10-36）可得导弹在倾斜干扰力矩作用下的传递函数为

$$W_{M_{gx}}^{\dot{\gamma}}(s)=\frac{K'_{M_x}}{T_{M_x}s+1} \tag{10-41}$$

式中

$$K'_{M_x}=-\frac{b_{18}}{b_{11}}$$

当导弹同时受到副翼偏转和倾斜干扰力矩的作用时，倾斜扰动运动结构方块图如图 10-6 所示。

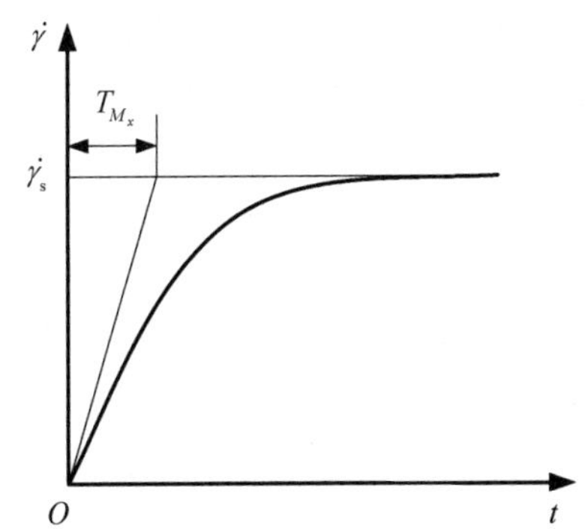

图 10-5　倾斜操纵机构阶跃偏转时倾斜角速度的过渡过程曲线

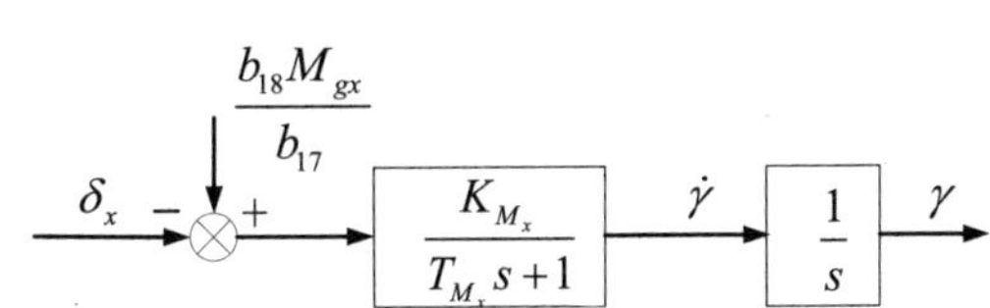

图 10-6　倾斜扰动运动结构方块图

习题 10

1．已知某巡飞导弹在高度 300m 处以速度 50m/s（$Ma=0.1473$），$\theta\approx 0$ 的状态飞行时，动力系数为 $b_{11}=-0.07\text{s}^{-1}$，$b_{12}=-0.0056\text{s}^{-1}$，$b_{13}=0$，$b_{14}=0.4407\text{s}^{-2}$，$b_{15}=0.1152\text{s}^{-2}$，$b_{16}=0$，$b_{17}=-324.66\text{s}^{-2}$，$b_{18}=1.6186\text{kg}^{-1}\cdot\text{m}^{-2}$，$b_{21}=-0.00198\text{s}^{-1}$，$b_{22}=-0.015302\text{s}^{-1}$，$b_{23}=0$，$b_{24}=-13.562\text{s}^{-2}$，$b'_{24}=0$，$b_{25}=-58.08\text{s}^{-2}$，$b'_{25}=0$，$b_{26}=0$，$b_{27}=0$，$b_{28}=5.531\text{kg}^{-1}\cdot\text{m}^{-2}$，$b_{31}=0$，$b_{32}=-1.0003$，$b_{33}=0$，$b_{34}=0.85006\text{s}^{-1}$，$b_{35}=0.27169\text{s}^{-1}$，$b_{36}=-0.1961\text{s}^{-1}$，$b_{37}=0$，$b_{38}=-0.0021\text{s}\cdot\text{kg}^{-1}\cdot\text{m}^{-1}$。试求该巡飞导弹侧向扰动运动参数 $\Delta\omega_x(t)$、$\Delta\omega_y(t)$、$\Delta\beta(t)$、$\Delta\gamma(t)$ 的近似解，并分析侧向扰动运动的稳定性。

2．根据习题 1，绘制该巡飞导弹的侧向稳定边界图。

3．请描述“副翼反逆”效应，并阐述其产生的原因。

4．请描述荷兰滚运动现象，并阐述其产生的原因，同时分析如何使荷兰滚运动稳定。

5．根据习题 1，试计算该巡飞导弹的倾斜扰动运动的传递函数 $W_{\delta_x}^{\gamma}$，并计算 δ_x 做单位阶跃偏转时，倾斜角速度 $\dot{\gamma}$ 的稳态值。

参 考 文 献

[1] 韩子鹏. 弹箭外弹道学[M]. 北京：北京理工大学出版社，2014.

[2] 王中原，周卫平. 外弹道设计理论与方法[M]. 北京：科学出版社，2004.

[3] 雷虎民. 导弹制导与控制原理[M]. 北京：国防工业出版社，2006.

[4] 金永德. 导弹与航天技术概论[M]. 哈尔滨：哈尔滨工业大学出版社，2002.

[5] 符文星. 精确制导导弹制导控制系统仿真[M]. 西安：西北工业大学出版社，2010.

[6] 赵少奎. 导弹与航天技术导论[M]. 北京：中国宇航出版社，2008.

[7] 方振平. 航空飞行器飞行动力学[M]. 北京：北京航空航天大学出版社，2005.

[8] 方洋旺. 导弹先进制导与控制理论[M]. 北京：国防工业出版社，2015.

[9] 鲜勇，李刚，苏娟. 导弹制导理论与技术[M]. 北京：国防工业出版社，2015.

[10] 葛致磊，王红梅，王佩，等. 导弹导引系统原理[M]. 北京：国防工业出版社，2016.

[11] 岳瑞华，徐中英，周涛. 导弹控制原理[M]. 北京：北京航空航天大学出版社，2016.

[12] 陈希孺. 概率论与数理统计[M]. 北京：科学出版社，1992.

[13] 钱杏芳，林瑞雄，赵亚男. 导弹飞行力学[M]. 北京：北京理工大学出版社，2000.

[14] 李志伟，李克昭，赵磊杰，等. 基于单位四元数的任意旋转角度的三维坐标转换[J]. 大地测量与地球动力学，2017, 37(01): 81-85.

[15] 王可伟，岳东杰，王性猛. 基于单位四元数的三维坐标转换新方法[J]. 测绘与空间地理信息，2014,37(11): 216-218.

[16] 胡寿松. 自动控制原理[M]. 6 版. 北京：科学出版社，2013.

[17] CHEN C T . Linear System Theory and Design[M]. Oxford: Oxford University Press, 1998.

[18] 郭尚来. 随机控制[M]. 北京：清华大学出版社，2000.

[19] 张世英. 随机过程与控制[M]. 天津：天津大学出版社，1989.

[20] 王磊，郑伟，周祥. 弹道助推段误差传播高精度求解方法[J]. 系统工程与电子技术，2018,40(08): 1803-1810.

[21] 王磊. 基于状态空间摄动法的战略导弹弹道快速预报与制导方法研究[D]. 北京：国防科技大学，2018.

[22] 常晓华，蒋鲁佳，杨锐，等. 垂线偏差对弹道落点精度的影响分析[J]. 国防科技大学学报，2017,39(04): 1-5.

[23] 马宝林. 地球扰动引力场对弹道导弹制导精度影响的分析及补偿方法研究[D]. 北京：国防科学技术大学，2017.

[24] 王继平，肖龙旭，王安民，等. 一种虚拟目标点的弹道迭代确定方法[J]. 飞行力学，2012,30(06): 551-555.

[25] 魏倩，蔡远利. J_2 项摄动影响下的大气层外弹道规划改进算法[J]. 控制理论与应用，2016,33(09): 1245-1251.

[26] 葛一楠，唐毅谦，喻晓红，等. 自动控制原理[M]. 北京：清华大学出版社，2016.

[27] 王红辉，杨绍卿，吴成富，等. 旋转矢量在高动态全姿态飞行器运动方程中的应用[J]. 兵工学报，2016,37(3):439-446.

[28] 何凤霞，陈秋华，叶振军. 随机过程及其应用[M]. 北京：经济管理出版社，2016.

[29] 罗斯. 应用随机过程：概率模型导论[M]. 11 版. 北京：人民邮电出版社，2016.

[30] 贾沛然，陈克俊，何力. 远程火箭弹道学[M]. 长沙：国防科技大学出版社，1993.

[31] 张有济. 战术导弹飞行力学设计（上、下）[M]. 北京：宇航出版社，1998.

[32] 文圣常，余宙文. 海浪理论与计算原理[M]. 北京：科学出版社，1985.

[33] 国防科学技术工业委员会. 北半球标准大气 GJB 365.1—87[S]. 北京：国防工业出版社，1988.

[34] 闫杰，于云峰，凡永华，等. 吸气式高超声速飞行器控制技术[M]. 西安：西北工业大学出版社，2014.

[35] 宿德志，刘亮，吴世永，等. 基于海浪谱修正方法的海面建模研究[J/OL]. 光学学报: 1-13[2021-09-20].

[36] 吴汉洲，宋卫东，张磊，等. 低空风风场建模与对弹丸弹道特性影响的研究[J]. 军械工程学院学报，2015,27(04):38-42.

[37] 程旋. 临近空间大气建模及其应用研究[D]. 北京：中国科学院大学（中国科学院国家空间科学中心），2020.

[38] 陈健伟，王良明，傅健. 用于实时弹道仿真的低空风切变复合模型[J]. 系统工程与电子技术，2019,41(11): 2597-2604.

[39] 徐松林，覃东升. 海洋风场建模及其仿真应用分析[J]. 舰船电子工程，2015,35(06): 83-87,94.

[40] 张英豪. 海洋气象环境对导弹作战效能影响的动力学仿真[D]. 南京：东南大学，2015.

[41] 周敬国，权晓波，程少华. 海浪环境对航行体出水特性影响研究[J]. 导弹与航天运载技术，2016(03): 44-49.

[42] 许景波，边信黔，付明玉. 随机海浪的数值仿真与频谱分析[J]. 计算机工程与应用，2010,46(36): 226-229.

[43] 吴福初，徐辉，徐鹏飞. 海战场环境对反舰导弹作战效能的影响评估[J]. 舰船电子工程，2013,33(10):19-20,41.

[44] 王飞朋. 国内外波浪谱研究发展现状及存在问题[J]. 中国水运，2021,21(07): 80-82.

[45] 严恒元. 飞行器气动特性分析与工程估算[M]. 西安：西北工业大学出版社，1990.

[46] 韩晓明，李彦彬，徐超. 防空导弹总体设计原理[M]. 西安：西北工业大学出版社，2016.

[47] 刘佩进，唐金兰. 航天推进理论基础[M]. 西安：西北工业大学出版社，2016.

[48] 杨云军. 高超声速空气动力设计与评估方法[M]. 北京：中国宇航出版社，2019.

[49] 赵育善，吴斌. 导弹引论[M]. 西安：西北工业大学出版社，2000.

[50] 刘同仁. 空气动力学与飞行力学[M]. 北京：北京航空学院出版社，1987.

[51] 钱翼稷. 空气动力学[M]. 北京：北京航空航天大学出版社，2004.

[52] KLEIN V, MORELLI E A. Aircraft System Identification: Theory and Practice[M]. New York:

American Institute of Aeronautics and Astronautics Reston, 2006.

[53] STEVENS B, LEWIS F, JOHNSON E N. Aircraft Control and Simulation[M]. 3th. Dynamics, Controls Design, and Autonomous Systems, Third Edition, 2015.

[54] 陈克俊，刘鲁华，孟云鹤. 远程火箭飞行动力学与制导[M]. 北京：国防工业出版社，2014.

[55] 高庆丰. 旋转导弹飞行动力学与控制[M]. 北京：中国宇航出版社，2016.

[56] 高旭东. 有控弹箭飞行力学[M]. 北京：科学出版社，2019.

[57] 万春熙. 反坦克导弹设计原理[M]. 北京：国防工业出版社，1981.

[58] 中国人民解放军总装备部军事训练教材编辑工作委员会. 射表编拟技术[M]. 北京：国防工业出版社，2002.

[59] 张晓东，方群，欧岳峰，等. 高超声速飞行器动力学建模与分析[J]. 计算机仿真，2012, 29(10): 71-75.

[60] 李新国，方群. 有翼导弹飞行动力学[M]. 西安：西北工业大学出版社，2005.

[61] 于剑桥. 战术导弹总体设计[M]. 北京：北京航空航天大学出版社，2010.

[62] 方群. 航天飞行动力学[M]. 西安：西北工业大学出版社，2015.

[63] 曾颖超. 战术导弹弹道与姿态动力学[M]. 西安：西北工业大学出版社，1991.

[64] 杨军. 现代导弹制导控制[M]. 西安：西北工业大学出版社，2016.

[65] 葛致磊，卢晓东，周军. 导弹制导系统原理[M]. 北京：国防大学出版社，2015.

[66] 张鹏，周军红. 精确制导原理[M]. 北京：电子工业出版社，2009.

[67] 毕开波. 导弹武器及其制导技术[M]. 北京：国防工业出版社，2013.

[68] 程国采. 战术导弹导引方法[M]. 北京：国防工业出版社，1996.

[69] 陈士橹，陈行健，严恒元，等. 弹性飞行器纵向稳定性问题[J]. 航空学报，1985(04): 321-328.

[70] 方群，王乐，孙冲. 具有非线性扰动运动特性的高超声速飞行器动态特性分析方法[J]. 弹道学报，2012,24(01):1-6.

[71] 张雷. 弹性体导弹弹性特性分析与控制[D]. 合肥：中国科学技术大学，2010.

[72] 郑海峰，徐浩军，孟捷. 某型飞机短周期模态特性分析[J]. 火力与指挥控制，2010, 35(06):14-16.

[73] 王立文，郑宇，唐华. 基于纵向小扰动运动方程的飞行系统数值模拟研究[J]. 液压与气动，2009(06):35-37.

[74] 许志. 高超音速飞行器动力学与动态特性分析[D]. 西安：西北工业大学，2005.